新版 固体潤滑ハンドブック

社団法人 日本トライボロジー学会
　固体潤滑研究会 編

養賢堂

巻 頭 言

　日本トライボロジー学会は，2007年に創立50周年を迎えた．その記念事業の一つとして固体潤滑ハンドブックを発行することとした．振り返ってみると，旧版の固体潤滑ハンドブックが発行されてから，はや30年を越えている．その間に固体潤滑の発展はめざましく，現在では日常生活のあらゆるところに固体潤滑が活用されているといっても過言ではない．さらに新たな表面改質法としてイオン注入，固体潤滑剤として各種カーボン系新素材などが登場してきた．

　このような情勢の変化を受け，「新版 固体潤滑ハンドブック」では内容を一新するとともに再構築し，歴史編，基礎編，応用編に加えて「産業としての固体潤滑」という新たな編－産業編－を設けるとともに，実践的かつ詳細なカタログデータを「資料編」として収録した．

　おおかたのお役に立てば幸いである．

　2009年 12月

日本トライボロジー学会
固体潤滑研究会
新版 固体潤滑ハンドブック編集委員会

新版 固体潤滑ハンドブック編集委員会

委員長	法政大学 **	西村　允
筆頭幹事	（独）産業技術総合研究所	梅田一徳
幹事	住鉱潤滑剤（株）	柏谷　智

各編責任者
歴史編	法政大学 **	西村　允
産業編	（独）宇宙航空研究開発機構	鈴木峰男
基礎編	東京都市大学 *，首都大学東京 **	広中清一郎
応用編	工学院大学	関口　勇
資料編	玉川大学 **	似内昭夫

委員	三菱重工業（株）	赤松哲郎
	ダウコーニングアジア（株）**	伊藤晃逸
	名古屋大学	梅原徳次
	豊橋技術科学大学	上村正雄
	協同油脂（株）	遠藤敏明・小川哲男
	（株）川邑研究所	川邑正男
	オイレス工業（株）	菅藤昭良・橋爪　剛
	丹羽環境・設計技術士事務所	丹羽小三郎
	（株）ジェイテクト	林田一徳
	NPO法人 Technopros*，豊田工業大学 **	本多文洋
	日本工業大学	三宅正二郎
	大東潤滑（株）	山中邦雄
	工学院大学	渡辺克忠

*現職，**就任時の所属

執筆者一覧

芦村伸哉	小原新吾	鈴木峰男	畠山　康
池島昌三	笠原又一	関口　勇	花田博甫
石橋　進	柏谷　智	関根敏彦	林　洋一郎
石渡正人	上屋舗　宏	高瀬忠明	林田一徳
伊藤晃逸	川邑正男	田川雅人	平塚一郎
今井和夫	川邑正広	武田　稔	平野元久
岩渕　明	久保俊一	竹山　亮	廣川欣之
上村正雄	桑山健太	田中章浩	広中清一郎
内山吉隆	小林光男	田辺佳明	武士俣貞助
梅田一徳	斎藤美也子	タン トロン ロン	渕上　武
梅原徳次	佐々木　彰	辻村太郎	不破良雄
遠藤敏明	佐分　茂	中島　剛	本多文洋
大西　豊	塩田重雄	西村　允	松本康司
岡田　健	塩谷泰宏	似内昭夫	三宅正二郎
荻原秀実	菅藤昭良	丹羽小三郎	望月俊秀
荻原長雄	杉本久典	能丸裕次	柳沢雅広
奥田康一	鈴木明雄	野坂正隆	山本　浩

目　次

I. 歴史編

1. 黒鉛（グラファイト） ……………… 3
    参考文献 …………………………… 4
2. 二硫化モリブデン（MoS$_2$） ……… 5
    参考文献 …………………………… 6
3. 高分子材料，複合材，軟質金属 ……… 8
    参考文献 …………………………… 8
4. 日本における固体潤滑の歴史 ………… 9
    参考文献 …………………………… 10

II. 産業編

1. 固体潤滑剤原料 …………………… 13
    1.1 二硫化モリブデン ………………… 13
        1.1.1 産地と世界の供給 ………… 13
        1.1.2 MoS$_2$の製法 ……………… 13
        1.1.3 産地・製法による依存性 …… 14
        1.1.4 MoS$_2$の性質と潤滑性状 …… 15
        1.1.5 MoS$_2$の主要用途 ………… 16
        参考文献 ………………………… 17
    1.2 炭素系材料 ………………………… 17
        1.2.1 黒　鉛 ……………………… 17
        1.2.2 炭素系新材料 ……………… 20
        参考文献 ………………………… 22
    1.3 ポリテトラフルオロエチレン（PTFE）
        ………………………………………… 23
        1.3.1 製　法 ……………………… 23
        1.3.2 各種フッ素樹脂の概要 …… 23
        1.3.3 充てん材入りPTFEの特徴 … 24
        1.3.4 フッ素樹脂添加剤 ………… 25
        参考文献 ………………………… 26
    1.4 二硫化タングステン（WS$_2$） …… 26
        1.4.1 産業用途 …………………… 26
        参考文献 ………………………… 28
2. 固体潤滑複合材料 ……………………… 29
    2.1 高分子系複合材料 ………………… 29
        2.1.1 ポリオレフィン系プラスチック・29
        2.1.2 ポリアセタール（POM：ポリ
             オキシメチレン） ……………… 29
        2.1.3 ポリアミド（PA） ………… 30
        2.1.4 ポリフェニレンサルファイド
             （PPS） ……………………… 30
        2.1.5 ポリテトラフルオロエチレン（PTFE）
             ………………………………… 30
        2.1.6 ポリエーテルエーテルケトン
             （PEEK） …………………… 31
        2.1.7 フェノール樹脂（PH） …… 31
        2.1.8 ポリアミドイミド（PAI） … 31
        2.1.9 ポリエーテルスルフォン（PES）・31
        2.1.10 液晶ポリマー（LCP） …… 31
        2.1.11 ポリマーアロイ・ブレンド … 31
        2.1.12 ナノコンポジット・有機/無機
             ハイブリット ……………… 32
        参考文献 ………………………… 33
    2.2 金属基複合材料 …………………… 34
        2.2.1 機械的方法による複合材料 … 34
        2.2.2 粉末冶金法による複合材料 … 34
        2.2.3 鋳造法による複合材料 …… 35
        参考文献 ………………………… 36
    2.3 炭素系複合材料 …………………… 36
        2.3.1 複合化の方法 ……………… 36
        2.3.2 黒鉛系複合材料 …………… 38
    2.4 セラミックス系複合材料 ………… 39
        参考文献 ………………………… 40
3. 固体潤滑被膜 …………………………… 42
    3.1 固体被膜潤滑剤 …………………… 42
    3.2 PVD・CVD法による被膜 ………… 43

4. 固体潤滑剤添加油・グリース ……… 44
　4.1 潤滑油への添加 ……………………… 44
　　4.1.1 ギヤオイル製品 ………………… 44
　　4.1.2 チェーンオイル製品 …………… 44
　　4.1.3 その他 …………………………… 45
　4.2 グリースへの添加 …………………… 45
　　4.2.1 モリブデン化合物の添加 ……… 46
　　4.2.2 他の固体潤滑剤の添加 ………… 46
　　参考文献 ………………………………… 47
　4.3 固体潤滑剤添加水ベース潤滑剤 …… 47
　　4.3.1 熱間鍛造用白色潤滑剤 ………… 48
　　4.3.2 冷間鍛造用潤滑剤 ……………… 48
　　参考文献 ………………………………… 49

III. 基礎編

1. 総　論 ………………………………………… 53
　1.1 固体潤滑とは ………………………… 53
　1.2 固体潤滑の利点，欠点 ……………… 53
　1.3 固体潤滑の原理 ……………………… 54
　　1.3.1 摩擦の原理 ……………………… 54
　　1.3.2 寿命と寿命に影響する要素 …… 55
　　参考文献 ………………………………… 58
　1.4 固体潤滑剤の種類 …………………… 58
　　参考文献 ………………………………… 59
　1.5 固体潤滑法 …………………………… 59
　1.6 固体潤滑の今後 ……………………… 61
2. 固体摩擦理論 ………………………………… 62
　2.1 摩擦の発生とCoulombの法則 ……… 62
　　参考文献 ………………………………… 63
　2.2 摩擦の凝着説 ………………………… 63
　　2.2.1 摩擦の凝着項 …………………… 63
　　2.2.2 摩擦の掘り起こし項 …………… 64
　　参考文献 ………………………………… 64
　2.3 固体摩擦の摩擦係数 ………………… 65
　　2.3.1 摩擦係数の考え方 ……………… 65
　　2.3.2 接触部の平均圧力 ……………… 65
　　2.3.2 塑性接触 ………………………… 67
　　参考文献 ………………………………… 67
　2.4 真空中の摩擦係数と摩耗粉の堆積 … 68
　　参考文献 ………………………………… 68
　2.5 固体潤滑と摩擦係数の荷重依存性 … 69
　　参考文献 ………………………………… 70
　2.6 摩　耗 ………………………………… 70
　　2.6.1 摩耗の基本形態 ………………… 70
　　2.6.2 比摩耗量 ………………………… 71
　　参考文献 ………………………………… 72
3. 固体潤滑法 …………………………………… 73
　3.1 固体被膜 ……………………………… 73
　　3.1.1 固体被膜潤滑法 ………………… 75
　　3.1.2 塗布膜（結合膜，焼成膜） …… 76
　　3.1.3 PVD膜，CVD膜 ………………… 79
　　3.1.4 固体被膜潤滑の留意点 ………… 85
　　3.1.5 固体被膜潤滑の長寿命化 ……… 88
　　参考文献 ………………………………… 89
　3.2 自己潤滑性材料 ……………………… 91
　　3.2.1 高分子系 ………………………… 91
　　3.2.2 炭素系 …………………………… 92
　　3.2.3 金属基系 ………………………… 93
　　3.2.4 表面被膜，その他 ……………… 94
　　参考文献 ………………………………… 95
　3.3 潤滑油・グリースへの添加 ………… 97
　　3.3.1 潤滑油への添加 ………………… 97
　　3.3.2 グリースへの添加 ……………… 102
　　参考文献 ………………………………… 108
　3.4 その他 ………………………………… 109
　　3.4.1 イオン注入 ……………………… 109
　　3.4.2 インピンジメント ……………… 113
　　3.4.3 ブラスト ………………………… 114
　　3.4.4 メカノケミストリー生成膜 …… 116
　　参考文献 ………………………………… 118
4. 固体潤滑剤各論 ……………………………… 120
　4.1 炭素系固体潤滑剤 …………………… 120
　　4.1.1 黒　鉛 …………………………… 120
　　4.1.2 ダイヤモンド …………………… 125
　　4.1.3 ダイヤモンドライクカーボン

　　　　（DLC） ………………… 129
　4.1.4 窒化炭素（CN） …………… 137
　4.1.5 ナノカーボン ……………… 140
　4.1.6 フッ化黒鉛 ………………… 144
　参考文献 …………………………… 147
4.2 遷移金属ジカルコゲナイド ……… 153
　4.2.1 二硫化モリブデン ………… 153
　4.2.2 二硫化タングステン ……… 162
　4.2.3 層間化合物 ………………… 163
　参考文献 …………………………… 167
4.3 窒化ホウ素（BN）………………… 168
　4.3.1 結晶構造 h-BN と c-BN …… 168
　4.3.2 化学的反応性 ……………… 169
　4.3.3 化学的摩耗と機械的摩耗の識別
　　　　………………………………… 169
　4.3.4 複合材としての有用性 …… 170
　参考文献 …………………………… 171
4.4 高分子固体潤滑剤 ………………… 171
　4.4.1 ポリテトラフルオロエチレン
　　　　（PTFE） ……………………… 171
　4.4.2 その他の高分子材料 ……… 177
　参考文献 …………………………… 189
4.5 軟質金属 …………………………… 191
　4.5.1 種類と物性 ………………… 191
　4.5.2 真空中における性能 ……… 191
　4.5.3 宇宙用途における性能 …… 192
　参考文献 …………………………… 192
4.6 セラミックス ……………………… 193
　4.6.1 セラミックスの分類と基本的特性
　　　　………………………………… 193
　4.6.2 アルミナ（Al_2O_3） ………… 194
　4.6.3 ジルコニア（ZrO_2） ……… 195
　4.6.4 ケイ素系セラミックス …… 195
　4.6.5 自己潤滑性セラミックス … 195
　参考文献 …………………………… 197
4.7 雲　母 ……………………………… 199
　4.7.1 絹雲母 ………………………… 199
　4.7.2 金雲母その他 ………………… 202
　参考文献 …………………………… 203
4.8 その他の固体潤滑剤 ……………… 203
　4.8.1 ワックス ……………………… 203

　4.8.2 メラミンシアヌレート（MCA）
　　　　………………………………… 204
　4.8.3 アミノ酸化合物 ……………… 204
　4.8.4 その他 ………………………… 204
　参考文献 …………………………… 205
5. 最先端の固体潤滑 …………………… 206
5.1 ゼロ摩擦 …………………………… 206
　参考文献 …………………………… 208
5.2 極低摩擦の実現 …………………… 209
　5.2.1 研究の背景 …………………… 209
　5.2.2 低摩擦の実現例 ……………… 210
　5.2.3 低摩擦発生の条件 …………… 213
　5.2.4 ミクロ接触とマクロ接触 …… 214
　5.2.5 摩擦面の将来設計に向けて … 214
　参考文献 …………………………… 215
5.3 特殊環境 …………………………… 215
　5.3.1 原子状酸素 …………………… 215
　5.3.2 紫外線 ………………………… 216
　参考文献 …………………………… 218
5.4 マイクロ・ナノトライボロジー … 219
　5.4.1 固体潤滑表面のマイクロ・ナノ
　　　　トライボロジー特性 ………… 220
　5.4.2 マイクロ・ナノトライボロジー
　　　　への応用の可能性 …………… 221
　参考文献 …………………………… 224
6. 試験法 ………………………………… 226
6.1 トライボロジー特性試験法 ……… 226
　6.1.1 はじめに ……………………… 226
　6.1.2 摩耗試験の種類 ……………… 226
　6.1.3 試験結果のまとめ方 ………… 230
　参考文献 …………………………… 230
6.2 機器分析法 ………………………… 231
　6.2.1 トライボロジーにおける機器
　　　　分析の位置づけ ……………… 231
　6.2.2 表面の情報とトライボロジー … 231
　6.2.3 さまざまな表面情報を得る手段：
　　　　機器分析 ……………………… 232
　6.2.4 トライボロジーにおける表面
　　　　分析法選択の基準 …………… 232
　参考文献 …………………………… 236

IV. 応用編

1. 固体潤滑剤の使用形態 ･････････････ 239
　1.1 粉末での使用 ･･････････････････ 239
　　参考文献 ････････････････････････ 239
　1.2 油, グリースへの添加 ･･････････ 239
　　参考文献 ････････････････････････ 240
　1.3 固体潤滑膜 ･･････････････････ 240
　1.4 固体潤滑剤のみよりなる固体潤滑膜
　　　･･････････････････････････････ 240
　　参考文献 ････････････････････････ 240
　1.5 潤滑性複合材 ････････････････ 240
　　参考文献 ････････････････････････ 241
　1.6 まとめ ･･････････････････････ 241
2. 固体潤滑剤の種類 ･･････････････････ 243
　2.1 分散液, ディスパージョン ･･････ 244
　2.2 ペースト ････････････････････ 245
　2.3 固体グリース ････････････････ 245
　2.4 乾燥被膜潤滑剤 ･･････････････ 245
3. 機械要素 ････････････････････････ 246
　3.1 すべり軸受 ･･････････････････ 246
　　3.1.1 単体型軸受 ････････････････ 246
　　3.1.2 被膜型軸受 ････････････････ 246
　　3.1.3 分散型軸受 ････････････････ 246
　　3.1.4 埋込み型軸受 ･･････････････ 247
　　参考文献 ････････････････････････ 248
　3.2 転がり軸受 ･･････････････････ 248
　　3.2.1 軟質金属系 ････････････････ 248
　　3.2.2 層状結晶構造物質 ････････ 248
　　3.2.3 高分子系 ･･････････････････ 249
　　3.2.4 高温環境下での適用 ･･････ 249
　　3.2.5 固体潤滑剤を適用した軸受の
　　　　　構成 ････････････････････ 250
　　3.2.6 固体潤滑剤の新たな試み ･･ 250
　　参考文献 ････････････････････････ 251
　3.3 シール ･･････････････････････ 251
　　3.3.1 メカニカルシールの構造 ･･ 252
　　3.3.2 メカニカルシール構成材料 ･･ 252
　　3.3.3 実使用環境とメカニカルシール
　　　　　の実用例 ･･････････････ 253
　　参考文献 ････････････････････････ 255
　3.4 歯車 ････････････････････････ 255
　　3.4.1 プラスチック歯車 ････････ 255
　　2.4.2 金属歯車の固体被膜潤滑 ･･ 257
　　参考文献 ････････････････････････ 258
　3.5 ねじ ････････････････････････ 259
　　3.5.1 締結用ねじ ････････････････ 259
　　3.5.2 運動伝達用ねじ ･････････ 260
　　参考文献 ････････････････････････ 261
4. 産業における応用 ････････････････ 262
　4.1 自動車 ･･････････････････････ 262
　　4.1.1 エンジン関係 ････････････ 262
　　4.1.2 駆動系 ････････････････････ 266
　　4.1.3 ブレーキ ･･････････････････ 267
　　4.1.4 電装部品 ･･････････････････ 269
　　4.1.5 シートベルト ････････････ 272
　　4.1.6 サンルーフ ････････････････ 274
　　4.1.7 自動車用座席シート ･･････ 276
　　参考文献 ････････････････････････ 278
　4.2 鉄道 ････････････････････････ 278
　　4.2.1 パンタグラフすり板 ･･････ 278
　　4.2.2 ブレーキ ･･････････････････ 281
　　4.2.3 床板 ･･････････････････････ 283
　　参考文献 ････････････････････････ 285
　4.3 OA・AV機器 ･･･････････････ 285
　　4.3.1 カメラ ････････････････････ 285
　　4.3.2 複写機・ファクシミリ・LBP ･･ 288
　　4.3.3 ハードディスク ･･････････ 289
　　4.3.4 VTR ･･････････････････････ 291
　　参考文献 ････････････････････････ 293
　4.4 産業機械 ････････････････････ 294
　　4.4.1 建設機械 ･･････････････････ 294
　　4.2.2 工作機械 ･･････････････････ 296
　　4.4.3 成形用機械 ････････････････ 297
　　4.4.4 発電プラント ････････････ 299
　　参考文献 ････････････････････････ 302
　4.5 ターボ機械 ･･････････････････ 302
　　参考文献 ････････････････････････ 305
　4.6 航空宇宙機器 ････････････････ 306
　　4.6.1 航空機エンジン ･･････････ 306

4.6.2 航空機機体·················· 307	4.12 クリーン環境················· 337
4.6.3 宇宙船・船体関係············ 309	4.12.1 軸受からの発塵特性······· 337
4.6.4 宇宙船・エンジン関連······· 315	4.12.2 軸受からのアウトガス特性··· 338
参考文献························· 317	4.12.3 産業における応用例········ 339
4.7 パワープラント················· 318	参考文献························· 340
参考文献························· 321	4.13 医療福祉機器··················· 340
4.8 構造物・橋梁建築関係··········· 322	4.13.1 X線機器·················· 340
4.8.1 橋梁関係···················· 322	4.13.2 介護ベッド················ 341
4.8.2 建築関係···················· 323	4.13.3 マッサージチェア·········· 343
参考文献························· 324	参考文献························· 344
4.9 住宅関連機器··················· 324	4.14 食品・化成品用高性能ポンプ···· 344
4.9.1 ブラインドシャッタ········· 324	4.15 スキーとワックス··············· 345
4.9.2 開閉機器装置················ 325	参考文献························· 347
4.10 塑性加工······················ 326	4.16 文　具························· 347
4.10.1 圧　延···················· 326	4.16.1 鉛筆芯···················· 347
4.10.2 プレス···················· 327	4.16.2 シャープ芯················ 348
4.10.3 引抜き加工················ 329	参考文献························· 349
参考文献························· 330	4.17 生活関連機器··················· 349
4.11 電気・電子機器················ 331	4.17.1 水道栓···················· 349
4.11.1 電気接点·················· 331	4.17.2 ホットプレート，内釜，フライ
4.11.2 変位センサ················ 333	パン························ 350
4.11.3 モータブラシ·············· 334	参考文献························· 352
参考文献························· 337	4.18 その他の応用例················ 352

V．資料編

固体潤滑関係の規格類················ 357	固体潤滑剤銘柄一覧 A：用途別仕様····· 364
固体潤滑剤の基本特性················ 359	固体潤滑剤銘柄一覧 B：様態別仕様····· 380
高分子材料の基本特性················ 360	産業編添付資料······················ 405

索引································ 409

略記号表

MoS_2	二硫化モリブデン	POM	ポリオキシメチレン（ポリアセタール）
WS_2	二硫化タングステン		
DLC	ダイヤモンドライクカーボン	PI	ポリイミド
		PPS	ポリフェニレンサルファイド
EP	エポキシ樹脂	PTFE	ポリテトラフルオロエチレン，四フッ化エチレン樹脂　商品名：テフロン
PA	ポリアミド，商品名：ナイロン		
PAI	ポリアミドイミド		
PEEK	ポリエーテルエーテルケトン	TPI	熱可塑性ポリイミド
PES	ポリエーテルスルフォン		

I. 歴 史 編

　本編で述べることは，黒鉛（グラファイト）に関してはPaxton[1]に，二硫化モリブデン（MoS_2）に関してはLansdown[2]に負うところが大きい．これらの文献によると，歴史上最初に現れた固体潤滑剤は黒鉛であり，次はMoS_2である．もっとも潤滑剤として認識されていたかどうかは定かでない．一方，わが国の文献で確認される最初の固体潤滑剤は滑石で，室町時代に書かれた『五代帝王物語』にある．筆者の知る限りではこれが，文献に現れた世界最初の固体潤滑剤使用例である．以下，黒鉛，MoS_2の順に話を進め，最後に日本における固体潤滑開発・研究の足取りを述べる．

1. 黒鉛（グラファイト）

　Dawson教授の大著「トライボロジーの歴史」によれば[3]，紀元前3500年に始まるシュメール文明とエジプト文明において，潤滑剤が使われていた．ドアのピボット軸受や車輪などの駆動機構はすでに実用になっていたから，摩擦を下げることは切実な問題だったに違いない．たとえば，製陶用ろくろの軸受や車輪付き運搬具の軸受は，獣脂や植物油で潤滑されていたと考えられている．また，ピラミッドや神殿などの巨石構造物を運搬し組み上げるのに，水に混合したモルタルや砂を潤滑剤として使ったらしい．とすれば，モルタルのもとである石膏や砂こそ人類史上最初の固体潤滑剤ということになるが，いささか強引かもしれない．

　黒鉛やMoS_2の存在はギリシャ時代にすでに知られていた．MoS_2のmolybdeniteは，ギリシャ語の"鉛に似たもの" lead-likeから由来しているという[4]．黒鉛も，鉛やMoS_2としょっちゅう間違えられながらも，存在が認識されていた．黒鉛の語源は，ギリシャ語の"書く" grapheinからきているとのことである[5]．その用途が行を揃えるための下線書き[6]だったということから，この名前が付いたのだろう．ただ，潤滑剤として使われたかどうかは不明である．ある時期，MoS_2は黒鉛より一般に出回っていたらしいが，用途ははっきりしない．

　中世以降忘れ去られていた黒鉛が再登場するのは，16世紀に入ってからである．1564年頃，イギリスのCamberland地方Borrowdaleに黒鉛鉱山が発見されると，黒鉛はすぐに筆記用具に使われるようになった[5]．金属の鉛に似ていたことから黒鉛-black lead-と呼ばれるようになったが，1779年，黒鉛が炭素の一形態であることが示され，10年後にはグラファイトという名前が提唱された[6]．しばしば混同されていた黒鉛とMoS_2が，別々の物質であるとわかったのは，Sheeleによってである．1778年彼は，硝酸と加熱することで二者を弁別した[7]．その頃には，マイカや黒鉛の滑りやすさも知られており，さらに米国，スリランカ，ロシアに高純度の黒鉛鉱が発見されるとともに，軽荷重の機械や織機の潤滑に使われるようになった．19世紀の特許には多数の出願例があり，潤滑剤として評価されていたことがわかる[6]．

　黒鉛の固体潤滑性を強く意識した記述が現れたのは，Saltoによるものが最初らしい．1906年彼は黒鉛をモータブラシに使用した場合を述べ，その自己潤滑性に言及した[8]．1910年頃から黒鉛は，蒸気タービンのシールに使われるようになった．1913年には軸受用として金属含浸黒鉛の特許が申請され[9]，さらに圧縮機の無潤滑ピストンリングに応用が広がった．しかしながら使用量は取るに足らなかった．

　一方，塑性加工の分野では，その頃，コロイダルグラファイトが米国人Achesonによって発明された．E. G. Achesonはカーボランダムの発明者として知られているが，カーボランダムを加熱すると純度の高い微粒子黒鉛が得られることを発見し，1896年特許を取得した．

　ところでイギリスのBorrowdale鉱山から出荷される黒鉛は，12％ものシリカ系不純物を含んでおり，潤滑剤として問題があった．これに対してAchesonの高純度黒鉛は，99.5％以上の純度を有していた．Achesonは潤滑剤としての黒鉛に着目し，潤滑油や水に混ぜても沈殿しない分散法を開発することに成功した[10]．この発明をもとに水にけん濁するコロイダルグラファイトが開発され，モリブデン，タングステンなど耐熱金属の線引き加工に使われるようになった．

　前述した黒鉛に混じる不純物は，MoS_2の開発過程でも大きな問題となっている．黒鉛添加油はAcheson以前にも多くの例があったと思われる．そのような黒鉛添加潤滑油が歴史に残らなかったのは，不純物への認識不足が主因だったと考えられる．不純物制御が可能となってようやく，再現

性のあるトライボ特性が得られるようになったのだろう．この点は MoS_2 にも当てはまる．

　話は第二次世界大戦中に飛ぶ．大戦中に高度20,000フィート以上を飛行する爆撃機において，ジェネレーターのカーボンブラシがダスティングと呼ばれる異常摩耗を起こし，数時間で摩耗することが観察された[11]．これは原因不明のまま，ブラシによう化鉛あるいはフッ化バリウムを添加することで解決された[12]．戦後この原因追及が，Savageの画期的な業績として名高い黒鉛の気体潤滑効果発見[13]につながる．

　黒鉛系材料の工業への適用が急増したのは，1950年代に入ってからで，ジェットエンジンのシールや原子力産業への応用が具体化してからである．1960年代になると，黒鉛-PTFE複合材が圧縮機のピストンリングに使われるようになった[14]．

　黒鉛産業およびその研究開発は成熟期に入ったかにみえたが，近年のダイヤモンド膜，ダイヤモンドライクカーボン膜（DLC膜），球状黒鉛（フラーレン），カーボンナノチューブ，ナノホーンの発見は，固体潤滑においても新しい応用分野を開きつつある．

参考文献

1) R. R. Paxton : Manufactured Carbon : A Self-Lubricating Material for Mechanical Devices, CRC Press (1979)
2) A. R. Lansdown : Molybdenum Disulphide Lubrication, Tribology Series, 35, Elsevier (1999)
3) D. ダウソン著：トライボロジーの歴史編集委員会訳，トライボロジーの歴史，工業調査会 (1977) 16.
4) 文献2の3ページ．
5) M. E. Campbell : Solid Lubricants, A Survey, NASA SP-5059 (1972) 2.
6) 文献3の133ページ．
7) L. Northcott : Molybdenum, Butterworths (1956). 文献2の3ページ．
8) S. Salto : Electrotech. Z., September 20 (1906). 文献1の1ページ．
9) C. Scott & W. Deats : U. S. Patent 1,053,881 (1913)
10) R. Szymanowitz : EDWARD GOODRICH ACHESON, A Biography, Vantag Press (1971) 366.
11) 文献1の6ページ．
12) F. J. Clauss : Solid Lubricants and Self-Lubricating Solids, Academic Press (1972) 67.
13) R. H. Savage : Graphite Lubrication, J. Appl. Phys, 19, 1 (1948) 1.
14) 文献1の135ページ．

2．二硫化モリブデン（MoS_2）

　18世紀大西部時代のこと，ロッキー山脈を越えようとした幌馬車の車軸潤滑に，道路傍に露出していた二硫化モリブデン鉱石を使ったとの説がある．ロッキーでは今でも二硫化モリブデン鉱の露天掘りをしているから，嘘のようなほんとの話かもしれない．1939年になってMoS_2の潤滑剤としての特許が成立しているが，そのきっかけとなったのは，PaulingとDickinsonによるMoS_2の結晶構造の考察らしい[1]．この時点で，結晶構造が低摩擦に関連することが明確に認識された．同時に多くの企業が，主として潤滑油への添加剤あるいは複合材の研究を進めるようになった．とはいえその頃のMoS_2粉末は，ものによっては15％もの不純物，それもしばしばアブレシブなシリカを含んでおり，潤滑剤として必ずしも適切なものではなかった．その結果は，矛盾した多くの評価結果となって現れたと考えられる．潤滑剤として使えるような高純度MoS_2が入手可能となったのは，1950年代に入ってからのことである[2]．

　記録に残るMoS_2の最初の実用例は，WestinghouseのBellとFindlayによるものである．彼らはX線管球の回転対陰極支持軸受の潤滑にMoS_2を使用し，運転に成功した[3]．

　第二次世界大戦が勃発すると，MoS_2はひそかに注目を集めた．ドイツではロケット兵器V1号の発射ランチャーに使われ，米国では航空エンジンに潤滑油添加剤として使われたといわれている．

　戦後になると研究開発は急速に進んだ．主導権をとったのはNASAの前身であるNACAで，1948年に報告を公開している[4]．特に1950年代に入り東側と西側の対立が激化すると，軍用機器の開発が盛んとなった．航空機，原子力機器，ロケットなど駆動機構使用条件の過酷化は，固体潤滑の研究開発を促進する原動力となった．最初のMIL規格はMoS_2粉末に関するもので，MIL-L-7866として1952年に制定されている[4]．

　このような広範囲にわたる研究開発を支えたのは，MoS_2のサプライヤーであるClimax Molybdenum Companyが発行していたテクニカルレター Molysulfide Newsであった．1952年には，同社はMoS_2の応用例として152例のリストを発表している[4]．

　MoS_2を固体潤滑膜として使うようになったのは比較的新しく，接着剤を使った被膜の米国特許は1940年代からである．例えばコーンシロップを結合剤としたMoS_2系固体潤滑膜の報告は，1942年に行われており[5]，工業用にMoS_2が試験されたのは1944年であった．固体潤滑に関する論文は，1947年までに10編しかなかったという[6]．

　何時の時代でもそうだが，有望らしいというだけで前例のない全く新しい分野に挑戦することは大変に違いない．それだけやりがいもあるだろう．問題が山積する中で，まず注目されたのは評価法である．潤滑油やグリースへの添加剤としての固体潤滑剤評価は，とりあえず四球式試験法をはじめとする潤滑油やグリースの既存の試験法を適用すればよい．これに対して固体潤滑膜については，評価法そのものが存在しなかった．そこで米国では，1953年 Air Force-Navy-Industry Conferenceにおいてまず航空機機体用の結合型固体潤滑膜の性能評価に関する議論が行われ，これが固体潤滑膜の評価用試験機を定めるCRC（Coordinating Research Council）計画へと発展した．この計画には，22の研究所が参加し，8種類の試験機について評価結果の再現性，信頼性を含めて評価した．その結果，すべり面を線接触で摩擦試験するFalex試験機が標準試験機として採用された．結果をまとめたCRCの報告書 No.419が公開されたのは，評価の議論がなされてから15年後のことであった[7]．このように報告の公開が遅れたのは，軍用に限りなく近い先端技術であったためと考えられる．本例だけでなく当時の米国における研究会の会議録，予稿などは，1980年代に入ってよ

うやく解禁となっている．

さて水面下はこのようであったが，水面上でなんの動きもなかったわけではない．各種固体潤滑剤の高圧下における摩擦特性[8]，Dual Rub Shoe試験機を用いた各種固体潤滑膜の評価結果[9]などが発表されている．

Falex型すべり摩擦試験機とDual Rub Shoe型すべり摩擦試験機の共通点は，低速で荷重を段階的に増加する点である．この頃の固体潤滑膜の開発目標が，航空宇宙，原子力など主として軍需，重工業向けであったため，摩擦条件として高面圧，低速，高温，極低温，耐放射線など極限条件が設定され，その要求に応えるかたちで試験機，評価法が定められたのである．したがってこれらの条件から外れる軽工業向け，軽荷重向けの固体潤滑法評価には，研究開発の余地が残されている．

話を宇宙時代の到来に戻すことにする．1957年ソ連が行った人工衛星スプートニクの打上げは，あらゆる面において世界に強烈な衝撃を与えた．宇宙利用は当初軍用に限られていたが，まもなく商業用および科学探査用へと広がった．

宇宙開発が始まるとすぐに，真空雰囲気という条件からくる宇宙機器駆動機構の不具合が続発した．いろいろな事故が報告されているが，なかには，地上での作動確認試験をやりすぎて，宇宙で動かそうとしたときには固体潤滑膜がすべり面から失われていたと推定される事故もある．このような事故が重なって，固体潤滑の研究開発に巨額の研究開発投資が行われるようになった．1960〜70年代のことである．その頃全米で，百台を越える真空槽が固体潤滑研究用に使用されたといわれている．その成果が出て1980〜90年代には，宇宙潤滑の技術は一応確立したと考えられる．

航空への応用に関しては，1959年の段階でBoeing B-52，KC-135，Boeing 707などの150〜200カ所の部品に固体潤滑膜が使用されたが，同年初飛行した超音速機X-15には固体潤滑剤はほとんど使用されなかった．ところが1964年に飛んだマッハ3の超音速爆撃機North American XB-70には1,000箇所以上に使用された[6]．固体潤滑剤しか使うことのできない代表的な応用例には，低速で高荷重を受けるGeneral Dynamicsの可変翼戦闘機F-111の高分子系可変翼軸受がある[10]．

固体潤滑剤の使用箇所が増えると，メンテナンスや補修が必要になってくる．米国海軍では，潮風に強い固体潤滑法の開発に加えて艦上航空機保守点検要員の教育が問題となった．保守要員はつねに油差しを持っていて，すぐにすべり面に給油する．これを固体潤滑膜にやられると，被膜はく離の原因となるというわけである．はく離した箇所の再補修も問題である．残った固体潤滑膜をきれいに取り去ってから塗膜処理しなければならないからである．固体潤滑剤の用途が広がるにつれ，再補修の問題も出てきた．

MoS_2を主体とする固体潤滑剤の適用は，その後，被膜や複合材の形で重工業から軽工業，民生用機器に拡大していった．自動車では，1955年のRolls-Royceによる懸架装置板ばねの潤滑に始まり，ジョイント，ヒンジ，ピン，さらにはエンジン油添加剤としても使われるようになった[11]．

参考文献

1) A. R. Lansdown : Molybdenum Disulphide Lubrication, Tribology Series, 35, Elsevier (1999) 4.
2) 文献1) の5ページ．
3) M. E. Bell & J. H. Findlay : Molybdenite as a New Lubricant, Phys. Rev. 59 (1941) 922.
4) A. R. Lansdown : Molybdenum Disulphide Lubrication, Tribology Series, 35, Elsevier (1999) 6.
5) H. S. Cooper & V. R. Damerell : U. S. Patent No. 2,156,803 (1939).
6) NASA CP123418, Application of Aerospace Technology in Industry.
7) Aviation, Fuel, Lubricant, Equipment Research Committee : CRC Report 419, Coordinating Research

Council, Inc. (1968).
8) J. Boyd & B. P. Robertson : The Friction Properties of Various Lubricants at High Pressures, Trans. ASME, 67, 1 (1945) 51.
9) B. C. Stupp : A Molybdenum Sulfide and Related Solid Lubricants, Lub. Engg, 14, 4 (1958) 159.
10) M. E. Campbell : Solid Lubricants A Survey, NASA SP-5059 (1972) 41.
11) A. R. Lansdown : Molybdenum Disulphide Lubrication, Tribology Series, 35, Elsevier (1999) 7.

3. 高分子材料，複合材，軟質金属

　高分子材を固体潤滑剤として使用する試みは，第二次世界大戦前に始まっていた．その機械的強度を補強するため，初期から複合材として開発が進んだようである．1947年頃と思われるがPTFEの低摩擦性が明らかとなると，1952年にはPTFE複合材の市販が始まっている．さらに1950年代には，ポリアミド（商品名：ナイロン）に続いてポリプロピレン，ポリカーボネートの導入が始まり，1960～70年代には，ポリイミド，ポリアミドイミド，PPSのような耐熱性高分子のしゅう動部材への応用が進んだ[1]．現在では，経済性，クリーンさ，無保守，振動・騒音吸収性など他の潤滑剤にない特徴が評価されて，家電，OA機器をはじめとする軽工業製品，自動車，鉄道車両，航空機などの輸送用機器，一般機械，建設機器などに大量に使用されている．

　高分子複合材は低温に強いが高温に弱い．高温用として開発されたのが金属系複合材である．その研究開発は，1950年代にNASA Lewis航空推進研究所で始まった．Johnsonらはホットプレス法により銀，銅，MoS_2の混合粉末を焼結成型し，トライボ特性を調べた．Champbellらは真空中高温での転がり軸受潤滑を目的として400種以上の材料の組合せを試験し，MoS_2系複合材保持器で真空玉軸受の高温高速試験に成功した．その後，研究開発の主体は民間企業に移り，Boeing，Westinghouse，Lockheed，Hughesなど米国の航空宇宙関連企業が極限潤滑用として本材の研究開発を活発に行った[2]．

　代表的な固体潤滑剤3種類のうち，層状構造物質と高分子材料について述べてきたが，残る軟質金属はどうであろうか．鉛，スズ，亜鉛，金，銀などが挙げられるが，いずれも当初は固体潤滑剤として特に意識されないまま使われてきたと思われる．ホワイトメタル，バビットメタルのような内燃機関用すべり軸受となると，スタート・ストップ時や過酷な使用条件から，固体潤滑剤としての作用を期待して使ったと考えられる[3]．文献上に現れる軟質金属系固体潤滑剤は銀に始まる．Lewinは超高真空で汚染のない潤滑剤として銀めっきを推奨した[4]．

　活発な研究開発を反映して，1960～1970年代の米国学会誌，論文集には，毎号のように固体潤滑の論文が掲載された．第1回固体潤滑国際会議が米国デンバーで開催されたのは1972年である．以後1978年，1985年と第2回，第3回が開催された．その後途絶えているのは，この頃から米国では，産業としての固体潤滑が成熟期に入ったためであろう．

参考文献

1) J. C. Anderson : The wear and friction of commercial polymers and composites, in K. Friedrich ed Friction and Wear of Polymer Composites, Elsevier (1986) 329.
2) A. R. Lansdown : Molybdenum Disulphide Lubrication, Tribology Series, 35, Elsevier (1999) 6.
3) シュトリベック他著，吉武立雄訳：現代軸受の誕生，新樹社 (2003) 119.
4) G. Lewin : Fundamentals of Vacuum Science and Technology, McGraw-Hill (1965) 188. 次からの引用：A. Contaldo : Silver Plating as a Lubricant in Ultrahigh Vacuum Systems, J. Scientific Instr. (1966) 1510.

4. 日本における固体潤滑の歴史

　これまでみてきたように海外における固体潤滑の研究開発は，軍事用というきなくさい臭いが常につきまとってきた．このことが，その成果を民生用に展開する際の障害となってきたと考えられる．わが国では，この点が希薄である．

　年配の方々はそろばん塾を覚えておられると思う．小学生時代，「ねがいましては」で始まる手指の運動に一時を過ごしたものだ．腕が上がるにつれて，玉の動きを早くするために，白い粉をすべり面に撒いた覚えもある．今から思えば，この白い粉が固体潤滑剤とのつき合いの始まりであった．白い粉は滑石（ケイ酸塩）と思われる．滑石は，軟らかく可塑性に富み，タルカムパウダあるいはタルクとして知られている．滑石のもつ色が白いという特性も好まれた理由に挙げられるだろう．色が白いと衣服などに付着しても汚れた感じを与えないからである．

　実は，文献に現れる世界最初の固体潤滑剤は滑石であり，第87代四条天皇の崩御に関わっている．『増鏡』では子供らしいいたずらと書かれているこの事件は，室町時代に書かれた作者不詳の『五代帝王物語』に詳細がある．仁治3年（1242年）のこと，「主上あどけなく，近習，女房らを倒して笑わせ給はんとて，弘御所に滑石の粉をぬり置かれけるに，主上悪しくして御転倒ありけるを・・・」とある[1]．後頭部を打って2日後に四条天皇は崩御された．これより当時，すべり摩擦の低下に滑石が使われていたことがわかる．貴族の間では土器を転がす遊びが流行し，それに滑石を使ったという話もある．滑石は，記録に現れた世界最初の固体潤滑剤使用例ということになる．

　江戸時代に使われていた固体潤滑剤には，滑石以外に米ぬかがある．木製の水車は，軸側に菜種油と米ぬかの練り物を埋め込んで潤滑されていたという[2]．これは，固体潤滑剤埋込み型軸受のはしりであるとともに環境適合型生分解性潤滑剤のさきがけともいえる．こんなふうに，意識することなくわれわれは，固体潤滑剤のお世話になってきたのである．

　固体潤滑剤という用語がでてくるのは，第二次世界大戦前の潤滑に関する教科書からである．潤滑剤の教科書をひもとくと[3]，固体潤滑剤（石墨）という項がある．中身は，滑石，石けん石，雲母および石墨などの鉱石が潤滑剤の役割を演ずることは古くから知られていたが，固体潤滑剤として利用されているものは石墨のみである，として，アシェルソン（アチソンの誤りか？）のアクアダック，オイルダックを紹介している．アクアダックは，分散剤を混ぜた黒鉛粉である．油あるいは水中で安定して分散状態を維持する分散剤としてタンニン酸を見出したのがみそである．さらに単独で用いる場合として，油の混入を嫌う製菓機，油汚染を嫌うレース製造機，製瓶機やめっき装置のような高温になる機械を挙げ，石墨が有効な潤滑剤であるとしている．

　アクアダック，オイルダックなどコロイダルグラファイトは，1913年に米国アチソン社より輸入されるようになり，塑性加工用，特にタングステンの線引き用に欠かせないものとなった．タングステンの細線は白熱電球に使われる．第二次世界大戦が始まる前にマツダランプの東芝は，十分な量のコロイダルグラファイトを確保したが，戦争が始まるとたちまちタングステンが底をつくようになり，余ったグラファイトは戦後までもちこされたそうである．

　前述の教科書には，二硫化モリブデンは登場していない．その頃日本では，MoS_2 は潤滑剤として知られていなかったのである．MoS_2 が固体潤滑剤として使用できることは，第二次世界大戦中に撃墜された爆撃機B29の調査からわかってきた．川邑正男氏によれば，どの部位に使われていたか不明であるが潤滑油は黒色をしていた．その油を放置して沈殿した黒色粉が，MoS_2 であることがわかったという．米国では潤滑油添加剤として MoS_2 が実用されていたのである．

MoS_2 は1953年に日本に導入された．添加エンジン油による自動車走行試験が防衛庁，地方自治体，運輸業者により行われ，一定の評価が得られたが[4]，なかなか商売に結びつかなかった．知名度が上がり商売になるきっかけとなったのは，1969年東名高速道路が完成してからである．当時の国産車では，高速運転でオーバーヒートが続出した．これを防ぐ方法として，MoS_2を添加したエンジン油が使われるようになり，その名が知られるきっかけとなった[5]．

一方，官学でも固体潤滑に関心が集まるようになり，1965年赤岡純氏を中心に固体潤滑剤調査分科会が日本機械学会に作られ，情報収集・交換が始まった．1972年には日本潤滑学会に，松永正久氏を主査として固体潤滑研究会が結成された．会は津谷裕子氏に引き継がれ，氏の積極的な活動によって拡大成長し現在に至っている．津谷氏こそ固体潤滑の今日をもたらした大恩人である．現在固体潤滑研究会は，産官学の総力を結集した研究会として定期的な研究会やシンポジウムの開催，共同研究などを活発に進めてきており，わが国における固体潤滑研究・開発・普及の原動力となっている．

追記

榎本祐嗣氏の著書[6]によれば，江戸時代，敷居やそろばん，からくり人形の駆動機構潤滑にイボタロウという固体潤滑剤が使われていたという．これは，貝殻虫の一種であるイボタロウムシの貝殻もどきの部分（蝋分）を漉したものである．このユニークな固体潤滑剤は，今でも市販されているとのことである．

参考文献

1) 渡邊光敏：天皇とは，彩流社（2002）333．
2) 技能の友編集部：機械要素のハンドブック，大河出版（1992）61．
3) 山口文之助：潤滑剤及び潤滑法，山海堂（1939）147．
4) 山中邦雄氏による．
5) 淵上 武：固体潤滑のあゆみ，固体潤滑研究会30年誌，固体潤滑研究会集委員会編（2003）73．
6) 榎本祐嗣：トライボロジー千一夜 輪形の石，新樹社（2009）32．

II. 産 業 編

　固体潤滑が本格的に産業の中で利用され始めてからまだ半世紀ちょっとしか経っていない．代表的な固体潤滑剤として広く知られている二硫化モリブデンですら，日本で「知名度が上がり商売になるきっかけとなったのは，1969年東名高速道路が完成してからである．」（歴史編）というから，旧版の固体潤滑ハンドブックが刊行された1978年頃は，固体潤滑産業はいわばニッチの状態であった．しかし，その後の飛躍的な発展があり，現在では日常生活のあらゆるところに固体潤滑が活用されている．

1. 固体潤滑剤原料

1.1 二硫化モリブデン[1]

1.1.1 産地と世界の供給

現在,潤滑用の高純度二硫化モリブデン(MoS_2)を商業的に産出できる地域は大半が米国にあり,コロラド州のヘンダーソン鉱山とアイダホ州のトンプソンクリーク鉱山が有名である.中国では国内向けに,陝西省にある金堆城モリブデン鉱山で生産されている.モリブデン鉱石であるMoS_2は,モリブデンを含む銅鉱石からの副産物として銅鉱山でも採取されるが,銅分その他の不純物が多く含まれるので潤滑用には適さない.潤滑用に使用されるMoS_2は,表1.1に示されるような組成の天然モリブデン原鉱石中からモリブデナイトを取り出し,高純度に精製したものである.現在,世界全体で潤滑剤として使用されるMoS_2の使用量は年間約2,000 tといわれている.日本の使用量は米国,欧州に次ぎ世界三位である.

表1.1 モリブデン原鉱石の組成(代表例)

鉱物	重量,%
Quartz(石英)	60〜70
Orthoclase Feldspar(石英)	20
Plagioclase Feldspar(斜長石)	5
Pyrite(黄鉄鉱)	3
Biolite(黒雲石)	2
Molybedenite(モリブデナイト,二硫化モリブデン原石)	0.3〜0.45

1.1.2 MoS_2の製法

MoS_2の製造工程は,図1.1に示すように原鉱石を鉱山から取り出す場合,まず鉱内でダイナマイトを用いて爆破し,貨車で搬出できる程度の大きさにしてから破砕工程に送られる.破砕工程では,まず巨大なクラッシャでボールミルに入れられる程度の大きさまで破砕する.次にボールミルを用いて鉱石を325メッシュ程度に粉砕するが,同時に浮遊選鉱工程と組み合わせてMoS_2の純度を上げていく.このボールミルと浮遊選鉱を多段方式で数回繰り返し行い,原鉱石中ではMoS_2の純度が0.3から0.45%であったものをMoS_2だけを選別していき,潤滑用は最終的に98%以上に純度を上げる.

表1.2 浮遊選鉱剤成分

薬剤	使用量	使用目的	添加する工程
松根油	16 g/トン	起泡剤	75%ボールミル,25%浮遊選鉱
ベイパーオイル	350 g/トン	捕集剤	75%ボールミル,25%浮遊選鉱
界面活性剤	15 g/トン	界面活性効果と起泡	75%ボールミル,25%浮遊選鉱
石灰	140 g/トン	pH調整剤	ボールミル
ケイ酸ソーダ	230 g/トン	スライム分散剤	ボールミル
ノークス試薬	14 g/トン	鉛抑制剤	ボールミル

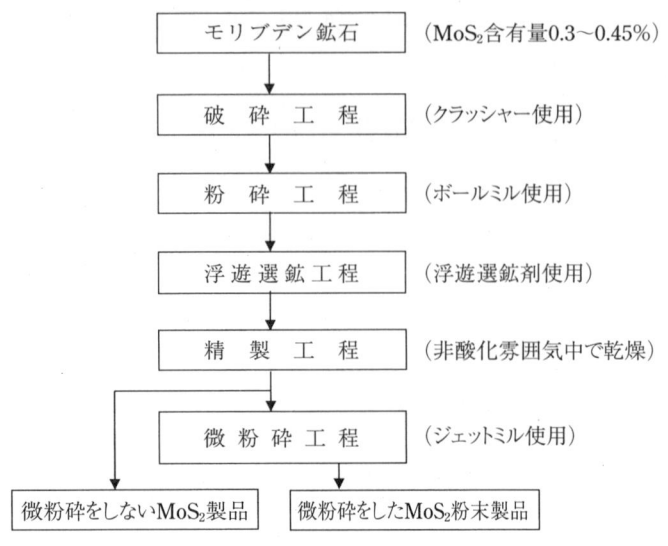

図1.1　二硫化モリブデンの製造工程

表1.3　最終浮遊選鉱剤成分例

薬剤	使用量	使用目的	添加する工程
ベイパーオイル	400 g/トン	捕集剤	浮遊選鉱
青化ソーダ	11 g/トン	パイライト抑制剤	浮遊選鉱
ノークス試薬	410 g/トン	鉛抑制剤	ペブルミル
Dowfroth	14 g/トン	起泡剤	浮遊選鉱
Nalco1801	3 g/トン	凝集剤	シックナー

　浮遊選鉱工程では，まず粉砕された鉱石粉末と水および浮遊選鉱剤が混合されパルプ（鉱泥）となり，空気の泡で吸着しやすい状態にして，MoS_2を物理化学的処理により選択的に安定な泡として浮上させ，パルプ中の残渣と選別捕集する．浮遊選鉱剤には起泡剤，捕集剤，界面活性剤，スライム分散剤，pH調整剤などを使用し，各薬剤の特有の機能を発揮させ，MoS_2の純度が98％以上になるように粉砕と浮遊選鉱を繰り返し行う．鉱石フィードをベースにした浮遊選鉱剤の種類，使用量は各鉱山の鉱石の不純物成分により大きく異なる．表1.2の浮遊選鉱剤成分は，表1.1に示した鉱石組成の場合の一次薬剤の使用例である．表1.3は，最終の浮遊選鉱工程で使用される選鉱剤成分の例である．

　浮遊選鉱工程から出てくるMoS_2には水分，油分が7％程度含まれているので，精製工程で完全に除去し，ドラム式乾燥機で乾燥後に製品になる．しかし，用途によりさらに細かい微粒子粉末も要求されるため，ジェットミルを用いてさらにサブミクロンに粉砕されて製品になるものもある．

1.1.3　産地・製法による依存性

　MoS_2の産地により原鉱石の大部分を占めるシリカの性状が大きく異なるので，精製方法が異なる．一例を挙げると，米国ヘンダーソン鉱山のモリブデン原鉱石中のシリカは柔らかいため，浮遊選鉱で精製したMoS_2は98％以上の純度で充分潤滑剤用に適用されるが，以前日本で産出されていたモリブデン原鉱石は同じシリカでも非常に硬いため，98％程度の純度では潤滑剤としては使用が無理で，シリカ分を取り除くため，浮遊選鉱後にさらにフッ酸処理を行って，99％以上の純度にし

なければ使用できなかった．また，不純物成分の鉄分は潤滑剤用には最も好ましくないため，鉄分の低いMoS_2が適切である．鉄分は生産工程からも混入されるため，工程中にマグネットを数箇所に設置して，微量の鉄分を取り除く．

実用面では使用されるMoS_2の粒子の大きさにより三つのグレードに大別されている．典型的な一例を挙げると，クライマックス社では粒度をFSSS (Fisher sub-sieve sizer)で5ミクロン，0.7ミクロンと0.45ミクロンに分けている．通常，粒子の大きさはFSSSで測定した値を用いているが，他の測定法で測定された値とは大きく異なるので，注意が必要である．

MoS_2の表面は微粉砕後，空気に触れると酸化されやすい．そのため微粉砕時に極くわずかな量のオイルを添加して表面酸化を防止している．特に微粉砕グレードの市販の0.7ミクロンおよび0.45ミクロンのMoS_2には0.2％のオイル分が含まれている．用途により，この油分が悪影響を及ぼす場合には，溶剤を用いて除去した後，使用される．

表面酸化の程度は酸価の数値で示され，微粉砕された粉末程，酸価の値は大きくなる．微粉砕された粉末を1週間程度，空気中に放置すると，酸価の数値は約2倍になるので，酸化防止のため微粉砕粉末にはオイルが添加される．

1.1.4 MoS_2の性質と潤滑性状

MoS_2は化学的にはMoと硫黄が共有結合で結ばれている．黒鉛（グラファイト）同様，六方晶系の結晶で多数の薄片が重なり合った層状格子構造をもつ．薄片はMo原子とS原子2個がサンドイッチ状になっており，1μmのMoS_2層には1,630個の薄片が積み重なっている．1片層は0.616 nmで，わずか25 nmの厚さの被膜でも39個のへき開面をもつ40個の分子の薄層と，その被膜の上下両面に各1個の結合面を有する．S-Mo-Sの素層間の結合は弱く，また相隣接するSとSの電荷は反発するため，素層間は互いにすべり，へき開する．硫黄原子は金属に対し強い親和性を有するため，MoS_2の層は金属面に優れた密着性を示す．表1.4にMoS_2の特性値を，表1.5に一般潤滑用MoS_2の化学分析値を

表1.4 二硫化モリブデンの特性

分子量	160.06
色	灰黒色
比重	4.8〜5.0
融点	1480℃（真空下 1600℃で分解）
硬度	1 モーススケール
	29 ビッカース硬度（基面）
	60 ヌープ硬度（基面）
熱伝導率	0.13 W/m・K @ 40℃
	0.19 W/m・K @ 430℃
摩擦係数	0.03〜0.06
熱膨張係数	10.7×10^{-5}/K（基面）

表1.5 市販の潤滑用グレードMoS_2の化学分析値

	微粉砕されていないグレード	微粉砕されたグレード
粒度，μm	3〜5	0.7
酸価	0.05	0.5
MoS_2	98.2 %	98.0 %
Acid insoluble	0.4	0.4
Fe	0.15	0.15
MoO_3	0.05	0.05
Carbon	1.10	1.10
Oil	0.03	0.20
H_2O	nil	0.05

示す．

1.1.5 MoS_2 の主要用途

MoS_2 の潤滑特性を有効に利用する方法として，乾燥した粉末の形のままで使用されることも多い．その他，プラスチック，エラストマー，金属の粉末焼結品などの複合材料に MoS_2 粉末を添加して自己潤滑性を与える用途もあるが，通常，二硫化モリブデン潤滑剤と呼ばれるものは，ペースト，グリース，オイルに分散させたディスパージョン，コンパウンド，ボンデッド・コーティング（乾性被膜潤滑剤）等を指すことが多い．

二硫化モリブデン潤滑剤は使用形態により分類されているが，その種類は多岐にわたる．それは要求される潤滑上の諸条件に応じて，MoS_2 の含有量を変えなければならないし，媒体になる物質（油，水，金属セッケン，樹脂バインダなど）や，その他の主要な添加剤の選択を変えて製造されるためである．製造方法は多種多様であり，また各製造メーカーのノウハウに属するため，一般には公開されていない．しかし製品の概要をつかむため，二硫化モリブデン潤滑剤の使用形態をベースに分類し，それぞれの MoS_2 含有量，用途，利点を簡単にまとめたものを表1.6に示す．以下に各使用形態の簡単な説明，特徴を記す．

(1) ペーストとは，鉱油，合成油，シリコーン油等をベースに MoS_2 を配合してペースト状にしたものである．
(2) グリースは最も広範囲に MoS_2 が利用されている製品であり，金属セッケングリース，複合セッケングリース，シリコーングリース等に MoS_2 を特殊に配合したものである．
(3) ディスパージョンとは各種分散剤を使用して，ギヤ油，エンジン油，ポリアルキレングリコールあるいは水をベースに，MoS_2 を安定に分散したものである．
(4) コンパウンドとは，金属セッケンと MoS_2 を配合した固形状のものをいう．

表1.6 MoS_2 の使用形態と工業的用途

使用形態	MoS_2 含有量	用途	潤滑上の利点
ペースト	50〜65%	機械の組立，ならし，圧入，ねじ接合部，スプライン，ベアリング	フレッチング防止，焼付き・かじり防止，トルクの低減
グリース	1〜25%	ボールベアリング，ローラベアリング，スプライン，バルブ，シャーシ，カム，コンベア，ねじ	摩擦摩耗の防止，温度の低下，ノイズ防止，給油の延長
ディスパージョン	0.5〜5.0%	工業用ギヤ油，エンジン油，減速機，ブッシング，スライド	燃費の節減，温度低下，摩擦摩耗の防止，機械寿命延長
コンパウンド	5〜15%	線引き用，冷間金属加工	ダイス寿命の延長，かじり防止，焼付き防止
ボンデッド・コーティング	30%	ねじ，スクリュー，工具，スイッチ，ベアリング，バルブ，ギヤ，スライド	低摩擦摩耗，重荷重，高温低温，耐薬品性，耐放射線性
コンポジット	2〜80%	ギヤ，スライド，ベアリング，ブッシングシール，ゲイジ，リテーナ，ブレーキパッド	耐摩耗性向上，重量軽減，ノイズ防止，保守の軽減，コスト低減
パウダ	100%	圧入，打抜き，スタンピング，深絞り，冷間鍛造	金属やダイスのかじり，焼付き防止，かじり防止，フレッチング防止

(5) ボンデッド・コーティング（乾性被膜）は，MoS_2，バインダ，キャリア（溶剤）から成り立つ製品のことで，ドライ状態で潤滑効果をもたせるものである．バインダ（結合剤）には有機系，無機系のものが用いられる．有機系バインダとしてはエポキシ樹脂，フェノール樹脂，アクリル樹脂，アルキッド，変性フェノール，PPS樹脂等がある．無機系バインダとしてはケイ酸ソーダ，酸化ホウ素などが高温用に用いられる．バインダの硬化条件を常温硬化型と熱硬化型に分類することもある．乾性被膜は MoS_2 の他に補助剤としてグラファイトや酸化アンチモンを配合することが多い．

(6) コンポジット（複合材）には，MoS_2 を含有するプラスチックコンポジット（高分子複合材）とメタルコンポジット（金属複合材）がある．プラスチックコンポジットは，一般にエンジニアリングプラスチックとの組合せが多い．たとえばナイロン6，ナイロン12，キャスティングナイロン，PTFE，フェノール樹脂，エポキシ樹脂，ポリアセタール，ポリエチレン，ポリプロピレン，PPS，PBTなどの樹脂に MoS_2 を添加し自己潤滑性をもたせたものである．ナイロンのような結晶性樹脂では，MoS_2 が結晶核として作用し，結晶化度の向上に役立つと報告されている．メタルコンポジットとは，たとえば銅，鉄の粉末焼結製品に MoS_2 を含有させ，自己潤滑性をもたせたものである．

参考文献
1) Technical Information, Climax Molybdenum Company

1.2 炭素系材料

1.2.1 黒　鉛

炭素は宇宙で4番目に多く存在すると考えられている元素であり，この炭素の固体の1種類として，黒鉛が古くから知られている．天然黒鉛はいつごろから人に知られていたかは明らかではないが，16世紀中頃にイギリスで鉱石が発見され，鉱物としての記載は18世紀中頃である．本項では天然黒鉛の現状について概説する．

(1) 黒鉛の種類

黒鉛は大別して人造黒鉛と天然黒鉛に分けられる．その分類の仕方はいろいろある．表1.7にその一例を示す．天然黒鉛は結晶により鱗状黒鉛と土状黒鉛に分類される．鱗状黒鉛は形状により鱗片状黒鉛と鱗状黒鉛に分類され，鱗片状黒鉛は外観が鱗状の薄い形状である．鱗状黒鉛の形状は塊状である．また土状黒鉛の外観は土状または土塊状である．

表1.7 黒鉛の種類

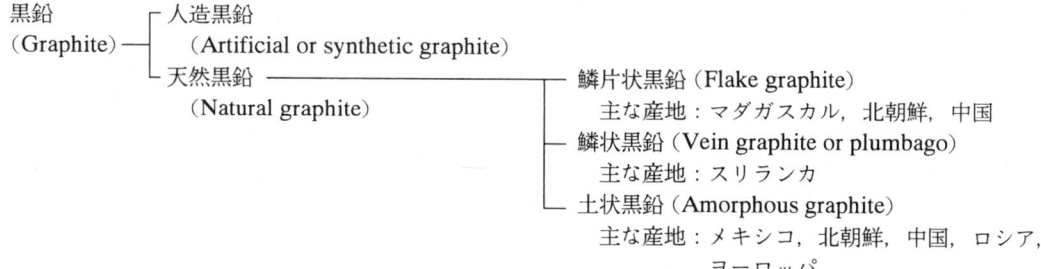

(2) 成因[1)]

天然黒鉛の種類は表1.7のように3タイプに分けられるが，その成因も3タイプが考えられている．

(a) 鱗片状黒鉛：岩石が地殻変動を受けて片麻岩，結晶片岩，石英岩のような再結晶岩石を形成するときに，その岩漿から揮発成分（CO，CO_2）が岩石中に浸透し，還元されて生じた炭素が結晶して堆積したものと考えられている．

(b) 鱗状（塊状）黒鉛：地中深部においてケイ酸に富んだペグマタイトガスが石灰石と反応して炭酸ガスを生じる．この時岩漿が徐々に固結し多量のガスが岩石の割れ目に集中し還元され，黒鉛として成長して黒鉛鉱床を形成させたものと考えられている．

(c) 土状黒鉛：炭素質に富む水成岩または石炭層が熱変成作用を受けて炭素質が再微結晶して新しく黒鉛鉱床を生じたものと考えられている．

(3) 産地・採掘

天然黒鉛は非常に広く分布しており，各大陸において産出している．しかし経済的に採掘できる大きな鉱床は限られており，市場への供給源は鱗片状黒鉛が中国，マダガスカル，インド，ウクライナ，ブラジルなどであり，近年ではカナダ，オーストラリアも供給源となってきている．鱗状黒鉛の供給源はスリランカだけである．土状黒鉛の供給源は中国，韓国，北朝鮮，メキシコなどである．日本の黒鉛鉱山は北海道の音調律，岐阜の天生，富山の千野谷にあったが，現在はすべて閉山となっている．天然黒鉛の埋蔵量は世界的にみてかなりの数量（10億t）になると思われるが，詳細は不明である．

鱗片状黒鉛は鉱石中に5〜25％点在しており，露天掘りで大規模に採掘されている．鱗状（塊状）黒鉛は黒鉛鉱脈を形成しており，夾雑物が少なく品位は80％以上である．採掘は鉱脈に沿って地中へと掘り進んでいく坑道掘りである．土状黒鉛は品位70％以上の鉱脈を坑道掘りしている．表1.8に主な鉱石の灰分化学分析結果を示す．不純物組成は産地によるその成因や岩石組成を反映して少し異なった値を示す[2)]．

表1.8 原鉱石の灰分化学分析（代表，％）

	SiO_2	Al_2O_3	Fe_2O_3	MgO	K_2O	TiO_2
中国	69.12	16.14	8.73	1.11	1.25	1.59
スリランカ	57.52	15.75	14.05	2.87	3.28	0.30
マダガスカル	43.77	31.27	18.59	1.59	0.47	0.56
日本	51.39	30.10	7.11	2.06	3.28	1.31

(4) 製造

天然黒鉛粉末の製造方法は精錬，粉砕，分級の三つの構成としてとらえることができる．

(a) 精錬：精錬工程は一般の鉱物と同じように浮遊選鉱による．鉱石を粉砕し浮遊選鉱を繰り返すことにより純度を上げていく．こうした物理的な精錬によって98％ぐらいの純度を得ることができる．土状黒鉛では95％ぐらいが限度である．これ以上の純度が要求される場合はアルカリ，酸を使う化学的な精錬法が用いられ，不純物として存在しているシリカ，アルミナ，鉄などを溶かし出している．

(b) 粉砕：黒鉛は性状的に非常にやわらかい物質であり，多結晶的な粒子の集合からなっているため，粉砕方法（粉砕機，粉砕機構）によって，生成粒子に特徴（形状など）が現れることになるので要求に応じた粉砕方法（粉砕機）を選ぶことが重要視されている．

(c) 分級：粗粒は篩分け工程により行う．粒子に振動を与えながら篩の上を流し選別する揺動式が主である．粒径が50μm以下のものについては風力分級（ミクロンセパレータ）で行われる．

(5) 輸　入

日本で使用される天然黒鉛は全て輸入品である．2003年の鱗状（鱗片状・塊状）黒鉛の輸入量は3.6万tであり，1995年の5.7万tを境にかなり減少している．土状黒鉛の輸入量は8.5万tであり1998年の4.3万tを境にかなり伸びている．1995～2007年の13年間の輸入量を表1.9に示す．国別に見た場合，鱗状黒鉛，土状黒鉛ともに中国からの輸入がほとんどであり，約90％を占める．鱗状黒鉛で次に多いのがスリランカであり2003年は5.3％を占めている．2003年の土状黒鉛は中国と北朝鮮の2国だけである．

表1.9　天然黒鉛の輸入統計表（単位：t）

年	鱗状黒鉛	土状黒鉛
1995	53,022	39,027
1996	34,710	52,319
1997	41,604	43,609
1998	33,216	42,989
1999	34,696	76,919
2000	42,372	101,524
2001	34,604	108,936
2002	31,159	75,415
2003	36,342	85,179
2004	36,577	138,991
2005	38,049	133,101
2006	37,053	165,254
2007	39,756	238,753

(6) 用　途

黒鉛粉末としての用途は非常に多様である．表1.10に多様な用途例を示す．われわれが日常生活において直接目にすることがあるのは鉛筆芯，シャープ芯ぐらいである．しかし，日常なにげなく使用しているものの中にも多く使われており，たとえば各種電池，自動車のブレーキ，モータのブラシ，ブラウン管等々に使われている．また，潤滑性，離型性を活用したものは熱間・温間塑性加工をはじめ各工業界における製造工程で広く使用されている．最近では導電性を活用してインクを製造し，基板の回路として使われている．

表1.10　黒鉛粉末の用途

用途	説明
鉛筆・シャープ芯	木製鉛筆芯は黒鉛粉末と非常に微細な粘土を，シャープ芯は黒鉛粉末と樹脂を，混練りした後押し出し成形し焼成したものである．
電池	一次・二次電池で導電材として使われている．最近のリチウムイオン電池では負極そのものとして使われている．
電機ブラシ	黒鉛の二大特長の潤滑性と導電性を活用したものである．スリランカ産の鱗状黒鉛が主として使われているが，機械によっては人造黒鉛のブラシも使われる．
ブレーキ	パッドとライニングがあり，人造黒鉛が主に使われているが，天然黒鉛も使われている．
粉末冶金	鉄系，銅系の機械部品等々に強度，潤滑性を目的として使われている．
耐火物	黒鉛含有耐火物は古くから精鋼・製鋼などの分野で使用されている．輸入黒鉛の70～75％がこの分野で使用されている．
塑性加工	各種金属の熱間，温間鍛造の潤滑剤，離型剤として微粒子黒鉛を水等に分散させたものをスプレーで型に吹き付け，その被膜潤滑が利用されている．

1.2.2 炭素系新材料

フラーレン（C_{60}）のトライボロジーに関する文献[4～8]が現れたのはその発見（1985年）[9]から8年後以降である．1991年にはカーボンナノチューブ（CNT）が発見[10]され，その8年後以降にはマイクロトライボロジー特性[11～13]や複合材料としてのトライボ特性[14～16]の研究が行われた．その他に，カーボンオニオン[17,18]，ナノダイヤモンド[19]（クラスタダイヤモンドとも呼ばれる），カーボンナノホーン[20]，グラファイトボール（Gボール）[21]と称されるいろいろなナノサイズのカーボンのみによる材料が見出され，それらのトライボロジー材料としての評価がされている[22～29]．

上記カーボンのみで構成される超微細粒子は通常では凝集・凝膠体であり，これらの一次粒子は，1～99 nmの大きさをもち，総称をナノカーボンと称している[30]．

ナノカーボン（ダイヤモンドを除く）の大量合成に適した製法を表1.11に示した．アーク法は，CNTが発見された方法[10]であり，アルゴンと水素が1:1の混合気体雰囲気としたチャンバ中に，近接した黒鉛棒を陰極と陽極に配置し，直流の大電流を通電すると電極間の放電による炭素の蒸発と再結晶化により，チャンバの内壁にはフラーレンが，陰極にはカーボンナノチューブが堆積することを利用した方法である．

表1.11 ナノカーボンの製法

製法		原料	生成物
アーク放電法		黒鉛	多層ナノチューブ
レーザ蒸発法		黒鉛	フラーレン（YAGレーザ），単層ナノチューブ（金属添加黒鉛，YAGレーザ），ナノホーン（CO_2レーザ），グラファイトボール（CO_2レーザ）
CVD法	化学気相成長法	炭素化合物	多層ナノチューブ
	流動触媒法	炭化水素	多層ナノチューブ
	基板成長法	アセチレン/アルゴン	単層ナノチューブ，多層ナノチューブ
HiPco (High Pressure CO disproportionation)		CO/Fe	単層ナノチューブ

レーザ蒸発法は，黒鉛ターゲットが入った容器（石英管）にアルゴンガスを流しながら加熱炉で1,200℃に加熱しつつYAGレーザまたはCO_2レーザを照射して，炭素の蒸発，再結晶化によりナノカーボンを生成させる方法である．黒鉛にYAGレーザを照射するとフラーレンが，また金属を添加した黒鉛にYAGレーザを照射すると金属を核として単層ナノチューブが成長する．高出力CO_2レーザを室温，アルゴンガス0.1 MPaの雰囲気下で黒鉛に照射するとナノホーン[20]が，0.8 MPaの圧力下においてはグラファイトボール（Gボール）[21]が生成する．ナノホーンとGボールは固体潤滑材としても有望な材料である[28,29]．

CVD（Chemical Vapor Deposition；化学蒸着）法は，炭素化合物を500～1,200℃で金属触媒を介してCNTを生成する方法であり，炭素化合物の種類，金属触媒の種類等により表1.11のような各種方法がある．化学気相成長法は炭素化合物ガスを触媒で反応させてCNTを合成する方法である．流動触媒法は反応器内で炭化水素を分解して浮遊させた金属などの超微粒子等を触媒としてCNTを合成する方法である．基板成長法は原料ガスとゼオライトやアルミナなどの細孔に担持させた触媒を利用したり，金属基板をエッチングしたりする方法を用いてCNTを合成する方法である．これらの詳細は文献[31]を参照いただきたい．単層のCNTを合成するにはHiPco（High Pressure CO disproportionation)[32]と呼ばれる方法があり，販売も行っている．これは高圧の一酸化炭素を触媒の鉄カルボニルと急激に反応させることで単層CNTが得られる方法である．2004年Hataら[33]はCVD法の基板成長法において，水分が触媒活性の発現，持続を促進することを見出し，それを用いて単層CNTの成長速度がきわめて早い合成技術を開発した．これはHiPco法より安価で高純度な大量合成技術として期待されている．

表1.12にナノカーボンの企業化動向を示した．他にもいくつかの企業で販売され，または計画中も多くある．ナノカーボンのコストは今後の大量生産技術の確立と応用分野における需要の成否にかかっている．

表1.13は人工ダイヤモンドの製法および企業化動向を示したものである．黒鉛衝撃法と爆発法がナノダイヤモンドの製法であり，高温高圧法は粗い粒度のダイヤモンド粉，CVD法は基板へダイヤ

表1.12 ナノカーボンの企業化動向例

企業	製法	製品	備考
A社	CVD法（炭化水素触媒分解法）	多層ナノチューブ	1時間当たり約200グラムの生産能力（1日当たり数キログラムに相当）を確認した．
A社	CVD法（流動触媒法）	カーボンナノファイバ（VGCF）	販売（価格50円/g以下）
B社	CVD法（炭化水素触媒分解法）	多層ナノチューブ	サンプル出荷（価格100円/g以下）
C社	アーク放電法	フラーレン	販売（2500円/g）
C社	アーク放電法	多層ナノチューブ	販売（1800円/g）
D社（米国）	CVD法（炭化水素触媒分解法）	多層ナノチューブ	多層ナノチューブそのものは販売せず，樹脂に添加したマスターバッチを販売
E社（米国）	HiPco	単層ナノチューブ	米国ライス大のベンチャー企業から販売（10万円/g）

表1.13 人工ダイヤモンドの製法および企業化動向

製造法（原料）	発表者（発表年）	形態（平均サイズ）	備考
高温高圧法（黒鉛＋鉄系触媒）	F. P. Bundy 他[34]（1955）	正八面体系単結晶（50 μm）	企業化（アメリカ）
黒鉛衝撃法（火薬，黒鉛，銅粉）	P. S. DeCarli 他[35]（1961）	多結晶（1～2 nm）	企業化（アメリカ）
爆発法（TNT + RDX）	Volkov 他[19]（1963）	多面体単結晶（4～5 nm）	企業化（ロシア，中国）
爆発法（火薬）	S社[36]（1991）	多結晶二次的集合体（0.05～20 μm）	企業化（日本）
熱フィラメントCVD法（メタン，水素）	Seiitchiro Matsumoto 他[37]（1982）	多結晶薄膜（厚さ 数 μm）	企業化（日本，アメリカ）
マイクロ波プラズマCVD（メタン，水素）	S. P. Hong 他[38]（2002）	多結晶薄膜（結晶粒5～15 nm）（厚さ<1 μm）	研究中（日本）

モンド膜を合成するのに適している．ダイヤモンド粉については，ナノダイヤを含めてフラーレンやCNTなどのナノカーボンより企業化が進んでいて入手しやすいのが特徴である．詳細については文献[19,25,39]を参照いただきたい．

参考文献

1) 石川雅夫他：新しい工業材料の科学別冊，金原出版（1967）21.
2) 文献1）の22頁．
3) 井伊谷鋼一他：最新粉粒体プロセス技術集成．産業技術センター（1974）269.
4) B. Bhushan, B. K. Gupta, G. W. Van Cleef. C. Capp and J. V. Coe：Trib. Trans., 36 (1993) 573.
5) 浅川寿昭：固体潤滑シンポジウム予稿集（1995）15.
6) 広中清一郎・浅川寿昭・吉本　護・鯉沼秀臣：Journal of the Ceramic Society of Japan 105, 9 (1997) 756.
7) B. K. Gupta, et al.：Lubrication Engineering, 50, 7 (1994) 524.
8) 曽根康友，他：トライボロジー会議予稿集（金沢1994-10）9.
9) H. W. Kroto, J. R. Heath, S. O'Brien, R. F. Curl and R. E. Smalley：Nature, 318 (1985) 162.
10) S. Iijima：Nature, 354 (1991) 56.
11) M. R. Falvo, et al.：Nature, 397, 21 (1999) 236.
12) K. Miura, et al.：Nano Letters, 1, 3 (2001) 161.
13) Boris Ni, et al.：Surface Science, 487 (2001) 89.
14) Dae-Soon Lim, et al.：Wear, 252 (2002) 512.
15) L. Y. Wang, et al.：Wear, 254 (2003) 1289.
16) J.-W. An, et al.：Wear, 255 (2003) 677.
17) S. Iijima：J. Crystal Growth, 50 (1980) 675.
18) D. Ugarte：Nature, 359 (1992) 707.
19) 大澤映二：砥粒加工学会誌，47, 8 (2003) 6.
20) S. Iijima, M. Yudasaka, R. Yamada, S. Bandow, K. Suenaga, F. Kokai, K. Takahashi：Chemical physics letters, 309 (1999) 165.
21) F. Kokai, K. Takahashi, D. Kasuya, A. Nakayama, Y. Koga, M. Yudasaka, S. Iijima：Applied Physics A, 77, 1 (2004) 69.
22) 垣内孝宏・平田　敦：精密工学会誌，67, 7 (2001) 1175.
23) 平田　敦・五十嵐正記：精密工学会誌，69, 5 (2003) 683.
24) 岡田勝蔵：固体潤滑シンポジウム予稿集（2001. 11. 29-30）23.
25) 花田幸太郎：砥粒加工学会誌，47, 8 (2003) 14.
26) 高津宗吉，他：トライボロジー会議予稿集（東京2001-5）187.
27) 高津宗吉，他：トライボロジー会議予稿集（宇都宮2001-11）233.
28) 梅田一徳・糟屋大介・A. Maigne・田中章浩・湯田坂雅子・飯島澄男：トライボロジー会議予稿集（仙台2002-10）431.
29) 古賀義紀：産業技術総合研究所　ナノカーボン研究センター編，ナノカーボン材料，丸善（2004）116.
30) 大澤映二：セラミックス，39, 11 (2004) 892.
31) 湯村守雄・吾郷浩樹・大嶋　哲・斉藤　毅：産業技術総合研究所　ナノカーボン研究センター編，ナノカーボン材料，丸善（2004）178.
32) 同上，p. 184

33) K. Hata, Don N. Futaba, K. Mizuno, T. Namai, M. Yumura, S. Iijima : Science, 306 (2004) 1362-1365.
34) F. P. Bundy, H. T. Hall, H. M. Strong and R. H. Wentorf, Jr. : Nature, 176 (1955) 51.
35) P. S. DeCarli and J. C. Jamieson : Science, 133 (1961) 182.
36) http://sumitomocoal.co.jp/dia/
37) S. Matsumoto, Y. Sato, M. Kamo and N. Setaka : Japanese Journal of Applied Physics 21, 4 (1982) L 183.
38) S. P. Hong, H. Yoshikawa, K. Wazumi, Y. Koga : Diamond and Related Materials, 11, 3 (2002) 877.
39) 清水健博:砥粒加工学会誌, 47, 8 (2003) 2.

1.3 ポリテトラフルオロエチレン(PTFE)

　PTFE (Polytetrafluoroethylene：四フッ化エチレン樹脂) に代表されるフッ素樹脂は，米国デュポン社の登録商標であるテフロン® でよく知られており，耐熱性，耐薬品性，電気特性，非粘着性，低摩擦性など数多くの優れた特徴をもっているが，その特徴はフッ素原子に起因しているものがほとんどである．2002年のフッ素樹脂の国内生産量は約2万1千tであり，国内需要は約1万tであった．国内需要は2000年の1万4千tをピークに，2002年は1万tまで落ち込んだが，これには半導体産業の冷え込みが大きく影響している．

　PTFEは優れた特徴をもっているが，純PTFEは耐摩耗性が低く，耐クリープ性も不十分であった．そのため，PTFEに適切な充てん材を添加することにより，固有の優れた低摩擦性をそこなわず耐摩耗性を飛躍的に向上し，耐クリープ性も改善することができ，無潤滑状態でのベアリング，圧縮機のピストンリング，各種シール材として自動車，建設機械，建築，土木分野などに広く使用されている．

　本節では，まずPTFEの製法，各種フッ素樹脂の概要に触れた後，固体潤滑材料として幅広い用途に使用されている充てん材入りPTFEの特徴について紹介する．また，各種プラスチックのしゅう動特性を改良する添加剤として使用される低分子量PTFEの特徴についても併せて紹介する．

1.3.1 製　法

　フッ素樹脂は，ほたる石(主に中国で産出)とクロロホルムを主原料として製造される．TFE樹脂をつくるには，ほたる石と硫酸を反応させてフッ化水素を生成させる．このフッ化水素とクロロホルムを触媒により脱塩酸反応させ，HCFC22を生成する．次にHCFC22を高温で熱分解させるとTFEモノマーができる．このTFEモノマーに熱と圧力をかけ重合させると，非常に長い直鎖状のTFE樹脂が得られる．

1.3.2 各種フッ素樹脂の概要

(1) **TFE樹脂 (PTFE：四フッ化エチレン樹脂)**

$$-(CF_2-CF_2)_n-$$

代表的なフッ素樹脂であり最も多く使用されている．特性として，耐熱性，耐薬品性，電気特性(高周波特性)，非粘着性，自己潤滑性に優れる．

(2) **PFA樹脂 (四フッ化エチレン・パーフルオロアルキルビニルエーテル共重合樹脂)**

$$-(CF_2-CF_2)_m-(CF_2-CFOR_f)_n-$$

　　　　R_f：パーフルオロアルキル基

PTFEに匹敵する特性をもち，かつ複雑な形状でも熱溶融成形ができる．半導体工業分野での使用が多い．

（3）FEP樹脂（四フッ化エチレン・六フッ化プロピレン共重合樹脂）

$$-(CF_2-CF_2)_m-(CF_2-CFCF_3)_n-$$

PTFEに比べ若干，耐熱性は劣るが他の特性は同等である．熱溶融成形ができる．電線被覆材料の使用が多い．

（4）フッ素樹脂添加剤

フッ素樹脂添加剤は，他の材料に添加混合し容易に分散できるようにした低分子量PTFEで，しゅう動特性を改良できる粉末である．低分子量PTFEの製法には，直接低分子量PTFEを重合する方法と高分子量PTFEに放射線を照射したり熱分解するなどして低分子量化する方法がある．製法の違いにより粒子径，粒度分布，分子量，分子量分布が異なる．

1.3.3 充てん材入りPTFEの特徴

PTFE自身のもつ優れた性質，すなわち低摩擦性，耐熱性，耐薬品性等を基本的に変えることなく，耐摩耗性，耐クリープ性，圧縮強さ，剛性，熱伝導率，線膨張率などの機械的・熱的性質を改良した原料が充てん材入りPTFEである．

表1.14 PTFE充てん材の種類と特徴

充てん材	
グラスファイバ	・耐摩耗性をよく改良する ・耐薬品性に優れ，特に酸，酸化剤に強い ・電気特性をほとんど損なわない ・アルカリには侵される ・グラファイト，MoS_2と組み合わせて用いることがある
カーボン	・空中，水中いずれの耐摩耗性もよく改良する ・耐クリープ性をよく向上し，高温高荷重下で他に比し優秀である ・広範囲の腐食性雰囲気に耐える ・グラファイトと組み合わせて用いられることが多い
グラファイト	・グラスファイバ，カーボンにも併用され，下記の特性を改善する ・摩擦，摩耗特性を改良する ・柔らかい相手金属の摩耗を減ずる ・腐食性雰囲気に耐える
ブロンズ	・耐クリープ性，圧縮強さ，寸法安定性，硬さをよく向上させる ・熱伝導率を最もよく向上させるため，製品の熱放散がよい．したがって耐摩耗性もよい ・化学反応性，電気伝導性であるため，耐薬品性と電気絶縁性は低下する
二硫化モリブデン	・単独で用いず，グラスファイバなどに併用する ・ガラス単独に比し，耐クリープ性，曲げおよび圧縮強さ，硬さ，耐摩耗性を向上する ・自身が潤滑剤で，低摩擦特性に優れる ・初期摩耗時間を短くする
炭素繊維	・特性改良はカーボン/グラファイトと同様であるが，含有量が少なくて効果が上がる ・引張り強さ，伸びはカーボン使用より優れる ・空中，水中いずれの耐摩耗性もよく改良する ・常温，高温とも耐クリープ性は最高である ・腐食性雰囲気に耐える

(1) 充てん材の選択

充てん材としては，PTFEの焼成温度，すなわち約400℃に耐え，化学反応を起こさない物質であればすべて候補となりうる．したがって，多くの無機物（ガラスファイバ，カーボン，ブロンズ，二硫化モリブデンなど）および一部の有機物（耐熱性樹脂）はこの条件を満たす．充てん材の種類と特徴について表1.14に示す．

(2) 改良される物性

充てんすることにより改良される物性として以下が挙げられる．

(a) 耐摩耗性が最高1,000倍近く向上する．
(b) 耐クリープ性が常温で1.5～4.5倍（変性PTFEベースの場合2～6倍），高温で1.5倍に向上する．
(c) 曲げ弾性率が2～3倍に増加する．
(d) 硬さが10～30％増加する．
(e) 熱伝導率が最高2倍に増加する．
(f) 線膨張率が約1/2に減少する．

ただし，充てん材の種類や成形方法によるが，電気特性の低下，耐薬品性の低下，ボイド含有量の増加，吸水率の増加する場合があるので注意を要する．充てん材入りPTFE（テフロン®）の銘柄と物性は，「V.資料編」の産業編添付資料の表1～5を参照されたい．

(3) ベースレジンの影響

一般に充てん材入りPTFEのベースレジンとしては，充てん材との絡みの良いタイプのものが使用されてきた．しかしながら，耐クリープ特性の要求が強まり，通常の充てん材入りPTFEではこの要求を満たすことができないため，ベースレジンとしてTFEと微量の他のモノマーを共重合させた変性PTFEを使用することにより圧縮クリープ特性を向上することができる．ベースレジンの違いによる物性の比較は「V.資料編」の産業編添付資料の表3を参照されたい．

1.3.4 フッ素樹脂添加剤

フッ素樹脂添加剤は，通常使用される高分子量PTFEよりはるかに分子量が小さいため，添加された材料への分散性が良く混合しやすい．また，高分子量のPTFEと同じ分子構造をもつため，潤滑性，離型性，耐熱性などの優れた性質は同等である．ただし，高分子量のPTFEと違って圧縮成形や押出し成形用の樹脂として使用することができない．

フッ素樹脂添加剤は耐摩耗性の向上，摩擦係数の低下，表面に付着する異物の減少および表面改質するために，プラスチック，インク，塗料，エラストマー，潤滑剤等に使用される．フッ素樹脂添加により改良される特性として以下が挙げられる．

(a) 熱可塑性樹脂の耐摩耗性，摩擦特性，限界PV値，しゅう動特性，非粘着性が向上する．
(b) インクや塗料の耐引っかき性，耐摩耗性，摩擦特性，耐ブロッキング性が向上する．
(c) エラストマーの低摩擦性，耐摩耗性，引裂き強度が向上する．
(d) 潤滑オイルやグリースの潤滑性や初期トルクが向上する．

フッ素樹脂添加剤の代表的な銘柄と物性および用途例は，「V.資料編」の産業編添付資料の表4, 5を参照されたい．

フッ素樹脂に関するさらに詳細な事項については，ハンドブック[1～3]を参照されたい．

参考文献

1) 黒川孝臣編：フッ素樹脂ハンドブック，日刊工業新聞社 (1990).
2) 日本弗素樹脂工業会：フッ素樹脂ハンドブック (1998. 6改訂七版).
3) 三井・デュポンフロロケミカル㈱：テフロン® 実用ハンドブック (1990).

1.4 二硫化タングステン（WS_2）

1.4.1 産業用途

(1) カーボンブラシへの添加

広い温度範囲でカーボンブラシの摩耗を減少し，寿命を延長するためには，一般には他の固体潤滑剤と併用されることが多く，その場合は混合比などが重要である[1]．固体潤滑剤の酸化安定性や残存量と摩擦係数との関係は，複合材料を設計する場合の重要な指針になる．また文献[1]では，黒鉛粉にWS_2，MoS_2，BNの平均粒径3 μmの微粒子をそれぞれ各種割合（いずれも5 wt％以下）で添加したブラシについて，100 Vの交流整流子モータに組み付け，負荷電流2 A，回転数11,000 rpmで回転させた場合の耐久時間を比較している．この結果少量添加でコストダウン，摩耗量減少および寿命延長の点でWS_2が最も有効であるとしている．

(2) ワックス

クレーンの車輪，レール，キルンタイヤなどの高温高圧部用などに使用されるワックスに，WS_2添加オイルのマイクロカプセルを含有するワックスが開発され，摩耗防止に著しい効果が得られている（図1.2）．

(3) ペンシル

WS_2の微粒子を特殊結合剤で固めて芯材とし，これを紙巻して鉛筆状としたものが，カメラやその他精密機械のしゅ動部に塗布され，嵌合や潤滑の目的で使用されている．

(4) 乾燥被膜潤滑剤

WS_2はMoS_2より酸化温度が高いなどの長所をもちながらその使用量が少ないのは，高価なためである．したがって何らかのバインダを用いて乾燥被膜潤滑剤として使用するが，この場合バインダの耐熱温度が一般にMoS_2より低いために，WS_2を用いるメリットがなくなり，使用実績は少なくなっている．

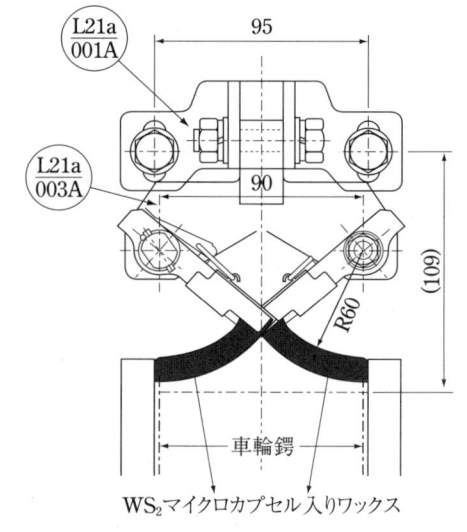

図1.2 クレーンレール用フランジワックス塗布器

しかしWS_2の耐熱性を有効利用するために，現在はバインダを用いず，WS_2を目的とする面に直接，高速で衝突させて素材表面に打ち込んで被膜を形成させるインピジメント法の適用が拡大されている．

この方法の特色は次の通りである．

- バインダを含有していないためWS_2の潤滑性がフルに発揮される．
- 被膜厚さは0.5 μm程度でこれ以上厚くならないために，仕上げ面の精度に影響を与えることなく，初期の寸法調整の必要がない．また極薄膜使用のため固体潤滑剤の価格差は無視される．
- 金属のみならず，ゴム，プラスチック，セラミックおよびガラスなどの下地材料に適用可能で

ある.

- バインダ,ソルベント含有液状製品の場合のように垂れ落ちることなく,ベアリングのボールやレース,自動車のピストンやリングのような曲面など,あらゆる複雑な形状に処理可能である.また加熱しないために一般には熱ひずみ,熱応力の懸念がない.
- この方法はNASAなどで特殊目的に使用されていたが,現在では世界各国で金型寿命の延長,ベアリングの精度維持,自動車の円滑なランニングインなど適用は拡大されている.たとえばピストンリングが1日1工場で数万本処理されている.
- PVDやCVD,NiやCrめっき膜のような鏡面に対しては,処理時間を長くしても打込みは困難で効果は期待し難い.これはインピジメント法に限らず一般の潤滑でも同様であり,油溜まりがないためで対策としてポーラスめっきなどが行われている.

(5) メタルコンポジット

WS_2 をメタルコンポジットとして用いる場合,たとえば図1.3に示すように,蒸着装置等の真空槽内駆動部にSUS301とWS_2の複合材料が用いられ,摩擦面にWS_2が転移,被膜形成により週単位の寿命が3～4年と飛躍的に延長されている[2].このメタルコンポジットは生産合理化によるコスト低減によりその用途が徐々に拡大されている.

(6) WS_2 含有潤滑剤

WS_2含有のペースト,オイル,グリースは,WS_2の耐熱性を利用してMoS_2などの固体潤滑剤含有のものより高温で用いられ得る.広中らは[3,4],WS_2,MoS_2およびSnS_2の金属二硫化物添加のグリースについて,ファレックス試験機による潤滑性と熱分析結果の相関性を検討し,WS_2の耐熱性と極圧性の優位性を示唆している.またSnS_2もMoS_2に匹敵する潤滑剤であることを示している.その結果の一部を図1.4と図1.5に示す.

図1.3 ミラクルピロー(硬球2個おきに白く見える複合材料円柱体を挟み使用)

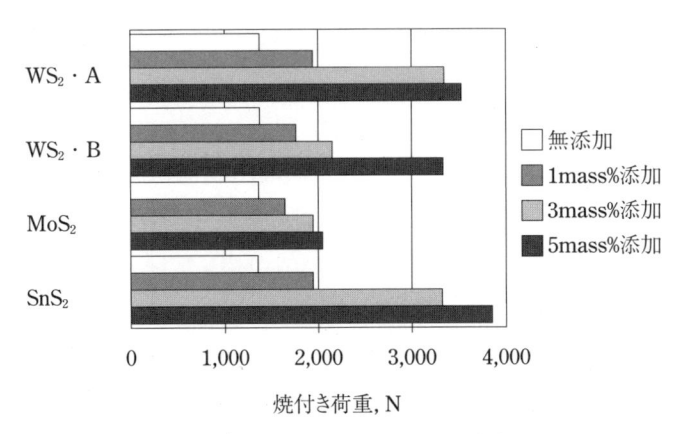

図1.4 各種固体潤滑剤の焼付き試験結果

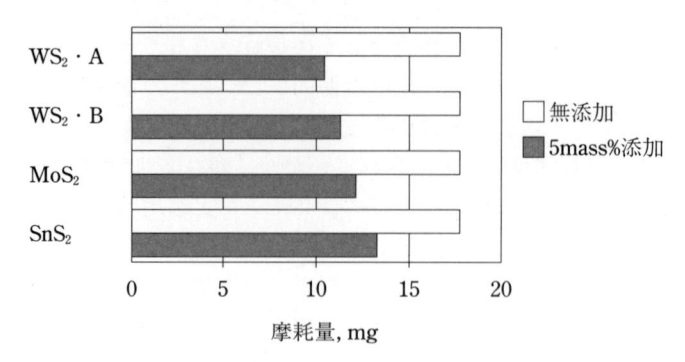

図1.5　摩耗試験結果（150 rpm, 980 N, 30 min）

参考文献

1) 渡辺克忠：固体潤滑剤シンポジウム予稿集 (2001) 109.
2) 冨士ダイス株式会社カタログ，すべる金属．
3) 宮本隆介・小林克則・広中清一郎・渕上　武：トライボロジー会議，東京 (2004-5) 113.
4) 広中清一郎・岩井邦明・生田博将・脇原将孝・渕上　武：トライボロジー会議，東京 (2005-11) 323.

2. 固体潤滑複合材料

2.1 高分子系複合材料

　プラスチック系材料は自己潤滑性が優れ，無潤滑・境界摩擦状態で極低温から200℃程度の温度範囲で使用される．トライボロジー特性と機械的強度や使用温度の目安である荷重たわみ温度は，しゅう動性フィラー，固体潤滑剤，強化材との複合化によりいっそう改善され，また最近では耐熱性の優れたスーパーエンプラと呼ばれる材料の開発と相まって，高限界PV値，高荷重・高速用分野の対応が可能となり，従来の使用領域を越えた精密しゅう動部品への応用が広がっている．これらの複合材は身近かなOA・AV，モバイル機器，家電，福祉機器，自動車部品の軽量化としゅう動機構部のメンテナンスフリー化を可能にし，快適な生活を支えている．

　ポリテトラフルオロエチレン（PTFE），ポリイミド（PI），ポリアミドイミド（PAI），ポリエーテルエーテルケトン（PEEK），液晶ポリマー（LCP）などのスーパーエンプラの使用形態は，黒鉛，二硫化モリブデンなど固体潤滑剤と同様なフィラー的使用手法も用いられるが，多くはベースマトリックスとして，またバインダ材として用いられる．

　プラスチック系複合材の形態は，黒鉛，二硫化モリブデンなどとの複合化，プラスチックとのポリマーアロイ・ブレンドおよび少量の硬質フィラーの充てんにより改善効果のあるナノコンポジット・有機/無機ハイブリット化へ発展している．以下に，プラスチック系複合材料の最近の研究と実用化状況を，種類別に述べる．

2.1.1 ポリオレフィン系プラスチック

　オレフィン系はプラスチック材料中で最も軽量で，しゅう動音吸収性，化学的安定性が優れ，分解性ガスの発生が少なく，価格も比較的安価で，市販グレードもある．最近開発されたポリプロピレン系複合材（X0205）は新しい改善技術として微量のフィラー効果と結晶化度のコントロールにより，図2.1に示すように最も代表的なトライボマテリアルであるPOMと同程度の特性を示し，注目される[1]．

　超高分子量ポリエチレン（UHMWPM）は軽量で耐摩耗性，化学的安定性が優れ，医療用材として研究が多く行われている．連続UHMWPE繊維強化HDPEのすべり摩耗改善[2]，繊維強化UHMWPEの配向性と摩耗挙動[3]など同種材料の組合せによる改善が特徴の一つである．

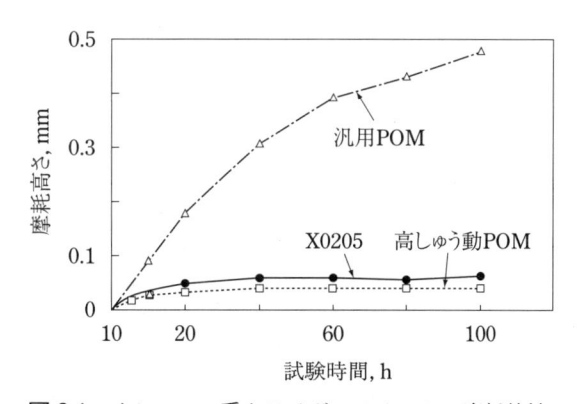

図2.1　オレフィン系トライボマテリアルの摩耗特性

2.1.2 ポリアセタール（POM：ポリオキシメチレン）

　POMは強度，価格，成形性のバランスがとれたプラスチックであり，最も広く使用されている．炭化ケイ素の微量充てんと結晶化コントロールによりトライボロジー特性の優れた図2.2に示すグレードが開発されている[4]．近年はポリマーアロイ・ブレンド（2.1.11参照）による開発が活発で多

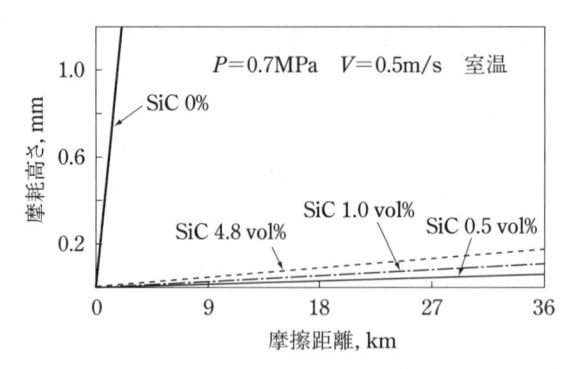

図2.2　無充てんおよびSiC充てんPOMの摩耗深さと摩擦距離の関係

くのグレードが上市されている.

2.1.3 ポリアミド（PA）

PAはエンジニアリングプラスチックとして広く使用されており，6，12，46，66，610などのグレードや吸水性と耐熱性を改善したPAMXD6，PPA，PA6T，PA9T芳香族系など多くの種類がある．カーボンナノチューブにカーボンの沈積層を成長させた直径150 nmの極細カーボン繊維とPA66との複合材は直径0.2 mm，歯数6枚の射出成形歯車に応用された[5]．CuO，PTFE[6]，CaS，CaO，CaF$_2$[7]入りPA，ホワイトオイル，ワックス含油ポリアミドの摩擦，限界PV特性[8]の研究が行われている．

2.1.4 ポリフェニレンサルファイド（PPS）

PPSは架橋，リニアタイプ，中粘度，高粘度また成形条件により高結晶性，低結晶性タイプの製造が可能であり，融点288℃で耐熱性が高く，耐薬品性，剛性，難燃性，流動性が優れ，充てん材40〜60％の複合材材料化など適切な選択により高機能・高性能の発揮が可能である．PA，POMでは使用が困難な温度領域でのトライボマテリアルとして，用途が広がった汎用的スーパーエンプラである．

アルミナ1〜3％充てんによりPPSの摩擦，摩耗特性は改善され[9]，CuS，Ag$_2$Sの充てんはPPSの摩擦，摩耗特性の改善が効果的である[10]．

2.1.5 ポリテトラフルオロエチレン（PTFE）

PTFEはプラスチック材料の中で最も小さい摩擦係数を示し，スティックスリップや鳴きが少なく，耐熱性，耐薬品性が最も優れているが，単体で使用されることは少なく，複合化され広範囲の機器に多用されている．

代表的な軸受グレードは裏金に青銅粉末を多孔質に焼結し，多孔質部にPTFEと鉛を含浸した三層構造のものがあるが，鉛フリー化の要求から表面層に固体潤滑剤，微細な硬質粒子を分散したグレードが開発された[11]．電子線照射FEP（ポリテトラフルオロエチレン－ヘキサフルオロポリプロピレン共重合体）入りPPS[12]，Al$_2$O$_3$入りPTFE[13]，銅を塗布したグラファイト充てんPTFEのトライボロジー挙動[14]，アルミナ/PTFEのシミュレート摩耗に及ぼす荷重負荷の影響[15]の研究がみられる．30，70 Mradの電子線照射した場合，移着膜形成が効果的で摩擦係数，耐摩耗性の改善が著しい．またFEPを充てんすることによりPTFEの成形性が改善されるのでトライボマテリアルとしての用途

2.1.6 ポリエーテルエーテルケトン（PEEK）

PEEKは融点が334℃で，最も耐熱性の優れた結晶性プラスチックの一つで，射出成形加工が可能なことが大きな魅力であり，高価ではあるが高温部材として使用されている．PEEK/SiC複合材の摩耗量は図2.3に示すようにSiC 3.3%で最小値を示す[16]．

2.1.7 フェノール樹脂（PH）

PHは最も歴史のあるトライボマテリアルであり，圧延ロール，船の舵，産業機械の比較的大型の軸受や歯車に使用されている．ノンアスベスト化に伴いパルプ状アラミドファイバ入りPHのブレーキ材としての研究が多く見られる．

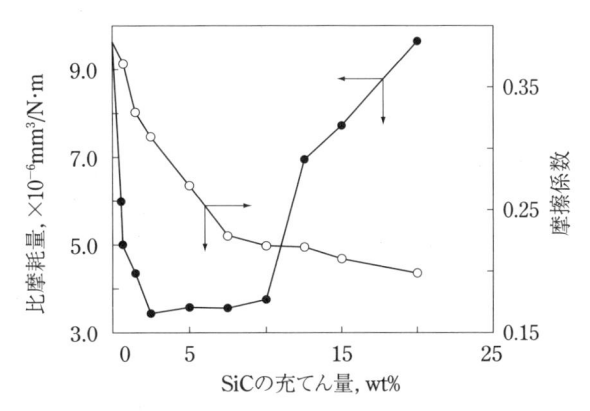

図2.3 PEEKの摩擦係数，比摩耗量とSiC充てん量の関係

フェノールアラルキル樹脂はフェノール核がパラキシレンで結合された化学構造であり，熱分解曲線による重量減少開始温度は420℃で，耐熱性の優れた樹脂である．フェノールアラルキル樹脂複合材の摩擦係数と比摩耗量はSi_3N_4が5 wt%，SiCで10 wt%充てんでトライボロジー特性の改善に効果的である[17]．硬い微粒子のSi_3N_4の充てん量が少ないときはPF樹脂の表面を平滑に研磨し，SiCの場合はSi_3N_4より熱伝導率が高いので，摩擦熱の放散と粒径が大きいためにマトリックスからリリースしたSiCが摩擦面で転がり，トライボロジー特性が改善したものと考えられる．

2.1.8 ポリアミドイミド（PAI）

PAIはプラスチック材の中で最も大きい引張強さ（200 MPa）と耐熱性，耐薬品性，難燃性の優れたトライボマテルアルであり，数種のグレードが市販されている．

2.1.9 ポリエーテルスルフォン（PES）

PESは熱可塑性非結晶性プラスチックであり，ガラス転移温度が217℃で，比較的成形加工性がよい．液体窒素処理によりホモおよびコポリマーPEIの耐摩耗性の改善[18]や固体潤滑剤と繊維強化の影響に関する報告がされている[19]．

2.1.10 液晶ポリマー（LCP）

LCPはサーモトロピック，リオトロピックタイプのものがあり，前者は耐熱性により3グループに分類され，数種類上市されている．1グループのものは熱可塑性プラスチックの中で耐熱性が最も優れている（融点420℃）．数は少ないが複写機，プリンタや対アルミ合金軸用軸受に使用されている．

2.1.11 ポリマーアロイ・ブレンド

ポリマー（プラスチック）に他のポリマーをブレンドしたポリマーアロイ・ブレンドによる研究と

実用化が進んでいる．ABS樹脂[20]，POM，PA[21]，POMの末端基に潤滑官能基をブロック共重合させ，潤滑剤を添加したグレード[22]，また主鎖が潤滑剤と，側鎖がPOMと親和性をもつグラフト共重合体および潤滑作用油とPOMとの軽および重荷重用ポリマーアロイグレード[23]およびこのアロイの実績をベースに特性を改良した軽・重荷重用グレード[24]が企業化されている．PA6/高密度ポリエチレン，低密度ポリエチレン，ポリプロピレン[25〜29]，LCP/PEIおよびLCP/PEEKアロイの研究がみられる[30,31]．ポリベンズイミダゾール（PBI）はプラスチック材料の中で最も高い荷重たわみ温度（435℃），ガラス転移点（427℃），高強度，耐薬品性の優れたスーパーエンプラである．PBIアロイ，これにガラス繊維，カーボン繊維，グラファイト，Si_3N_4などを充てんしたポリマーアロイの摩擦係数は雰囲気温度200℃においても小さな摩擦係数を示す[32]．図2.4はPA-6/HDPEブレンドの摩擦摩耗特性に及ぼすHDPEの割合と相容化剤との関係を示したものであり，HDPEの割合40％以下では相容化剤の効果が大きい[33]．またPP/UHMWPEブレンドにおいても摩耗量は，UHMWPEの増加とともに減少する[34]．

新しい手法として，架橋ポリマーの構造中にさらに別の架橋ポリマーを絡み合わせた構造（IPN，相互侵入高分子網目）をもつアロイの開発が行われている．7.5％アミノ基シリコーンオイルとPA12とのIPN，7.5％カルボキシ基シリコーンオイルとPA12とのIPNの摩耗量はPA12単体のものより著しく小さい値を示す[35]．分子レベルで設計可能なIPN手法による改善は今後，注目される．

2.1.12 ナノコンポジット・有機/無機ハイブリット

フェノール樹脂オリゴマーのアルコール溶液中でテトラアルキルシリケートのゾル−ゲル反応を行い，その後フェノール硬化反応によりフェノール樹脂中にシリカ粒子をナノ次元で分散させたフ

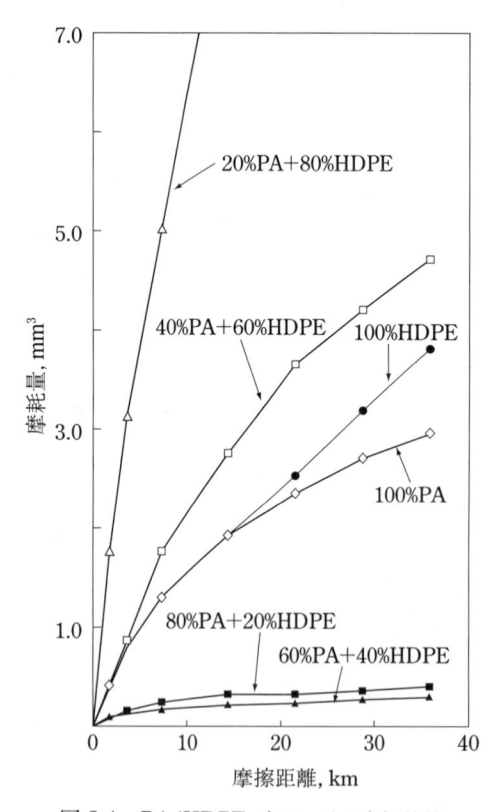

図2.4　PA/HDPEブレンドの摩耗特性 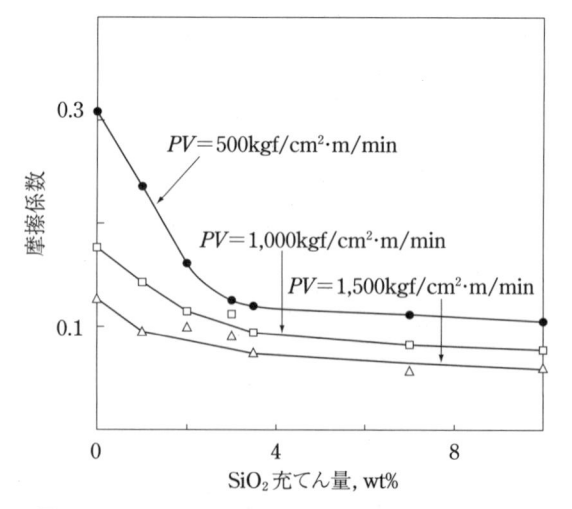　　図2.5　フェノール樹脂/シリカ複合材の摩擦係数

ェノール樹脂/シリカ系ハイブリッド（ナノコンポジット）材の摩擦係数を図2.5に示した．2〜3％の充てん量により摩擦特性が改善されることが注目される[36]．

　少量の充てんで強度，トライボロジー特性の改良効果が高いナノコンポジット化への研究が急速である．これらの手法によるトライボマテリアルは最も期待され，追求される研究分野である．

参考文献

1) 赤石　司：プラスチックエージ，48，1 (2002) 125.
2) O. Jacobs et al.：Wear, 244 (2000) 20.
3) N. Chang et al.：Wear, 241 (2000) 109.
4) 黒川達也 他：トライボロジスト，44，7 (1999) 544.
5) 工業材料，50，4 (2002) 9.
6) S. Bahadur et al.：Wear, 200 (1996) 95.
7) S. Bahadur et al.：Wear, 197 (1996) 271.
8) S. C. kang et al.：Wear, 239 (2000) 244-250.
9) C. J. Schwartz et al.：Wear, 237 (2000) 261-273.
10) C. J. Schwartz et al.：Wear, 251 (2001) 1532-1540.
11) 平松伸隆 他：月刊トライボロジ (2001-5) 36.
12) T. A. Blanchet et al.：Lub. Wear, 214 (1998) 186.
13) Xin Chun Lu et al.：Wear, 193 (1996) 48.
14) F. Li et al.：Wear, 237 (2000) 33-38.
15) I. C. Clarke et al.：Wear, 250 (2001) 159-166.
16) Q. H. Wang et al.：Wear, 209 (1997) 316.
17) 三和高明 他：材料技術，18，5 (2000) 150.
18) J. Indumathi, et al.：Wear, 225-229 (1999) 343.
19) J. Bilwe, et al.：Tribology International, 33 (2000) 697.
20) 山口章三郎・関口　勇 他：日本潤滑学会，関西大会研究発表予稿集 (1979) 281.
21) Y. Yamaguchi, I. Sekiguchi et al.：ASLE Proce edings, 3rd International Conference on Solid Lubrication 1984, (1984-8, Colorad) 187.
22) 松沢欽哉：プラスチック，42，7 (1991) 42.
23) 藤　寿彦：月刊トライボロジ (1990-10) 18.
24) 高山勝智：月刊トライボロジ (1998-3) 21.
25) 堀内　徹・山根秀樹 他：材料，45，12 (1996) 1290.
26) 堀内　徹・山根秀樹 他：高分子論文集，53，7 (1996) 423.
27) 堀内　徹・山根秀樹 他：成形加工，9，6 (1997) 425.
38) 堀内　徹・山根秀樹 他：高分子論文集，53，7 (1996) 434.
29) H. Yelle et al.：Wear, 149 (1991) 341.
30) 関口　勇，トライボロジスト，38，6 (1993) 561.
31) J. Hanchi et al.：Wear, 200 (1996) 105.
32) 関口　勇：月刊トライボロジ (1998-3) 12.
33) M. Palabikik et al.：Wear, 246 (2000) 149-158.
34) C. Z. Liu et al.：Wear, 249 (2001) 31-36.

35) M. Egami：トライボロジスト, 42, 10 (1997) 785.
36) 原口和敏：トライボロジスト, 45, 1 (2000) 36.

2.2 金属基複合材料

　金属を基材とし，これに何らかの手段で固体潤滑剤を含有させた複合材料は高強度と耐摩耗性に優れることから，多くの産業分野に使われている．固体潤滑剤はそれらの特徴を生かし数種類が組み合わされて使われることが多い．これらの金属基複合材料は用途に応じた幾つかの方法で造られ，それぞれ性能等も多岐に渡る．以下に主な金属基複合材料の製造方法とその特徴等について述べる．

2.2.1　機械的方法による複合材料

　金属に複数個の孔やスパイラル溝を掘り，これに固体潤滑剤を直接埋め込みしゅう動材料とする方法，あるいは固体潤滑剤を熱可塑性樹脂などと混ぜて加熱成形し，潤滑剤の強度を高めたものを埋め込みしゅう動材料とする方法もある．この方法による複合材料は，強度が高いうえに金属と固体潤滑剤の組合せが自由である．そのため使用条件の厳しい高荷重，高温雰囲気あるいはダム水門用等の軸受として多くの産業分野で長年の使用実績がある．

　図2.6[1)]は固体潤滑剤の埋め込まれていない被膜軸受と固体潤滑剤埋込み型軸受の高温での摩擦試験の結果である．埋め込まれている固体潤滑剤の効果が認められる．埋込み型軸受には金属と固体潤滑剤の組合せにより幾つかの種類がある．表2.1[1)]に埋込み型軸受に使われる金属の種類と使用条件の特徴を示す．金属の材質とその表面粗さ，相手材質とその表面粗さ，固体潤滑剤の種類と埋込み方法などにより軸受性能に大きく影響する．そのため使用に際しては，しゅう動条件をできるだけ取り込んだ軸受設計とする必要がある．

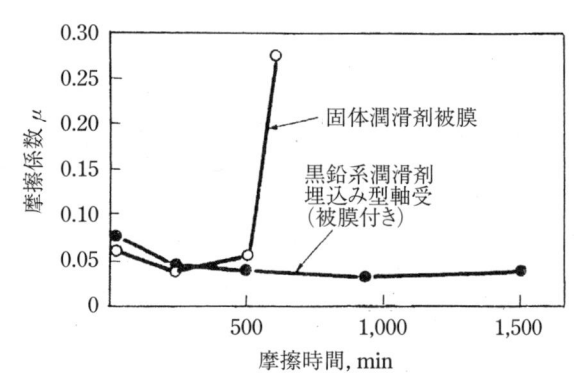

図2.6　埋込み型軸受の潤滑効果（スラストジャーナル軸受試験機，温度：400℃，荷重：60 kg/cm^2，速度：5.8 m/min）

表2.1　埋込み型固体潤滑剤軸受に用いられるベース金属の種類

種類	機械的性質			特徴
	引張強さ, MPa (kg/mm^2)	伸び, %	硬さ, HB	
鋳鉄系	147 (15) 以上		120〜170	低荷重350℃以上の高温
砲金系	196 (20) 以上	15	60〜80	中荷重350℃以下の高温
高力黄銅系	755 (77) 以上	12	210	耐荷重性
ステンレス鋼系	441〜539 (45〜55)	30〜50	120〜180	耐食性
硬鉛系	49〜78 (5〜8)	5〜8	15〜25	耐薬品性

2.2.2　粉末冶金法による複合材料

　粉末冶金法による複合材料は，材料組成を自由に選択できるうえ，量産性に優れコストの点で有

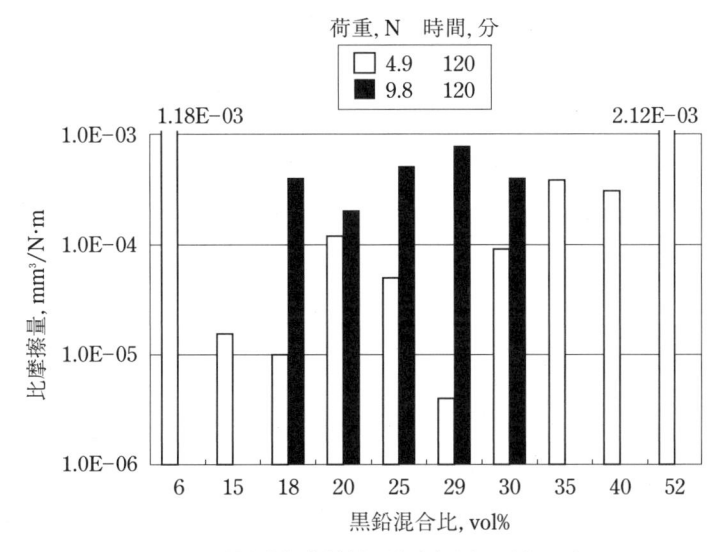

図 2.7　Al-Si-黒鉛系複合材料の比摩耗量と黒鉛混合比の関係

利である．そのため小物軸受として家電や産業機械などに用途が多い．金属基材には青銅，鉛青銅，黄銅，鉄およびニッケルなどが使われている．含有する固体潤滑剤が増えると焼結強度が低下するため，固体潤滑剤の添加量には限度がある．米国や日本において多くの複合材料が造られているが，黒鉛を使用した実用材料[2]は黒鉛添加量が6～25 wt％で摩擦係数は0.15～0.3，比摩耗量は10^{-5}～10^{-4} mm^3/N・mの値である．軽量軸受を目的として放電プラズマ焼結されたAl-Si-黒鉛系複合材料がある．図2.7のようにボールオンディスク摩擦試験で，荷重4.9 Nの場合比摩耗量は黒鉛29％では10^{-6} mm^3/N・m台であり，相手SUJ2ボールは，黒鉛18～35 vol％では10^{-7} mm^3/N・m台の優れた比摩耗量を示す．銅系複合材料は一般に焼結温度が700～800℃の高温になるため，耐熱性の良い黒鉛が使われる．また二硫化モリブデンは潤滑性に優れているが高温で熱分解を起こしやすい．そのため銅やニッケルによる被覆，あるいは焼結条件を制御することにより二硫化モリブデンを配合した焼結複合材料[4]も造られ一般機械用軸受などに使われている．また固体潤滑剤をスラリー状にして含浸させた多孔質焼結体がある．この複合材料は，焼結時の熱影響が避けられるのでナイロンやPTFEのような樹脂材料を含浸させることができ[5]，高速高荷重域で比摩耗量の低減に効果がある．

　高温・高真空の過酷な環境に晒される宇宙機器用しゅう動部品などには，金属基材にタングステン，モリブデン，タンタルあるいはニオブといった高融点金属を使用し，潤滑剤に二硫化モリブデン等を配合しホットプレス法により得られる強度のある焼結複合材料が使用されている．

2.2.3　鋳造法による複合材料

　金属や合金の凝固過程において，外部から様々な熱的，機械的エネルギーを加え成形することで，これまでにない優れた性質をもつ材料を造ることができる．この方法は，欠陥のない均一微細組織を得やすく材料強度が向上する．また通常では混合しにくい異材と複合化することも可能であり，近年黒鉛との複合化法として関心が寄せられている．内燃機関用ライナ材料として，Al-Si過共晶合金の溶湯を機械的にかくはんしながら3 wt％黒鉛を添加混入した複合材料[6]がボルテックス法で得られている．この複合材料は従来型の鋳鉄シリンダと比較して潤滑油の消耗がきわめて少ない．ま

た架線用スライダ材料として,銅めっきした20 vol%黒鉛を高圧鋳造法で青銅合金に分散させた複合材料[7]がある.この複合材料はすべり距離200 kmで従来の焼結材料が溶着してしまうのに比べ,面荒れや焼付きは見られない.境界潤滑下の軽量軸受を目的としてダイカスト鋳造法により,Al-23 wt% Si-6 wt% Cu系合金に溶湯とのぬれ性を高めた無被覆黒鉛粉を加えた複合材料が得られている.ダイカスト鋳造法はプランジャで金属

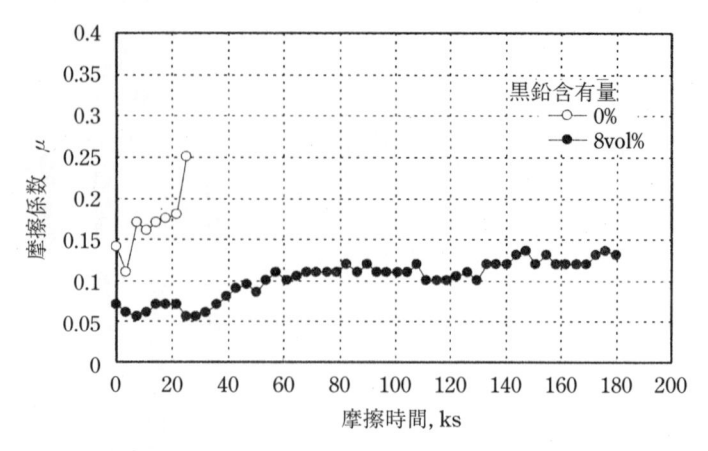

図2.8 ラジアルジャーナル試験における軸受性能

溶湯を金型内に送り込み急冷凝固させるもので,高圧鋳造法と似た製造法で量産性は優れている.この方法で黒鉛を8 vol%添加した複合材料について面圧1.5 MPa,速度0.33 m/s,相手軸S45C,リチウム系グリース塗布の条件でϕ20 mmのラジアルジャーナル摩擦試験を行った結果(図2.8),黒鉛無添加材と比べ180 ksのしゅう動後も摩耗量は0.002 mmとわずかで,黒鉛添加の効果が認められる.

参考文献

1) 川崎景民:オイルレスベアリング,アグネ(1973)134.
2) J. K. Lancaster : Tribology, 6 (1973) 219.
3) 梅田一徳・田中章浩・高津宗吉・岡野政信・仲野雄一:トライボロジー会議予稿集(2001)183.
4) 菅藤昭良:金属,51,11(1981)24.
5) 竹内榮一:材料技術者のためのトライボロジー,槇書店(2002)116.
6) B. P. Krishnan, N. Raman, K. Narayanaswamy and P. K. Rohatgi : Wear, 1, 1 (1980) 205.
7) 諏訪正輝:鋳物,54,12(1982)40.
8) 菅藤昭良・田上道弘・白坂康弘・小田裕介:軽金属,52,8(2002)365.

2.3 炭素系複合材料

炭素系複合材料の使用範囲は非常に幅広く多種多様である.機械に用いる場合に限って例を挙げれば,軸受,シール,ベーンなどがあり,その種類も多いのは改めていうまでもない.シールを例にとれば,固定シールとして用いられるガスケットを除けば,その多くは炭素材料の特性であるしゅう動特性を活かし,ほとんどが軟質材側に用いられる.その理由は物理的,機械的特性からであるが,言い換えればその結晶構造に起因するところ大であろう.いわゆる無定形炭素から規則的構造を有する黒鉛,ダイヤモンドというように各種構造がとられることによる.六方晶の黒鉛は固体潤滑剤としてもよく知られている.

2.3.1 複合化の方法

炭素系材料の複合化の方法は,各種応用に即して多岐にわたる.以下,複合化の方法を概説する.

（1）含　浸

本来所有する特性をより有効に際立たせる方法として含浸法がある．含浸法の特徴は，炭素材に存在する気孔に他の物質を充てんして固有の性質を活かし，かつ不足の性質を補てんすることにある．その結果，その大小はあるものの気孔率の減少，密度，強度，弾性率，熱膨張率などの上昇を促す．含浸法では主に液相を用いるが，気相を用いる場合もある．その種類としては，液相含浸，樹脂含浸，油脂含浸，金属含浸，アルミナなどの無機化合物含浸など，多くの具体的方法が挙げられる．

含浸による複合化により炭素材料の欠点は大きく改善される反面，損なわれる側面をも有することは拭えない．すなわち，目的と用途により選定には注意が必要である．

フェノール樹脂，フラン樹脂に代表される含浸用樹脂を用いた複合化では，機械的強度，限界PV値，耐摩耗性，不通気性などが向上する．この種の含浸法は比較的手軽に特性の向上が見込めることより，機械用として多用されている．特にメカニカルシールのような不通気性が求められる場合，有効的な方法であろう．金属を用いた複合では，金属種によりその性質が強調される．効果としては，機械的強度，限界PV値，耐摩耗性，電気伝導度，熱伝導性などの向上が樹脂含浸と比して顕著である．代表的な金属含浸種としてはアンチモン，アルミニウム，銅などが挙げられる．

（2）混　合

単純な手法であるが，混合法は，複合化のプロセスの中で最も応用範囲が広く多くの炭素材料が作り出される方法として知られている．混合されるものは，粉末状であり乾式で混合されることが多いが，湿式混合の場合もある．混合方法としては混合機を用いる．添加物としては，足りない性質を補てんする意味から金属紛が多く用いられるが，無機化合物や粘土質鉱物および異種炭素紛などがある．

（3）表面処理

文字通り，基材表面を他の物質で被覆したり，化学反応を用いて表面層のみを変質させる方法である．したがって局部的な複合を意味する．目的は，耐食性の付与，表面補強，不通気性化などである．被覆法とは，金属表面のセメンテイションとして知られる方法の応用であり，SiC被覆黒鉛材料はその良い例といえよう．この種のコーティングは酸化防止用として利用されている．耐酸化性を付与することを目的とした場合は，アルミナあるいは各種セラミックス材料などによって黒鉛材料表面を被覆することが行われている．

化学的な表面処理方法としては，SiCコーティングと類似の目的で黒鉛基材表面をSiCに変成する方法があり，また表面をフッ素化することにより撥水生をもたせる方法などもある．さらに，黒鉛に金属をコーティングした材料を焼結することにより得られる混合材料の被覆材もあり，その可能性は大きい．

（4）炭素繊維強化による複合化

繊維強化複合材料の代表的なものとしてガラス繊維強化プラスチックが以前から広く活用されているが，ガラス繊維に比して比強度，比弾性率および耐熱性において格段にすぐれる炭素繊維を強化材として用いる方法がある．これらの複合材料はマトリックスの材質によって，プラスチックスマトリックスのものをCFRP，金属マトリックスのものをCFRM，カーボンマトリックスのものをC/Cコンポジットと呼んでいる．なおマトリックスとしては他に，セラミックス，コンクリート，ゴムなどもある．

（5）その他の特殊処理

各種複合化について列挙したが，含まれなかった特殊処理について追記する．

(a) **熱間加工**：炭素はクリープ性のきわめて小さい材料である．しかしながら，2,000℃以上の高温ではかなりの可塑性を示すようになる．またその程度は黒鉛質より炭素質のほうが大きい．これを利用して，炭素材料をホットプレスすることにより高密度で配向性に富んだ材料が得られる．この方法を用いた耐エロージョン，耐クリープ特性を有する再結晶黒鉛がある．

(b) **接合**：炭素材料をねじテーパなどの機械加工により接合するのは，金属材料と同様である．合成樹脂と黒鉛粉との混合物に硬化剤を添加したカーボンセメントは黒鉛の接合に用いられ，基材以上の接着強度が得られる．合成樹脂に特殊樹脂を配合した耐熱性カーボンセメントは接着後樹脂分を加熱炭素化させるもので，耐熱性不浸透黒鉛の接着に用いられ特殊接着層が得られる．

(c) **ろう付け**：炭素材料同士，あるいは炭素材料と他種材料との接着においてろう材が用いられる．黒鉛とのぬれが良くかつ接着面での炭化物生成を促す金属や化合物が望ましく，ニッケル，鉄，モリブデン，レニウムなどがある．

(d) **溶接**：炭素は常圧化では溶融しないため高圧下で行われる．

(e) **その他**：一般に炭素材料は多孔質であるがその孔は均一ではない．ろ過材，ガス拡散材用として特定の孔径分布をもった炭素材料などもある．

2.3.2 黒鉛系複合材料

黒鉛粉末を用いた複合材料としては，黒鉛とワックス，金属，セラミックス，樹脂などと複合したものがある．複合の主な目的は黒鉛と他材料の比重差による不均一性（偏析）の防止であったり，マトリックス中に分散させて潤滑性，導電性，熱伝導性を付与することにある．

材料形態としては，一般的には黒鉛粉末をワックスや樹脂に練りこんだものである．黒鉛の粒子を核としてワックス，金属，セラミックス，樹脂で被覆したものもあるし，その逆でワックス，金属，セラミックス，樹脂を核として黒鉛で被覆したものもある．

黒鉛をワックスで被覆した複合材は，鉄系および銅系の粉末冶金で偏析防止用の材料として使用されている．黒鉛を金属で被覆した複合材は，古くから知られているめっき黒鉛（図2.9）が主であり，電気めっきや無電解めっき等により被覆されたものであるが，価格が大幅に上がるため現状では用途が限られている．マトリックスとなる金属に混ぜて，プレス等によって潤滑性を目的とした軸受，機械部品，砥石等に加工されている．黒鉛をセラミックスで被覆した複合材は，主に導電性，熱伝導性，潤滑性を目的として成形加工されている．黒鉛を樹脂で被覆した複合材は，マトリックスとなる樹

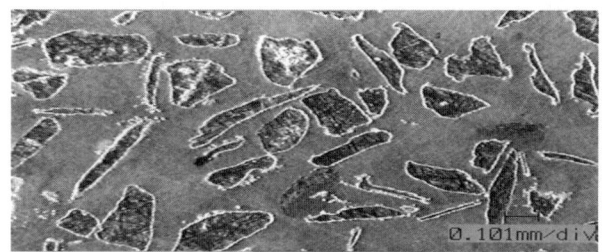

図2.9 めっき黒鉛断面の光学顕微鏡写真

表2.2 スチレン樹脂への黒鉛添加量と摩耗の関係（摩耗量：mm）

時間＼黒鉛添加量	0 %	20 %	30 %	40 %
2	8.50	7.52	4.82	3.95
4	9.22	7.96	5.55	3.95
8	10.75	8.86	6.40	4.25
16	12.35	9.24	6.65	4.75

黒鉛：鱗片状黒鉛　純度99.7%　平均粒径25μm
試験機：テーバー式摩耗試験機（相手材：鋼，回転数：70 rpm，荷重：9.8 N）

脂（汎用樹脂，スーパーエンプラ等）中に均一に分散させ，射出成形等によって潤滑性，導電性，熱伝導性を目的とした部品（歯車，軸受，放熱板等）に加工されている．

いろいろな業界でマトリックス中への黒鉛の均一な分散と潤滑性，導電性，熱伝導性の付与目的で使用されているが，黒鉛の添加量としては少なく，多くても30％ぐらいまでである．また，使用にあわせて数種類の材料が複合化されていることが多いし，その使用条件が多岐にわたるため，その物性評価は非常に難しい．

参考としてスチレン樹脂に黒鉛粉末を添加した複合材料の摩耗量の変化を表2.2に示す．

2.4 セラミックス系複合材料

セラミックスは，金属材料と比較して脆性であり，加工性や冷却性に乏しいが，その反面，高硬度，耐熱性，断熱性，耐食性などに優れるために金属代替のトライボ材料として高温環境下や腐食環境下などで使用される場合がある．トライボロジー的にみて，一般に均質組織をもつセラミックスは脆性であることが問題視され，この改良対策としてセラミックスの複合材料化がある．いわゆるセラミックス基複合材料（CMC, ceramic matrix composites）はマトリックスのセラミックスに第2相成分を分散させ，マトリックス・セラミックスの高靱性化および熱衝撃性や摩擦摩耗特性などを向上させたものである．

一般に，セラミックスの素材としてA（マトリックス・セラミックス）とB（第2成分としてのセラミックス，助剤，固体潤滑剤などの添加剤成分）による複合材料を考えると，次の3通りがある．

(1) Aのもっている特性をBによる複合材料化により，さらに向上させる．
(2) AやBにない新しい特性を有する材料にする．
(3) AとBがもつ特性の両方を有する材料にする．

トライボロジー分野においてもセラミックス複合材料として有名なものに，Si_3N_4-Al_2O_3-AlN-SiO_2系のサイアロン（SIALON）や部分安定化ジルコニア（PSZ, partially stabilized zirconia）がある．サイアロンは低膨張率で耐酸化性など高温における耐食性がSi_3N_4より高く，特殊環境下での軸受，エンジン部材，耐食性・耐摩耗性工具などに適用されている．数～十数モル％のCaOやMgOなどの安定化剤が添加された部分安定化ジルコニアは，一般のジルコニアより強度，靱性，耐熱衝撃性などに優れ，しゅう動材料として利用されている．

セラミックスの破壊靱性などの機械的強度や摩擦摩耗特性などのトライボロジー特性を改善するための複合材料化の研究は比較的多い．たとえばSi_3N_4系複合材料[1~6]では，粒界にSiO_2を添加した短繊維強化Si_3N_4複合材料の破壊挙動[1]，$TiN/Ti/Si_3N_4$系[2]やMo-Fe/Si_3N_4系[3]の摩擦摩耗特性の検討，潤滑油や清浄分散剤などの添加剤との相互作用と摩擦特性との関係を検討したFe_3O_4-Al_2O_3-Y_2O_3添加Si_3N_4[4]やFe_5Si_3粒子分散Si_3N_4[5]に関するもの，またMo_5Si_3/Si_3N_4[6]系複合材料の摩耗と固体粒子のエロージョン特性についての研究がある．

切削工具としてのAl_2O_3は耐摩耗性や化学安定性はあるが，強度と耐熱衝撃性が低い難点がある．これを改善した複合セラミックスにZrO_2添加のAl_2O_3-ZrO_2系[7]やTiC添加のAl_2O_3-TiC系[8]がある．

セラミックスの高硬度，耐摩耗性，耐熱性などの長所を生かして金属の摩擦摩耗特性を向上させたセラミックス強化金属複合材料がある．たとえばSiC粒子分散Al基複合材料[9]やSiC強化Al基複合材料[10]，Al合金のNi-SiC複合材料コーティングによる表面改質[11]，またAl_2O_3によるAl_2O_3強化$Al2024$合金[12]やAl_2O_3/アルミナシリケート繊維強化Al-Si合金[13]などがある．

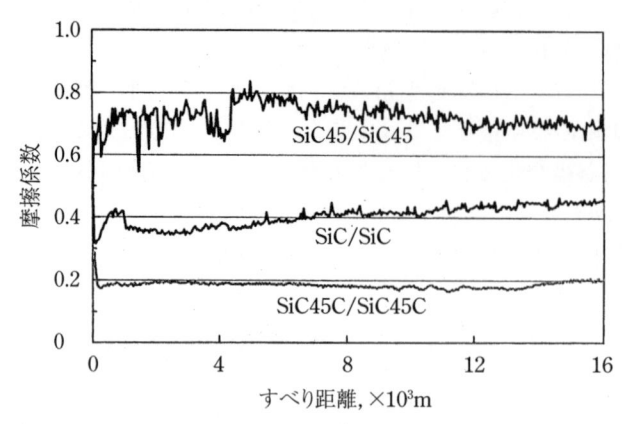

図 2.10 炭素/炭化ケイ素複合材料の摩擦特性〔SiC：緻密質 SiC（気孔率<4％），SiC45：多孔質 SiC（気孔率40〜45％），SiC45C：SiC45に炭素充てん〕

セラミックスの摩擦摩耗特性を向上させるため，固体潤滑剤とセラミックスの複合材料があるが，一般に MoS_2 やグラファイトは大気中でのセラミックスの焼結温度まで耐えられないために，固体潤滑剤/セラミックス複合材料の研究は比較的少ない．たとえば，耐熱性の固体潤滑剤の hBN と Si_3N_4 との複合材料[14,15]，多孔質 SiC にグラファイトやカーボンを充てんした SiC 系複合材料[16,17] などがある．さらに耐熱性の向上を目指した自己潤滑性セラミックス複合材料の開発も行われている[18〜20]．

図2.10 に，自己潤滑性セラミックス複合材料の一例として炭素/多孔質 SiC 系の摩擦特性を示す[17]．一般の緻密質 SiC 同士（SiC/SiC）の摩擦係数が0.4と高いのに比較して，炭素未充てんの多孔質 SiC 同士（SiC45/SiC45）では脆性破壊の影響により0.6〜0.75とさらに高く不安定であるが，これに炭素充てんした SiC45C 同士の摩擦係数は，経時安定性のある0.2以下の低い値が得られている．また比摩耗量は，緻密質 SiC 同士の摩擦では 10^{-6} $mm^3/N \cdot m$ オーダであるのに対して，炭素/多孔質 SiC 系の SiC45C 同士では $10^{-8} \sim 10^{-7}$ $mm^3/N \cdot m$ レベルの低摩耗が得られている．

参考文献

1) G. Pezzotti・橋本貴則・西田俊彦・逆井基次：J. Ceram. Soc. Japan, 103, 12 (1995) 1228.
2) 日比裕子・榎本裕嗣・佐々木信也：表面科学, 23, 7 (2002) 404.
3) 平井岳根・北　英紀：トライボロジスト, 47, 3 (2002) 190.
4) H. Kita, H. Kawamura, Y. Unno and S. Sekiyama：SAE Paper 950981 (1995).
5) 北　英紀・平井岳根・飯塚建興・大角和生：J. Ceram. Soc. Japan, 111, 8 (2003) 581.
6) 飯塚建興・北　英紀・平井岳根・大角和生：J. Ceram. Soc. Japan, 111, 12 (2003) 919.
7) G. Brandt, B. Johanson and R. Warren：Material Science and Engineering, A105/106.
8) 勝村祐次・蕎麦田　薫・上原好人・鈴木　寿：粉体および粉末冶金, 36, 8 (1989) 903.
9) 栗田洋敬・山縣　裕：トライボロジスト, 42, 6 (1997) 477.
10) J. T. Lin, D. Bhattacharyya and C. Lane：Wear, 181-183 (1995) 883.
11) Z. Ye, H. S. Cheng and N. S. Chang：STLE Preprint, No. 95-TC-1D-1 (1995) 1.
12) M. Narayama, M. K. Surappa and B. N. Pramila Bai：Wear, 181-183 (1995) 563.
13) J. Jiang, A. Ma, H. Li and R. tan：Wear, 180 (1994) 163.

14) 細江　猛・斎藤利幸・今田康夫・本田文洋：トライボロジー会議秋，高松（1999-10）197.
15) 斎藤利幸・細江　猛・本田文洋：トライボロジー会議春，東京（2000-5）233.
16) 神保匡志・広中清一郎：材料技術，15, 7（1997）248.
17) 外尾道太・佐々木　寛・広中清一郎：J. Ceram. Soc. Japan, 108, 2（2000）191.
18) K. Umeda, S. Takatsu and A. Tanaka : Abstract of papers of the World Tribology Congress, 1997. New York : ASME and STLE. p. 686
19) T. Murakami, J. H. Ouyang, S. Sasaki, K. Umeda and Y. Yoneyama : Wear, 259（2005）626-633.
20) T. Murakami, J. H. Ouyang, S. Sasaki, K. Umeda and Y. Yoneyama : Tribology International, 40（2007）246-253.

3. 固体潤滑被膜

3.1 固体被膜潤滑剤

固体潤滑剤を応用・実用化する方法の一つとして，固体潤滑剤の粉末をバインダ（結合剤）と配合して塗料状にし，目的とする対象面にコーティングして潤滑被膜を形成させる方法がある．この方法は，産業界で広く実用化されており，被膜構成の内容から結合固体被膜潤滑剤，またはボンデッド・ソリッドフィルム・ルブリカント（Bonded Solid Film Lubricant）と称せられる．また，この被膜を形成させる際に，母材表面に塗料を塗布するような工程を経ることが多いので塗布膜と呼ばれることもある．その他にもドライ被膜とか焼成膜などと便宜上いわれることがある．被膜には用途がいろいろあるので潤滑を目的とする被膜ということで，トライボロジー辞典では固体被膜潤滑剤と記載されている．最近では，潤滑性のある各種の固体被膜も開発されているので，この種の被膜

表 3.1 固体潤滑剤使用例

分類	機器・装置	使用部品
輸送	自動車，バイク，航空機，船舶，鉄道	ピストン，ピストンリング，スロットルシャフト，ミッション，デフ，カムシャフト，ガスケット，ショックアブソーバ，リクライニング機構，カーステレオ，シートベルト，航空機用ねじ類，燃料バルブ，鉄道用台車，パンタグラフ用ピストン
建築	高架橋，橋梁，建造物	支承，免震装置，制振装置
精密機器	カメラ，デジタルカメラ，望遠鏡，電波望遠鏡，電子顕微鏡	シャッタ羽根，絞り羽根，シャッタフレーム，レリーズレバー，リング機構，カム機構，ズーム鏡筒，内外装，ゴムパッキン
音響機器	HDD/DVDレコーダ，ビデオカメラ，ビデオデッキ，CDプレーヤ	軸受，レリーズレバー，リンク機構，解除機構，ソレノイド，ターンテーブル
家電	冷蔵庫，オーブン，電子レンジ，トースター，洗濯機，エアコン，アイロン，携帯電話	すべり軸，リンク機構，ホップアップ機構，スイッチ，ヒンジ，コンプレッサ，アイロンコテ部
家庭用器具	ガス給湯器，ガスレンジ，換気扇，錠	ガスコック，ガスメータ，閉子，ヒンジピン
事務機	複写機，パソコン，プリンタ，OA機器	スライドレール，セパレータ，プリントヘッドガイド，ローラ各種，キーボード，軸受
設備機器	エレベータ，エスカレータ，自動販売機	エレベータ自動制御装置，エスカレータ側板，自販機スライダ
プラント	蒸気タービン，原子炉，核融合炉，石油・天然ガスパイプライン	ギヤ，ギヤカップリング，ボールバルブ，ゲートバルブ，ジョイント
産業機械	自動機，制御装置，産業用ロボット，油圧・空圧・真空の各機器，工作機械，化粧品・食料品の製造機器，製瓶機械	ベーン，ロータ，シリンダ，ギヤ，チャック，チェーン，カム，リンク，ベアリング類，金型
宇宙・軍需	ロケット，人工衛星，宇宙ステーション，ミサイル，戦車，銃器	宇宙用ねじ類，シールリング，バルブ，レール，ギヤ
医療	胃カメラ，レントゲン装置，MRI	操作ワイヤ，ワイヤガイド，ボールねじ

が開発されたときに呼称されたように結合固体被膜潤滑剤（ボンデッド・ソリッドフィルム・ルブリカント）と呼ぶのがはっきりするが，長くて煩わしい欠点がある．国によっては単にボンデッド・ルブリカントまたはボンデッド・フィルムと呼んでいるところもある．

　結合固体被膜潤滑剤の種類はきわめて多く数百種類以上にも及ぶ．このため，いろいろな方法で分類されており，構成材料である固体潤滑剤，結合剤（バインダ）の種類，固体潤滑被膜の形成法や塗布膜の乾燥・熱処理法，使用目的などで分類されている．個々の分類別の被膜の特徴などについては，基礎編3.1.2項を参照されたい．

　この潤滑被膜が適用される対象物は，1個の重量が数十tに及ぶような巨大重量物から小さい物ではわずか数mgの微少製品にまで適用されている．被膜の厚さとしては1μm以下の薄膜から数百μmなど，それぞれの目的に応じて選定することができる．この被膜用の塗料状材料は国内だけでも年間数百tが消費され，産業界で欠かすことのできない重要な潤滑剤となっている．

　現在，固体潤滑被膜がどのような場所に使用されているか，その一部の使用例を表3.1に示した．いかに広範囲にわたって使用されているかが窺える．

3.2 PVD・CVD法による被膜

　固体潤滑膜の生成法として実用化されている技術の一つに，物理蒸着法（Physical Vapor Deposition）と化学蒸着法（Chemical Vapor Deposition）がある．ともに真空装置の中で被膜を作る方法で，前者は被膜原材料を原子状態で飛ばして物理的に製膜し，後者は飛ばした原材料と雰囲気ガスとの化学反応を利用して製膜する．

　PVDは，真空蒸着法，イオンプレーティング法，スパッタリング法に分類される．このうち真空蒸着法は，付着強度が弱いため潤滑用には実用されていない．イオンプレーティング法は，金膜，銀膜を付着するのに軸受メーカー数社により実用されている．とりわけ銀膜は，耐熱性と通電性を兼ね備えるためX線管対陰極の転がり軸受潤滑に欠かせないものとなっている．

　スパッタリング法による固体潤滑膜では，二硫化モリブデン膜が知られている．この被膜は真空転がり軸受の潤滑に用いられており，軸受メーカーより製膜済みの軸受として市販されている．この固体潤滑膜は，人工衛星の転がり軸受潤滑に多用されているが，被膜処理は衛星メーカーが独自に行う場合が多い．転がり軸受に限らず被膜処理のみを請け負う企業もあるが，市場は狭いと思われる．

　CVD法には，熱CVD法，プラズマCVD法，光CVD法などがある．実用されているのは熱CVD法とプラズマCVD法で，なかでも産業規模として大きいのは，TiN膜である．ドリル，カッタなどの切削工具表面処理から装飾具まで幅広く使われており，年間生産額は数百億円にのぼるといわれている．TiC膜は，ヨーロッパにおいて真空転がり軸受に実用され，人工衛星にも使われた実績がある．

　近年，DLC（Diamond Like Carbon）膜が実用されるようになってきた．水道の混合栓，切削工具へのコーティング，カメラのズーム機構のOリングへの表面処理など用途を拡大しつつある．

4. 固体潤滑剤添加油・グリース

4.1 潤滑油への添加

　固体潤滑剤の潤滑油への添加は歴史的にも古くかつ多岐にわたり，各用途に分類された潤滑油製品，すなわちチェーンオイルやギヤオイルといった各製品群にそれぞれ固体潤滑剤含有タイプという商品群があるといっても過言ではない．これらの固体潤滑剤含有のオイル製品が多岐にわたることは，オイルと固体潤滑剤それぞれが相手の特徴を必要としていることに一因があろう．すなわちオイルには運転の停止や高温による油膜の破断が不可避であり，流動性をもたない固体潤滑成分が必要であるし，固体潤滑剤には流動性・導入性・付着性を与えてくれるオイル分が必要である．本節では代表的用途に分けて説明するが，それぞれの用途もよく見ると，オイルの弱点を固体潤滑剤がカバーしたり，オイルとの併用で固体潤滑の性能が発揮できる製品となっていることがわかる．以下に各分類に分けて各種製品群を説明する．

4.1.1 ギヤオイル製品

　特殊環境領域で使用するギヤオイルは別として，大半の産業装置でのギヤオイルは，低摩擦係数と劣化寿命の延長を求めて改良がなされている．これらの性能は材料的な改善もされているため，新規装置から固体潤滑剤含有のギヤオイルが適用される例は減少しているといわざるを得ない．
　しかしながら，これら通常のギヤ油を使用していても，設備老朽化や異常に伴い歯面でのピッチングの発生や油温の異常上昇を発生するようになる．そのトラブル対策としても長年の実績から，固体潤滑剤含有製品が求められる場合は多い．そのため，固体潤滑剤含有ギヤオイルには通常のギヤオイル以上の耐荷重性，耐摩耗性が必要とされる場合が多く，いずれの製品も固体潤滑剤が単独で使用されるだけではなく複数の固体潤滑成分はもとより EP剤（Extreme pressure agent, 極圧添加剤），各種 FM剤（Friction modifier, 摩擦調整剤），軟質金属との組合せで設計される製品が多い．
　大別するとギヤオイルへの添加製品には，はじめから固体潤滑剤を含有している製品とギヤオイルの使用現場で既存のギヤ油に添加して使用するギヤオイル添加剤の2種類がある．
　大型の減速機では油量も多く，異常が検出されてもオイル交換がすぐにできる場合は稀である．ましてや，修理や交換にいたっては定期修理時期以外は無理といっても過言ではなく，異常があってもなんとか定期修理までは運転したいという要求がある．
　このような要求に対し，ギヤのピッチングの進行を抑える，あるいは油温の異常上昇を抑える目的で固体潤滑剤含有の添加剤は使用されてきた．これらのトラブルシューティング後に，予防保全的な目的で固体潤滑剤含有のオイルが使用されてきた．これらのオイルをストレートタイプと称する．
　一方，ギヤの中でもギヤボックス等に収納されないオープンギヤと呼ばれる製品群があり，ここでも古くから固体潤滑剤含有製品が使用されている．これらの機器は，風雨・粉塵にさらされるため過酷な環境にあり，耐摩耗性・耐荷重性が要求されてきた．ただし，高粘着性が要求されるため，オイルというよりも増ちょう剤を含んだグリースに分類される製品群が多い．

4.1.2 チェーンオイル製品

　チェーンには，オープンチェーン，シールチェーンのみならず様々な種類があり，それらの各機

種ごとに詳細を述べることは枚挙のいとまがない．たとえば生産工場でアッセンブリとしてシールチェーンに固体潤滑剤を含有し，ピンとブシュ間の直接接触を防止し耐摩耗性を改善している製品もある．

産業機械用と分類されることも多いが，一般の工場でメンテナンス用として固体潤滑剤含有製品が使用されることが多い．その一例として，通常の油では蒸発し潤滑できないような高温環境下でのチェーンがある．これらの製品には固体潤滑剤が，アルコール，ポリイソブチレン，ポリアルキレングリコール（PAG：Polyalkylenegrycol）などほぼスラッジを発生せずに蒸発する成分に分散されており，これらの分散媒が蒸発後は固体被膜を形成する．また，鉱物油・エステル油に固体潤滑剤を分散させ，油による潤滑と固体潤滑剤による耐摩耗性の向上を目的とした併用製品群がある．

もちろん常温であっても，高荷重で摩耗が著しいという場合に二硫化モリブデンを分散させた鉱物油系の製品を使用する例も多々あり，これらはチェーン用固体潤滑含有オイルというより，工業用多目的油に固体潤滑剤を分散させたという性格が強い．また食品機械用の潤滑に多いが，安全面から極圧添加剤等の成分制約が多いため，潤滑性能を維持するために安全性が米国食品医薬品局（Food & Drug Administration：FDA）等によって確認されているPTFE等の固体潤滑剤を含有させる場合もある．

また産業機械用以外では，バイク用チェーンなどの潤滑剤においてオイル単独では油膜の破断からくる摩耗が防止できない場合を想定し，固体潤滑剤を配合したチェーン用潤滑剤も多い．ただし，直接接触を防止し摩耗を減少させる目的で，各種酸化物粉末や高融点のワックスを併用する場合も少なくない．

4.1.3 その他

その他の固体潤滑剤含有オイル製品の使い方に「組立用」と称される使い方がある．これらの使い方は，初期なじみ用の固体潤滑剤ペーストをオイル状にしたという性格が強い．この組立用オイルの固体潤滑剤の種類は，ほぼすべてが二硫化モリブデンであり，エンジン等の各種機器の組立において初回の運転時にトラブル防止として使用される例がある．また船舶のピストンの軸受部には，固体潤滑剤含有の組立用オイル製品が初期なじみ用として使用されている．

鍛造や塑性加工用潤滑剤の極圧性能を向上させる目的には，グラファイト，二硫化モリブデンが多用されているが，水系分散体から作る乾性被膜や水系スプレー使用の量に比べれば，オイルに分散させる製品は金型に塗布する程度でごく少量といってもよい．その使用目的も水系では，金型の温度低下，噴射直後の水の蒸発に伴うはじき等の問題を回避することができない場合の次善策の場合が多く，加工用途としては水系にシフトしている．

これらの加工用途での変遷とも関連するが，各種摩擦状況の改善の一環としてあらゆる潤滑用途で固体潤滑剤（含有）製品が試されてきたといっても過言ではない．そのため前述のギヤ，チェーンは言うに及ばず作動油，切削，鍛造，エンジンオイル等々でも固体潤滑剤含有製品は活躍している．

4.2 グリースへの添加

グリースには増ちょう剤と呼ばれる，基油を増粘させる物質が使用されている．そのため，各種粉末原料や固体潤滑剤を沈降させることなく，任意に混合添加することができる．その特徴を生かし，数多くの固体潤滑剤入りグリースが広範に使用されている．

1960～70年代にはグラファイト等の固体潤滑剤を充てん剤[1,2]と呼び，グリースに添加した歴史

があるが，使用環境によっては異常摩耗につながることもあった．近年は使用条件とグリース性能のバランスが見極められ，当時は高価な二硫化モリブデン等が，現在は標準的に使用されるようになってきている．さらにこれらの固体潤滑剤と他の添加剤の組合せで，グリースの高性能化が一段と進んでいる．

グリースに使用されている粉末原料は幅広い．上記以外に二硫化タングステン，耐熱性良好な窒化ホウ素，タルク，酸化亜鉛，アルミナ，ポリテトラフルオロエチレン，メラミンシアヌレート，セリサイト等がある．基本は潤滑の目的で供給する固体物質を固体潤滑剤として考えるが，携帯パソコン等の発熱性電子部品には，シリコーングリースにクラスタダイヤモンド粉末を添加する等の放熱性向上を目的としたもの[3]まで多種多様である．

4.2.1 モリブデン化合物の添加

グリースに添加する代表的な固体潤滑剤は，二硫化モリブデンである．1960年代から主として二硫化モリブデン添加剤メーカーから多くの研究報告[4〜8]があるが，グリースの増ちょう剤の種類，二硫化モリブデンの粒径，添加量，また評価する試験方法によりそれぞれ効果は異なる．使用用途に応じて選定することが必要である．二硫化モリブデンの添加は，焼付き防止性能，摩耗防止性能の向上等に効果がある．粉体であること，天然鉱石であることから，グリースの防錆性や酸化防止性への悪影響が懸念されるところであるが，原料自体や他の添加剤の併用で，製品としての影響はない．データの詳細は，第Ⅲ編を参照いただきたい．

固体潤滑剤の用途として，自動車用では古くから各ジョイント部やスプライン部のグリースに広く使用されている．最近では，自動車の等速ジョイントに多く使用されている．これらのグリースの多くは，フレーキング防止，摩耗防止，摩擦低減といった高性能化の要求から，二硫化モリブデンや有機モリブデンという固体潤滑剤が添加されている．摩擦を低減する目的に対しては，モリブデン化合物が優れており多用されている．今後は省資源の観点から，モリブデン化合物以外で同様の性能を発揮する固体潤滑剤が待たれ，様々な研究がされている[9]．

4.2.2 他の固体潤滑剤の添加

二硫化モリブデン以外には，グラファイトが代表的固体潤滑剤である．グラファイトは種類，粒径，灰分等多くの種類があり，それぞれ摩耗防止性等で性能差がある[10,11]．また，グラファイトの欠点を補った，グラファイトの表面に薄膜の特殊処理をもたせたポーラライズドグラファイトが，二硫化モリブデンと同等以上の効果があるという報告もある[12,13]．カーボンブラックをグリースに添加し，帯電防止の目的で本来絶縁物であるグリースに導電性を付与したグリースも知られている[14]．

二硫化モリブデンやグラファイト等は黒い粉末であるが，白い固体潤滑剤として，たとえばポリテトラフルオロエチレン（PTFE）があり，添加剤としての使用の他，グリースの増ちょう剤としても有効である[15]．近年はこれら白色固体潤滑剤が，自動車部品やAV・OA機器の樹脂部品に広く使用されている[16]．建設機械等では作業環境を汚染したくないということで，黒色系から比較的安価な白色ないし灰白色粉体であるリン酸塩ガラスを使用した例も報告されている[17]．少量の添加で高い耐荷重性能を示し実用化されている．

また各種軸受用グリースでは古くから，二硫化モリブデン等の固体潤滑剤添加による寿命延長効果が研究されている．最近銅化合物の添加が軸受寿命を延長することがわかった[18〜20]．軸受寿命はグリースの酸化劣化に起因する場合が多いため，グリース成分が酸化劣化しにくいことがキーポイントであり，添加する固体潤滑剤が酸化を促進しないこと，むしろ酸化防止効果があることが望

ましい．その点で，有機銅化合物は酸化防止剤として作用するため軸受寿命を延長させると考えられている．

グリースに固体潤滑剤を添加することは潤滑性能での向上はあるが，ネガティブな項目としては，固体潤滑剤が粉体であるため，粒径によらず，集中給脂システムには分配弁や配管等のつまりに注意することが必要である．

グリースには種々の固体潤滑剤を沈殿させることなく任意の添加量を添加し使用できる．グリースも種々の増ちょう剤が使用されている．その組合せは無限であり，用途に応じて適材適所で使用することが経済的にも優れる．

参考文献

1) 岩佐 孜：トライボロジスト，8, 4 (1963) 9.
2) 小口敏太郎：トライボロジスト，15, 6 (1970) 72.
3) 大内和美・笠原敬介・阿刀田 実：特公開 2004-26964 号．
4) T. J. Risdon and D. J. Sargent：NLGI Spokesman, June (1969) 82.
5) H. F. Barry and J. P. Binkelman：NLGI Spokesman, May (1966) 45.
6) T. J. Risdon and J. P. Binkelman：NLGI Spokesman, July (1968) 115.
7) T. J. Risdon, NLGI Spokesman, 63, 8 (1999) 10.
8) M. S. Vukasovich and W. D. Kelly：NLGI Spokesman, June (1972) 90.
9) 広中清一郎：トライボロジスト，37, 5 (1992) 15.
10) A. V. Tamashausky：NLGI Spokesman, 65, 12 (2002) 10.
11) A. Mistry and R. Bradbury：NLGI Spokesman, 66, 3 (2002) 25.
12) 筧 徹：潤滑経済，5月号 (2001) 12.
13) R. Holinski and M. Jungk：NLGI Spokesman, 64, 6 (2000) 23.
14) 遠藤敏明：トライボロジスト，41, 7 (1996) 44.
15) 酒井和男：トライボロジスト，19, 4 (1973) 10.
16) 坂本尚樹：潤滑経済，6月号 (2000) 5.
17) T. Ogawa, H. Kimura, A. Kimura and M. Hayama：NLGI Spokesman, 62, 6 (1998) 28.
18) 混入異物のグリース寿命への影響に関する研究会：トライボロジスト，38, 12 (1993) 25.
19) 固体潤滑剤のグリース寿命への影響に関する研究会：トライボロジスト，41, 2 (1996) 33.
20) 固体潤滑剤のグリース寿命への影響に関する研究会：トライボロジスト，41, 3 (1996) 37.

4.3 固体潤滑剤添加水ベース潤滑剤

近年，塗料の世界では，環境対策の点から溶剤系から水系化への置換えニーズが高まっている．固体潤滑剤を分散した潤滑剤も同じく環境問題から水系化が望まれるが，塗料に比較するとまだまだ固体潤滑剤を添加した水系の潤滑剤の例は少ない．

その理由は，塗料に比較して摩擦という厳しい条件下におかれるために「被膜の強度」，「被膜の被塗物に対する密着性」，「環境に対する耐久性」といった要求項目に対する厳しさと，固体潤滑剤が持つ比重の大きさと表面エネルギーが小さいという特徴のため，水中での分散が難しいことにあり，水系化にはそれらの要求項目を満たすうえで特殊な添加剤や製造工程，さらにアプリケーションの工夫が必要になる．上記の水系化の製品設計への大きな制約が，固体潤滑剤添加水ベース潤滑剤の市

場の広がりを阻害するものである.

こういった制約にもかかわらず,固体潤滑剤添加水ベース潤滑剤が必要である分野が,鋳造（ダイカスティング）と鍛造の塑性加工分野である.これらの分野では,工程中の金型の冷却という要素が大きいことと,大量に使用される分野であるため環境面でも水ベースであることが必要となる.この中で,固体潤滑剤添加水ベース潤滑剤に関して技術的な動きが見られる鍛造用潤滑剤について紹介を行う.

4.3.1 熱間鍛造用白色潤滑剤

現在,熱間鍛造用潤滑剤は,黒鉛を水中に分散した水性黒鉛潤滑剤が主流である.黒鉛は,潤滑性,断熱性,耐熱性に優れ,熱間鍛造には非常に好適であり,鍛造サイクルの高速化が進んだ現在では,金型の冷却も重要な要素となったため,水性黒鉛潤滑剤は熱間鍛造にはなくてはならない存在となっている.

ところが近年,作業環境の改善に関心が高まり,鍛造現場での黒鉛の汚れが指摘されるようになった.このことから,作業現場の汚れが目立たない白色潤滑剤と呼ばれる非黒鉛系の鍛造用潤滑剤に注目が集まるようになった.

白色潤滑剤は,黒鉛のような固体潤滑作用ではなく,高温の条件下での有機物の溶融・熱分解による融解物と残渣の混合物による擬似固体潤滑,および熱分解で発生するガスによる離型効果の組み合わせで性能を発揮すると考えられている（図4.1）[1]．

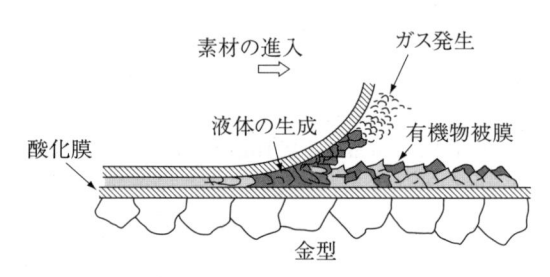

図4.1 白色潤滑剤の潤滑機構

その潤滑成分となる有機物に関しては,主にアジピン酸やイソフタル酸などの二塩基酸の金属塩が用いられる例が多い[2]．また最近では,本来は潤滑成分を金型に付着させるバインダ成分として使われてきたマレイン酸等から構成されるポリマーを,潤滑成分として使用する例も報告されている[3]．

白色潤滑剤はこれまで黒鉛系潤滑剤に比べてその潤滑機構の違いから,潤滑性・離型性に劣るために,適応される例が限定されてきたが,最近,黒鉛系潤滑剤をおきかえるほど著しく性能を改良したという報告もされている[4]．また,リサイクル性も含めると黒鉛系よりも白色の方が環境に良いという報告もある[5]．今後は,性能の向上が進むにつれ,この白色潤滑剤が熱間鍛造用潤滑剤に大きな地位を占めるようになると予想される.

4.3.2 冷間鍛造用潤滑剤

冷間鍛造用潤滑剤としては,ボンデ処理（リン酸亜鉛処理）が広く使われている.ところが,このボンデ処理では,リン酸亜鉛処理の工程において大量の不溶性のリン酸塩（ボンデかす）および廃液が発生し,また処理槽を高温に保つ必要などから大量のエネルギーを消費するため,これらの要素が与える環境負荷が大きな問題になっている.また,リン酸亜鉛処理のような化成処理は,工程が複雑かつ長時間であり,品質の安定化のために処理液などの管理が必要であるため,処理品質を一定に保つことに難点がある.

これらの問題を解決すべく新規の冷間鍛造用潤滑剤が開発されている.それらは,一液の浸漬とその後の乾燥で処理ができ,廃棄物もほとんど発生しないことを特徴としている[6,7]．残念ながら現

時点では，それらの新規潤滑剤は性能的には既存のボンデ処理に比べ劣るため，完全にそれらに置き換えることができないが，徐々にその性能を向上させている．50年以上の歴史をもつボンデ処理も置き換えられる日が近いと考えられる．

参考文献

1) 森　幹：鍛造技法, 26, 85 (2001-4) 66.
2) ジェローム・W・バーテル：特開昭55-139498, 特開昭58-084898.
3) 原田辰巳：特開2002-265974.
4) 原田辰巳：鍛造技報, 26, 87 (2001-10) 26.
5) 森下弘一：鍛造技報, 26, 87 (2001-10) 13.
6) 小出　他：鍛造技法, 26, 86 (2001-7) 25.
7) 吉田昌之：第88回塑性加工学講座「鍛造加工の基礎と応用」テキスト P.65.

III. 基　礎　編

　　固体潤滑は，油（グリース）潤滑とともに，機械の円滑な運転に不可欠なものである．固体潤滑の最も特長的な適用法は，潤滑油やグリースに添加して使用することは勿論のこと，油（グリース）潤滑が適用出来ない特殊環境，たとえば，極低温，高温，超真空などで使用が可能であることである．「基礎編」では，固体潤滑の原理と，これに関わる摩擦・摩耗理論と固体潤滑法の解説，さらに固体潤滑剤の種類とそれぞれの潤滑性能についてできる限り詳細に解説してある．また近年，トライボロジー分野でも注目され，基礎および応用研究とともに実用化が進むDLC膜やナノカーボンについて，さらに最先端の固体潤滑としての「ゼロ摩擦」や「極低摩擦」，「マイクロ・ナノトライボロジー」まで言及する．

1. 総　論

1.1 固体潤滑とは

　二つの物体が相対運動をするとき，摩擦を下げるには，間にすべりやすいもの，言い換えればせん断されやすいものを挟むとよい．一般的には潤滑油やグリースを挟む．もっと摩擦を下げるには，気体を挟むのがよく，何もなければ最上である．もっとも何もなければ，電場や磁場を使わない限り荷重を支えることができないから，宇宙などの無重力環境を除いて実用できない．

　すべり面間に固体を挟む場合が固体潤滑である．とりあえず動かすためには，古代に行われた砂＋水でも間に合うかもしれないが，繰返し摩擦する場合にはもう少し工夫がいる．間に挟む固体は，当然，せん断抵抗が小さいことを要求される．せん断されやすければ，摩擦係数は低くなるからである．

　低摩擦は，固体潤滑剤に第一に要求される特性であるが，それだけでは固体潤滑剤たりえない．次に要求される特性は，繰返し摩擦に耐えることである．そのためには，すべり面にしっかりくっついていることが要求される．すなわち付着強度が問題となる．ここでは，固体潤滑剤と相手のすべり面との親和性（化学的な性質）だけでなく，表面粗さのような物理的な性質も重要となる．以上を含めて固体潤滑剤には，次のような特性を有することが要求される．

(1) 広い条件下で一定の摩擦力を維持する．
(2) すべり面に強く付着する．
(3) 化学的に安定である．
(4) 毒性がない．
(5) 環境適合性がある．
(6) 経済的である．

　現在最も多く使われている固体潤滑剤は，二硫化モリブデン，黒鉛，PTFE，軟質金属である．それらの詳細は1.4で述べる．

1.2 固体潤滑の利点，欠点

　潤滑剤が固体であることのメリットはなんであろうか．トライボロジーからみた流体と固体との違いは，流動性と安定性であろう．流動性については後述するとして，安定性は経年安定性，温度安定性に分けられる．固体潤滑剤は流れにくいので大きな荷重を支えることができ，その状態で長時間おいても変化が少なく，なくなりもしない．潤滑油やグリースはそうはいかない．長期に使う場合，酸化したり，流れたり，蒸発したりするから，定期的なメンテナンスが必要である．温度安定性についても，潤滑油で潤滑した機器の摩擦係数や耐荷重能は粘度に依存するが，その粘度は温度で大きく変化するし，温度が上がると酸化，分解，蒸発などが加速される．これらを含めて潤滑油やグリースと比較した場合の，固体潤滑剤の利点は次のようである．

(1) 使用温度範囲が広い．
(2) 真空中で使える．
(3) 耐放射線性がある．
(4) 耐荷重能が高い．

(5) 流動性が低い．
(6) 周囲を汚染しにくい．
(7) 経年変化が少ない．

(1)については，鉱油の主な成分である炭化水素のC–H結合は約350℃で切断されるから，それ以上の温度では使用できない．また−80℃以下では，固化して使用不能となる．蒸気圧が高いので，高真空中では蒸発して使えない．最近では，超高真空中でも使える低蒸気圧の合成油が市販されているが，温度が上がると蒸気圧が上昇して，使えなくなる．放射線に当たると潤滑油は重合反応を起こすのに対し，固体潤滑剤は耐放射線性が高い．潤滑油は時間が経つと何処かへ流れていってしまうが，固体潤滑剤は流動性が低いから，そんな経年変化は起こりにくい．また流出した油やグリースまたはその蒸発成分のように，周囲を汚染することもない．

こう見ると良いことだらけだが，長所の裏返しが欠点となる．とりわけ流動性の欠如は問題である．潤滑油やグリースは，油膜がとぎれたすべり面に流れ込んで潤滑性を回復する自己補修性がある．これに対して固体潤滑では，摩耗した固体潤滑剤が運良くすべり面にいってくれないと，もはや潤滑に寄与しない．いわば運任せであるから，摩耗してしまえば寿命となる．すなわち寿命が限られている．流体の流動性は，摩擦熱の除去にも大いに役立っている．摩擦による局所的な温度上昇を緩和しているのである．固体潤滑剤には，そのような作用はない．これらを含めて固体潤滑剤のデメリットを挙げると，

(1) 流動性がない．
(2) 相手材を選ぶ．
(3) 摩耗粉が出る．
(4) 寿命が限られている．

固体潤滑剤のトライボ特性に相手材表面の化学的，物理的性質が関係することから，固体潤滑剤に適した相手材が存在することになる．何でも良いというわけには行かない．摩耗粉が出るから，これによる汚染を極度に嫌う用途には適用できない．摩耗粉の処理が必要なこともある．自身が摩耗することによって潤滑を維持するから，寿命に限度がある．固体潤滑を自己犠牲型潤滑（Sacrificial Lubrication）と呼ぶことがあるのは，ここに由来する．

1.3 固体潤滑の原理

すべり面の間に固体を挟んで摩擦を下げるのが，固体による潤滑，固体潤滑である．したがってその固体は，せん断抵抗が小さくなければならない．この辺の理論的取扱いは1.3.1で述べる．

摩擦が低いとしても，それが持続されなければ，実用できない．1回だけ低摩擦を要求される用途もあるだろうが，例外的である．低摩擦を持続するにはどうすればよいかを1.3.2以下で述べる．

1.3.1 摩擦の原理

詳細な説明は次節以降に譲るとして，ここでは単純化した摩擦の理論を述べる．物と物を接触させると，接触部は原子間で結合する．片方を動かそうとすれば，結合した部分を断ち切らなければならない．断ち切るのに要する力がすべり摩擦力である．したがってすべり摩擦力 F は，原子間で結合している面積 A と単位面積あたりの結合部のせん断強さ τ の積となる．

$$F = A \cdot \tau \tag{1.1}$$

物と物を接触させると，接触部は原子間で結合すると述べたが，見た目の接触面積（見掛けの接触

面積ともいう）全体にわたってこれが起こっているわけではない．いくら表面を平坦に仕上げても，原子同士の接触を起こす面積（これを真実接触面積という）は限られている．通常，真実接触面積は，見掛けの接触面積の千分の一以下である．

さて，上下におかれたもの同士が接触しているとして，上のものの重さを W とすれば，W はすべて真実接触面積 A で支えているから，単位面積あたりの重さ W/A は，軟らかい方の物の降伏圧力 P となる．

$$P = W/A, \quad W = P \cdot A \tag{1.2}$$

摩擦係数 μ は，摩擦力 F を垂直荷重 W で割ったものである．

$$\mu = F/W \tag{1.3}$$

この式に式 (1.1) と式 (1.2) を代入すると，

$$\mu = A \cdot \tau / P \cdot A = \tau / P \tag{1.4}$$

この場合，せん断は軟らかい方の材料内で起こるから，τ は軟らかい方の材料の特性をとり，P も軟らかい方の材料の物性値ということになる．

上式より，物体を滑らせる場合の摩擦係数を下げるには，τ を小さくし P を大きくすればよいのだが，通常の工業材料は，τ が小さければ P は小さく，τ が大きいものは P も大きい．その結果 τ と P の比は，ある範囲に収まることになる．多くの物質で，乾燥状態での摩擦係数が 0.3～0.5 であるのは，そのためである．ところが真空中では，5 とか 10 あるいは 20 以上といったきわめて高い摩擦係数が報告されているのは，何故であろうか．この点の説明は，接線力を加えることによる真実接触面積の増大として説明されているが，詳細は成書に譲ることとする[1]．

ここで，上下の面を硬くして，双方の間に軟らかい薄膜を挟んでみよう．そうすると，せん断強さの小さい物質が真実接触部にあり，その上下には硬い物がある，という状態になる．こうするとすべり摩擦状態では，τ の小さい薄膜内でせん断が起こる一方，荷重は P の大きい下の物質で支えられているから，摩擦係数は小さくなる．式 (1.4) で τ が小さくなり，P は大きいままの状態を考えればよい．言い換えれば，硬い材料の間に軟らかい薄膜を挟むと，摩擦は低下する．これが固体潤滑膜の潤滑原理である．

繰返しになるが，第一に固体潤滑剤に要求される特性は，せん断強さが小さいということである．実用上は，この低摩擦をできるだけ長く維持することが要求される．これより第二に固体潤滑剤に要求される特性として，固体潤滑剤が摩擦面に強く付着する必要がある．この点に関しては後述する．固体潤滑剤に要求される物性としては，これ以外に生体安全性を含む環境適合性くらいしかない．これらの特性を有すれば，固体潤滑剤を名乗る資格がある．多種多様の固体潤滑剤，潤滑法が存在するゆえんである．

1.3.2 寿命と寿命に影響する要素

固体潤滑では，固体潤滑剤が摩耗することによって潤滑作用が成り立つ．固体潤滑剤は，自己を犠牲にして潤滑するから，摩耗しつくせば寿命となる．このため，自己犠牲型潤滑法とも呼ばれている．寿命は，摩擦係数の上昇，温度の上昇，振動や音響の発生などの不具合から判断する．焼付きのようなカタストロフが発生することは少ない．

寿命を長くするには，摩耗の進行を遅くすればよい．それには，すべり面の双方に固体潤滑剤があるようにすればよい．固体潤滑膜の場合，双方の面に製膜してあれば，一方のみの場合より寿命が数倍延長するといわれている．

固体潤滑剤が一方の面のみに存在する場合，寿命を長くするには，固体潤滑剤が相手面に強固に

付着するとよい．したがって固体潤滑剤と相手材との適合性は重要である．適合性には，物理的な特性と化学的な特性がある．長寿命の摩擦面を観察すると，相手材の表面に固体潤滑剤が転移して付着し，摩擦は転移した膜ともとの面上の固体潤滑剤との間で発生していることがわかる．これを転移膜潤滑という．転移膜潤滑については後述する．

固体潤滑における摩耗は，固体潤滑剤を含む面と相手面の二つに分けられる．とはいえ相手面の摩耗は固体潤滑剤に比べればきわめて少なく，単位荷重，単位摩擦距離あたりの摩耗量（比摩耗量）は，$10^{-8} \sim 10^{-10} mm^3/N \cdot m$のオーダである．

比摩耗量の定義は次のようである．一般に摩耗は，時間経過あるいは摩擦距離とともに，図1.1のように進行する．縦軸は摩耗量を示す．摩耗はまずガタ，振動，騒音として表面化するために，重量ではなく体積で表示される．横軸は時間をとる場合もあるが，摩擦距離の方が多い．運転開始直後の初期なじみの期間が終わると，摩耗はゆっくりと直線的に進行する．直線の勾配は，摩耗体積（mm^3）を摩擦距離（mm）で除した値で示される．mm^3/mmであるが，摩擦距離の単位をmとしてmm^3/mで表示する場合もある．この値を垂直荷重（N）で割ると比摩耗量となる．図1.1に示す曲線を摩耗の進行曲線という．

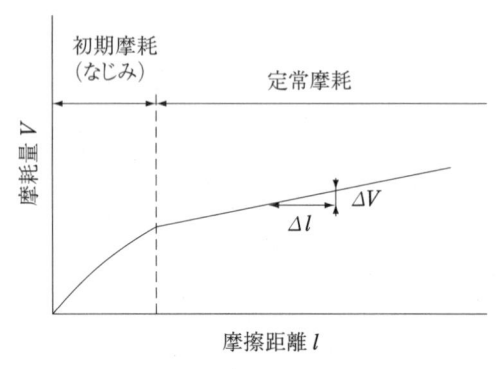

図1.1 摩耗の進行曲線

摩耗のメカニズムについては，疲労摩耗が主体であろうと考えられる．摩耗が疲労で発生するとすれば，寿命データがばらつくのは当然であろう．

固体潤滑膜の摩耗の機構については，曽田らは，下地同士の接触の発生を境にそれ以前と以後に分けて議論している[2]．すなわち摩擦の開始から下地同士の接触までは，摩擦は被膜と相手材あるいは相手材上の転移膜との間で発生しており，安定した摩擦状態が期待できる．この期間を連続膜型摩耗範囲と呼んでいる．一方，下地同士の接触の発生以降は，下地同士の接触の発生と，発生部への固体潤滑剤の摩耗粉の再付着による潤滑性の回復が交互に起きるために，摩擦は不安定であるが，摩擦係数は一定値を越えない．この期間において被膜は，摩擦面上に常に存在するわけではなく，下地同士の接触が発生することもあるから，相手材の摩耗が起こる．そこでこの期間を不連続膜型摩耗範囲と呼んでいる．二つの期間の割合は，運転条件によっても変わるがほぼ半々である．

（1）転移膜潤滑

転移膜潤滑では，摩擦は，相手材表面に転移した膜ともとの固体潤滑剤を含む面との間で発生している．

固体潤滑転がり軸受の場合，初期の潤滑は，転走面にあらかじめ付着した固体潤滑薄膜により行われるが，薄膜が摩耗し尽くすと，固体潤滑剤含有複合材保持器から転動体へ，さらに転動体から内外輪の転走面へ転移した転移膜により潤滑を維持する（図1.2）．したがって転移膜潤滑がうまくいくかどうかのポイントは，初期の被膜潤滑から転移膜潤滑への移行がスムーズに進むかどうかにかかっている．一般に初期の被膜寿命が長いほど，言

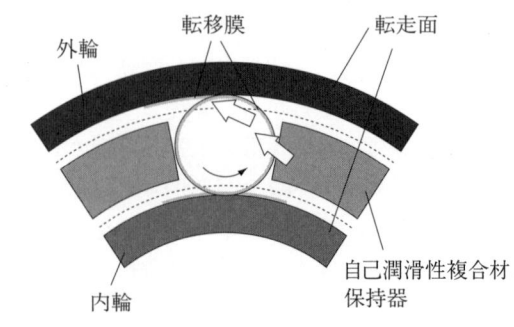

図1.2 転移膜潤滑の原理

1. 総 論

い換えれば摩耗の進行が遅いほど，移行過程は順調に行われる．

（2）相手材の表面粗さ

転移膜の生成には，相手材との化学適合性以外に，相手材の表面粗さも重要である．一般には最適な表面粗さがあり，あまり粗くても平滑でも，摩耗は増加する．PTFEを例に図1.3に示す．

（3）雰囲気の影響

固体潤滑剤の潤滑特性は，雰囲気の影響を受ける．転移膜の生成，離脱にも，雰囲気は影響を与える．湿度，酸素，雨水，河川水，海水など，種々の雰囲気の影響が指摘されているが，詳細は各論に譲るとして，黒鉛の摩擦に及ぼす湿度の影響だけ述べておく．

歴史編で触れたように，Savageによる黒鉛の気体潤滑効果の発見は，第二次世界大戦中に成層圏を飛ぶ航空機の発電機ブラシが異常摩耗したことに始まった．戦後Savageは，真空中における黒鉛の摩擦試験結果から，黒鉛の摩擦には雰囲気に含まれる水分の影響が大きいことを見出した．ここで初めて，気体の存在が固体潤滑剤の摩擦摩耗に影響することがわかった．図1.4に種々の気体による黒鉛の摩擦変化を示す．黒鉛の場合，雰囲気気体は摩擦を減少させるが，二硫化モリブデンでは逆に増加させる．気体の存在は，転移膜の生成にも影響する．固体潤滑剤によって，その摩擦摩耗への気体の影響はまちまちである．

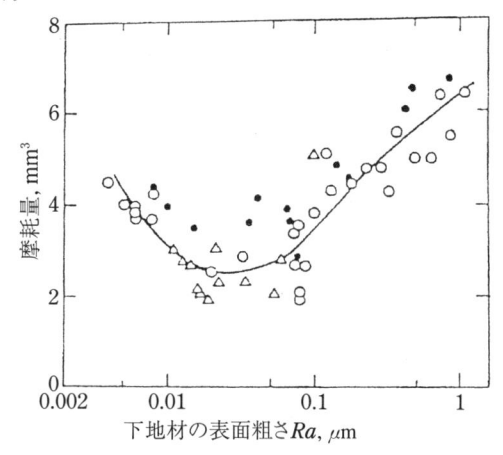

図1.3 PTFEの摩耗量に及ぼす下地の表面粗さの影響（田中章浩氏による）

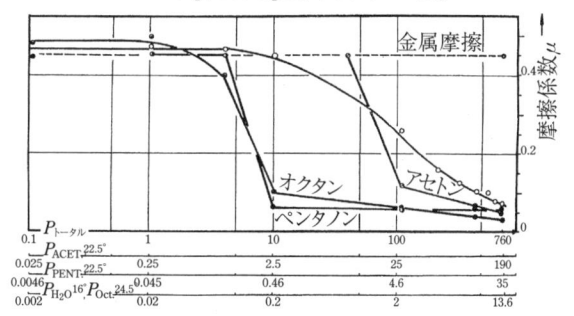

図1.4 黒鉛の摩擦に及ぼす種々の気体圧力の影響

雰囲気が気体ではなく，潤滑油やグリースのような液体の場合はどうであろうか．液体との共存性については，まとまった報告はない．一般にいわれていることは，複合材の場合，荷重が低いと寿命は延長するが，高荷重下では逆転し，寿命は低下する．これは，摩擦条件が厳しくなると，液体が固体潤滑部材に生じたクラックに進入し，クラックの進展を促進するためである．その結果，部材は大きな摩耗粉を生じ，急速に摩耗する．同様の摩耗機構は，固体潤滑膜にも当てはまるはずである．

（4）運転限界（PV値）

固体潤滑剤には，潤滑油のような摩擦熱を除去する作用はない．摩擦熱は，主に伝導によって取り去られるしかない．したがってすべり面の耐熱性が使用上限温度を定めることになる．摩擦熱は，摩擦仕事すなわち摩擦係数×面圧×速度（μPV）で決まるから，$P \times V$をPV値と名付けて運転限界の指標にしている．熱的限界を越えないようにするには，面圧を下げるか速度を下げることになる．その意味では，摩擦熱の散逸するチャンスがある間欠動作は，固体潤滑に適している．

参考文献

1) 例えば山本雄二・兼田禎宏：トライボロジー，理工学社（1998）43.
2) M. E. Champbell : NASA SP-5059 (01), Solid Lubricants, A Survey (1972) 4.

1.4 固体潤滑剤の種類

固体潤滑剤としては，多くの固体が試験されている．その一端を表1.1に見ることができる．この試験は NASA で行われたものである[1]．多数のものが摩擦係数，耐久性，腐食性，環境適合性などの理由で除かれた．このような試験を重ねて生き残った固体潤滑剤を分類すると次のようになる．

(a) 層状構造物質
(b) 高分子材料
(c) 軟質金属
(d) その他

表1.1 過去に試験された固体潤滑剤候補

Ag_2Se, Ag_2S, Ag_2Te, AgI
$AlPO_4$
Bi_2S_3
$CdSe$, CdS, $CdTe$, CoS, Cu_2S
GeO_2
$InSe$
LiF
$MoSe_2$, $MoTe_2$
NiS
$PbSe$, PbS
Sb_2O_3, Sb_2S_3, Sb_2S_5
$TiTe_2$
$ZnTe$, $ZnTe_2$, ZrN, $ZrCl$

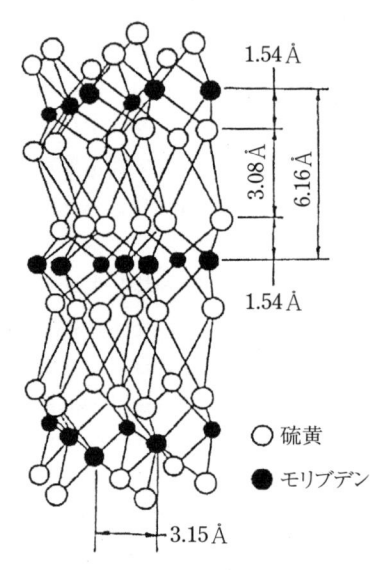

図1.5 二硫化モリブデンの結晶構造

○硫黄　●モリブデン

層状構造物質は，黒鉛および二硫化モリブデンに代表される．二硫化モリブデンの結晶構造を図1.5に示す．両者とも結晶構造が層状になっていることから，層状構造物質の名前が生まれた．これらの物質は，結晶層に直角方向の力に対しては，層間距離を縮めてこれを支え，層に平行方向の力がかかると容易に層間でせん断されて低摩擦を示す．したがって滑らせたとき低摩擦を示すには，界面の結晶層が摩擦方向に平行に並んでいる必要がある．

黒鉛は，炭素原子が二次元的に六角形の並んだ結晶構造をとる．炭素原子がダイヤモンド構造をとるときは，三次元的に4個の同原子と結合するから，この場合，不飽和の状態にある．周囲に気体があると，気体分子と結合して飽和状態となる．すなわち低摩擦は，気体がある場合に実現される．黒鉛が真空中で高摩擦を示す原因はここにある．

黒鉛は，六角構造層の間に原子が入りやすいという特徴を有する．そこで，層間に原子を入れた層間化合物が作られ，固体潤滑剤としての特性が調べられている．代表的な層間化合物にフッ化黒鉛がある．

最近注目され，実用が進んでいる固体潤滑膜に，ダイヤモンドライクカーボン（Diamond Like Carbon, DLC）膜がある．この被膜は，カーボンのダイヤモンド構造の一部に水素を組み込んで低摩

擦化したもので，黒鉛とは異なり，真空中でも低摩擦を示す．

　二硫化モリブデンは黒鉛とは逆に，真空中で低摩擦を示し，気体が存在すると摩擦は上昇する．二硫化モリブデンと同様の構造をとる化合物はジカルコゲン化合物と呼ばれており，モリブデンのほかにタングステン，ニオブの金属と硫黄，セレン，テルルなどが1対2の割合で結合した化合物である．このうち，固体潤滑剤として用いられているものは，二硫化タングステンしかない．

　高分子材料は，カーボンを主成分とする巨大分子であり，PTFEやポリアミドが代表的なものである．PTFEの分子模型を図1.6に示す．PTFEの場合，カーボン原子の4本の腕のうち，2本はフッ素とつながっており，残りの2本はカーボン原子とつながっている．カーボン原子はまた隣の原子とつながる．これが延々と繰り返されて分子量1千万に及ぶ巨大分子となる．表面は安定で表面自由エネルギーは小さく低摩擦を実現する．ただし荷重を支える能力（耐荷重能）は低い．実用する場合には，補強材が必要である．

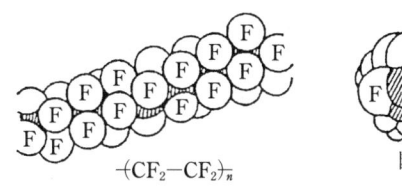

図1.6　PTFEの分子模型

　軟質金属の仲間には，金，銀，スズ，亜鉛などがある．良好なトライボ特性から，鉛も多用されてきたが，毒性が問題となってカドミウムとともに使用制限が進んでいる．これらの金属は面心立方晶で，結晶的に等方であるから，せん断されやすいが，耐荷重能は低い．実用に際しては，薄膜として使うか，強化材とともに使用する．

参考文献
1) H. Greve : Doctor Thesis Hamburg University (1968) 45.

1.5　固体潤滑法

　前節で述べた固体潤滑剤をどのようにして実用に供するか．固体潤滑剤の適用法は次のように分けられる．
 (1) 粉末
 (2) 固体潤滑被膜
 (3) 自己潤滑性複合材
 (4) その他

　固体潤滑剤は粉末原料として供給されることが多い．最もプリミティブな使用法は，粉末をろ紙やセーム皮を使ってすべり面に擦りこむことである．再現性に欠けるため工業化はされていないが，研究室規模で固体潤滑を行うには手軽な方法である．粉末を被膜に仕立てる実用的手法には，ショットブラストの応用がある．この手法は，固体潤滑剤粉末をまぶした鋼球やガラス球をすべり面に衝突させることにより，表面を硬化し適切な凹凸を与えるとともに，固体潤滑膜を形成させる．最近実用化された手法では，粉末を高速気流にのせてすべり面に打ち込む．両者を併せてインピンジメント法と呼ばれている．

　固体潤滑剤粉末を潤滑油やグリースに混ぜる方法もある．固体潤滑剤粉末を高濃度に添加したペーストは，初期なじみやかじり防止に広く使われており，特にステンレス系部品の焼付き，かじり防止や，ステンレスボルトの締込み前処理として一般化している．高温特性あるいは耐荷重能を生かして，高温用あるいは高荷重用の潤滑油やグリースにも使われている．

潤滑油に添加する場合の問題点は，固体潤滑剤粉末が油中に安定して懸濁した状態を維持することと，粉末がすべり面に強く付着することの双方を両立させることが難しい点にある．添加油メーカーはこの点に知恵を絞っている．自動車用エンジン油に添加する場合，〜5%の燃費向上をもたらすともいわれているが，組織的，系統的な研究は今後に残されている．粉末そのものを気流にのせてすべり面あるいは転がり軸受に吹き込み，高温潤滑を行う方法も試みられたが，成功していない．

被膜に仕立てた固体潤滑剤は，広い工業分野で用いられている．固体潤滑膜には，固体潤滑剤粉末を結合剤（接着剤）ですべり面に接着するタイプと固体潤滑剤のみで被膜を形成するタイプの2通りがある．前者は，いわゆる市販されている固体潤滑膜である．結合剤は有機系と無機系に分かれており，有機系は耐久性に勝るが，無機系は耐熱性に優れている．さらに耐久性を増すために，これらの被膜を熱処理して接着強度の向上を図る．そこでこれらは，焼成膜と呼ばれている．簡便なやり方としては，室温乾燥型のスプレー式がある．

結合剤を用いない方法には，先に述べたインピンジメント法のほかに，真空を利用した真空蒸着法，イオンプレーティング法，スパッタリング法などがある．真空蒸着法，イオンプレーティング法は，主に金，銀膜など軟質金属膜の製膜に用いられる．スパッタリング法は二硫化モリブデン，二硫化タングステンのような化合物膜の生成に用いられる．これらは1μm以下の薄膜として，真空転がり軸受の潤滑に使用されている．

レーザ，火炎溶射，デトネーションガン，レールガンなどを用いた高エネルギータイプの被膜製作法も試みられているが，実用段階に達したものは火炎溶射のみであろう．

複合材は，すべり面の一方あるいは転がり軸受の保持器として使用される．複合材には高分子系と金属系がある．高分子系はPTFE，ポリアミドなどの高分子材をガラス繊維，炭素繊維，ケブラーなどの繊維で補強したもので，二硫化モリブデンやグラファイトのような固体潤滑剤を添加する場合もある．いずれも摩擦条件が厳しくない部品に使用されるが，経済的で汚染や騒音が少なく吸振作用もあることから，軽工業機械，OA機器，家電などに必要不可欠な機械要素を提供している．金属系は，耐熱性金属粉と二硫化モリブデンのような固体潤滑剤をホットプレスで焼結したもので，製法から粉末冶金の分野に属する．単品生産に近いためコストはかかるが，高温，真空といった特殊な極限環境用途にはこれしかない．

その他の範疇に属するものとしては，ライナタイプと埋込みタイプのすべり面がある．ライナタイプは，固体潤滑剤層に裏金を付けたもので，固体潤滑膜と複合材の中間のトライボ特性をもつ．すなわち耐久性，耐摩耗性は被膜より良いが複合材ほどではない．耐荷重能は複合材より良いが被膜に劣る．商品化されているものには，高分子複合材の厚膜に裏金を付けたものや，軟金属層に固体潤滑膜を処理し裏金を付けたものなどがある（図1.7）．

埋込みタイプは，高力黄銅の軸受に穴を千鳥足状にあけ，固体潤滑剤とワックスなどの混合物を詰め込んだものである（図1.8）．そのまま相手材と組み合わせる場合と，表面に固体潤滑膜を塗膜して運転

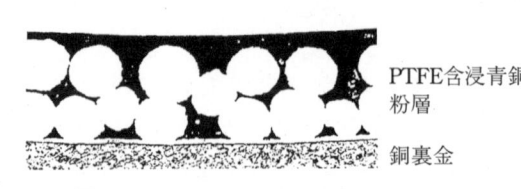

図1.7 ライナタイプ固体潤滑面の断面図

図1.8 埋込みタイプ固体潤滑軸受

開始時の摩擦を下げ，なじみやすくしたものがある．大きいものでは，直径1m以上のものが本四架橋のタワリングピン軸受に使用されており，百年間無保守運転を標榜している．

1.6 固体潤滑の今後

　固体潤滑法の研究開発は，固体潤滑剤そのものの研究開発と歩調を合わせて進められてきた．新しい固体潤滑剤の探求はなお進行中であるが，固体潤滑法はほぼ出尽くした感がある．その意味では，全体として固体潤滑は，成熟期に入ったといえるだろう．今後，新展開はあるのだろうか．方向を三つ挙げてみた．

　一つは，要求される摩擦係数を有する固体潤滑法の提供である．われわれは，摩擦係数を下げることに血の道をあげてきたが，世の中の用途はそればかりではない．自動車のドアなどはあまり軽く開いても困るのである．廊下や通路の床面は，摩擦係数が大きすぎて突っかかって転ぶのも困る．老齢化社会では特に，適切な摩擦係数を有する潤滑法が要求されると思われる．一定の摩擦係数を長期間安定に維持することを要求される用途には，固体潤滑はぴったりであろう．

　もう一歩進めて，その時その時で適切な摩擦係数を用意できないだろうか．摩擦係数のアクティブなコントロールはできないだろうか．電気的，磁気的，静電的に外部から制御信号を送って，適切な摩擦係数を有する摩擦面を用意する．固体潤滑でこれを行うとすれば，半導体，磁性粉体，エレクトレット，摩擦帯電表面など，いろんなアイデアがでてきそうである．固体潤滑表面にこの機能をもたせるか，固体潤滑剤とこれらの特性をもつ機能粉体を組み合わせるか，いっそ固体潤滑剤にこれらの特性をもたせるか，今後の研究が期待される．

2. 固体摩擦理論

2.1 摩擦の発生とCoulombの法則

固体をある荷重のもとで接触させると，全面で接触しているようであるが実際に接触している部分の面積は非常に小さい[1]．この様子が図2.1である．図の面積全体を見掛けの接触面積 A_n といい，i 番目の接触部の荷重方向への投影面積 A_{ri} の合計 $A_r(=\sum A_{ri})$ を真実接触面積という．

ここで，図2.2のような上面の硬い突起が下面の軟らかい突起を削るという i 番目の接触部を考える．図では上面の突起先端がA点に達しているので接触面はAB面である．このAB面の平均せん断応力を τ_{mi}，平均面圧を p_{mi} とし，削られた部分を前方へ押し出す際に活動するせん断面の代表的なものをAC面，この面の平均面圧を p_{ai}，下面材料のせん断強さを τ_y とする．さらに，AB面とAC面の荷重方向および摩擦方向への投影面積をそれぞれ A_{ri}, A_{ei}, A_{gi}, A_{fi} とすると，突起に作用する摩擦力 F_i と荷重 P_i は以下のようになる．

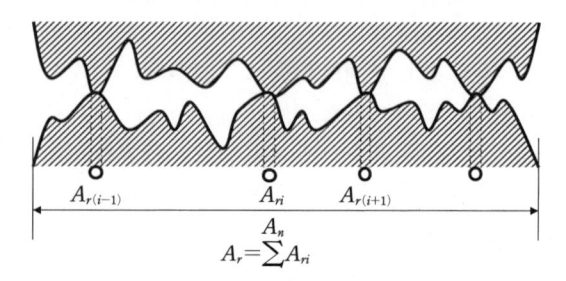

図2.1 真実接触面積と見掛けの接触面積

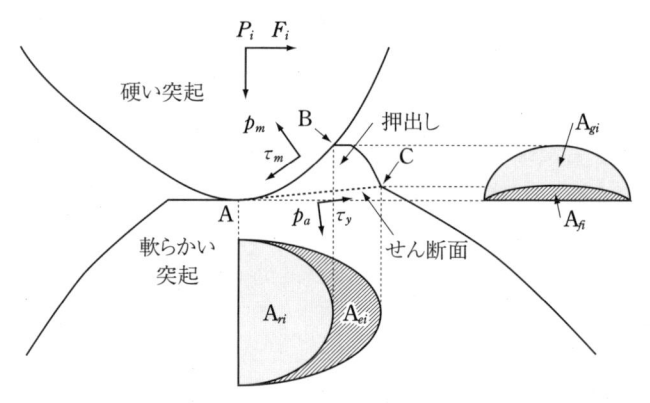

図2.2 硬い突起による軟らかい突起の引っかき

$$F_i = p_{mi}A_{gi} + \tau_{mi}A_{ri} \quad (\text{AB面}) \tag{2.1}$$
$$P_i = p_{mi}A_{ri} - \tau_{mi}A_{gi} \quad (\text{AB面}) \tag{2.2}$$
$$F_i = p_{ai}A_{fi} + \tau_y A_{ei} \quad (\text{AC面}) \tag{2.3}$$
$$P_i = p_{ai}A_{ei} - \tau_y A_{fi} \quad (\text{AC面}) \tag{2.4}$$

ここで，通常の摩擦面では $A_{gi} \approx 0$ [2] であり，図2.2から $A_{gi} > A_{fi}$ であるので，式(2.1)～(2.4)で $A_{gi} = A_{fi} = 0$ とおく．そこで，上式は以下のように簡単になる．

$$F_i = \tau_{mi}A_{ri} \quad (\text{AB面}) \tag{2.5}$$
$$P_i = p_{mi}A_{ri} \quad (\text{AB面}) \tag{2.6}$$
$$F_i = \tau_y A_{ei} \quad (\text{AC面}) \tag{2.7}$$
$$P_i = p_{ai}A_{ei} \quad (\text{AC面}) \tag{2.8}$$

ここで，図2.2のAB面は突起間の接触面である．そこで，AB面に作用する力は摩擦力となり，式(2.5)の τ_{mi} は単位面積あたりの摩擦力になる．摩擦力で摩擦力を議論しても意味がないので，せん断強さ τ_y が特定できる式(2.7)を用いて摩擦力を議論することになる．しかし，この場合は式(2.8)の p_{ai} が不明なために A_{ei} は求まらない．

参考文献

1) R. Holm : Electric Contacts, H. Gebers Förlag, (1946) 2.
2) H. Czichos : TRIBOLOGY, Elsevier, Amstercam-Oxford-New York (1978) 78.

2.2 摩擦の凝着説

2.2.1 摩擦の凝着項

式 (2.5) の τ_{mi} が摩擦力であるなら，いくら式 (2.5) を微視的に解析しても摩擦力で摩擦力を解析することになるため，堂々巡りから逃れられない．これを避けるために，"真実接触面積は見掛けの接触面積に比べて非常に小さいために接触部の面圧が高く，摩擦熱による局部的な温度上昇もあるので，金属同士の摩擦では接触部の金属面に局部的な凝着や溶着が起こる[1]" とし，τ_{mi} は凝着部材料のせん断強さ τ_s である考える．このように考えると次式の摩擦力 F が得られる．

$$F = \sum F_i = \sum \tau_{mi} A_{ri} = \tau_s \sum A_{ri} = \tau_s A_r \tag{2.9}$$

接触部が凝着するということは接触部材料が塑性変形していることを意味するので，接触面に作用している面圧は塑性流動圧力である．通常の摩擦面では，荷重が増加しても接触点の数が増えるだけで各接触点の接触面積は変わらないという結果[2〜5]から，塑性流動圧力は接触点に関係しない定数と考えられる．そこで，塑性流動圧力を p_f とおき，式 (2.6) の p_{mi} に p_f を代入すると荷重 P は次式のようになる．

$$P = \sum P_i = \sum p_{mi} A_{ri} = p_f \sum A_{ri} = p_f A_r \tag{2.10}$$

そこで，摩擦係数 μ_a は次式のように与えられる．

$$\mu_a = \frac{\tau_s}{p_f} \tag{2.11}$$

摩擦の発生の原因を凝着力としているので，式 (2.11) の μ_a を摩擦の凝着項と呼ぶ．荷重が変化すると摩擦面温度が変化し，摩擦面材料の強度も変化するので τ_s と p_f の両方が変化する．しかし，強度比である τ_s/p_f は荷重変化に関係しないと考えられるために Coulomb の法則が証明できる．

ところで，乾燥摩擦の摩擦係数は 0.4〜1.5[6] である．そこで，$\mu_a = 0.4 \sim 1.5 p_f$ となる．また，Y を十分加工硬化した摩擦面材料の弾性限度とすると，$p_f \approx 3Y$[7] であるので，τ_s は 1.2〜3.9Y という高い値となる．

この原因を調べるためにインジウムや鉛に鋼球を押し込むという押付け-引離し試験が行われている．その結果，引離し力が押付け荷重にほぼ等しいこと[8]が明らかにされた．押し付けられた面には塑性流動圧力 p_f が作用しているために，上記の試験結果は p_f と凝着部材料の引張強さ σ_B が等しいことを示す．この場合，式 (2.11) の τ_s は押し付けられた面のせん断強さに相当すると考えられるために，σ_B と τ_s の関係を求めれば，p_f と τ_s との関係が求まる．破損基準としてせん断ひずみエネルギー説を用いると破損条件は次式となる．

$$(\sigma_1 - \sigma_2)^2 + (\sigma_2 - \sigma_3)^2 + (\sigma_3 - \sigma_1)^2 \geq 2\sigma_B^2 \tag{2.12}$$

ここで，$\sigma_1 \geq \sigma_2 \geq \sigma_3$ は主応力である．摩擦方向を x 方向，荷重方向を $-y$ 方向とし，せん断応力 τ_{xy} だけが作用する純粋せん断を考えると，主応力は $\sigma_1 = \tau_{xy}$，$\sigma_2 = 0$，$\sigma_3 = -\tau_{xy}$ である．式 (2.12) に $\sigma_B = p_f$ と $\tau_{xy} = \tau_s$ を代入し，等号の成り立つときの τ_s/p_f を求めると，$\mu_a = \tau_s/p_f = 0.58$ が得られる．

他の破損基準をもとに同様の計算を行うと，最大せん断応力説では 0.5，最大主応力説では 1，最大主ひずみ説では 0.75 の摩擦係数が得られる．材料の性質により適用できる破損基準が変わるため

に，材料の相違による摩擦係数の差も説明できる．このため，摩擦の原因が凝着であり，凝着した接触部をせん断するための抵抗が摩擦であるという説明を摩擦の凝着説という．

2.2.2 摩擦の掘り起こし項

図2.3のような硬く鋭い円すい圧子が軟らかい金属平面を引っかく場合を考える．$A_{gi}=0$と仮定できないために，式 (2.1), (2.2) の τ_{mi}, p_{mi} に τ_s, p_f を代入して摩擦係数を求めると，次式が得られる．

$$\mu = \frac{\sum F_i}{\sum P_i} = \frac{p_f \sum A_{gi} + \tau_s \sum A_{ri}}{p_f \sum A_{ri} - \tau_s \sum A_{gi}} = \frac{p_f A_g + \tau_s A_r}{p_f A_r - \tau_s A_g} \tag{2.13}$$

サファイアスライダと鋼の摩擦[9]では摩擦係数0.15が得られているので硬い材料で金属を引っかく場合は $p_f > \tau_s$ である．さらに，通常の機械加工面では $A_r \gg A_g$[1]であるために，$p_f A_r \gg \tau_s A_g$ と考えられる．そこで，式 (2.13) で $\tau_s A_g = 0$ とおくと，次式になる．

$$\mu = \frac{p_f A_g + \tau_s A_r}{p_f A_r} = \frac{A_g}{A_r} + \frac{\tau_s}{p_f} = \mu_p + \mu_a \tag{2.14}$$

ここで，A_g/A_r は材料を前方に押し退ける力に由来するので，摩擦の掘り起こし項と呼び，μ_p で表す．いま，図2.3の円すい圧子の半頂角を ϕ とすると，

$$\mu_p = \frac{A_g}{A_r} = \frac{2\cot\phi}{\pi} \tag{2.15}$$

である．ここで，圧子が摩耗しなければ，ϕ が変化しないのでCoulombの法則が証明される．また，平均的な表面の凹凸を円すいで近似すると，半頂角が84°～85°であるので $\mu_p = 0.06 \sim 0.07$[1]である．この値は乾燥摩擦の摩擦係数[6]に比べてはるかに小さいために，通常の機械加工面の摩擦では摩擦の掘り起こし項を無視する．

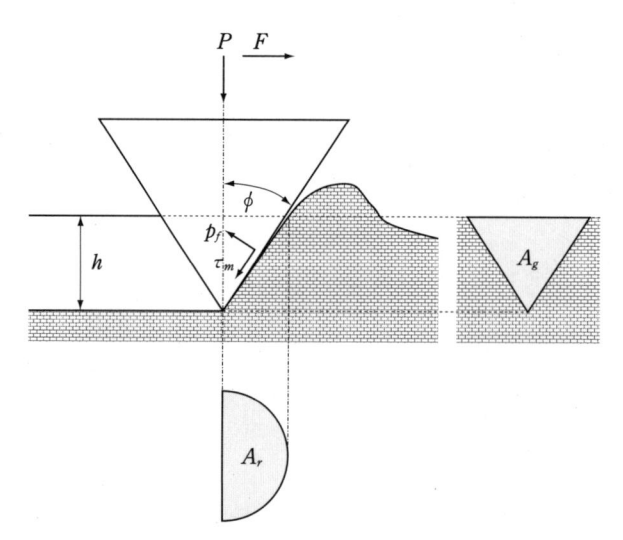

図2.3 円すい形突起による軟質金属の引っかき

参考文献

1) バウデン・テイバー，曽田範宗訳：固体の摩擦と潤滑，丸善 (1961) 80.
2) 築添　正：潤滑，13, 3 (1968) 101.

3) I. V. Kragelsky & V. V. Alisin, Translated by F. Palkin & V. Palkin : Friction, Wear, Lubrication 1, Pergamon Press (1981) 44.
4) 遠藤吉郎:表面工学,養賢堂 (1976) 467.
5) 木村好次:潤滑,11, 11 (1966) 467.
6) E. Rabinowicz : ASLE Trans., 14, 3 (1971) 198.
7) バウデン・テイバー,曽田範宗訳:固体の摩擦と潤滑,丸善 (1961) 11.
8) J. S. McFarlane & D. Tabor : Proc. Roy. Soc. Lond., A 202, 1069 (1950) 224.
9) バウデン・テイバー,曽田範宗訳:固体の摩擦と潤滑,丸善 (1961) 148.

2.3 固体摩擦の摩擦係数

2.3.1 摩擦係数の考え方

τ_{mi} を凝着した接触部のせん断強さとするのが摩擦の凝着説であったが,これは金属以外の材料に適用しにくい摩擦モデルである.さらに,金属同士の摩擦においても,摩擦中の突起の出合いに適用するのは困難である.すなわち,出合った上下の突起がかみ合うとすると,図2.2のAB面のような接触になる.この場合,接触面が常にせん断されるとは限らないので,出合った突起は接触するだけとなる.このような突起の接触面が常に凝着するとは考えにくい.

出合った突起の中でかみ合うものもあるとすると,図2.2のAB面は摩擦面ということになるので τ_{mi} が求まらない.そこで,式 (2.7) から摩擦力 F を求める.

$$F = \sum F_i = \tau_y \sum A_{ei} = \tau_y A_e \qquad (2.16)$$

荷重と関係づけることができるのは真実接触面積であるので,A_e と A_r の関係を検討する.まず,$A_{fi}=0$,すなわちAC面が摩擦面と平行であると仮定しているため,図2.2のAC面は塑性変形している部分と変形していない部分の境界面である.一般に,多数の突起が接触している2面間の摩擦では,接触している各突起のかみ合い量や硬い突起先端Aの位置はランダムであると考えられる.この場合,摩擦面の状態が決まれば A_r と A_e の比は一定と考えられる.そこで,比例定数を C とし $A_e = CA_r$ とおく.

式 (2.6) から荷重は $P = \sum p_{mi} A_{ri}$ であるが,接触状態により式の形式が異なるために,A_r を P の関数として次式のように表示する.

$$A_r = f_A(P) \qquad (2.17)$$

そこで,摩擦係数は次式のようになる.

$$\mu = \frac{\tau_y A_e}{P} = C \frac{\tau_y A_r}{P} = C \tau_y P^{-1} f_A(P) \qquad (2.18)$$

ここで,C は荷重変化や摩耗により突起の変形状態が変化しない範囲で定数である.また,$C = \tau_s/\tau_y$ とすれば,摩擦の凝着説と本質的に同じ式である.

2.3.2 接触部の平均圧力

(1) 弾性接触

十分に加工硬化した金属やプラスチックなどの摩擦では,接触部近傍の材料の変形は弾性範囲と考えられる.ただし,微視的に見れば応力集中部などが塑性変形している可能性がある.そこで,接触面積の計算に塑性変形の影響が無視できる接触を弾性接触と呼ぶ.

(a) 単一突起の接触

突起の先端を球で近似するとヘルツの理論[6]で接触面積が求まる．荷重 P における平面と半径 R の球との接触では，接触面積は次式となる．

$$A_r = f_A(P) = \pi \left(\frac{3PR}{4E'}\right)^{2/3} \tag{2.19}$$

ここで，$1/E' = (1-\nu_1^2)/E_1 + (1-\nu_2^2)/E_2$ は相当縦弾性係数，E_1, E_2, ν_1, ν_2 はそれぞれ球と平面の縦弾性係数とポアソン比である．半径 R_1 の球と半径 R_2 の球との接触の場合は，式 (2.19) の R に相当半径 $1/R = 1/R_1 + 1/R_2$ を代入すればよい．

次式のように摩擦係数が荷重の $-1/3$ 乗に比例するので，荷重の低下とともに摩擦係数が急増する．

$$\mu = C\pi\tau_y \left(\frac{3R}{4E'}\right)^{2/3} P^{-1/3} \tag{2.20}$$

(b) 多点接触

弾性接触では接触面積の計算は困難であるが，図 2.4 (a), (b) のように荷重の増加とともに接触点数が連続的に増加する場合，あるいは接触点の数が変化しない場合は計算が可能である．

図 2.4 (a) は Archard の表面モデル[7]である．曲率半径 ρ_1 の一次突起の表面に，曲率半径 ρ_2，単位面積当たり m_2 個の微細な二次突起があり，その上に曲率半径 ρ_3，単位面積当たり m_3 個のさらに微細な三次突起がある．三次突起が接触する場合の接触面積 A_{r3} は次式で与えられる．

$$A_{r3} = f_A(P) = k_3 P^{26/27} \tag{2.21}$$

ここで，k_3 は ρ_1, ρ_2, ρ_3, m_2, m_3 および E' を含む定数である．荷重の指数は $26/27 \fallingdotseq 1$ となり，式 (2.18) から Coulomb の法則が証明される．

図 2.4 (b) は，Greenwood と Williamson の表面モデル[8]である．平面と曲率半径 ρ の突起との接触である．突起の高さ分布が標準偏差 σ の指数分布であるとすると，次式のような荷重に比例した接触面積が得られる．

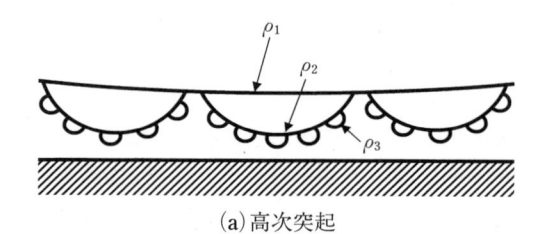

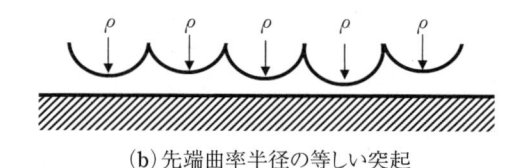

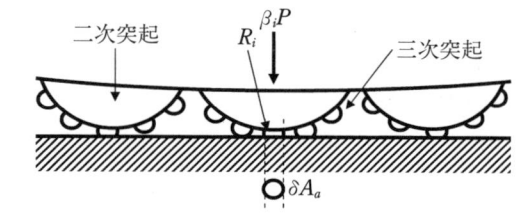

$$A_r = f_A(P) = \pi^{1/2} E' \left(\frac{\sigma}{\rho}\right)^{-1/2} P \tag{2.22}$$

図 2.4 (a) 高次突起
図 2.4 (b) 先端曲率半径の等しい突起
図 2.4 (c) 先端が塑性変形する三次突起
図 2.4 粗さをもつ表面のモデル

図 2.4 (c) は三次突起先端が塑性変形するとしたもの[9]である．接触している i 番目の二次突起の曲率半径を R_i，この突起が分担している荷重割合を β_i，接触している二次突起の総数を n，単位面積あたりの三次突起の数を m，三次突起と平面の平均接触面積を δA_a とすると，接触面積は次式となる．

$$A_r = f_A(P) = \pi m \delta A_a \left(\frac{3}{4E'}\right)^{2/3} \left\{\sum_{i=1}^{n}(\beta_i R_i)^{2/3}\right\} P^{2/3} \tag{2.23}$$

荷重により接触に関与する二次突起の数 n が変化しない場合は $\sum(\beta_i R_i)^{2/3}$ が一定となり，接触面

積が $P^{2/3}$ に比例し,摩擦係数が荷重の $-1/3$ 乗に比例する.荷重の増加とともに n も増加する場合は,荷重が増加した時点で $\sum(\beta_i R_i)^{2/3}$ も増加するので摩擦係数の荷重依存性が低下する.また,R_i がすべて同じで,荷重の増加とともに n が連続して増加すれば,接触面積は荷重に比例する.

以上のように,突起の先端曲率半径が同じで,荷重増加とともに接触点の数が連続的に増加する場合は Coulomb の法則が成り立ち,接触点の数の変化が少なくなると摩擦係数の荷重依存性が顕著になる.

2.3.2 塑性接触

接触部の塑性変形量が多く,接触面積の計算に弾性変形が無視できる接触を塑性接触という.面圧が高いので,図2.5のように接触界面の摩擦(Contact friction[10])が接触面積の広がりを抑え,突起の側面が膨らむ.接触界面の摩擦力と表面張力で内部に静水圧が発生し,静水圧と材料の降伏圧力で荷重を支える.そこで,塑性流動圧力は次式のようになる.

$$p_f = p_y + p_s \tag{2.24}$$

ここで,p_y は軟らかい方の摩擦面材料の降伏圧力,p_s は静水圧である.静水圧の大きさには接触面積,突起の形状,突起の材質,荷重,接触界面に存在する吸着物などが関係する.静水圧と荷重との関係は Coulomb の法則の観点から重要であるために,個々の接触点の接触面積と荷重の関係が調べられている.

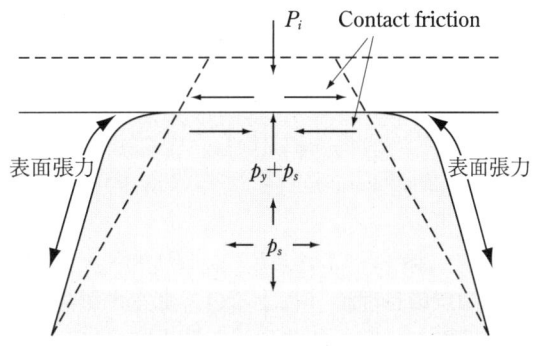

図 2.5 硬い平面と接触している突起の塑性変形

突起を円すいと仮定し,粗さ曲線をもとに荷重と接触面積との関係を解析した結果[1]によると,荷重が増加しても接触点の数が増えるだけで個々の接触点の面積は増えない.これは接触点の面積を測定した結果[2]と傾向が良く一致している[3].同様の結果が粗さ曲線の統計的性質からも導かれている[4].静水圧の大きさは荷重に関係しないので,真実接触面積は次式で与えられる.

$$A_r = f_A(P) = \frac{P}{p_f} = \frac{P}{p_y + p_s} = C'P \tag{2.25}$$

ここで,C' は摩擦面材料などには関係するが荷重には関係しない定数である.Bowden と Tabor[5] は平面に球を押し込む実験より $p_f \approx 3p_y$ を得ており,静水圧は降伏圧力の2倍である.p_f の代わりにビッカース硬さ H_V を用いる場合もある.H_V を用いると式(2.18)の C の値が変わるが,C 自体が不明であるために摩擦の議論を進めるうえでの支障はない.

参考文献

1) 築添 正:潤滑,13,3(1968)101.
2) I. V. Kragelsky & V. V. Alisin, Translated by F. Palkin & V. Palkin : Friction, Wear, Lubrication 1, Pergamon Press (1981) 44.
3) 遠藤吉郎:表面工学,養賢堂(1976)467.
4) 木村好次:潤滑,11,11(1966)467.
5) バウデン・テイバー,曽田範宗訳:固体の摩擦と潤滑,丸善(1961)11.
6) H. Hertz : J. für die reine u. angew. Mathem., 92 (1881) 156.

7) J. F. Archard : Proc. Roy. Soc., A243 (1957) 190.
8) J. A. Greenwood & J. B. P. Williamson : Proc. Roy. Soc., A295 (1966) 300.
9) 浦風和裕・小池豊隆・上村正雄：トライボロジスト，41, 3 (1996) 263.
10) I. V. Kragelsky & V. V. Alisin, Translated by F. Palkin & V. Palkin : Friction Wear, Lubrication 1, Pergamon Press (1981) 14.

2.4 真空中の摩擦係数と摩耗粉の堆積

図2.6のように接触部を高圧の接触部 A_r と摩耗粉を介した接触部 γA_r に分け，A_r 部のせん断強さを $\tau_s(=C\tau_y)$，平均面圧を p_m，γA_r 部のせん断強さを τ_{ws}，平均面圧を p_{wm} とする．ただし，γ は摩擦条件で決まる定数である．

$$F = \tau_s A_r + \tau_{ws} \gamma A_r = (\tau_s + \gamma \tau_{ws}) A_r \tag{2.26}$$

$$P = p_m A_r + p_{wm} \gamma A_r \tag{2.27}$$

ここで，$p_m \gg p_{wm}$ であるので，$p_{wm}=0$ とおくと，$A_r = f_A(P) = P/p_m$ である．そこで，摩擦係数は次式となる．

$$\mu = (\tau_s + \gamma \tau_{ws}) P^{-1} f_A(P) = (\tau_s + \gamma \tau_{ws})/p_m \tag{2.28}$$

接触点成長理論[1]によると，真空中で高摩擦になる原因は接触点の成長であった．しかし，真空中の摩擦では摩擦部前方に大量の摩耗粉が移着することを考慮すれば，接触点の成長は摩耗粉の移着による γ の増大として説明できる．

一方，大気中の摩擦では摩耗粉の表面が酸化する．そこで，摩耗粉の移着が少なく γ が小さいので，大気中の摩擦では高摩擦にならないとして説明できる．

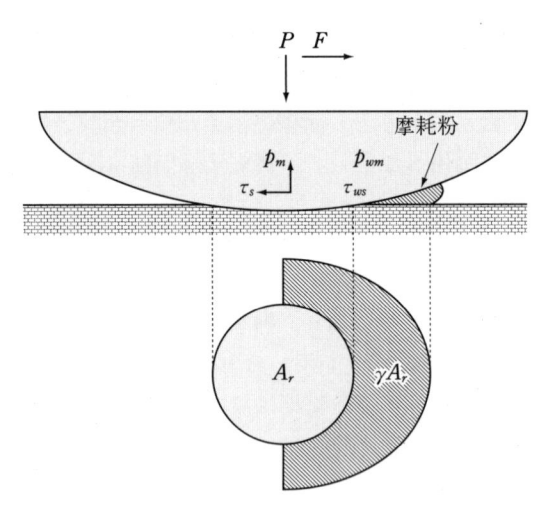

図2.6 摩耗粉の凝着による接触面積の増加

参考文献

1) D. Tabor : Proc. Roy. Soc. Lond., A251, 1266 (1959) 378.

2.5 固体潤滑と摩擦係数の荷重依存性

摩擦面間にせん断強さの低い固体を挟み込み，その固体をせん断することで摩擦と摩耗を低減するのが固体潤滑である．摩擦対側からは $A_e = A_r$，すなわち式（2.18）で $C = 1$ の摩擦であり，固体潤滑剤側からは潤滑剤の固体摩擦である．

層状固体潤滑剤は微粒子として供給されるので，摩擦面は微細な粒子の集まりである．さらに，脆性に近い性質をもつために，図2.4（a）や（b）の弾性接触に相当する．そこで，雰囲気効果がない環境ではCoulombの法則が成り立つ[1]．

プラスチックのように移着膜が形成される材料では，移着膜が相手面の微細な高次の凹凸を覆い隠す場合が多い．また，プラスチックは弾性域の広い材料である．そこで，低次突起の弾性接触になり，荷重の増加とともに摩擦係数が低下するという摩擦係数の荷重依存性が現れる場合が多い．

軟質金属薄膜による固体潤滑では，軟質金属が酸化すると摩擦係数が高くなり，膜寿命が低下する[2]．また，せん断強さが比較的高い金属を潤滑剤として用いるので，低摩擦を得るためには高面圧が必要である．そこで，平面の上に形成した軟質金属膜と鋼球との真空中摩擦というような使われ方が多い．この場合，処女面摩擦では潤滑膜の掘り起こし抵抗が，2回目以降の摩擦では摩擦部前方に堆積した潤滑剤の塊を押し退ける抵抗が，特有の抵抗として現れる．

図2.7は軟質金属膜を鋼球で繰返し摩擦した場合の摩擦部の概略である．鋼球に移着した潤滑剤の塊が負担する荷重をゼロ，この部分の平均せん断強さを τ_{wl}，接触面積を γA_r，高圧の接触部の平均せん断強さを τ_l，

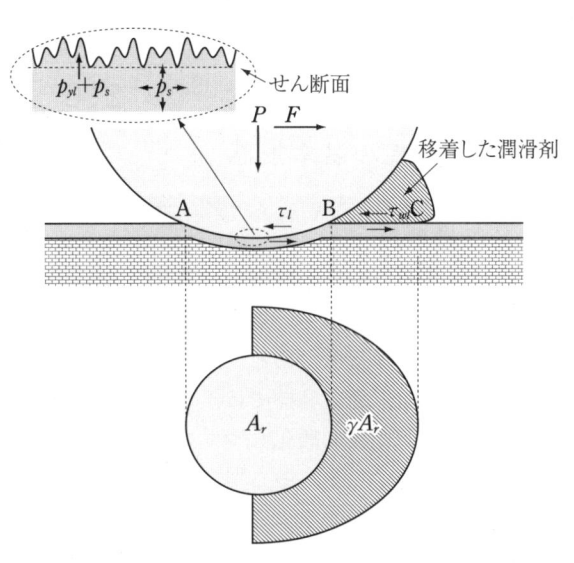

図2.7 軟質金属薄膜固体潤滑の2回目以降の摩擦

その接触面積を A_r とすると，次式のような摩擦係数が得られる．

$$\mu = \frac{(\tau_l + \gamma \tau_{wl}) A_r}{P} = (\tau_l + \gamma \tau_{wl}) P^{-1} f_A(P) \tag{2.29}$$

図2.7の拡大部のように，高圧の接触部では球の表面凹凸の凹部が軟質金属で埋められ，凸部先端を結ぶ面にせん断面が形成される．平面と球の変形が弾性変形で潤滑膜が十分厚い場合は球と平面の接触になるために，$f_A(P)$ は式（2.19）の形になるので，摩擦係数は $P^{-1/3}$ に比例する．潤滑膜が薄くなると下地の凹凸の影響を受け，図2.4（a）の二次突起と平面の接触になり，摩擦係数の荷重依存性が低下する．γ は摩擦距離とともに減少し，荷重増加時には荷重とともに増加し，荷重減少時には変化が少ないので，摩擦係数の荷重依存性を複雑にする．

下地が塑性変形する場合の $f_A(P)$ は，式（2.25）と同様の議論で次式となる．

$$A_r = f_A(P) = \frac{P}{p_{yl} + p_{sl}} = \frac{P}{p_{fs}} \fallingdotseq \frac{P}{H_{Vs}} \tag{2.30}$$

ここで，p_{yl} は潤滑膜の降伏圧力，p_{sl} は潤滑膜内に発生する静水圧，p_{fs} は下地金属の塑性流動圧力，H_{Vs} は下地金属ビッカース硬さである．

また，高圧の接触部で膜切れが生じた部分の面積割合をζ，膜切れ部のせん断強さをτ_{sa}，潤滑膜のせん断強さをτ_{yl}とすると，高圧の接触部のせん断強さは次式[3]で表すことができる．

$$\tau_l = \zeta \tau_{sa} + (1-\zeta)\tau_{yl} \tag{2.31}$$

以上の議論から，軟質金属薄膜による固体潤滑で最も低い摩擦係数が得られるのは，$\gamma=0$（摩擦部前方に堆積物なし）で$\zeta=0$（膜切れなし）である．この場合の摩擦係数は$\mu=\tau_{yl}/p_{fs}$となり，接触点成長理論[4]と一致する．

参考文献

1) J. Gänsheimer : Schmiertechnik, 115 (1964) 271.
2) 上村正雄・浦風和裕・小野文慈：トライボロジスト，38, 3 (1993) 262.
3) 津谷裕子編：固体潤滑ハンドブック，幸書房 (1978) 44.
4) D. Tabor : Proc. Roy. Soc. Lond., A251, 1266 (1959) 378.

2.6 摩　耗

2.6.1 摩耗の基本形態

摩耗には，凝着摩耗，アブレシブ摩耗，腐食摩耗，疲れ（疲労）摩耗の四つの基本形態[1]がある．

(1) 凝着摩耗

凝着力が原因で生じる摩耗の総称で，凝着力が大きく，激しく摩耗する場合をシビア摩耗，酸化膜の摩耗で凝着力が小さい場合をマイルド摩耗と呼ぶ．潤滑すれば凝着力が低下し，摩耗量が大幅に減少するという特徴がある．

金属の機械加工面の摩擦では，突起が塑性変形し酸化膜が破壊されるので接触部が凝着し，シビア摩耗となる．比較的酸化しやすい金属では，接触部に厚い酸化膜が形成されるので凝着力が低下し，接触界面がすべる．そこで，なじみが生じ，塑性変形しにくくなり，酸化膜の脆性破壊によるマイルド摩耗に移行する．これをシビア・マイルド遷移という．

凝着摩耗の摩耗式としては，上下面の原子の相互作用を考えた式 (2.32) のような摩耗式[2]と，摩耗粉のスケールでの破壊を考えた式 (2.33) のような摩耗式[3]が提案されている．

$$W = \frac{Z}{p_f} PL \tag{2.32}$$

$$W = \frac{k}{3p_f} PL \tag{2.33}$$

ここで，Zは上下面の原子が1回出会うときに取り去られる原子の数，kは摩耗粉の生成確率，p_fは摩擦対の軟らかい方の材料の塑性流動圧力（原論文では硬さであるが文献[4]に沿って書き換えている），Lは摩擦距離，Wは摩耗体積である．いずれの理論においても摩耗体積は荷重と摩擦距離に比例する．

Zやkの意味，すなわち摩耗機構については，き裂の伝ぱ[5]，移着素子[6]，疲れ[7,8]，空洞の連結（デラミネーション理論）[9]などがある．

(2) アブレシブ摩耗

硬い突起が軟らかい相手面を削るような摩耗や摩擦面間に混入した硬質粒子が摩擦面を削るような摩耗をアブレシブ摩耗という．"硬い"と限定しているのはシビア摩耗と区別するため，硬いので塑性変形せず，表面の酸化膜が破壊されない．そこで，相手面との凝着力が弱くシビア摩耗が生

じない.

　掘り起こしで摩擦部前方に盛上りが形成されるが，接触界面がすべるので，前方に堆積した材料が突起の側面を通り後方に逃げる．盛上り量が一定になるために，硬い円すい形の突起が軟らかい平面に食い込んですべるというモデル[10]で摩耗量が議論される．円すい突起の通過で形成される溝の体積が摩耗量になるが，削られた部分の全てが摩耗粉として分離するわけではない．そこで，摩耗粉の生成確率 k' を導入し，次式で摩耗体積を表す．

$$W = k' \frac{2\cot\theta}{\pi p_f} PL \tag{2.34}$$

ここで，θ は円すいの半頂角である．円すいが硬いので摩擦中に θ は変化しない．そこで，k' が変化しなければ，アブレシブ摩耗の場合も摩耗体積が荷重と摩擦距離に比例する．潤滑すれば接触部がすべりやすくなるので摩擦部前方の盛上りが小さくなる．円すいの食込み量が増えるとともに摩耗粉が分離しやすくなるので，アブレシブ摩耗の場合は潤滑すれば摩耗が増える．

(3) 腐食摩耗

　摩擦面と雰囲気や潤滑剤との反応で錆，硫化物，塩化物などの脆い腐食物が生成し，摩耗が促進される現象である．表面に生成する酸化膜や腐食膜は厚くなるとともに生成速度が遅くなるという放物線則があるので，摩耗で腐食物が取り除かれると腐食速度が速くなる．この相乗効果で摩耗速度が速くなる．

(4) 疲れ（疲労）摩耗

　ボールベアリング，歯車，圧延ローラのような，表面が硬く滑らかに仕上げられた部品が良好な潤滑状態で使用される場合は，凝着摩耗やアブレシブ摩耗がほとんど発生しない．この場合は摩擦中の応力の繰返しで，材料内部の欠陥などを起点として疲れき裂が発生する．荷重に比べて摩擦力が大きい場合は表面近傍から，小さい場合は内部から発生することが多い．また，最近では凝着摩耗の摩擦機構の一つである"疲れ"を疲れ摩耗に含める場合もある．

2.6.2 比摩耗量

　凝着摩耗やアブレシブ摩耗の摩耗式では，摩耗機構が変化しなければ摩耗体積が荷重と摩擦距離に比例する．そこで，単位荷重，単位摩擦距離あたりの摩耗率を用いれば，異なった条件下の摩耗量の比較が可能になる．この目的のため，次式の比摩耗量あるいは摩耗係数が用いられる．

$$K' = \frac{W}{PL} \tag{2.35}$$

$$K = \frac{H_V W}{PL} \tag{2.36}$$

ここで，H_V は摩擦面材料のビッカース硬さで，比摩耗量を無次元量にするのに用いられている．また，比摩耗量を用いない国では，式 (2.33) から求めた摩耗係数を $K' = 3WH_V/PL$ と表し，式 (2.36) と区別して用いる場合がある．

　比摩耗量は単位の取り方で値が変わり，摩耗係数は摩擦面材料の硬さの求め方が難しい．さらに，比摩耗量と摩耗係数の数値には2桁程度の差がある．また，一般に初期摩耗と定常摩耗では摩耗機構が変化するため，摩耗率を比較する場合は注意が必要である．

参考文献

1) 日本潤滑学会編：潤滑ハンドブック，養賢堂 (1970) 72.
2) R. Holm : H. Gebers Förlag, (1946) 214.
3) 木村好次：トライボロジー概論，養賢堂 (1970) 72.
4) J. F. Archard : J. Appl. Phys., 24, 8 (1953) 981.
5) 津谷裕子・山田幸之・高木理逸：材料科学, 1, 1 (1964) 35.
6) 笹田 直：日本機械学会誌, 75 (1972) 905.
7) I. V. Kraghelsky : Journal of Basic Engineering Trans. ASME, September (1965) 785.
8) N. Soda, Y. Kimura & A. Tanaka : Wear, 43 (1975) 165.
9) N. P. Suh : Wear, 25 (1973) 111.
10) E. Rabinowicz : Friction and Wear of Materials, John Wiley and Sons (1965) 168.

3. 固体潤滑法

3.1 固体被膜

　固体潤滑剤を摩擦させる表面に薄い膜として付着させ，潤滑効果を発揮させる方法である．従来は，低摩擦を示す軟質物質の薄膜が固体潤滑膜というイメージがあったが，しゅう動面の表面設計

表 3.1　各種の被膜処理，表面改質処理

	成膜法	成膜法の概要，特徴	主な材料
拡散処理	浸炭，浸硫窒化，ほう化	表面層を化学的方法で炭化，硫化，窒化，ほう化する．	鉄系材料
めっき	電解めっき 無電解めっき	めっき液に試料を浸し，電気化学的（電解めっき）または化学的（無電解めっき）に膜を析出させる．	Cr, Ni Ni-P
溶射	アーク溶射 プラズマ溶射	被膜材をアークやプラズマで溶融させ，ガス圧などでその溶融材を試料表面に叩き付けて被膜を生成させる．	Mo, Cr WC, アルミナ
塗布膜	有機結合材 無機結合材	固体潤滑剤粉末，添加剤，結合剤を溶剤に懸濁させた原液を，スプレーやディップにより表面に塗付し，乾燥させて膜を作成する．	MoS_2, PTFE
含浸膜	タフラム処理 ニダックス処理	アルミ合金を陽極酸化して得られるポーラスな表面層にPTFEを含浸させる（タフラム）．鋼に対してはポーラスなNiめっきを施しPTFEを含浸させる（ニダックス）．含浸深さは10〜30μm程度．	PTFE
in-situ法（化学的方法）		あらかじめモリブデンを含む表面被膜をめっきなどで作っておいて硫化水素などの硫化物と化学反応させMoS_2被膜とする．	MoS_2
粉末から物理的に被膜を作成する方法	擦込み法（Burnishing）	MoS_2等の固体潤滑剤粉末をセーム皮などで表面にこすりつけて被膜を形成させる．	MoS_2
	タンブリング法	ボールミルなどによりMoS_2等の固体潤滑剤粉末を付着させたい部品に機械的に叩き付けることにより被膜を付着させる．	MoS_2
	インピンジメント法	MoS_2等の固体潤滑剤粉末を高圧気体で表面にぶつけて被膜を形成させる．最近，アルミ合金や鋼にMoS_2等を数十μmまで混入させるWPC処理が脚光を浴びており，すでに自動車用エンジンのピストンに実用化されている．	MoS_2
PVD	スパッタリング法 イオンプレーティング法	加熱・プラズマ・イオンビームなどにより被膜材料を蒸発させ，蒸発した気相状態の被膜材粒子をプラズマや電場で加速して清浄な下地表面に叩き込み，被膜を形成する．	MoS_2, WS_2, PTFE, DLC, Ag, Au, Pb, TiN, TiC, SiC
CVD	熱CVD プラズマCVD	被膜処理槽内に反応性ガスを送り込み，基板を加熱させたり，反応性ガスをプラズマ化することにより基板面上に化学反応により被膜を作成する．	ダイヤモンド, DLC, TiN, TiC, SiC

表 3.1 各種の被膜処理，表面改質処理（続き）

	成膜法	成膜法の概要，特徴	主な材料
摩擦中に被膜を生成させる方法	極圧添加剤による被膜	潤滑油に Mo を含む添加剤を入れ，厳しい運転条件となった時に摩擦による化学反応で MoS_2 が生成され極圧添加剤と同等の効果を発揮することを期待．Fe-Mo-S系合金のしゅう動部材料．	MoS_2
	移着膜	摩擦中に相手材，あるいは 3rd Body から材料が移着し，それが潤滑膜として機能する．転がり軸受の保持器から玉への移着により長寿命が得られるなど実用例は多い．	MoS_2，PTFE，軟質金属
	気相潤滑	運転中のに摩擦面にアセチレンや TCP を含むガスを吹き込み，摩擦表面にカーボン系の潤滑膜（フリクションポリマー）を形成させて潤滑する方法．いわば，その場生成 CVD 膜．高温大気中という過酷な条件で有効に働くことが報告されているが，まだ実験室レベルの方法．	カーボン系
	トライボコーティング	真空中で長寿命実現するために考案された方法で，しゅう動部近傍に小さな炉を設置し，摩擦中に必要に応じて In, Pb などを真空蒸着する．原理的には寿命となることはない．いわば，その場生成 PVD 膜．寿命だけでなく摩擦特性も改善されることが報告されているが，まだ実験室レベルの方法．	In, Pb

が多様化してきた現在，母材同士の直接接触を防ぎ，摩擦摩耗を低減させる被膜あるいは表面改質を総称して固体潤滑膜と捉えるのが適切と思われる．固体潤滑膜の範疇に，表面には「膜」としては明らかに存在しない表面改質をも含めた方が適切と考えるのは，このようなケースでも摩擦摩耗が低減するのはナノやマイクロのスケールの「固体潤滑膜」がしゅう動界面に存在するからである．例えば，下地をポーラス状とし，その空隙に固体潤滑剤を含浸させる方法では，摩擦中にしゅう動面に固体潤滑剤成分が徐々に供給され，潤滑性能を発揮する．

このように広義に固体被膜を捉え，主に成膜法の観点から固体潤滑被膜を分類することを試みたのが表 3.1 である．浸炭や表面窒化など一般的となっている表面硬化処理や，イオン注入，インピンジメントなどでは下地と被膜の明確な境界は存在しない．ただし，これらの処理でもナノスケールでみれば表面には母材自体が露出していない場合が多い．物理蒸着法（PVD：Physical Vapor Deposition）法によるナノスケールの極薄膜との決定的な差異はないといえる．一方，やはり一般的となっている耐摩耗性の硬質めっきや溶射処理などは，確かに表面に膜があるが，あまり摩擦が低下するケースがなく「潤滑膜」ではなく「耐摩耗性被膜」と分類される場合が多い．しかし，近年のDLC（Diamond-Like Carbon）膜やセラミック系の被膜の研究により，これら硬質の被膜でも低摩擦を示すことが多々あることがわかってきた．「低摩擦潤滑膜」と「耐摩耗性硬質被膜」を別のものとして捉える意味はあまりないということになる．

しゅう動界面に存在する物質によりトライボロジー特性が支配されるのであれば，摩擦中に摩擦の作用によって生成される物質によって潤滑することも可能なはずである．油中に含まれる極圧添加剤が摩擦面と反応して生成される潤滑膜，摩擦により相手材から移着した物質が摩擦で引き伸ばされて表面に潤滑膜を形成する移着膜潤滑などがこれに該当する．この意味では，大気中で表面に

自然に生成される酸化膜も，母材を保護するという点に着目すれば固体潤滑膜の一種といえる．近年では，摩擦面にガスを吹き込みそのガスと表面との化学反応で被膜を生成させる方法や[1]，摩擦面に必要に応じてPVD被膜を生成させる方法[2]などが，長寿命化を目指して提案されている．

トラクション油では高面圧のために作動時は油がガラス状態になっており，拡大解釈すれば固体潤滑被膜の一種といえる．また，ハードディスク等の磁気記憶装置では，ディスク表面には数分子層の液体潤滑剤がコーティングされているが，厚さが分子オーダのため液体潤滑膜というより保護膜に近くなっており，固体潤滑被膜と強弁できないこともない．逆に，固体潤滑剤粉末を摩擦面に送り込み粉末が流体的な挙動をすることを利用して，粉末を一種の液体潤滑剤として利用する試みもある[3]．このように，液体潤滑と固体潤滑との境界があいまいになってきていることは確かで，今後は液体と固体の両方を含む潤滑被膜の概念を模索する必要があるのかもしれない．

以下では，まず固体被膜潤滑法の概要を述べ，ついで最も広く利用されている塗布膜，近年の発展がめざましいPVD/CVD膜について概説する．次に，固体潤滑被膜を利用する際の一般的な留意点について述べ，最後に固体被膜潤滑の最大の欠点である寿命が有限であることを克服するため，その場で被膜を生成する方法を紹介する．

3.1.1 固体被膜潤滑法

固体同士が接触しゅう動する際の摩擦係数 μ は，以下の式で与えられる．

$$\mu = S/H \tag{3.1}$$

ここで，S はしゅう動界面部のせん断強さ，H は硬さである．固体潤滑膜がしゅう動面に存在する場合は，膜が薄いため荷重は硬い下地で支えられ，一方，摩擦界面の凝着部のせん断強さは界面に存在する固体潤滑膜で決まり，S_f を固体潤滑膜のせん断強さとすれば，

$$\mu = S_f/H \tag{3.2}$$

となる．$S_f < S$ なので摩擦係数が低下する，というのが固体潤滑被膜で低摩擦が得られる原理である．

金属同士を大気中で摩擦させる場合，表面は自然に生成された酸化膜で覆われている場合が多い．この場合には上述の S は酸化膜のせん断強さであり，酸化膜よりもせん断強さが小さい物質をしゅう動面に介在させる必要がある．固体被膜で低摩擦を実現できる条件は，摩擦される雰囲気・条件で $S_f < S$ となる被膜を選定することである．たとえば黒鉛は水分のない雰囲気では摩擦がきわめて大きくなることが知られているが，これは水分の存在により S_f が変化するためである．また S_f, S は，ナノやミクロのスケールも含めて，しゅう動界面に存在する物質のせん断強さであることに留意する必要がある．

表面硬化処理や硬質膜により摩擦係数が低下することが知られている．また，超格子膜にするなど，被膜自体の性質を垂直力への抵抗が大きく（硬く）することで摩擦力低下につながった例が報告されている[4,5]．表面が硬いため塑性変形が起こりにくく，上式の H が大きくなったためである．すなわち，硬質膜では，下地だけでなく膜も荷重を支えるため界面の真実接触面積が小さくなり，摩擦が低下すると考えられている．

固体潤滑膜の寿命を支配する要因として，(1) 被膜そのものの耐摩耗性，(2) 被膜がいかに下地と強固に付着するか，(3) 摩耗した固体潤滑被膜材がいかに再付着するか，が挙げられる．比較的被膜が厚いめっきなどでは，被膜自体の耐摩耗性を向上させることが被膜の寿命を長くする．Ni-PめっきでSiCなどを混入させるのは被膜の耐摩耗性を向上させる一例である．

被膜自体の耐摩耗性が良くても，下地材への付着力が小さいと摩擦により被膜全体が剥がれてし

まう場合があり，寿命は極端に低下する．下地材への付着力向上は固体被膜潤滑の最も重要な課題である．特にPVD法による被膜など1μm程度以下の膜厚の場合は，被膜寿命が下地への付着強度に支配されることが多い．このため，被膜と下地の界面に中間層を設けたり，被膜と下地間で化学反応や拡散が起こる条件で成膜させるなど，被膜の付着力向上のために多くの試みが行われている．

被膜寿命を飛躍的に長くするためには，被膜の耐摩耗性を向上させ，被膜を強固に下地へ付着させるだけでなく，摩耗した固体潤滑剤が相手材や下地に強固に再付着し，再度，固体潤滑剤として作用させることが効果的である．MoS_2スパッタ膜では摩擦初期に被膜のかなりの部分が摩耗し消失することが実験的に確認されており，わずかに残った被膜と相手材に移着した潤滑剤で長寿命が実現されている[6]．相手材に付着した固体潤滑剤の摩耗粉が適切に潤滑剤と機能すれば，1回の摩擦で1分子層の摩耗以下となる被膜寿命が実現できる．

理想的な固体潤滑膜（表面層）は，低摩擦かつ長寿命を示すことである．しかし，低摩擦ということは界面での相互作用が小さいということを意味するが，長寿命を実現するため固体潤滑剤が下地に強固に付着するには，界面での相互作用が大きくなくてはならない．低摩擦と長寿命は矛盾する要求なのである．固体潤滑膜で低摩擦かつ長寿命を実現するには，用途や使用材料に応じて適材適所の固体潤滑膜を選択する必要がある．

3.1.2 塗布膜（結合膜，焼成膜）
（1）固体潤滑被膜の種類と分類
結合固体被膜潤滑剤の種類はきわめて多く数百種類以上にも及ぶ．中には，結合剤無しで固体潤滑剤そのものが潤滑被膜となる場合もあるが，ここで述べる固体潤滑被膜は，潤滑成分である固体潤滑剤の粒子と，それらを結合しさらに母材に対しそれらを結合させる役割をするバインダにより構成される．この数多い固体潤滑被膜はいろいろの方法で分類されている．

（a）構成材料である固体潤滑剤の種類による分類
被膜の構成材料である固体潤滑剤が無機物か有機物かによる分類法である．

・無機系固体潤滑剤

代表的な固体潤滑剤として，二硫化モリブデン，グラファイト，窒化ホウ素，二硫化タングステン，滑石，雲母，などがある．特長としては，有機系に比べて耐熱性，耐寒性に優れるなど温度依存性が少なく，クリープしにくく耐荷重性が優れたものがある．通常，摩擦係数は荷重依存性のあるものが多い．この他，金，銀，鉛，スズ，などの軟質金属も固体潤滑剤として利用されることがある．

・有機系固体潤滑剤

代表的なものでは，ポリテトラフルオロエチレン，ポリエチレン，ポリプロピレンなどがある．特長としては，面圧の低い場合でも摩擦係数が低い場合が多く，薄膜として利用できる．しかし耐荷重性の点で無機系に劣ることが多い．

この分類法では，固体潤滑被膜に使用されている固体潤滑剤の性質から，その被膜の潤滑性能が漠然と推定できるが，固体潤滑剤を実際に使用する際にはあまり有用ではない．

（b）結合剤（バインダ）の種類による分類
よく用いられる分類法で，固体潤滑被膜を構成する成分である結合剤が有機物か無機物かによって分類する方法である．

・有機結合固体潤滑被膜

固体潤滑剤の粒子の結合剤として，各種の接着剤または塗料原料に使用される天然，合成などの

樹脂などが使用される場合が多い．この場合，有機結合固体潤滑被膜，または樹脂結合固体潤滑被膜という．結合剤としては，天然樹脂としてはコーンシロップ，漆などがあり，合成樹脂としてはフェノール，エポキシ，ポリアミドイミド，ポリイミド，ポリエステル，アルキッドなど，このほか多くの樹脂が単独でもしくは混合配合されて用いられる．多くの種類をそれぞれ選定する理由は，1種類の潤滑被膜で幅広い摩擦条件を満たすことのできるような万能的な潤滑被膜ができないためである．このタイプの潤滑被膜は，無機結合系に比べ使用しやすいことと多くの摩擦条件に対応できるので使用量としては圧倒的に多い．ただし，樹脂系であるので耐熱性に限界がある．また，樹脂系であるため有機溶媒を使用する場合が多く環境衛生上問題があることが多い．最近では，この問題に対処するため水系の潤滑被膜剤が開発され，次第にその数量も増加している．

・無機結合固体潤滑被膜

固体潤滑剤の粒子の結合剤として無機物質を使用する被膜で，特長としては耐熱性が良いこと．多くの場合，溶媒として水を使用するので環境問題に対して有機結合系より有利である．結合剤としては，ケイ酸ソーダ，リン酸アルミニウム，金属酸化物などが使用される．無機系であるので耐熱性に優れるので高温での摩擦条件の場合に使用される．結合剤が無機系であるため有機系に比べて被膜に靱性が少ない短所がある．

(c) 固体潤滑被膜の形成法による分類

この分類法は，固体潤滑被膜をコーティングする方法により分類する方法で，実用化する場合，ほぼ取扱いの見当がつくのでよく用いられる方法である．

・擦り込み法

固体潤滑被膜を比較的に簡単に，目的とする母材表面に形成する方法である．固体潤滑剤単体か，バインダを配合して目的とする母材の表面に，擦り込む方法である．形成される潤滑被膜は薄膜で，金型の試作の際に焼入れを省いて一時的に，嵌合具合を見るときのかじり防止などの初期なじみなどに使用される．簡単に潤滑被膜が形成される長所があるが，被膜の強度も小さく，母材に対する防食性もほとんどないので長期の性能維持には不向きである．また手作業での擦り込みは大量生産には不向きだが，小物を大量に処理する場合は，タンブリングによる処理が行われる．タンブリング法は，部品を固体潤滑剤の粉末単体，またはバインダとともにバスケットに投入して，回転または振動させて，部品表面に固体潤滑剤を摩擦により移着させ潤滑被膜を形成させる方法で，大量に潤滑被膜処理ができる．

・インピンジメント法

固体潤滑剤の粉末単体またはバインダと複合された粒子を目的とする部品の摩擦面に，超高速で吹き付け母材表面に打ち込み固体潤滑被膜を形成させる方法である．固体潤滑剤としては二硫化モリブデン，二硫化タングステン，グラファイトなどが用いられる．均一な薄膜が得られ，固体潤滑剤が母材の表面層に侵入しているため，初期なじみや軽度のフレッチング防止対策などに使用される．

(d) 使用目的による分類

固体潤滑剤を使用する目的条件による分類法で，固体潤滑剤それ自体の性質による分類とは異なるが固体潤滑剤を使用する目的からすれば，わかりやすい分類法である．

・乾燥潤滑用

油，グリースを使用することを避けたい条件の場合に固体潤滑剤の被膜が使用される．ドライ被膜潤滑ともいわれる．

- 高温，低温など極端な温度条件での潤滑用

  通常の油，グリースでは潤滑不可能かきわめて困難な条件で使用できる．たとえば，400℃以上で使用可能で，短時間であれば1,300℃の高温で使用可能である．極低温領域では，－269℃のような条件でも使用可能である．

- 潤滑と防錆用

  固体潤滑被膜の中にはきわめて耐食性の良いものがあり，潤滑を兼ねた防錆用として使用される．だだし，摩擦摩耗により被膜が薄くなると防錆力も低下するので注意が必要である．

- 定期補修型用

  固体潤滑被膜を一定期間使用後に，定期的に再被膜コーティングする使用法である．

- 終身潤滑用

  使用機械または部品の耐用時間より被膜の寿命が長い場合は，補修することなくそのままメンテナンスフリーで使用できる方法である．

(e) 塗布膜の形成方法による分類

固体潤滑被膜を形成させる方法による分類がある．この分類には次のような方法がある．

- 自然乾燥または風乾（エアドライ）タイプ

  コーティングされた塗布膜をそのまま常温で放置して乾燥させ，塗膜を形成させる方法で，塗膜の性能は，加熱硬化させたものより性能の点で劣るのはやむを得ないが，塗膜形成が簡便であり安価な被膜が得られる．性能よりも低価格を要求される部品とか，巨大な部品で加熱乾燥が困難な場合にこの方法が採用される．

- 加熱硬化または焼成膜タイプ

  コーティング後，被膜を加熱硬化させることにより固体潤滑被膜として完成させるもので，潤滑被膜としては性能もよく多くの種類が開発され，広範囲の分野で使用されている．被膜形成のため，加熱を必要とするので焼成膜と呼ばれることがある．

(2) 結合固体潤滑被膜の特徴

このタイプの潤滑被膜は，次に述べるような特長もあれば短所もあるのでこの点を熟知して，長所を生かし短所を補うようにして利用する必要がある．

(a) 長　所

- 乾燥潤滑ができる．したがって，油，グリースの粘性，汚れなどを避けたい場所に使用できる．
- 極端な温度範囲で使用できる．－296℃で使用可能な被膜，短時間であれば＋1,300℃で使用できる被膜がある．
- 放射線に暴露される雰囲気で使用できる．
- 高面圧（3.7 GPa）下の潤滑が可能である．したがって，油，グリース潤滑の場合の初期なじみ用潤滑剤として使用できる．
- 休止後の摩擦係数の経時変化がきわめて少ない特長がある．
- 真空中で使用できる．

(b) 短　所

- 一つの被膜で多くの潤滑条件を満たすことができないので，それぞれの潤滑条件に適応する各種の被膜を準備する必要がある．
- 固体被膜は摩耗するに従って逐次補給することができないので，潤滑被膜の摩擦寿命には限りがある．
- 油潤滑の場合のように循環させることなどによる冷却効果が期待できない．

- 組み込まれた部品の場合被膜の摩擦寿命が尽きた場合，被膜を再加工することが困難である．
- すでに組込み済みの部品に被膜をコーティングすることが困難である．

以上のような特長，短所があるので事前によく検討して固体潤滑被膜を採用する必要がある．

(3) 固体潤滑被膜をコーティングする際の注意事項

固体潤滑被膜をコーティングするに先だって，該当部分の摩擦摩耗に関する諸条件を余すことなく検討した後，適切な固体潤滑被膜を決定する．

次に，該当部品の材質，形状，寸法などが被膜をコーティングするために適切であるかどうかを入念に検査する．また摩擦の相手材についても被膜が必要かどうかを検討する．被膜を付けない場合でも相手材の硬さ，表面粗さなどについて，被膜を付ける面と同様綿密に検討する．これらの注意をおろそかにするとすべての努力が水泡に帰すことがある．この準備が終わると固体潤滑被膜の加工方法を選定する．一般に行われている加工工程の一例を図3.1に示す．この工程のうち最適と思われる方法を選定して加工工程に入る．

3.1.3 PVD膜，CVD膜

トライボロジー特性を向上させるための固体潤滑表面を形成する各種の表面処理法が検討されている[7〜9]．

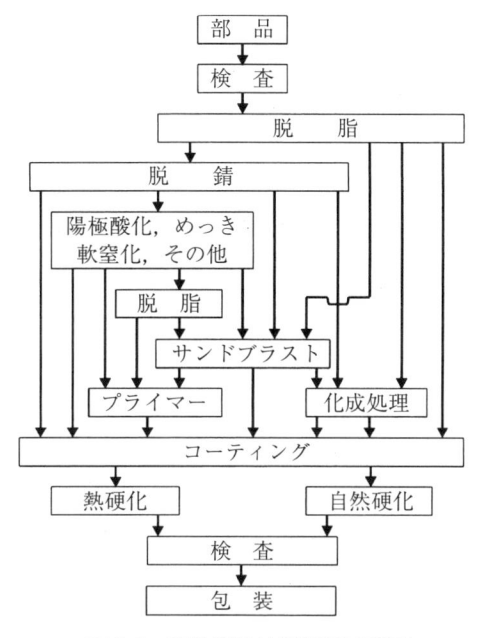

図3.1 固体潤滑被膜処理工程図

イオン・プラズマを使用したドライなプロセスはPVD (Physical Vapor Deposition；物理蒸着) とCVD (Chemical Vapor Deposition；化学蒸着) に大別できる．トライボロジー特性改善のためのPVD，CVD技術を分類すると表3.2のようになる．固体潤滑表面では，従来のWS_2，MoS_2等のように内部でせん断されやすい物質を形成するものとDLC膜のように，凝着を防ぎ界面でせん断されやすい物質を形成する方法の2種類に分けられる．

処理温度は化学反応を利用するCVDでは高く，物理的手法を用いるPVDでは低くなっている．一般に粒子の入射エネルギーは，表面処理層の深さに関係し，基板との密着力に影響を与え，さらに形成される層の組成等も，処理法によって支配される．一方，新しい薄膜形成法の開発および改良が急速に進められており，それらの新しい技術を適用することによりトライボロジー特性を大幅に改善できる可能性も大きい[10]．

(1) PVD法

真空中における蒸発を利用したPVD法は図3.2に示すように，真空蒸着，スパッタリング，イオンプレーティングなどがある．

(a) 真空蒸着

真空蒸着は広く使われている膜形成法である．しかし，粒子は蒸発温度程度の熱エネルギーしかないので基板への到着エネルギーが小さくなり，基板との密着力が小さく，摩擦に対して，はく離しやすくなる．さらに化合物薄膜を作ろうとした場合，化合物をそのまま蒸発させても，成分元素の融点と蒸気圧が等しくないため，基板上で組成ずれが生じる場合が多い．

ファンデルワールス・エピタキシーと呼ばれる薄膜形成法により層状構造物質の単層膜単結晶が

表 3.2 各種表面改質技術

	表面改質法	入射エネルギー・温度	代表的な薄膜	処理厚さ, μm
物理蒸着 (PVD)	真空蒸着	0.2〜10 keV	軟質金属（Au, Ag, Pb など） 硬質膜（Cr, SiO$_2$ など）	0.01〜3
	イオンプレーティング	0〜5 keV	軟質金属（Au, Ag, Pb など） セラミックス（TiN, TiC, SiC など）	0.1〜10
	スパッタリング	1〜100 keV	DLC, MoS$_2$, WS$_2$, PTFE 軟質膜，セラミック膜	0.003〜10
	イオン注入	10 keV〜2 MeV	N, B, Ti, C 注入 MoS$_2$, WS$_2$	0.03〜7
	イオンビームミキシング	10 keV〜2 MeV	TiN, SiC, DLC	0.03〜10
化学蒸着 (CVD)	熱 CVD	900〜1050 ℃	セラミックス（TiN, TiC, SiC など）	0.2〜30
	プラズマ CVD	0.2〜100 keV	セラミックス（TiN, TiC, SiC など） ダイヤモンド，DLC 膜	0.03〜10
拡散処理	浸炭	800〜1050 ℃	マルテンサイト	30〜6000
	ホウ化	800〜1050 ℃	FeB- Fe$_2$B, Fe$_2$B	20〜100
	溶融塩浸漬法（TD 処理）	900〜1050 ℃	VC, NbC, Cr 炭化物	20〜1000
	窒化・イオン窒化	450〜580 ℃	Fe$_{2-3}$N, Fe$_4$N	
	浸硫	約 200 ℃	FeS	
めっき	電解めっき		Cr, Ni	3〜300
	無電解めっき		Ni	
塗布・スプレー膜	無機結合膜	硬化 〜150 ℃	MoS$_2$, PTFE	1〜300
	有機結合膜	硬化 〜250 ℃	Cr$_2$O$_3$	
溶射	フレーム溶射，アーク溶射	プラズマ温度 〜60000 ℃	硬質金属（Mo, Cr など）	8〜1000
	プラズマ溶射	〜10000 ℃	セラミックス（WC, Al$_2$O$_3$ など）	

形成されている．厚みが 1 nm 以下の単層膜単結晶を形成するためには通常の基板物質も清浄表面にはダングリングボンドが存在する．このため格子整合条件を満足することができないので，良質の超薄膜をヘテロ成長できない．これに対して MoS$_2$ などの層状物質のように，表面にダングリングボンドが現れないような物質の表面ではファンデルワールス力のみを介してヘテロ成長が進むため，格子整合条件を満たさなくても十分良質の超薄膜単結晶をヘテロ成長できる．この方法はファンデルワールス・エピタキシーと呼ばれている．

（b）スパッタリング

真空容器内に導入した Ar などの不活性ガスをイオン化し，そのイオンをターゲットと呼ばれる固体試料表面に衝突させ，ターゲットの原子をはじきだし，基板上に付着させる薄膜作成法をスパッタリングあるいはスパッタ蒸着という．スパッタリングの方式は，プラズマを直接用いる方式とイオンビームを用いる方式とに大別される．スパッタされた原子の運動エネルギーは，10〜20 eV であり，真空蒸着の場合より約 100 倍も大きい．

固体潤滑特性を示す化合物薄膜 MoS$_2$, WS$_2$ などがスパッタリングで形成されている．MoS$_2$, WS$_2$ などの潤滑性はその結晶性および組成に依存する[11]．たとえばガス圧を要因として WS$_2$ ターゲットを用い形成したスパッタ膜の大気中での摩擦特性が検討されている[12]．ガス圧が低い条件で

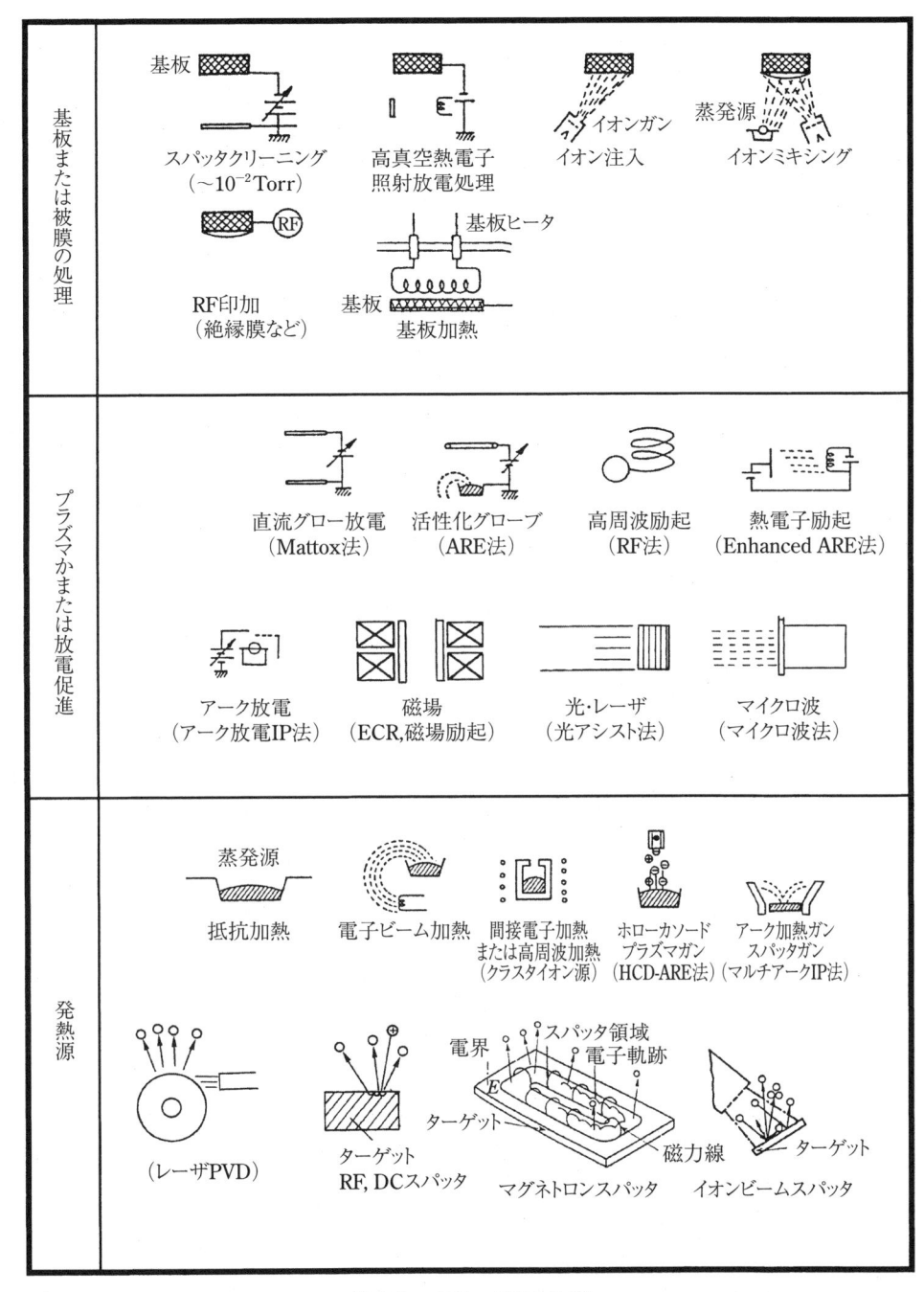

図3.2 各種のPVD技術

はセルフバイアス電圧が大きくイオンの入射エネルギーが高くなり，スパッタ膜は金属光沢を示し，組成もWリッチになり摩擦係数は大きくなる．一方，ガス圧が大きい場合は，エネルギーが小さいため，スパッタ膜は黒色になり，組成も$S/W \fallingdotseq 2$となり，摩擦係数は低い値を示している．これらの層状固体潤滑剤の基板に硬質材料を用いれば接触面積が小さくなり，せん断抵抗が小さいため，低い摩擦係数を示すことが期待できる．実際，高硬度を示すプラズマCVDで形成したDLC膜を，下地として，その上にWS_2膜を形成した複層膜は，大気中でも$\mu \fallingdotseq 0.07$程度で，更に真空中では

$\mu \fallingdotseq 0.01$ と非常に低い値を示す[12].

スパッタリングでマルチターゲットを用いればナノ構造の薄膜を形成できる．ナノ周期積層固体潤滑膜は，固体潤滑効果が期待できる薄膜を積層化させた膜である．その際，1層の膜厚をnmサイズとすると，その積層膜の硬度が増加し，単層膜よりも優れた固体潤滑特性が得られる[13]．たとえばカーボンとBNの積層膜[13]，MoS_2，とWS_2の積層膜[14]などの固体潤滑膜がRFスパッタリングで形成されている．MoS_2とWS_2との積層膜（MoS_2/WS_2）nの硬さおよび摩擦に対する耐久性を評価した結果を図3.3に示す．MoS膜とWS膜を交互に積層することにより，図3.3（b）（c）に示すように単層膜に比べ硬さが増加し，摩擦係数が減少し，摩擦耐久性も著しく向上している[14]．

紫外（UV）光照射した光アシストスパッタリングで図3.4に示すようにフッ化炭素系の固体潤滑膜が形成されている[15]．

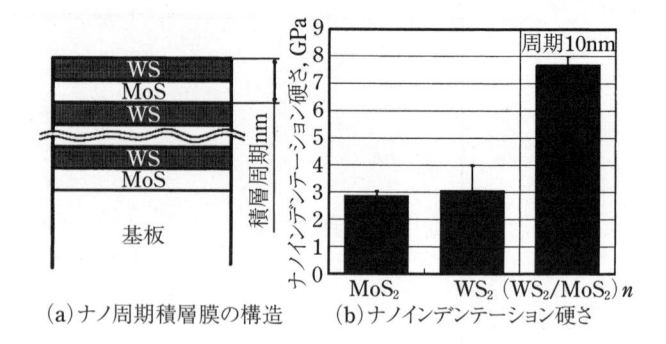

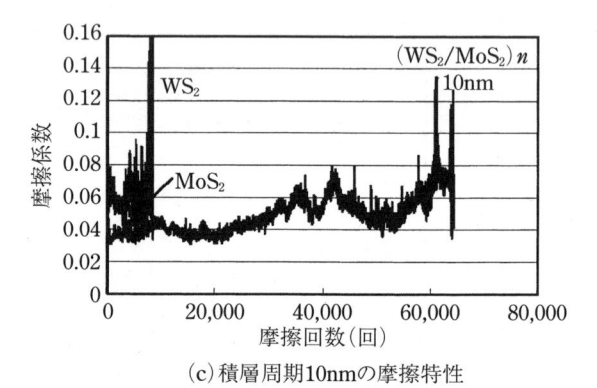

図3.3 マルチターゲットスパッタリングで形成したナノ周期積層膜の硬さ，摩擦特性

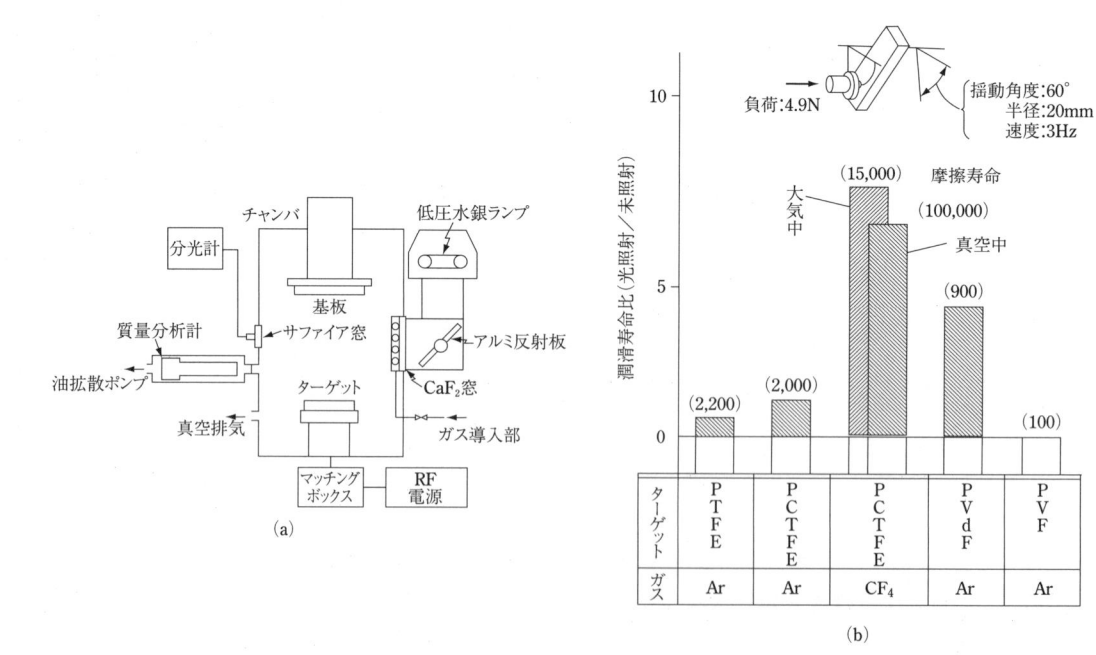

図3.4 紫外線アシストスパッタリング装置（a）と光アシストの効果（b）

UV光を照射することによりプラズマ励起されるので形成した膜は摩擦係数が低く，摩擦耐久性が向上している．また，フッ素系グリースをターゲットとしてフッ化炭素系の硬質膜が形成され，優れたトライボロジー特性が得られている[16]．

(c) イオンプレーティングと各種膜形成法の比較

イオンプレーティング技術は真空蒸着法にプラズマ反応を付加した技術である．基板への密着性の向上，化合物薄膜の合成，機能性薄膜の作成など応用範囲は広い．イオンプレーティングと各種形成法によるAg膜の大気中における摩擦特性が比較されている[17]．200 eVのイオンビームで形成したAg膜は摩擦係数も低く，かつ耐荷重性にも優れている．これは高エネルギーイオンで形成するため基板との良好な密着性が得られることおよび高真空中で形成されるため不純物が少ないためと考えられる．これに対して真空蒸着で形成した膜は寿命が小さい．真空蒸着膜は基板との密着力が小さく，摩擦によりすぐにはく離してしまう．スパッタ膜は蒸着膜よりは優れた特性を示すが，条件によっては柱状組織となり，多少空孔が含まれる．これに対して，高バイアスのイオンプレーティング，イオンビーム蒸着ではイオンの入射エネルギーが高く，かつ膜形成時にイオン照射などによる効果があり，密着力が大きく，均一な膜を形成しやすい．さらにイオンプレーティングと高エネルギービーム照射を併用したイオンビームミキシング法で形成したAg膜は付着力，摩擦耐久性が著しく向上している[18]．

(2) CVD法

(a) 各種CVD法

CVD法は形成しようとする元素からなる薄膜材料を含む化合物・単体のガスを基板状に供給し，気相または基板表面での化学反応により，所望の薄膜を形成する方法である．化学反応を利用した薄膜形成法として図3.5に示すように各種のCVD法が開発されている[7,19]．

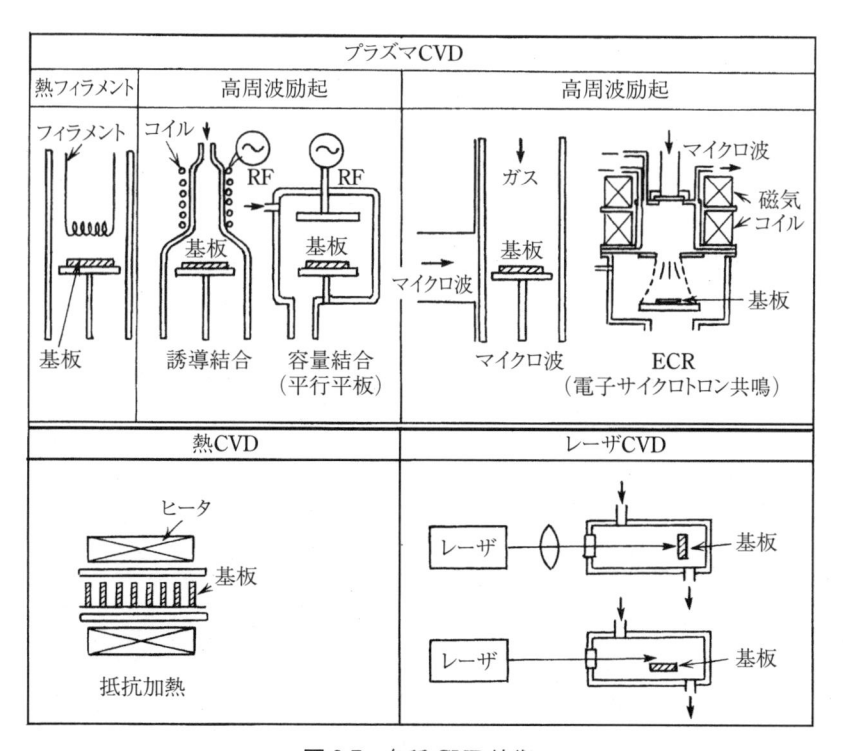

図3.5 各種CVD技術

CVDは反応炉内に導入されたガスの分解や反応を促進する手段や使用するガスなどによって分類される．①熱CVD：ヒータでガスや基板を加熱して熱エネルギーで反応を行う熱平衡法である．耐摩耗用途には非常に多く用いられている．ヒータの位置により，外熱式CVD，内熱式CVDまた，ガス圧によって常圧CVDと減圧CVDなどに分けられる．②プラズマCVD：プラズマでガスを励起させ，活性化する方法で基板はプラズマのみで加熱する場合と，ヒータで補助加熱を行う場合とがある．プラズマ発生法として，マイクロ波，高周波，直流放電，マイクロ波電子サイクロトロン共鳴（ECR）法がある．この方法はダイヤモンドやDLCなどの薄膜形成に多く用いられている．③光CVD：紫外線などの光エネルギーでガスを励起する方法で，室温の基板に成膜できるので機能薄膜の形成や低温薄膜形成に有効である．レーザCVDは広義には光CVDの一種であるが区別して呼ばれる場合もある．

(b) プラズマCVD

反応ガスをプラズマ化し非平衡状態にして，プラズマ相による化学反応で基板に膜を析出させるのがプラズマCVD法であり，熱CVDよりも低温化が可能で，結晶性も制御しやすい．さらにプラズマを発生周波数と磁場により高効率に励起したECRプラズマCVD法が注目される．ECRプラズマCVD法は，プラズマの高活性化とともに適度のエネルギーのイオン衝撃によって薄膜形成反応を促進できる特徴を有している．C_2H_4（エチレン）とSiH_4（シラン）ガスを導入すればCとSiの混合膜が形成できる[20]．ここでC_2H_4とSiH_4の混合比を変えることにより，Si-Cの比率の異なった膜が形成できる．膜中には水素がC-H_x，Si-H_yとして含まれており，これらの比率も流量比に対応する．X線回折やラマンスペクトル分析によると，非晶質に近い構造の膜になる．図3.6はガス流量比を変えて形成したSi-C膜の摩擦係数と寿命を示したものである[21]．Si含有量に対してμは極小値を

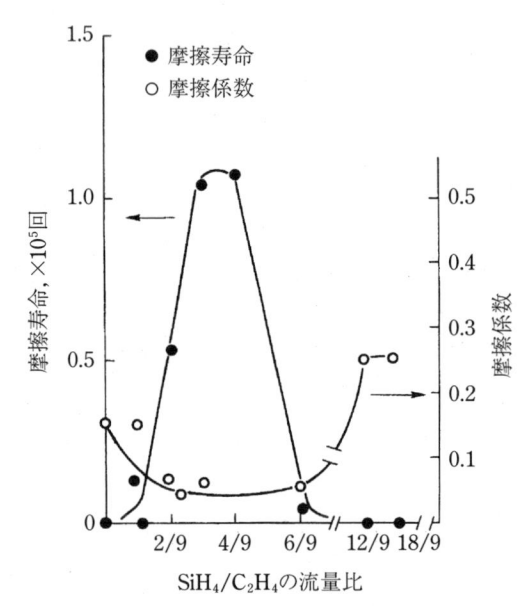

図3.6 ECRプラズマCVDで形成したSi-C膜の摩擦特性

とり，SiH_4/CH_4の比率が0.2〜0.6のとき，摩擦係数0.05程度と非常に小さな値を示し，膜の寿命も長い．SiH_4/CH_4が少なくC含有量が多い膜でははく離が生じて摩擦係数が増大し，これに対しSi含有量が多い膜でははく離しないものの高摩擦を示している．さらにアニーリングによっても摩擦特性は向上する[21]．

ダイヤモンド薄膜は，マイクロ波プラズマCVD法，熱フィラメントCVD法，RFプラズマCVD法などで形成される．原料ガスとして，CH_4が用いられることが多い．さらにダイヤモンドと同時に形成されるグラファイトを除去するためH_2を混入する．ダイヤモンド形成には水素原子やメチルラジカルが重要な役割をする．またアセトンやアルコールと水素混合ガスを用いたCVD法さらに大気圧のアセチレンガス燃焼炎を利用する火炎法でも良質のダイヤモンド膜が得られている[22]．

(c) プラズマ重合・処理およびイオンビーム処理

プラズマを利用し，重合膜を形成する方法が，有機薄膜の形成法として注目される．プラズマCVD法の中でも有機膜形成法は，プラズマ重合法といわれている．プラズマ重合法は，モノマーガ

スをグロー放電による非平衡プラズマによって活性化し，ラジカル反応あるいはイオン反応により重合させ，膜を基板上に生成させるものである．多くの有機化合物は，プラズマ中で重合して架橋に富んだ膜として形成できる．この膜は導入するモノマーの化学組成や重合条件によって種々の特性を示し，プラズマ重合法によれば高分子の自己潤滑性を生かした潤滑膜，耐摩耗性膜の形成が期待できる．たとえば，耐食性に優れたフッ系の高分子のプラズマ重合膜が形成されている[19]．

高分子表面をプラズマ中で改質すれば，一般に高分子を構成している水素やその他の元素の脱離が生じる．さらに，① 架橋やオレフィンの生成，② 極性官能基の導入，③ 高分子主鎖の切断による劣化等が起きる．プラズマ処理により表面の親水化，疎水化・撥水化することが検討されている．たとえば図3.7に示すようにRFグロープラズマ処理装置を用いてPTFE，HDPE表面にCF$_4$グロープラズマ処理を行うことにより，接触角が高くなる[23]．特に処理条件によってはPTFEの接触角が150°を超え，超撥水性を示す．接触角に対応し表面自由エネルギーもPTFE，HDPEともに低くなる．またFT-IRにより，PTFE試料表面にCF$_4$処理によるC-F結合が存在するのが確認されている．

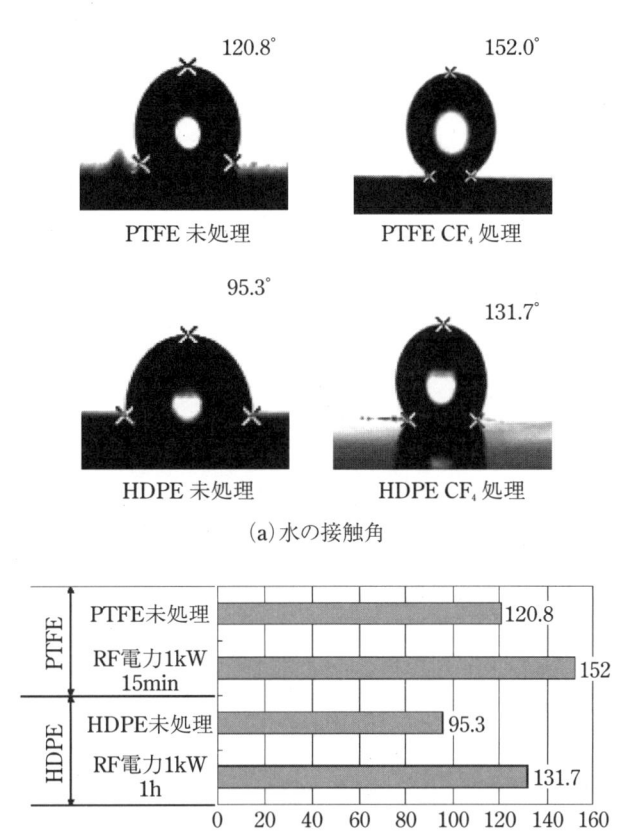

図3.7 PTFE, HDPE表面の水の接触角と表面自由エネルギーの測定結果

低エネルギービームを磁気ディスク用磁性膜に照射した場合のマイクロトライボロジー特性の改善効果が明らかにされている[24,25]．CF$_4$，C$_2$H$_4$，N$_2$，O$_2$プラズマから引き出した低エネルギービームを照射した磁性膜は試験により評価した結果，未処理に対して窒素，CF$_4$ビーム照射によりナノインデンテーション硬さは著しく増大する．また水中，生理食塩水中で，未処理よりも窒素ビーム照射による耐食性改善効果が得られている．また，窒素，酸素CF$_4$ビームいずれの場合もバイアス電圧-100Vでは，ほとんど磁気特性を劣化させない．

3.1.4 固体被膜潤滑の留意点

固体潤滑被膜の最大の欠点は，摩擦に伴い必然的に摩耗が発生するため，必ず寿命に限りがある

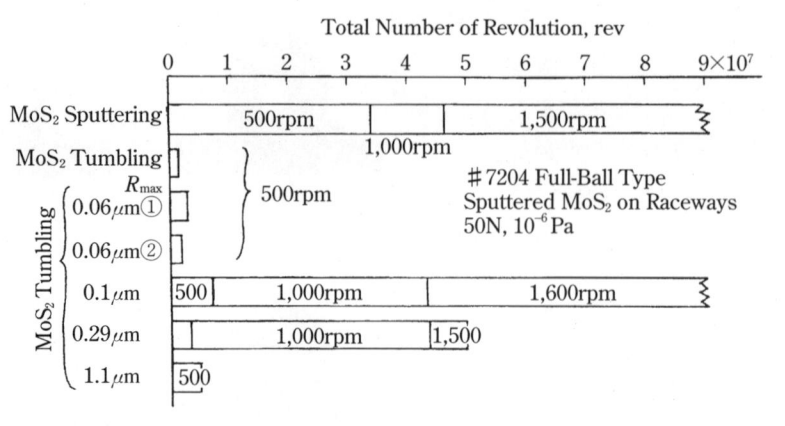

図 3.8 表面粗さを変化させたときの MoS_2 タンブリング膜の性能

ことである．特に，摩耗して被膜が破断し下地が現れた場合は自己修復機能に乏しいため，この時点で寿命となる場合が多い．下地同士が一度接触しても，その後に潤滑油が補給される油潤滑と大きく異なる点である．また，摩耗粉が予想外のところへ浮遊，付着しトラブルにつながる恐れがある．いずれも摩耗が避けられないことから現れる欠点である．

油潤滑の場合は，潤滑油を循環させているためかなりの冷却作用があり，摩擦で発生した熱を取り去ってくれるが，固体潤滑では冷却作用がない点に留意する必要がある．特に真空中で使用する場合は，真空断熱状態となり温度が上昇しやすい．数W程度の摩擦発熱で，容易に100℃以上の高温になる[26]．

油潤滑と固体潤滑では表面設計が異なる場合がある．たとえば，固体潤滑ではある程度表面が粗い方が寿命が長い．図3.8は，意図的にボール表面を酸洗いにより荒らした後，タンブリング法による MoS_2 膜を付与した軸受の寿命を，スパッタ膜を施した軸受と比較したものである[27]．通常のなめらかな表面をもつボールにタンブリング処理した軸受は短時間で寿命となり，タンブリング法による MoS_2 膜は容易に摩耗してしまうことがわかる．しかし，適度の表面粗さをもつボールでは単純なタンブリング法による軸受がスパッタ膜と同程度の寿命を示している．塗布膜では，被膜塗付前の下地処理により寿命が大きく異なる．サンドブラストにより表面を処理し，下地材によっては化成処理を行うことにより表面粗さや表面の化学的状態を最適化している．

固体潤滑被膜では，被膜の組成や性質のわずかな違いによりトライボロジー特性が大きく変化することがある．図3.9は[28]，CVD法によるDLC膜の摩擦係数を真空中のボールオンディスク試験で調べた結果で，横軸はDLC膜に含まれる水素の割合である．水素含有量は供給するアセチレンガスの比率を変化させてコントロールしている．ある一定の水素含有量を境に摩擦係数が0.1以上から0.01へと大きく低下している．摩擦係数が変化する水素含

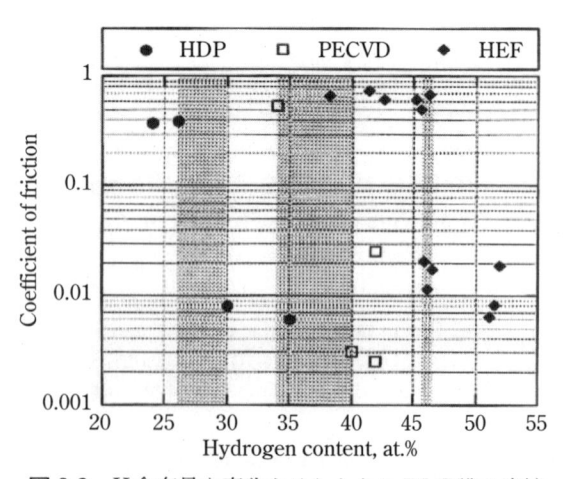

図 3.9 H含有量を変化させたときのDLC膜の摩擦

有量はガスの種類により異なるが，被膜の粘弾性特性でプロットすると，3種のカーブはほぼ重なり，被膜の粘弾性係数の違いが摩擦係数の変化を引き起こしたことが突き止められている[29]．すなわち，粘弾性係数という被膜の性質のわずかな違いにより，トライボロジー特性が大きく影響を受けるのである．

このように被膜処理条件のわずかな違いが，被膜の結晶性，配向性，被膜密度，酸化物等の混入，下地との化学反応など被膜性質の相違につながり，トライボロジー特性に大きな影響を及ぼす場合がある．また，MoS_2 スパッタ膜で全く同じ被膜処理条件で成膜したにもかかわらず，時間が経つにつれて被膜寿命が短くなったケースが報告されている[30]．原因は明確にはなっていないが，MoS_2 の供給源となるターゲット表面が，選択スパッタなどの影響で，時間とともに変質したものと想定されている．このように複雑な要因が微妙に作用してトライボロジー特性に影響を及ぼすことがあるため，実用にあたっては，実験的にトライボロジー特性を調べ，経験に頼って使用条件に応じて最適な被膜処理条件を決めるとともに，被膜処理条件を確立した後でも，定期的に摩擦試験などによりトライボロジー特性を確認しているのが実情である．

一般に，固体潤滑剤は，運転環境，使用条件，相手材等により潤滑性能が大幅に異なる場合が多い．たとえば MoS_2 スパッタ膜では，被膜の種類・作成条件にもよるが，湿度50％の大気中の寿命は真空中の1/1,000程度である[31,32]．また，図3.10は，種々のガス雰囲気で圧力を変化させた場合に，MoS_2 スパッタ膜の寿命がどのように変化するかを調べた結果である[6]．ある一定量の水分・酸素が存在する時に寿命が最長となった．この原因は，微量の水分・酸素が存在する雰囲気では相手材表面に MoS_2 の移着膜が形成されやすいためであることが報告されている．このことは，別の実験結果でも裏付けられている．

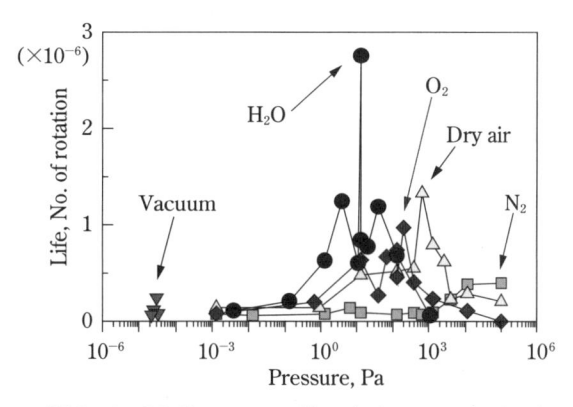

図3.10 MoS_2 スパッタ膜の寿命に及ぼす雰囲気ガス種，圧力の影響

Fleischauer らは，MoS_2 スパッタ膜を円板の半分だけに施しボールオンディスク試験を行い，摩擦するに従い被膜が作成されていない円板の部分に移着膜がどのように形成されていくかを調べている[33]．摩擦初期は，MoS_2 膜が存在する部分では摩擦係数が低く，膜のない部分では高いため，回転に同期して摩擦係数は大きく変化した．その後，摩擦により MoS_2 が移着し，潤滑効果を発揮するため，元々は膜のなかったディスク部を摩擦している場合でも摩擦係数が小さくなっていった．容易に移着膜が形成される場合は少ない摩擦回数で全体的に低摩擦となる．真空や不活性ガス雰囲気では，元々被膜がなかった円板部分の摩擦係数がなかなか低下しないのに対し，1.3×10^{-3} Pa の低圧酸素雰囲気で摩擦した場合には，容易に移着膜が形成され，摩擦係数が円板全周にわたって早期に低下した．移着膜が形成されるためには微量の酸素，水分が有効に働くことを示した実験結果である．

使用用途に応じた適切な固体潤滑被膜を選定するためには，種々の被膜について，どんな場合にどういう影響を受けるかという知見の蓄積が必要であるが，現在のところ系統的なデータは限られており，経験と一種のノウハウに頼らざるを得ないのが実情である．

3.1.5 固体被膜潤滑の長寿命化

固体被膜潤滑の最大の欠点は，寿命に限りがあることを述べた．これを克服するために，運転中に固体潤滑剤を補給して摩擦面に被膜を形成する方法が検討されてきた．以下，転移膜潤滑，気相潤滑，トライボコーティングについて述べる．

（1）転移膜潤滑

転移膜潤滑の典型的な事例は，自己潤滑性複合材製の保持器を有する固体潤滑玉軸受である．軸受を回転させると，玉と保持器ポケット部の摩擦により，保持器に含まれる固体潤滑剤成分が玉へ，さらには玉を介して内外輪転走面に移着して形成された転移膜で潤滑する．この方法では運転中に常に固体潤滑剤が補給されるため，適切に転移膜が形成されるならば，かなりの長寿命が期待できる．十分に転移潤滑膜が形成されない運転初期の潤滑のため，実用上は，内外輪・玉にあらかじめ固体潤滑被膜を付着させることが多い．Ⅳ応用編の4.6.3項，4.6.4項で紹介している宇宙用軸受やロケットエンジンのターボポンプの軸受など，すでに多くの実用例があり，転移膜潤滑は長寿命化に有効であることが実証されている．

玉軸受の場合には，直接荷重が負荷されない保持器が潤滑剤の供給源であるが，荷重を受けながらすべり摩擦する場合にも転移潤滑膜は有効に作用する．固体潤滑すべり軸受では，鋼製の軸に樹脂系や軟質金属の軸受を組み合わせることが多いが，これは軸受の樹脂や軟質金属が摩擦に伴い相手軸表面に移着し，鋼製の硬い軸表面に柔らかい樹脂あるいは軟質金属の薄膜が形成された状態となり，良好な性能を示すためである．また，軸受側に潤滑剤成分が十分に含まれているため，移着潤滑膜が摩耗してもすぐに新たな移着膜が形成され，寿命が格段に長くなるケースも多くみられる．

摩擦面にPVD膜のように薄い固体潤滑膜しか存在しない場合は，潤滑剤の絶対量が少ないため，摩耗した潤滑膜がいかに移着膜として再付着するかが長寿命化の鍵となる．摩耗により露出した下地に，潤滑剤の摩耗粉が強固に再付着し移着膜が形成されれば，固体潤滑膜の寿命は大幅に長くなる．摩耗粉がただちに酸化されてしまう大気中では，摩耗粉が再付着しにくく，転移膜潤滑による長寿命化が難しい場合も多い．前述したMoS_2膜の例のように，転移膜潤滑が有効かどうかは，雰囲気の影響を大きく受ける．

（2）気相潤滑

気相潤滑は，高温大気中の潤滑法の一つとして考案されたもので，運転中に摩擦面にアセチレンやTCP（トリクレジルホスフェート）を含むガスを吹き込み，摩擦表面にカーボン系の潤滑膜（フリクションポリマー）を形成させて潤滑する方法である．いわば，その場生成CVD膜といえよう．まだ実験室レベルで，Si_3N_4製転がり軸受が680℃で8hの運転が可能だったことが報告されている[1]．良好な潤滑被膜が生成されるか否かは，下地材，温度，供給するガス量など多くのパラメータに依存する．

現状では，良好な潤滑膜を生成させるための条件や下地材に限りがあり，また吹き込むガスも可燃性ガスしか報告されていないため，応用先の目途はたっていない．しかし，その場生成CVD膜というアイデアは魅力的で，今後，適切な応用先や，より一般的な摩擦材とガス種の組合せでも良好な性能が得られれば，大きく発展する可能性のある潤滑技術である．

（3）トライボコーティング

しゅう動部近傍に小さな炉を設置し，摩擦中にIn，Pbなどを真空蒸着することにより潤滑剤を摩擦面に供給する方法である．いわば，その場生成PVD膜である．摩擦により被膜が摩耗する前に補給してやれば，原理上は永久に寿命になることはない．摩擦係数が高くなった時点でInなどを真空蒸着すると，被膜が補修され低い摩擦係数に戻ることが報告されている[2]．興味深いのはこの方法

で製膜すると，あらかじめ製膜した場合に比べ摩擦特性も改善されることである．その理由として，蒸着した物質が摩擦により引き伸ばされ薄い被膜になること，相手材に移着することなどが挙げられている．転移膜と同じ機構で潤滑被膜が生成されている点は興味深い．

玉軸受に適用した事例もあり[34]，内輪・外輪の間の軸受外部に小さな炉を設置し，真空蒸着することで摩擦トルクが減少したことが報告されている．この場合は蒸着した潤滑剤は，内外輪・玉の転がり摩擦面，玉と保持器のすべり摩擦面にはほとんど付着しないはずである．それでも摩擦トルクが減少したことは，上述した移着膜潤滑のメカニズムも働いていたと思われる．

この方法は，真空蒸着を採用しているため真空中の用途に限られること，しゅう動部や軸受の数だけ小さな炉を設置する必要があることなどから，まだ実験室レベルに留まっており，応用先の目途は立っていない．しかし，ナノ技術の応用で軸受そのものに小さな炉と同様の機能を果たす素子を埋め込む研究が進められるなど，その場生成PVD膜というアイデアが画期的な潤滑技術として発展する可能性がある．

参考文献

1) B. Hanyaloglu and E. E. Graham : Vapor phase lubrication of ceramics, Lub. Eng., 50, 10 (1994) 814.
2) 足立幸志・加藤康司：宇宙機器のためのトライボコーティング，トライボロジスト，44, 1 (1999) 39-45.
3) H. Heshmat : Rolling and sliding characteristics of powder-lubricated ceramics at high temperature and speed, Lub. Eng., 49 (1993) 791.
4) S. Miyake, Y. Sekine and S. Watanabe : Deposition and Tribology of Carbon and Boron Nitride Super Lattice Solid Lubricant Films, Jpn Soc. Mech. Eng. Int. J. C47, 1 (2004) 377.
5) S. Miyake, Y. Sekine, J. Noshiro and Shuichi Watanabe : Low Friction and Longer Endurance Life Solid Lubricant Films Structured of a Nanoperiod Tungsten Disulfide and Molybdenum Disulfide Multilayer Solid Lubricant Films ; Jpn. J. Appl. Phys. 43, 7A (2004) 4338.
6) M. Suzuki : Tribological performance of a sputtered MoS_2 film in air, N_2, O_2, H_2O environments at pressures form 10-5 Pa to 105 Pa, Lub. Eng., 57 (2001) 23.
7) 榎本祐嗣・三宅正二郎：薄膜トライボロジー，東京大学出版会 (1994).
8) 三宅正二郎：トライボロジーにおける表面改質，材料技術，8, 7 (1990) 232.
9) 精密工学会表面改質分科会：表面改質－プラズマプロセス－，日刊工業 (1988).
10) 精密工学会硬質膜分科会：スーパーコーティング－硬質膜の機能と応用－，大河出版 (1992).
11) 西村 允：スパッタリングによる改質，潤滑，8 (1986) 573.
12) 三宅正二郎・平野元久・大幡浩平・加藤梅子：二硫化タングステンスパッタ膜の潤滑特性，潤滑，33, 1 (1988) 45.
13) S. Miyake, Y. Sekine and S. Watanabe : Deposition and Tribology of Carbon and Boron Nitride Super Lattice Solid Lubricant Films, Jpn Soc. Mech. Eng. Int. J. C47, 1 (2004) 377.
14) S. Miyake, Y. Sekine, J. Noshiro and S. Watanabe : Low Friction and Longer Endurance Life Solid Lubricant Films Structured of a Nanoperiod Tungsten Disulfide and Molybdenum Disulfide Multilayer Solid Lubricant Films ; Jpn. J. Appl. Phys. 43, 7A (2004) 4338.
15) I. Sugimoto and S. Miyake : UV Light Irradiation of an RF Plasma Applied to Fluoropolymer Sputtering Deposition, J. Appl. Phys. 64, 1 (1988) 2700.
16) I. Sugimoto and S. Miyake : Solid Lubricating Fluorine-containing Polymer Film Synthesized by Perfluoropolyether Sputtering, Thin Solid Films, 158 (1988) 51.

17) K. Miyoshi, T. Spalvins and D. H. Buckley : Tribological characteristics of gold films deposited on metals by ion plating and vapor deposition, Wear, 108-2 (1986) 169.
18) M. Hirano and S. Miyake : Tribological Improvement of Ag Films by Ion Beam Enhanced Deposition, Trans. of ASME J. of Tribo., 110 (1988) 64.
19) 日本トライボロジー学会編:トライボロジーハンドブック,養賢堂 (2002).
20) 吉川昌範:CVDダイヤモンドの工具・機械部品適用拡大に向けて, NEW DIAMOND, 45 (1997) 15.
21) S. Miyake, R. Kaneko, Y. Kikuya and I. Sugimoto : Micro-tribological studies on fluorinated carbon film, Trans. ASME J. Tribo., 113 (1991) 384.
22) S. Miyake, R. Kaneko and T. Miyamoto : Micro- and Macro-tribological improvement of CVD carbon film by the inclusion of silicon, Diamond Films and Technology 1, 4 (1992) 205.
23) 清水信行・渡部修一・三宅正二郎:高分子材料のプラズマ表面改質,表面技術協会第104回講演大会要旨集 (2001) 256.
24) 三宅正二郎・千田貴好・渡部修一:低エネルギービーム照射磁性膜のマイクロ摩耗トライボロジスト, 45, 1 (2000) 86.
25) 三宅正二郎・関根幸男・渡部修一・山本尚之:低エネルギービーム照射による磁気記録用磁性膜の表面処理,表面技術, 53, 12 (2002) 939.
26) 鈴木峰男・西村 允:ホットプレス法で作成した自己潤滑性複合材料のトライボロジー特性に関する研究,航空宇宙技術研究所報告, TR-1160 (1992) 9.
27) 西村 允・野坂正隆・鈴木峰男:特殊環境用転がり軸受,トライボロジスト, 42, 12 (1997) 946-951.
28) C. Donnet, J. Fontaine, T.Le Mongne, M. Belin, C. Heau, J.P. Terrat, F. Vaux and G. Pont : Diamond-like carbon-based functionally gradient coatings for space tribology, Surface & Coating Technology, 120-121 (1999) 548.
29) J. Fontaine, J. L. Loubet, T. Le Mongne and A. Grill : Superlow friction of diamond-like carbon films : a relation to visvoplastic properties, Tribology Letters, 17, 4 (2004) 709-714.
30) 宮川行雄・弘田雄吾・吉川英昭:二硫化モリブデンの最適スパッタリング条件,トライボロジスト, 38, 1 (1993) 46-53.
31) K. Matsumoto and M. Suzuki : Tribological performance of sputtered MoS_2 films in various environment - influence of oxygen concentration, water vapor and gas species, Proc. 8th Euro. Space Mech. Trib. Symp., ESA SP-438 (1999) 43.
32) M. Maillat, C. Menoud, H. E. Hintermann and J. F. Patinl : Tribological properties of PVD-applied MoS_2 coatings used on space mechanisms, Proceedings of 4th European Space Mechanisms & Tribology Symposium, ESA SP-299 (1990) 54.
33) P. D. Fleischauer, J. R. Lince & S. V. Didziulis : Chemical effects on MoS_2 lubricant transfer film formation- wear life implications, Papers WTC2001, Paper No.424, AustrianTribology Society (ISBN 3-901657-09-6).
34) 足立幸志・鈴木論道・加藤康司・小原新吾:トライボコーティング法による転がり軸受の潤滑,トライボロジー学会予稿集,東京2001-5 (2001) 179-180.

3.2 自己潤滑性材料

自己潤滑性材料 (self-lubricating material) とは,外部より潤滑油などの潤滑剤を供給せずに,摩擦材そのもの,または内部に潤滑剤を配合または含浸させることによって潤滑作用を示す材料と定義される[1].一般には固体潤滑剤と高分子材料,セラミックス材料,あるいは金属材料との複合材料や,多孔質(高分子,セラミックス,金属)材料に潤滑油を含浸させた材料などがある.また部材の摩擦面に形成された被膜で,外部から潤滑剤を供給しなくても潤滑性を示すものを自己潤滑性被膜 (self-lubricating film) という.固体潤滑剤の被膜などがあり,広義には自己潤滑性材料に含まれる.用途によって固体潤滑剤の種類,膜厚(一般にはサブμmから10μm程度),成膜方法などが異なる.トライボロジーの分野では,ほとんどの複合材料は,自己潤滑性を含めたトライボロジー特性の向上または新しい特性の付与を目的として調製される場合が多い.

これらの高分子系,金属基,炭素系およびセラミックス系複合材料の現状については,II産業編第2節で概説されている.

3.2.1 高分子系

高分子材料は潤滑剤の適用なしでも常温,低荷重条件において,それ自身ある程度の低摩擦性や耐摩耗性をもつ,すなわち自己潤滑性をもつものが多く,無潤滑で使用されることが多い.またこれらの摩擦摩耗特性に加えて,高分子材料は,軽量,成形加工性,電気絶縁性などに優れるために,高分子複合材料とともに複写機やプリンタなどのOA機器,ビデオカメラやテープなどのAV機器,カメラ,携帯電話,時計などの精密機器の歯車や軸受などのしゅう動部品に,また人工関節をはじめ医療機器,自動車などの輸送機器,橋梁の支承などに多用されている.

高分子材料の機械的強度の向上や摩擦・摩耗特性のよりレベルアップ,高PV限界値,耐熱性など得るために,一般には強化繊維の充てんおよび固体潤滑剤の添加による複合材料化が行われ,実用に供される場合が多い.

高分子(複合)トライボ材料が自己潤滑性を発揮し,摩擦・摩耗特性を向上するために,添加される固体潤滑剤の主なものにはグラファイト,二硫化モリブデン(MoS_2)およびPTFEなどがあり,また耐摩耗性や機械的強度を改良するための強化繊維には,ガラス繊維,炭素繊維,アラミド繊維などがある.高分子複合材料がこれらのトライボロジー特性を十分に発揮するために,高分子複合材料の調製の立場からの留意点には,次のものがある.

(1) 高分子材料(母材)自身に関して

種類,熱的性質(融点,熱安定性,熱可塑性,熱硬化性など),化学安定性(酸化安定性,吸水性,耐油性,耐薬品性など),機械的強度,自己潤滑性,耐摩耗性など.

(2) 固体潤滑剤および繊維に依存するものとして

種類,配向性,大きさ(繊維の径や長さ,アスペクト比など),粒径,硬さ,密度,添加(充てん)量,単独または複合添加と組成比,潤滑性,機械的強度など.

(3) 高分子母材と固体潤滑剤または強化繊維との親和性に関して

種類(無機質または有機質),表面処理(有無,種類,熱および酸化安定性など),熱膨張係数,添加後の界面強度など.

これらは実用しようとする高分子複合材料の良好な摩擦摩耗特性のみならず,摩擦安定性,高PV値,耐荷重クリープ性,耐衝撃性,耐疲労性などの機械的特性,潤滑油(グリース)との適合性,耐薬品性などに大きく影響するもので,高分子複合材料メーカーのみならずユーザーも十分に認識す

る必要がある．

　高分子材料およびその自己潤滑性の発現や摩擦摩耗特性の向上を目指した複合材料の文献には，PTFE（商品名：テフロン）系[2〜7]，ポリアミド（商品名：ナイロン）系[8,9]，ポリアセタール（ポリオキシメチレン）系[10〜14]，PEEK（ポリエーテルエーテルケトン）系[5,15〜17]，フェノール樹脂系[18〜20]などがある．

　高分子材料の自己潤滑性の発現や摩擦摩耗特性の改良のための表面改質法としては次のような方法がある（DLC膜の適用は4.1.3参照）．γ線照射による反応層膜の形成[21〜23]や表面構造の変化[24]による摩擦・摩耗特性の改良，HDPEやPTFEへの放射線照射[25〜27]，およびガラス繊維強化PTFE複合材料やグラファイト充てんポリイミドなどへの窒素イオン（N^+）注入による摩擦摩耗特性の向上[28]などである．これらの詳細は各文献[21〜28]と解説[29]を参考にされたい．

　トライボ材料としての高分子および高分子複合材料についての詳細は成書[30,31]を参考にされたい．

3.2.2 炭素系

　近年，炭素系材料で注目され，盛んに研究されている材料にC/C複合材料（Carbon Fiber Reinforced Carbon Matrix Composite，炭素繊維強化炭素複合材料）[32,35]がある．C/C複合材料は軽量で，耐熱性があり2,000℃以上の高温でも強度は高く，熱膨張係数が小さいなどの優れた特性を有することから，高温用構造材料を始め，航空機用ブレーキや耐熱タイルなどの宇宙航空用材料として研究および実用されつつある．

　C/C複合材料はトライボ材料としても検討され[36〜39]，たとえば，三次元構造のC/C複合材料の繊維配向性と摩擦摩耗[36]との関係，C/C複合材料の摩擦摩耗に対する温度依存性（室温〜750℃）および雰囲気依存性（空気中，窒素中）[37]の基礎研究がある．応用研究では，亜鉛めっき鋼板製造プロセスの溶融亜鉛浴中で使用される軸受材料としてSiC，BN，Y_2O_3などのセラミックス粒子を分散したC/C複合材料[40]やC/C複合材料のパンタグラフすり板への適用[41]などがある．

　自己潤滑性の新しいC/C複合材料としては，固体潤滑剤を配合したグラファイト/ガラス状炭素系[42]やクラスタダイヤモンド/ガラス状炭素系[43]などがある．

　グラファイト/ガラス状炭素系複合材料（G/GC）では，その組成比によって最適なグラファイト添加量が存在する．図3.11と図3.12に示すように，グラファイトが30 wt％前後添加されたものが

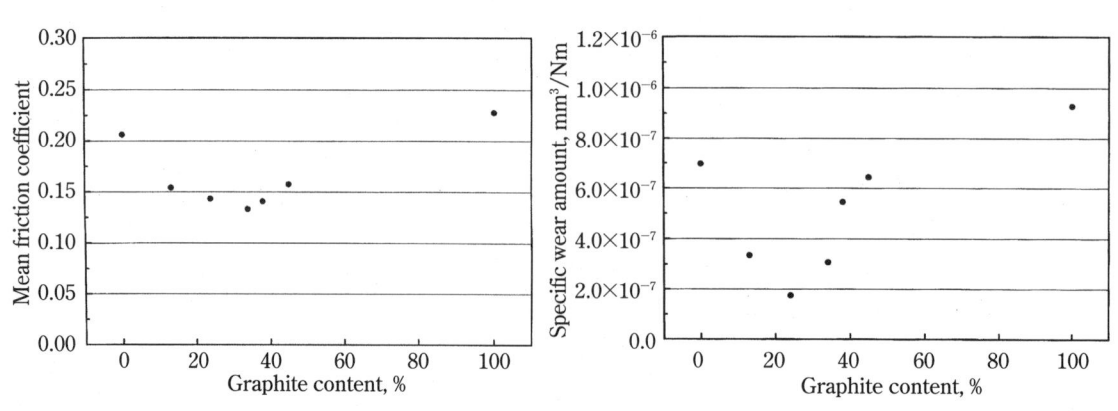

図3.11　グラファイト/ガラス状炭素複合材料の組成と摩擦係数の関係〔出典：文献42)〕

図3.12　グラファイト/ガラス状炭素複合材料の組成と比摩耗量の関係〔出典：文献42)〕

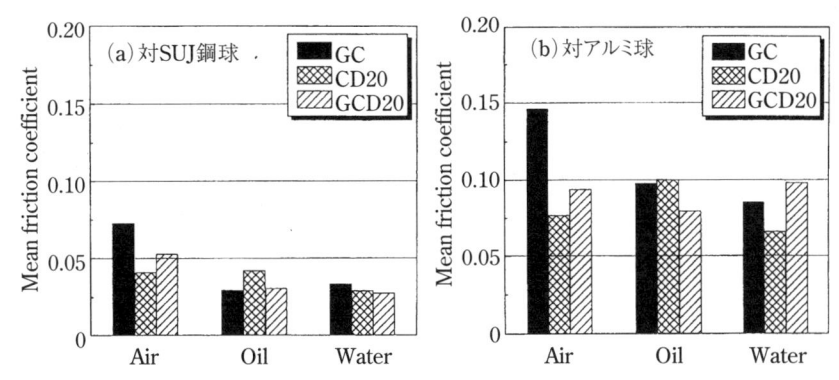

図3.13 クラスタダイヤモンド（CD）およびグラファイトクラスタダイヤモンド（GCD）/ガラス状炭素（GC）複合材料の摩擦特性（荷重：2.0 N，すべり速度：0.1 m/s）〔出典：文献43）〕

低摩擦，低摩耗を示す．またクラスタダイヤモンド（CD）やグラファイトクラスタダイヤモンド（GCD）とガラス状炭素との複合材料は鋼を摩擦相手にした場合，低荷重条件で，摩擦環境（空気中，水中および油中）によらず0.05以下の低摩擦係数を示す（図3.13）．

木材，木質材にフェノール樹脂を注入し，高温真空中で炭化焼成した多孔質炭素材料のウッドセラミックスも新しいトライボ材料[44,45]として注目されている．詳細は成書[46]を参考にされたい．

3.2.3 金属基系

金属を基材（マトリックス）に固体潤滑剤やセラミックス粒子，強化繊維やウィスカなどを含有させた金属基複合材料（Metal Matrix Composite, MMC）がある．固体潤滑剤のMoS_2，グラファイト，窒化ホウ素などを含有させたMMCは主に金属基材に自己潤滑性を付与させたMMCである．また強化繊維やウィスカは金属基材の弾性や強度，耐摩耗性などを向上させるために含有される．一例としてMMCの種類，特徴および用途を表3.3[47]に示す．

金属を繊維やウィスカで強化した複合材料は繊維強化金属材料（Fiber-Reinforced Metal, FRM）とも呼ばれ，基材の金属の特性を生かすとともに，より苛酷な条件下での使用を可能にしている．FRMに適用される強化繊維には，アルミナ（Al_2O_3）繊維，炭化ケイ素（SiC）繊維などのセラミックス繊維や炭素繊維，およびスチールやタングステンなどの金属繊維があり，ウィスカにはAl_2O_3やSiCなどがある．金属基材としてはアルミニウムやチタンなどの軽金属や銅などが対象になる場合が多い．たとえばアルミニウムを基材とするものに，アルミナ繊維で強化したアルミナ短繊維強化アルミニウム[48]やSiCウィスカ強化アルミナ合金[49]などがある．また固体潤滑剤のグラファイトを含有したAl-Si合金グラファイト複合材料についての研究[50]やAl-Si合金やAl-Cu合金にグラファイト含有させて自己潤滑性，耐摩耗性，耐焼付き性の向上を目的とした研究[51〜53]などがある．

最近では，しゅう動部の表面層へMoS_2やグラファイト粒子を高速で打ち込む微粒子ピーニング（Fine Particle Peening）によるトライボ表面改質も開発されている[54,55]．本法については，3.4.2, 3.4.3および，IV応用編4.1.1（2）を参照されたい．

表3.3 MMCの実用例と公開特許にみられる用途例〔出典：文献47)〕

マトリックス材	種類	添化材・充てん材	特徴	用途（実用化，特許，開発事例）
Al	長繊維	炭素繊維，ボロン繊維，炭化ケイ素繊維，アルミナ繊維など	高強度，高弾性，高温強度など	ベルトコンベヤのローラ，ディーゼルエンジン用ピストン，自動車用シリンダブロック，シリンダライナ
	短繊維	炭素繊維，炭化ケイ素繊維，アルミナ繊維など	高強度，高弾性，低膨張率など	
	ウイスカ	炭化ケイ素，ホウ化アルミニウムなど		船外機用ピストン，圧縮機しゅう動材，ディーゼルエンジン用ピストン
	粒子	炭化ケイ素，アルミナ，窒化アルミニウム，窒化ケイ素，フライアッシュなど	耐摩耗性，高弾性，低膨張率など	エンジン用ピストン，マリン用プロペラ，ベルトコンベヤのローラ，ディスクロータ，プーリ，工業用刃物，ワイヤソーローラ，オイルポンプ，ブレード
	固体潤滑剤	黒鉛，二硫化モリブデン，二硫化タングステン，窒化ホウ素，雲母など	低摩擦など	機械部品，電気接点，ディスクロータ
Ti	長繊維	炭素繊維，炭化ケイ素繊維，アルミナ繊維など	高強度，高弾性，低膨張率など	ブレーキ用しゅう動材料，トロリ線
	短繊維			
	粒子	炭化チタン，ホウ化チタン，窒化チタン，炭化ケイ素など	高強度，高耐食性，耐摩耗性など	土砂摩耗環境下の軸受部，エンジンのインテークバルブ，ダイキャスト・スクイーズキャスト用スリーブ
	固体潤滑剤	二硫化モリブデンなど	自己潤滑性，耐食性など	耐食・耐摩耗性を必要とする部品
Cu	固体潤滑剤	二硫化モリブデン，黒鉛，カーボンナノファイバなど	自己潤滑性，導電性，耐食性など	含油軸受，電気ブラシ

3.2.4 表面被膜[56〜61]，その他

潤滑油が適用しにくい宇宙・通信機器をはじめとしてLSI製造装置，ファイル記憶装置，マイクロマシンなどの先端機器のしゅう動部材に自己潤滑性をもたせる方法の一つに，固体潤滑剤被膜がある．一例として，電子応用機器における固体潤滑剤被膜の代表的な用途例を表3.4[56]に示す．また近年の自動車の高性能化（高速，信頼性，居住性の向上など），低燃費化，無給油潤滑化などの要求に対して，自動車しゅう動部品の自己潤滑性化があり，固体潤滑剤被膜または固体潤滑剤複合材料の適用が増大しつつある．たとえば，軸受，ピストンおよびピストンリング，ブレーキ，LSD（Limited Slip Differential，差動制御装置付きディファレンシャル）の摩擦板，ドアヒンジなどがある．

これらしゅう動部材の自己潤滑性化のための固体潤滑剤被膜として，一般には，MoS_2やグラファイトなどの固体潤滑剤をバインダ樹脂で練り固めた膜[57,58]またはそれを焼成した膜[59]があり，被膜厚さは0.5〜10μm程度の膜として使用される．また耐久性をもたせるために金属や炭素などの強化繊維やウィスカが充てんされる場合がある．

しゅう動部材に自己潤滑性を付与するもう一つの応用例として，金属部材にくぼみを設けてこれ

表 3.4 電子応用機器における固体潤滑剤の代表的用途〔出典：文献56）〕

用途	要求特性	表面改質（固体潤滑材料/処理法）
① ファイルの記憶装置 　磁気ディスク 　フレキシブルディスク・ 　　磁気テープ	極薄膜，耐久性 潤滑油保持 耐久性 耐はく離性	C, SiO_2, PTFE/スパッタ, スピンコート C, 酸化層/プラズマ酸化 CVD
② LSI製造装置 　真空装置	低発塵，真空潤滑 硬度	Ag, Au, MoS_2, PTFE/スパッタ, トランスファー TiN, TiC/イオンプレーティング
③ 通信衛星	信頼性，長寿命 無保守	MoS_2, Au, PTFE/スパッタ, プレーティング PTFE/グリース, 塗布
④ シンイクロマシン	耐摩耗性，低摩擦	Si_3N_4, C/スパッタ, CVD

に固体潤滑剤を埋め込んだものがある．たとえば，銅合金に粒状のグラファイトを埋め込んだものの[60]は，-70～250℃の広い温度範囲で使用可能である．応用例としては，搬送機器，製鉄設備，造船設備，各種金型や工作機械，放射線環境などのしゅう動品として汎用されている．

参考文献

1) 日本トライボロジー学会編：トライボロジー辞典，養賢堂（1995）.
2) J. K. Lancaster : Wear, 20 (1972) 315.
3) 渡辺　司・伊藤量造：潤滑, 18, 7 (1973) 541.
4) 木村好次・上田　弘・島崎敬一・伊藤　寛：潤滑, 31, 9 (1986) 643.
5) 内山吉隆・山田良穂・三浦大生：潤滑, 33, 1 (1988) 69.
6) 石割和夫：潤滑経済, No. 385, (1998) 10.
7) 広中清一郎：トライボロジスト, 49, 7 (2004) 573.
8) M. Egami : Proc. ITC Yokohama (1995) 551.
9) 広中清一郎：トライボロジスト, 42, 8 (1997) 613,
10) 二野井雅彦：機能材料, No. 4, (1989) 35.
11) 松沢欽哉：月刊トライボロジ, No. 26 (1989) 18.
12) 関口　勇・山口章三郎・田村和義・出口昭博：トライボロジスト, 38, 8 (1993) 743.
13) 真田大輔：成形加工, 9, 12 (1997) 941.
14) 黒川正也・内山吉隆：トライボロジスト, 44, 7 (1999) 544.
15) J. Vande Voort and S. Bahadur : Wear, 181-183 (1995) 212.
16) Renji Zhang, A. M. Hager, K. Friedrich, Qi Song and Qi Dong : Wear, 181-183 (1995) 613.
17) Z. P. Lu and K. Friedrich : Wear, 181-183 (1995) 624.
18) P. Gopal, L. R. Dharani and F. D. Blum : Wear, 174 (1994) 119.
19) P. Gopal, L. R. Dharani and F. D. Blum : Wear, 181-183 (1995) 913.
20) 松岡　徹・村木正芳：トライボロジスト, 46, 8 (2001) 655.
21) 広中清一郎・田中研二・甲本忠史：石油学会誌, 28 (1985) 167.
22) 甲本忠史・田中研二・広中清一郎：繊維学会誌, 40 (1984) T125.
23) 甲本忠史・広中清一郎・松本　武：特開昭58-40323.

24) V. A. Belyi, V. Kragelshii, V. G. Savkin and A. Sviridyonok : Ind. Lubrication Tribology, 32 (1980) 44.
25) K. Matsubara and M. Watanabe : Wear, 10 (1967) 214.
26) S. Shen and J. H. Dunbleton : Wear, 30 (1974) 349.
27) B. J. Briscoe and Z. Ni : Wear, 100 (1984) 221.
28) 渡辺　真・志村洋文・榎本祐嗣：日本潤滑学会第33期春季研究発表会予稿集 (1989) 375.
29) 広中清一郎：トライボロジスト，37, 6 (1992) 451.
30) 山口章三郎：プラスチック材料の潤滑性，日刊工業新聞社 (1981).
31) 渡辺　真・笠原又一・関口　勇・広中清一郎：高分子トライボマテリアル，共立出版 (1990).
32) 木村脩七・安田榮一：Intern. Sym. on Ultra- High Temp. Materials (1991) 45.
33) 大蔵明光：塑性と加工，32, 368 (1991) 1121.
34) 安田榮一・田邊靖博・赤津　隆：セラミックス，34, 4 (1999) 266.
35) 大竹泰弘・幡中憲治：日本機械学会論文集 (A編), 67, 657 (2001) 815.
36) F. Kustas, R. R. Hanson and J. L. Summers : Lub. Eng., 51, 7 (1995) 599.
37) B. K. Yen and T. Ishihara : Carbon, 34, 4 (1996) 489.
38) N. Murdie and C. P. Ju : Carbon, 29, 3 (1991) 335.
39) 竹本隆俊・若松智之・山下幸典・中島志郎：トライボロジー会議 (1995-5) 347.
40) 中川師夫・酒井淳次・大河内敬彦・大越　斉：鉄と鋼，82, 8 (1996) 55.
41) 久保俊一・土屋広志・池内実治・半田和行：信学技報，EMD2003-49, (2003-10) 1.
42) M. Hokao, S. Hironaka, Y. Suda and Y. Yamamoto : Wear, 237 (2000) 54.
43) M. Hokao and S. Hironaka : J. Ceram. Soc. Japan, 108, 11 (2000) 979.
44) 堀切川一男・宮下浩一・小林　誠・阿部　明・龍　群・岡部敏弘・斎藤幸司・唯根　勉：トライボロジー会議予稿集 (1993-11) 365.
45) 堀切川一男・宮下浩一・小林　誠・関　誠・岡部敏弘・斎藤幸司・田尻央樹：トライボロジー会議予稿集 (1994-5) 575.
46) 岡部敏弘　監修：ウッドセラミックス，内田老鶴圃 (1996) 214-256.
47) 岩井善郎・本田知己・宮島敏郎：トライボロジスト，49, 7 (2004) 553.
48) 古沢利明・野呂瀬　進・日野　裕・磯貝　毅・中村　示・山田国男：トライボロジスト，37, 8 (1992) 654.
49) 野呂瀬　進・笹田　直・宮下忠志：トライボロジスト，34, 7 (1989) 538.
50) 内城憲治・後藤穂積：トライボロジスト，48, 6 (2003) 477.
51) P. K. Rohatgi and B. C. Pai : Trans. ASME, J. Lub. Tech., 101 (1979) 376.
52) P. R. Gibson, A. J. Clegg and A. A. Das : Wear, 95 (1984) 193.
53) Y. B. Liu, S. C. Lim, S. Ray and P. K. Rohatgi : Wear, 159 (1992) 201.
54) 荻原秀実：トライボロジスト，47, 12 (2002) 895.
55) 梅田一徳・石渡正人・月田盛夫・塚本美貴夫・田中章浩・広中清一郎：トライボロジー会議 (2003-5) 293.
56) 三宅正二郎：日本潤滑学会固体潤滑シンポジウム予稿集 (1990-9) 87.
57) 不破良雄・道岡博文・斉藤浩二：日本トライボロジー学会固体潤滑シンポジウム (1995-9) 51.
58) 平松伸隆：高分子材料のトライボロジー研究会/自動車のトライボロジー研究会/東海トライボロジー研究会の合同研究会資料 (2000-11).
59) 不破良雄：同上．
60) 大同メタル工業株式会社資料．
61) 広中清一郎：メインテナンス，No. 219 (2001) 18.

3.3 潤滑油・グリースへの添加

3.3.1 潤滑油への添加

固体潤滑剤（粉末）を油中に分散させて使用する製品をオイル状の固体潤滑剤と呼ぶ．具体的には二硫化モリブデン，PTFE，グラファイト等を種々の分散媒に分散させるが，水系，溶剤系の分散媒では分散媒の蒸発後の乾燥被膜として使用する例がほとんどであり，固体潤滑剤製品としては別分野となる．

そこで本節では，分散媒がオイルの場合で最終的にもオイル状製品として使用する場合を説明する．分散媒中で粒子が均一に浮遊していることを分散（懸濁）と呼ぶが，オイル中の固体潤滑剤の分散は単に製品としての保存安定性のみならず，油中での固体潤滑剤の効果を安定して発現させることと密接に関連する．

図 3.14 は，ファレックス試験後（荷重 500 lb）の試験片の写真である[1]．(a) は鉱物油単独の場合，(b) はサブミクロンの未処理二硫化モリブデンを単純に添加した場合，(c) はサブミクロンパウダを分散処理した添加剤を加えた場合である．分散処理をしていない二硫化モリブデン粉末の場合は 25 秒で焼き付いたが，分散処理を施した二硫化モリブデン粉末の場合は 10 分間の試験後も良好な摩擦面を保持していた．

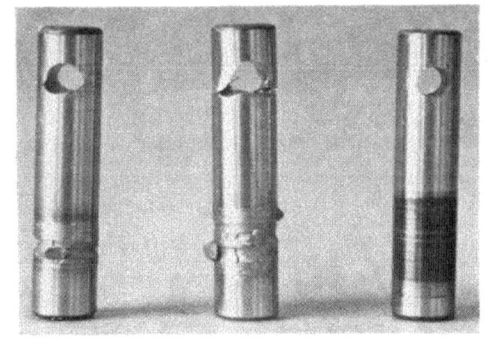

(a) 鉱油　(b) 鉱油＋未処理 MoS_2　(c) 鉱油＋分散処理 MoS_2
図 3.14　ファレックス試験後のピン試験片

このように固体潤滑剤を潤滑油に添加するといっても，固体潤滑剤の分散状態によって効果を発揮する場合も発揮しない場合もある．固体粉末の分散による摩擦面への導入性の違いと単純に考えることもできるが，分散技術が重要となることを示す端的な例である．

(1) 調製法

前述のように，オイル状の固体潤滑剤製品は摩擦部分に固体潤滑粉末を安定的に供給することが目的であり，導入性と長期安定性の点から，油中での分散安定性は不可欠である．

多くの固体潤滑剤の比重は 2〜5 前後であり，鉱物油系の油の比重 0.9 前後に比べれば重く油中では沈降する傾向にある．油中での沈降をいかに遅くするかがオイル状製品の分散技術である．分散安定性には分散させる粒径を細かくすることは有効であるが，微粒子の凝集を防ぐためにも分散剤が不可欠であり，各種固体潤滑剤と分散媒（油）の種類に応じた分散剤（分散手法）の選択が重要である．

本来分散剤という名称は不正確であり，界面活性剤のもつ機能の応用用途名である．分散とは「ぬれた粒子が液体ビヒクル中に移動し各粒子が安定に分離し，分離した状態で安定であること」[2]とされている．ここで「ぬれた」とは「固体表面に吸着されている気体あるいは液体がぬらすべき媒体に置換されていること」とされている．すなわち，分散剤として使用される界面活性剤に求められる機能とは，① 固体表面を分散媒にぬらすこと（界面活性剤が固体表面に吸着し，固体表面が分散媒と親和性をもつこと），② 電気的反発や立体障害により固体粉末間の空間を維持し凝集を抑制すること，にある．

はじめに，①の固体表面を分散剤に濡らす点であるが，粒子表面の多くは正に帯電しており，その表面で負に帯電した界面活性剤を用い電気二重層を形成することで安定性を確保する．このぬれ性には液の粘度や表面張力・接触角も影響し，一般的には塗料におけるWashburnのぬれ速度の式[3]が適用される．

$$V = K \cdot \gamma F_L \cdot \cos\theta \cdot r^3 / I \cdot \eta \tag{3.3}$$

ここに，V；ぬれ速度，r：凝集した塗料（粉末）塊の孔の半径，K：定数，I：凝集した塗料（粉末）塊の孔の長さ，$\gamma F_L=$ 液の表面張力，$\eta=$ 液の粘度，$\theta=$ 接触角，である．

このようにぬれ性を確保するとともに，②の電気的反発や立体障害により固体粉末間の空間を維持し凝集を抑制することが必要となる．分散・凝集に関する理論では，Derjaguin, Landau, Verway, OverbeekらによるDLVO理論がある[4]．DLVO理論によれば，分散安定性は粒子間のファンデルワールス引力と静電的斥力のバランスにより決定されるとしており，

$$V_T = V_A + V_R^{el} \tag{3.4}$$

で，V_Tの最大値V_{max}が$15kT$（k：ボルツマン定数，T：絶対温度）以上であれば分散は安定といわれている．

まず，ファンデルワールス引力に関しては

$$V_A = -A/6[(2/(S^2-4))+(2/S^2)+\ln((S^2-4)/S^2)] \tag{3.5}$$

で示される．ここに，A：粒子の分極率に依存する定数（Hamaker定数），$S=R/r$（Rは2粒子間の中心距離，rは粒子の半径），である．

また，静電的斥力に関しては，

$$V_R^{el} = \varepsilon r \phi_0 \frac{e^{-\tau(S-2)}}{S} \tag{3.6}$$

ここに，ε：誘電率，ϕ_0：表面電位，$\tau=\kappa r$（κ^{-1}：電気二重層の厚さ），である．

一般的に固体表面は正に帯電しており，負の吸着基をもつ界面活性剤が吸着することで電気二重層を形成し安定化する．この点で分散剤としての界面活性剤の機能が重要となるが，分散安定性（非凝集性）にはいまだ不明な点も多く，前述のDLVO理論のほか，立体障害安定化理論[5]，枯渇凝集理論（浅倉，大沢理論）[6]がある．実際，界面活性剤には一定以上の分子鎖が求められ，この分子鎖同士の立体障害により粒子間の凝集を防止されているとの見方もある．

これらの分散剤を用いた分散性の評価は，粒ゲージや光学顕微鏡のほか，各種粒度分布測定装置での測定，各種粘度計によるレオロジー評価がある．ここでレオロジーは物体に力を加えたときに「流れる」あるいは「変形する」量の相互関係を時間変化とともに取り扱う学問分野であるが，分散系の応力，変形の時間依存性から分散・凝集による三次元構造の強さやその構造の破壊後の再編成についての情報が得られる．このレオロジー評価には粘弾性測定装置はもちろんE型粘度計，B型粘度計等もせん断速度を変化させ用いられる．

しかしながら分散安定性の評価は，古くから浮遊率で簡易的に評価されており，塗料規格のヒートサイクルを加え，試験前後の浮遊率の変化で判定される場合が多い．

なお，前述の分散剤の使用は不可欠であるが分散剤の選択とともに機械的せん断を加えることも系の分散を安定させるには不可欠である．一般的には粒子の微細化と分散剤の吸着を同時に行うために，比較的高濃度の状態でボールミルで分散処理する例が多い．その後，製品に添加調製する場合にはディゾルバや通常のかくはん装置で濃度調整され最終製品となる．

(2) 潤滑機構

前述のように分散は大切であるが，本来固体潤滑剤粒子を潤滑油に分散させることと摩擦面に付

3. 固体潤滑法

表 3.5 MoS$_2$ 分散液の四球試験

荷重, kgf	時間, min	摩耗痕径, mm 5％分散液（SAE 30 鉱物油）		
		無極性 MoS$_2$	ポリエチレン飽和 MoS$_2$	市販 MoS$_2$
100	1	0.75	1.8	2.0
150	1	1.0	2.1	2.5
200	1	1.25	焼付き	焼付き
15	60	0.38	0.71	0.80

着させることは相反する現象である．そのため，静置状態では分散状態を維持し，摩擦部分では分散系が壊れ付着を促進する系（摩擦面への凝集ともいえる）が望ましい．つまり，分散安定性を向上させることが潤滑性を向上させるとはかぎらず，分散剤と固体潤滑剤粒子の形態および分散媒や他の添加剤の影響により潤滑効果は異なる点に注意が必要である．

その点で，Groszekの研究[7～9]は興味深い．Groszekは二硫化モリブデン粉末に振動ミルを用いてn-ヘプタン中で低エネルギー表面を多くもった二硫化モリブデン粉末を作成した（以下，無極性MoS$_2$と記す）．次いでn-ヘプタンにポリエチレンを加え生成した無極性面をポリエチレンで飽和させた粉末を作成した（ポリエチレン飽和MoS$_2$と記す）．この2種の粉末を用いてSAE30の鉱油に5％の分散液を作り，シェル四球試験で比較したところ，ポリエチレン飽和MoS$_2$での摩耗痕が大きいとの結果を得た（表3.5）．油中の二硫化モリブデンの潤滑性には無極性の部分（結晶底面）が大きな役割を果たすことが示唆される．分散剤が無極性面にまで吸着し飽和させることは潤滑性の低下を引き起こす．とはいえ，粒子の粉砕工程にも分散剤が関与し，油中の摩擦部分でも粉砕と分散剤の再吸着を伴うことは制御しきれない．そのため実機のみならず各種机上試験においても，油中での固体潤滑剤の粒径や分散を独立の条件として検討することが難しい．さらに実用上では，潤滑剤製品として清浄分散剤や極圧添加剤を必要とする場合も多くこれらの成分との相互作用もある．そのため以下においては他の要因をなるべく排除した場合での実験結果を紹介することで，油に添加する場合の効果と問題点を述べたい．

（a）濃度の影響

Braithwaiteによる二硫化モリブデンの各添加量によるシェル四球試験での荷重-摩耗曲線を図3．

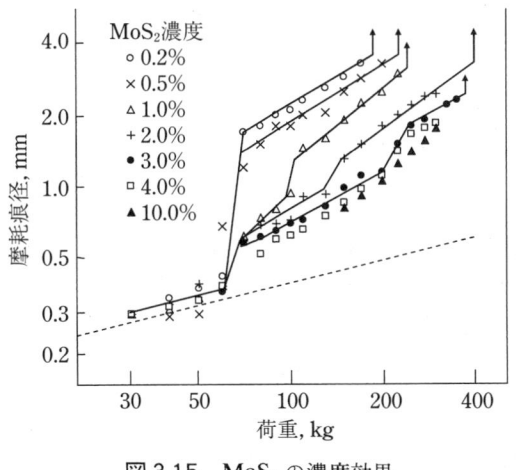

図 3.15 MoS$_2$ の濃度効果

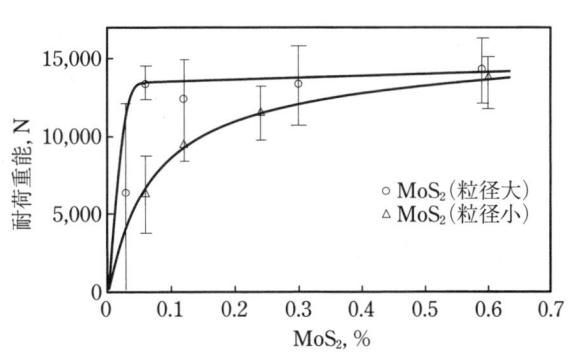

図 3.16 MoS$_2$ 分散液の MoS$_2$ 濃度と耐荷重能の関係

15に示す[10]. 添加量の増加に伴い摩耗痕径は減少している. 一方 A. L. Backらによるファレックス試験による二硫化モリブデンの濃度と耐荷重能の関係を図3.16に示す[11]. 粒径の小さい場合は添加量とともに耐荷重能も向上するが, 粒径が大きい方が少量でも耐荷重能の向上効果が大きい. これらの点から添加量の増加によって耐摩耗性, 耐荷重能は向上するがその効果に関しては粒径の影響を受けることがわかる.

(b) 粒径の影響

前述のように粒径により摩耗や耐荷重能が影響を受けることは, その粒子の摩擦部分への導入のしやすさが異なるためとは直感的に理解しやすい. 図3.17にStockによる粒径の異なる二硫化モリブデン分散液を用いた場合のシェル四球試験の各荷重と摩耗痕径の関係を示す[12]. 粒径の小さい方が摩耗量も小さい傾向が出ている. さらに, Bartzらによる粒径の異なる二硫化モリブデンを鉱物油に分散させた場合の, 各すべり速度と荷重における摩耗痕径の関係[13]を図3.18に示す. 低速の場合では, 粒径が小さい場合でも大きい場合でも, 比較的高荷重まで摩耗の抑制効果は出ているが, 速度が上昇すると粒径の小さいほうがより摩耗の抑制効果が高いことを示している. 以上のデータだけを見ると二硫化モリブデンの粒径としては小さいほうが摩耗の抑制効果は高いようにも見える.

一方, シェル四球試験機では粒径の小さいものが良好であるのに対し, FZG歯車試験の結果では逆に粒径の大きいものの方が, 歯面の摩耗は少ないことを示した (図3.19)[13]. Bartzらによれば, これらの結果は両試験機での摩擦面の表面粗さの違いであり, 潤滑上それに適した粒径は異なるとしている.

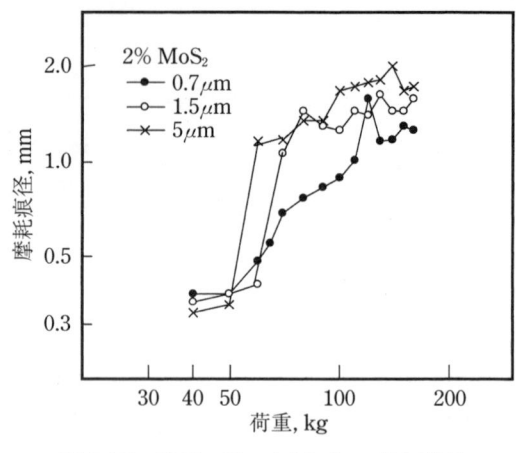

図3.17 摩耗に及ぼす MoS_2 の粒径効果

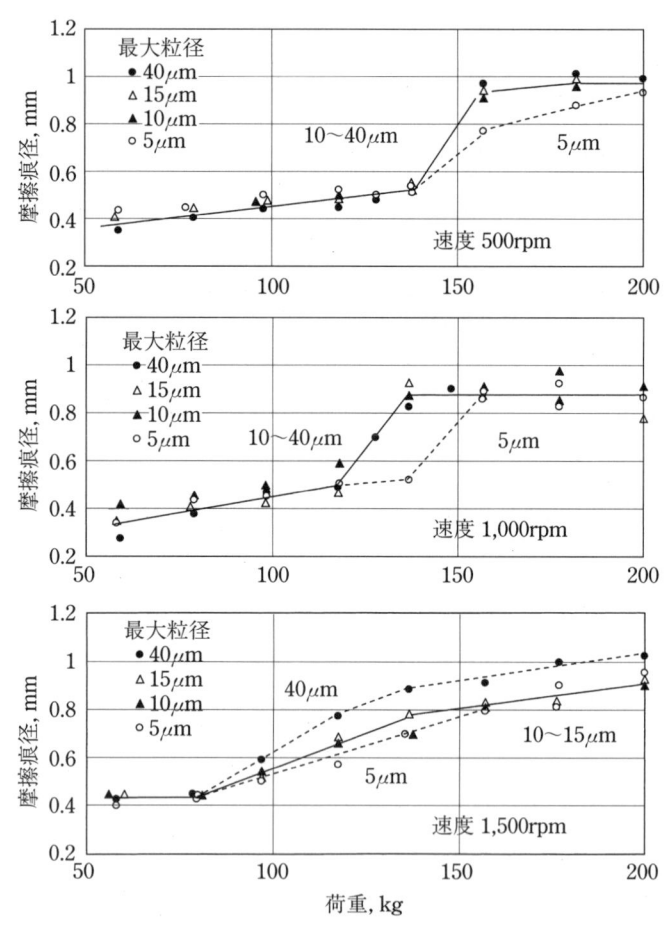

図3.18 粒径の異なる MoS_2 分散液を使用した場合の荷重と摩耗の関係

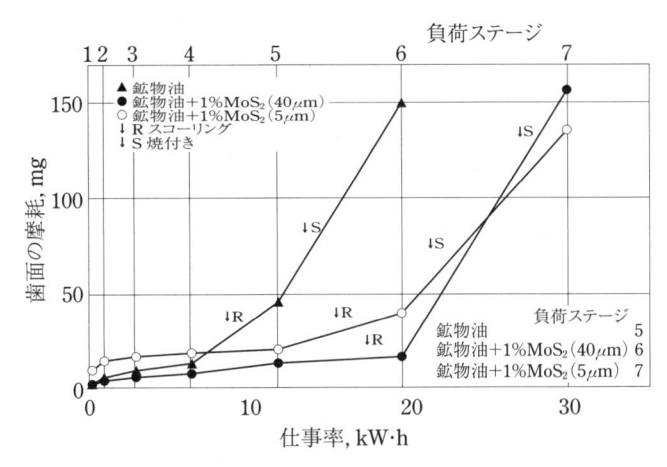

図 3.19　MoS$_2$ の粒径と歯面の摩耗（FZG 歯車試験機）

(c) 表面粗さの影響

前述のように Bartz らが表面粗さの影響を示唆しているが，Cusano ら[14]は点接触と線接触が可能なリングオンブロック（ボール）タイプの試験機を用い，各表面粗さ（ランダム・アキシャル・サーカムヘンシャル）での各種粒径の二硫化モリブデン，グラファイトの各種粒径の分散体での摩擦・摩耗を評価している．その結果，二硫化モリブデンの添加量1％では，摩擦・摩耗ともに表面粗さが小さい場合よりも，粗い場合の方が低くなる傾向を示した．なお，二硫化モリブデンの粒径によって摩擦・摩耗が最も低くなる表面粗さは異なっている．

(d) 他成分（極圧添加剤・清浄分散剤）の影響

各種極圧添加剤との併用に関しては多くの報告がある．W. J. Brats によれば塩素-硫黄系極圧添加剤との併用では，極圧膜の方が支配的で二硫化モリブデンの効果は現れない．また清浄分散剤の併用により，二硫化モリブデンは効果を示すものの弱められる[15]．これは，清浄分散剤が二硫化モリブデンを分散させ，摩擦面への付着を抑えるためと考えられている．また Thorp は[16]シェル四球試験において，ZnDTP と二硫化モリブデンの併用で初期焼付き荷重が高くなることを見出した．これは，摩擦面に付着する ZnDTP の分解物に二硫化モリブデンが効果的に付着しているためと考えられている．さらに，Scott は四球式の疲労試験機を用いて数種の固体潤滑剤と添加剤の組合せ検討を行なっている[17]．その結果では，基油の種類によっても効果は異なり，酸性界面活性剤では若干添加効果を阻害し，塩基性界面活性剤は相乗効果を発揮する．これらの結果すべてが，油分散の固体潤滑剤の性能はその分散性と摩擦面での付着性が支配的であることを示唆している．

(3) 使用限界と問題点

固体潤滑剤含有のオイル状製品の使用限界は，分散安定性と密接に関連する．固体潤滑剤含有製品は使用中の劣化により沈降する．この残存した状態は浮遊率ともいえる．この浮遊率が50％を下回った場合は経験上交換を推奨している．もっとも，固体潤滑剤としての浮遊限界以上に全酸価の上昇や粘度変化の増大など潤滑油剤としての劣化が進行している場合は交換となる．

使用限界と油分散型の固体潤滑剤製品の問題点には，劣化に伴う分散性の低下もあるが異種物質の混入による分散性の劣化もある．グリコールなどの一種の界面活性剤ともいえる成分は分散性に悪影響を及ぼす．また水分などの混入により凝集が進行する例もある．

また，実用上の問題として固体潤滑剤を高濃度で配合した潤滑油のための添加剤（「オイル添加剤」）製品の問題もある．本来鉱油での分散を前提とした製品である場合，他の合成油中では良好な

分散が維持されず沈降する例もある．たとえばポリα-オレフィンであればポリα-オレフィンでの分散を前提にした分散体が必要となる．

さらには，各種市販ギヤ油への添加もありうるが，前述のようにもともとのギヤ油に含まれている極圧添加剤の種類によっては，予想したような効果が発揮できない場合もある．

これまで述べてきたように，固体潤滑剤の油中分散は分散媒の影響，粒径の影響，他添加剤の影響，相手材の表面粗さの影響を受ける．それが問題の本質でもありそれぞれに応じた各種製品群が必要となる根本でもある．

3.3.2 グリースへの添加
(1) 概　要

二硫化モリブデンやグラファイト等の固体潤滑剤はグリースの添加剤としても広く実用化されている．1960年代は無機化合物の粉末，固体潤滑剤をグリースに充てん剤として使用していた[18]．一時的な衝撃荷重や耐熱用途でグリースの極圧性を補強することを意図していた．しかしながら，それらは細かい粒子が金属面の研磨剤として作用し，研磨作用が軽度では摩擦面を平滑化するが，過度になると摩耗増大でマイナスに作用することがわかり，より厳選されるようになった．主にグラファイト等が使用されていたが，徐々にその性能面での効果から二硫化モリブデンの使用が増加している．グリースへ固体潤滑剤が広く使用される理由の一つは，グリースが油と異なり微細粉から粗い粒子までのどんな粒径でも，固体潤滑剤の粉末を沈降させることなく比較的容易に分散できるからである．グリースのもつ長所の一つである．そのため，各種の固体潤滑剤が用途に応じて選定され使用されている．グリースに添加する添加量については，その効果を発揮するために，比較的添加量は多く使用される．したがって，固体潤滑剤のグリースへの使用量は総量としても多い．さらに近年は固体潤滑剤と他の添加剤との組合せ効果により，固体潤滑剤を添加したグリースの性能が格段に向上しており，等速ジョイント等の自動車用途での使用が増加している．

グリースに使用されている粉末原料は幅広い．基本は潤滑の目的で供給する固体物質を固体潤滑剤として取り上げるが，中には他の目的のものも含まれる．固体潤滑剤側からグリースを見ると，グリースは摩擦表面に次々と固体潤滑剤を供給する役割をもつ媒体といえる．

(2) 二硫化モリブデンの添加

代表的な固体潤滑剤である二硫化モリブデンのグリースへの基礎的な添加効果は，1960年代から主とし

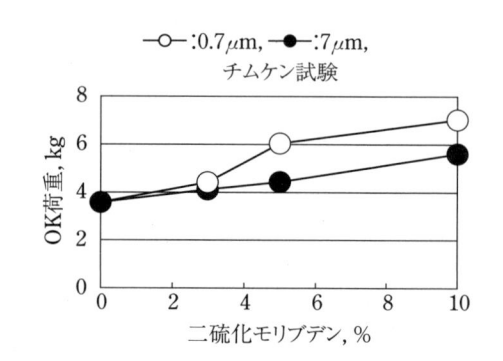

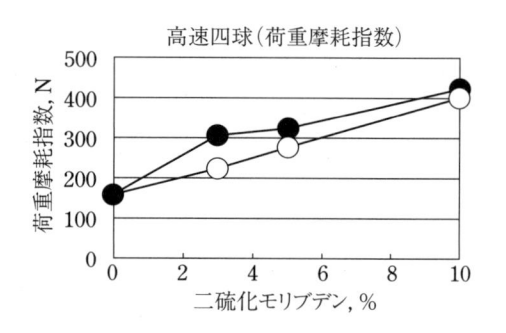

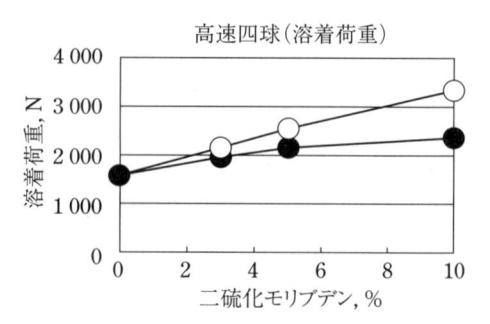

図 3.20　粒径の異なる MoS_2 添加グリースの潤滑効果

3. 固体潤滑法

表 3.6 各種グリースに対する MoS_2 の添加効果ならびに粒径効果

増ちょう剤	MoS_2, wt%	チムケン OK荷重, kgf MoS_2 0.7 μm	7 μm	ファレックス 焼付き荷重, kN MoS_2 0.7 μm	7 μm	高速四球 荷重摩耗指数, N MoS_2 0.7 μm	7 μm	溶着荷重, N MoS_2 0.7 μm	7 μm
リチウムセッケン	0	3.17		2.1		184		1530	
	1	3.17	4.08	3.0	3.1	203	239	1961	1530
	3	2.27	4.08	4.4	2.8	374	358	2452	1961
	10	4.99	3.17	5.5	5.6	470	412	3099	3099
リチウムセッケン＋EP剤	0	3.17		2.0		290		2452	
	1	4.08	2.27	2.8	2.5	255	291	1236	1961
	3	4.08	4.08	4.0	3.0	366	291	2452	1961
	10	7.26	4.99	4.7	4.3	584	463	4903	3099
12-ヒドロキシステアリン酸リチウム	0	3.17		2.2		179		1530	
	1	4.08	2.72	2.8	2.7	204	331	1961	2452
	3	2.72	3.17	3.3	3.6	263	275	2452	1961
	10	4.08	4.08	7.7	5.9	591	494	4903	3923
12-ヒドロキシステアリン酸リチウム＋EP剤	0	9.98		5.1		616		6178	
	1	10.4	9.52	5.8	5.3	632	687	6178	6178
	3	10.4	10.4	6.2	5.9	841	752	6178	4903
	10	10.4	10.4	7.4	6.4	890	888	6178	6178
カルシウムコンプレックス	0	13.2		4.8		539		3923	
	1	12.2	14.1	5.8	7.1	687	592	3923	3923
	3	11.4	13.2	5.9	7.6	629	752	7845	4903
	10	11.4	12.2	7.7	9.2	789	753	6178	7845
カルシウムセッケン	0	4.54		5.8		262		1961	
	1	3.63	4.99	5.3	5.3	305	311	2452	1961
	3	8.62	5.90	5.6	6.2	395	271	2452	1961
	10	3.17	6.80	7.0	7.1	607	459	3923	3099
バリウムセッケン	0	3.17		0.9		259		2452	
	1	3.17	3.17	1.3	1.5	262	262	2452	1961
	3	3.63	4.54	1.8	2.2	423	357	3099	3099
	10	3.17	5.90	3.0	4.3	559	576	6178	4903
白土（クレイ）	0	0.45		4.2		359		1530	
	1	1.36	2.72	3.7	4.0	516	459	1961	1961
	3	0.45	2.27	4.9	4.2	759	628	2452	2452
	10	1.36	2.27	4.2	4.2	735	824	2452	3923
アルミコンプレックス	0	3.17		4.2		375		3099	
	1	4.08	2.27	5.0	5.0	567	431	3923	3099
	3	2.72	2.72	4.3	5.5	570	635	4903	4903
	10	3.17	4.08	6.2	5.8	793	580	3923	3099

て二硫化モリブデン添加剤メーカーの研究報告[19〜23)]に見ることができる．グリースの増ちょう剤の種類，二硫化モリブデンの粒径，添加量，また評価する試験方法によりそれぞれ効果は異なることがわかる．実用では使用用途に応じて選定されている．

　リスドン（Risdon）ら[19)]は増ちょう剤や極圧添加剤を各種組み合わせた市販のグリース40数種類に0.7 μmと7 μmの平均粒径をもつ二硫化モリブデンを0〜10 wt%加え，各種試験機を用いて摩擦試験を行った．その結果のいくつかの例を表3.6に示すが，7 μmより，0.7 μmのものを使用した場

合が良好な結果を示したケースが多かったと報告している．また，Barry[20]が示しているように，リチウムマルチパーパスグリースに0.7 μmと7 μmの平均粒径をもつ二硫化モリブデンを0〜10 wt％添加して，4種類の摩擦試験機で評価したところ，試験方法の違いにより異なった傾向が示された．結果の一例を図3.20に示す．0.7 μmの粒径の方が良好なのは，高速四球試験での溶着荷重，チムケン試験でのOK荷重であり，高速四球試験での荷重摩耗指数は，7 μmの二硫化モリブデンが良好であった．試験方法や試験条件の違いで効果が異なることがわかる．使用用途を明確にすることが大切で

表3.7 増ちょう剤の異なるグリースにMoS₂を添加した場合の玉軸受寿命

増ちょう剤	MoS_2 0.7 μm, wt%	軸受寿命, h
Baセッケン	0	25
	3	95
白土（クレイ）	0	310
	3	470
Caコンプレックス	0	120
	3	230
Naセッケン	0	210
	3	260
Caセッケン	0	80
	3	40

表3.8 MoS₂入りグリースと他の添加剤との組合せ効果

増ちょう剤	組成	高速四球試験	
		荷重摩耗指数, N	溶着荷重, N
白土（クレイ） 添加剤A： 　非硫黄モリブデン複合添加剤 添加剤E： 　有機Zn-S-P化合物	ベースグリース	257	1346
	ベースグリース＋ MoS_2 3 wt％	437	1961
	ベースグリース＋ 添加剤A 3 wt％	198	1346
	ベースグリース＋ MoS_2 1.5 wt％＋ 添加剤A 1.5 wt％	408	2452
	ベースグリース＋ 添加剤E 5 wt％	435	1961
	ベースグリース＋ MoS_2 1.5 wt％＋ 添加剤E 2.5 wt％	439	2452
リチウム複合セッケン 添加剤B： 　モリブデンジチオカーバメート 添加剤C： 　無灰ジチオカーバメート	ベースグリース	119	1569
	ベースグリース＋ MoS_2 3 wt％	406	3089
	ベースグリース＋ 添加剤B 3 wt％	176	1961
	ベースグリース＋ MoS_2 1.5 wt％＋ 添加剤B 1.5 wt％	385	3089
	ベースグリース＋ 添加剤C 5 wt％	213	1961
	ベースグリース＋ MoS_2 1.5 wt％＋ 添加剤C 1.5 wt％	361	2452

軸受寿命（ASTM D1741）に対する二硫化モリブデンの添加効果として，Risdonら[21]は平均粒径 0.7 μm の二硫化モリブデンを 3 wt% 添加し，グリースの増ちょう剤別の軸受寿命試験を実施した．カルシウムセッケンでは添加により寿命が低下するが他の増ちょう剤ではむしろ寿命が向上している（表3.7）．

これら過去のデータ以外に，最近の基礎データとして，二硫化モリブデン入りグリースと他の極圧添加剤との組合せについて，四球 EP 試験，ファレックス試験，四球摩耗試験等，Risdon[22]の報告がある．増ちょう剤の種類により同じ添加剤の組合せでも効果が異なり，二硫化モリブデン入りクレイ（粘土）グリースには非硫黄有機モリブデン複合添加剤，有機 Zn-S-P 化合物との組合せに相乗効果がある．二硫化モリブデン入りリチウム複合セッケンでは，モリブデンジチオカーバメート，無灰ジチオカーバメートとの組合せに相乗効果が見られた．結果の一例を表3.8に示す．

その他，固体潤滑剤の使用に当たり，注意すべき点は粉体の粒径について，平均粒径が同じ場合でも粒径が大きいものの混入率を考慮する必要がある．何故なら，潤滑部への導入性への影響が考えられるからである．

表3.9　増ちょう剤や基油の異なるグリースに MoS_2 を添加した場合の酸化安定性

基油	増ちょう剤	100時間後圧力降下, kPa	
		無添加	3% MoS_2
	Li-12-ヒドロキシステアレート		
パラフィン	10%	26	11
	12%	32	11
	14%	69	15
ナフテン	8%	117	26
	10%	272	28
	12%	276	48
	白土（クレイ）		
パラフィン	10%	621	531
	12%	579	434
	14%	621	565
ナフテン	8%	424	372
	10%	476	441
	12%	447	462
	Caコンプレックス		
パラフィン	18.0%	9	213
	19.3%	12	427
	20.4%	10	88
ナフテン	17.0%	496	607
	20.4%	396	572
	25.0%	479	631
	Baセッケン		
パラフィン	30.0%	19	17
	32.4%	15	19
	34.0%	19	17
ナフテン	23.0%	121	448
	25.0%	214	427
	27.0%	178	409

グリースへの二硫化モリブデンの添加は潤滑性能の向上が期待できるが，二硫化モリブデンが天然鉱石であり酸化するという点から，ネガとして考えられるのは酸化防止性への影響である．Vukasovich[23]は増ちょう剤の異なるグリースに二硫化モリブデンを3 wt%添加し無添加品との比較で酸化防止性能を評価した（表3.9）．この結果ではLi-12-ヒドロキシステアレートを使用したグリースで酸化防止性能が顕著に向上し，逆にCaコンプレックスグリースでは酸化が促進されたと報告している．ただし，実用面では酸化防止剤等の他の添加剤使用で二硫化モリブデン入りグリースの酸化防止性能が問題となることはない．

（3） 自動車用グリースへの添加

自動車用等速ジョイントに使用されているグリースは自動車の中で最も使用量が多い．これらのグリースは二硫化モリブデンや有機モリブデンという粉体原料も広く使用されている．等速ジョイントは近年の燃費向上，居住空間確保の観点で前輪駆動化の傾向，さらに四輪駆動車の増加により，広く使用されている，終減速機と車輪との間に設けられた動力伝達軸である．等速ジョイントはその機構上複雑な転がりとすべり運動が生じ，潤滑上厳しい環境であり，フレーキング（はく離）防止，摩耗防止，焼付き防止等の各種性能が求められる．さらに自動車の高性能化，さらなる軽量化でますます要求性能は高くなっている．そのため，増ちょう剤として摩耗防止性能に優れたウレア化合物と二硫化モリブデンや有機モリブデンを主体とし，さらに他の添加剤を組み合わせたグリースが使用されるようになっている．

畠山[24]の報告ではウレアグリースに種々の固体潤滑剤を添加し，ラボによる摩擦係数評価試験と実ジョイントによる振動評価試験で，二硫化モリブデンや他の添加剤よりも有機モリブデンが摩擦を低減し，さらに有機モリブデンと有機亜鉛化合物との組合せが等速ジョイントに起因する自動車の振動低減性能を改善することが報告されている（表3.10）．小倉[25]は，モリブデン化合物はPRTR

表3.10 CVJ実用性能とSRV摩擦係数

	SRVニードル試験 上段：摩擦係数 下段：プレート温度℃	軸力測定試験 軸力変化率，%
ベースグリース（ウレア系）	0.067 67	±0（基準）
ベースグリース＋MoDTC （平均粒径2μm）2 wt%	0.032 58	−25
ベースグリース＋MoS_2 （平均粒径0.7μm）2 wt%	0.064 66	未測定
ベースグリース＋PTFE （平均粒径5μm）2 wt%	0.070 65	未測定
ベースグリース＋グラファイト （平均粒径10μm）2 wt%	0.069 64	未測定
ベースグリース＋ZnDTP 1 wt%	0.070 69	−19
ベースグリース＋MoDTC 2 wt%＋ZnDTP 1 wt%	0.027 54	−45
従来CVJグリース	0.069 74	−9

法の対象物質ということから，モリブデン含有量の多い二硫化モリブデンから含有量の少ない有機モリブデンへの代替の考えを提示している．さらに，ジョイント内各部のフレーキング現象を防ぐため，MCA（メラミンシアヌレート）やh-BN（窒化ホウ素）固体潤滑剤を添加し，フレーキング寿命が向上されると報告している（図3.21）．グラファイトは定常時の摩擦係数が高くなることからフレーキング寿命は向上しない．一方，亜硝酸ソーダという添加剤はフレーキング寿命に効果があると報告している．

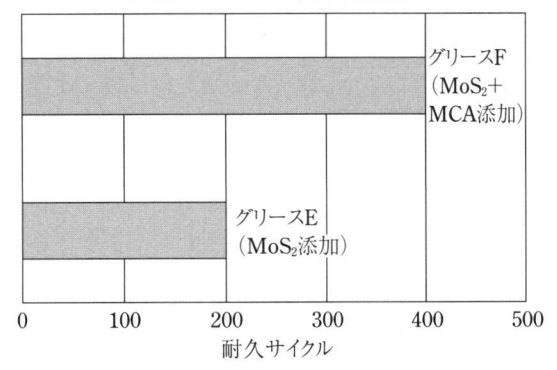

図3.21 MCAのフレーキング寿命向上効果

この分野では二硫化モリブデンや有機モリブデンと他の添加剤の組合せ技術が数多く検討されているが，現状モリブデン化合物に代わる固体潤滑剤は出ていない．今後もモリブデン化合物を主体とした高機能グリースの使用が予想される[26]．

（4）その他固体潤滑剤のグリースへの添加

二硫化モリブデン以外に広く実用化されている固体潤滑剤としてグラファイトが挙げられる．グラファイトは粒径，灰分等によって多くの種類があり，それぞれ摩耗防止性等に性能差がある[27,28]他，特に乾燥状態では摩擦係数も高く二硫化モリブデンと同様の効果は発揮しにくい．これはグラファイトが単一物質であり表面に極性をもつことができないからであり，グラファイトの表面に薄膜の特殊処理をもたせたポーラライズドグラファイトにより二硫化モリブデンと同等以上の効果があると報告されている[29,30]．

カーボンブラックをグリースに添加した場合の効果については，たとえば本来絶縁物であるグリースに導電付与剤として知られるカーボンブラックを添加した導電性グリースがある[31]．導電性グリースは主として帯電防止に使用され，潤滑領域は流体潤滑領域である．良好な導電性を有する基油の使用が考えられるが，カーボンブラックを添加すると基油の種類によらず導電性の向上が認められる．さらにカーボンブラックは粒径がきわめて小さく増粘性があるため，グリースの増ちょう剤としても使用される．

PTFEは固体潤滑剤であるが，フッ素油系のグリースの増ちょう剤としても有効であり，使用するPTFEは分子量が2,000～50,000のテロマーが良いとされる．1,000,000以上の分子量の樹脂粉末も使用される[32]．基油としてポリフロオロアルキルポリエーテル（PFAE）と組み合わせて耐熱用グリースとして使用できる．また，PTFEは鋼と鋼の潤滑よりも樹脂と鋼や樹脂と樹脂の潤滑に適している．自動車部品やAV・OA機器の樹脂部品に使用されている[33]．また，PTFEの粒径の違いによる摩耗特性についても報告されている[34]．金属表面と反応して潤滑膜を形成する液体極圧添加剤では樹脂への潤滑には効果はなく，また樹脂に浸透し樹脂の性能低下の懸念がある．

特殊な固体潤滑剤としてリン酸塩ガラスを使用したグリースが報告されている[35]．リン酸塩ガラスは比較的安価な白色ないし灰白色粉体であり，二硫化モリブデンやグラファイトのような黒い粉体入りグリースは作業環境を汚染することから，建設機械等の用途では環境を汚染しない極圧グリースが求められている．少量の添加でかなり高い耐荷重能を示し実用化されている．リチウムセッケングリースに2 wt%の添加で，高速四球試験での焼付き荷重は7,845Nを超える．潤滑効果はリン酸塩ガラスが熱や圧力により溶融することによると考えられる．

グリースへの固体潤滑剤の効果では，最近銅化合物の添加が軸受寿命を延長することがわかった[36〜38]．固体潤滑剤のグリースの軸受潤滑寿命への影響について，共同研究の報告がある．鉱油をステアリン酸リチウムセッケンで増ちょうしたグリースに，銅粉，銀粉，二硫化モリブデン，PTFE をそれぞれ添加し，種々の軸受寿命試験を実施，結果は銅を添加したものが寿命向上に効果があるとわかった．さらにナフテン酸銅，ステアリン酸銅，カルバミン酸銅の有機銅系化合物も長寿命であり，これは有機銅そのものが酸化防止剤として作用するためと考えられる．銅化合物は酸化を促進するはずという固定概念とは異なる結果であり興味深い．

グリース潤滑には広く二硫化モリブデンが使用されているが，それらを超えるものへの挑戦もされている．広中[39]によるパラフィン系鉱油ベースのリチウムステアレートグリースに，遷移金属ジカルコゲナイドのインターカレーション化合物 $Nb_{1+x}S_2$ を 3 wt% 添加したときのファレックステストでは，NbS_2 は MoS_2 より焼付き荷重が劣るが，$Nb_{1+x}S_2$ は同等以上の極圧性を示したと報告している．

これまでに示したデータは一例である．いつでもこれらの傾向が現れるというものではない．使用条件から適切な固体潤滑剤入りグリースの適用を考慮することが必要である．

参考文献

1) G. J. C. Vineall : British Power Eng., June (1961).
2) Temple C .Patton (植木憲二 監訳) : 塗料の流動と顔料分散，共立出版.
3) E. W. Washburn : Phys. Review, 7 (1921) 273.
4) E. G. W. Verway, J. Th. G. Overbeek : Theory of the Stability of Lypophobic Colloids Elsevier Pub. Co (1948).
5) L. A. Romo : J. Phys. Chem., 67 (1963) 386.
6) S. Asakura and F. Osawa : J. Chem. Phys., 22 (1954) 1255.
7) A. J. Groszek : Proc. Roy. Soc., A314 (1970) 473.
8) A. J. Groszek and R.E. Witheride : ASLE Trans., 14, 4 (1971) 254.
9) G. I. Andrews, A.J. Groszek and T.N. Hairs : ASLE Trans., 15, 3 (1972) 184.
10) E. R. Braithwaite : Sol. Lub., 18, 5, May (1965) 17.
11) A. L. Black and R.W. Dunster : Wear, 13 (1969) 119.
12) A. J. Stock : Lub. Eng., 22, 4 (1966) 146.
13) W. J. Bartz : ASLE Trans., 15 (1972) 207
14) C. Cusano, P. R. Goglia and H. E. Sliney : ASLE Trans., 27, 3 (1983) 227.
15) W. J. Barts : Wear, 17 (1971) 421.
16) J. M. Thorp : Wear, 23 (1973) 63.
17) D. Scott : Wear, 21 (1972) 155.
18) 岩佐 孜 : グリースの添加剤, 潤滑, 8, 4 (1963) 9.
19) T. J. Risdon and D. J. Sargent : Comparison of Commercially Available Grease with and without Molybdenum Disulfide, NLGI Spokesman, June (1969) 82.
20) H. F. Barry and J. P. Binkelman : Evaluation of Molybdenum Disulfide in Lubricating Greases, NLGI Spokesman, May (1966) 45.
21) T. J. Risdon and J. P. Binkelman : Oxidation Stability and Antifriction Bearing Performance of Lubricants Containing Molybdenum Disulfide, NLGI Spokesman, July (1968) 115.

22) T. J. Risdon : EP Additive Response in Grease Containing MoS$_2$, 63, 8 (1999) 10.
23) M. S. Vukasovich and W. D. Kelly : The Performance of Some Model Greases with and without MoS$_2$ Addition, June (1972) 90.
24) 畠山　康・酒井健次：グリース，潤滑油における固体潤滑剤の効果，トライボロジスト，36, 2 (1991) 42.
25) 小倉尚宏：自動車用グリースの最新技術動向，トライボロジスト，47, 1 (2002) 28.
26) 小原美香：自動車用等速ジョイントに使用されるグリースへの期待と要望，潤滑経済，No. 6 (2002) 21.
27) A. V. Tamashausky : The Effect of Graphite Type, Purity, and Concentration on the Performance of a Clay Filled Polyalphaolefin Grease, Based on Four Ball Wear with Coefficient of Friction, and Load Wear Index, 65, 12 (2002) 10.
28) A. Mistry and R. Bradbury : Investigation into the Effect of Molybdenum Disulfide and Graphite on the Load Carrying Capacity of a Grease, 66, 3 (2002) 25.
29) 筧　徹：ポーラライズドグラファイトの特性と用途，潤滑経済，No. 5 (2001) 12.
30) R. Holinski and M. Jungk : New Solid Lubricants as Additive for Greases – "Polarized Graphite", NLGI Spokesman, 64, 6 (2000) 23.
31) 遠藤敏明：通電場に使用される潤滑グリース，トライボロジスト，41, 7 (1996) 44.
32) 酒井和男：潤滑グリースの最近の動向，潤滑，19, 4 (1973) 10.
33) 坂本尚樹：耐樹脂性グリースの必要性能と展望，潤滑経済，No. 6 (2000) 5.
34) E. Ballenster, M. Sui and C. Fillion : Effect of PTFE Particle Size on Wear and Coefficient of Friction, NLGI Spokesman, 65, 6 (2001) 22.
35) T. Ogawa, H. Kimura, A. Kimura and M. Hayama : EP Property and Lubricating Mechanism of Phosphate Glass in Lubricating Grease, NLGI Spokesman, 62, 6 (1998) 28.
36) 混入異物のグリース寿命への影響に関する研究会：混入異物のグリース寿命への影響に関する共同研究報告，トライボロジスト，38, 12 (1993) 25.
37) 固体潤滑剤のグリース寿命への影響に関する研究会：固体潤滑剤のグリース寿命への影響に関する共同研究報告（第1報），トライボロジスト，41, 2 (1996) 33.
38) 固体潤滑剤のグリース寿命への影響に関する研究会：固体潤滑剤のグリース寿命への影響に関する共同研究報告（第2報），トライボロジスト，41, 3 (1996) 37.
39) 広中清一郎：インターカレーションと新固体潤滑剤の開発，トライボロジスト，37, 5 (1992) 15.

3.4 その他

3.4.1 イオン注入

イオンプラズマを用いた表面形成法において一般に粒子の入射エネルギーは，表面処理層の深さに関係し，基板との付着力に影響を与える．ここでは高エネルギービームを利用するイオン注入関連技術[1,2]を取り上げる．表3.11にイオン注入，イオンビームミキシングを分類し，そのトライボロジー特性改善効果を示す[2]．

（1）イオン注入

イオン注入はドープしたい元素をイオン化し，高エネルギーに加速して基板の極表面層に打ち込む技術であり[1]，処理層と基板材料との密着性，処理層の組成制御性等に優れている．イオン注入は半導体のドーピング技術としては不可欠の技術であり，半導体においては，きわめて微量の不純物でも顕著な物性の変化を示すのに対し，トライボロジーではこの程度の注入では有用な特性を示さ

表 3.11 イオン注入関連技術のトライボロジーへの応用

	対称ターゲット材料	注入イオン種	特徴, 効果
イオン注入	Fe, 鋼	← N, B, C	組成制御性がよい
		Ti + C	低温処理
	Al 合金	← B, N, Mo	密着力大
	Ti 合金	← N, B, C	低摩擦化
	超硬合金	← N, Co	低凝着化
	セラミックス	← O, N, Cr	耐食性向上
			耐摩耗性改善
イオンビームミキシング / 界面ミキシング	(薄膜形成後に照射)		処理層が深い
	Sn 真空蒸着膜	← N	厚膜の処理可能
	Mo 真空蒸着膜	← S	少量で効果あり
	Cr めっき	← N	密着力大
	WS_2 スパッタ膜	← Ar	
ダイナミックミキシング	MoS_2 スパッタ膜など	← Ar	低摩擦化
	(薄膜形成と同時に照射)		長寿命化
	B 真空蒸着	← N	
	Al 真空蒸着	← N	
	Ag イオンプレーティングなど	← Ar	

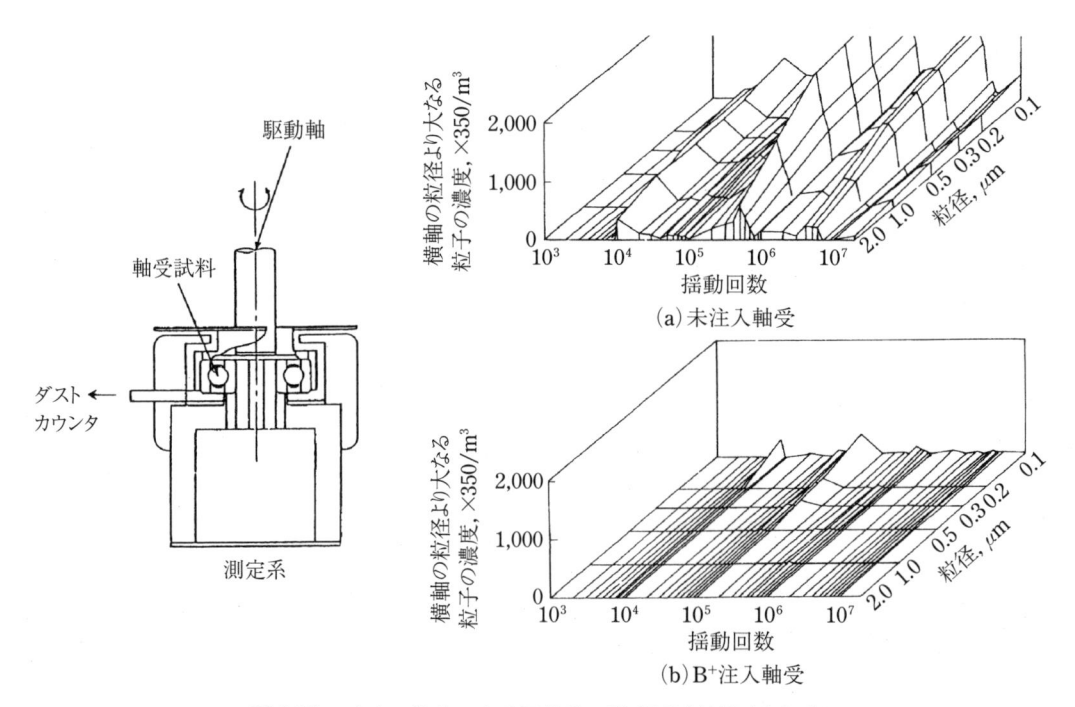

図 3.22 イオン注入による玉軸受の発塵低減効果 (大気中)

ないことがある．イオン注入層は通常のエネルギーでは1μm以下と比較的浅いが，たとえばB^+やN^+注入による鋼の凝着防止効果など[3,4]により，摩擦低減効果は得やすい．さらにシリコンへのN^+やC^+注入のように強化層を形成し摩擦耐久性も向上する[5]．しかし，最大せん断応力が作用する部分が深い場合，強化されたイオン注入層が効果的に作用せず除去されることがある[5]．また高温，高荷重条件で熱的拡散が生じる場合なども効果は少なくなる．

イオン注入した玉軸受の微小揺動特性としてイオン注入表面のフレッチング摩耗特性と発塵特性が検討されている．N^+注入とB^+注入により玉軸受の起動トルクは減少し，玉軸受の寿命が増大する[6,7]．たとえば，N^+注入により玉軸受の起動トルクは未注入に比して20％に減少し，軸受寿命は10^4から10^6に増大する．未注入軸受では，摩擦酸化によるFe酸化物の生成とその除去作用が繰り返し頻繁に生じ，この結果，摩耗は増加する．これに対し，N^+注入軸受の微小揺動においては，転動面に生成されたFe酸化物が揺動によっても排出されず，転動面に強く付着して，摩耗に対する保護膜として作用する．さらに，図3.22に示すようにイオン注入により，転動面の耐摩耗性が向上することに起因して玉軸受からの発塵が低減できる[7]．

（2）イオンビームミキシング

イオンビームミキシングはあらかじめ基板に形成した薄膜に，あるいは膜形成と同時にイオンを注入し，薄膜の合金や化合物を形成するとともに，薄膜と基板との合金化・化合物化を促進し，薄膜の密着性を飛躍的に向上させる方法である．少量のイオン注入で，大量注入と同等の効果が得られる[1,2]．イオンビームミキシングによるWS_2[8,9]などの固体潤滑寿命の改善効果が明らかにされている．適正条件で形成されたWS_2スパッタ膜に対して，不活性元素の高エネルギーイオン衝撃を行うことにより，WS_2膜の部分的な結晶化と，これに起因してWS_2膜の摩擦寿命の増大効果が得られる[8]．さらに質量数の異なる不活性元素をイオン照射し，WS_2膜の摩擦特性，結晶性に関するイオン種の効果が検討されている．WS_2膜の摩擦係数に関する，He^+，Ar^+，Kr^+およびXe^+の4種のイオン照射効果を図3.23に示す．未照射のWS_2スパッタ蒸着膜の摩擦係数と，イオン照射したWS_2膜の摩擦係数との比をドーズ量に対して示している[9]．質量数の小さいHe，Arのイオン照射は摩擦係数を減少させる．これに対して，質量数の大きいKr，Xeのイオン照射は摩擦係数を増加させる．イオン照射したWS_2薄膜のX線回折によると摩擦係数に関するイオン照射効果は，イオン照射による結晶性の変化に起因している．He^+とAr^+を照射した場合WS_2膜が部分的に結晶化し，潤滑性が向上する．これに対して，Kr^+照射されたWS_2膜においては，部分的な結晶化が観測されたものの，イオン照射による非晶質化により，平均的にはその結晶性が劣化したと考えられる．

薄膜形成とイオン注入を同時に行う方法も検討され，ダイナミックミキシングと呼ばれ，常温，常圧で熱平衡的に存在しない材料および界面混合層が形成されている．固体潤滑材料であるAgを取り上げ，イオンプレーティングと高エネルギーイオン衝撃を同時に行う薄膜形成法（Ion Beam Enhanced Deposition：IBED）とにより形成したAg膜の結晶性，薄膜/基板界面でのミ

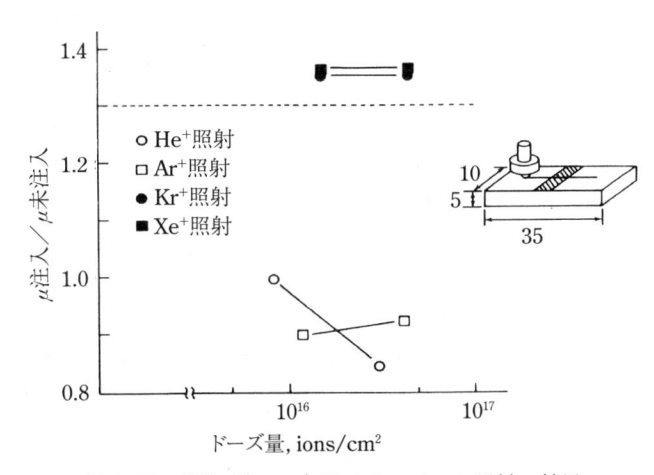

図3.23　WS_2膜への各種イオンビーム照射の効果

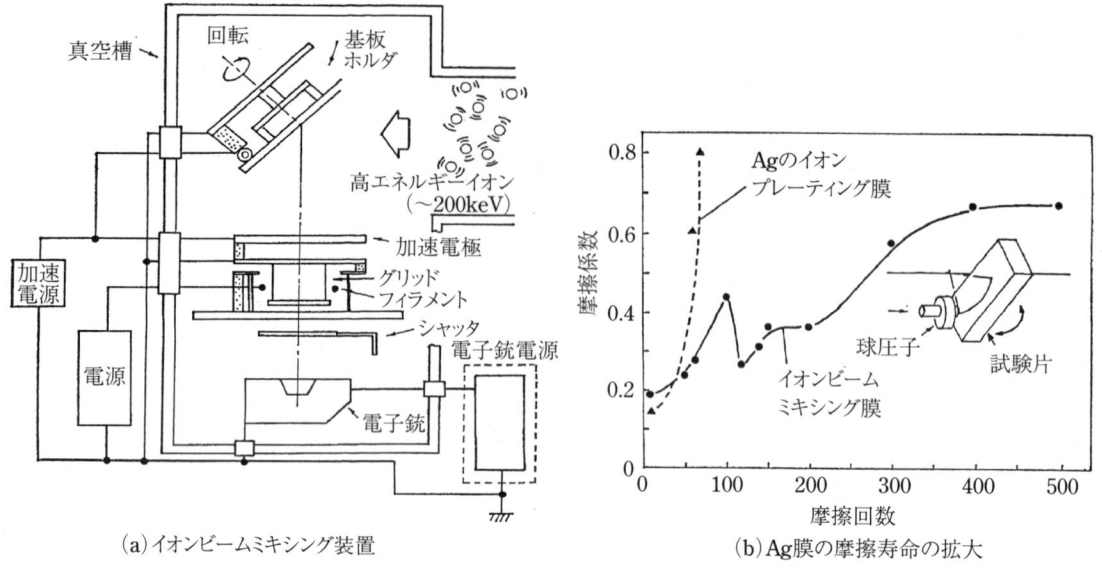

図3.24 イオンビームミキシング装置と銀膜のトライボロジー特性

(a) イオンビームミキシング装置
(b) Ag膜の摩擦寿命の拡大

キシング効果，摩擦特性に関する高エネルギーイオン衝撃効果が検討されている．結晶性については，イオンプレーティング中の高エネルギーArイオン衝撃は，Ag膜の結晶性を劣化させ，(111)面の配向性が消滅している．摩擦特性については，図3.24に示すように高エネルギーイオン衝撃と，焼鈍による薄膜/基板界面におけるミキシング層の拡大に起因して，Ag膜の摩擦寿命は増加する[10]．ミキシング層の拡大効果は，高エネルギーイオン衝撃による多量の結晶欠陥の生成に基づく，薄膜/基板界面における相互拡散の活性化に起因する．

硬質膜へのイオン注入も効果がある．一般にN^+注入によりダイヤモンド膜の摩擦係数は低減でき，摩擦耐久性を改善できる[11]．ダイヤモンド膜は高真空中で表面の吸着層がなくなり，高摩擦を示す．これに対してN^+注入すると超高真空中でも安定して低摩擦が得られる[12]．一方，ダイヤモンド圧子とのマイクロ摩耗試験では，未注入ダイヤモンドの摩耗は観察されないのに対してダイヤモンド膜にN^+注入すると，ダイヤモンドの結晶構造が破壊されることによりマイクロ摩耗が増大する[13]．N^+注入したダイヤモンド膜の極表層部の結晶性は劣化し，注入層が低せん断抵抗層として働き，低摩擦を示す．立方晶窒化ホウ素（c-BN）膜についてもN^+，C^+の二重注入によって付着力と膜特性を改善させ，トライボロジー特性を生かして，ドリル等の工具に応用されている[14]．

DLC膜についてもイオン注入の効果が得られる．たとえば下地との付着力を改善するためにイオンビームミキシング法が適用されている．微小スクラッチ試験機で評価した結果ではダイナミックやスタティックミキシングで形成したDLC膜は付着力が向上している[15]．また，ミキシング膜はイオンプレーティング膜より摩擦力の増加率が小さいなどの特性が得られている．転がり-すべり試験装置で発塵特性が評価され，イオンプレーティングで形成した膜に比べ，窒素注入してイオンビームミキシングで形成した膜は，摩耗発塵を低減できる[16]．イオン注入における窒素の添加効果は元素依存性の他に高エネルギーイオン注入におけるダメージ形成，ミキシング効果などが複合して生じている．

ボロン添加DLC膜[17] 窒素添加DLC[18]ではイオン注入により，耐摩耗性および強度が低下する．ボロン添加DLC膜はDLC膜より硬さは高い値を示すが摩擦係数は大きく，摩擦部は脆性破壊を生

じやすい．図3.25はDLC，B-C膜についてのマイクロ摩耗特性に及ぼすイオン注入の効果を示している．DLC膜に窒素イオンを注入すると，硬さおよび耐摩耗性は向上するが，B-C膜は逆にイオン注入によって硬さおよび耐摩耗性は劣化する傾向を示す．

イオン注入を応用した膜形成法としてPlasma Base Ion-Implantation（PBII）あるいはPlasma Source Ion-implantation（PSII）と呼ばれる三次元にイオン注入を行い，同時に膜を形成する手法が注目されている[19]．PBII法はガスをイオン化し，基板に高電圧パルスを印加，高エネルギーに加速して基板の極表面層に打ち込む技術である．一方向からのイオン注入を併用した膜形成法に比べて，立体形状に均一な薄膜を形成でき，プラズマ中からイオンを大量に引き出せることから，複雑な形状を有する軸受などに薄膜を形成することが可能である[20]．

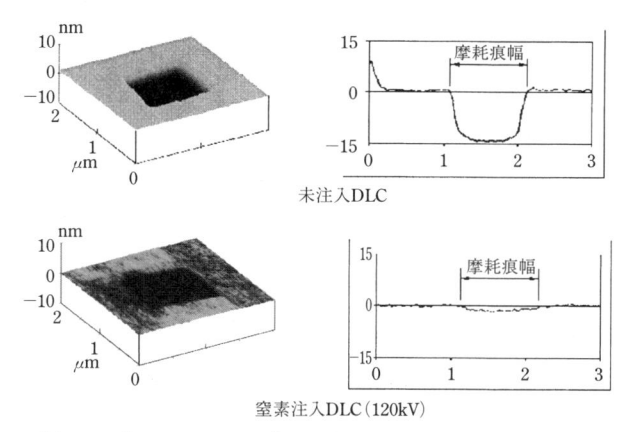

(a) DLC膜のマイクロ摩耗（AFMによるマイクロ摩耗，荷重:30μm）

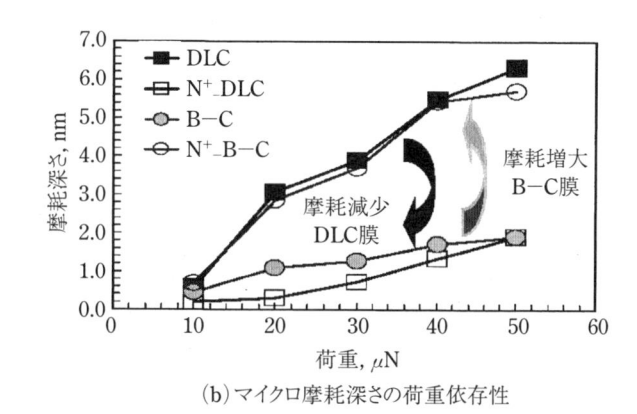

(b) マイクロ摩耗深さの荷重依存性

図3.25 DLC膜とB-C膜のN⁺注入によるマクロ摩耗の変化

PBII法および高エネルギーイオン注入を併用したイオンアシスト蒸着法（Ion Beam Enhanced Deposition：IBED）の一種である，ダイナミックミキシング法およびスタティックミキシング法により形成したDLC膜が比較検討されている．PBII法ではパルス電圧を増大することでスクラッチ試験における膜の限界荷重，すなわち付着強度が増大する．さらにIBED法の120 kVでのミキシングDLCとPBII法によりパルス電圧－5～－20 kVで形成したDLC膜は同程度の付着力が得られている．

3.4.2 インピンジメント

インピンジメント（Impingement）は，適用性が非常に広範囲で，用途としては事実上無制限なことが特徴であるが，施工に特殊な手法を用いるため，一般への普及に未だの感は免れないが，その広い有効性について述べるとともに公開可能な範囲でのその施工方法の一種であるマイクロシールプロセス（Microseal Process）について述べる．

(1) 原理と施工方法

マイクロシールプロセスは，前述のように特殊な手法を用いて施工するが，気化性の無機バインダとミクロンサイズの潤滑剤微粒子を混合しながら秒速600フィート（秒速152 m）の速度で噴き出し金属表面の微細な加工凹凸部に堆積させ，極薄の潤滑被膜を形成する．

被膜形成後，通常は150℃，2時間の加熱で，被膜をより安定的に密着させることができる．しか

も，加熱温度および加熱時間は施工する下地金属の熱特性によって設定することができ，また，加熱不可能の場合は室温7日間で加熱の場合と同様の安定的密着性をもった被膜を得ることもできる．

また，この施工方法は自己制御機能を有し，処理される金属表面の加工形状，加工精度に関係なく，堆積した被膜が1.2〜2.5μmに到達するとそれ以上の被膜を形成しなくなる．

その被覆性はAir toolからの噴出の届く範囲には，常に一定に施工することができるので，特殊な機器や公差の設定をせずに，求める寸法までの仕上がりが可能である．

（2）被膜の物理的特性

インピンジメント被膜の物理的特性が表3.12である．

被膜の適合性は，①②③ともに蒸留水，MIL作動油，シリコーンフルード

その他，航空作動油，N_2O_4等々．

表3.12　インピンジメント被膜の物理的特性

潤滑成分	膜厚	使用温度範囲	
		（大気中）	（真空中）
①グラファイト系	< 0.0025 mm	−253〜1,093 ℃	1,400 ℃
②二硫化モリブデン系	< 0.0025 mm	−198〜 454 ℃	760 ℃
③二硫化タングステン系	< 0.0025 mm	−198〜 454 ℃	760 ℃

（3）用途とその適応分野

このプロセスの開発は，極限状態でも潤滑性能を損なわずに，作動可能な材料を要求する航空産業の要望に応ずる形で開発されたものである．

このプロセスの特徴は，いかなる部品にもごく薄い被膜での密着が可能なことである．しかしながら，高耐荷重能を必要とする部品には適さないが，次に列挙する分野での使用効果は絶大である．

航空宇宙産業：衛星部品，宇宙船，月面着陸船，ミサイルシステム，コンポーネント，燃料補給
　　　システム，軍用民間航空機の空圧，油圧，噴射システム，ポンプ類，モータ等．

アルミ押出，ダイキャスト：アルミ押出機のスピードアップ，精度の向上．作業性の向上は25％
　　　〜50％にも及ぶ．

金型の消耗率が低減され，製品の品質向上に役立つ．

プラスティック射出成形機：離型剤として，多様な素材に適用できる．

3.4.3　ブラスト

ブラストとは圧縮空気を利用し，被処理材に粒子を噴射することで被処理材表面を目的の性状にする処理をいう．処理目的としては塗装，めっき，接着などの密着強度を上げるための下地処理，機械加工，プレス加工，射出成形部品などのバリ取り，ショットピーニング，酸化スケールや汚れを落とすクリーニング，美装用梨地処理などがよく知られている．ここでは一般に知られるブラストの手法を利用し，固体潤滑剤粒子を被処理材表面に噴射することで簡便かつ安価に固体潤滑被膜を創成する方法について述べる．

（1）噴射装置

図3.26は噴射装置の概略図である．一般的なブラスト装置の構成と同様であるが固体潤滑剤粒子は粒径が小さいため微粉対応の装置が必要になる．

微細粉を有効に使いたい場合，分級装置を2台直列に連結することで分級性能が向上する．また，

3. 固体潤滑法

内部の気流に特別な流れを付加することで分級性能を向上させることもできる.

(2) 噴射条件

固体潤滑剤被膜の品質に影響を与える噴射条件としては, 固体潤滑剤の粒径・比重, 噴射圧力, 噴射時間, 噴射ノズルと被処理材との距離, 噴射角度, 噴射ノズルの相対移動速度が挙げられる. 寿命の長い固体潤滑被膜を作製するためには最適な噴射条件があり, たとえば噴射圧力は高速空気流が得られる 0.8 MPa 以上が望ましく, 低圧での処理は薄く, 不均一な被膜となってしまう.

噴射時間は長めの方が良いが, ある程度の時間で膜厚は飽和するので被処理材ごとに適正処理時間があるものと思われる.

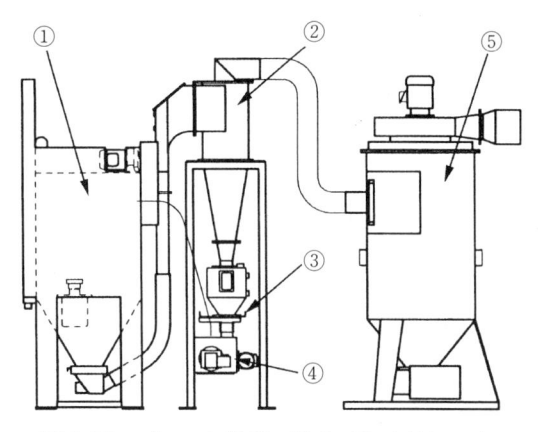

図 3.26 ブラスト装置の構成 (① 噴射加工室, ② 微粉分級装置, ③ 異物除去装置, ④ 定量供給装置, ⑤ 集塵装置)

噴射ノズルと被処理材との距離は 100 mm 以内が良く, 離れすぎると被膜生成に必要な衝突速度が得られなくなる. また被処理材が小さい場合, 有効に衝突する粒子数が減ってしまい必要以上に時間がかかってしまう場合がある.

被処理材の材質・形状や, 求められる固体潤滑剤被膜の性状により噴射条件は異なるので入念なテスト加工により最適条件を検討する必要がある.

(3) 固体潤滑粒子

代表的な固体潤滑剤粒子としては二硫化モリブデン, グラファイト, 六方晶窒化ホウ素 (hBN) が挙げられるが, その他にもスズ, 銀などの潤滑効果のある金属粒子も利用可能である.

被膜形成には, 高い衝突速度が必要なため空気噴流に乗りやすい $50\,\mu m$ 以下の微細粒子で, なおかつ吸湿性が少なく, 流動性の良い粒子が好ましい.

噴射加工に不適な粒子としては粉塵爆発のおそれがあるものや, 人体への影響があるものとなる. 安息角が大きく, 凝集性があり流動性の悪いものも噴射が安定せず不適である.

(4) ブラスト工法により生成された固体潤滑剤被膜の特徴

① 処理前後での寸法変化が非常に少ない.

ブラスト加工によって得られる固体潤滑剤被膜は $1\,\mu m$ 前後の薄い膜であるため, 被膜厚さを設計段階で考慮する必要がなく, 運転中のはく離現象もないため極端な寸法変化が発生しない.

② 加熱を必要としないので反りなどの変形がない.

常温, 大気圧中で処理するため被処理材が熱の影響で変形することがない.

③ 表面粗さの変化が少ない.

被処理材の表面粗さは噴射する粒子材質 (比重, 硬さ), 形状, 大きさ, また噴射圧力や噴射している時間などで変化するが, 固体潤滑剤粒子は微細で硬さの低いものが多いため被処理材を削食しないので表面粗さの変化は微小である.

④ 寿命が長い.

アルミニウムなどの融点が低い金属では固体潤滑剤粒子が高速で衝突することにより表層数 μm が軟化し, 固体潤滑剤粒子が被処理材内部へ浸透拡散する. そのため, 最表面が摩耗しても内部に存在する固体潤滑剤粒子が表面に現れしゅう動抵抗低減効果が持続する.

⑤ 産業廃棄物が出ない.

噴射に適さない大きさまで砕けた固体潤滑剤粒子は再利用が可能である．廃棄される物はノズルから噴射された空気だけであり，化学薬品や汚濁水など環境を害する物は排出されない．

(5) 実施例

自動車用エンジンのピストン[21]，コンプレッサ部品，ボールねじなどの精密部品のしゅう動部に利用しており，低燃費，省エネ，耐摩耗性の向上に効果を発揮している．また，小型精密モータの主軸[22]，軸受[23]金型[24]にも検討が始まっている．

(6) 複合処理

固体潤滑剤被膜を生成させる被処理材の下地処理として微粒子衝突表面改質法〔200 μm以下の微細な球形粒子を100 m/s以上の高速で被処理材に衝突させる表面処理方法（WPC処理®）〕を適用すると，被処理材表面に無方向性の微細なディンプルが生成されツールマークや，表面欠陥をなくすことができ油溜まりとして有効である．また，表層組織が緻密になり硬さが向上するため摩耗量も減少し，潤滑効果，耐摩耗性がより向上する．

3.4.4 メカノケミストリー生成膜

メカノケミストリー（mechanochemistry）では，機械的エネルギーによる物質の化学的・物理的変化が取り扱われ，その時に起こる化学反応をメカノケミカル反応（mechanchemical reaction）という．特に相対運動による機械的エネルギーによって摩擦面間に介在する物質（たとえば，潤滑油や添加剤）が化学的・物理的に変化をしたり，あるいは摩擦面と化学反応を起こす場合に，トライボ化学（ケミカル）反応（tribochemical reaction）が起こったという．トライボロジー分野ではこれらの反応を同義語として取り扱うことがある．摩擦面においてはトライボ化学反応によって反応生成物が生成される場合と，表面膜が形成される場合がある．前者ではフリクションポリマー（friction polymer）のように潤滑剤として作用する場合や，後者においては生成膜の摩耗やはく離による化学摩化の発生や極圧膜のように摩擦・摩耗の低減や耐荷重能の向上を与えるメカノメミストリー生成膜の形成がある．一般には潤滑油や添加剤は摩擦せん断下で，新生面の生成とその触媒作用やエキソエレクトロン放射，摩擦熱などによりトライボ化学反応を受けて，その生成物や生成膜が摩擦摩耗現象に大きく関与することが多い．

(1) メカノケミストリー（トライボケミストリー）

メカノケミカル反応は古くは19世紀末頃から研究されており，トライボケミストリーとしての現象は1930年前後のFinkら[25,26]による摩擦酸化によって確認されている．一方，フリクションポリマーの生成は有機化合物中におけるPtやPdなどの摩擦[27]によって確認されている．またFeinら[28]は，高荷重で，温度上昇が無視し得る低速度の鋼-鋼系の四球摩擦試験において，ベンゼンやシクロヘキサンが重合してフリクションポリマーを生成し，これが摩擦摩耗低減効果を発揮するとしている．BowdenとTaborによる著書[29]においては，摩擦や衝撃によって引き起こされる化学反応を摩擦化学（frictional chemistry）としている．

Heinicke[30]は，SiCやAl_2O_3などの粒子をFe，Cu，Niなどの金属表面に高速で衝突させた場合，エキソエレクトロンが放射されて，雰囲気ガスや液体は金属表面と反応することを研究している．たとえば，CuやNiとCO_2とにおいては，

$$2Cu + CO_2 \rightarrow 2CuO + C$$
$$2Ni + CO_2 \rightarrow 2NiO + C （または Ni_3C）$$

のように，炭酸ガス（CO_2）は還元されて，Cが析出する．

メカノケミストリーの詳細については，解説[31]や著書[32,33]を参考にされたい．

3. 固体潤滑法

(2) メカノケミストリー生成膜

一般に，境界潤滑下で潤滑油やこれに添加される摩擦軽減剤（油性剤），耐摩耗剤，極圧剤などと摩擦面との相互作用によって，摩擦面に形成される潤滑膜には，次のものがある．

① 油性膜．
② 物理吸着膜，化学吸着膜．
③ In-situ潤滑膜．
　ⓐ 摩擦面スポットにおける化学反応生成物（たとえば，フリクションポリマー）の形成．
　ⓑ 固体潤滑剤の生成．
④ 無機反応生成膜．
⑤ 固体潤滑剤の被膜．

メカノケミストリー生成膜に関する潤滑膜は③と④で，①は潤滑油自身の粘性による潤滑膜，②は潤滑油またはその添加剤の摩擦面への吸着によって形成される潤滑膜である．また⑤は二硫化モリブデンやグラファイトなどの固体潤滑剤によって摩擦面に被覆された潤滑膜である．

③ⓐの摩擦面でin-situに生成されるトライボケミカル反応生成物としてフリクションポリマー[28,34]は摩擦・摩耗を低減する場合が多い．③ⓑの例としては，モリブデンジアルキルカルバメートなどの有機モリブデン化合物は摩擦熱により分解して，摩擦面にMoS_2類似のメカノケミストリー被膜を形成し，この膜が極圧潤滑に寄与する[35]．

①や②の潤滑膜が機能しない極圧条件では，硫黄化合物，リン化合物，ハロゲン化合物（塩素系化合物はダイオキシン発生の問題で，塩素フリーの代替物が検討されている）などの極圧剤との無機反応生成膜④が重要となる[36〜47]．Godfrey[36]は，鋼の境界潤滑におけるTCP（トリクレジルホスフェート）の潤滑機構は鋼摩擦面に形成されるリン酸鉄のトライボケミストリー生成膜であることを明らかにしている．Allumら[37]は各種有機硫黄化合物のS-S結合やC-S結合の切れやすさと摩擦面に形成される硫化鉄被膜による極圧性の関係を明らかにしている．この結果は，一連の有機硫黄化合物の硫黄放出エネルギー[38]や高圧示差熱分析による鉄と有機硫黄化合物との反応温度[39]の検討結果から支持されている．また佐藤ら[40,41]は，各種硫黄系，リン系および塩素系極圧剤と鉄との反応性をホット-ワイヤ法による鉄細線表面に形成される被膜から調べ，これとシェル四球試験による耐荷重能によい直線関係を見出している．これらの潤滑性はいずれも摩擦表面と極圧剤とによるメカノ（トライボ）ケミストリー生成膜によるもので，一種の固体潤滑膜によるものといえる．またこれらの膜は極圧条件で形成されることをForbesら[42]やCoyら[43]は指摘している．たとえば，硫黄系極圧剤である二硫化物と摩擦鉄表面との反応では，軽荷重条件の耐摩耗領域では鉄メルカプチド被膜が耐摩耗性を発揮し，高荷重条件の極圧領域では硫化鉄被膜の形成が必要としている．

硫黄系，リン系および塩素系極圧剤の耐荷重能は，高温，高荷重など極圧条件における金属摩擦面とのメカノ（トライボ）ケミカル反応性に支配される．すなわち，摩擦表面に形成されるメカノケミストリー生成膜のせん断強さによって決定され，反応性の高いものほど，耐荷重能は大きい．しかし，この場合の注意点として，生成される膜の摩耗・はく離が律速となって著しい化学摩耗が引き起こされることがある．

以上の文献[36〜47]を総括して，硫黄系，リン系および塩素系極圧剤の特長として次のように整理される．

① 硫黄系極圧剤：形成される硫化鉄被膜は最も耐熱性を有し，約700℃の高温まで耐荷重能が期待される．しかし耐摩耗性は低い．
② リン系極圧剤：硫黄系よりも耐熱性は低い．耐摩耗性は高いが，耐荷重能は硫黄系よりも低い．

③塩素系極圧剤：リン系よりも耐熱性は低い．生成される塩化鉄は約350℃の低融点であるために耐荷重能は低い．

参考文献

1) 榎本祐嗣・三宅正二郎：薄膜トライボロジー，東京大学出版会 (1994).
2) 三宅正二郎：材料技術，8, 7 (1990) 232.
3) M. Hirano and S. Miyake : Appl. Phys. Lett., 52, 2 (1988) 1469.
4) M. Hirano and S. Miyake : Appl. Phys., 64, 11 (1988) 6241.
5) 三宅正二郎・秋山幸弘・宮本孝典・金子礼三：日本機械学会論文集 (C編)，61, 592 (1995) 4757.
6) M. Hirano and S. Miyake : Appl. Phys. Lett., 49 (1986) 779.
7) 平野元久・三宅正二郎・加藤梅子：トライボロジスト，34, 1 (1989) 58.
8) M. Hirano and S. Miyake : Appl. Phys. Lett., 47 (1985) 683.
9) M. Hirano and S. Miyake : Trans. ASME J. of Tribo., 110 (1988) 621.
10) M. Hirano and S. Miyake : Trans. ASME J. of Tribo., 110 (1988) 64.
11) 三宅正二郎・金　鐘得・渡部修一：トライボロジスト，44, 10 (1999).
12) R. L. C. Wu, K. Miyoshi, S. Miyake H. E. Jackson, A. G. Choo, A. L. Korenyi- Both, A. Garscadden and P. N. Barnes : Diamond Films and Technology 3, 1 (1993) 17.
13) S. Miyake, R. Kaneko and T. Miyamoto : Nuclear Inst. and Methods in Physics Research, B 108 (1996) 70.
14) S. Watanabe, S. Miyake and M. Murakawa : Surface and Coating Techonology, 62 (1993) 558-563.
15) S. Miyake, S. Watanabe, H. Miyazawa and M. Murakawa : Diamond Films and Techonology, 3, 3 (1994) 205.
16) 三宅正二郎・北野雅之・渡部修一・山元賢二：トライボロジスト，41, 5 (1996) 403.
17) 三宅正二郎・斉藤喬士・渡部修一・加納眞・保田芳輝・馬淵　豊：トライボロジスト，45, 6 (2000) 469.
18) S. Miyake, S. Watanabe, H. Miyazawa, M. Murakawa, R. Kaneko and T. Miyamoto : Nuclear Inst. and Methods in Physics Research, B122 (1997) 643.
19) J. R. Conrad, R. A. Radtke and F. J. Worzala : J. App. Phys, 62 (1987) 4591.
20) 斉藤喬士・三宅正二郎・渡部修一・諸貫正樹：表面技術，55, 9 (2004).
21) 荻原秀実：WPC処理を用いた内燃機関ピストン摺動部への固体潤滑剤付与技術とその効果，微粒子衝突表面改質研究会第4回技術講演会予稿集 (2001) 88.
22) 平山朋子・菱田典明・石田　尚・竹内健司：ステンレス材へのMoS_2微粒子噴射加工の適用とその効果，微粒子衝突表面改質研究会第6回技術講演会講演論文集 (2004) 47.
23) 梅田一徳・田中章浩・花田幸太郎・石渡正人・月田盛夫・豊田　泰：黒鉛高速噴射自己潤滑層のトライボロジー特性，トライボロジー会議予稿集，新潟 (2003-11) 473.
24) 梅田一徳・初鹿野寛一・花田幸太郎・田中章浩・松崎邦男・石渡正人・月田盛夫：黒鉛高速噴射SKD11とマグネシウム合金との摩擦および押出し試験結果，トライボロジー会議予稿集，鳥取 (2004-11) 545.
25) M. Fink : Eisenbahnwesens, 20 (1929) 84.
26) M. Fink and D. Hofman : Z. Metalkde, 3 (1932) 24.
27) H. W. Hermans and T. F. Eagan : Mell. Syst. Tech. J., 37 (1958) 739.
28) R. S. Fein and K. L. Kreuz : ASLE Trans., 8 (1965) 29.
29) F. P. Bowden and D. Tabor (曽田範宗訳)：固体の摩擦と潤滑，丸善 (1968) 301.

30) G. Heinicke : Schmiertechnik, 13 (1966) 81.
31) 桜井俊男：潤滑, 11, 1 (1966) 27.
32) 久保輝一郎：メカノケミストリー概論, 東京化学同人 (1978).
33) 久保輝一郎：有機物のメカノケミストリー, 総合技術出版 (1986).
34) M. J. Furey : Wear, 26 (1973) 369.
35) H. Isoyama and T. Sakurai : Tribology Intern., 7 (1974) 151.
36) D. Godfrey : ASLE Trans., 8 (1965) 1.
37) K .G. Allum and E. S. Forbes : ASLE Trans., 11 (1968) 162.
38) R. W. Mould, H. B. Silver and R. J. Syrett : Wear, 19 (1972) 67.
39) M. Kagami, M. Yagi, S. Hironaka and T. Sakurai : ASLE Trans., 24 (1981) 517.
40) T. Sakurai and K. Sato : ASLE Trans., 9 (1966) 77.
41) T. Sakurai and K. Sato : ASLE Trans., 13 (1970) 252.
42) E. S. Forbes and A. J. D. Reid : ASLE Trans., 16 (1972) 50.
43) R. C. Coy and T. F. J. Quinn : ASLE Trans., 18 (1974) 163.
44) 平田昌邦・渡辺治道：潤滑, 28, 8 (1983) 620.
45) 坂本　亨・H. Uetz・J. Föhl・築添　正：潤滑, 30, 3 (1985) 209.
46) 川村益彦・森谷浩司・江崎泰雄・藤田憲次：潤滑, 30, 9 (1985) 665.
47) 広中清一郎：材料技術, 3, 2 (1985) 69.

4. 固体潤滑剤各論

4.1 炭素系固体潤滑剤

4.1.1 黒鉛

黒鉛（グラファイト）は炭素の結晶体の一つで，大気中で良好な潤滑性を示す黒色の層状固体である．化学的に非常に安定なため，グリース，ペースト，油などへの添加，有機物や無機物をバインダとした乾燥被膜，プラスチックや金属あるいは無機物をベースとした自己潤滑性複合材などとして広く使用されている．

(1) 製造法

黒鉛には天然黒鉛と人造黒鉛の2種類がある．天然黒鉛は産出する粒子の大きさから，粒が大きく成長した鱗状黒鉛，比較的小さな粒の鱗片状黒鉛および粒径が非常に小さい土状黒鉛に分けられる．粉砕，精製後，用途により数μmから数100μmの粉末として実用に供される．一般に原料の粒径が大きいほど，純度と結晶性のよい粉末となる．

人造黒鉛は石油コークスを原料とし高温焼成による炭化および〜3,000℃における黒鉛化処理により製造される．原料の関係から天然黒鉛と比較して高純度のものが得られるとともに黒鉛化処理条件を変えることにより，硬度の異なるものが得られる．

(2) 結晶構造

黒鉛の炭素原子の最外殻には四つの不対電子が存在する．そのうちの三つがsp^2混成軌道を成し，同一平面内で120°間隔の3方向に結合手を出している．この結合はσ結合と呼ばれる非常に強いもので，炭素原子は六角形の網目を形成する．もう一つの不対電子がsp^2混成軌道の面に垂直な$2p_z$軌道に残っているが，この軌道は隣の$2p_z$軌道と側面で重なり合いπ電子結合を形成している．網目間はファンデルワールス結合と呼ばれる非常に弱い結合をしており，結晶構造は図4.1のような六角形の網目を底面（{0001}面）とする六方晶系である．

底面自体は高強度で，脆性的に破壊するが，底面間の結合が非常に弱いため底面間は容易にすべり変形するとともに容易にへき開する．そこで，黒鉛粒子は層状構造の概観を示し，一組のトランプに例えられる[1]．

図4.1では底面の炭素原子を1列おきに黒丸と白丸で表示してあるが，黒丸の原子で最密六方結晶格子を成す．白丸の原子も同様の最密六方結晶格子を成すので，黒丸と白丸の二つの最密六方結晶構造が重ね合わされた構造をしている．二つの面心立方格子が

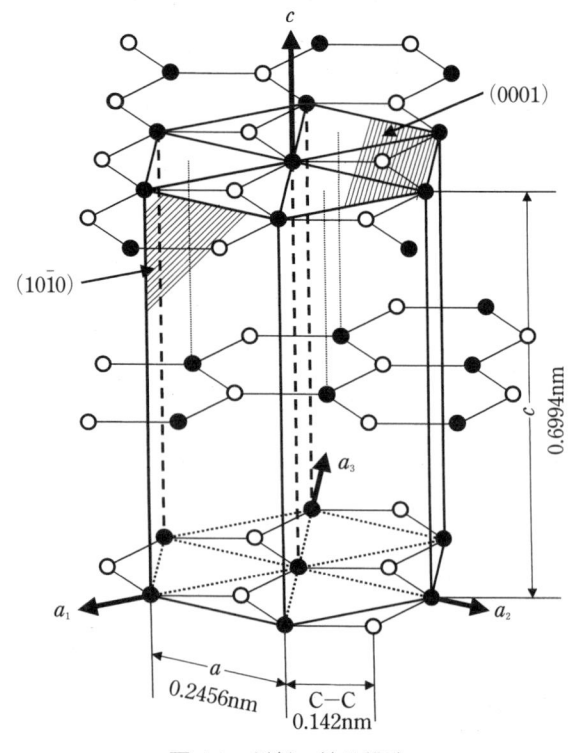

図4.1 黒鉛の結晶構造

重ね合わされたダイヤモンド構造と似ているが，黒鉛では二つの最密六方結晶の底面が同一平面上にある．そのため，単純な最密六方結晶構造と同様に底面が容易すべり面である．

また，π結合に関与する電子は，特定のC-C結合に束縛されることなく底面に平行な面内を動き回っており，外部からの作用に敏感である．これが良好な電気伝導性や熱伝導性の原因である．

（3）潤滑性

結晶性が良く[2]，高純度[2,3]のものが，アブレシブ性が少なく，低い摩擦係数を示すといわれている．固体潤滑剤として用いた場合は，黒い光沢のある潤滑膜が形成される場合に低摩擦を示す．このような潤滑膜の反射電子回折像によると潤滑膜内の黒鉛は高度に配向[4]している．また，透過電子顕微鏡で観察した結果[5]によると，摩擦の進行とともに黒鉛粒子が微細化している．

かき集めたトランプを2面間に挟み，荷重をかけてせん断するとすれば想像できる[1]ように，黒鉛を摩擦すると底面が摩擦面に平行になるよう容易に配向する．トランプとの類推から，配向した黒鉛の内部には図4.2のようなくさび状の欠陥[6]が存在すると考えられている．これは，大気中では水蒸気等の凝集場所[7]になり，真空中ではエッジ同士やエッジと底面が凝着[4]する場所となる．いずれもすべり抵抗の原因にもなるため，黒鉛の変形を複雑にしている．

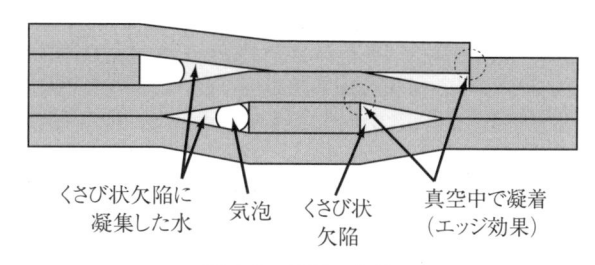

図4.2　黒鉛の欠陥

配向した黒鉛を摩擦すると，強度の高い底面で荷重を支えるので真実接触面積が小さくなる．一方，せん断されるのは強度の低い底面間であるため，ブロック状の黒鉛でも比較的低い摩擦係数が得られる．

流体潤滑や軟質金属薄膜固体潤滑のように，硬い材料間に薄膜を挟み，静水圧で荷重を支えるというような手続きを必要とせず低摩擦が得られるので，自己潤滑性材料と呼ばれる．

（4）潤滑機構

潤滑機構には底面間のすべりでせん断変形するという粒内すべり説[8]，粒子間がすべるという粒間すべり説[9]および薄紙を剥がすように表面の薄層を巻き取りながら転がるというカーリング説[10]がある．ただし，摩擦中の黒鉛は配向した微細な平板の集まりと考えられるため，粒内すべりと粒間すべりを区別するのは本質的に困難である．

また，黒鉛は真空中で潤滑性を示さないので，本来潤滑性のない物質であると考える説がある．大気中で潤滑性が現れるのは，吸着水による潤滑効果[9]，酸素などのインターカレーションによる層間結合力の低下[11]，へき開性の向上[12]あるいはレビンダー効果によるせん断強度の低下[13]などが原因であると考えられている．ただし，このような説では極微量のガスが吸着したことによる黒鉛の摩擦係数の大幅な低下[14]や真空中超高温での摩擦係数の低下[15]を説明

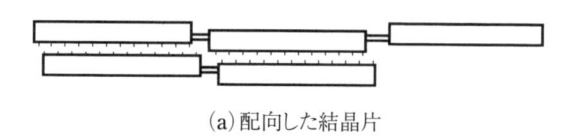

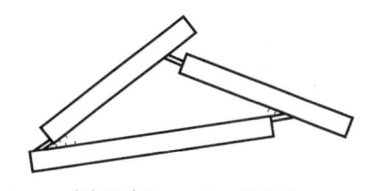

(a)配向した結晶片

(b)配向していない結晶片

━━ 強い結合，--- 弱い結合

図4.3　ガス出しされた黒鉛結晶片間の結合力を示す構造図〔出典：文献4)〕

できない．

逆に，吸着ガスの解離により層間の結合力が強くなるとしても微少であることから摩擦に影響するのは，図4.3のような吸着ガスが脱離したことによるエッジ同士あるいはエッジと底面との凝着である[4]とする説がある．これをエッジ効果[16]と呼ぶ．凝着すれば摩擦過程で高強度の底面を破壊しなければならないので，真空中の高摩擦や極微量のガス吸着による摩擦係数の大幅な低下など，多くの現象が説明できる．さらに，黒鉛の真空中の高摩擦がエッジ効果であるとすると，金属やセラミックスの真空中の高摩擦と同じ現象である．

（5）金属表面への付着性

黒鉛が良好な潤滑性を発揮するためには，摩擦面に付着する必要がある．ただし，黒鉛が使用される大気中では，摩擦面に形成された酸化膜が黒鉛の付着を妨げる．そこで，摩耗や炭素による酸化物還元作用などで摩擦面から酸化膜を取り除くことが必要である．

（a）炭化物生成反応と付着性

金属表面への黒鉛の付着性は，図4.4に示す炭化反応の標準自由エネルギー[17]に関係するといわれている[18]．Niのように標準自由エネルギーが大きな金属に対しては黒鉛が付着しにくく，CoやFeのように小さい金属には高温で付着する．ただし，摩擦面材料として広く用いられる遷移金属はストイキオメトリックな炭化物を形成しない場合が多く，そのような炭化物生成の自由エネルギーが求められていないので正確なことは不明である．

（b）炭素による酸化物の還元性

図4.5は気相の標準状態を1気圧とした場合の，酸化反応の標準自由エネルギー[19,20]である．標

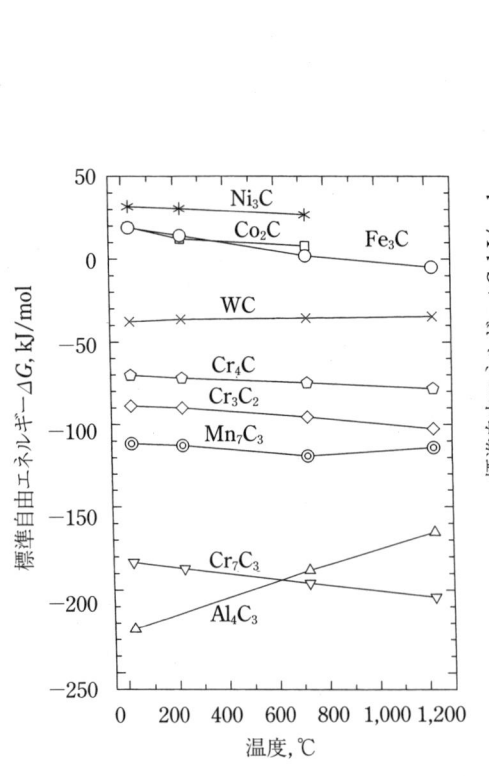

図4.4 炭化物の標準自由エネルギーと温度の関係

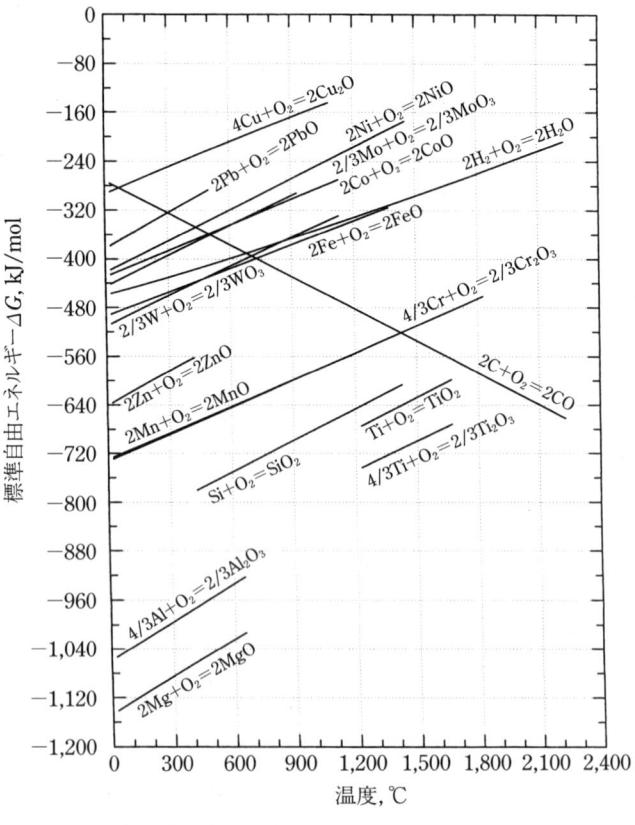

図4.5 酸化物の標準自由エネルギーと温度の関係

準自由エネルギーが小さい方が安定であるため，炭素の酸化反応の標準自由エネルギーと比較すれば，炭素による酸化膜の還元性が議論できる．たとえば，炭素による酸化銅の還元性を見ると，約70℃のところで$4Cu + O_2 = 2Cu_2O$と$2C + O_2 = 2CO$の曲線が交差している．この温度以上で$\Delta G(Cu_2O) > \Delta G(CO)$となることから，摩擦面温度が70℃以上になるとCu表面の酸化膜が還元され，黒鉛と金属が直接接触する．また，ステンレス鋼や耐熱鋼のようにCrやAlが添加された金属の酸化膜，酸化物系セラミックス，非酸化物系セラミックスの酸化膜等は炭素で還元されにくい．

(c) 付着性と材料の性質

セラミックスや軸受鋼のように硬くて酸化膜が摩耗しにくく，かつ酸化物が炭素で還元されにくい材料には黒鉛が付着しにくい．

AlやTiのような酸化力の強い金属は，酸化膜が削り取られ新生面が生成しても，炭化物生成反応より酸化が優先するので付着しにくいと考えられる．

ただし，Pt[4]やCu[21]のような炭化物を生成しない材料の場合にも潤滑膜が形成される．Ptは酸化膜が形成されず，Cuは炭素で酸化膜が還元され金属Cuになる．これらの金属は軟らかいため，埋込み[22]で黒鉛が付着すると考えられている．

(6) 粒径の影響

粒径が大きくなると摩擦係数が低下し[23]，アスペクト比が大きく偏平なものほどアブレシブ性が少ない[24]．ただし，耐荷重能試験のように油等と混合した場合は接触部への黒鉛粒子の入りやすさ[23]が問題になり，粒径が小さくなると摩擦係数が低下し，耐荷重能が大きくなる[23]という結果や，粒径$2\mu m$を境として，これより小さくなればアブレシブ性が増大するという結果[25]がある．

(7) 雰囲気と潤滑性

黒鉛の潤滑性は雰囲気ガスの種類や温度によって変化する．潤滑性には黒鉛自体の性質とともに摩擦面材料と黒鉛との反応，摩擦面材料の酸化，加工硬化，軟化等が複雑に関係する．

(a) 雰囲気ガスの影響

真空中やAr, He, N_2のような不活性ガス中では潤滑性を示さない[15]が，水蒸気や酸素の存在で劇的に改善される[9]．図4.6は凝集性ガスの圧力と黒鉛の摩耗量との関係[14]で，各ガスに応じた臨界ガス圧に達すると，摩耗量が1/1,000に減少するとともに摩擦係数が0.8から0.18に低下する．

微量のガスの存在で潤滑性が改善されることから，PbOのような炭素で還元されやすい酸化物や潮解性をもち水蒸気を放出する金属塩化物を黒鉛に添加すれば，真空中の潤滑性が改善される[3,26]．

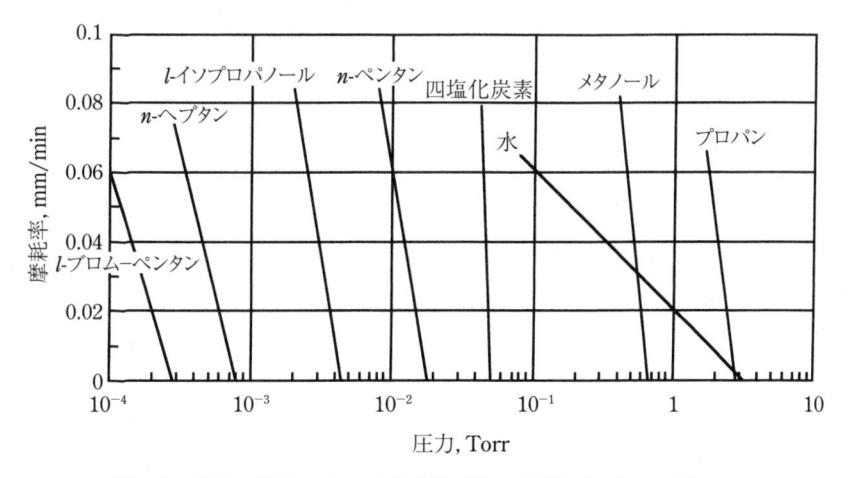

図4.6 黒鉛の摩耗に及ぼす凝集性蒸気の影響〔出典：文献14)〕

図4.7は黒鉛ペレットを湿度60％のデシケータ内で保存したときの保存日数と摩擦係数との関係[7]である．成形直後のペレットや真空中でベーキングしたペレットはエッジ効果で摩擦係数が高くなるが，大気中で長時間保存すると，摩擦試験時の湿度には関係せず保存日数とともに摩擦係数が低下する．この理由は凝着したエッジ部が酸化し，分離したエッジにガス吸着するためと考えられる．ただし，60日以上経ると摩擦係数が再び高くなる．この原因は，図4.2のくさび状欠陥に凝集した水の表面張力が粒間すべりを妨げることにあると考えられている．

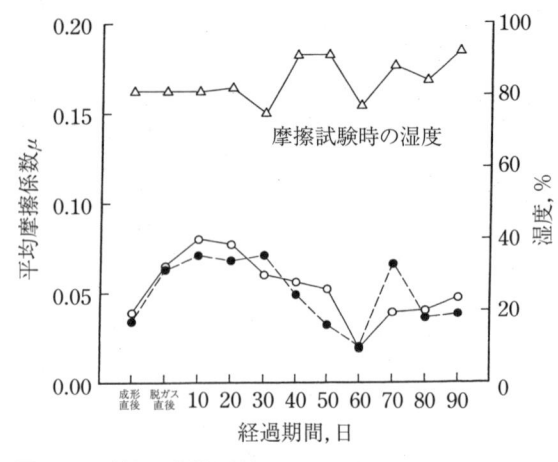

図4.7　黒鉛の摩擦係数に及ぼす大気中保存日数の影響〔出典：文献7)〕

くさび部に凝集した水の量が増えると摩擦係数が高くなるが，水中での摩擦試験のように過剰の水分があると，水で満たされたくさび部が増えるので摩擦係数が低下する．また，エタノール中では表面張力自体が低くなるため，さらに摩擦係数が低くなると考えられる．

(b) 温度の影響

図4.8のように，黒鉛の摩擦係数は温度上昇とともに若干低下した後，500℃前後で急激に高くなる[4]．温度上昇に伴う摩擦係数の低下はくさび部に凝集したガスの脱離とすれば説明でき，500℃前後の高摩擦はエッジ部に吸着したガスの脱離によるエッジ効果と考えられる．そこで，酸化しにくい高純度のもの，エッジ部の少ない大粒径のものが良好な高温潤滑性をもつ．また，酸化抑制剤の添加[27]や耐熱処理により高温潤滑性が改善される．

黒鉛を金属の潤滑剤として使用する場合は摩擦面材料の性質にも関係する．図4.9はMo,CuおよびAuを黒鉛で潤滑した場合の各温度で得られた最小の摩擦係数μ_{min}と無潤滑時の摩擦係数μ_{dry}との比[21]である．Moは硬く酸化膜が摩耗しにくいので400℃までは黒鉛の潤滑効果が見られない．500～600℃で潤滑効果が表れているが，この温度は図4.5に示す酸化モリブデンが炭素で還元され始める温度と一致している．したがって，500

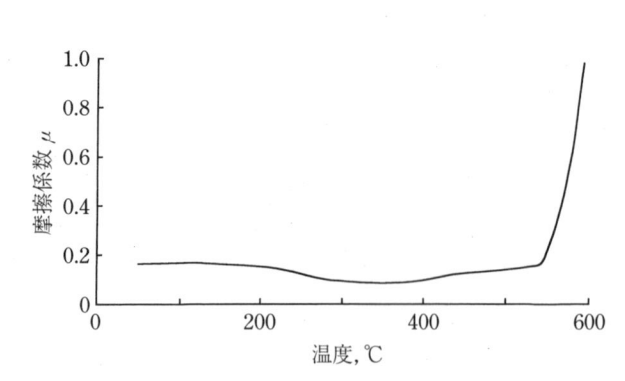

図4.8　黒鉛の摩擦係数に及ぼす温度の影響〔出典：文献4)〕

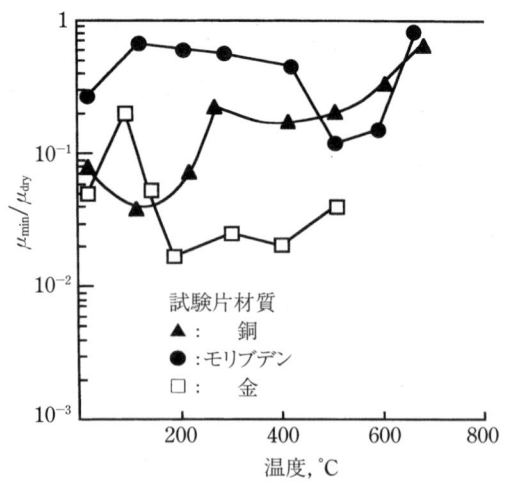

図4.9　黒鉛被膜の最小摩擦係数と無潤滑時の摩擦係数との比に及ぼす温度の影響〔出典：文献21)〕

℃以上では酸化膜が還元され金属 Mo と黒鉛が反応し付着するものと考えられる.

Cu の場合は温度上昇とともに潤滑効果が少なくなるように見えるが,温度上昇とともに Cu が酸化し,μ_{dry} が低下する[21]ため,黒鉛は 500℃ まで潤滑性を維持する.また,Au の場合は黒鉛との反応性がないため,実験の温度範囲で潤滑性を示す.

(c) 真空中・超高温

図4.10 は真空中超高温での摩擦係数[15]である.白抜きの丸印で示す 1,100℃ で脱ガスした黒鉛は,黒丸で示す脱ガスしないものより摩擦係数が高い.ただし,いずれの試料も 1,000℃ 近くになると摩擦係数が低下する.この低下は吸着ガスによるレビンダー効果や層間結合力の低下あるいはへき開性の向上等では説明できない現象である.1,000℃ 以上では凝着部が軟化しエッジ効果が低減されるため,黒鉛が配向する可能性があることが指摘されている[28].

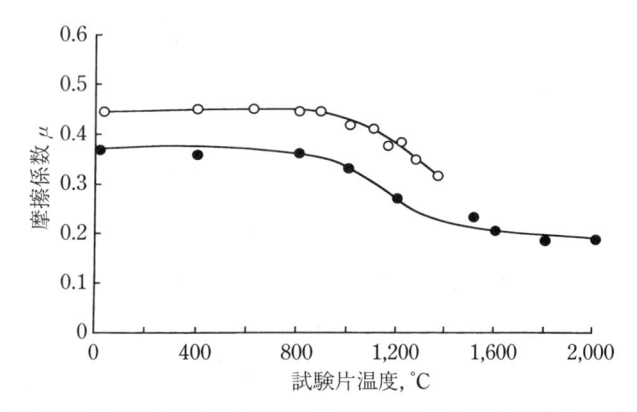

図4.10 真空中における黒鉛の摩擦係数に及ぼす温度の影響 〔出典:文献15)〕

(8) 荷重や速度の影響

図4.11 は摩擦係数と荷重の関係[29]で,荷重の増加とともに摩擦係数が低下する.これは 500℃ 以下の大気中摩擦と同じような現象で,荷重の増加とともに摩擦熱で黒鉛の温度が高くなり,くさび状欠陥に凝集したガスが脱離したためと考えられる.このように,黒鉛自体の摩擦係数の荷重依存性や速度依存性は,500℃ 以下でのくさび状欠陥部に凝集したガスの脱離による摩擦係数の減少と 500℃ 以上でのエッジ効果による摩擦係数の増加で説明できる.

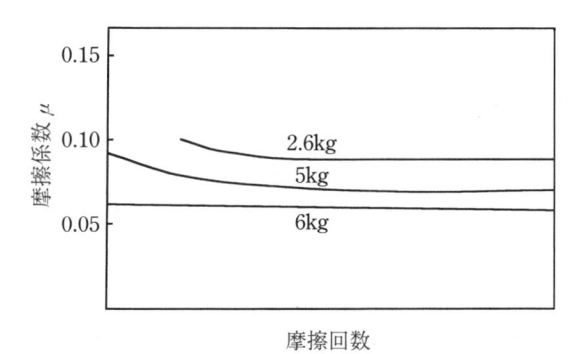

図4.11 黒鉛被膜の摩擦係数に及ぼす荷重の影響 〔出典:文献29)〕

ただし,黒鉛を金属等の潤滑剤として使用する場合は,摩擦熱による下地材料の軟化や金属と黒鉛の化学反応も摩擦係数を変える.さらに,摩擦係数が変われば発熱量も変わるため摩擦挙動が複雑になる.

黒鉛と油等とを混合した場合は,二硫化モリブデンの場合と同様に摩擦速度が高くなると低い荷重で焼き付く[29].高速では強い力で黒鉛が摩擦部に引き込まれると考えられるため,焼付き荷重の粒径依存性[23]と矛盾する結果である.これは,摩擦熱による油の粘度低下などが接触部への黒鉛粒子の入り込みやすさに影響したものと考えられる.

4.1.2 ダイヤモンド

(1) 超硬質膜材料

低摩擦,耐摩耗性表面として,ダイヤモンドなどの超硬質膜が注目されている[30].最近,ダイヤモンド膜の形成技術が飛躍的に進歩し,従来,微小な結晶・粉末としてしか得られなかったものが,

大面積および複雑形状として得られるようになってきた．ダイヤモンド膜はマイクロ波プラズマ法，熱フィラメント法，RFプラズマ法などのCVD法などで主に形成される[31]．これらの方法でダイヤモンド膜を形成すると，結晶粒子に対応した自形面が成長し，表面粗さが大きくなる．ダイヤモンド膜をトライボロジー部に応用するためにはこの自形面の平滑化が課題であった．最近，高バイアスをかけることにより，ナノクリスタルダイヤモンドと呼ばれる nm オーダの結晶性をもつ平滑なダイヤモンドが形成され[32]ており，トライボロジーの用途に期待されている．

超硬質膜を構成する元素を周期律表から取り出すと，図4.12のようになる．これらの元素は ^5B，^6C，^7Nと周期律表で並んでおり，超硬質材料であるダイヤモンド（C），立方晶窒化ホウ素（c-BN），窒化カーボン（β-C_3N_4）を構成する元素である．特にカーボン物質の σ 電子による共有結合は方向性をもった強い結合であり，このため，ダイヤモンドでは優れた硬度，高体積弾性率や熱的・化学的安定性を有している[33]．カーボン原子を窒素，ホウ素で置換するヘテロ元素化では，カーボンの機能の多様化が実現できると考えられる．c-BNはダイヤモンドに次ぐ硬さを示し，耐熱性，耐酸化性，鉄との反応性に優れ，主にイオンプレーティングなどで薄膜として形成され，工具などへ応用されている．さらに，ダイヤモンドとc-BNの混合体であるヘテロダイヤモンドは，ダイヤモンドの欠点である鉄との反応性，高温酸化性を克服し，切削工具，耐摩耗性用途へ期待されている．

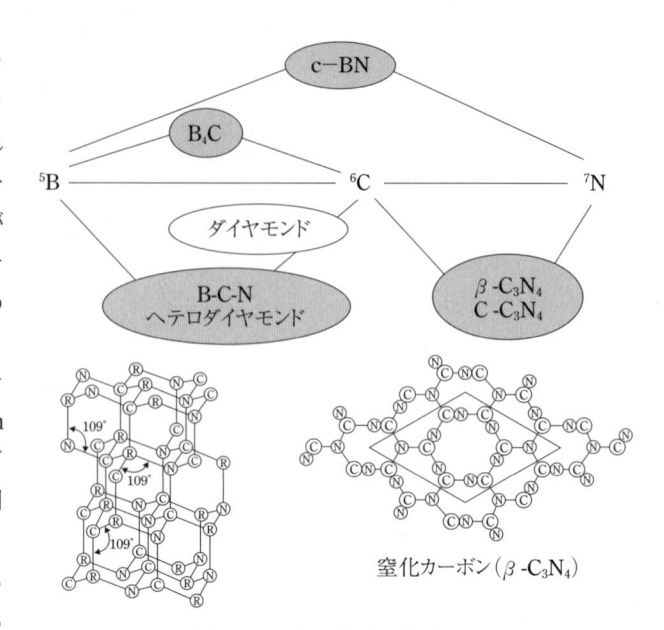

図4.12　超硬質膜の構成元素

これらのニューダイヤモンドは硬く，表面吸着層が作用し，低摩擦を示し，トライボロジーへの応用が期待される[34,35]．実際にも機械工具およびしゅう動用機構部品などへ応用され，さらに実用化のための研究開発が進められている．ここではダイヤモンドを用い極低摩擦とゼロ摩耗を実現する方法など，ダイヤモンドの優れたトライボロジー特性を摩擦特性と摩耗特性に分けて述べるとともに，トライボロジー部への応用をその可能性を含め紹介する．

（2）ダイヤモンドのトライボロジー特性

（a）ダイヤモンドの摩擦特性

ダイヤモンドの天然結晶は古くから工具などトライボロジー部品に用いられている．高硬度であり，さらに低摩擦でもある．ダイヤモンドの低摩擦は表面の吸着層が原因として考えられている．特に表面の水分などの吸着物質の潤滑作用で低摩擦を示す．一般の固体摩擦の摩擦係数 μ は0.1〜1程度の間に入るものがほとんどである．低摩擦材料で知られているPTFE（ポリテトラフルオロエチレン）でも0.04程度以上の値を示す場合が多い．また流体潤滑では液体の動圧を利用して浮上させるので $\mu=0.01$ を達成するのは比較的容易である．しかし，表面に固定されている液体による境界潤滑では，固体接触を伴うので通常0.1程度になる．これに対しダイヤモンドは一般に大気中で低摩擦を示し，さらに各種水溶液による境界潤滑では，摩擦係数0.01程度の極低摩擦を実現することができる[36,37]．

極低摩擦のモデルを図4.13に示す．摩擦力を低減するための材料構成としては，硬質材料にせん断抵抗の小さい軟質薄膜を形成する方法が広く知られている[38]．硬質材料が荷重を分担し，軟質材料でせん断が生じる．接触面積 A は下地材料の剛性により小さくなり，軟質材料のせん断抵抗 s が小さいため摩擦力 $F = As$ が低減できる．このモデルでさらに摩擦を減少するためには下地材料の弾性係数を増大し，接触面積を減少させ，かつ表面のせん断抵抗を低減すれば良いことがわかる．したがって下地材料の弾性係数を増大するためダイヤモンドなどの超硬質材料を用い，適切な潤滑剤の供給または表面材料構成を行い，接触部のせん断抵抗を減少させることにより極低摩擦を実現できる[39]．

接触面積 : $A = \pi \left\{ \dfrac{3}{4} R \left(\dfrac{1-\nu_1^2}{E_1} + \dfrac{1-\nu_2^2}{E_2} \right) \right\}^{2/3} W^{2/3}$

W : 負荷, R : 球の半径, E_1, E_2 : 球と板のヤング率
摩擦力 : $F = A \cdot S$, ν_1, ν_2 : 球と板のポアソン比

図4.13 低摩擦を実現する表面構成

（b）表面改質ダイヤモンド膜

優れた耐摩耗性が期待できるCVDダイヤモンド膜に表面改質を行ない，摩擦特性に及ぼす影響を検討した結果を紹介する[39]．マクロ荷重領域ではフッ素プラズマ処理およびイオン注入したダイヤモンド膜の摩擦係数は減少し，マクロ荷重における摩擦耐久性が改善される．たとえば未注入ダイヤモンドの損傷が著しいのに比べイオン注入することにより摩擦損傷が低減されている．このようにイオン注入によって表面に低せん断強度の層を形成することにより摩擦を低減でき，摩擦耐久性を向上できる．ダイヤモンド表面を低エネルギー化し，表面間の相互作用を著しく小さくし，常に界面でせん断するようにすることにより低摩擦が実現できる．CVDダイヤモンド膜の表面エネルギーを低減するため，CF_4 プラズマ中で表面処理が行われている．表面はXPS，FTIRでC-F結合が見られ，水との接触角も60°から85°へと増大し，表面エネルギーが減少している．未処理のダイヤモンド膜，フッ素処理したダイヤモンド膜について摩擦係数のHertz応力依存性を求めたのが図4.14である[40]．相手試験片として各種半径のダイヤモンド圧子およびステンレス鋼SUS440Cを用いている．摩擦係数は圧子先端半径，材料の差にかかわらずHertz応力に対してほぼ一本のマスターカーブで示される．未処理の場合は低接触応力の領域では応力増大に対して摩擦係数は減少し，荷重 W とすれば近似的に $\mu = W^a$ で表すことができる．ここで W の指数 $a = 1/3$ の場合，弾性接触状態における荷重依存性と一致している．さらにHertz応力20 GPaで摩擦係数は極小値をとり，その後，接触応力増大につれ増加する．この状態でダイヤモンド表面に損傷が生じており，接触部のせん断抵抗が増大したと考えられる．フッ素化によりダイヤモンド膜の摩擦係数は減少し，接触応力に対して摩擦係数の変動が小さくなり，$\mu = 0.07 \sim$

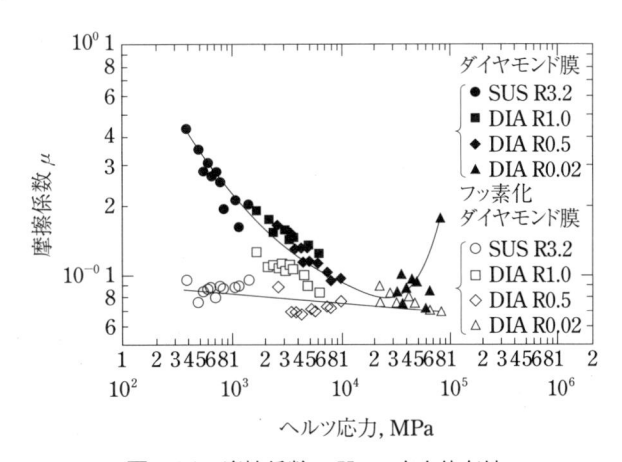

図4.14 摩擦係数のHertz応力依存性

0.08程度の値が得られ，表面損傷もこの荷重範囲では生じない．フッ素化によりマイクロ荷重領域における表面吸着水に起因する摩擦力増大を軽減できる．

ダイヤモンドに近い硬度をもつ立方晶窒化ホウ素（c-BN）とダイヤモンドなど異種の超硬質膜間の摩擦は凝着が少なくなり，安定して低摩擦を得られる．平行磁場励起型イオンプレーティング法で形成された．c-BN膜とダイヤモンド圧子（R0.5）低荷重領域では摩擦係数μは高いが，荷重上昇に伴い減少し，0.04程度の低摩擦を示している．アニーリングすると低荷重条件から低い値を示す[41]．

(c) 真空中・高温のトライボロジー

ダイヤモンドは高真空中および高温中では表面の吸着層がなくなり，高摩擦を示す．一方，DLC膜では真空中では低摩擦を示す物がある．ダイヤモンド膜表面をイオン注入でアモルファス化させることによって，超真空中で安定して低摩擦が得られている[42]．さらにイオン注入したダイヤモンド膜の高温環境下の摩擦・摩耗特性が評価されている[43,44]．イオン注入も室温ではその効果は少ない．しかし，高温になると摩擦低減効果が見られ，特に400℃ではイオン注入によって摩擦係数は$1/2$〜$1/5$に減少している[44]．

(3) 摩耗特性

(a) 耐摩耗性

究極的な耐アブレシブ摩耗性を得ようとすると，ダイヤモンド，c-BNなどの超硬質膜が有効になる．ダイヤモンドは固溶性のある鉄系金属に対しても一定温度以下の条件では優れた耐摩耗性を示す．たとえばCVDダイヤモンド膜の摩耗はセラミックスに比べきわめて少ない．さらに多結晶であるため結晶方位による摩耗量の差が緩和されやすい．したがって前加工により摩耗しやすい面が表面に出やすい天然ダイヤモンドおよびバインダを必要とする焼結ダイヤモンドと比べても耐摩耗性が優れている[45]．エタノールを用いた熱フィラメントCVD装置により膜厚75μmのダイヤモンド自立膜を形成し，超硬合金基板にろう付けした試験片について高荷重，高速度条件で摩擦試験が行われている．S45Cとの摩擦では低荷重で低摩擦を示し，摩耗痕が認められないのに対して，高荷重では高摩擦を示し，火花を伴う激しい摩耗が生じる．この場合，固溶温度以上に摩擦面温度が上昇し，摩耗が急増したと考えられる．鋼相手では高速，高荷重条件では鋼とダイヤモンドの反応に起因してμが増大している．また，これらの現象を発展させたステンレス鋼との高速摩擦によるダイヤモンドの高速研磨が実用化されている[46]．

(b) マイクロ摩耗特性

AFMによるダイヤモンドチップとのマイクロ摩耗試験では，ダイヤモンド膜に窒素イオンを注入すると，マイクロ摩耗が増大する．マイクロ荷重領域の摩耗特性として，図4.15にAFMで測定した摩耗痕を示す[47]．所定の荷重でダイヤモンドチップ（先端半径0.1μm）で摩擦後，摩耗痕の形状を超軽荷重にして測定したものである．未処理のダイヤモンド膜（a）には，まったく摩耗痕が見られなかった．これに対して注入した場合には，(b)(c)に示すようにマイクロ摩耗痕が観察される．窒素注入によってダイヤモンド構造が崩れ，アモルファス化しており，硬度が減少し，摩耗が増加する．一方，マクロ領域の荷重ではイオン注入，フッ素処理などの表面改質によってダイヤモンド膜の摩擦係数は低減でき，マクロ荷重における摩擦耐久性は改善される．これらのイオン注入の効果がマイクロとマクロ荷重で逆になるのは，接触部の最大せん断応力とイオン注入深さの関係で理解される．

超LSI製造装置のクリンルームなどの清浄環境で用いる駆動機構からの微細な摩耗発塵の放出を抑制するため，ダイヤモンドが適用されている．二円筒転がりすべり試験機を使用し，すべり部か

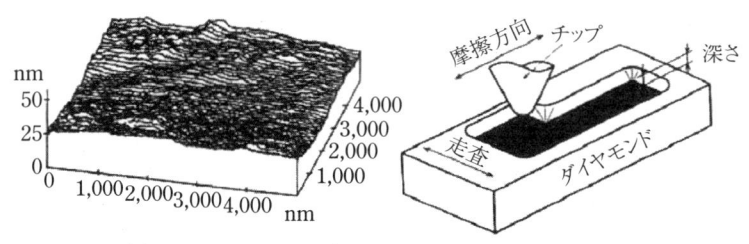

(a) ダイヤモンド膜（荷重：650μN，20走査）

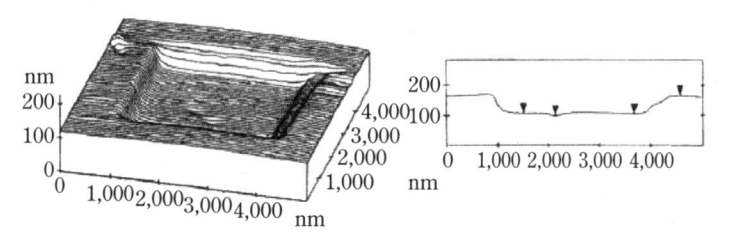

(b) 350keV N⁺-注入ダイヤモンド膜（荷重：600μN，20走査）

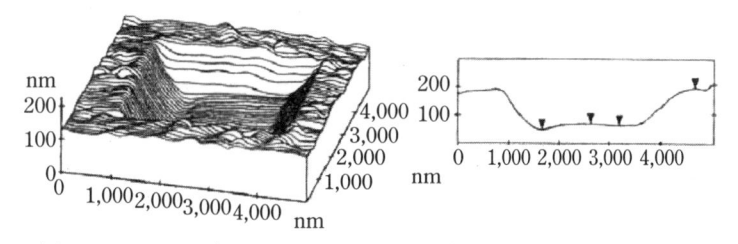

(c) 150-350keV N⁺-注入ダイヤモンド膜（荷重：600μN，20走査）

図4.15 ダイヤモンド・イオン注入ダイヤモンド膜のマイクロ摩耗

らの発塵特性が評価されている．鏡面ダイヤモンド膜を形成することにより，摩耗発塵量を著しく低減できることが明らかになっている[48]．

（c）低摩擦ダイヤモンドによる相手材の摩耗損傷低減

ダイヤモンドは摩擦が小さいことから相手摩擦面の損傷を低減できる．たとえばシリコン-シリコンの摩擦では無潤滑，水潤滑ともに摩擦係数が大きく，損傷が著しく大きいのに対し，ダイヤモンド-シリコンの組合せでは，接触部のHertz応力が大きいのに拘わらず相手摩擦面のシリコンに損傷が生じない．特に無潤滑の場合にも損傷が生じていない．このダイヤモンド圧子を用いると，相手表面の損傷が生じにくいメカニズムを明らかにするため，各組合せについて境界要素法によって応力解析が行われている[49]．ダイヤモンドを用いると最大ミーゼス応力が作用する位置が内部になるため，表面を起点とした摩耗が生じないと考えられる．このように低摩擦ダイヤモンド膜は相手面の損傷を低減できる．磁気ディスクのヘッド・媒体インタフェースへの応用が検討され，ダイヤモンドヘッドスライダで磁気ディスクを摩擦した場合，アルチック（Al_2O_3-TiC）に比べ損傷が著しく減少する効果が得られている[50]．

4.1.3 ダイヤモンドライクカーボン（DLC）

（1）DLCとは

DLC（Diamond Like Carbon，ダイヤモンドライクカーボン）膜は固体潤滑材料の中でもその優れた特性から著しい伸びを見せ，各方面で実用化が進められている．DLC膜はダイヤモンドに似た性

質を示す準安定で高密度のアモルファスカーボン膜であり，水素など他元素を添加したアモルファスカーボン膜も広義には含まれる[51〜54]．

DLC膜の構造は電子線回折およびX線回折ではアモルファスになり，長周期的には規則配列は認められない．DLC膜をカーボンの代表的な構造であるダイヤモンド構造（sp^3結合）とグラファイト（黒鉛）構造（sp^2）の存在比で規定しようという試みがある．またその際CVDで形成されたDLC膜には水素を含有する場合が多いので，その三つの含有率でDLC膜の構造が評価される場合が多い．図4.16にsp^3，sp^2と水素の三元相図を示す[53,54]．一般的に水素を含まないアモルファスカーボン（a-C）膜，水素化アモルファスカーボン（a-CH）膜，sp^3の多い四面体アモルファスカーボン ta-C（tetrahedral amorphous carbon）膜および水素化四面体アモルファスカーボン ta-CH 膜に分ける場合が多い．さらに最近では窒素を含有した DLC（a-CN）膜，金属を添加した DLC（Me-DLC）膜も形成され[55]，その組成と構造が検討されている．

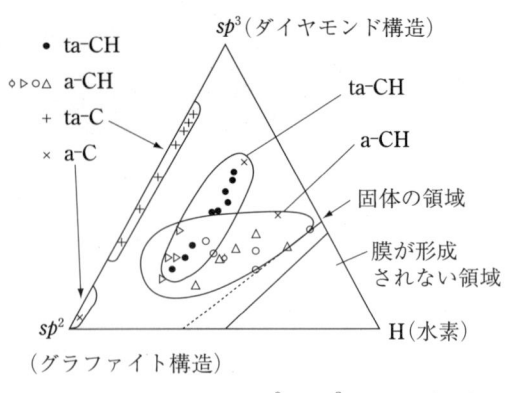

図4.16　DLC膜のsp^3，sp^2，H三元相図

短周期秩序としての微細構造がラマン分光，電子エネルギー損失分光（EELS），フーリエ変換赤外分光（FTIR）などを用いて調べられている．ラマン分光は一般に可視域のレーザを励起光としている．この分析は測定が容易なうえ，薄膜でも短時間測定が可能である．プローブ光で励起し，二つのガウス型ピーク，D（Disorder），G（Graphite）バンドに分割して評価する．ここでDバンドはグラファイト層の広がりを示し，I_D/I_Gピーク強度比が大きいほどダイヤモン構造に近いと解釈されてきた．しかし，Dピークはダイヤモンド構造に起因するものではなく，直接sp^3とsp^2の比率を示すものではない．また，膜の形成法，特に水素の含有量に影響を受ける．したがって，一定の膜形成法の中で議論するのは有意義であるが，異なった方法で形成したDLC膜を比較するのは困難である．これに対して紫外励起レーザを用いたUVラマン分光ではsp^3とsp^2の存在比率が評価されている[56]．さらにEELSがsp^3とsp^2混成による結合比率の評価に使われる[57]．含有水素に関してはラザフォード後方散乱（RBS）法によりDLC膜の密度を評価し，弾性反跳検出分析（ERDA）法で試料に含まれる水素濃度と質量密度の定量が行われている．

（2）DLC膜の形成法

DLC膜形成は，①低温で作成できる，②形成できる基板の種類が多い，③大面積および複雑形

表4.1　DLC膜の代表的な形成法と特徴

形成法	蒸発源	特徴
CVD（化学蒸着） 　プラズマCVD 　直流・高周波（RF）・マイクロ波・ECR	炭化水素ガス	水素含有DLC膜 形成条件により膜質を大きく変化できる
PVD（物理蒸着） 　イオン化蒸着（アーク放電，電子励起） 　アークイオンプレーティング（AIP） 　スパッタリング（SP） 　レーザアブレーション 　プラズマベースイオン注入（PBII）	炭化水素ガス 固体炭素源 固体炭素源 固体炭素源 炭化水素ガス	AIP：高硬度水素フリーのDLC膜形成可能 SP：CVDと合わせMe-DLC形成可能 PBII：付着力改善

状に形成可能などの特徴があり，表4.1に示すように各種の方法で形成されている[51,54]．最初，Aisenbergなどがイオンビーム蒸着によって比較的硬質なカーボン膜を形成し，DLCと名付けた[52]．一方，量産性を生かして炭化水素ガスを用いたプラズマCVD法が多く検討されている．プラズマ励起法としては直流（DC），高周波（RF），マイクロ波，電子サイクロトロン共鳴（ECR）などがあり，プラズマ状態と膜特性の関係が検討されている．これらの方法では水素を含有したDLC膜が形成される．

また，PVD法のスパッタリング，アークイオンプレーティング（AIP）などでは固体のカーボン源から物理的に蒸発させて膜を形成するので，水素含有量の少ないDLC膜が得られる．AIPは高硬度なta-C膜が得られ，さらに高速成膜が可能で，量産性があることから自動車用部品，磁気ディスク，ヘッド保護膜の用途に注目されている[58]．スパッタリングは比較的簡単に他の材料を添加することが可能である．プラズマ密度を向上させるため，通常永久磁石を用いたマグネトロンスパッタリングが用いられる．さらに非平行磁場を生じさせ，基板に照射するイオンを増大させたアンバランス・マグネトロン・スパッタリング（UBM）が注目されている．付着力は基板への入射エネルギーを増大することによって向上できる．したがってDLC膜形成時にイオン注入を併用すると付着力は増大する．また，プラズマをベースにして三次元イオン注入が可能なプラズマベースイオン注入（PBII）法によって，付着力の大きなDLC膜が形成でき，厳しい条件で使用するしゅう動部品への応用が期待されている[59]．

(3) DLC膜の特徴

DLC膜は表4.2に示すように優れた特性を有する．機械特性における特徴としては平滑性，高硬度がある．さらにトライボロジー特性として，摩擦係数が低く，耐摩耗性に優れている[60,61]．従来の固体潤滑膜は自己犠牲型で内部でせん断するものが多く，DLC膜のように摩擦・摩耗どちらの特

表4.2 DLC膜の特徴とそれを活用した応用分野

	DLC膜の特徴	応用分野例
機械特性	高硬度（数～90 GPa） 低摩擦（摩擦係数0.2以下） 凝着・耐焼付き性 耐摩耗性 低相手攻撃性 平滑性（原子レベル） 内部応力（比較的高い数GPaの圧縮応力） 付着力（比較的低い）	・電子応用機器（磁気ディスク・ヘッド保護膜，磁気テープ保護膜，VTRシリンダ・キャプスタンス，複写装置用高導電性樹脂保護膜） ・自動車機器（ピストン・燃料噴射ポンプ・プランジャ） ・機械部品（各種軸受，歯車，湯水混合水洗バルブ，繊維機械おさ羽・） ・切削工具（ドリル・切断刃） ・金型・冶工具（アルミなどの曲げ加工，スピニング加工，引抜き加工，深絞りモールド成型加工）
電気特性	電気伝導度（1～10^{16} Ω/cm 成膜法および金属添加により抵抗可変） 電子放出性	・集積回路層間絶縁膜・保護膜，しゅう動接点 ・ディスプレイ用電子放出源　化学特性
光学特性	生体適合性 耐食性（酸・アルカリ） ガスバリア性	・医療用機器（インプラント材） ・磁気ディスク・ヘッド保護膜 ・ビール用ペットボトル保護膜
熱的性質	高熱伝導率 耐熱性（約300℃で変化）	・ヒートシンク
光学特性	可視・赤外透過	・レンズ保護膜・赤外反射防止膜 ・装飾品（時計・指輪・首飾り）

性にも優れている表面材料は少ない．その中でも耐凝着性，極低摩擦特性はDLC膜の応用を考えた場合に特筆に値する．

① 耐凝着性；アルミなど軟質金属は凝着しやすいことが知られているが，図4.17に示すようにアルミ上にDLC膜を形成するとアルミ下地が変形してもDLC膜は表面に存在し，凝着を防いでいる．

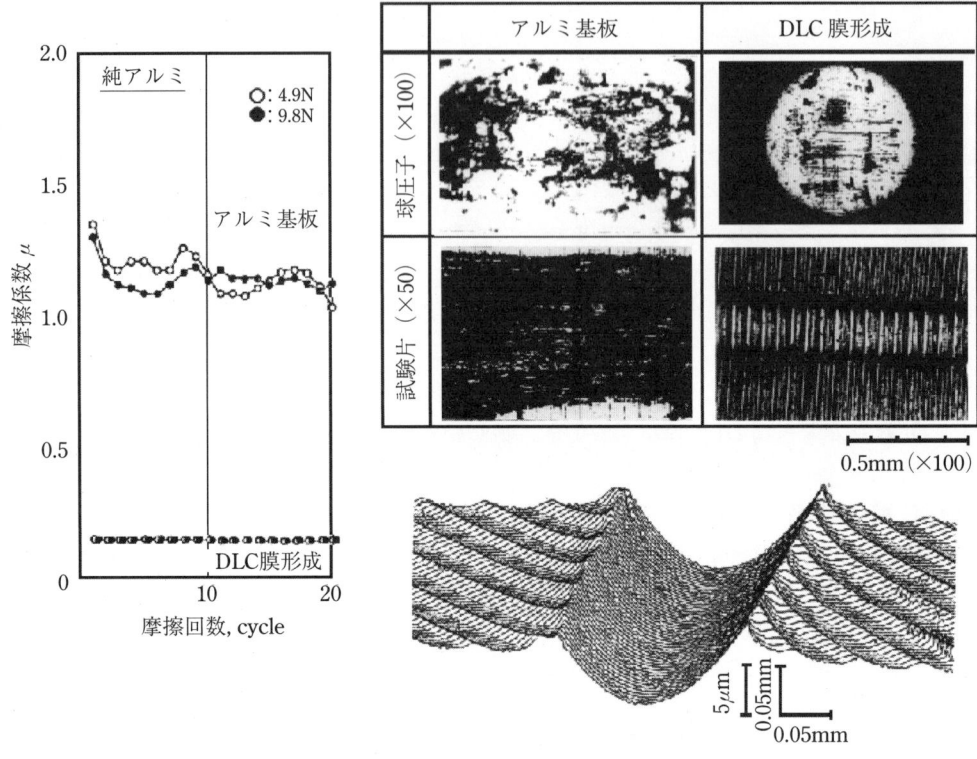

図4.17　アルミ合金上に形成したDLC膜の効果

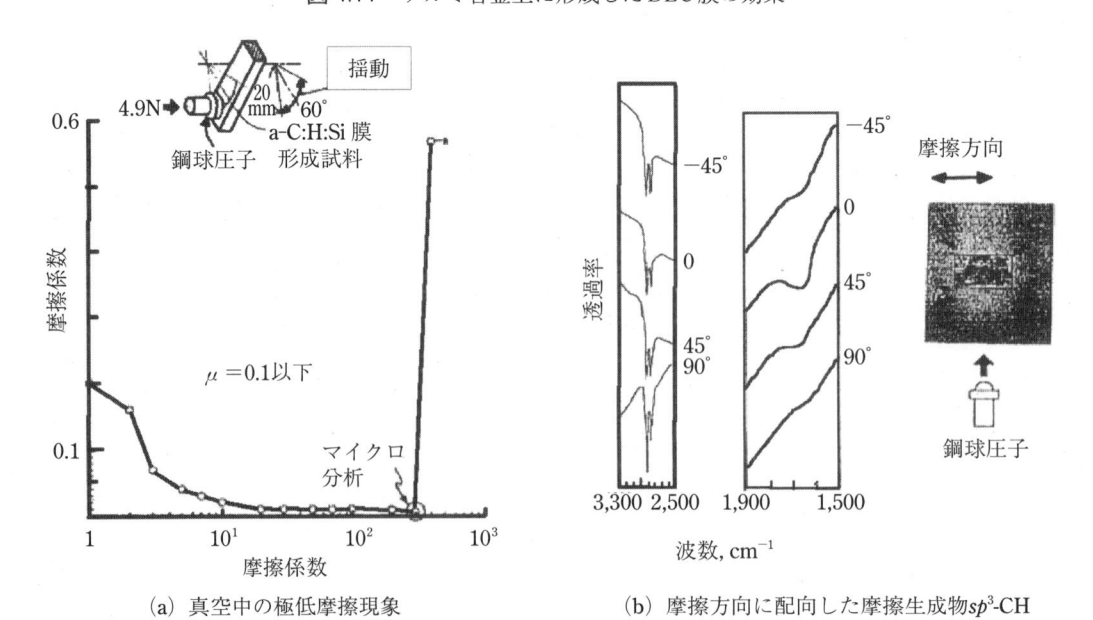

(a) 真空中の極低摩擦現象　　(b) 摩擦方向に配向した摩擦生成物sp^3-CH

図4.18　DLC膜の真空中極摩擦と摩擦生成物

これはしゅう動部品および各種成形加工などへの有用性を示している[62].

② 極低摩擦；水素を含有したDLC膜は真空中，窒素中で$\mu \fallingdotseq 0.01$以下の極低摩擦を示す．これは摩擦による低せん断反応生成物の形成に起因することが明らかになっている[13]．たとえばECR-CVD法で形成したアモルファス水素含有Si-C(a-C：H：Si)膜についても真空中の摩擦特性が測定されている．図4.18に示すようにSiが適切に含有された水素含有カーボン膜では，a-CHと同様，真空中の極低摩擦現象が観察される[63,64]．これら低摩擦で停止させた試験片を顕微FTIRで分析すると，相手表面に摩擦生成物$C(sp^3)$-Hが観察されている．この水素含有DLC膜の極低摩擦現象は，窒素環境下[65]でも$\mu = 0.01$以下の低摩擦を示すことが知られており，今後，大気中，境界潤滑状態など広い範囲で実現できれば，摩擦低減による著しい省エネルギー効果が期待できる．

(4) トライボロジー特性を改善するための他元素添加

カーボン膜のトライボロジー特性を改善するため，表4.3に示すような材料が，薄膜および下地との界面に添加され，耐摩耗性と潤滑性，下地との付着性が改善されている[55]．カーボン膜に対して，今まで添加効果が明らかになっているものを中心に添加材料およびプロセスを示している．

カーボン膜に添加して特性改善が期待できる添加元素を周期律表から取り出すと，図4.19のようになる．膜の強度を改善するためには，カーボンと強固に結合する材料としてホウ素B，窒素Nが考えられる．これらの元素は^5B, ^6C, ^7Nと周期律表で並んでおり，超硬質材料であるダイヤモンド

表4.3　DLC膜への添加材料とその効果

	目的	添加材料	化合物	プロセス
表面	表面エネルギーの低減 摩擦係数低減 摩擦寿命向上 潤滑油の保持	水素 フッ素 極性基	－CH －CF 各種	プラズマ処理 プラズマCVD プラズマ重合 スパッタ蒸着
薄膜界面	耐摩耗性向上 硬さ増大 スクラッチ強度の向上 摩擦寿命向上 付着力の向上	窒素 ホウ素 シリコン 金属 (Ti, Zr, W, Hfなど)	C_3N_4 B_4C SiC (TiC, ZrC, WC, HfCなど)	プラズマCVD 反応性イオンプレーティング スパッタ蒸着 イオン注入 イオンビームミキシング

(C)，立方晶窒化ホウ素(c-BN)，窒化カーボン(β-C_3N_4)を構成する元素である．たとえばB-C-N系のナノ周期積層膜[16,17]が形成され，優れた機械特性が得られている．

ナノ周期積層膜は，膜厚が数nmときわめて薄い薄膜を積み重ねた構造の積層膜である．異なる物質をnmサイズで交互に積み重なると，その物質単体とは異なる特性，たとえば弾性率，硬さが向上する[66]．ナノ周期積層固体潤滑膜は，図4.20(a)に示すようにC(グラファイト)，立方晶窒化ホ

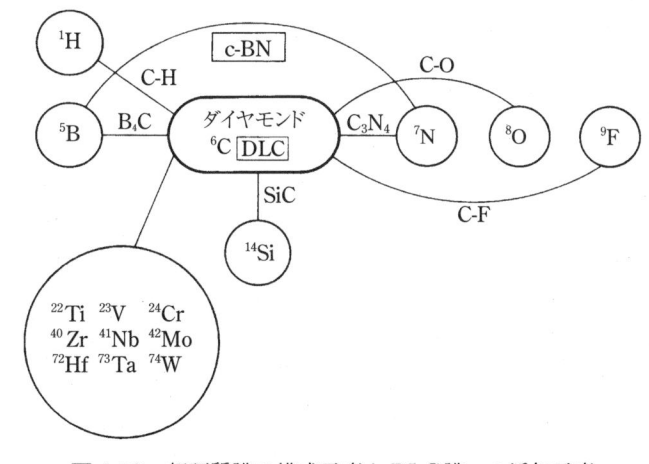

図4.19　超硬質膜の構成元素とDLC膜への添加元素

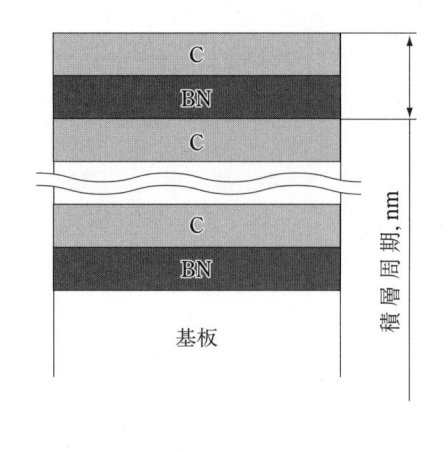

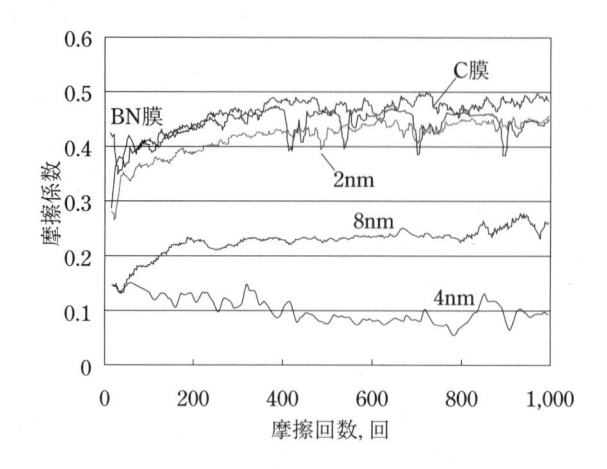

(a) ナノ周期積層膜の構造　　　　　　　(b) 摩擦特性の積層周囲依存性

図4.20　ナノ周期積層固体潤滑（C/BN）n 膜の構造と摩擦特性図

ウ素（h-BN）など固体潤滑効果が期待できる薄膜を積層化させた膜である．ナノ周期積層膜を形成すると，その積層膜の硬度が増加し，単層膜よりも優れた固体潤滑効果が得られる．ナノインデンテーション試験では4 nm周期で積層化させた（C/BN）n 積層膜は，硬さが2倍程度増加する．図4.20（b）にボールオンディスク型摩擦試験装置を用い評価した摩擦特性を示す[67]．（C/BN）n 積層膜は，周期を4 nmにすることで$\mu=0.15$と最も低摩擦を示す．これは，摩擦面のせん断強度が，単層膜とそれ程変化しないのに比べ，積層方向の硬さが増加しているため，摩擦係数μが減少すると考えられる．また，摩擦面の損傷も積層周期4 nmの膜が少ない．このように適正周期のナノ周期積層膜は優れた固体潤滑特性を示す．さらにナノコンポジットなど構造および組成をナノスケールで制御することによりDLC膜のトライボロジー特性の改善が期待できる．

SiはCと同じⅣ族であり，Si-Cは結合力も大きく，Siを添加することにより，カーボン中の欠陥を減少させれば，強度的にも向上する．また，Siを添加させることにより耐酸化性を改善でき，高温などの特殊環境でのトライボロジーへの応用が期待できる．たとえばSiの添加では10～20％が適切な添加量であり，摩擦係数は0.1以下，摩擦寿命は10^5回以上になっている．これに対し，Si添加量が5％以下になるとはく離しやすく，摩擦係数の変動が大きくなる．適切なSi添加量ではカーボンの潤滑性を保持したままで下地との付着力が改善されるので低摩擦を示し，摩擦寿命は著しく改善される．また，Si添加量を多くしたカーボン膜は下地のステンレススチールにも付着力が大きく，優れた摩擦耐久性を示す[68]．またDLC膜とステンレス下地との付着力を向上させるため，SiO_2などのSi系下地層の効果も検討されている．その他の添加材料としては金属で高強度な炭化物を形成する材料，たとえば，Ti，Zr，Hf，Wなどがあり，耐アブレシブ性に優れる[55]．また，HfC，ZrC，TiC，TaC，NbCなどは耐化学摩耗性にも優れている．カーボン膜中の欠陥部にこれらの化合物を形成すれば膜強度を向上するなど，トライボロジー特性を改善することが期待できる．

摩擦，凝着を低減するためには表面のカーボンにフッ素，水素を結合させ，表面を低エネルギー化することが有効である．また，逆に潤滑剤を保持するため潤滑剤との結合を促進するための表面処理もあり，たとえばTi添加が有効になる[69]．

フッ化カーボンは強固な分子構造に基づく耐薬品性，C-F結合の小さな分極と弱い分子間相互作用による自己潤滑性の他，撥水性など種々の優れた物性を有した材料である．表面に形成すれば表

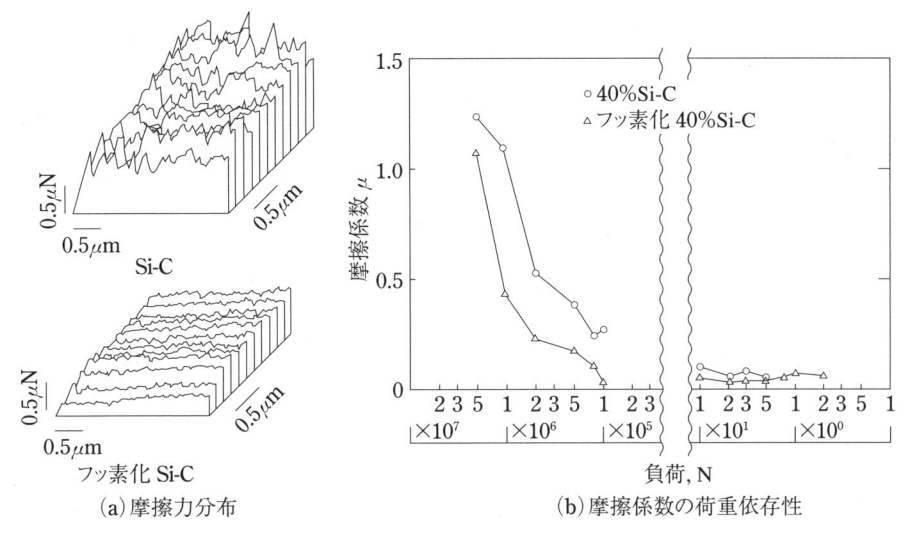

図4.21 シリコン添加DLC膜のフッ素化による摩擦低減効果

(a) 摩擦力分布
(b) 摩擦係数の荷重依存性

面エネルギーを低減できる[70]. フッ素元素の添加は表面のみでは摩耗により, 効果がなくなるので, 膜中に添加されている[70,71]. しかし, 添加量を多くすると高分子的な特性が現れ, 強度的には弱くなる場合が多い. したがって, 使用条件に対応した, 適切な添加量を選ぶ必要がある.

カーボン膜を主成分とし, 表層のみをフッ素化した膜のマイクロトライボロジーが検討されている. 摩擦力顕微鏡(FFM)を用いて測定したマイクロ領域における摩擦力分布では, 図4.21に示すようにフッ素化により摩擦力および摩擦力変動は著しく減少している[68]. 原子間力顕微鏡(AFM)を用いて評価したマイクロ摩耗試験結果では, Si添加したカーボン膜の表面をフッ素化することにより摩耗は減少し, フッ素化したカーボン膜では摩耗深さは10 nm/200パス(通過回数)となり, 平均的には数パスで1原子層が除去されることになる. 固体潤滑剤であるWS_2膜をDLC膜上に形成したWS_2/DLC膜の積層膜では真空中で0.01以下の低摩擦が得られている[72].

(5) DLC膜の応用展開

DLC膜の優れた特性を生かして, 表4.2に示すように各分野に応用されている. ここでは, さらに今後の応用展開を示す.

(a) ファイル記憶装置

磁気ヘッド・媒体には耐摩耗性や耐食性を与えるために保護膜を付けている. 保護膜としては, 当初カーボンのスパッタ膜が実用されたが, 高密度記録のために膜厚は10 nm以下になり, より耐摩耗性, 耐食性に優れるプラズマCVD法が適用されている. さらに5 nm以下の保護膜が要求されるに従い, 最近では緻密なta-C膜の形成が可能なフィルタードカソード真空アーク(FCVA)法の保護膜形成プロセスへの適用が期待されている[58,73]. 磁性層の窒素プラズマ処理とa-CN, a-BCN膜形成プロセスを複合した表面改質法が提案され, その効果が確認されている[74].

(b) 自動車用部品

自動車用しゅう動部には環境対応のため低トルク化が要求され, DLC膜が注目されている. 境界潤滑条件で潤滑の効果が得られないなどの問題点があったが, 水素フリーなDLC膜の境界潤滑特性が優れていることが明らかにされている[75]. さらに図4.22に示すように, チタンを添加したDLC膜で摩擦調整剤の効果が現れ, 境界潤滑特性を改善できることが明らかになっている[69].

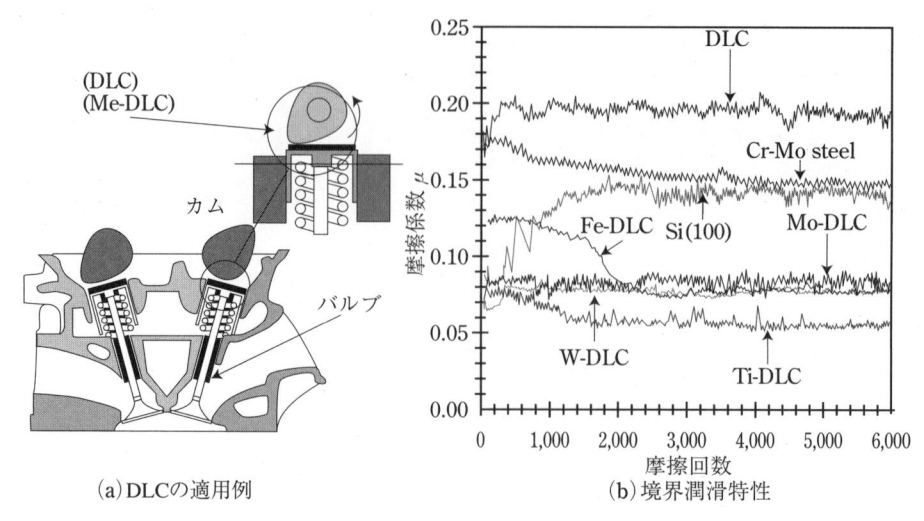

図 4.22　金属添加 DLC 膜の境界潤滑性

(a) DLC の適用例
(b) 境界潤滑特性

(c) クリーン環境用機構部品など

半導体製造装置に使用する軸受・歯車などの駆動機構は，作業空間への汚染物放出を厳密に抑制する必要がある．しゅう動部品の摩耗発塵の評価が図 4.23 に示すような装置を用いて行われ，DLC 膜形成による発塵低減効果が得られている[76]．さらにしゅう動部品への応用では，湯水混合水栓弁，各種情報機械，家電製品，産業機械など特に軽荷重で低摩擦を要求される分野に広く応用され，それぞれの部品の信頼性改善，高機能化に貢献している．

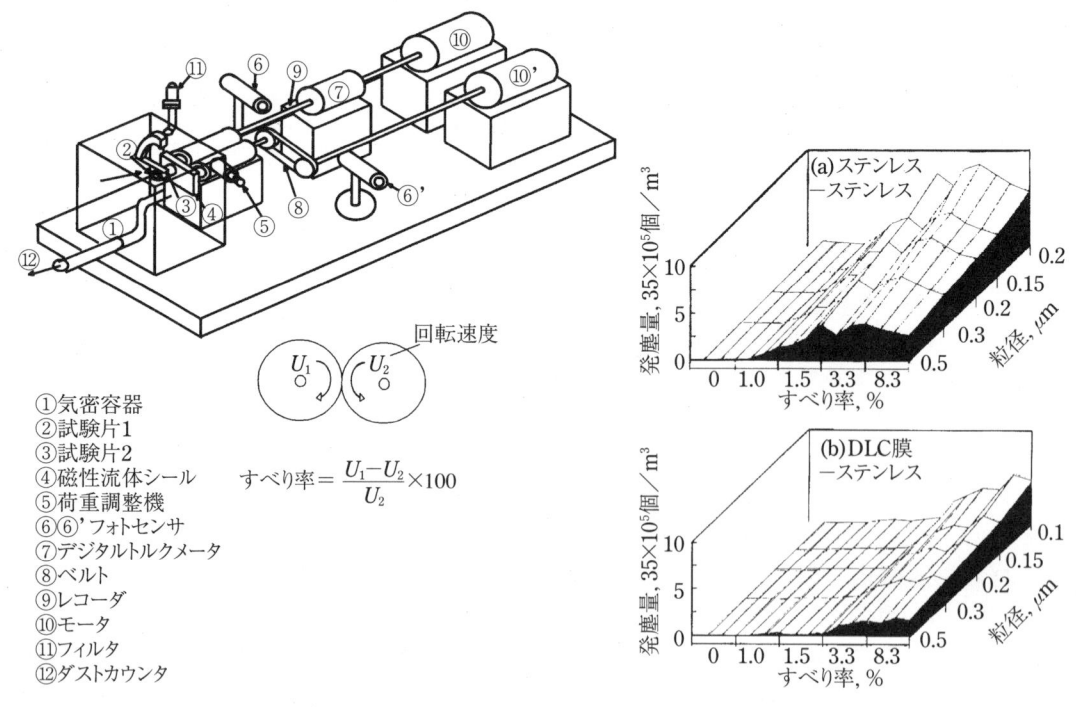

①気密容器
②試験片1
③試験片2
④磁性流体シール
⑤荷重調整機
⑥⑥'フォトセンサ
⑦デジタルトルクメータ
⑧ベルト
⑨レコーダ
⑩モータ
⑪フィルタ
⑫ダストカウンタ

すべり率 $= \dfrac{U_1 - U_2}{U_2} \times 100$

図 4.23　転がりすべり部からの摩耗発塵の DLC 膜による低減効果

(d) 切削工具，金型

切削工具，スリッタ，金型，治工具など耐摩耗工具への応用はDLC膜の耐凝着性，耐摩耗性を活用することにより加工性能を飛躍的に向上できている[77]．さらに最近環境に適応した加工法の開発が急務となり，潤滑廃油処理・後洗浄を必要としない製造技術が重要になっている．切削，塑性加工などにおける無潤滑（ドライ）加工，極微量潤滑（MQL）加工に低摩擦で耐摩耗性のあるDLC膜の応用が期待される．

(e) 生体，医療分野

カーボンは生体を含む有機物の主構成元素であり，生体適合性に優れていることからDLC膜の適用が活発である．さらにダイヤモンドに似た構造のDLC膜は，生理食塩水中の境界潤滑で0.05以下の低摩擦が得られ[78]，人工関節など医療・バイオ関係の可動部への適用が期待される．

(f) ナノテクノロジー

カーボンナノチューブ（CNT），フラーレン（C_{60}）に似た軸受などの分子機械が提案されている．これら分子機械も構造を制御したDLCの一種といえる．これらのナノテクノロジーを実現するためにはナノ加工が重要である．原子間力顕微鏡（AFM）を用いれば加工単位を原子オーダで制御できる．DLC膜は原子オーダで平滑であり，凝着しにくいのでナノ加工が可能である[61]．たとえば数nm深さの高精度正方形溝，ラインアンドスペースが形成されている．また工具としてもDLC膜が適している．たとえばDLC膜コーティングチップを用いれば，マイカ，二硫化モリブデン（MoS_2）では積層単位の高精度な加工が実現されている[79]．

4.1.4 窒化炭素（CN_x）

(1) CN_x膜とは

カーボンは，その構造によってダイヤモンドやグラファイト等その特性は大きく異なる．ダイヤモンドライクカーボン（DLC）は，基本的には非晶質の材料であるが，sp^3結合やsp^2結合を含有しており，非晶質でありながら高硬度である．そのため，耐摩耗や耐食性を利用したトライボロジー材料としてその応用が広がっている．

一方，さらに耐摩耗性が優れると期待される膜に窒化炭素膜（CN_x）がある．この膜は，$\beta\text{-}C_3N_4$型の結晶となればその硬さはダイヤモンド以上であると理論的に予測されている[80]．また，部分的に結晶化したCN_xでも，硬度が増加し，耐摩耗性を生むことも考えられる．また，カーボン系の材料であるために，無潤滑下でも低摩擦を得ることも期待できる．

このように期待されるCN_x膜の成膜と摩擦摩耗特性の評価を梅原・加藤らは試みた．自然界には窒化炭素膜は存在しないので，高エネルギーを付与できるイオンビームミキシング法により成膜を試みた．

イオンビームミキシング法の原理図を図4.24に示す．アルゴンのイオンビームによるカーボンのスパッタリングと，窒素イオンの照射を行うことで，直径50 mm，厚さ350 μmの単結晶Si（111）基板上にCN_xを成膜した．膜厚はいずれの実験でも約100 nmである．成膜速度は，約1.4 nm/minである．膜の窒素含有量がFTIR

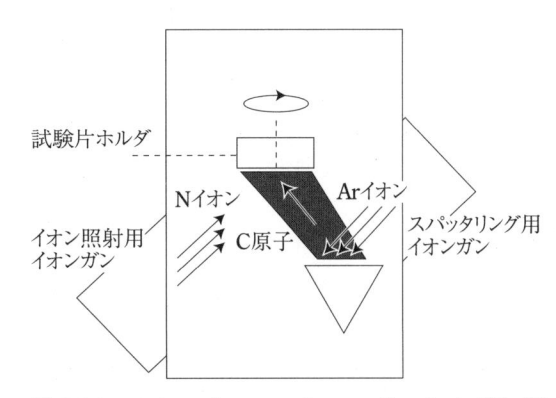

図4.24 イオンビームミキシングによるCN_x膜コーティング

により測定され，11 at％であった．また，構造がラマン分光法で調べられ，CN_x 膜のスペクトルは DLC のスペクトルと似ており，炭素の sp^2 結合と sp^3 結合が混在している構造であると考えられた．TEM で解析像が得られ，アモルファス構造であることが確認された．また，薄膜評価装置により押込み硬さが求められ，Si ウェーハが 7 GPa であるのに対し，CN_x は約 21 GPa であった．

(2) CN_x の摩擦の雰囲気依存性 [81]

摩擦に及ぼす雰囲気ガスの影響が明らかにされた．雰囲気としては，大気中，高真空（$2×10^{-4}$ Pa），窒素中，二酸化炭素中および酸素中が用いられた．図 4.25 に，種々の雰囲気中における摩擦係数に及ぼす摩擦繰返し数の影響を示す．図より，大気中と酸素中において，摩擦係数が摩擦繰返し数とともに増加していることがわかる．一方，窒素中，高真空中，二酸化炭素中では減少した．

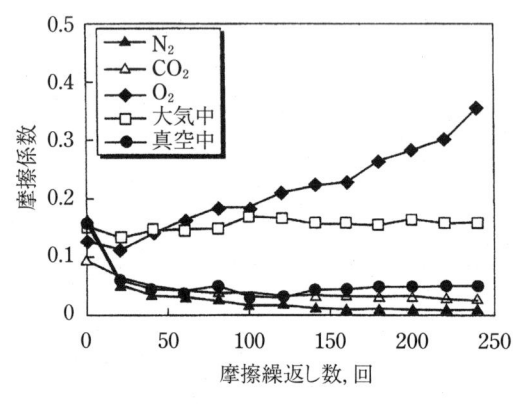

図 4.25 種々の雰囲気中における a-CN_x と窒化ケイ素球の摩擦係数の変化
（窒化ケイ素球の先端半径：4 mm，荷重：100 mN，すべり速度：0.07 m/s）

図 4.26 a-CN_x と窒化ケイ素球の摩擦係数に及ぼす雰囲気ガスの影響
（窒化ケイ素球の先端半径：4 mm，荷重：100 mN，すべり速度：0.07 m/s）

図 4.26 に，摩擦繰返し数が 240 回後の摩擦係数に及ぼす雰囲気ガスの影響を示す．図より，CN_x 膜と窒化ケイ素の摩擦は，雰囲気ガスに非常に大きな影響を受けることがわかる．その結果，窒素中では 0.009 という非常に小さな値を示し，二酸化炭素中では 0.03，高真空中では 0.05 であった．一方，大気中では 0.15，酸素中では 0.36 であった．このように酸素があると摩擦係数が急増する原因は，酸素による CN_x のドライエッチングが生じ，その結果，表面にダングリングボンドが生じ，表面が活性になるためと考えられる．また，最近，摩擦後の CN_x 面の詳細な表面分析が行われ，低摩擦発現メカニズムとして雰囲気ガスとの反応による CN_x 膜の極表面のグラファイト化と，表面微小突起の減少による平滑化が重要である事が提案された[82]．摩擦によるグラファイト化はラマン分光スペクトル法により CN_x 極表面の摩擦前後における構造変化から実証された[82]．

(3) CN_x の窒素吹付けによる超低摩擦 [83]

前節で，CN_x は，窒素チャンバ中で摩擦係数が 0.01 以下の超低摩擦になることが明らかにされたが，実用面から考えると大気中での超低摩擦が求められる．しかし，大気中では低摩擦とはならない．そこで，次善の策として，窒素ガスを摩擦しゅう動部に吹き付けることで，超低摩擦が得られるかについて試みた．図 4.27 に窒素の導入方法を変えて実験した結果を示す．実験は，① 真空に引いた後窒素を約 1.1 気圧導入する方法，② 真空に引いた後窒素を約 1.0 気圧導入する方法，③ 真空に引かず窒素を吹き流してチャンバ内を窒素で置換する方法，④ 摩擦面に直接窒素を約 2.0 気圧で吹き付ける方法および ⑤ 摩擦面に直接窒素を約 3.0 気圧で吹き付ける方法の五つを行った．その結果，

真空に引いた後チャンバ内の窒素の供給法を変えた実験(①,②,③)では,窒素分圧が高いほど摩擦係数は低く,真空に引かずに窒素を導入した場合摩擦係数は減少しなかった.これは,摩擦面に十分な窒素の供給が必要であることを示している.また,④と⑤の結果より,窒素を摩擦面に直接吹き付けても,0.02(吹付け圧:約2.0気圧)と0.003(吹付け圧:約3.0気圧)の摩擦係数が得られた.このように摩擦面に窒素を吹き付けるだけでも同様の効果があることが示された.これは本超低摩擦現象の応用拡大に有効である.

(4) CN_x のスラスト軸受への応用[84)]

CN_x の窒素中超低摩擦現象の実用化の第1歩として,スラスト軸受への応用を検討した.ところで,超低摩擦現象は,窒素中でのある繰返し摩擦後に発生する現象であり,しゅう動面の平滑化と構造変化を制御することが重要である.そのため,前節までの実験で用いられたピンオンディスク試験機での実験結果がそのまま適応できるとは限らない.特に,梅原らは摩擦に伴う摩擦面の表面粗さと表面平滑化および相手面への移着が摩擦係数に及ぼす影響を最近明らかにし,ピンオンディスク試験において,ディスクに CN_x 膜をコーティングした場合,摩擦とともにピン表面に CN_x 膜が移着し,30 nm程度の薄い移着膜が形成した場合において,CN_x 膜同士の摩擦が窒素中で行われることが重要であることを示した[85)].このように移着膜が重要であるため,スラスト軸受に適応した場合,初期から相手面に成膜しておくことで初期摩擦から超低摩擦が実現できることが考えられる.そこで,CN_x をコーティングしたシリンダーオンーフラットのすべり接触における摩擦実験を行い,両面に CN_x をコーティングした場合,シリンダとフラット面のどちらかに CN_x をコーティングした場合およびどちらの面にもコーティングしない場合を比較した.

図4.28に,CN_x 膜を円筒試験片と平面試験片の両面にコーティングした場合,片面にコーティングした場合およびコーティングしない場合の摩擦係数のすべり距離に伴う変化を示す.図より,コーティングしない場合には,摩擦係数は初期から0.3程度であることがわかる.一方,両面ともにコーティングした場合には,初期0.3程度の摩擦係数が,摩擦とともに減少し,0.01以下まで減少することが分かる.また,片面だけコーティングした場合には,円筒だけコーティングした場合,摩擦係数は初期から0.5程度の非常に大きな値となった.また,平板だけコーティングした場合には,摩擦係数は初期0.2程度でコーティングなしに比べて小さいがその後わずかに減少するだけであった.以上のように,スラスト軸受による試験では両面とも

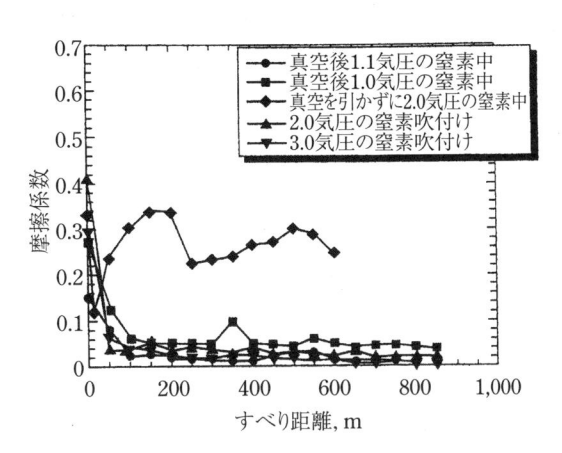

図4.27 a-CN_x 膜と窒化ケイ素球の摩擦係数に及ぼす窒素供給方法の影響
(荷重:100 mN, すべり速度:0.26 m/s)

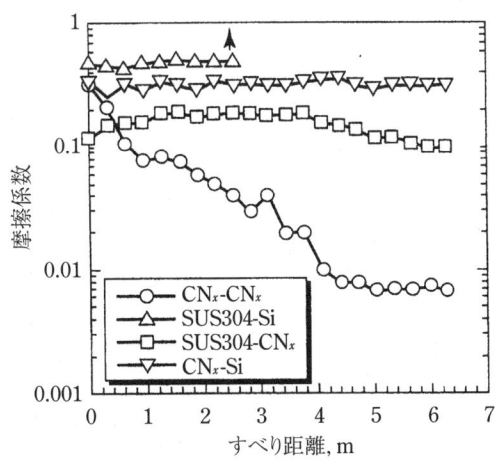

図4.28 リングオンフラット型スラスト軸受試験装置における CN_x 成膜の効果
〔面圧:1 MPa, 平均周速度:0.04 m/s, 雰囲気ガス:窒素(供給圧:大気圧)〕

にコーティングすることが低摩擦のために重要であることが明らかにされた．これらの実験より，両面にCN_x膜をコーティングすることで，面圧100 kPa（約1 kgf/cm^2）で窒素中において0.01以下の超低摩擦スラスト軸受が可能であることが実証された[84]．

4.1.5 ナノカーボン

グラファイトを代表とする炭素（カーボン）は，潤滑性をもつ材料として，長年にわたり広い分野において使用されてきた．しかしながら，カーボンは多様な結合様式をとるため，構造制御等を行うことで新たな機能をもつ新材料が得られる可能性があり，現在も数多くの研究が行われている．その結果，カーボンナノチューブを始めとするいくつもの新炭素材料が見出されている．これらの新炭素材料については，市場規模や効果の大きさを反映し，電気・電子やエネルギーに関連した機能に強い関心がもたれている．しかしながら，それら材料が，トライボロジー的機能等の機械的機能に優れる可能性もあるため，トライボロジー特性や適用法等についての研究も行われている．そこで本項では，見出されて間がないものから実用化が間近いものまでを含めて，各種の新炭素材料のトライボロジー的機能について記述する．

（1）フラーレン

フラーレンは，30年程前に発見されたサッカーボールのような形状をした中空球形カーボン分子である．図4.29に示すC_{60}がその代表的なもので，その直径は1 nm以下である．C_{60}のほかに，C_{42}，C_{50}のように炭素数がより少ないものや，C_{70}，C_{210}等のように炭素数が多いものもある．フラーレンは，カーボンのレーザ[86]やアーク放電[87]による蒸発等により作られる．フラーレンは，特異な電気的特性，化学的特性，光学的特性等をもつため，燃料電池，ガス吸着材，バイオセンサ，レジスト，医薬品等の多分野での応用が模索されている．さらに，非常に小さい球であることなどから，トライボロジー分野への応用の可能性も探られている．

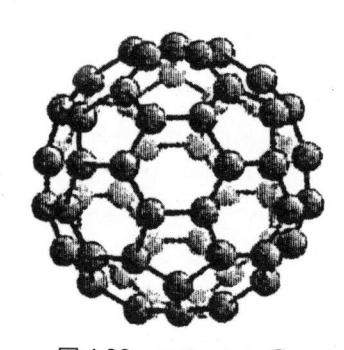

図4.29　フラーレンC_{60}

フラーレンの摩擦特性等を調べる場合に，微小な粉末の状態では評価が難しいため，多くの場合には薄膜化して特性が調べられている．たとえば，エピタキシャル成長によりMoS_2基板上に作製したC_{60}薄膜の摩擦を，大気中で原子間力顕微鏡（AFM）により測定し，0.08〜0.17の摩擦係数が得られた[88]．また，昇華法によりグラファイト上に作製したC_{60}単分子膜を，空気中で10 mN以下の負荷の下で摩擦した場合に，0.2程度の摩擦係数が得られた（図4.30）[89]．このように単分子膜のC_{60}が低摩擦を示すのは，C_{60}の六員環部分がそれを挟むグラファイトの六員環ネットとABスタッキングを維持するように配置する結果として，C_{60}がすべるよりも転がる方がエネルギー的に有利になることによると考えられている．これらの比較的低い摩擦係数に対し，0.8程度の高い

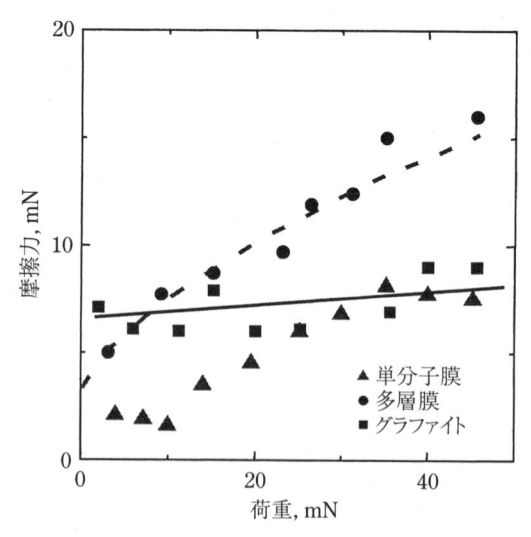

図4.30　グラファイト上に蒸着したC_{60}膜の摩擦特性（交差円筒型の微小摩擦力測定装置，速度：5〜30 mm/s）〔出典：文献89）〕

摩擦係数が得られたという報告もある[90]．このほかに，真空中での摩擦も調べられているが，1以上の高い摩擦係数が得られる場合[91]と0.15程度の低い摩擦係数が得られる場合[92]の2通りの報告がある．

上記の実験に対しはるかに大きな負荷条件下でも摩擦実験が行われている．たとえば，イオンプレーティング法やパルスレーザアブレーション法で鋼基板に製膜したC_{60}薄膜の摩擦特性が，鋼球を用いた振り子試験機により調べられているが，この場合には0.22～0.25程度の摩擦係数が得られた[93]．一方，これと同程度の負荷条件下で，Si基板上に昇華法で作製した薄膜の摩擦測定をした結果として，0.55～0.8程度の高い摩擦係数も報告されている[94]．これらの測定結果から，フラーレンは，通常のグラファイトと同程度の摩擦低減効果は示すが，特に優れた潤滑性能を有するとはいえないようである．

（2）カーボンオニオン

カーボンオニオンは，カーボン元素から成る玉ねぎのような同心球状の多層構造を持つ炭素微粒子である．フラーレンの親戚といえるもので，バッキーオニオン，ハイパーフラーレンなどとも呼ばれる．すすへの高エネルギー電子ビーム照射[95]，すすやダイヤモンド超微粒子の真空中での加熱[96]などにより得られる．大きさは数十nm以下である．カーボンオニオン粒子は，球形であるためトライボロジー的に良い機能をもつことが期待され，その特性評価が行われている．たとえば，ダイヤモンド超微粒子の加熱処理により得られたカーボンオニオンを基板上に散布したものを，鋼球により摩擦した場合，空気中，10^{-3}Paレベルの真空中のいずれにおいても，0.1の低い摩擦係数の得られた（図4.31）[97]．この実験ではグラファイトおよびフラーレン（C_{60}/C_{70}）も調べられたが，上記の結果は，真空中はもとより空気中においてもそれらの摩擦係数よりも低いものであった．さらに，摩擦相手の材料の摩耗も，カーボンオニオンの場合が最も少なかった．カーボンオニオンの空気中および真空中での低摩擦は，ナノサイズのダイヤモンド微粒子を原料としてプラズマ溶射により作製した被膜の場合にも得られた[98]．さらに，カーボンオニオン薄膜の摩擦においても，空気中で0.2程度の摩擦係数が得られた[99]．これらの結果は，カーボンオニオンが，空気中はもとより真空中でも低摩擦材として使用可能であることを示すものといえよう．

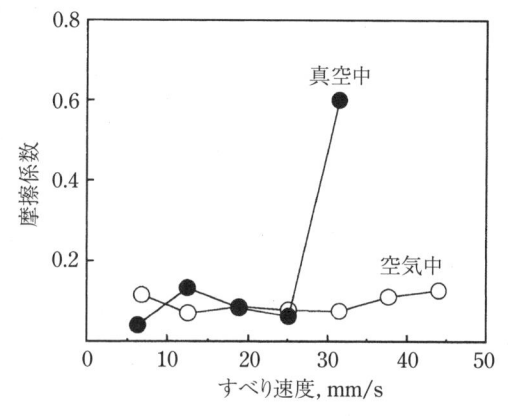

（3）カーボンナノチューブ

カーボンナノチューブ（CNT）は，NECの飯島

図4.31 カーボンオニオンの摩擦特性（ボールオンディスク摩擦試験機，荷重：0.95 N）〔出典：文献97）〕

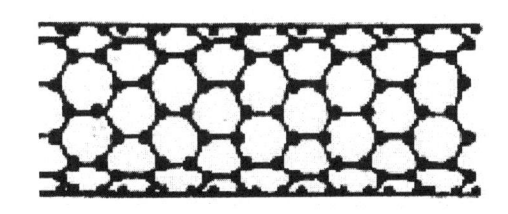

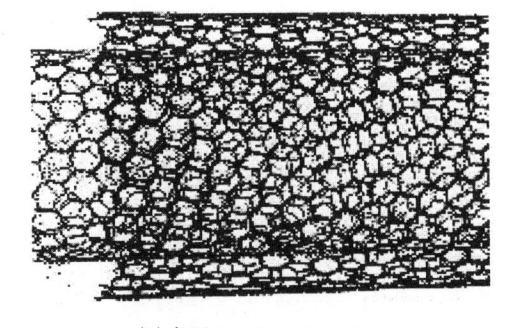

(a) 単層カーボンナノチューブ

(b) 多層カーボンナノチューブ

図4.32 カーボンナノチューブ

澄男氏により1991年に発見されたナノカーボンである．カーボン原子の六員環が網目状に並んだシート（グラフェンシート）を丸めてチューブ状にした形状で，図4.32に示すように，チューブの壁が単層のもの（single-walled CNT, SWCNT）と多層のもの（Multi-walled CNT, MWCNT）とがある．SWCNTの直径は0.4～5 nm程度，MWCNTのそれは5～50 nm程度であり，長さは1～数十μm程度のものである．SWCNT, MWCNTのいずれも，アーク放電法[100]，レーザ蒸着法[101]，化学蒸着（CVD）法[102,103]等により作製されている．CNTには，電子・電気的，機械的，化学的および熱的に優れた特性が期待できるために，基礎から応用まで多方面の研究が行われている．最近では，電界放出型ディスプレイ，導電性複合樹脂，走査型プローブ顕微鏡探針等への応用が注目を集めている．CNTは，トライボロジーの分野においても関心をもたれており，摩擦等の性質が，ミクロおよびマクロな立場から調べられている．

ミクロな研究としては，たとえば，グラファイト等の単結晶上に配置した単一あるいは束状のSWCNTやMWCNTの摩擦挙動が，AFMやFFMを用いて調べられている[104～106]．CNTは，摩擦相手によりすべる場合[104]と転がる場合[105,106]のあることなどが報告されている．また，CVD法等で基板上に配向のそろったCNTを成長させ，それを用いてFFM等で摩擦測定が行われた．その結果，酸化アルミニウムの基板上に成長したCNTをサファイアで摩擦すると，0.1以下の小さい摩擦係数が得られた[107]．これに対し，Si基板上にFeを触媒として成長させたCNTをAu相手に摩擦した場合には，1.5程度の非常に大きい摩擦係数が得られた[108]．このように，実験により大幅に異なる摩擦係数が報告されており，CNTのミクロなレベルでの潤滑性についての結論を得るには，未だ時間を要するであろう．

CNTの摩擦特性等のマクロな観点からの研究も最近増えている．たとえば，ステンレス基板の上に堆積させたMWCNT等の粉末の摩擦が，SUS440Cボールを摩擦相手として，空気中，0.1 N程度の荷重下で調べられた（図4.33）[109]．層状構造のグラファイトの場合の摩擦係数は0.12程度であるが，MWCNTの場合には0.3前後の摩擦係数が得られた．マイクロ波プラズマCVD法により各種基板の上に合成したMWCNTの摩擦特性も，0.5 N以下の荷重下で空気中および10^{-3} Paレベルの真空中で調べられた[110]．その結果，空気中では0.4程度とかなり高い摩擦係数となるのに対し，真空中では0.2以下，特にWC基板の場合には0.1以下の低い摩擦係数が得られた．このように真空中で低い摩擦が得られることは，前述のカーボンオニオンの場合と同様であるが，古くより固体潤滑剤として多く用いられているグラファイトの場合とは明らかに異なる．このような相違が生じる原因については，現在のところ未だ明らかにされていない．

CNTをプラスチック基等の複合材料の添加剤として用いる試みが盛んに行われている．機械的強度や導電性を向上させることを目的とする場合が多いが，トライボロジー特性向上を目指した研究もかなり多い．たとえば，PTFEにCNTを添加した複合材料の摩擦摩耗特性が評価された[111]．その結果によれば，CNTを20 vol％添加した場合には，無添加に比べて摩擦係数は約0.2から0.175へ，比摩耗量は約8×10^{-4}から約3×10^{-6} mm^3/N・mへと低下しており，明らかにCNT添加の効果が

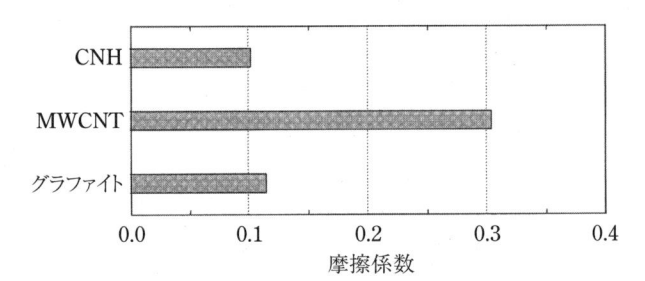

図4.33 ステンレス鋼板上に堆積した多層カーボンナノチューブ（MWCNT），カーボンナノホーン（CNH），グラファイトの摩擦係数（ボールオンディスク型摩擦試験機，荷重：0.11 N，速度：25 cm/s）〔出典：文献109)〕

表われた．機械的強度の大きいポリイミドを母材にした複合材料においても，図4.34に示したように，明らかなCNTの摩擦摩耗低減効果が得られた[112]．さらに，CNTを10％程度添加すれば十分な効果が表われており，20～30％程度の添加が必要な場合が多いグラファイトに比べて，明らかに少ない添加ですむといえよう．金属を母材とする場合の例として，CuにCNTを添加した材料の摩擦摩耗特性も評価された[113]．この場合には，10 vol％前後のCNTを添加した複合材料では，Cuのみに較べて摩擦摩耗ともに1/2程度に減少した．Ni-PめっきにCNTを添加した場合には，グラファイト添加の場合よりもさらに摩擦摩耗が低下することも報告されている[114]．

潤滑油中へCNTを添加した研究も，少ないながらも行われている．たとえば，合成油ポリアルファオレフィン（PAO）にSWCNTを添加した潤滑油を用いて鋼の摩擦摩耗を調べた研究では，1 wt％のSWCNTの添加により，無添加に比べて摩擦係数は0.27程度から0.08程度へ低下し，鋼の摩耗も大幅に減少した[115]．

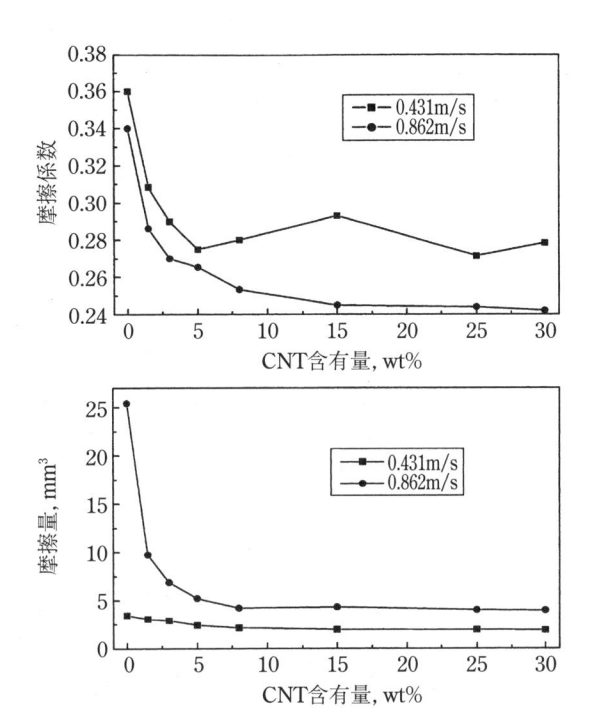

図4.34 CNTを含むポリイミド複合材料の摩擦摩耗（リングオンブロック型摩擦試験機，雰囲気：空気中，荷重：200 N）
〔出典：文献112)〕

このような低摩擦低摩耗化は，詳細は不明であるが，摩擦界面での高圧によりCNTが平坦化およびアモルファス化されることと相関があると考えられている．

気相成長炭素繊維（Vapor grown carbon fiber, VGCF）は超多層のCNTといえるが，これに関しては，上記のCNTに比べてより実用化に向けた研究が多い．この場合にもプラスチックを母材とした複合材料の添加剤として用いられるのがほとんどである．たとえば，ポリアミドにVGCFを20 wt％添加した複合材料では，摩擦係数が無添加のものの1/2程度で，通常のカーボンファイバ入り複合材料よりも低摩擦となった[116]．また，ポリスチレンにVGCFを50 wt％添加すると，無添加のものに較べて摩擦係数，摩耗量共に1/2程度に低下することも報告されている[117]．

SWCNTの中に，単層カーボンナノホーン（SWCNH, SWCN horn）と呼ばれる，チューブの端部が閉じて円すい状にしたものがある．一般には，図4.35に示すように，SWCNHは凝集化し，表面に多数の角が生えた球形となっている[118]．その平均的なサイズは100 nm前後である．SWCNH凝集体（CNH）は，室温の不活性ガス中で，炭素ターゲットに炭酸ガスパルスレーザを照射すること等により得られる．CNHの摩擦特性を調べた結果を図4.33に併せて示す[109]．前述の

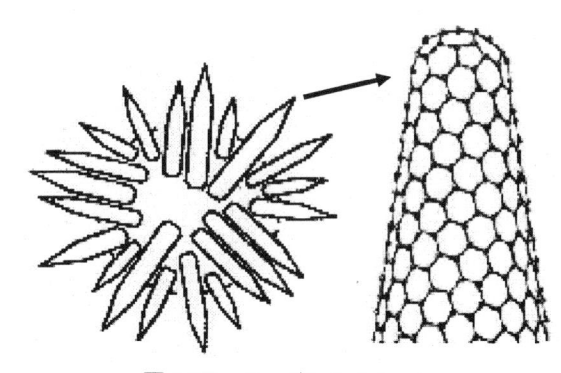

図4.35 カーボンナノホーン

MWCNTの場合と同様に，CNHをSUS基板の上に堆積させた試験片を用いて摩擦した結果である．0.1前後の摩擦係数が得られたが，これはCNTの場合よりも明らかに低く，さらにグラファイトの場合と比べても，同等かあるいは少し低い値である．また，CNHをポリイミドに添加した複合材料の摩擦摩耗特性も評価された[119]．わずか5wt%のCNHの添加により複合材料の摩擦摩耗は大幅に低下し，特に摩耗の低下は著しかった．CNHは発見されてから未だ5年程しか経過していないこともあり，そのトライボロジー機能に関する他の報告は見当たらないが，このような実験結果は，CNHのもつトライボロジー機能に期待を抱かせるものといえよう．

(4) ナノダイヤモンド

爆薬を利用した衝撃法により，平均粒径5nm程度のダイヤモンド超微粒子や，その周囲がグラファイトで囲まれた超微粒子が合成できる．これらは凝集しているため，クラスタダイヤモンド（Cluster diamond, CD），グラファイトクラスタダイヤモンド（Graphite cluster diamond, GCD）と呼ばれる．CD, GCDのトライボロジー特性もかなり調べられており，たとえば，Si基板上にCDを塗布した試料では，0.05前後の低い摩擦係数が得られた[120]．さらに，自己潤滑性のある複合材料への適用が試みられ，AlとCDを焼結した複合材料においては，CDを10wt%添加することにより，無添加に比べて摩擦係数が10分の1以下となった[121]．また，プラスチック母材にCDやGCDを添加することにより，比摩耗量が10^{-7} mm^3/N・mレベルを示し，摩擦も低い複合材料の得られることも報告されている（図4.36）[122]．

プラズマCVD法により成膜される通常のダイヤモンド被膜は，数～数十ミクロンの結晶から成っていて表面が粗いため，研磨なしではトライボロジー用途に使用できない．このような研磨を省略できるダイヤモンド被膜として，ナノクリスタルダイヤモンド（Nano crystal diamond, NCD）膜

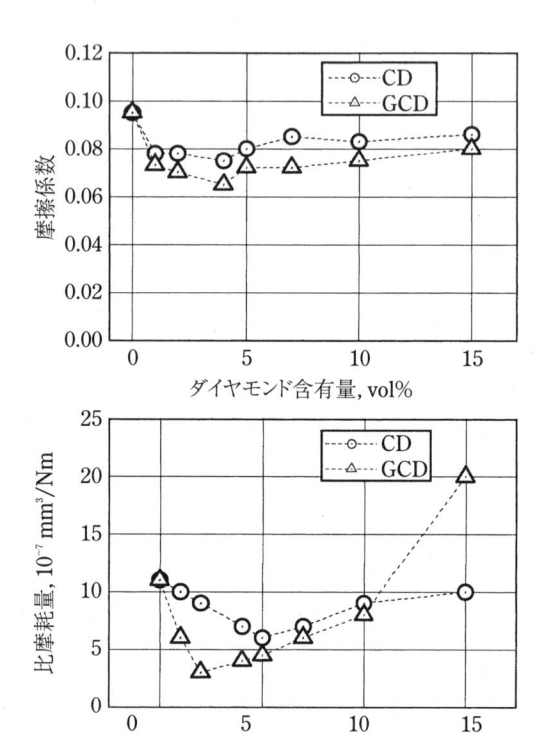

図4.36 CDまたはGCDを含むポリイミド複合材料の摩擦摩耗（ボールオンプレート型摩擦試験機，雰囲気：空気中，荷重：25N，速度：2cm/s）〔出典：文献122〕

と呼ばれる，ナノサイズの微結晶ダイヤから成る皮膜が最近注目されている．このNCDは，マイクロ波プラズマCVD装置を用いて，プラズマ中での基板の位置を適切に設定すること等[123]により得られる．5～15nm程度の大きさのナノ結晶より成り，平均粗さが10nm程度であるNCDにおいて，表面研磨することなしに，0.1程度あるいはそれ以下の低い摩擦係数が得られた．現時点では，基板との密着性がまだ不十分であるが，ダイヤモンドであるために耐摩耗性には優れており，今後の開発の進展が注目される材料である．

4.1.6 フッ化黒鉛

(1) 合成，組成および構造[124～126]

フッ化黒鉛は天然黒鉛，人造黒鉛，石油コークスなどの種々の炭素材料を300～600℃の高温でフ

ッ素ガスを用いてフッ素化することにより合成される．$(CF)_n$と$(C_2F)_n$の生成割合は炭素材料の結晶性とフッ素化温度によって変化する．高結晶性の天然黒鉛，人造黒鉛を350～400℃でフッ素化すると$(C_2F)_n$が，600℃付近では$(CF)_n$が生成し，中間の温度では両者の混合物が得られる．結晶性の低い石油コークスでは300～600℃の温度範囲で$(CF)_n$のみが生成するが，2,300～2,800℃の高温における熱処理によって結晶性の向上した石油コークスの場合は，350～400℃でのフッ素化により$(C_2F)_n$が生成する．低温フッ素化で得られる$(C_2F)_n$は黒色で，フッ素化温度が上昇するにつれてフッ化黒鉛の色は灰色から白色に変化し，600℃付近で得られる$(CF)_n$はきれいな白色である．高結晶性黒鉛でもフッ素化温度を610～620℃へ上げると，CF_4などのフルオロカーボンが生成しやすくなり，白色透明な$(CF)_n$が得られる．低温で生成するフッ化黒鉛が黒色を示すのはsp^2結合の炭素を含むためと考えられている．フッ化黒鉛の炭素-フッ素結合は共有結合で，炭素層はシクロヘキサン型のジグザグ構造（sp^3結合）をとり，sp^2結合の平面炭素層とは異なる．図4.37に$(CF)_n$と$(C_2F)_n$の結晶構造モデルを示す．フッ素は炭素に直接結合し，全体として層状構造を維持している．$(C_2F)_n$の場合でも黒鉛結晶子の表面は構造が乱れているために$(CF)_n$層が生成することが知られている．工業製品の$(CF)_n$はフッ素化温度，原料の価格を考慮して石油コークスのような低結晶性炭素材料から製造される．

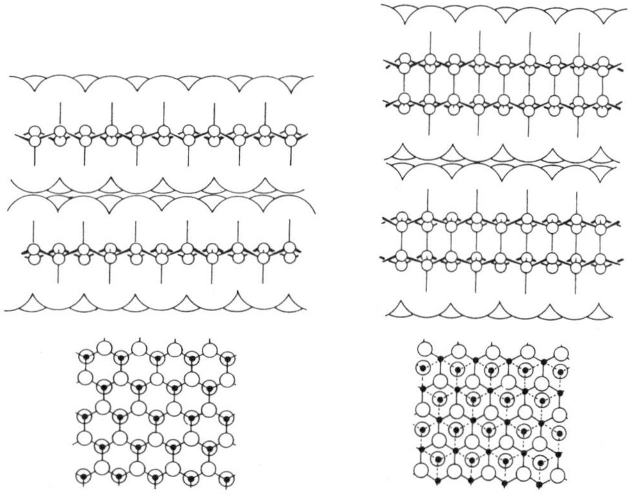

図4.37 フッ化黒鉛の構造

（2）物理的性質と化学的性質

表4.4に石油コークスと天然黒鉛または人造黒鉛から製造された$(CF)_n$と$(C_2F)_n$の例を示す[126]．フッ化黒鉛は炭素-フッ素共有結合を有するので電気的絶縁体であり，疎水性（撥水性）を示す．また，その比表面積は元の粉末状炭素材料より2，3桁大きい．これはフッ素ガスによるフッ素化反応は激しい酸化反応で，炭素-炭素結合の切断とCF_3の生成が起こるためである．フッ化黒鉛の熱分解開始温度は$(CF)_n$で400～500℃，$(C_2F)_n$は約500℃である．

固体材料の表面の性質は接触角測定から求められる臨界表面自由エネルギー（臨界表面張力）や湿潤熱測定から得られる表面エンタルピーで評価される．表4.5に接触角測定から求めた臨界表面自由エネルギーを示す[124～126]．フレーク状フッ化黒鉛はPTFEとほぼ同じ臨界表面自由エネルギーを有するが，粉末状フッ化黒鉛の臨界表面自由エネルギーは非常に小さく高い撥水性を有することがわかる．粉末状炭素や黒鉛は比表面積が大きく，同時に端面（エッジ面）の割合が多くなるので，フッ素化により表面にCF_2，CF_3が多量に生成し撥水性が増加する．$(CF)_n$と$(C_2F)_n$の臨界表面自由エネルギー値については差異は見られない．これは構造の乱れた炭素材

表4.4 フッ化黒鉛の工業製品の例[3]

色	灰色～黒色		黒色
フッ素含有量, wt%	61～64		48～53
比重	2.56		2.79
比表面積, $m^2 kg^{-1}$	2.5×10^5	2.8×10^5	1.0×10^5
比抵抗, $\Omega\ m$	$>10^{12}$		$>10^{12}$
粒径, μm	8～10	1～3	1～6

表面付近では350～400℃で黒鉛をフッ素化しても$(CF)_n$が生成するためである．湿潤熱も同様の傾向を示す[124～126]．

フッ化黒鉛の化学的性質で最も重要なものはリチウム一次電池の正極材料として利用されていることである[124～126]．これはフッ化黒鉛が容易に電気化学的還元を受けるということであり，還元雰囲気では分解しやすいことを示す．一般的に有機化合物を含めて炭素-フッ素化合物は酸化に対しては強いが，還元には弱い．

表4.5 フッ化黒鉛の臨界表面張力

試料	臨界表面張力 (mJ/m^2)
フレーク状 $(CF)_n$	18
フレーク状 $(C_2F)_n$	18
粉末状 $(CF)_n$	2
粉末状 $(C_2F)_n$	3
ポリテトラフルオロエチレン	20
ポリエチレン	33

(3) フッ化黒鉛の潤滑特性

フッ化黒鉛は図4.37に示すように層状構造で，その層平面は低表面エネルギーのC-F共有結合から構成されており，層平面に沿ってすべりやすいことを示す．これはフッ化黒鉛が潤滑剤として使用可能なことを示唆する．フッ化黒鉛の潤滑特性については米国や日本において研究された．フッ化黒鉛は擦り付けて固体潤滑剤として用いられる場合もあるが，表4.5に示されるように低表面エネルギー物質のためそのままでは使いにくく他の物質に混ぜて用いられることが多い．

表4.6に軟らかいSUS301，440-Cステンレス鋼を用いた場合のフッ化黒鉛（$CF_{1.12}$），黒鉛，二硫化モリブデン（MoS_2）の潤滑特性を示す[127]．SUS301ステンレス鋼の場合，二硫化モリブデンの摩擦係数は測定不可，黒鉛も湿潤空気中でのみ使用できるのに対し，フッ化黒鉛は乾燥空気，乾燥アルゴン中でも使用可能で摩擦係数は小さく，耐摩耗寿命も長い．またSUS440Cステンレス鋼の場合も，湿潤空気，乾燥空気中でフッ化黒鉛の方が二硫化モリブデンより良好な潤滑特性を示す．

表4.7に27～344℃で得られた黒鉛塗布膜，フッ化黒鉛塗布膜，リチウムグリース，黒鉛あるいはフッ化黒鉛を2％混合したリチウムグリースの摩擦係数を比較して示す[128]．フッ化黒鉛塗布膜の摩擦係数は27～344℃の範囲で一定の値（0.10～0.13）を示すのに対し，黒鉛塗布膜の摩擦係数は250℃を越えると急激に増加した．リチウムグリースおよび2％黒鉛を混合したリチウムグリースの場合は215℃で使用不可能となったが，2％フッ化黒鉛を混合したリチウムグリースは高温でグリースが分解しても0.08～0.15の摩擦係数を示した．リチウムグリースおよび10％黒鉛を混合したリチウムグリースでは，それぞれ荷重5および7 kgf/cm^2（50および70 N/cm^2）までは摩擦係数は0.12以下であったが，それ以上の荷重では急激に摩擦係数が増加した．これに対し，10％フッ化黒鉛を混

表4.6 25℃の異なった雰囲気中におけるフッ化黒鉛，黒鉛，二硫化モリブデンの潤滑特性の比較

粉末試料	ステンレススチール	摩擦係数 雰囲気			摩耗寿命, 分 雰囲気		
		湿潤空気	乾燥空気	乾燥アルゴン	湿潤空気	乾燥空気	乾燥アルゴン
フッ化黒鉛, $CF_{1.12}$	301	0.05	0.02	0.025	700+	250	50
	440-C	0.06	0.15	—	1200	450	—
黒鉛	301	0.09	測定不可	測定不可	350	0	0
二硫化モリブデン	301	—	測定不可	測定不可	—	0	0
	440-C	0.15	0.02	—	30	70	—

4. 固体潤滑剤各論

表 4.7　1020ステンレススチールに52100ステンレススチールを滑らせたときの摩擦係数

温度, ℃	擦付け黒鉛	擦付けフッ化黒鉛	グリース	グリース＋2％黒鉛	グリース＋2％フッ化黒鉛
27	0.19	0.12	0.14	0.15	0.13
93	0.19	0.13	0.12	0.17	0.13
215	0.11	0.11	—	—	0.13
260	0.48	0.10	—	—	0.12
320	0.53	0.10	—	—	0.15
344	—	0.11	—	—	0.08

グリース：リチウムグリース (8％)

合したリチウムグリースの場合は荷重20 kgf/cm²（200 N/cm²）まで摩擦係数は0.12で一定であった（図4.38)[129]．また，摩擦による温度上昇はリチウムグリースの場合は240分後に約160℃に，10％二硫化モリブデンを混合したリチウムグリースでも約100℃に達したが，10％フッ化黒鉛を混合したときは約60℃であった[129]．

ポリイミド樹脂は空気中では400℃まで，不活性雰囲気では500℃まで安定である．フッ化黒鉛を混合したポリイミドの摩擦係数は25〜500℃で0.08と一定値を与え，二硫化モリブデンを混合したポリイミドも400℃までは類似の結果を示した．しかし寿命は，フッ化黒鉛を混合したポリイミドの方が二硫化モリブデンを混合したものよりはるかに長く，25℃では約2倍，400℃では60倍であった[130]．

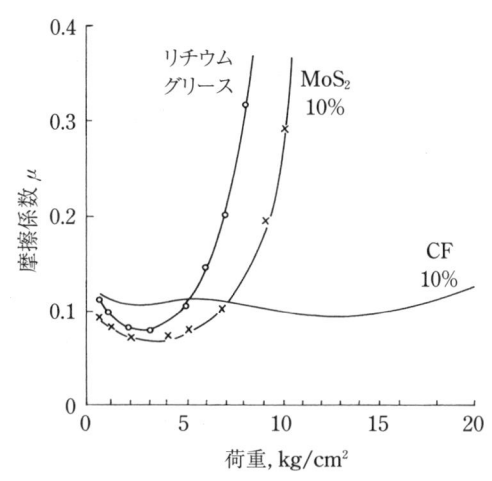

図 4.38　四球試験によって得られた摩擦係数と荷重の関係

電気化学的共析めっきにフッ化黒鉛を利用する方法も試みられた[131]．ニッケルワット浴に界面活性剤とともにフッ化黒鉛を分散してニッケルとフッ化黒鉛の共析めっきを行い，フッ化黒鉛/ニッケル複合膜を鋼の連続鋳造に応用した例では高温で良好な結果が得られている．フッ化黒鉛/ニッケル複合膜の摩擦係数は室温では他のめっき膜の値と大きな差はないが，温度が高くなるにつれてその差が大きくなり，300℃ではクロム，ニッケル膜の摩擦係数がそれぞれ0.95，0.65と増加するのに，フッ化黒鉛/ニッケル複合膜の摩擦係数は0.1〜0.2であった．

参考文献

1) F. J. Glauss : Solid Lubricants and Self-Lubricating Solids, Academic Press (1972) 43.
2) P. A. Grattan & J. K. Lancaster : Abrasion by Lamellar Lubricants, Wear, 10 (1967) 453.
3) 土肥　禎：固体潤滑剤－黒鉛－，潤滑, 19, 10 (1974) 691.
4) R. F. Deacon & J. F. Goodman : Lubrication by lamellar solids, Proc. Roy. Soc. (London), A243 (1958) 464.
5) 津谷裕子：摩擦・摩耗の微視的研究，機械技術研究所報告, 81 (1975) 54.
6) M. Uemura, K. Saito & K. Nakano : A Mechanism of Vapor Effect on Friction Coefficient of

Molybdenum Disulfide, STLE Tribology Trans., 33, 4 (1990) 551.

7) 上村正雄・亀谷栄次・森谷敏明：黒鉛の摩擦に及ぼす水分の影響, トライボロジスト, 36, 6 (1991) 459.

8) W. A. Bragg : Introduction to Crystal Analysis, G. Bell & Son (1928) 64.

9) R. H. Savage : Graphite Lubrication, J. Appl. Phy., 19 (1948) 1.

10) W. Bollman & J. Spradborough : Action of graphite as a lubricant, Nature, 186, 4718 (1960) 29.

11) P. J. Bryant, P. L. Gutshall & L. H. Taylor : A Study of Mechanisms of Graphite Friction and Wear, Wear, 7 (1964) 118.

12) D. G. Folm, A. J. Haltner & C. A. Gaulin : Friction and Cleavage of Lamellar Solids in Ultrahigh Vacuum, ASLE Trans., 8, 2 (1965) 133.

13) P. Cannon : Mechanism of the Vapor Lubrication of Graphite, J. Appl. Phys., 35 (1965) 2928.

14) R. H. Savage & D. L. Schaefer : Vapor Lubrication of Graphite Sliding Contact, J. Appl. Phy., 27 (1956) 136.

15) G. W. Row : Some Observations on the Frictional Behaviour of Boron Nitride and of Graphite, Wear, 3 (1960) 274.

16) 松永正久：固体潤滑剤の摩擦における雰囲気特性評価の意義, 固体潤滑評価法シンポジウム講演要旨集, 日本潤滑学会 (1978) 16.

17) C. J. Smithells : Metal Reference Book, Butterworths (1976) 204.

18) F. K. Orcutt, H. H. Krause & C. M. Allen : The Use of Free-Energy Relationships in the Selection of Lubricants for High-Temperature Applications, Wear, 5 (1962) 345.

19) O. Kubaschewski & C. B. Alcock : Metallurgical Thermochemistry, Pergamon Press (1979) 268.

20) J. F. Elliot, M. Gleiser & V. Ramakrishna : Thermochemistry for Steelmaking, Addison-Wesley, 1 (1963) 161.

21) 津谷裕子：室温以上の大気中における二硫化モリブデンと黒鉛の潤滑性, 潤滑, 16, 4 (1971) 277.

22) J. K. Lancaster : Anisotropy in the Mechanical Properties of Lamellar Solids and Its Effect on Wear and Transfer, Wear, 9 (1966) 169.

23) 芝 弘：黒鉛の潤滑性, 塑性と加工, 9, 87 (1968) 224.

24) J. P. Giltrow & A. J. Groszek : The Effect of Particle Shape on the Abrasiveness of Lamellar Solids, Wear, 13 (1969) 317.

25) 土肥 禎：津谷裕子編, 固体潤滑ハンドブック, 幸書房 (1978) 76.

26) M. B. Peterson & R. L. Johnson : Friction Studies of Graphite and Mixtures of Graphite with Several Metallic Oxides and Salts at Temperatures to 1000 F, NACA Technical note, No. 3657 (1956).

27) 土肥 禎・浅野 満・釣 三郎：リン化合物による天然黒鉛の酸化抑制, 炭素, 57 (1969) 192.

28) G. W. Row : The Friction and Strength of Clean Graphite at High Temperatures, Wear, 3 (1960) 454.

29) 津谷裕子：層状固体潤滑剤の潤滑性に及ぼす雰囲気の影響, 潤滑, 14, 1 (1969) 13.

30) 三宅正二郎：ダイヤモンドのトライボロジー, 表面科学

31) 三宅正二郎：超硬質膜とトライボロジー, 表面技術, 47, 2 (1996) 109.

32) 神田一隆：CVDダイヤモンドの機械分野への適用拡大に向けて, NEW DIAMOND, 18, 2 (2002) 2.

33) 三宅正二郎：超硬質膜のマイクロトライボロジー, 真空, 39, 9 (1996) 423.

34) 三宅正二郎：ダイヤモンドおよびcBN膜のマイクロトライボロジー, NEW DIAMOND, 14, 2 (1998) 2.

35) 三宅正二郎：超硬質膜のマイクロ摩耗特性, トライボロジスト, 44, 6 (1999) 414.

36) 三宅正二郎：ダイヤモンド膜の超潤滑, NEW DIAMOND, 42 (1996) 24.

37) S. Miyake : Boundary Lubrication Properties of Polished Diamond Film with Various Aqueous Solution Thinning Films and Tribological Interfaces, Proceeding in 26th Leed-Lyon Symposium on Tribology (2000) 559

38) F. P. Bowden & D. Tabor : The Friction and Lubrication of Solid Parts 2, Oxford Clarendon press.

39) 三宅正二郎：超硬質膜の極低摩擦，精密工学会誌，61, 2 (1995) 187.

40) S. Miyake : Tribological Improvements of Polished Chemically Vapor Deposited Diamond Films by Fluorination, Appl. Phys. Lett., 65, 9 (1994) 1109.

41) S. Watanabe, S. Miyake & M. Murakawa : Tribological Behavior of Cubic Boron Nitride Film Sliding Against Diamond, Trans. of ASME J. of Tribology, 117 (1995) 629.

42) R. L. C. Wu, K. Miyoshi, S. Miyake H. E. Jackson, A. G. Choo, A. L. Korenyi-Both, A. Garscadden & P. N. Barnes : Tribological and Physical Properties of Ion-Implanted Diamond Films, Diamond Films and Technology, 3, 1 (1993) 17.

43) 三宅正二郎・河口伊伸・渡部修一：ダイヤモンドライクカーボン膜およびダイヤモンド膜の高温環境下でのトライボロジー，トライボロジスト，43, 1 (1998) 65.

44) 三宅正二郎・金　鐘得・渡部修一：窒素イオン注入ダイヤモンドの高温トライボロジー，トライボロジスト，44, 10 (1999) 808.

45) 西村一仁・松本　寧・富森　紘・吉永博俊：CVDダイヤモンドの耐摩耗性1990年度精密工学会講演論文集Ⅱ (1990) 753.

46) 岩井　学・鈴木　清・植松哲太郎・安永暢男・三宅正二郎：ダイヤモンドの高速摺動研磨法の研究，砥粒加工学会誌，46, 2 (2002) 82.

47) S. Miyake, R. Kaneko & T. Miyamoto : Micro Wear Increasing of Polished Chemically Vapour Deposited Diamond Film by Nitrogen Ion Implantation by Atomic Force Microscope, Nuclear Inst. and Methods in Physics Research, B 108 (1996) 70.

48) 三宅正二郎・土田晃一・松崎圭寿：クリーン環境のトライボロジー（第3報）－ダイヤモンド膜形成による滑り摩擦部からの発塵特性，トライボロジスト，46, 4 (2001) 960.

49) 三宅正二郎・秋山幸弘・榎本祐嗣・宮崎俊行：シリコンの水による境界潤滑条件下の摩耗損傷と接触応力の関係，日本機械学会論文集（C編），63, 614 (1997) 3586.

50) 三宅正二郎・金城　敦：ダイヤモンドスライダーによる磁気ディスクの摩耗低減効果，日本機械学会論文集（C編），65, 637 (1999) 3389.

51) 榎本祐嗣・三宅正二郎：薄膜トライボロジー，東京大学出版会 (1994)

52) S. Aisenberg & R. W. Chabot : Ion Beam Deposition of Thin Diamond-Like Carbon, J. Appl. Phys., 42 (1971) 2953.

53) M. Weiler, S. Sattel, T. Giessen, K. Jung, H. Ehrhardt, VS Veerasamy, & J. Robertson : Preparation and Properties of Highly Tetrahedral Hydrogenated Amorphous Carbon, Phys. Rev. B53, 3 (1996) 1594.

54) 三宅正二郎：ダイヤモンドライクカーボン（DLC）膜の最近動向と展望，真空ジャーナル，85 (2002) 11.

55) 三宅正二郎：カーボン系薄膜への物質添加によるトライボロジー特性向上，トライボロジスト，41, 9 (1996) 754.

56) K. W. R. Gilkes, H. S. Sands, D. N. Batchelder, J. Robertson, & W. I. Milne : Direct Observation of sp^3 Bonding in Tetrahedral Amorphous Carbon Using Ultraviolet Raman Spectroscopy, Appl. Phys. Lett., 70, 15 (1997) 1980.

57) D. R. McKenzie, D. C. Green, P. D. Swift, D. J. H. Cockayne, P. J. Martin, R. P. Netterfield & W. G.

Sainty : Electron Optical Techniques for Microstructural and Compositional Analysis of Thin Films, Thin Solid Films, 193/194 (1990) 418.

58) 三宅正二郎・斉藤喬士・余　可清・三上隆司・緒方　潔：フィルタードアークイオンプレーティング法により形成したDLC膜のナノメータスケールの機械特性，表面技術，55, 10 (2004) 669.

59) 斉藤喬士・三宅正二郎・渡部修一・諸貫正樹：高エネルギーイオンを用いて形成したダイヤモンドライクカーボン膜のマイクロトライボロジー特性，表面技術，55, 9 (2004) 594.

60) 三宅正二郎：DLC膜のトライボロジー，NEW DIAMOND 8, 3 (1992) 13.

61) 三宅正二郎：DLC膜，cBN膜のトライボロジーとその応用，精密工学会誌，66, 4 (2000) 539.

62) S. Miyake, S. Takahashi, I. Watanabe & H. Yoshihara : Friction and Wear Behavior of Hard Carbon Films, ASLE Trans., 30, 1 (1987) 121.

63) S. Miyake : Extremely Low Friction Mechanism of Amorphous Hydrogeneted Carbon Films and Amorphous Haydrogeneted SiC films in vacuum, Surface and Coatings Technology, 54/55 (1992) 563.

64) I. Sugimoto & S. Miyake : Oriented Hydrocarbons Transferred from a High Performance Lubricative Amorphous C: H: Si Film during Sliding in a Vacuum, Appl. Phys. Lett., 56 (19) 7 (1990) 1868.

65) A. Erdemir O.L. Eryilmaz & G. Fenske : Synthesis of Diamndlike Carbon Films with Superlow Friction and Wear Properties, J. Vac. Sci. & Techonol., A18 (2000) 1987.

66) 三宅正二郎・関根幸男・渡部修一：窒化炭素，窒化炭素積層膜の形成とマイクロトライボロジー特性，日本機械学会論文集（C編），65, 639 (1999) 4496.

67) S. Miyake, Y. Sekine & S. Watanabe : Deposition and Tribology of Carbon and Boron Nitride Super Lattice Solid Lubricant Films, Jpn. Soc. Mech. Eng. Int. J., C47, 1 (2004) 377.

68) S. Miyake, R. Kaneko, Y. Kikuya & I. Sugimoto : Micro- Tribological Studies on Fluorinated Carbon Film, Trans. ASME J. Tribo., 113 (1991) 384.

69) S. Miyake, T. Saito, Y. Yasuda, Okada & M. Kano : Improvement of Boundary Lubrication Properties of Diamond − Like Carbon (DLC) Films due to Metal Addition, Tribology International, 37, 9 (2004) 751.

70) S. Miyake : Microtribology of Carbonaceous Films − Approach to Atomic Scale Zero Wear − , Trans. of Jpn. Mat. Res. Soc., 15 B (1994) 919.

71) I. Sugimoto & S. Miyake : High Lubrication Performance of Tribologically Oriented Fluoropolymer Molecules Analyzed by Polarized Infrared Microscopy, J. Appl. Phys., 67 (1990) 4083.

72) 三宅正二郎・平野元久・大幡浩平・加藤梅子：二硫化タングステンスパッタ膜の潤滑特性，潤滑，33, 1 (1988) 45.

73) 山本尚之：磁気ディスク装置におけるDLC膜のトライボロジー，NEW DIAMOND, 20, 1 (2004) 18.

74) S. Miyake & M. Wang : Mechanical Properties of Extremely Thin B- C- N Protective Layer Deposited with Helium Addition ; Jpn. J. Appl. Phys., 43, 6 A (2004) 3599.

75) 三宅正二郎・保田芳輝・加納　眞・馬淵　豊：摺動材料およびその製造方法，日本国特許　第3555844号，米国特許 US- 6846068B1, 独国 Nr 10017459.

76) 三宅正二郎・北野雅之・渡部修一・山元賢二：ダイヤモンドライクカーボン（DLC）膜形成による摩耗発塵低減効果，トライボロジスト，41, 5 (1996) 403.

77) 熊谷　泰：DLC応用技術の展開−機械関連技術−，NEW DIAMOND, 16, 4 (2000) 66.

78) S. Miyake : Boundary Lubrication Properties of Polished Diamond Film with Various Aqueous Solution, Proc. in 26 th Leed- Lyon Symposium on Tribology (2000) 559.

79) S. Miyake & K. Matsuzaki : Mechanical Nanoprocessing of Layered Crystal Structure Materials by

Atomic Force Microscopy, Jpn. J. Appl. Phys., 41, 9 (2002) 5706.
80) A. Y. Liu & M. L. Cohen : Prediction of New Low Compressibility Solid, Science, 245 (1989) 841.
81) N. Umehara, K. Kato & T. Sato : Tribological Properties of Carbon Nitride Coatings by Ion Beam Assisted Deposition : Proc. of ICMCTF, San Diego (1998) 151.
82) N. Umehara, M. Tatsuno & K. Kato : Nitrogen Lubricated Sliding between CNx Coatings and Ceramic Balls, Proc. ITC Nagasaki (2001) 1007.
83) 梅原徳次・山下主税・加藤康司：窒化炭素膜と窒化ケイ素のすべり接触における吸着窒素ガスによる低摩擦の発現第1報－低摩擦発現のための荷重，速度及び雰囲気条件－，日本トライボロジー学会トライボロジー会議予稿集，仙台 (2002-10) 81.
84) 梅原徳次・野老山貴行・冨田博嗣・竹之下雪徳：CNx膜をコーティングしたスラスト軸受の窒素中における超低摩擦現象，日本トライボロジー学会トライボロジー会議予稿集，仙台 (2002-10) 79.
85) 野老山貴行・梅原徳次・冨田博嗣・竹之下雪徳：窒化炭素膜の極低摩擦現象に及ぼす相手面表面粗さと移着膜の影響，日本機械学会論文集（C編），69, 686 (2003) 2824.
86) H. W. Kroto, J. R. Health, S. C. O'Brien, R. F. Curl & R. E. Smally : C-60-Buckminsterfullerene, Nature, 318 (1985) 162.
87) Y. Saito, M. Inagaki, H. Shinohara, H. Nagashima, M. Ohkohchi & Y. Ando : Yield of Fullerenes Generated by Contact arc Method under He and Ar : Dependence on Gas Pressure, Chem. Phys. Lett., 200 (1992) 643.
88) 大前伸夫：C_{60}薄膜の構造とトライボロジー特性，NEW DIAMOND, 17, 3 (2001) 26.
89) 沖田俊一・松室昭仁・三浦浩治：単層C_{60}薄膜の形成と摩擦特性，精密工学会誌，69, 1 (2003) 130.
90) C. M. Mate : Nanotribology Studies of Carbon Surfaces by Force Microscopy, Wear, 168 (1993) 17.
91) U. D. Cchwartz, W. Allers, G. Gensterblum & R. Wiesendanger : Low-Load Friction Behavior of Epitaxial C_{60} Monolayers under Hertzian Contact, Phys. Rev., B, 52, 20 (1995) 14976.
92) E. Meyer, R. Luthi, L. Howald, W. Gutmannsbauer, H. Haefke & H-J. Guntherodt : Friction Force Microscopy on Well Defined Surfaces, Nanotechn., 7, 4 (1996) 340.
93) 広中清一郎：フラーレンC_{60}薄膜の合成と応用，表面技術，47, 5 (1996) 419.
94) W. Zhao, J. Tang & A. Puri : Tribological Properties of Fullerenes C_{60} and C_{70} Microparticles, J. Mater. Res., 11, 11 (1996) 2749.
95) D. Ugarte : Curing and Closure of Graphite Networks under Electron-Beam Irradiation, Nature, 359 (1992) 707.
96) W. A. de Heer & D. Ugarte : Carbon Onion Produced by Heat Treatment of Carbon Soot and Their Relation to the 217.5 nm Interstellar Adsorption Feature, Chem. Phys. Lett., 204, 4-6 (1993) 480.
97) 垣内孝宏・平田　敦：精密工学会誌，67, 7 (2001) 1175.
98) 薄葉　州・アンナグバレビッチ・北村順也・横井裕之・角舘洋三・田中章浩・小田原　修：ナノサイズカーボン粒子を含有するプラズマ溶射膜の摩擦特性，電子情報通信学会技術研究報告，103, 366 (2003) 43.
99) T. Cabioch, E. Thune, J. P. Riviere, S. Camelio, J. C. Girard, P. Guerin, L. Henrard & Ph. Lambin : Structure and Properties of Carbon Onion Layers Deposited onto Various Substrates, J. Appl. Phys., 91, 3 (2002) 1560.
100) S. Iijima & T. Ichihashi : Single-Shell Carbon Nanotubes of 1nm Diameter, Nature, 363 (1993) 603.
101) A. Thess, R. Lee, P. Nikolaev, H. Dai, P. Petit, J. Robert, C. Xu, Y. H. Lee, S. G. Kim, A. G. Rinzler, D. T. Colbert, G. E. Scuseria, D. Tománek, J. E. Fischer & R. E. Smalley : Crystalline Ropes of Metallic

Carbon Nanotubes, Science, 273, 5274 (1996) 483.

102) K. Mukhopadhyay, A. Koshio, T. Sugai, N. Tanaka, H. Shinohara, Z. Konya & J. B. Nagy : Bulk Production of Quasi-Aligned Carbon Nanotube Bundles by the Catalytic Chemical Vapour Deposition (CCVD) Method, Chem. Phys. Lett., 303, 1-2 (1999) 117.

103) H. Ago, T. Komatsu, S. Ohshima, Y. Kuriki & M. Yumura : Dispersion of Metal nanoparticles for Aligned Carbon Nanotube Arrays, Appl. Phys. Lett., 77, 1 (2000) 79.

104) K. Miura, M. Ishikawa, R. Kitanishi, M. Yoshimura, K. Ueda, Y. Tatsumi & N. Minami : Bundle Structure and Sliding of Sigle-Walled Carbon Nanotubes Observed by Frictional-Force Microscopy, Appl. Phys. Lett., 78, 6 (2001) 832.

105) M. R. Falvo, R. M. Taylor, A. Helser, V. Chi, F. P. Brooks, S. Washburn & R. Superfine : Nanometre-Scale Rolling and Sliding of Carbon Nanotubes, Nature, 397 (1999) 236.

106) K. Miura, T. Takagi, S. Kamiya, T. Sahashi & M. Yamauchi : Natural Rolling of Zigzag Multiwalled Carbon Nanotubes on Graphite, Nano Lett., 1, 3 (2001) 161.

107) J. P. Tu, C. X. Jiang, S. Y. Guo & M. F. Fu : Micro-Friction Characteristics of Aligned Carbon Nanotube Film on an Anodic Aluminum Oxide Template, Mat. Lett., 58 (2004) 1646.

108) 久米一平・酒井洋和・田川雅人・大前伸夫：CNT成長とマイクロトライボロジー特性，トライボロジー会議2003秋 新潟 予稿集 (2003) 327.

109) 梅田一徳・田中章浩・湯田坂雅子・飯島澄男：新炭素材料のトライボロジー特性，日本トライボロジー学会トライボロジー会議2002春 東京 予稿集 (2002) 207.

110) A. Hirata & N. Yoshioka : Sliding Friction Properties of Carbon Nanotube Coatings Deposited by Microwave Plasma Chemical Vapor Deposition, Trib. Intn., in press.

111) W. X. Chen, F. Li, G. Han, J.B. Xia, L. Y. Wang, J. P. Tu & Z. D. Xu : Tribological Behavior of Carbon-Nanotube-Filled PTFE Composites, Trib. Latt., 15, 3 (2003) 275.

112) H. Cai, F. Yan & Q. Xue : Investigation of Tribological Properties of Polyimide/Carbon Nanotube Nanocomposites, Mat. Sci. Eng., A364 (2004) 94.

113) J. P. Tu, Y. Z. Yang, L. Y. Wang, X. C. Ma & X. B. Zhang : Tribological Properties of Carbon-Nanotube-Reinforced Copper Composites, Trib. Ltt., 10, 4 (2001) 225.

114) W. X. Chen, J. P. Tu, H. Y. Gan, Z. D. Xu, Q. G. Wang, J. Y. Lee, Z. L. Liu & X. B. Zhang : Electroless Preparation and Tribological Properties of Ni-P-Carbon Nanotube Composite Coating Sunder Lubricated Condition, Surf. and Coat. Techn., 160 (2002) 68.

115) L. J-Pottuz, F. Dassenoy, B. Vacher, J. M. Martin & T. Mieno : Ultralow Friction and Wear Behaviour of Ni/Y-Based Single Wall Carbon Nanotubes, Trib. Int., in press (2004).

116) 石田貴樹・川久保洋一：カーボンナノファイバーのトライボロジー特性の研究，トライボロジー会議2003春 東京予稿集 (2003) 117.

117) 榎本和城・安原鋭幸・大竹尚登・村上碩哉・加藤和典：気相法炭素繊維／ガラス状炭素複合材料の摩擦特性 第16回ダイヤモンドシンポジウム予稿集 (2002) 218.

118) S. Iijima, M. Yudasaka, R. Yamada, S. Bandow, K. Suenaga, F. Kokai & K. Takahashi : Nano-Aggregates of Single-Walled Graphitic Carbon Nano-Horns, Chem. Phys. Lett., 309 (1999) 165.

119) 田中章浩・梅田一徳・姫野智壮・水原和行・湯田坂雅子・飯島澄男：新炭素材料含有ポリイミド複合材料の摩擦摩耗，トライボロジー会議2004春 東京予稿集 (2004) 57.

120) 花田幸太郎：クラスターダイヤモンドの特性と固体潤滑への応用，砥粒加工学会誌，47, 8 (2003) 422.

121) Q. Ouyang & K. Okada : Friction Properties of Aluminium-Based Composites Containing Cluster Diamond, J. Vac. Sci. Techn., A12, 4 (1994) 2577.
122) 高津宗吉・梅田一徳・田中章浩・黛 政男：クラスターダイヤモンド複合固体潤滑材料の摩擦摩耗特性，トライボロジー会議2001春 東京 予稿集（2001）187.
123) S. P. Hong, H. Yoshikawa, K. Wazumi & Y. Koga : Synthesis and Tribological Characteristics of Nanocrystalline Diamond Film Using CH_4/H_2 Microwave Plasmas, Diamond and Related Materials, 11, 3-6 (2002) 877.
124) N. Watanabe, T. Nakajima & H. Touhara : Graphite Fluorides, Elsevier, Amsterdam (1988) Chapters 2, 3, 4, 7.
125) T. Nakajima & N. Watanabe : Graphite Fluorides and Carbon-Fluorine Compounds, CRC Press, Boca Raton FL, (1991) Chapters 2, 3, 5.
126) 中島 剛：黒鉛層間化合物，炭素材料学会編，リアライズ社（1990）5章．
127) R. L. Fusaro & H. E. Sliney : Preliminary Investigation of Graphite Fluoride (CFx)$_n$ as a Solid Lubricant, NASA Tech. Note, D-5097, March (1969).
128) H. Gisser, M. Petronio & A. Shapiro : Graphite Fluoride as a Solid Lubricant, ASLE Lubrication Engineering, 28 (1972) 161.
129) 石川敏功・武田芳三：フッ素化学と工業，渡辺信淳編，化学工業社（1984）280-292.
130) R. L. Fusaro & H. E. Sliney : Graphite Fluoride as a Solid Lubricant in a Polyimide Binder, NASA Tech. Note, D-6714, March (1972).
131) 梅田洋一・杉谷泰夫・三浦 実・中井 健：水平連鋳の鋳造安定性におよぼす諸要因の影響，鉄と鋼，67 (1981) 1377.

4.2 遷移金属ジカルコゲナイド

4.2.1 二硫化モリブデン

二硫化モリブデン（MoS_2）は代表的な固体潤滑剤であり，グリース・オイルへの添加，他の物質との複合などその使用形態は多岐にわたる．それらの詳細他章にゆだねることとし，本項では二硫化モリブデンという化合物に焦点をしぼり解説する．

（1）二硫化モリブデンの天然結晶

二硫化モリブデンは天然で輝水鉛鉱（Molybdenite）として広く存在している．またモリブデンという元素そのものも，スエーデンの科学者 W. Scheele によって輝水鉛鉱を硝酸で分解し白色の酸化物（MoO_3）を得ることで1778年に発見され，その後 Hjelm により1782年に遊離されている[1]．すなわち，天然ではモリブデンは水鉛鉛鉱（$PbMoO_4$），水鉛シャ（MoO_3）の場合もあるが，多くの場合は前述のよう輝水鉛鉱として存在している．

しかしながら，多くの海外鉱山産品は MoS_2 含有量（品位）として0.1％のオーダであり，その産出形態はおのずと粉末になり酸化の影響を受けやすくなる．そのため，後述する各種データも粉末でのデータ例が多いことは注意が必要である．ちなみに岐阜の平瀬鉱山の品位は90％を越えていたという．世界に類を見ない超高品位であり，現存する大形単結晶として研究に用いられている．

この二硫化モリブデンの結晶形態は六方晶で，結晶群は $P6_3/mmc$，積層形態は aβabαb である．この二硫化モリブデンの結晶モデルを図4.39に示す[2]．

結晶の Mo と S の結合は共有結合できわめて強いが，S層とS層の層間にはファンデルワールス

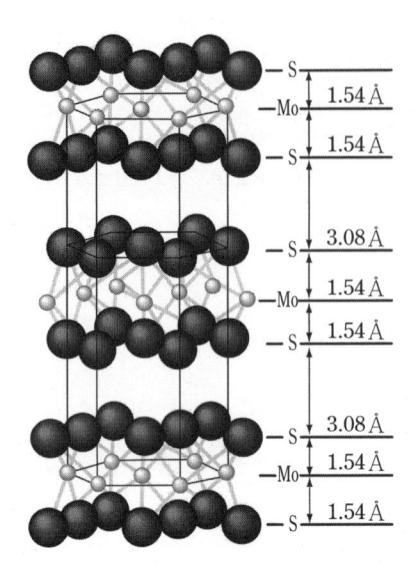

図4.39　二硫化モリブデンの結晶構造 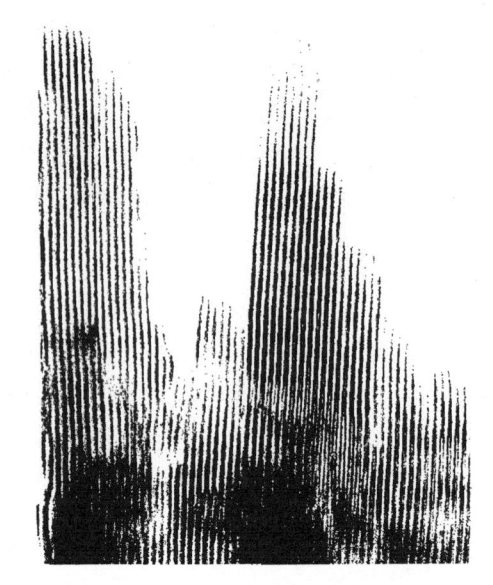　　　図4.40　ウルトラミクロトーム法で切り出した二硫化モリブデン結晶のHRTEM像

(van der Waals) 力のみの弱い結合となっている．この二硫化モリブデン結晶の (001) 表面の TEM による観察例は枚挙の暇はないが，摩擦の研究上不可欠といわれる (1120) 方向，いわゆるラメラ層の断面観察の成功例は高橋ら数例しかない[3,4]．二硫化モリブデンの断面写真を図4.40に示す．

　この二硫化モリブデンが層間の断面観察を阻んできた理由はとりもなおさず二硫化モリブデンの化学安定性と潤滑性である．高分解能電子顕微鏡（High Resolution Transmission Electron Microscope：HRTEM）用の観察試料とするには，300Å程度の薄片とする必要があるが，次に示すような化学的安定性からケミカルエッチングを受け付けず，研磨等の機械加工では容易に加工時の摩擦方向に再配列し結晶底面観察と同様になってしまう．この結晶の観察も1988年にウルトラミクロトーム法というダイヤモンドナイフでの切出しで初めて可能となった観察である．

　結晶モデルでは MoS_2 層間の Mo-S の共有結合が強く，S-S 間の van der Waals 力が弱いため滑ることは直感的には理解できる．実際の結晶では膨大な S-S 間（図4.40：層間の白い部分）が観察され，それぞれの van der Waals 力が層間で働いていることは想像される．結晶にせん断が加わった場合 Mo-S 間の共有結合がいかに強くとも限界があり，いずれかの位置での共有結合の破断も予想される．

(2) 二硫化モリブデンの諸性質

(a) 物理・化学・機械的性質

　二硫化モリブデンの諸物性を表4.8[5]に示す．二硫化モリブデンは銀灰色の粉末で粒径が小さくなるほど黒味を帯びてくる．また結晶の硬さはモース硬度で1～1.5であり最も軟らかい物質の一つである．二硫化モリブデンは先に触れたような結晶上の性質により，単結晶の基底面とエッジ面では熱伝導率・導電性が大きく異なる．しかしながら，実用においては結晶端面で接触した二硫化モリブデンは容易に湾曲や破壊を起こし，すべり方向と平行に結晶底面を向けるといわれている．この一連の破壊（欠陥の発生）と回転・吸着の過程を含めてオリエンテーション（結晶配向）と呼ぶ．

表 4.8 MoS$_2$ の物理・化学・機械的性質〔出典：文献 5）〕

分子量	160.06
色	銀灰色から黒
密度	4.8〜5.0
硬さ	1〜1.5（モース，基底面） 60（ヌープ，基底面） 32 kgf/mm^2（基底面） 900 kgf/mm^2（エッジ面）
弾性係数	2.0×10^7 Pa
ぬれ性	水に対して接触角 60°
表面エネルギー	2.4 J/m^2（基底面） 700 J/m^2（エッジ面）
比熱	15.19 cal/(mol·K)
融点	大気中：溶融せずに 350℃から徐々に MoO$_3$ に酸化する 真空中：溶融せずに 927℃で分解をはじめる
熱伝導率	0.13 W/(m·K)（粉末，40℃） 0.19 W/(m·K)（粉末，430℃） 0.540 W/(m·K)（理論密度 77％のペレット，−192℃） 0.781 W/(m·K)（理論密度 77％のペレット，32℃） 0.500 W/(m·K)（理論密度 77％のペレット，588℃） 1.38 W/(m·K)（理論密度 88％のペレット，−192℃） 1.82 W/(m·K)（理論密度 88％のペレット，32℃） 1.19 W/(m·K)（理論密度 88％のペレット，588℃）
熱膨張係数	1.9×10^{-6} K^{-1}（基底面，300〜1000 K） 8.65×10^{-6} K^{-1}（エッジ面，300〜1000 K） 5.84×10^{-6} K^{-1}（理論密度 95％のペレット，300〜810 K）
導電性	0.02/(Ω·cm)（単結晶基底面，100K） 0.63/(Ω·cm)（単結晶基底面，300K） 0.50/(Ω·cm)（単結晶基底面，523K） 1.6×10^{-6}/(Ω·cm)（単結晶エッジ面，100K） 1.58×10^{-4}/(Ω·cm)（単結晶エッジ面，300K） 5.01×10^{-3}/(Ω·cm)（単結晶エッジ面，523K） 1.17×10^{-3}/(Ω·cm)（ホットプレスされたバー）
酸との反応	王水，熱硫酸，熱硝酸以外には侵されない
水，有機溶媒	溶解しない

（b）二硫化モリブデンの酸化と酸化物の潤滑性

二硫化モリブデンは乾燥空気中で徐々に酸化され酸化モリブデンとなる．酸化反応式は

$$2\,\mathrm{MoS_2} + 7\,\mathrm{O_2} \rightarrow 2\,\mathrm{MoO_3} + 4\,\mathrm{SO_2} \uparrow$$

であるが，すべての酸化反応と同一で熱と時間で酸化は進行する．

G. V. C. Vineall らが，各種粒径の二硫化モリブデン粉末の 400℃における各加熱時間でのモリブ

図 4.9 MoS$_2$ 粉末の酸化

温度, ℃	加熱後 MoO$_3$ 生成量, %							
	1 h	3 h	6 h	18 h	24 h	48 h	72 h	96 h
250	～0.1	～0.1	～0.1	～0.1	0.2	0.4	0.5	0.6
300	1.0	3.2	5.2	15.0	19.5	24.3	26.0	27.3
400	2.9	12.1	16.0	22.5	24.5	27.9	37.0	46.0
500	57.2	74.5	79.3	80.2	84.7	94.7	96.0	96.5

400 ℃加熱後粒度別酸化状況

平均粒径, μm	加熱後 MoO$_3$ 生成量, %							
	1 h	3 h	6 h	18 h	24 h	48 h	72 h	96 h
4.2	～0.1	4.0	5.8	10.4	17.0	22.0	30.1	38.2
1.7	2.9	12.1	16.0	22.5	24.5	27.9	37.0	46.0
0.66	48.0	55.0	69.3	79.3	84.4	85.6	86.9	89.0

デン酸化物の生成量と中粒径 (1.7 μm) での各温度と時間での酸化物発生量を報告している（表4.9）[6]．

酸化物には Mo$_9$O$_{26}$ や Mo$_8$O$_{23}$ 等複雑な組成物も知られているが，多くは最も安定な三酸化モリブデン MoO$_3$ となる．なお，400 ℃ というのは一般的に酸化が進行しやすいという温度であって，実際にはより低温でも酸化は進行することは示されており，Ross と Sussman によれば，大気または水蒸気の存在下であれば，85 ℃ 程度の低温でも表面層の酸化が始まるとしている[7]．

なおこの三酸化モリブデンもフッ化水素酸および濃硫酸を除き通常の酸には溶けないが，アンモニア水および炭酸アルカリ水溶液のような弱アルカリには解ける．ただし水には溶けにくく三酸化モリブデンが直接水と反応しモリブデン酸とならないことが，他の酸無水物とは異なっている[1]．この三酸化モリブデンも酸化鉛に次ぐ潤滑性をもち[8]，酸化物系固体潤滑剤としても有用である．

Vineall と Taylar のシェル四球試験での結果を表 4.10[6] に示すが，Petroleum Jelly に対し，三酸化

表 4.10 MoO$_3$ 潤滑による摩耗試験（シェル四球試験）

荷重, kgf·m	2分運転後の摩耗痕径, mm			
	P.J	P.J 95 % MoO$_3$ 5 %	P.J 50 % MoO$_3$ 45 % MoS$_2$ 5 %	P.J 50 % MoS$_2$ 50 %
30	0.32	0.32	0.32	0.30
40	0.42	0.42	0.42	0.32
60	1.80	1.60	0.48	0.38
80	2.30	2.20	0.58	0.58
100	3.00	2.40	0.65	0.63
120	3.10	2.60	0.80	0.80
140	—	—	0.80	0.80

モリブデンが5%程度であれば，アブレシブに働くことはなく，むしろ摩耗を抑制している．さらには，二硫化モリブデンとの併用では問題となるようなアブレシブ性ではないことが示されている．

また，P. D. Fleiscahuer らによれば表面層が20%〜30%酸化したスパッタ膜が最も長寿命を示すという結果[9]があり，P. W. Centers によれば100%の MoS_2 ペレットより75% MoS_2 + 25% MoO_3 のほうが摩耗が少なかったとの報告[10]もある．これらの点から，二硫化モリブデンと三酸化モリブデン併用の場合の潤滑機構には不明な点はあるが，二硫化モリブデンの酸化が必ずしも潤滑性能の低下とはいえないことがわかる．

(3) 二硫化モリブデンの潤滑性

二硫化モリブデンの最もすぐれた潤滑性能に耐荷重能があり，その耐圧性は28,000 kg/cm² とある．この値は J. T. McCabe によれば[11]二硫化モリブデン粉末のシェル四球試験を AISI C52100 球で行い，球が塑性変形を起してなお融着しなかったため，この球の降伏応力値（475,000 lb/inch²）以上の耐圧性があると推定したことによる．各潤滑性に関しては試験条件を含めた環境によっても変化することから，以下に各環境下での二硫化モリブデンの特性を紹介する．

(a) 高温環境での摩擦係数と寿命

二硫化モリブデンの高温化での潤滑性は J. K. Lancaster らにより黒鉛との比較がなされている[12]．図4.41に示すように比較136℃以上の高温で安定した摩擦係数を示している．また Deacon らにより，BN，黒鉛，タルクとの比較が報告されおり，400℃前後まで安定した摩擦係数が報告されてい

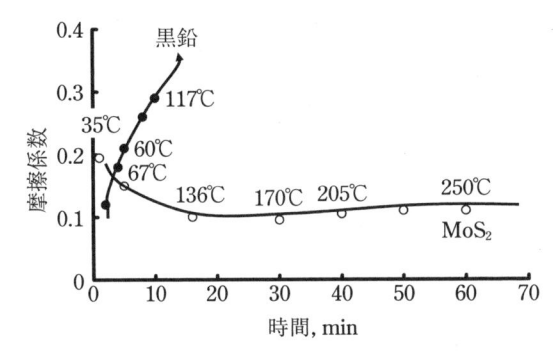

図4.41 黒鉛と MoS_2 の摩擦係数に及ぼす温度の影響（試験片：鋼，荷重：20 kg，速度：60 cm/s）

る（図4.42）[13]．さらに，Brainard によってもほぼ同様の結果が報告されている[14]．しかしながら，前述の Lancaster らの報告のように35℃での0.2程度の摩擦係数が136℃では0.1程度まで低下することから，温度変化だけでなく湿度の影響も懸念された．詳しくは次項で触れるが，その後室温領域での摩擦係数は Midgley らにより温度と湿度の関係が報告され[15]，湿度影響も大きいことが明らかとなった．一方前述のように，摩擦係数は高温まで安定しているものの，MoS_2 膜の寿命は300℃の場合では常温の約1/50とな

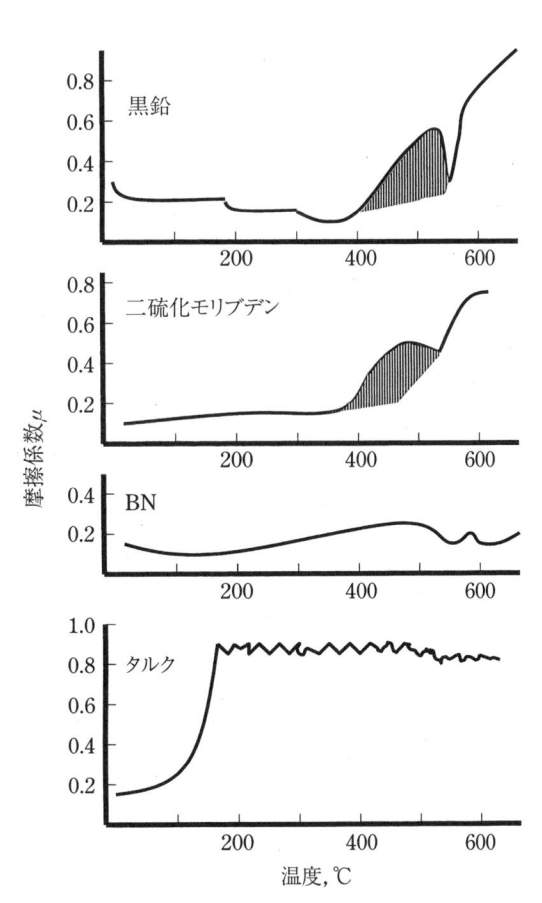

図4.42 各種固体潤滑剤の摩擦係数と温度の関係

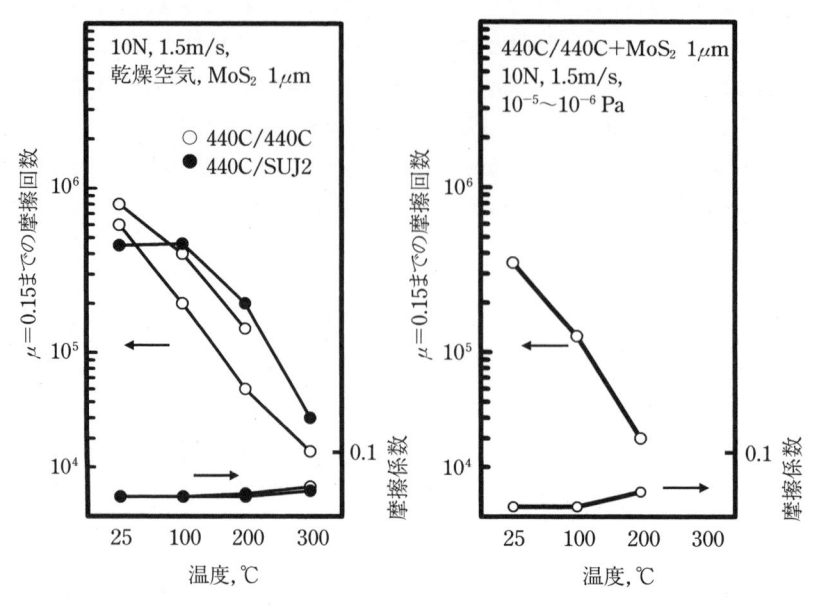

図 4.43　MoS_2 スパッタ膜の寿命と摩擦係数の関係

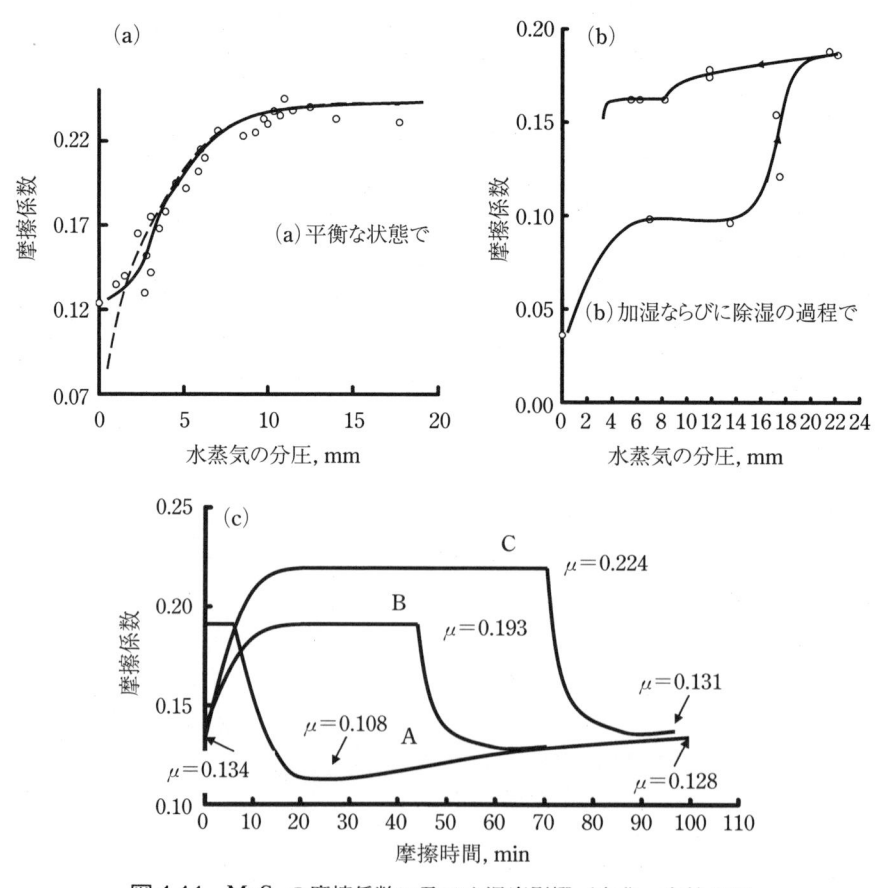

図 4.44　MoS_2 の摩擦係数に及ぼす湿度影響〔出典：文献 17)〕

4. 固体潤滑剤各論

ることが, 西村らにより二硫化モリブデンのスパッタ膜で報告[16]されている（図4.43）.

以上のように, 二硫化モリブデンは高温域での膜寿命は常温より短くなる傾向はあるものの, 200 ℃以上での摩擦係数は0.1前後と比較的安定しており, むしろ100℃以下の常温域のほうが摩擦の変化は大きい. これらの結果からも常温域での変化が, 湿度等の影響を受けていることが示唆される.

(b) 湿度と摩擦係数

二硫化モリブデンの摩擦係数に対する湿度の影響は, Halterら（図4.44）[17] や前述のMidgleyら（図4.45）[15] によって報告されている.

窒素中の相対湿度（水蒸気の分圧）の関係から, 平衡な状態〔図4.44（a）〕では湿度が0％の窒素中での摩擦係数0.1程度から相対湿度50％以上では, 摩擦係数0.20以上に達する. また一度加湿された二硫化モリブデンは除湿によっても摩擦係数は0.15以上に留まっている〔図4.44（b）〕. ただし, 乾燥窒素中で水蒸気を加えても, 乾燥窒素に雰囲気を変換した場合には窒素中での摩擦係数と同等の摩擦係数に戻っている〔図4.44（c）〕. Halterらは湿度増加と酸化モリブデン生成の関係を論じているが, 増加の原因は不明としている.

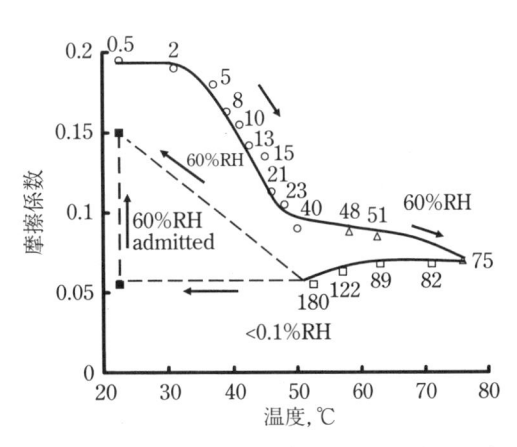

図 4.45　MoS_2 の摩擦係数に及ぼす温度と湿度の影響〔○：摩擦中, △：加熱中, □：冷却中, 数字は60％R.H.中での摩擦時間（分）〕〔出典：文献15）〕

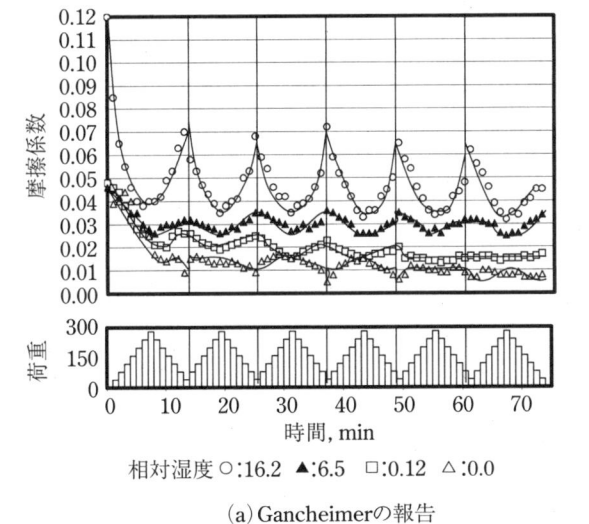

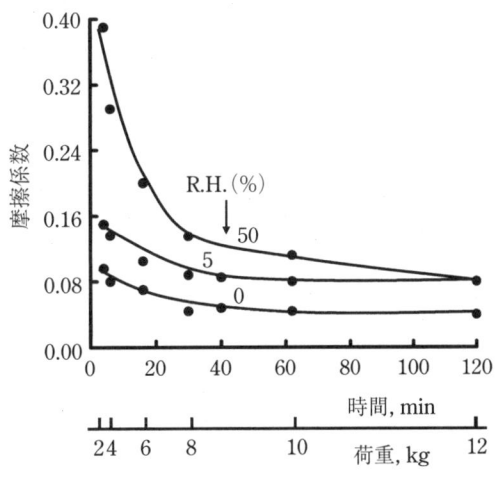

(a) Gancheimerの報告　　(b) Salomonの報告

図 4.46　MoS_2 被膜の湿度と摩擦係数の関係

また Salomon[18], Gansheimer[19] らによっても湿度と摩擦係数の関係が報告されている（図4.46）. さらには, 津谷ら[20] により雰囲気温度と荷重の増加に伴う摩擦係数の変化が確認されている（図4.47）. これらの湿度雰囲気下についても荷重の増加により摩擦係数が低下する現象は, 荷重下での摩擦による温度上昇により吸着物質を失うという点で温度と湿度の影響も雰囲気効果と見ることもできる.

また, M. Maillatらによれば, MoS_2 のスパッタ膜において, 13％の湿度と70％の湿度では, 摩擦

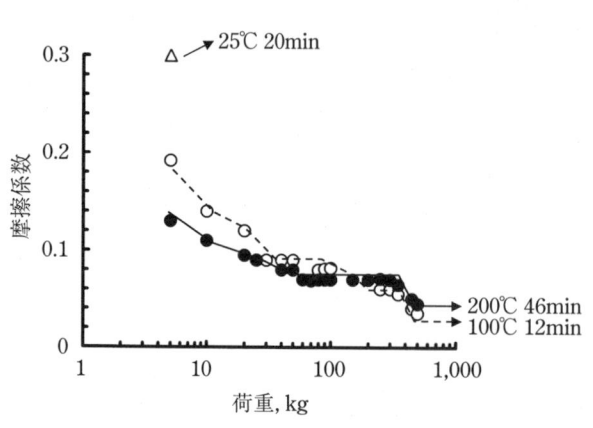

図 4.47 MoS₂ バーニッシュ被膜の摩擦係数の荷重による変動と雰囲気温度（大気中）〔出典：文献20）〕

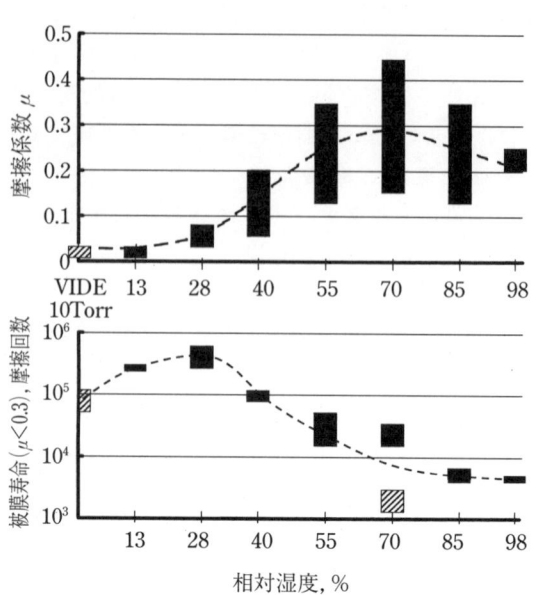

図 4.48 MoS₂ 被膜の摩擦係数，寿命に及ぼす湿度の影響〔出典：文献21)〕

係数は0.03から0.3に上昇し，摩擦寿命も1/100に低下することが報告[21]されている（図4.48）．この水分の影響は二硫化モリブデン結晶のエッジ面でMoの酸化物が形成されたり，水分が化学吸着するためともいわれているが，前述のMoO₃の併用による摩擦寿命の延長の例もあり，機構的には不明な点も多い．以上のように，二硫化モリブデンの問題には湿気のある環境では，摩擦係数が大きく変動することが挙げられるが，実用においては荷重や摩擦熱の影響が絡み合うばかりでなく，グリース・オイルとの併用であったり，バインダとして樹脂等で結合する場合など，その挙動はより複雑となり環境に対する変化が二硫化モリブデン単独の場合とは異なることには注意が必要である．

（c）真空中での摩擦係数と雰囲気効果

二硫化モリブデンの真空中での摩擦係数変化は，前述の雰囲気効果の研究と平行し固体潤滑剤の作用機構解明の研究に深く関連している．これらの雰囲気の変化が，真実接触面で潤滑剤が介在せずに直接接触をしている面積割合（α）を変化させるという考え方がある．

同様に摩擦表面に吸着した固体潤滑剤層においてもこのαが雰囲気により変化するため摩擦係数・寿命が変動するという潤滑機構解明の一環で，真空中・窒素ガス中での摩擦係数変化・寿命評価・発生ガスの検出等々様々な研究がなされている．

たとえば，松永らによれば二硫化モリブデン上への気体の吸着は摩擦係数を引き下げることを見出し，その最低条件は気体の吸着ポテンシャルや分子容に依存していることがわかった（図4.49）[22,23]．

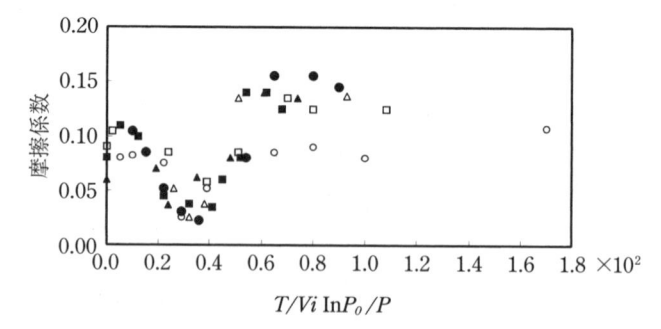

図 4.49 ガス導入時における MoS₂ の摩擦係数と吸着ポテンシャルの関係（○：H_2O, △：C_2H_5, ●：C_3H_8, ▲：C_4H_{10}, □：C_2H_5OH, ■：$CH_3(CH_2)_2CH_2OH$）〔出典：文献22)〕

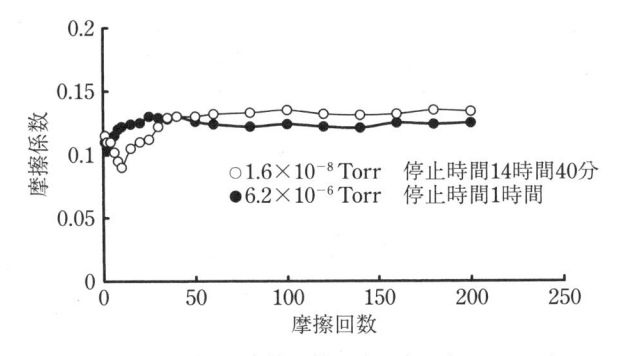

図4.50 MoS₂の摩擦係数の停止中の変化（N₂中）
〔出典：文献22)〕

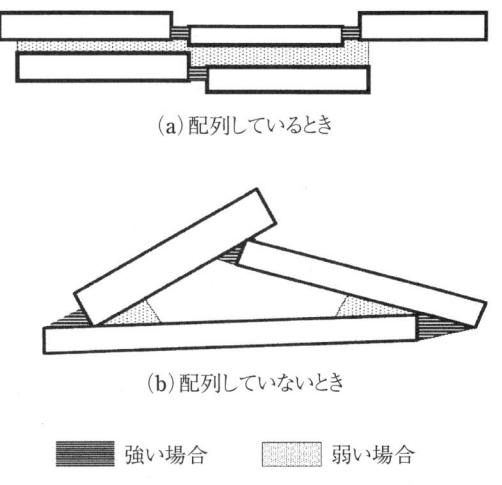

○ 1.6×10^{-8} Torr　停止時間14時間40分
● 6.2×10^{-6} Torr　停止時間1時間

(a) 配列しているとき

(b) 配列していないとき

■ 強い場合　▨ 弱い場合

図4.51 ガス出しした固体潤滑剤粒子間の結晶面の種類による結合力の相違

これは，DeaconやGoodmanらのモデル図[24]を用い，吸着気体が端面の α を引き下げた効果としている．

また高真空中で清浄になった二硫化モリブデンの摩擦係数は停止時間中に減少することも見出されている（図4.50)[22]．

いずれにしても，二硫化モリブデンの摩擦係数変化は，ごく少量の吸着気体が摩擦を減少させ大量の吸着は増加させることを表している（図4.51).

(d) 摩擦表面での二硫化モリブデン

前述のように，二硫化モリブデンは卓越した耐荷重能をもつが，その摩擦係数は湿度に代表されるように吸着分子の影響を受けやすい．これらの作用機構を解明する上で二硫化モリブデンの摩擦部分の直接観察は重要である．

図4.52の写真は金表面上で二硫化モリブデンの天然結晶（岐阜県平瀬鉱山産出）を1回だけすべらせた後のHRTEMによる観察結果[4]である．なお摩擦試験は大気中であり摩擦係数は約0.10であった．

二硫化モリブデンは，1回のすべりでも金表面に吸着し金の結晶を破壊していないことがわかる．またすべった後の二硫化モリブデンの層は2～3層でありその厚さは2～

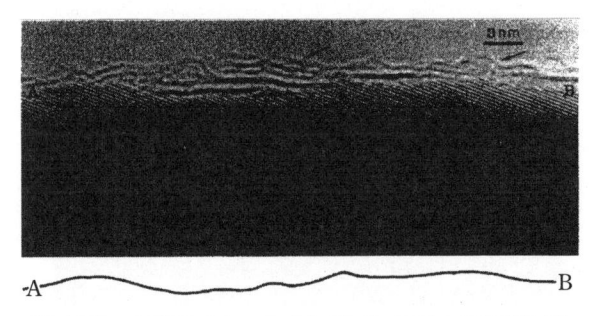

図4.52 金表面ですべらせたMoS₂結晶のHRTEM像

3nmである．このすべり部分の断面観察からも摩擦面上部からの観察の難しさがわかる．ちなみにEPMA等の電子線の情報では数ミクロンの平均情報であり，この摩擦面を上部から観察してもMoS₂が検出される可能性は低い．これらの点からも断面のHRTEMによる直接観察の有効性がわかる．

これらのすべり部分での二硫化モリブデンの作用機構解明には気体の吸着等とのシミュレーションでの解明が待たれる．

(e) 二硫化モリブデンの安全性

二硫化モリブデンの急性経口毒性（LD50）は「16 g/kg以上」である．この「16 g/kg以上」とはこの16 g/kg以上の摂取は試験として行わないためこのように表現された．

その一方で近年日本ではモリブデン化合物が化学物質排出移動量届出制度（PRTR）の1種物質に指定されたが，その論拠としてWHOの飲料水中でのモリブデン濃度の限定に端を発している．

モリブデンは人体必須元素の一つで成人での必要量はおよそ0.07 mgとされている．また豆類の成長の必須成分でもあり土中にも多く存在している．

一方各国で，モリブデン鉱山の流域での高濃度に流出したモリブデンの影響が調査され，銅元素との相互作用による搾乳障害などの調査が十数ヵ国で行われたが明確な因果関係は認められなかった．WHOでは，影響がなかったことよりも，「影響があるのではないか？と考え調査した」という各機関が多数あったことを重視した．すなわち，証拠はでていないが調査を開始するという直感的疑わしさが否定できない，とはいえ必須元素であり成人1日あたりの必要量は0.07 mgなのだから飲料水1l当たり0.07 mgなら許諾されると裁定した[25]．

この，許諾濃度にはクラスがあり0.07 mg/l以下は0.04 mg/lのクラスに該当した．その結果，モリブデンは0.04 mg/l以上許諾できない劇毒物のような扱いを受けるにいたった．しかしながら長期にわたり無害・有害と結論できる論拠はないが急性毒性といわれるLD50は前述のように「16 g/kg以上」である．

4.2.2 二硫化タングステン

(1) 原料と製法・特色

二硫化モリブデン（MoS_2）が主に天然鉱物（輝水鉛鉱）より精製[26]するのに対し，二硫化タングステン（WS_2）は一般にはWとSの直接反応で製造される．この中でも大蔭が開発し，過去に日本[27]，英国[28]，仏国[29]および米国[30]の特許を取得した方法では，温度と時間の適当な選択によって，図4.53に示すような鱗片状のWS_2を製造することができる．これによって粉砕による結晶性の低下を防止できる[31]．またWS_2はMoS_2より金属と反応しにくく[32]，金属複合材料の球軸受を作る場合，WS_2の方が少量の添加で有効であったと報告されている[33]．

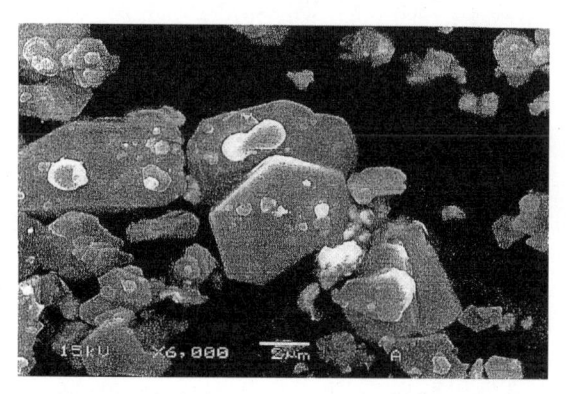

図4.53 二硫化タングステンの電子顕微鏡写真

(2) 性状および物性[34]

表4.11に，WS_2の主な性状と物性を示す．

(3) その他の特性

WS_2に限らず固体潤滑剤は高温用，真空用潤滑剤として用いられることが多い．不活性な耐

表4.11 WS_2の主な性状と物性

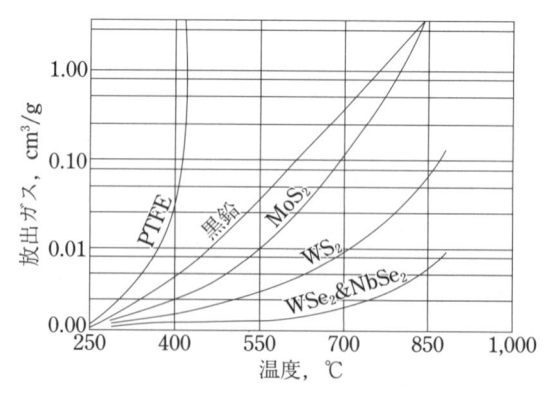

密度	7.4〜7.5 g/cm^3
分子量	248.02
酸化温度	425 ℃（MoS_2：350 ℃）
溶融点	1850 ℃
純度	> 99.8 wt %
平均粒径	0.5と1.0 μm（主にFSSS法による）
その他	応用形態他はMoS_2と概略同じ

図4.54 真空中（10^{-4} Pa）における各種固体潤滑剤のガス放出

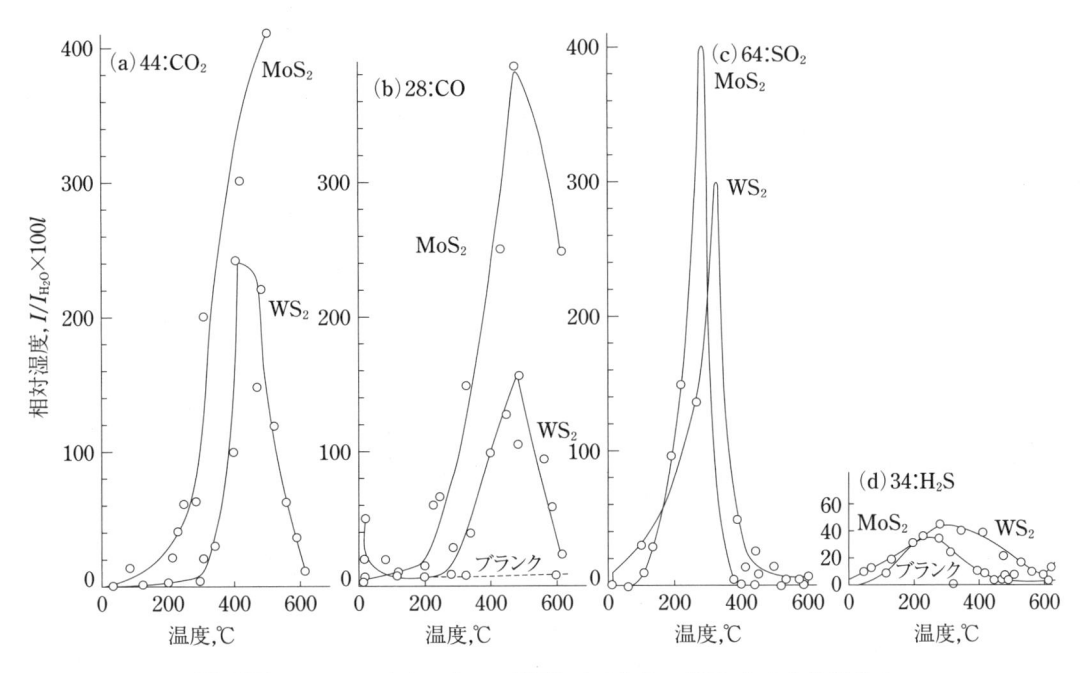

図 4.55 マスフィルタによって測定した MoS_2, WS_2 からの放出ガス

熱材料と組み合わせると，高温まで低い摩擦係数を維持することができる．しかし製造，運搬，保存時に不純物が混入する可能性があるので，保管には十分留意することが肝要である．使用温度より高い，できれば 600℃ くらいまで加熱して，あらかじめガス抜きしてから使うことが汚染をさけるために望ましい．図 4.54 は真空中（10^{-4} Pa）でガス抜きした固体潤滑剤の温度と放出ガスの関係を示したものである[35]．またマスフィルタによって測定した MoS_2 と WS_2 からの放出ガスについては図 4.55 が貴重な資料である[36]．

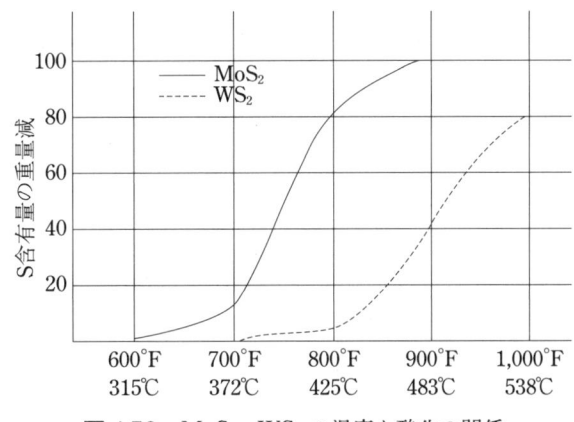

図 4.56 MoS_2, WS_2 の温度と酸化の関係

WS_2 の大きな特色の一つは MoS_2 に比較して酸化温度の高いことであり，より高温まで固体潤滑剤として作用する．図 4.56 には温度と酸化の関係を示す[37]．

渡辺[38]は，電気接点としての種々の固体潤滑複合材料について検討し，高温では酸化安定性の高い WS_2 の方が MoS_2 より残存量が多く，摩擦係数が低いとしている．

WS_2 の応用についてはⅡ産業編 1.4 二硫化タングステンを参照願いたい．

4.2.3 層間化合物

(1) はじめに

インターカレーション（Intercalation）とは，層状構造物質の層間に異種原子や分子，あるいはイオンを挿入（インターカレート）することをいう．固体潤滑剤としての層間化合物（インターカレーシ

表 4.12 層間化合物をつくる層状物質とゲスト

ホスト層	ゲスト	潤滑利用例
遷移金属ジカルコゲン化物	アルカリ金属, アルカリ土類金属, アミンなど	・$Nb_{1+X}S_2$, Cr_XTaS_2：固体潤滑剤として〔文献 39～41, 43, 44〕 ・M_XNbSe_2, M_XTiS_2（M：金属元素）：固体潤滑剤として〔文献 42〕
グラファイト	・共有結合型： 　フッ素, 酸素など ・イオン結合型： 　ドナー型：アルカリ金属, アルカリ土類金属, 希土類金属など 　アクセプター型：ハロゲン元素, 金属塩化物, 酸（HNO_3, H_2SO_4）など	・フッ化グラファイト：固体潤滑剤として〔文献 45, 48, 55〕 ・グラファイト（←$CuCl_2$）：固体潤滑剤として〔文献 50〕
粘土鉱物 （モンモリロナイト, バーミキュライト, カオリナイト, ハロサイト）	水, アンモニア, アミン, アルコール, アルデヒド, アセトン, 芳香族化合物, アミノ酸, たんぱく質, 糖など	ベントナイト（モンモリナイト）：グリースの増ちょう剤として

ョン化合物, Intercalation compound) は，層状結晶構造を有する遷移金属ジカルコゲナイドやグラファイトなどの層間に原子や分子などを挿入して，従来潤滑性を有しないものが潤滑性を付与されたり，潤滑性を有するものでもさらに潤滑性の向上や他のトライボロジー特性が向上されたものと定義される．一般にこれら層状化合物の層間の結合力は van der Waals 力などの弱い力のために，この結合を破って層間に原子や分子などを入れることができる．層間化合物は摩擦条件によっては MoS_2 やグラファイトよりも耐荷重能や耐摩耗性を有するものもあり，新しい固体潤滑剤として注目されつつある．

　遷移金属（Ti, V, Cr, Nb, Mo, Ta, W など）元素とカルコゲン（S, Se, Te）元素とのジカルコゲン化物（ジカルコゲナイド）は，グラファイトと同様に層状結晶構造を有する．これらの内で MoS_2 や WS_2 は非常に潤滑性に優れているのに対して，NbS_2, $NbSe_2$, TiS_2, $TiSe_2$, TaS_2 などは潤滑性が認められていなかった．近年，後者の物質の層間に対して組成元素あるいは異種元素を挿入することによって，潤滑性の発現が認められている．たとえば，$Nb_{1+X}S_2$[39～41]，Ag_XNbS_2[42]，Cu_XNbSe_2[42]，Cr_XTaS_2[43,44] などが合成されている．トライボロジー分野における層間化合物の研究および応用例は表 4.12 のようになる．

　固体潤滑剤としてのグラファイトの層間化合物では，共有結合型のフッ化グラファイトが古くから白色固体潤滑剤として研究・応用されている[45～48]．またイオン結合型のアクセプタ（電子受容性）型の層間化合物として塩化第二銅（$CuCl_2$）[49] などが固体潤滑剤として検討されている．

（2）遷移金属ジカルコゲナイド系層間化合物

　Jamison[50] は遷移金属の Mo, W および Nb のジカルコゲナイドが MoS_2 と類似の層状結晶構造を有し，固体潤滑剤としての可能性を論じ，これらの構造の微細な相違が潤滑性の有無を決定することを予言していた．図 4.57[51] に示すように，MoS_2 や WS_2 で代表される Mo および W のジカルコゲナイドは良好な固体潤滑剤であり，V, Nb および Ta のジカルコゲナイドはインターカレーションを受けて MoS_2 型の構造になり，固体潤滑剤に成り得るとしている．従来，潤滑性を有しない NbS_2 の層間に組成元素の Nb が挿入された $Nb_{1+X}S_2$[39,40] が合成され，潤滑性が発現されている．続いて

4. 固体潤滑剤各論

$Ag_X NbS_2{}^{42)}$, $Ag_X NbSe_2{}^{42)}$, $Cu_X TiS_2{}^{42)}$ および $CrXTaS_2{}^{43,44)}$ などが合成され, 潤滑性を有さない NbS_2, $NbSe_2$, TiS_2 および TaS_2 に潤滑性が付与されている.

構造的にみて潤滑性を有する MoS_2 や WS_2 は, 三角プリズム (TA: Trigonal Prismatic) 型構造をとり, cn/a 値 (a: 層内部の原子間距離, c: 層の厚さ, n: 単位格子内の三角プリズムの数) が大きく, 層が膨張した構造をとっている. すなわちファンデルワールス・ギャップの大きい, 層間がすべりやすい構造を有している. これに対して潤滑性のない TiS_2 や CrS_2 は cn/a 値は小さく (層間は狭い), 三角アンチプリズム (TAP: Trigonal Antiprismatic) 型構造をとっている. 一方, やはり cn/a 値が小さく, 潤滑性に乏しい NbS_2, $NbSe_2$ および TaS_2 などは TA および TAP 型構造の両方を取り得て, インターカレーションによって TA 型構造が実現する. たとえば, 図 4.58 に示すように, NbS_2 の構造は層間に組成元素の Nb を挿入することによって MoS_2 類似の層状結晶構造の $Nb_{1+X}S_2{}^{39\sim41)}$ に変化し, 潤滑性が発現する.

層間化合物の潤滑性はインターカレーションによる層間の広がり程度, すなわち cn/a 値によって決まる. 今までのインターカレーションに関する文献[39~44)]を総括してインターカレーションの割合 X, cn/a 値および潤滑性の有無の関係をまとめると図 4.59[52~54)]のようになる. この図によると, cn/a 値と X の値に臨界値が存在する. cn/a 値が約 1.85 以上, X の値が 0.3 付近になると, 層間の膨張が十分となり, 層間がすべりやすくなり, 潤滑性が発現する. 一方, X の値大きくなり過ぎると, 挿入された原子と上下層の硫黄原子との配位結合力が増大して, cn/a 値は減

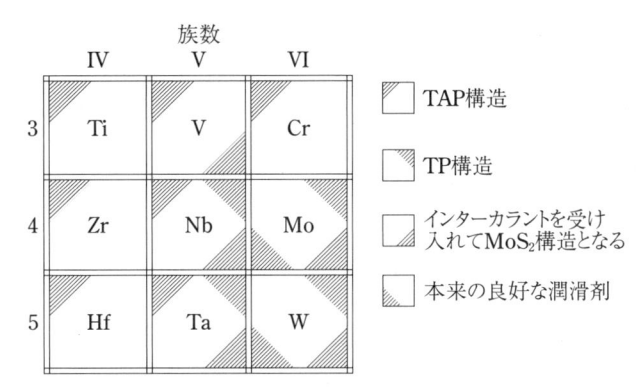

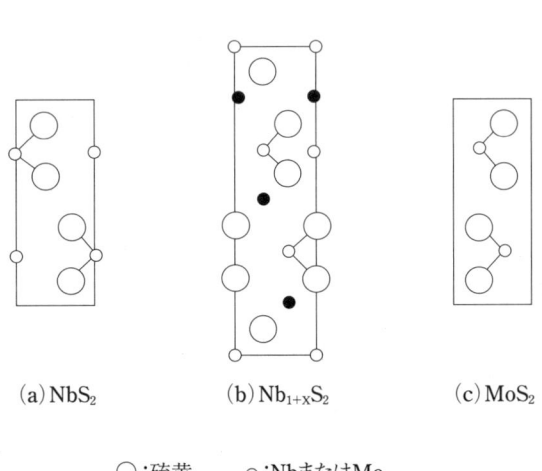

図 4.57 LTMD (層状遷移金属ジカルコゲナイド) を形成する遷移金属を示した原子の周期律表の一部〔出典：文献 51)〕

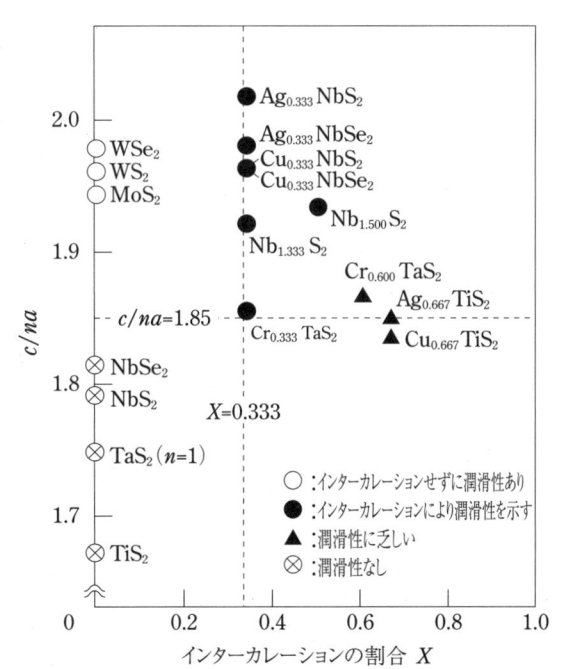

図 4.58 NbS_2, $Nb_{1+X}S_2$ および MoS_2 の層状結晶構造〔出典：文献 39, 40)〕

図 4.59 層間化合物の組成および cn/a 値と潤滑性の関係〔出典：文献 52~54)〕

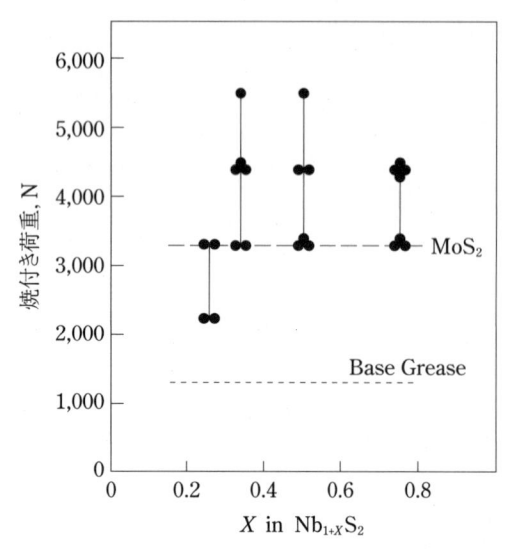

図 4.60 ファレックス試験による合成ニオブおよび二硫化モリブデンの耐荷重能(添加濃度：3 wt%, IP241-A)〔出典：文献41)〕

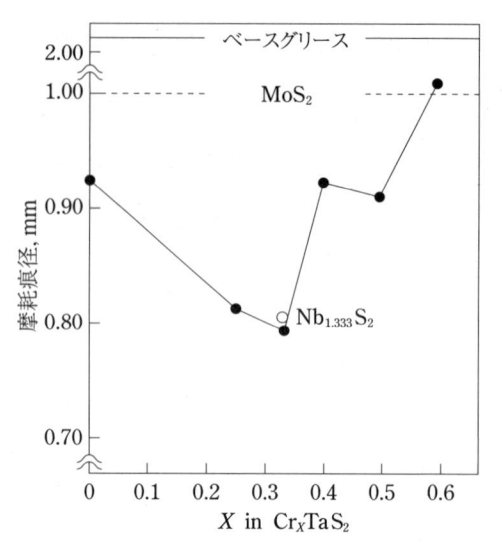

図 4.61 シェル四球試験による $Cr_X TaS_2$ の耐摩耗性（試験条件：980 N，1,000 rpm，10 min，室温）〔出典：文献44)〕

少して層間はすべりにくくなる．

層間化合物の潤滑性の例としてファレックス試験による $Nb_{1+X}S_2$ の耐荷重能[41]およびシェル四球試験による $Cr_X TaS_2$[44] の耐摩耗性をそれぞれ図4.60と図4.61に示す．いずれの場合もインターカレーションの割合 X の値に最適値があり，MoS_2 より優れる潤滑性が得られる場合がある．

(2) グラファイト系層間化合物

固体潤滑剤としてのグラファイトの層間化合物には，主にフッ化グラファイト $(CF)_n$[55]のように共有結合型のものと，グラファイトの層間に原子や分子を挿入したイオン結合型のものとの二つのタイプがある．前者のフッ化グラファイトについては他節に譲り，ここでは後者について触れる．

イオン結合型のグラファイト層間化合物には，表4.12に示すように，ドナー（電子供与性）型とアクセプタ（電子受容性）型のものがある．これらの層間化合物はインターカラント層がグラファイト層の何層おきに挿入されるかによってステージ (stage) 構造をとり，挿入された原子はいろいろな配置をとる[56]．固体潤滑剤としての研究例には，塩化第二銅 ($CuCl_2$) を挿入したアクセプタ型についてのものがある[49]．この層間化合物ピンおよびグラファイトピンと各種金属との真空中における摩擦係数の比較を図4.62に示す．乾燥空気中でほとんど差のない低い摩擦係数を示す両者は，真

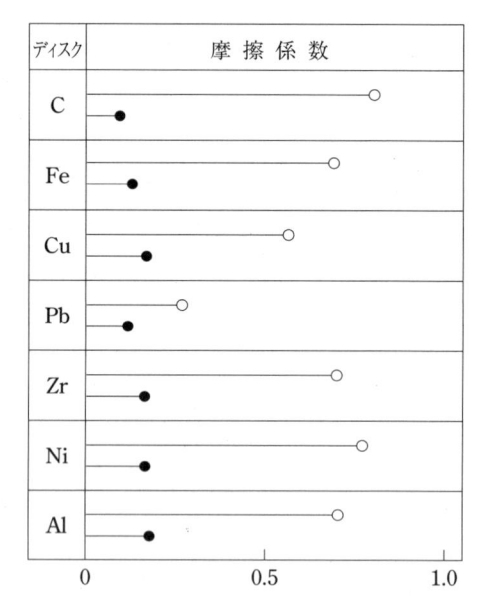

図 4.62 真空中の各種金属に対するグラファイトおよびグラファイト層間化合物の摩擦係数（C：グラファイト，○：グラファイトピン，●：グラファイトインターカレーション化合物ピン）

空中ではかなりの相違を示す．グラファイトが著しく大きな摩擦係数であるのに対して，グラファイト層間化合物は低摩擦係数を維持する．この理由として，インターカレーションによってグラファイトの酸素吸着活性が増加し，真空中でもまだ十分に酸素が吸着しており，この吸着膜が潤滑性を維持するとしている．

その他の層間化合物としてベントナイト（主成分はモンモリロナイト）などのような粘土鉱物のものがある．これらは層間に水，アセトン，アルコールなどを挿入されて膨潤し，ゼリー状になる．これを利用したベントングリースは，ベントナイトを表面処理したベントンを増ちょう剤としたグリースである．

参考文献

1) 千谷利三：新版無機化学（中巻），産業図書 (1983) 862.
2) 松永正久・津谷裕子：固体潤滑ハンドブック，幸書房 (1978).
3) N. Takahashi : Wear, 1, 12 (1987) 547.
4) N. Takahashi & S. Kashiwaya : Wear, 206 (1997) 8.
5) 木村好次：トライボロジーデータブック，テクノシステム (1991).
6) G. V. C. Vineall & A. Taylor : Sci. Lub., 13 Sept. (1961) 24.
7) S. Ross & A. Sussman : J. Phys. Chem., 59 (1955) 889.
8) M. B. Peterson : Gen. Elec. Rept., Apex-569 (1960).
9) P. D. Fleischauer & R. Bauer : ASLE Trans., 30, 2 (1987) 160.
10) P. W. Centers : Wear, 122 (1988) 97.
11) J. T. McCabe : Ind. Lub. Symp., London (1965) 97.
12) J. K. Lancaster : ASLE Trans., 8, (1965) 146.
13) R. F. Deacon & J. Goodman : Proc. Roy. Soc. A, 243 (1958) 464.
14) W. A. Brainard : NASA TN D-5141 (1969).
15) C. Pritchard & J. W. Midgley : Wear, 13 (1969) 39.
16) 西村　允・鈴木峰男・宮川行雄：潤滑，31, 10 (1986).
17) A. J. Halter & C. S. Oliver : Ind. Eng. Chem. Fund., 5 (1966) 348.
18) G. Salomon : ASLE Trans., 8, 2 (1965) 1.
19) J. Gansheimer : Schmiertechnik, 5 (1964) 271.
20) Y. Tsuya, H. Umehara, Y. Okamoto & S. Kurosaki : Lub., Eng. (1974).
21) M. Maillat, C. Menoud, H. E. Hinterman & J. F. Patin : Proc. 4 th Euro. Space Mech.& Trib. Symp., ESA SP-299 (1990) 53.
22) 松永正久・中川多津夫：生産研究, 25, 11 (1973) 156.
23) 松永正久：潤滑, 26, 9 (1981) 587.
24) R. F. Deacon & J. F. Goodman : Proc. Roy. Soc. London, A243 G.I. (1958) 464.
25) WHO : Molybdenum in Drinking-Water WHO/SDE/WSH/03.04/11 (2003).
26) 渕上　武：潤滑, 19, 10 (1974) 695.
27) 日本特許, 昭47-11-27 許番号 692, 972（固体潤滑剤の製造法）.
28) 英国特許, 1972年 特許番号 1,250716 Lubricating agents.
29) 仏国特許, 1973年 特許番号 69,09692.
30) 米国特許, 1973年 特許番号 3,725,276 WS_2 Lubricant.

31) 大蔭 斉：潤滑, 19, 10 (1074) 699.
32) 大蔭 斉：潤滑通信, 113 (1976) 14.
33) K. Mecklenburg & R, Benzing : ASLE Trans., 15, 4 (1972) 306.
34) 渕上 武：トライボロジーハンドブック (2001) 747.
35) 津谷裕子：機械技術研究所報告第81号 (1975).
36) 津谷裕子：固体潤滑ハンドブック (1985) 441.
37) W. A. Brainard : NASA TN D-5141 (1969).
38) 渡辺克忠：固体潤滑剤シンポジュウム (2001) 109.
39) S. Hironaka, M. Wakihara & M. Taniguchi : J. Japan Petrol. Inst, 26, 1 (1983) 82.
40) S. Hironaka, M. Wakihara, H. Hinode, M. Taniguchi, T. Moriuchi & T. Hanzawa : Proc. of the JSLE Tribology Conf., Tokyo (1985) 389.
41) 広中清一郎・脇原将孝・日野出洋文・谷口雅男・森内 勉・半沢 隆：トライボロジスト, 38, 4 (1993) 375.
42) US Patent, 4647386 (1987).
43) 日野出洋文・広中清一郎・脇原将孝・森内 勉・太田善郎：日本化学会誌, No. 10 (1991) 1309.
44) 広中清一郎・脇原将孝・日野出洋文・森内 勉・太田善郎：トライボロジスト, 38, 7 (1993) 620.
45) R. L. Fusaro & H. E. Sliney : NASA TN D-5097 (1969).
46) T. Ishikawa & T. Shimada : 5 th Internl. Sym. on F-chemstry, Moscow (1969).
47) R. L. Fusaro & H. E. Sliney : ASLE Trans., 13 (1970) 56.
48) H. Gisser & A. Shapiro : Lub. Eng., 28 (1972) 161.
49) 中野 隆・鈴木直明・笹田 直：トライボロジスト, 34, 8 (1989) 617.
50) W. E. Jamison : ASLE Trans., 15 (1972) 296.
51) ウォレン E. ジャミスン：潤滑, 31, 6 (1986) 369.
52) 広中清一郎：トライボロジスト, 36, 2 (1991) 99.
53) 広中清一郎：トライボロジスト, 37, 5 (1992) 363.
54) 広中清一郎：トライボロジスト, 40, 4 (1995) 322.
55) W. Rudorff : Z. anorgallen. Chem., 253 (1947) 218.
56) 大橋道夫・辻川郁二：炭素, No. 95 (1978) 154.

4.3 窒化ホウ素 (BN)

4.3.1 結晶構造 h-BN と c-BN

固体潤滑剤としての BN は，高硬度をもつ立方晶窒化ホウ素 (c-BN) と層状構造をもつ六方晶窒化ホウ素 (h-BN) に二分される．ほかに菱面態，無定形が報告されているが工業的利用価値は前二者が主体である．このうち c-BN は高硬度でダイヤモンドに匹敵するといわれており研磨剤として期待できるが，被膜としての機能は相手攻撃性の大きさと下地金属表面との密着性の乏しさゆえ，現在のところ成功していない．単体で合成可能であっても，密着性のよい被膜としての合成法は現段階では不十分といえるであろう．

潤滑剤としての用途はむしろ後者の h-BN の層状構造にある．結晶中の B, N は交互に配列して六員環をなし，これを平面内に敷き詰めて ab 軸面をなすシート構造は，MoS_2，グラファイトと類似であるが，シート間の結合力は大きく異なっている．すなわち，MoS_2，グラファイトのシート間

がそれぞれ，S-S結合のようなファンデルワールス力に近いはく離しやすい層状構造および，C-π結合の弱い結合をなすのに対して，h-BNではシート面に直交（c軸に平行）方向にも-B-N-B-の繰返し周期性が存在し，Cの真下にNがあり，明らかに化学結合が存在する．したがって，一見層状構造は共通するが，自己犠牲的はく離過程で必要な弱い結合力のすべり面をもつ前二者に対し，層間の結合力に大きな差があるh-BNの摩擦係数はほぼ0.1程度にとどまる．安定な摩擦係数を与えるがやわらかい化合物であるがゆえに比摩耗量はかなり大きく，単独で使用する場合はこの弱点を避けるべく留意されねばならない[1~3]．MoS_2とグラファイトが黒色であるのに対し，h-BNが黄白色または白色であること，および前二者が400℃以上で徐々に酸化分解され，それぞれSO_2およびCO_2として表面原子が失われ，同時に潤滑機能を失って行くのに対し，h-BNは800℃程度まで分解されず潤滑剤として機能することは利点である．したがって，400℃以上の高温で使用するためには有利となる．h-BN微粉末を焼結成形したBN成形体はかさ密度が小さく断熱材，離型剤として利用されることもある．焼結助剤CaO，B_2O_3などを5～7％加えて成型される．

実用にはシリコーン樹脂，PTFEなどのフッ素樹脂，ポリアミドイミド樹脂など高温仕様のしゅう動材に混合するなど，補助材料である．

4.3.2 化学的反応性

窒化物の特性として，水分子が存在する環境では，摩擦による機械的エネルギー支援により加水分解反応が進むことが知られている[4]．水分子は強い酸化剤としてはたらき，化学的に安定と考えられやすいSi_3N_4と同様，BNにおいても，水との反応によりアンモニアを生成して溶出される[5]．この化学摩耗は，Si_3N_4，またはBNのままで接触面から失われる機械的摩耗と平行して進行し，双方の過程の寄与の程度は摩擦条件により異なることが報告された．すなわち化学摩耗が卓越して進行する結果，水酸基に被覆された表面となり，水酸化物の一部は溶液中に溶出し，見掛け上粘性の大きい溶液層をつくり摩耗が進行して，結果として平滑な鏡面が得られ摩擦係数は低くなる．接触表面はしたがってSi_3N_4の場合はSiO_2に被覆され，最表面層はSi-OHで構成されて，水中では低摩擦になると考えられている．また，BNの場合はB_2O_3，BOHの構造が考えられる[6]．後者は水への溶解度が高いため，Si_3N_4より以上に水のある環境では比摩耗量は大きい[7]．図4.63にBNおよびSi_3N_4の水潤滑における摩擦係数の経緯を示す．

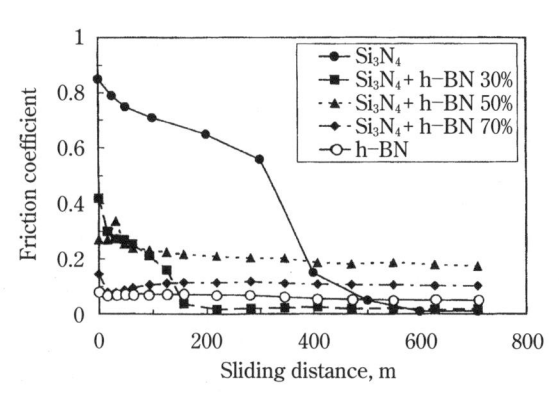

図4.63 BN，Si_3N_4およびその複合焼結材の水潤滑における摩擦係数〔出典：文献11〕

大気中のしゅう動でも摩擦面をSi，Bの窒化物で構成すると，必ず水分子が存在するため化学反応は徐々に進行する[8]．

4.3.3 化学的摩耗と機械的摩耗の識別

水中で摩擦面に使用された窒化ホウ素，およびケイ素は，上述のように機械的摩耗と化学(的)摩耗過程の両方にさらされる．全摩耗量のうち，両過程によって摩耗される割合は，反応物質および摩擦条件により差がある．分解生成物たるアンモニアの量を定量すると，化学摩耗の割合を推定することができる．化学反応によって摩耗された窒化物がすべてアンモニア生成反応 $BN + 3/2 H_2O$

＝ $NH_3 + 1/2B_2O_3$ に従っていると仮定して化学摩耗率（chemical wear rate, CW：全摩耗量 w に占める化学摩耗量の割合）を推定すると，同一の摩擦条件においては，硬質の窒化ケイ素は化学摩耗が主体となり，軟質な BN は機械的摩耗が主体となっている．アンモニアを定量してその割合を推定した結果は図 4.64 に示す．一方，摩擦速度が変化すると化的摩耗によって摩耗される割合が変化することが知られた[9,10]．強い酸化剤として働く水の存在する環境では，窒化物を含めたセラミックス全般に摩擦援用による化学摩耗が進行すると考えられるが，実測例はきわめて少ない．基本的に液体中でしゅう動する場合も，少量の水は共存しうるので留意する必要がある．

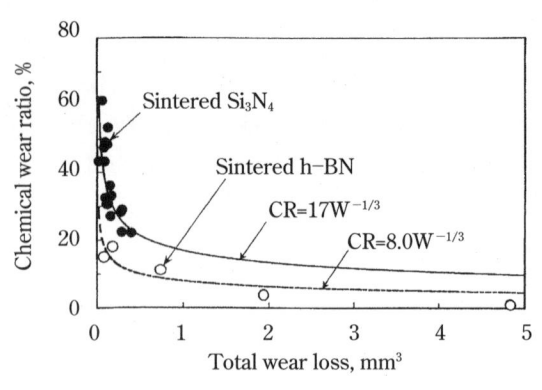

図 4.64　h-BN および Si_3N_4 の水潤滑における化学摩耗率〔出典：文献 11〕〕

4.3.4　複合材としての有用性

（1）液体に分散させて使用する場合

BN の耐熱性が二硫化モリブデンより高く，白色である利点を生かし，シリコーン油（高温用合成潤滑油），フッ素化炭化水素（高温用コンプレッサ油），シリコーングリース（高温用）などに h-BN を混合することによって，耐熱温度限界を上げかつ汚れを目立たせない目的に適している．hBN 粉末をグリース，油剤などに混合された場合は，油剤が枯渇したあと焼付きにいたるまでのある程度の摩擦距離を h-BN で耐久させるための性能向上である．シリコーン油，ポリフェニールエーテルなどを基剤として高温（310℃程度）用グリースとして利用される．

（2）樹脂に混合して使用する場合

シリコーン樹脂，フェノール樹脂，PTFE，ポリアミドイミドなどに h-BN を添加し耐熱性しゅう動材として利用される場合がある．部材に着色する場合も障害がない利点がある．金属に対してはぬれ性に乏しく単独では摩擦面にとどまりにくく，被膜として密着性の高い報告は少ない．

（3）複合焼結材として使用する場合

Si_3N_4 が水中の摩擦面で水酸化物層をつくり，0.01 以下の固体接触としては異常に低い摩擦係数を示すことが報告されたが，この被膜の低摩擦状態は不安定であって，摩擦条件のわずかな揺らぎ，たとえば荷重変化，しゅう動速度の変化などにより，摩擦面の潤滑を支える反応層が一時的に破壊され，反応層が回復するまでの間，低摩擦で安定なしゅう動状態が得られない．一方，h-BN は摩耗量が大きいという欠点をもつので，硬質の窒化ケイ素と h-BN との複合焼結材料を用いるとその両成分の欠点をある程度緩和できる．実際混合比を変えた複合焼結材を水中で摩擦すると，Si_3N_4 の不安定さを低減できるし，h-BN の比摩耗量が

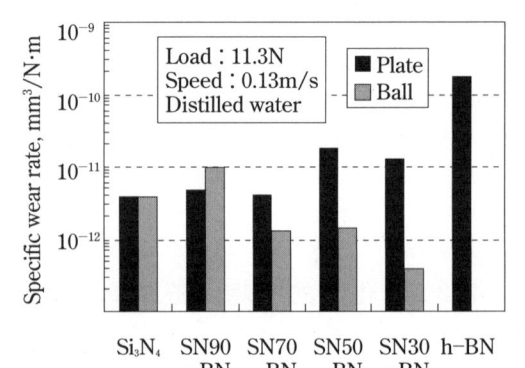

図 4.65　h-BN と Si_3N_4 複合焼結材の組成と比摩耗量の関係

高いことも緩和された．図4.65に，混合比20～30％BNとSi_3N_4を複合焼結した場合，非常に安定した摩擦係数と，Si_3N_4単体に匹敵する比摩耗量の低減が得られた結果を示す[11,12]．硬質の材料が比較的軟質の材料中に埋没された構造となり，耐荷重能が硬質材料の作用で向上し，間隙を埋める軟質材料で，摩擦が低減される複合材の例に相当すると考えられる．

　熱，化学反応に対して金属よりはるかに安定と考えられるセラミックスにおいても，水分子との反応は大きく摩擦特性に影響し，摩擦に使われる機械的エネルギーがその反応速度を大きく加速することが知られている．BNについても例外ではなく，大気中のわずかな水分子を無視できない．たまたま窒化物は反応が追跡しやすいため多くの研究がなされているが，酸化物系においても同等に留意されなければならない．

参考文献

1) G. W. Rowe : Frictional Properties of Pyrolytic Boron Nitride and Graphite, Wear, 3 (1960) 274-285.
2) E. Rabinowicz & M. Imai : Frictional Properties of Pyrolytic Boron Nitride and Graphite, Wear 7 (1964) 298-300.
3) R. Geick, C. H. Perry & G. Ruprecht : Some Observation of the Friction Behavior of Boron Nitride and Graphite, Phys. Rev., 146 (1966) 543-547.
4) H. Tomizawa & T. E. Fisher : ASLE Transactions, 30 (1987) 41-46.
5) T. Saito, Y. Imada & F. Honda : A Role of the Reactant Film on Water-Lubricated Si_3N_4/hBN surfaces, Proc. 25th Leeds/Lyon Symposium on Tribology (1988) 423-432
6) Erdemir, G. R. Fenske & R. A. Erck : A Study of the Formation and Self-Lubrication Mechanism of Boric Acid Films on Boric Oxide Coatings, Surface Coating Technol., 43/44 (1990) 588-596.
7) K. Kato : Tribology of Ceramics, Wear, 136 (1990) 117-133.
8) J. M. Martin & M. N. Gardos : Friction of Hexagonal Boron Nitride in Various Environments, Tribol. Trans., 35 (1992) 462-472.
9) T. Saito, Y. Imada & F. Honda : Chemical Influence on Wear of Si_3N_4 and hBN in Water, Wear, 236 (1999) 153-158.
10) T. Saito, Y. Imada & F. Honda : Reactions of H_2O with Si_3N_4 and BN, Wear, 205 (1997) 153-159.
11) T. Saito, T. Hosoe & F. Honda : Chemical Wear of Sintered Si_3N_4, hBN and Si_3N_4-hbn Composites by Water Lubrication, Wear, 247 (2001) 223-230.
12) T. Saito & F. Honda : Chemical Contribution to Friction Behavior of Sintered Hexagonal Boron Nitride in Water, Wear, 237 (2000) 253-260.

4.4 高分子固体潤滑剤

4.4.1 ポリテトラフルオロエチレン（PTFE）

　PTFEは1938年にデュポン社のPlunkettによって発明された白色の高分子である．他の高分子と比較して非粘着性，耐溶剤性，低摩擦を示すことは発明当初より着目され，1950年前後からトライボマテリアルとしての研究が活発になっている．摩擦摩耗機構の解明や応用展開が進められる中，PTFEは可能性に富んだトライボマテリアルであることが判明する一方で，耐摩耗性や耐クリープ性が低いという欠点があることも明らかにされた．そのような背景から，PTFEをマトリックスとする複合材においては，耐摩耗性を向上させるための試みが精力的に行われてきた歴史がある．

一方で，PTFEの粉末を固体潤滑剤として応用する使用法も比較的早い段階から進められてきた．固体潤滑剤としての利用は，PTFEをめっきや焼結金属等の金属マトリックス中に分散させる方法，PTFEのパウダを油，グリース，コーティング剤の添加剤として使用する方法などが代表的な方法である．

以上のようにPTFEはマトリックスとしても添加剤としても幅広く活用されている代表的な高分子系トライボマテリアルである．

(1) PTFEの摩擦摩耗機構

PTFEは炭素原子を主鎖にもつ直鎖状の高分子[1,2]で，ポリエチレンと非常に似た構造をしているが，ポリエチレンと異なり原子半径の大きなフッ素原子が効率よく主鎖の周りを埋めているため，図4.66に示すように比較的凹凸が少ない棒状の滑らかな分子構造をとる[1]．この平滑で凝集性の小さい分子構造のため，分子鎖同士が互いにすべりやすく，結果として摩擦係数が低くなる[3,4]．

PTFEの摩擦機構も基本的にはポリエチレンやナイロンといった汎用高分子材料と同様で，凝着部のせん断により摩擦抵抗が生じる[3,13]．ただし，他の汎用高分子材料と異なりPTFEの凝着力は小さく，PTFE材料内部の変形ではなく，相手面との接触界面のせん断変形が摩擦を支配している[4]．さらに，PTFEの摩擦ではPTFEの分子が摩擦界面で摩擦方向に配向して薄片状となり，相手面に移着する[16]ことが知られている．つまり，この移着膜とPTFE母材との間のせん断が主な摩擦現象である[17]．

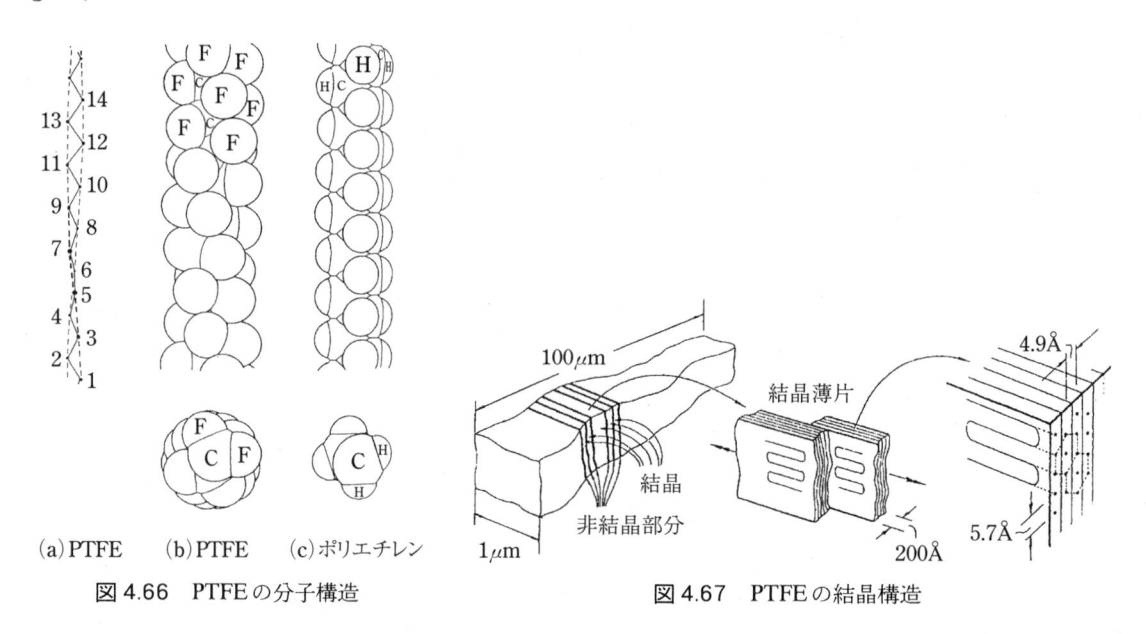

図 4.66　PTFEの分子構造

図 4.67　PTFEの結晶構造

以上のようなPTFE特有の摩擦摩耗特性はいずれもPTFEの結晶構造に由来する[15]とされている．これは図4.67に示すようにバンド構造と呼ばれるPTFEに特徴的な結晶構造[2]によるもので，バンド構造の変形と破壊で形成された微繊維が，横方向に結合して薄いフィルムとなり相手面に移着する．そして，そのフィルムが摩擦部に堆積あるいは摩擦部で折りたたまれて固まり状に成長し，摩耗粉として排出されるという一連の過程で摩擦摩耗が進行する[15〜17]．

(2) PTFEの摩擦にともなうトライボケミカル現象

PTFEは化学的に不活性であるために非粘着性を示す材料であるにもかかわらず，摩擦中に容易に移着膜が形成されることは当初より興味の対象であった．電界イオン顕微鏡を用いてタングステン

チップとPTFEを接触させて凝着力の測定を行った実験では，その凝着力が意外に強いことが確認されている[18]．さらにPTFEと接触したタングステンチップをオージェ電子分光法（AES）で分析した結果，その強い凝着力のために素地金属がPTFE側にも移着していることが確認されている．

移着膜の凝着力の主因はファンデルワールス力と考えられている[16]が，PTFEに対してステンレス製のリング試験片を摩擦した際の移着膜をX線光電子分光法により分析すると，リング表面に金属フッ化物が検出される[19,20]．金属フッ化物の生成は相手材の材質にもよるが，ステンレス鋼では移着膜は2層構造になっており，金属側の第1層が金属フッ化物で，その上にPTFEの薄膜が積層している．そして金属フッ化物を形成する1層が強固に付着しているのに対して，上層のPTFE移着薄膜は付着力が弱く容易に脱落する[19]．

PTFEの摩擦時に発生するガス放出やエキソ電子放射現象については，真空雰囲気で摩擦試験した際に放出されるガスのマススペクトル解析により，摩擦中のPTFEの分解[21]が観察されている．また，PTFEを鉄および銅と摩擦した際に検出されるエキソ電子を調べ，PTFE同士の摩擦ではエキソ電子の放出量が非常に少ないのに対して，鉄や銅の場合は移着量が多いほどエキソ電子が多く検出されることから，移着現象がトライボケミカル反応と相関していることが示唆されている[22]．

（3）摩擦摩耗特性

（a）摩擦特性

高分子材料の材料特性として粘弾性的な挙動をもつことが知られているが，PTFEの摩擦特性においても粘弾性特性に基づく挙動が見られる[13～15]．図4.68は温度をコントロールしたピンオンディ

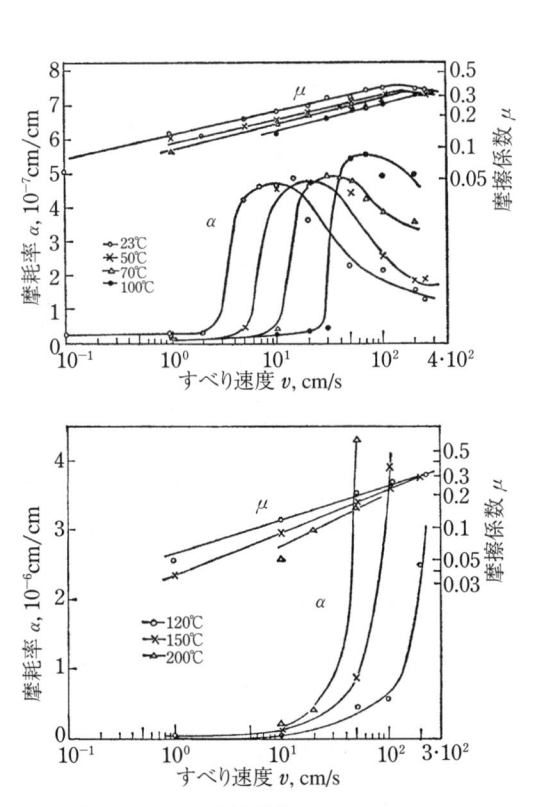

図4.68　PTFEの摩擦係数μと摩耗率αに及ぼすすべり速度と温度の関係

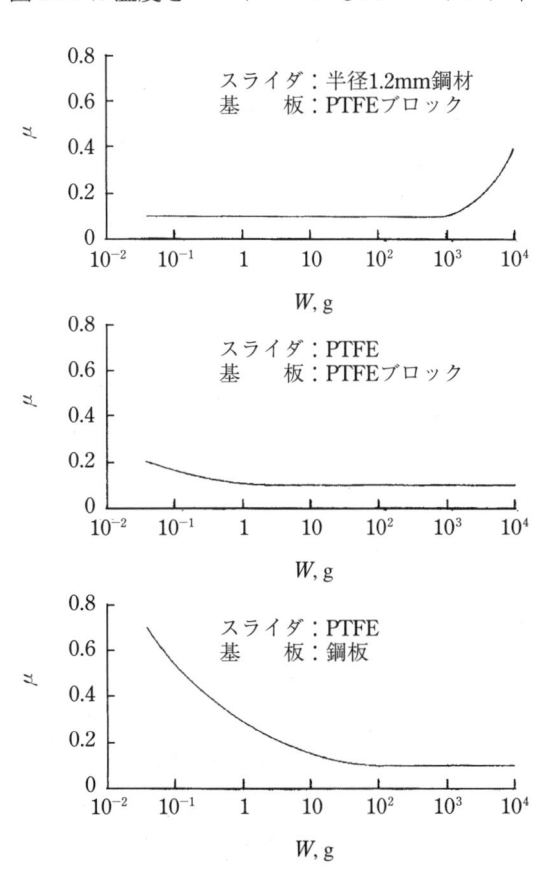

図4.69　PTFEの摩擦係数の荷重依存性

スク試験機を用い，室温から200℃までの摩擦試験を行い，PTFEピン対ガラス板の摩擦係数の速度依存性を調べた結果である[15]．同じ摩擦速度範囲では速度の上昇とともに摩擦係数が高くなることがわかる．摩擦速度を一定とした場合は摩擦面温度が高くなるほど摩擦係数が低下している．特に，摩擦面温度が100℃以上の場合は，温度の上昇に伴う摩擦係数の下落量が大きい．

PTFEの摩擦係数の荷重特性は図4.69に示すように，基本的には荷重の増加に従い摩擦係数が減少する傾向を示す．しかし，基板をPTFEにし，鋼材をスライダにした場合のように，摩擦時の掘り起こし項が無視できない条件では荷重の増加に伴い摩擦係数が上昇する[3]．

(b) 摩耗特性

摩擦条件にもよるがPTFEの摩耗も初期摩耗過程と定常摩耗過程を示す場合が多い．そして，その摩耗特性にも摩擦特性の場合と同様に，高分子の粘弾性的な特性から温度，速度，荷重等の影響が現れる．中でも温度の影響は大きく，速度や荷重の影響も摩擦摩耗による発熱が影響している場合が多い[12]．

摩耗特性を解明するために様々な材料特性が摩耗特性に与える影響について調べられている．特に材料の機械的特性に影響のある分子量[24,27]，結晶化度[15,25,27]，バンド幅[15,24]等の諸因子は摩耗特性とも相関があることが明らかにされている．図4.70は結晶化度と分子量が摩耗量に与える影響を調べた結果であるが，PTFEの耐摩耗性は分子量および結晶化度の増加とともに向上する．結晶化度の影響については結晶化度の増加とともに摩耗量が増すという逆の傾向を示す報告[25]もある．田中ら[15]は同じ結晶化度でも耐摩耗性が異なる場合があることから，バンド幅との相関に着目し，むしろ耐摩耗性は結晶化度よりもバンド幅との相関性の方が高いという結論を得ている．また，結晶化度と耐摩耗性の関係はPV値で変わり，低PV値では結晶化度の低い試料の耐摩耗性が高く，逆に高PV値では結晶化度の高い試料の耐摩耗性が高くなる[26]ことから，PV値も考慮する必要がある．

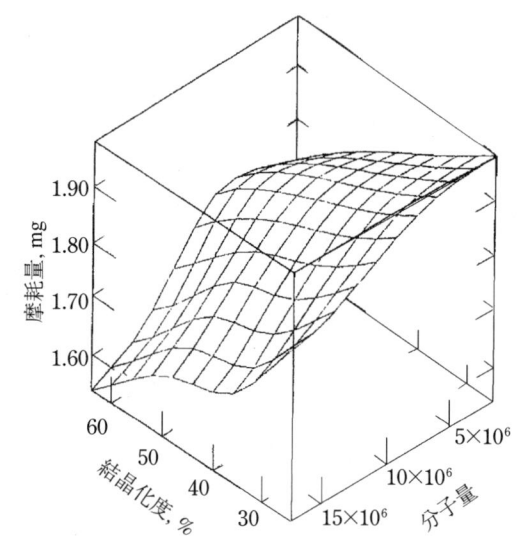

図4.70 PTFEの摩耗に及ぼす結晶化度と分子量の影響

(4) フィラーによる摩擦摩耗特性の改善

(a) フィラー添加による耐摩耗性の向上

耐摩耗性を改善する代表的な改質法としては，各種フィラー（充てん材）を加えて高強度複合材に加工する方法[8]，PTFEを繊維に加工した上で織布にしたものをライニングする方法[7,9,10]，PTFE自体を架橋または繊維化させることで強度を上昇する方法[23,35]，焼結金属のような耐摩耗性のあるポーラス材料に含浸させる方法[5]が開発されている．中でもガラスファイバやカーボンファイバのような繊維状のフィラーは，耐摩耗性を格段に向上させる[6,11]ことから広く実用化されている．繊維フィラー以外にはグラファイトや二硫化モリブデンに代表される層状固体潤滑剤，金属，微粒子状の高分子材料あるいは高分子短繊維など様々なフィラーが，単独または複合的に添加された材料が開発されている．フィラーの種類や添加量，さらには配向度などにより耐摩耗性は変わるが，未充てんのPTFEと比較すると数百分の1から数千分の1に比摩耗率が減少する[37]．

(b) フィラー添加材料の摩擦摩耗メカニズム

PTFE の耐摩耗性はフィラーの添加により大幅に改善されるが,良好な摩擦材開発の観点からその機構が精力的に調べられている.それによると,複合材表面へのフィラーの蓄積による摩耗の抑制[28]や移着膜の付着を,フィラーが助けることによる摩耗の抑制[29]等が考えられているとともに,フィラー添加による PTFE 複合材自体の機械的性質の改善の効果もある.

ファイバ系のフィラーの場合,摩擦下でフィラーが荷重を支え,PTFE が摩擦抵抗を軽減させる働きをする.そのため摩擦係数の変化は比較的少ないまま摩耗を軽減する[6]ことができる.一方で,カーボンファイバやガラスファイバの端部はアブレシブなため相手面を研削する作用がある.そのため金属材との摩擦において相手面を平滑にして摩耗しにくい面にする場合もある反面,そのアブレシブ性のために相手材を摩耗させてしまうこともある.

(5) PTFE の摩擦摩耗特性に与える諸因子の影響

(a) PV 値の影響

松原は大気中でリングオンリング式の試験にて PTFE の限界 PV 値について調べている[38].その結果,安全に使用できる条件として $PV \leq 1$ (kgf/cm^2・cm/s) を得ている.ただし,徐々に荷重を加え,良好な初期なじみが行われると,$PV=10$ 程度まで使用可能であるとしている.PTFE 同士においてもなじみ過程の影響が大きいことなど,実験方法により結果が変化することも認識しておく必要がある[12].図 4.71 はフィラーを添加した PTFE 複合材について類似の手法で整理されたもの[37]である.フィラーの種類によりグラフの形状がやや異なるが,全体的にはフィラーを添加することで,高 PV 値側にシフトしており限界値が上昇していることがわかる.

(b) 液体の影響

PTFE を液体中で潤滑した場合は,移着膜の付着性が鈍化することから,ドライ環境と比較して摩耗が増大する場合が多い.摩擦係数に関しては同等もしくは若干,潤滑下の方が摩擦係数は低くなることが多い[33].

A:熱可塑性樹脂
B:PTFE
C:PTFE+充てん剤
D:PTFE と Pb を含浸させた多孔質ブロンズ
E:熱硬化性樹脂で結合した PTFE 繊維/ガラスファイバの織布

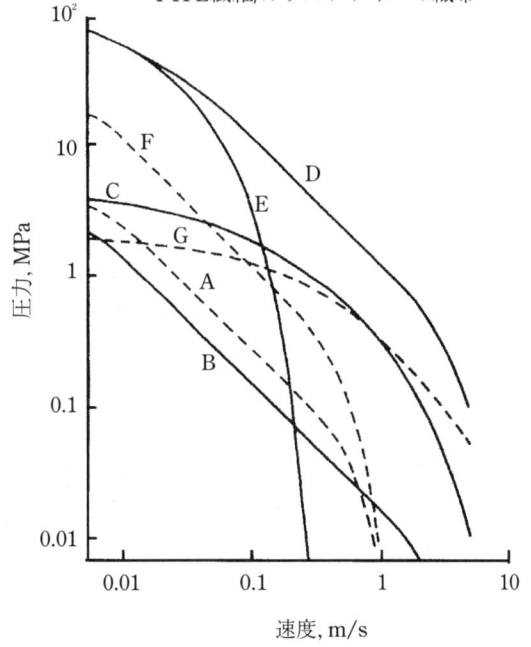

図 4.71 ポリマーベースのベアリング材における圧力-温度線図

不飽和脂肪酸のオレイン酸,飽和脂肪酸のステアリン酸,アルカン,高級アルコール,アミン類等,極性や構造の異なる液体潤滑剤存在下で,PTFE 同士を境界摩擦した際の摩擦特性が調べられているが,PTFE に関しては液体潤滑剤の効果が見られない[34].境界潤滑では固体表面への潤滑剤の吸着特性が重要になるが,PTFE は表面自由エネルギーが低く不活性なため,潤滑剤が吸着しにくいことが摩擦係数にあまり影響しない一因と考えられている.

また,PTFE ならびに PTFE 複合材を水潤滑下で摩擦した場合については,SUS 材とのピンオンディスク試験で,いずれの材料も摩擦係数は乾燥摩擦と大差がないことが示されている[33].しかし,

摩耗に関してはフィラーの充てん，無充てんによらず水潤滑下で比摩耗量が増大し，その増大率は10倍から30倍で，フィラーの種類により異なる．

（c）雰囲気の影響

PTFEは不活性であり耐薬品性が高いために，トライボマテリアルとしても腐食環境などの特殊環境下で利用されることが多い．PTFEのトライボロジー特性に影響する雰囲気条件としては，湿度，圧力，雰囲気ガスの種類などが代表的な環境因子である．図4.72はPTFEならびにPTFE複合材を同種材同士の組合せにて，ピンオンディスク方式で真空度を変化させて試験したときの摩擦係数の挙動である．室内空気を使用した場合，大気圧近くでは湿度の影響で多少摩擦係数が上昇するが，大気中の湿度が無視できる条件では真空中も大気中もあまり大差がないといえる．水蒸気以外では鋼球対PTFEの組合せで，アセトン蒸気，エチルアルコール蒸気中について調べられているが，図4.73に示すように，いずれのガスも水蒸気圧の場合と同様に圧力が高くなると摩擦係数が若干上昇する[36]ことがわかる．

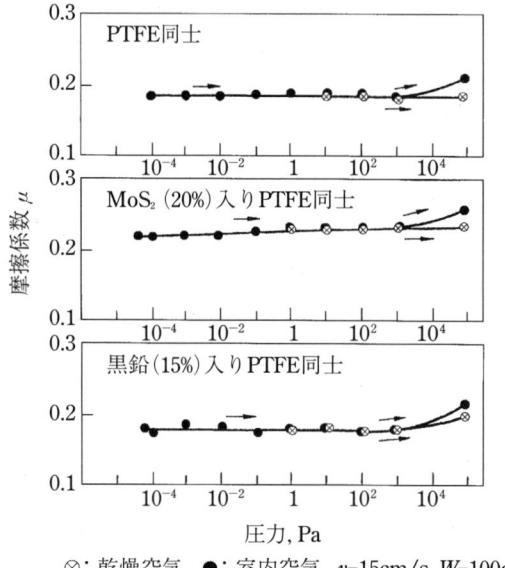

図4.72　摩擦係数に及ぼす乾燥空気圧力の影響
⊗：乾燥空気，●：室内空気，$v=15\,\text{cm/s}$　$W=100\,\text{g}$

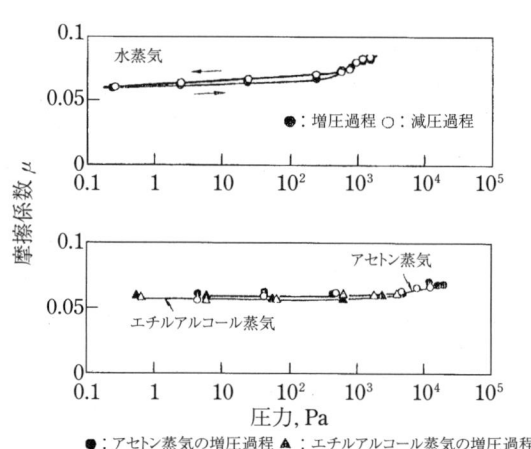

図4.73　摩擦係数に及ぼす雰囲気圧力の影響
（$v=0.04\,\text{cm/s}$，$W=100\,\text{g}$）
●：アセトン蒸気の増圧過程　▲：エチルアルコール蒸気の増圧過程
○：アセトン蒸気の減圧過程　△：エチルアルコール蒸気の減圧過程

一方，摩耗に関してはPTFEピンをガラス板および鋼板に対してピンオンディスク形式で摩擦した結果，鋼の場合は大気中と真空中で大差がなかったのに対して，ガラスの場合は真空中の方がやや摩耗率が高い[32]という結果が報告されている．相手材の性状の影響が大きいが，全般的に見て真空中，不活性ガス中の方が大気中よりも摩耗が多いという結果が多いようである．

（d）相手面粗さの影響

アブレシブ摩耗の観点からは相手材の表面粗さは小さい方が良いが，移着膜潤滑のPTFEでは相手面が滑らかすぎると薄膜の付着性が低下することによって，かえって摩耗が増加する場合もある．図4.74はPTFEに対して各種表面粗さの鉄およびクロムめっきした試験片をリングオンリング式で摩擦したときの結果で，摩擦係数および摩耗量ともに表面粗さが$0.5\,\mu\text{m}$前後に最小値が存在しており[39]，最適表面粗さが存在することがわかる．

（e）放射線の影響

PTFEは基本的には放射線分解型のポリマーであるが，照射量やその他の条件が揃った特殊な条件

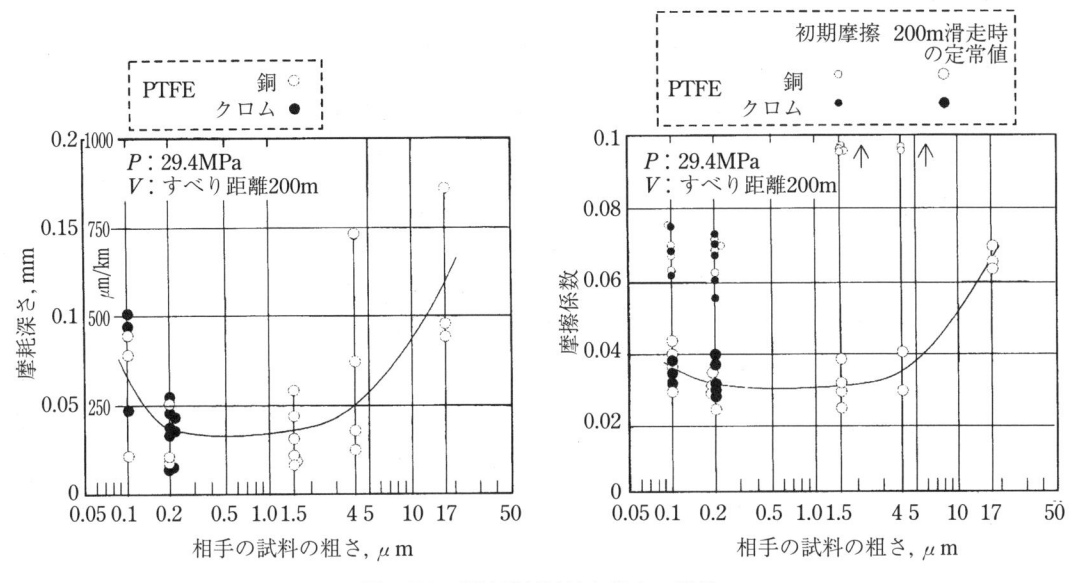

図4.74 摩擦摩耗特性と粗さの関係

では架橋が進行する[1]．そのようにして架橋を促進させることで，PTFEの耐摩耗性を向上させる技術[23]も開発が進められている．しかし，多くの条件では放射線の照射による架橋よりも分子鎖の破断が圧倒的なため，照射量の増加に従い摩耗量が増加する[30]．ただ，摩擦係数については照射量に必ずしも比例せず，内部摩擦の低下による著しい摩耗の進行で，見掛け上の摩擦係数が低下するような場合もある[31]．

4.4.2 その他の高分子材料

(1) トライボマテリアルとして期待される高分子材料

プラスチックしゅう動材料の利用は，最初は歯車，ジャーナル軸受などが主であったが，OA機器の出現によって，はく離爪，ヒートロール軸受などの独自の分野が開けてきた．もちろん，クラッチやブレーキなどではフェノール樹脂を母材とする複合材料からなっている．その摩擦係数，摩耗率とともに，摩擦振動の発生しない摩擦係数-摩擦速度特性（μ-v特性）と耐熱性に関心がもたれている．これらプラスチックの環境への配慮の点から，今後，リサイクルを考えねばならず，また，脱ハロゲン化の要求も強くなっている．ここではトライボマテリアルとして期待されるプラスチック材料について述べる．

表4.13 (a) (b) (c)[40]にトライボマテリアルとして期待されるプラスチック材料を示す．各種材料が無充てんおよび複合材として，また，ポリマーアロイとして軸受材料に使用されている．その使用される耐熱温度が各プラスチックで異なることから，融点や荷重たわみ温度，連続使用温度に注目して選択が行われる．無充てんで用いられることは少なく，多くの場合，充てん材を入れて改質した複合材料として用いられる．表4.14は，充てん材および強化材料の使用目的と，それに適した各充てん材料を示したものである．トライボロジー特性を改善するには，図4.75に示すように充てん材に種々の役割を持たせている．機械的性質，熱的性質の改善のほか，相手面への移着フィルムの形成，相手面が粗れた時に研磨剤を入れて相手摩擦面粗さの調整などをする．潤滑性をもった材料では摩擦係数を下げるとともに，摩擦係数が速度とともに高くなる特性をもたせ，摩擦振動や

表 4.13 (a) トライボマテリアルとして期待されるプラスチック材料 (1)

プラスチック	分子	強さ, GPa	T_m, ℃	T_g, ℃	荷重たわみ温度, ℃	連続使用温度, ℃	備考 (商品名)
ポリエチレン 高密度ポリエチレン (HDPE)	$(-CH_2-CH_2-)_n$		125~132	−20	50 (75)		クリープ,軟化 (HI-ZEX,RIGIDEX,CARLONA)
超高分子量ポリエチレン (UHMWPE)		0.02	136		(80)		高耐摩耗性 (HI-ZEX MILLION)
ポリアミド PA6	$-C(=O)-N(H)-(CH_2)_5-C(=O)-N(H)-(CH_2)_5-$	0.04	215	50	75 (180)		吸水性,軟性 (NYLON) 吸水率 10.7% (UBE NYLON)
PA66	$-C(=O)-N(H)-(CH_2)_6-N(H)-C(=O)-(CH_2)_4-C(=O)-N(H)-(CH_2)_6-N(H)-C(=O)-$	0.05	264	60	90 (230)	82~121	吸水率 8.8% (UBE NYLON)
PA11	$-(CH_2)_{10}-C(=O)-N(H)-(CH_2)_{10}-C(=O)-N(H)-$	0.03	180	—	55 (150)	PA6,PA66 より低い	吸水率小, 1.1% (RILSAN)
ポリテトラフルオロエチレン (PTFE)	$(-CF_2-CF_2-)_n$	0.028	327	115	(120)	260	クリープ,焼結,低摩擦,不活性,290℃で安定 (TEFLON,FLUON)
ポリアセタール (POM) ホモポリマー	$-C(H)(H)-O-C(H)(H)-O-C(H)(H)-O-C(H)(H)-$	0.068	160 (175)	−13	86 (172)		硬い,軟性,吸水小 (DELRIN)
コポリマー		0.060	165	—	110 (158)	104	(DURACON)
ポリプロピレン (PP)	$\left(-CH_2-CH(CH_3)-\right)_n$	0.034 ホモポリマー (0.028) コポリマー	170		93~110		非吸水性,耐ストレスクラック性,比重0.9と小さい

*荷重たわみ温度は、1.8MPaの値. ( )内は、0.45MPaの値. GFはガラス繊維の略.

表 4.13 (b)　トライボマテリアルとして期待されるプラスチック材料 (2)

プラスチック	分子	強さ, GPa	T_m, ℃	T_g, ℃	荷重*たわみ温度, ℃	連続使用温度, ℃	備考（商品名）
液晶ポリマー (LCP) タイプ I	$-(O-\bigcirc-CO)_x(O-\bigcirc-\bigcirc-O)_y(OC-\bigcirc-CO)_z-$	0.11 0.13 (GF30%入り)			275 346		高流動性,高耐熱性成形品,繊維 (EKONOL) (XYDAR)
タイプ II	$-(O-\bigcirc-CO)_x(O-\bigcirc\bigcirc-CO)_y-$	0.21 0.21 (GF30%入り)			240		成形品,繊維 (VECTRA)
タイプ III	$-(OCH_2CH_2OCO-\bigcirc-CO)_x(O-\bigcirc-CO)_y-$	0.16 0.14 0.17			170 (210) 230 65		光ファイバ被膜 (RODRUN) (NOVACCURATE) (出光 LCP) (出光 LCP)
ポリエチレンテレフタレート (PET)	$(-CH_2-CH_2-O-C(=O)-\bigcirc-C(=O)-)_n$	0.1 (成形品) 0.15 (繊維)			150 (200)	120	GF入りは耐熱性,機械特性に優れる (ARNITE,RYNITE, SUNPET,NVAPET)
ポリエーテルサルフォン (PES)	$(-\bigcirc-SO_2-\bigcirc-O-)_n$	0.08	—	225	203	180	200℃まで使用可,化学的に安定 (VICTREX)
変性ポリフェニレンオキサイド (変性PPO)	$(-\bigcirc(CH_3)(CH_3)-O-)_n$	0.09		210	190	150	化学的に侵す溶剤あり,熱水に良好 (NORYL)
ポリフェニレンサルファイド (PPS)	$(-\bigcirc-S-)_n$	0.13 (GF40%入り)	275	94	260以上	200	360℃で熱硬化 (RYTON PPS)
ポリエーテルエーテルケトン (PEEK)	$(-\bigcirc-C(=O)-\bigcirc-O-\bigcirc-O-)_n$	0.097	335	143	152	220	耐熱性,耐疲労性,耐放射線性 (VICTREX PEEK)

*荷重たわみ温度は、1.8MPaの値. ( )内は、0.45MPaの値. GFはガラス繊維の略.

表 4.13 (c)　トライボマテリアルとして期待されるプラスチック材料 (3)

プラスチック	分子	強さ, GPa	T_m, ℃	T_g, ℃	荷重* たわみ 温度, ℃	連続使用温度, ℃	備考 (商品名)
ポリ-p-フェニレン テレフタルアミド (PPTA) (芳香族ポリアミド)	(-NH-⌬-NHC-⌬-C-)$_n$ ‖O ‖O	2.8	550 (分解426)	345			繊維(液晶紡糸),高弾性,高耐熱性 (KEVLAR)
ポリ-m-フェニレン イソフタルアミド (PMIA) (芳香族ポリアミド)	(-NH-⌬-NHC-⌬-C-)$_n$ ‖O ‖O	0.7 (繊維)	375 (分解415)	230	280	220	難燃,耐熱繊維 (NOMEX, CONEX)
ポリピロメリットイミド (PI) (芳香族ポリイミド)		0.18 (成形品) 0.17 (フィルム) 0.1 (成形品)	熱分解	(417)	250 (360)	260 (300)	350℃まで不活性ガス中変化なし (KAPTON) 500℃まで軸受として使用,焼結,不溶解 (VESPEL)
ポリアミドイミド (PAI)		0.2		280	260	260	接着剤,エナメルとして290℃まで使用可,溶解成形,改良ポリイミド (TORLON, KERMEL AI POLYMER)
熱可塑性ポリイミド (TPI)		0.09	388	250	238	230	成形可能,成形後結晶化処理可 (AURUM)
フェノール樹脂 (PF)		0.05 0.10 (GF入り)			175 190	100	吸水性大,積層品,成形品,繊維,耐熱性,耐久性
エポキシ樹脂 (EP)						100	積層品,成形品,吸水性小 (ARALDITE, エピコート)

*荷重たわみ温度は,1.8MPaの値.(　)内は,0.45MPaの値. GFはガラス繊維の略.

4. 固体潤滑剤各論

表 4.14 充てん材および強化材料

機械的性質の改善	摩擦の低減	耐熱性の向上	摩耗の減少および移着フィルムの強化
有機繊維 ガラス繊維 カーボン繊維 紡糸 雲母 金属と酸化物 チタン酸カリウイスカ	黒鉛 二硫化モリブデン 四フッ化エチレン樹脂 （粉末または繊維） 酸化鉛 ポリエチレン（粉末）	青銅 銀 カーボン 黒鉛 金属繊維 金属線	ポリパラオキシベンゾイル （エコノール） ポリフェニレンサルファイド ポリイミド （以上，粉末または繊維） 研磨剤（少量，相手粗さの減少） 微細粒子（結晶微細化）

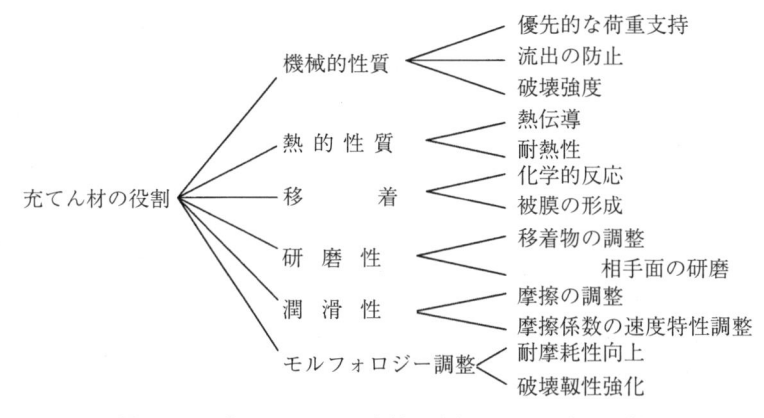

```
                    ┌─ 優先的な荷重支持
         機械的性質 ─┼─ 流出の防止
                    └─ 破壊強度
                    ┌─ 熱伝導
         熱 的 性 質 ─┴─ 耐熱性
                    ┌─ 化学的反応
         移   着 ───┴─ 被膜の形成
充てん材の役割                ┌─ 移着物の調整
         研 磨 性 ───┴─ 相手面の研磨
                    ┌─ 摩擦の調整
         潤 滑 性 ───┴─ 摩擦係数の速度特性調整
                    ┌─ 耐摩耗性向上
         モルフォロジー調整 ─┴─ 破壊靱性強化
```

図 4.75 プラスチックの摩擦と摩耗に及ぼす充てん材の役割

表 4.15 市販されている高分子軸受材料の例

PP＋充てん材	各種液晶ポリマー＋炭素繊維
ポリアミド＋MoS_2	ポリアセタール＋PTFE
ポリアミド＋黒鉛	含油ポリアセタール
ポリアミド＋ガラス繊維	ポリアセタールを含浸した多孔質青銅（裏金付き）
含油ポリアミド	ポリアセタール＋ポリエチレン
PTFE＋雲母	ポリイミド
PTFE＋ガラス繊維	ポリイミド＋15％黒鉛
PTFE＋カーボン	ポリイミド＋15％MoS_2
PTFE＋黒鉛	ポリイミド＋金属と固体潤滑剤
PTFE＋青銅＋黒鉛	ポリイミドと固体潤滑剤を含浸させた多孔質金属
PTFE＋青銅＋酸化鉛	強化ポリイミド＋固体潤滑剤
PTFE＋POB（エコノール）	TPI＋各種充てん材
PTFE＋POB（エコノール）＋黒鉛	強化ポリエステル＋黒鉛またはMoS_2
PTFEと綿の織布＋熱硬化性樹脂と黒鉛（裏金付き）	綿やセルロース強化熱硬化性樹脂に黒鉛，MoS_2またはPTFEを充てん
PTFEとガラス繊維織布＋熱硬化性樹脂（裏金付き）	
充てん材入りPTFE（裏金付き）	エポキシ＋MoS_2，黒鉛またはPTFE充てん材
PTFEとPbを含浸した多孔質青銅（鋼の裏金付き）	PPS＋PTFE＋黒鉛
PTFEと織られた青銅メッシュ（裏金付き）	PPS＋有機繊維＋固体潤滑剤
溶融タイプのフッ素樹脂＋充てん材	PEEK＋有機繊維
含油フェノール	PEEK＋PTFE
フェノール＋布細片	PEEK＋PTFE＋黒鉛
フェノール＋布細片＋MoS_2，黒鉛	ポリアミドイミド＋PTFE＋黒鉛
各種液晶ポリマー＋黒鉛	各種ポリマーアロイ

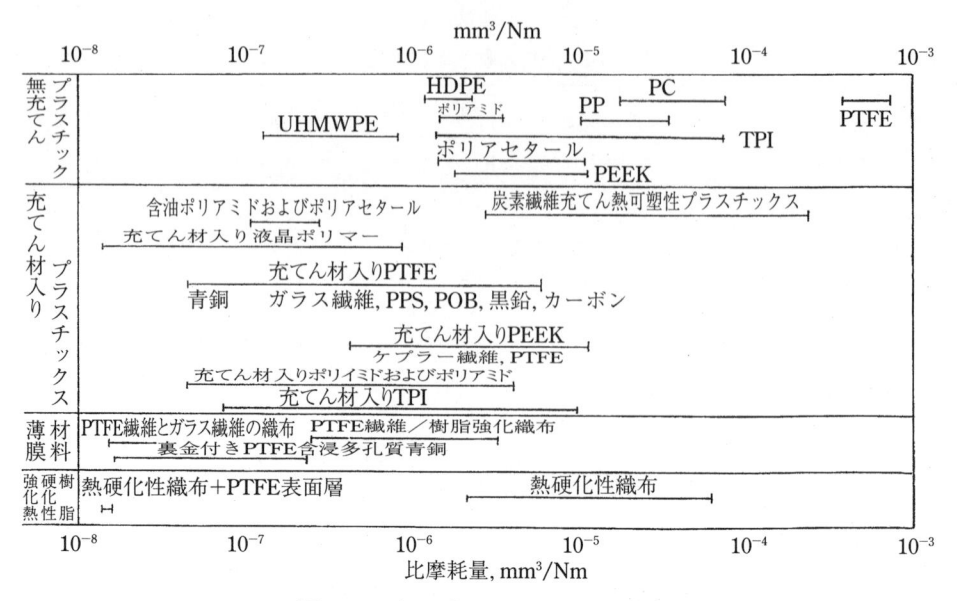

図4.76 各種プラスチックの比摩耗量

音が発生しないようにすることも重要である．表4.15は市販されている高分子軸受材料の例を示したものである．各種プラスチック複合材料の比摩耗量を図4.76に示す．無充てんPTFEでは10^{-4} mm^3/N・m程度であるが，充てん材入りPTFEでは10^{-8}から10^{-6} mm^3/N・mの範囲である．現在のところ無給油状態では10^{-8} mm^3/N・mの比摩耗量示すものが，最も優れた耐摩耗性材料と思われる．しかし，10^{-6} mm^3/N・m以下であれば普通は十分実用に耐えるしゅう動材料と考えられる．

鋼に対するよりもアルミニウムに対しては従来から良い軸受が少ない．図4.77は296 Kから573 K（＊印をつけた一部のものは473 K）までの範囲における，無充てんPTFE，各種充てん材入りPTFE，PEEKなどの摩擦係数と比摩耗量の関係を示したものである[41]．なお，図中の材料記号は複合材料の場合，Gr（黒鉛），K，Ti（チタン酸カリウイスカ），GF（ガラス繊維），CF（カーボン繊維），ポリフェニレンサルファイド（PPS），ポリパラオキシベンゾイル（POB，エコノール）などの記号と含有％で示してある．室温296 Kから573 Kの高温までの

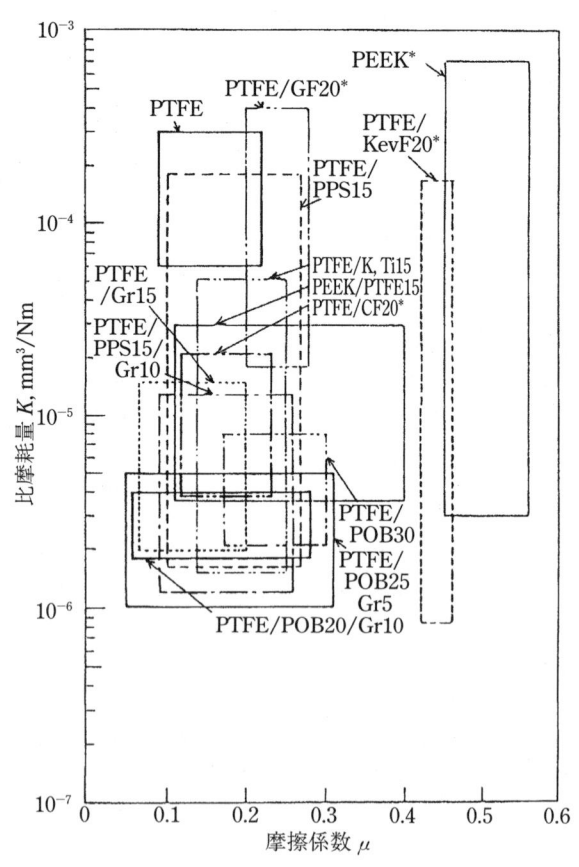

図4.77 各種プラスチックの比摩耗量と摩擦係数（296～573 K，なお，＊印は296～473 Kの範囲を示す）〔出典：文献41)〕

範囲では，一般的には摩擦係数は高温ほど低下し，比摩耗量は黒鉛15％入りPTFE（PTFE/Gr15）の例外を除き増大する傾向を示す．プラスチックすべり軸受材料としては，比摩耗量が10^{-5} mm^3/N・m以下で，かつ摩擦係数0.3以下が望ましい．室温296 Kから573 Kの範囲ではPTFE/Gr15，PTFE/POB30，PTFE/POB25/Gr5，PTFE/POB20/Gr10，PTFE/PPS15/Gr10などが摩擦と摩耗性能を満足する．

図4.78 (a)～(e)は凝着摩耗条件でのPTFEの摩耗過程を示したものである[42]．図4.78に示すように，移着摩耗粉の生成，成長，再移着，脱落の過程を通して摩耗が進行する．定常摩耗状態では図4.78 (a)から(e)までの現象が同時に起こっている．相手面に潤滑性の薄い移着フィルムを形成し，破壊靱性の大きな材料は一般的に優れたしゅう動特性を示す．

図4.79 (a)は一定温度30℃における高密度ポリエチレン（HDPE）の摩擦係数および線摩耗率（単位摩擦距離あたりの摩耗深さ）に及ぼす摩擦速度および接触圧力の影響について示したものである．また，図4.79 (b)は，30℃から110℃における摩耗曲線を示したものである[43]．50℃以下では図4.79 (a)で見られるような特徴的な摩耗曲線が得られ，70℃以上では約100 cm/s以上で摩耗の急増が見られている．図4.80 (a)は，ポリカーボネート（PC）の50℃における摩擦・摩耗特性を示したものであ

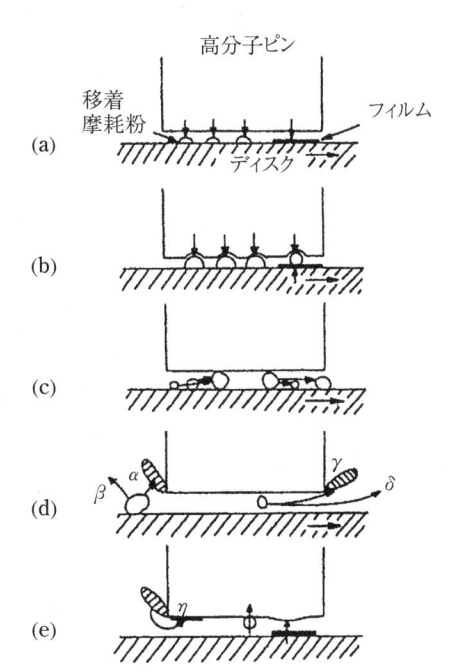

図4.78 摩耗過程のモデル〔(a) 小さな摩耗粉やフィルムの相手面への移着，(b) 移着摩耗粉による母材の切削および移着摩耗粉の集積による成長，(c) 摩耗粉の合併による巨大化と一部の摩耗粉の分裂，(d) 移着摩耗粉のピン前部および後部での排除，(e) 移着摩耗粉，排除摩耗粉およびフィルムの再移着〕〔出典：文献42)〕

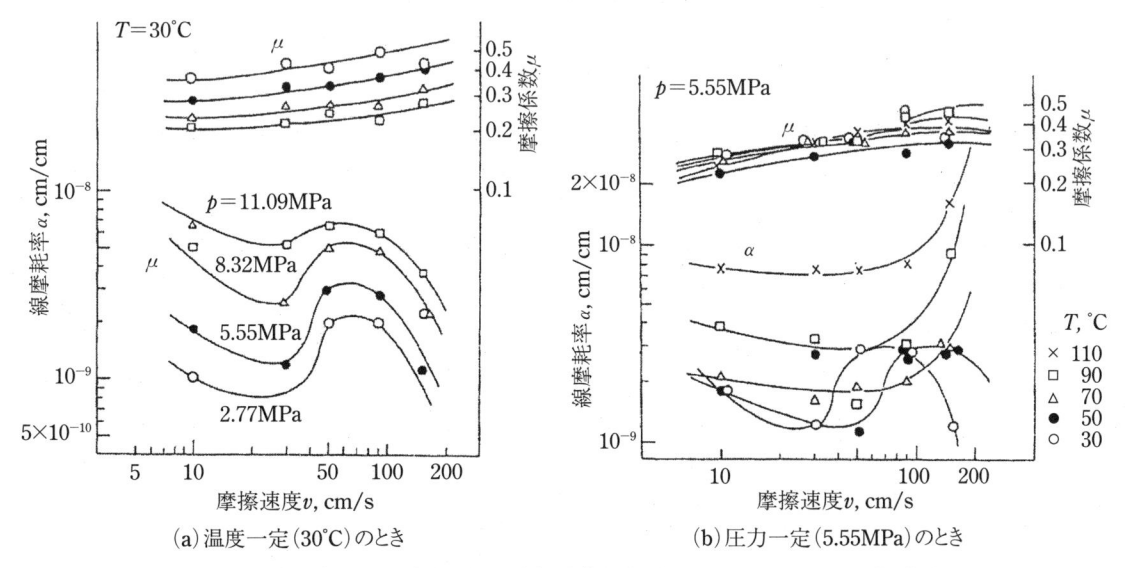

(a) 温度一定（30℃）のとき
(b) 圧力一定（5.55MPa）のとき

図4.79 HDPEの線摩耗率および摩擦係数と摩擦速度の関係（HI-ZEX 5000 H，相手面：クロムめっきした黄銅板）〔出典：文献43)〕

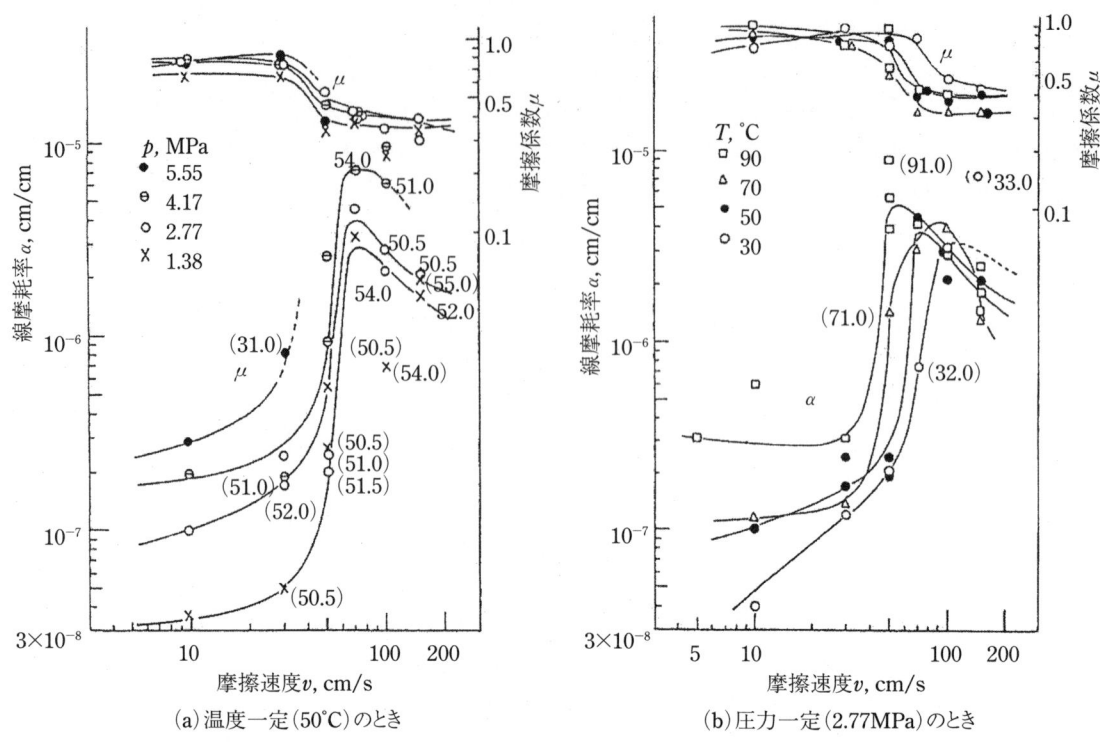

(a) 温度一定(50℃)のとき (b) 圧力一定(2.77MPa)のとき

図4.80 PCの線摩耗率および摩擦係数と摩擦速度の関係〔相手面：クロムめっきした黄銅板，図中の数字は温度上昇を示す，（ ）内は一時的温度上昇〕〔出典：文献43)〕

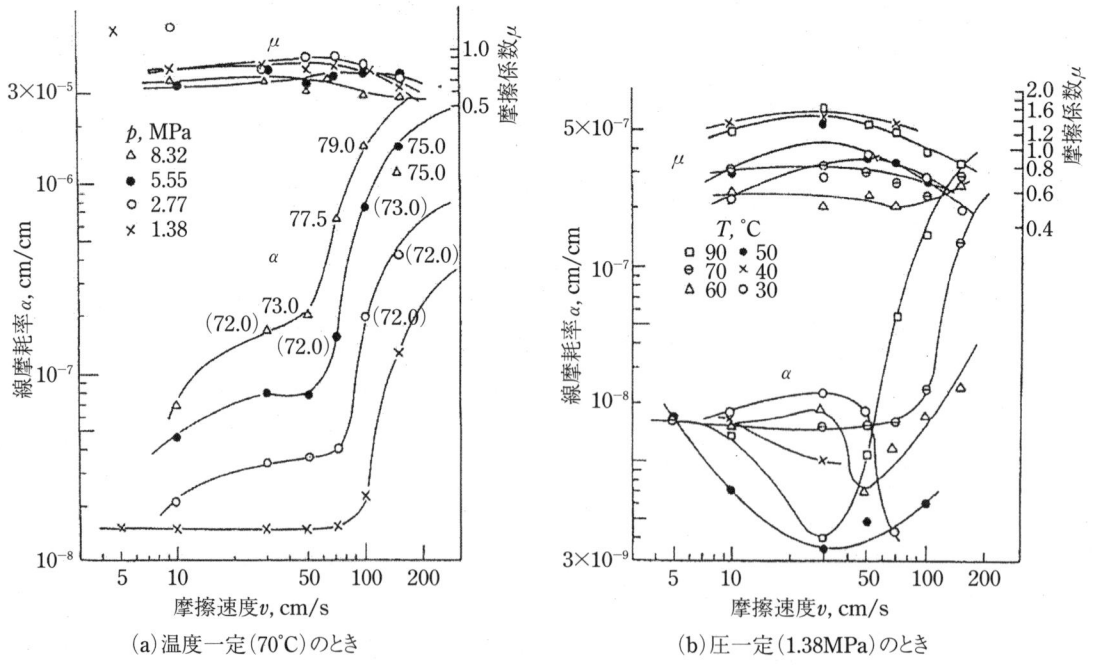

(a) 温度一定(70℃)のとき (b) 圧一定(1.38MPa)のとき

図4.81 PPの線摩耗率および摩擦係数と摩擦速度の関係〔相手面：クロムめっきした黄銅板，（ ）内の数字は一時的に上昇した温度〕〔出典：文献43)〕

る．温度を30℃から90℃まで変化させても，図4.80
(b) に示すように摩耗曲線の速度軸側への変化がほ
とんど認められない[43]．50 cm/s 以上で摩耗が急増
するところでは，ころ状摩耗粉が盛んに認められる．
図4.81 (a) はポリプロピレン (PP) の特性を示した
ものである．50 cm/s から 100 cm/s 付近で摩耗率の
急増が見られる．その急増するところではころ状摩
耗粉がみられている．温度を変化させたときの結果
は図4.81 (b) に示すように，かなり複雑に変化して
いる[43]．

図4.82は PTFE，PC，PP，HDPE の，温度70℃，
接触圧力 2.77 MPa における各摩耗曲線を示している
[44]．それらの線摩耗率の曲線は高接触圧力では高摩
耗率側に，また，高温では高速度または高摩耗率側
に移動することが知られている．なお，比摩耗量は
線摩耗率を接触圧力で除した値として求めることが
できる．温度 T_0，接触圧力 p_0 のときの線摩耗率 α
が，摩擦速度 v の関数として次式で表されるものと
する．

$$\alpha = k_0(v) \tag{4.1}$$

温度 T，接触圧力 p のとき線摩耗率 α (cm/cm) は，

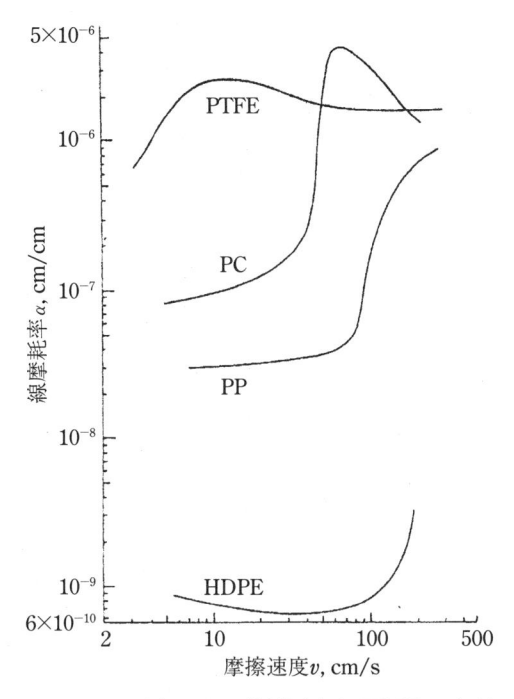

図4.82 温度70℃，接触圧力 2.77 MPa におけ
る各種高分子材料の線摩耗率（相手
面：クロムめっきした黄銅板，線摩耗
率 10^{-7} cm/cm は比摩耗量 3.6×10^{-5}
mm^3/Nm に相当）〔出典：文献44)〕

(a)

(b)

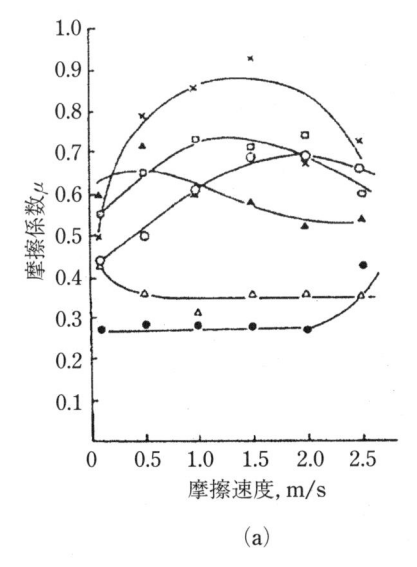

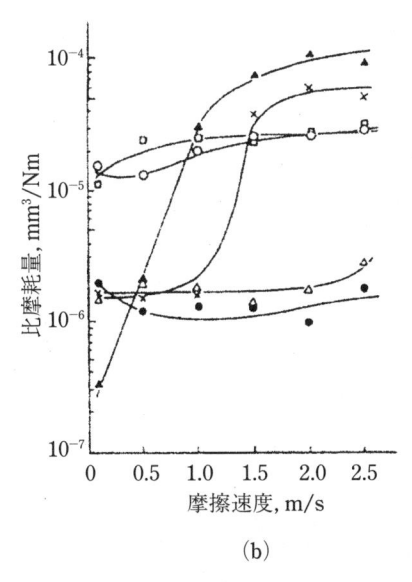

図4.83　各種充てん材入りポリアセタール複合材料の摩擦係数および比摩耗量と摩擦速度の関係
（相手面：鋼円板，$W = 10$ N，×：無充てん，○：ガラス繊維，●：炭素繊維，□：ガラ
ス球，△PTFE 粉末，▲：MoS$_2$）〔出典：文献45)〕

ある範囲内で次式のように表わされる.

$$\alpha = k_0(a_T v)\left(\frac{p}{p_0}\right)^n / b_s \tag{4.2}$$

ここで，a_T は横（速度）軸方向の移動係数，b_s は縦（摩耗率）軸方向への移動係数，n は指数である.

図4.83 (a) (b) は，荷重10 N で得られた各種ポリアセタールの摩擦速度と摩擦係数および比摩耗量の関係を示す[45].

結晶性高分子材料のモルフォロジーを制御することによって，耐摩耗性を向上させることができる．ポリアセタール（POM）に平均粒径 0.28 μm の炭化ケイ素 (SiC) 微粒子を0.5 vol% 添加することによって，無充てんの POM に対し，比摩耗量を 1/100 以下に低下させることができた．図4.84 は，SiC を充てんすることによって球晶寸法は小さくなり，約 0.5 vol% 添加すると無充てんの POM に比べ約 1/3 の 10 μm 程度になることを示している[46]．このときの比摩耗量は無充てんの約 1/500 程度に低下した．このように微細粒子を充てんすることによって，モルフォロジーを制御し，このことによって破壊靱性がやや増大して，耐摩耗性を向上させることができる．PP や HDPE においても同様な効果が認められる．しかし，アモルファスな高分子材料ではこの手法は何ら効果をもたない.

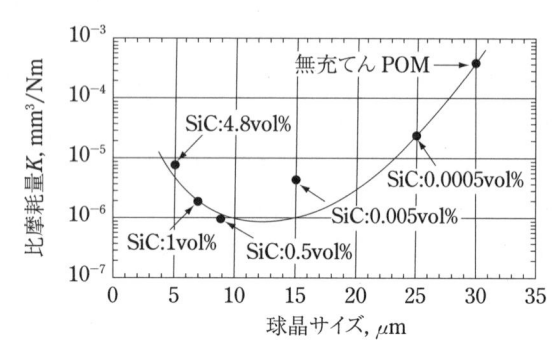

図4.84 無充てんおよび各種 SiC 充てんポリアセタールの比摩耗量と球晶サイズとの関係（相手面：SUS303）〔出典：文献47)〕

図4.85 はポリエーテルエーテルケトン（PEEK）とその複合材料を純アルミニウム相手に摩擦したときの摩擦係数および比摩耗量と温度の関係を示したものである[41]．PEEK やケブラー繊維 20 % 入り PEEK (PEEK/KevF20) は常温付近で比摩耗量は小さいが，温度が高くなるとともに急上昇し，このとき相手面も粗らすようになる．一方，PTFE 15 % 入り PEEK (PEEK/PTFE15) は 523 K 程度の温度までは 10^{-6} mm^3/N·m 程度の比摩耗量であり，これら低摩耗率を示すときには相手アルミニウムをあらさないことがわかっている.

図4.86 (a) (b) (c) は，液晶ポリマー LCP (Xydar SRT-500) を 1.38 MPa の接触圧力でクロムめっきした黄銅版に摩擦したときの，無充てん試料（C），黒鉛 25 % 入り試料 (C/Gr)，黒鉛 15 % と PTFE 10 % 入り試料 (C/Gr/PTFE) の比摩耗量と温度との関係を示したものである[47]．液晶ポリマーは成形時に強く配向するため，摩擦は相手面に対し，分子の流れに沿う方向 L，横切る方向（直角で摩擦面が相手に平行な方向）T，垂直 N の 3 方向で調べられている．いずれの試料も N 方向が最も摩耗は小さく，次が L, T の順に

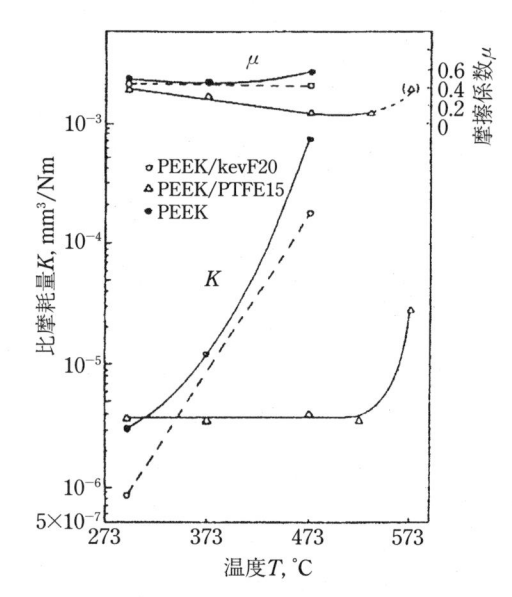

図4.85 各種 PEEK 材料の摩擦係数および比摩耗量と温度の関係〔相手面：純アルミニウム，$W=10$ N（$p=1.42$ MPa），$v=0.5$ m/s〕〔出典：文献41)〕

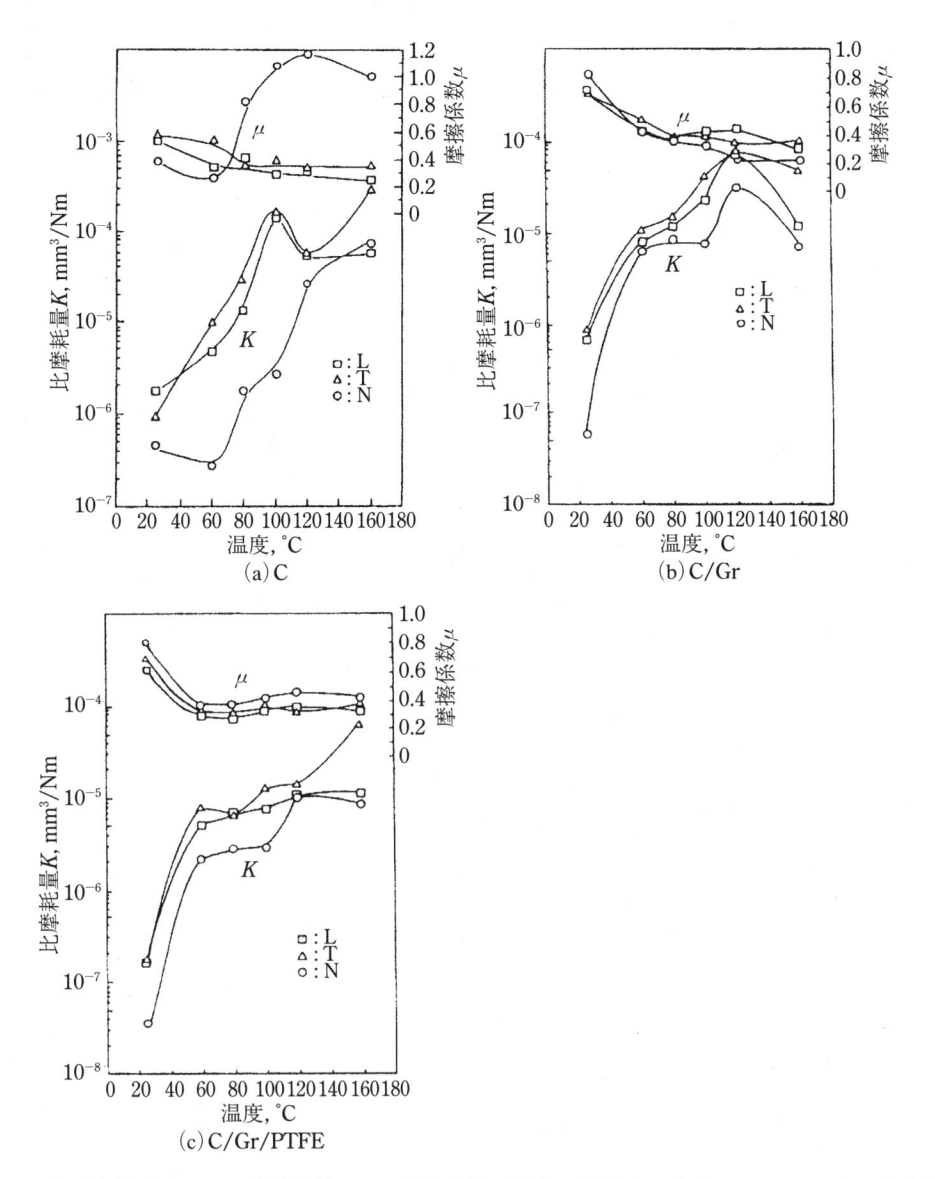

図 4.86 各種液晶ポリマーの摩擦係数および比摩耗量と温度の関係〔相手面：クロムめっきした黄銅板，液晶ポリマーの分子配向と摩擦方向：L；分子の流れに沿う方向，T；横切る方向，N；垂直方向，$W=4.32\,\mathrm{N}\,(p=1.38\,\mathrm{MPa})$, $v=30\,\mathrm{cm/s}$〕〔出典：文献47)〕

摩耗が大きくなる．図4.87 (a) (b) は無充てん熱可塑性ポリイミド (TPI) と PTFE 20％入り TPI をクロムめっきした黄銅板と摩擦したときの摩擦係数および比摩耗量と温度との関係を示したものである[48]．また，図4.88 (a) (b) および図4.89 (a)～(e) は，ポリフェニレンサルファイド (PPS) の40％ガラス繊維入り，ポリエーテルスルフォン (PES)，PEEK，ポリアミドイミド (PAI) およびポリイミド (PI) の比摩耗量と初期および定常状態の摩擦係数示している[49]．最高の耐熱性は PI でみられ，次が PEEK，PPS (GF 40％)，PES の順であった．PEEK は各温度で定常状態の摩擦係数が低く，次が PI で，PES，PPS は比較的高い．

(a) 無充てん TPI

(b) PTFE 20％入り TPI

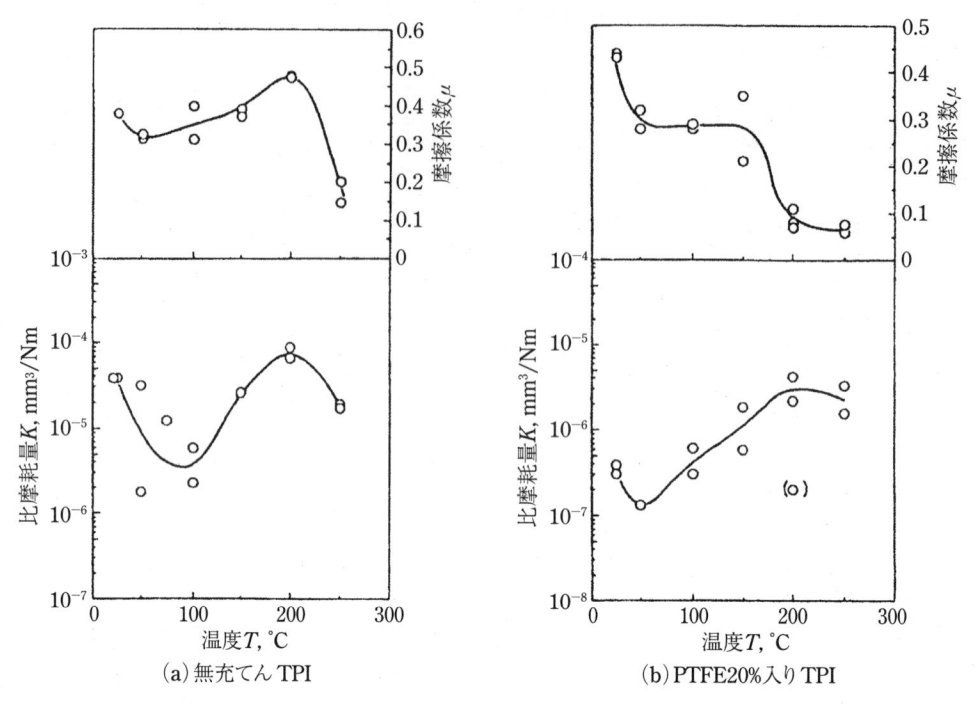

図 4.87 無充てんおよび PTFE 20％入り熱可塑性ポリイミドの摩擦係数および比摩耗量と温度の関係〔相手面：クロムめっきした黄銅板，$W = 4.32\,\text{N}$（$p = 1.38\,\text{MPa}$），$v = 30\,\text{cm/s}$〕〔出典：文献 48〕

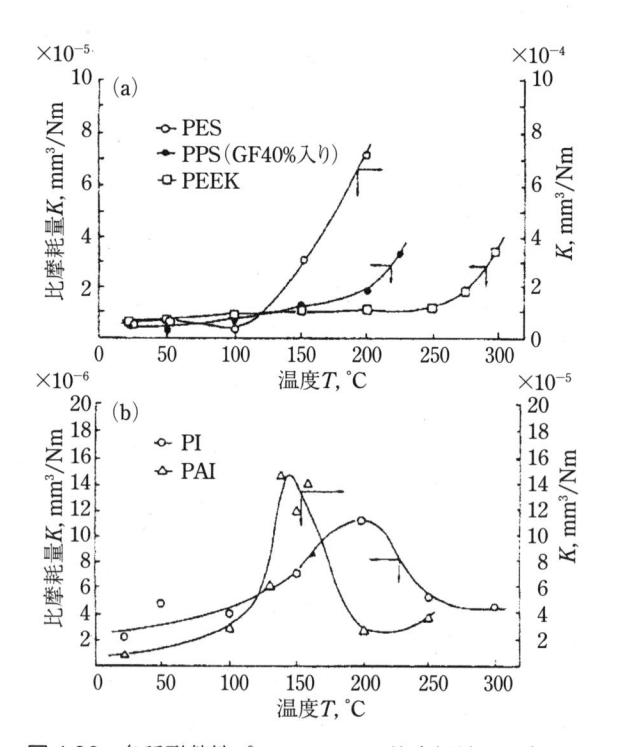

図 4.88 各種耐熱性プラスチックの比摩耗量と温度の関係〔PPS のみ 40％ガラス繊維（GF）入り，相手面：ステンレス鋼円板，$W = 10\,\text{N}$，$v = 0.1\,\text{m/s}$〕〔出典：文献 49〕

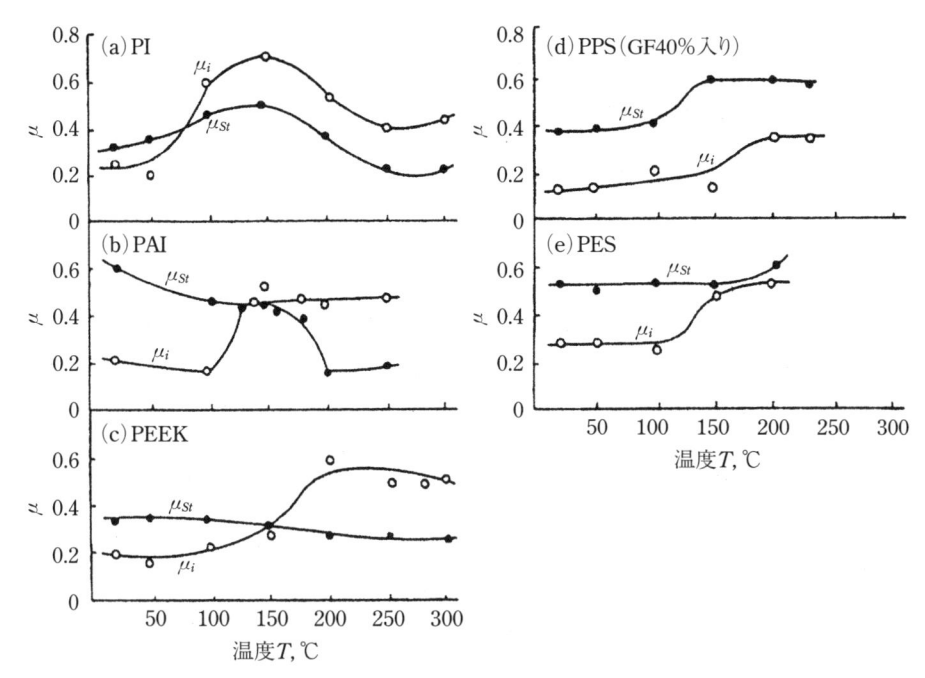

図 4.89 各種耐熱性プラスチックの摩擦係数と温度の関係〔PPSのみ40％ガラス繊維（GF）入り，相手面：ステンレス鋼円板，μ_i：初期摩擦係数，μ_{st}：定常摩擦係数，$W=10$ N，$v=0.1$ m/s〕〔出典：文献49)〕

参考文献

1) 里川孝臣：ふっ素樹脂ハンドブック，日刊工業新聞社 (1990).
2) C. W. Bunn, A. J. Cobbold & R. P. Palmer : The Fine Structure of Polytetrafluoroethylene, J. Polymer Sci., 28 (1958) 365.
3) K. V. Shooter & R. D. Taber : The Frictional Properties of Plastics, Proc. Roy. Soc. Lond. B., 65 (1952) 661.
4) K. V. Shooter & P. E. Thomas : Frictional Properties of Some Plastics, Research Supplement, 2, II (1949) 533.
5) A. A. Fote, A. H. Wildvank & R. A. Slade : Coefficient of Friction Ptfe-Impregnated Porous Bronze Versus Temperature, Wear, 47 (1978) 255.
6) J. K. Lancaster : The Effect of Carbon Fibre Reinforcement on the Friction and Wear of Polymers, Brit. J. Appl. Phys. (J. Phys. D), 1, 2 (1968) 549.
7) J. K. Lancaster, D. Pray, M. Godet, A. P. Verrall & R. Waghorne : Third Body Formation and the Wear of Ptfe Fibre-Based Dry Bearigs, Lubrication Technology, 102, 4 (1980) 236.
8) T. A. Blanchet & F. E. Kennedy : Sliding Wear Mechanism of Polytetrafluoroethylene (PTFE) and PTFE Composites, Wear, 153 (1992) 229.
9) J. Craig, W. D : PTFE Bearings for High Loads and Slow Oscillation, Lub. Eng., 4 (1962) 174.
10) J. Craig, W. D : Friction Variation of PTFE and MoS_2 During Thermal Vacuum Exposure, Lub. Eng., 7 (1964) 273.
11) B. J. Briscoe, M. D. Steward & A. J. Groszek : The Effect of Carbon Aspect Ratio on the Friction and

Wear of Ptfe, Wear, 42 (1977) 99.
12) 日本潤滑学会：新材料のトライボロジー,養賢堂　(1991)　57.
13) S. Bahadur & K. C. Ludema : The Viscoelastic Nature of the Sliding Friction of Polyetylene, Polypropylene and Copolymers, Wear, 18 (1971) 109.
14) K. C. Ludema & D. Tabor : The Friction and Visco − Elastic Properties of Polymeric Solids, Wear, 9 (1966) 329.
15) K. Tanaka, Y. Uchiyama & S. Toyooka : The Mechanism of Wear of Polytetrafluoroethylene, Wear, 23 (1973) 153.
16) K. R. Makinson & D. Tabor : The Friction and Transfer of Polytetrafluoroethylene, Proc. Roy. Soc. A, 281, A (1964) 49.
17) Y. Uchiyama : The Mechanism of Formation of Wear Particles of Polytetrafluoroethylene, Wear, 74 (1981-1982) 247.
18) W. A. Brainard & D. H. Buckley : Adhesion and Friction of Ptfe in Contact with Metals as Studied by Auger Spectroscopy, Field Ion and Scanning Electron Microscopy, Wear, 26 (1973) 75.
19) D. Gong, B. Zhang, Q. Xue & H. Wang : Effect of Tribochemical Reaction of Polytetrafluoroethylene Transferred Film with Substrates on its Wear Behaviour, Wear, 137 (1990) 267.
20) G. Jintang & D. Hongxin : Molecule Structure Variations in Friction of Stainless Steel/PTFE and Its Composite, J. Appl. Poly. Sci., 36 (1988) 73.
21) W. Wilkens & O. Kranz : The Formation of Gases Due to the Sliding Friction of Tefron on Steel in Ultrahigh Vacuum, Wear, 15 (1970) 215.
22) 百瀬義広・岩下昌央・渡邊雅代・江口美佳：フルオロポリマーと金属表面との摩擦によるエキソ電子放出（PTFE）現象の観察−金属表面のXPS解析との関係−，トライボロジー会議，東京 (2001) 255.
23) 西　甫・内山吉隆・岩井智昭：架橋PTFEのしゅう動特性，トライボロジー会議，東京 (2001) 81.
24) T. Hu & N. S. Eiss : The Effects of Molecular Weight and Cooling Rate on Fine Structure, Stress-Strain Behavior and Wear of Polytetrafluoroethylene, Wear, 84, 2 (1983) 203.
25) J. F. Lontz & M. C. Kumnick : Wear Studies on Moldings of Polytetrafluoroethylene Resin. Considerations of Crystallinity and Graphite Content, ASLE Trans., 6 (1963) 276.
26) H. Jost & J. Richter-Mendau : Veranderungen der Gleitflachen, Plaste und Kautschuk, 18, 6 (1971) 436.
27) T. Hu : Characterization of the Crystallinity of Polytetrafluoroethylene by X-Ray and IR Spectroscopy, Differential Scanning Calorimetry, Viscoelastic Spectroscopy and the Use of a Density Gradient Tube, Wear, 82 (1982) 369.
28) B. Arkles, J. Theberge & M. Schireson : J. ASLE, 33 (1977) 33.
29) S. Bahadur & D. Tabor : The Wear of Filled Polytetrafluoroethylene, Wear, 98 (1984) 1.
30) 唐沢惟儀・深井完祐・井上俊三：四フッ化エチレン樹脂主材のすべり摩擦と摩耗（第1報），潤滑，14, 2 (1969) 89.
31) K.G. McLaren & D. Tabor : The Friction and Deformation Properties of Irradiated Polytetrafluoroethylene (PTFE), Wear, 8 (1965) 3.
32) 田中久一郎・内山吉隆・豊岡　了：四フッ化エチレン樹脂の摩耗−基礎的挙動−，潤滑，12. 1 (1967) 31.
33) 山田良穂・田中久一郎：四ふっ化エチレン樹脂を母材とする複合材の水潤滑における摩擦と摩耗，潤滑，29, 3 (1984) 209.
34) T. Fort, Jr. : Adsorption and Boundary Friction on Polymer Surfaces, J. Phys. Chem., 66, 6 (1962) 1136.

35) 川邑正広・竹市嘉紀・上村正雄：PTFEのトライボロジー特性に与える繊維化の影響，トライボロジスト，47, 12 (2002) 935.
36) 内山吉隆・田中久一郎：真空中における高分子の摩擦，潤滑，18, 3 (1973) 222.
37) J. K. Lancaster : Polymer Science (1972) 1027.
38) 松原 清：テフロンの摩擦摩耗に関する研究，機械試験所所報，10, 3 (1956) 115.
39) H.Uetz & H. Breckel : Reibungs- und Verschleissversuche mit P.T.F.E. Wear, 10 (1967) 185.
40) 各種文献，カタログより.
41) 内山吉隆・山田良穂・三浦大生：アルミニウム軸用すべり軸受材料の摩耗に関する基礎的研究（第1報），潤滑，33, 1 (1988) 69.
42) Y. Uchiyama : The Mechanism of Formation of Wear Particles of Polytetrafluoroethylene, Wear, 74 (1981-1982) 247.
43) 内山吉隆：プラスチック材料の摩擦・摩耗特性（第8回），プラスチックエージ，32, 1 (1986) 153.
44) 内山吉隆：プラスチック材料の摩擦・摩耗特性（第5回），プラスチックエージ，31, 9 (1985) 143.
45) 田中久一郎：プラスチック系複合材料の充てん材の作用機構，潤滑，28, 5 (1983) 351.
46) 黒川正也・内山吉隆：ポリオキシメチレン複合材料のトライボロジー特性（第1報）－球晶サイズと比摩耗量との関係－，トライボロジスト，44, 7 (1999) 544.
47) Y. Uchiyama, Y. Uezi, A. Kudo, & T. Kimura : Effect of Temperature on the Wear of Unfilled and Filled Liquid Crystal Polymers, Wear, 162-164 (1993) 656.
48) Y. Uchiyama, T. Iwai & A. Morimoto : Friction and Wear Properties of Thermoplastic Polyimides, Proc. Intern. Tribology Conf., Yokohama I (1995) 367.
49) 田中久一郎：日本潤滑学会第30回・東京・講習会教材 (1985) 53.

4.5 軟質金属

4.5.1 種類と物性

金（Au），銀（Ag），鉛（Pb），スズ（Sn），インジウム（In）に代表される軟質金属は，図4.90[2)]に示すように面心立方格子構造を有し等方性であるため，せん断強度が比較的低く，古くから真空用固体潤滑剤として使用されており，銀と鉛の薄膜を用いることが多い．また，銀は通電性を要する場合の潤滑剤として推奨されている[1)]．軟質金属は，層状構造物質よりも摩擦係数が大きく，真空～大気を繰り返す条件では，表面の酸化により耐久性が急激に低下してしまうものの，金，銀，鉛については高温，極低温での使用や高真空中における潤滑性に優れており[3)]，超高真空用，宇宙機器用としての開発が進められている．

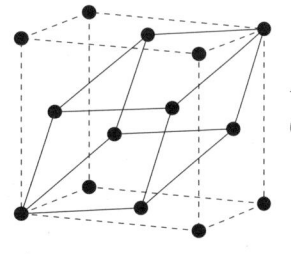

面心立方格子（破線）は $\alpha=60°$ の菱面体格子（実線）に等しい

図4.90　面心立方格子の構造〔出典：文献2〕

4.5.2 真空中における性能

真空中における軟質金属の寿命特性について調べるために，型番626の軸受を圧力10^{-3} Pa，室温，負荷196 N（最大接触応力1,920 MPa），3,200 rpmの条件で試験を行った結果を図4.91[4)]に示す．銀は金やMoS_2に比べてきわめて長寿命であり，安定期におけるトルク変動，振動も比較的少ない．ま

た，MoS_2 は摩擦係数が小さいものの短寿命であり，膜の付着強度が弱いためであると考えられる．最近の研究として中田・本多ら[5]は，10^{-7} Pa において Si 上に Ag を数原子層蒸着した面とダイヤモンドとのしゅう動で，摩擦係数 0.003 の超低摩擦現象を確認しており，清浄面上における原子レベルの潤滑挙動（表面移動）について説明している．

4.5.3 宇宙用途における性能

宇宙機器に使用される軸受では，寿命と信頼性が要求され発塵やアウトガスは特に問題とならない．一般的には内外輪にスパッタリング法による MoS_2 膜，PTFE 系複合材保持器で構成された軸受が用いられ，1万時間運転できることがすでに確認されている[6,7]．最近では宇宙機器の低コスト化の要求から民生用軸受の宇宙用途への適用が積極的に検討されている．小原・西村らは，市販の民生用軸受を用い，地上雰囲気耐久性試験，熱真空サイクル寿命試験（図4.92）[8]，振動耐性試験を行い，いずれも規定の 10^7 回をクリアし，民生用軸受の性能ポテンシャルが高く，宇宙用として使用できることを示した[8]．さらに加藤・足立は，宇宙機器の軸受の新しい潤滑方法として，その場で修復可能な摩擦支援潤滑膜形成法すなわちトライボロジーコーティング法を提案しており，インジウム（In）のトライボロジーコーティング膜が有効であることを示した[9]．

宇宙用途に用いられる軸受の潤滑については，固体潤滑剤よりも油・グリースを使用する割合が高いが，ばく露部やメンテナンスの簡素化等の利点があることから，コスト面とさらなる信頼性の向上に期待が寄せられている．

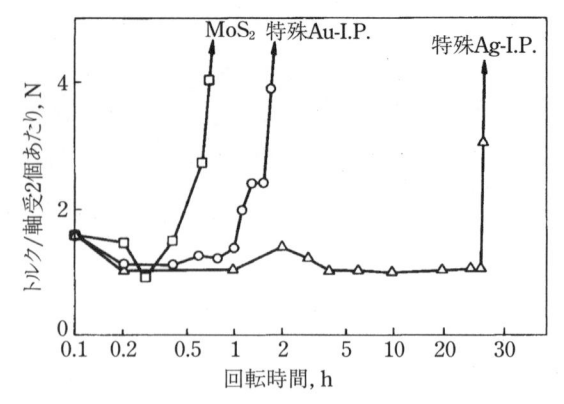

図 4.91 軸受試験における固体潤滑剤の評価
〔出典：文献 4)〕

(a) MoS_2 スパッタリング膜潤滑軸受

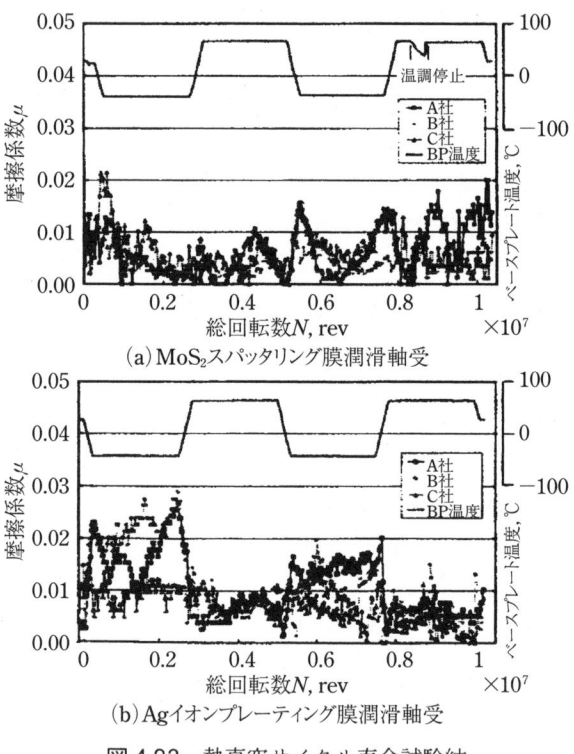

(b) Ag イオンプレーティング膜潤滑軸受

図 4.92 熱真空サイクル寿命試験結

参考文献

1) Space Materials Handbook, NASA, SP-3025 (1966) S-107.
2) 化学大辞典：東京化学同人 (1989).
3) 宮川：潤滑, 23, 11 (1978) 818.
4) 角本賢一・大西政良，他：Koyo Engineering Journal, 139 (1991) 92.
5) 中田竜二・今田康夫・本多文洋：トライボロジー会議予稿集，高松 1999-10 (1999) 145.

6) 西村　充・鈴木峰男：トライボロジスト，43，3(1998) 234.
7) 鈴木峰男・西村　充・小原新吾：トライボロジスト，44，1(1999) 6.
8) 小原新吾・西村　充，他：トライボロジー会議予稿集，高松 1999-10(1999) 131.
9) 足立幸志・加藤康司：真空，42，9(1999) 804.

4.6 セラミックス

摩擦・摩耗に関する系統的かつ詳細な研究は1930年代後半のBowdenとTabor[1]に始まる．それ以来，金属やプラスチックに関する摩擦・摩耗の研究が盛んに行われ，基本的な摩擦・摩耗特性が解明されてきた．しかし，脆性材料であるセラミックスについては，脆いという特徴からトライボ材料としては好ましくないと考えられてきた．

1970年代後半になって，金属材料の耐熱性等の限界を超える機械部品が求められるようになり，セラミックスの高硬度に伴う耐摩耗性，耐熱性，耐食性，高比強度，寸法安定性等の特性が注目され始めた．特に，アメリカで AGT（Advanced Gas Turbine）プロジェクトにおいて超高温タービンブレード材料として研究されて以来，セラミックス材料が急速に進歩した．このような背景のもとで，セラミックスのトライボロジー研究も盛んとなった．セラミックスのトライボロジーに関しては，出版本[1]があるので，詳細はそちらを参照いただきたい．

4.6.1 セラミックスの分類と基本的特性

セラミックスを大別すると酸化物系と非酸化物系に別けることができる．酸化物系セラミックスとしては，アルミナ（Al_2O_3），ジルコニア（ZrO_2），非酸化物系セラミックスとしては，窒化ケイ素

表4.16　代表的セラミックスの特性[1,2]

材料	アルミナ（Al_2O_3）	部分安定化ジルコニア（Y_2O_3系ZrO_2）	ムライト（$3Al_2O_3・2SiO_2$）	窒化ケイ素（Si_3N_4）	炭化ケイ素（SiC）	ダイヤモンド（C）
密度（g/cm³）	3.9～3.98	6.05	2.4～2.7	2.7～3.22	3.1	3.51
ビッカース硬さ（GPa）	13.5～20	13		9.5～18	25～27.5	100～140
曲げ強度（Mpa）	290～690	780～1670	130～180	297～1030	390～880	1300～2200
ヤング率（Gpa）	380～400	210	(145)	157～320	402～410	700～900
破壊靭性値（$MPam^{1/2}$）	3～4	7～8	(2.2)	2～7	3～5	
熱伝導率（W/m・K）	12～31	2.9	2.3～3.2	20～29	75～270	2000
実用使用温度（℃）	<1850		<1600	<1200	<1650	<600

※これらのデータは反応焼結，普通焼結，ホットプレスなど各種方法で作製されたものを包含したものであり，純度99.5％以上のものを採用した．実用使用温度は文献2)による．

(Si_3N_4)，炭化ケイ素（SiC）が代表的な構造用セラミックスである．これらは鋼などの金属に比べ耐熱性，耐食性，軽量，硬度の点で優れており，また，非磁性，絶縁性も特徴である．トライボロジー材料として例を上げれば，従来では困難であった使用環境に適応した軸受などが開発されている．ごく身近なところでは，錆びないという特徴を利用して包丁として活用されている．表4.16にトライボマテリアルとして実用化あるいは実用化が期待されている代表的なセラミックスの基本的特性[2,3]を示した．以下にアルミナ，ジルコニア，窒化ケイ素，炭化ケイ素および自己潤滑性セラミックスについて記す．

4.6.2 アルミナ（Al_2O_3）

Al_2O_3は構造用セラミックスとして最も広く使用されており，その用途と特性との関係が表4.17[2]である．トライボロジー特性についても一番よく調べられており，下記のように研究者により実験結果が異なっている[3〜8]．摩擦係数の温度特性については，室温および1,000℃付近では小さく500℃付近では大きい場合[7,8]と，室温からすでに高く温度上昇につれ低下する場合[4,5]に大別できる．比摩耗量についてはほとんどが室温および1,000℃付近では比較的小さく，中間の温度で大きくなる場合[3,4,6〜8]と，室温から温度の上昇とともに減少するが，中間の温度でいったん上昇し，再び温度の上昇とともに低下する傾向を示す場合[5]がある．これは実験後の摩擦面の表面粗さと相関があり，表面が平滑であれば低摩擦・低摩耗になることが報告されている．Adachiら[9]による摩擦面平滑化の検討によれば，450〜650℃では，いかなる荷重条件でも表面が平滑にならず高摩耗となる．しかし，それ以外の温度範囲では，荷重とすべり速度がある条件以下になると，摩擦面が平滑になり低摩耗状態が達成される．

表4.17 アルミナの主な用途と特性の関係[2]

	耐熱（衝撃）性	強度	硬さ	電気絶縁性	熱伝導性	耐摩耗性	耐食性
耐火物	◎	○					◎
理化学機器	○	○	○				○
各種しゅう動部品	○	○	◎		○	◎	
プラグ	○	◎		◎			
IC基板		◎		◎	◎		
セラミック工具	◎		○		◎	○	

このような複雑な摩擦・摩耗挙動が現れる原因は，Al_2O_3の良好な水の吸着性にあると考えられている．Al_2O_3では，物理吸着水，化学吸着水，表面水酸基の形態で吸着し，物理吸着水は100〜120℃，化学吸着水が約400℃，表面水酸基は1,000℃程度で脱離するとされている[11]．

室温の摩擦では水が化学吸着した面が接触することになり，吸着層を破壊してしまうような高面圧を除き，接触部の凝着のような相互作用がほとんど生じないと考えられる．また，室温摩擦面の表面近傍のTEM観察[12]によると，塑性変形が見られないため，摩耗機構は表面の微細突起間の機械的相互作用による脆性破壊と考えられている．そこで，主として粒界に存在すると考えられている機械加工に伴う潜在き裂が，摩擦過程の相互作用力で伝ぱあるいは増殖しないような荷重とすべり速度であれば，結晶粒の脱落による大規模摩耗が進行せず，表面の微細突起先端の小規模の破壊が生じるだけで，表面が平滑化され低摩耗になると考えられている．粒界破壊が生じる場合が摩擦・摩耗の大きい場合に対応する．この場合，部分的に平滑な摩擦面が観察される場合がある．こ

れは摩耗粉の圧縮で形成されたものと考えられている[13]．また，高摩擦・高摩耗あるいは低摩耗・低摩擦のどちらの摩耗形態が生じるかは，機械加工された摩擦面の潜在き裂の分布と摩擦条件で決まる複雑な現象といえる．

4.6.3 ジルコニア（ZrO_2）

ZrO_2は大気中では熱伝導率が低いため摩擦熱で接触部近傍が高温になりやすく，吸着水の影響を受け100～300℃の比較的低温で応力腐食変態反応を起こし，表面の機械的強度が低下する．そのため，特に高温での耐摩耗性の低下が問題となる[14]．また，200℃程度まで温度上昇に伴い比摩耗量がいったん減少する実験結果も報告されている[15,16]．これは相変態と接触部の高温とが関係すると考えられているが，実験条件により複雑な摩擦・摩耗の温度依存性を示す[17]．水中での高負荷，高速度の厳しい条件においても水との応力腐食変態反応により激しく摩耗する．

4.6.4 ケイ素系セラミックス

上記の酸化物系セラミックスと異なりケイ素系セラミックスの場合には酸化の影響を受ける．窒化ケイ素（Si_3N_4）の摩擦・摩耗の温度特性[17]は，酸化の影響により温度上昇とともに単純に増加する挙動を示す．高温で摩擦された表面には酸化ケイ素（SiO_2）の摩耗粉で覆われ，粗れたシビア摩耗面が生じ，吸着物はもはや固体接触を防ぐ程には存在していないため，高い値となる．ちなみに，Si_3N_4および炭化ケイ素（SiC）を水やアルコール潤滑下でしゅう動させた場合には，水和化したシリカゲル層が生成し摩擦を引き下げる[18]．なおこの場合，Si_3N_4の焼結助剤（Y_2O_3やFe_2O_3）の多い場合と少ない場合でも摩擦・摩耗特性が異なるとされている．すなわち，Si_3N_4の焼結助剤が多い場合には，水和化ゲルの溶け出しを阻害するため摩擦が高く，さらにSi_3N_4の酸化速度を早めるため摩耗は促進される．

4.6.5 自己潤滑性セラミックス

（1）層状固体潤滑剤を用いたもの

黒鉛，MoS_2，二硫化タングステン（WS_2），窒化ホウ素（h-BN）等は六方晶の層状結晶構造をもっており，これらの潤滑性は層間の結合力が小さいπ結合（黒鉛の場合）やファンデルワールス結合（MoS_2，WS_2，h-BNの場合）に由来すると考えられている[19]．これらの結合力は吸着物の影響を受けるため，雰囲気による摩擦係数の相違が知られている．たとえば，黒鉛とh-BNは吸着物が存在する大気中では良い潤滑性を示すが，真空中では潤滑性を示さない．対照的に，MoS_2やWS_2は大気中よりむしろ吸着物のない真空中の方が良い潤滑性を示す．プラスチックは，上記のような雰囲気に鈍感である．固体潤滑剤を利用する場合には，このような雰囲気効果を考えて使用すべきである．これらの固体潤滑剤の大気中における熱安定性は，h-BNを除き500℃以下である．

黒鉛そのものは優れた固体潤滑剤であるが，上記のように酸化劣化の問題があり，熱的には500℃付近が限界とされる．したがって，黒鉛系保持器を用いた高温用セラミック軸受も，500℃が使用限界である[20]．ところが，黒鉛系材料にボロン（B）を添加すると，その添加量の増加とともに酸化劣化が押さえられ，Bを32.2 mass％添加すると大気中，800℃でも酸化劣化による重量変化がほとんどない黒鉛材料となる[21]．Bを添加した黒鉛保持器材料の評価試験によると，B添加量が10 mass％では300～600℃の間で摩擦係数が上昇0.5付近まで上昇するが，700℃では0.2以下に低下する．この保持器を組み込んだ総セラミック軸受の700℃における性能試験では，B濃度1.0 mass％より優れた性能を示した[22]．これと似たようなものに黒鉛-B_4C複合材料が調べられ，300℃では0.015とい

表 4.18 高温用固体潤滑剤として期待される酸化物，フッ化物等の高温における摩擦特性

高温用固体潤滑剤	温度, ℃	荷重, kgf	速度, cm/s	摩擦係数	文献
PbO	427〜704	1.0〜14.5	0.76〜218.4	0.05〜0.12	27
93 % PbO - 5 % B_2O_3	25〜537	1.0	218.4	0.14	27
93 % PbO - 5 % SiO_2 - 2 % Fe	25〜650	1.0	50.0	0.4 (25℃) 0.2 (650℃)	27
B_2O_3	650 ＞700	7.70 1.75	0.76 0.1	0.14 0.2	27
MoO_3	704	7.70	0.76	0.2	27
Cr_2O_3	870〜1093	6.0	3.0	0.25	27
Bi_2O_3	815 ＞815	6.0 6.0	3.0 3.0	0.18 0.1	27
BaO	871	6.0	3.0	0.22	27
ReO_2	593	14.5	2.54	0.27	27
CoO - Re_2O_7	580	—	—	0.2	27
Re_2O_7 - B_2O_3	580	—	—	0.15	27
$PbMoO_4$	704	7.7	0.76	0.29	27
K_2MoO_4	704	7.7	0.76	0.2	27
NiMoO	704	7.7	0.76	0.29	27
Ag_2MoO_4	704	7.7	0.76	0.28	27
Na_2WO_4	704	7.7	0.76	0.17	27
Cr_2O_3 - F_2O_3	650	402	0.5	0.13	27
NiO - Fe_2O_3	650	1.2	50.0	0.15	27
80 % CaF_2 - 20 % BaF_2	540	0.5	83.33	0.16	28
38 % CaF_2 - 62 % BaF_2	38〜816	0.5, 1.0	83.33	0.15〜0.2	28
77 % CaF_2 - 23 % LiF	38〜670	0.5, 1.0	83.33	0.15〜0.18	28
81.4 % CaF_2 - 18.6 % NaF	540	0.5	83.33	0.07	28
54 % CaF_2 - 16 % LiF - 30 % Al_2O_3	540〜816	0.5	83.33	0.15〜0.2	28
70 % Cr_3C_2 - 15 % Ag - 15 % BaF_2/CaF_2	25〜850	0.5	270	0.29〜0.35	29
(40 % CaF_2 - 60 % BaF_2) − 50 % Cr_2O_3 - NiCoCrAlY	300〜900	1.0	10.5	0.2〜0.3	30〜34
$Ba_2YCu_3O_y$	R.T.〜950	1.0	0.32max	0.03〜0.48	35
Na_2ZrO_4 - 28.8 % Cr_2O_3	R.T.〜1000	1.0	2.0	0.12〜0.35	36
$BaZrO_3$ - 28.8 % Cr_2O_3	R.T.〜1000	1.0	2.0	0.25〜0.5	37
BaO - 33 % Cr_2O_3	R.T.〜1000	1.0	2.0	0.25〜0.5	38
$BaCrO_4$	R.T.〜1000	1.0	2.0	0.25〜0.5	38
$BaCrO_4$ - Al_2O_3	R.T.〜1000	1.0	2.0	0.22〜0.28	38, 39
Al_2O_3 - 50 (Ni/hBN - Ni/Graphite)	R.T.〜800	1.0	2.0	0.18〜0.33	40, 41
$Sr_{0.14}Ca_{0.86}CuO_y$	R.T.〜500	30	12	0.1〜0.2	42
$CaSO_4$	600	0.1	5.0	0.1〜0.2	43
$SrSO_4$	600	0.1	5.0	0.15〜0.21	43
$BaSO_4$	600	0.1	5.0	0.1〜0.15	43
Al_2O_3 - $BaSO_4$	R.T.〜800	0.5	2.0	0.28〜0.38	44

う非常に小さな摩擦係数を示した[23]. このような黒鉛-セラミックス系複合材料はしゅう動部材としてさらに高温までの耐熱性が予想されたため，黒鉛-B_4C-SiC について調べたところ700℃程度までは低摩擦を示すことがわかった[24]. これらは高温でBやB_4Cの酸化で生じたB_2O_3の膜が表面を覆うため，黒鉛の酸化を防止すると考えられる.

黒鉛などに比べ耐酸化性があるSi_3N_4の400℃で行った保持器材評価試験結果によると，すなわち，転動体に相当する材質をSi_3N_4，軌道面に相当する材質を耐熱鋼（M50）試験片にした場合には，摩耗が激しくあまり良くない結果を示した[25]. しかし，黒鉛とBNを複合化して良い特性をもたせた保持器用複合材料が開発されている．これは，黒鉛-BN-ニッケル（Ni）とバインダをうまく組み合わせたもので，相手材をSi_3N_4とし500℃まで優れた性能が確認されている[26].

（2）フッ化物，酸化物等を用いたもの

500℃以上で使用可能な高温用固体潤滑剤としてフッ化物，酸化物等が挙げられる．それらの試験結果を文献から拾い上げ一覧表にしたものが表4.18[27〜44]である．フッ化物はNASAのSlineyらが1960年代から1990年頃まで盛んに研究を重ね，不活性ガス中や大気中900℃まで使用可能なニッケル合金-Cr_3C_2-Ag-BaF_2-CaF_2複合材料等を開発し[29]，これらをすべり軸受および転がり軸受の保持器に応用している．Slineyら以外で，フッ化物や酸化物を転がり軸受の保持器用として調べられた例としては，CaF_2-BaF_2-Cr_2O_3系等のインコネル母材への減圧プラズマ溶射膜の評価がある[30〜34]. 高温しゅう動試験評価では室温から1,000℃まで調べ，保持器材料評価試験では800℃まで調べた．この中で50（40CaF_2-60BaF_2）-50Cr_2O_3（数値はwt%）に対して，バインダとしてニコクラリ（Ni・Co・Cr・Al・Y）合金を体積比で80%とした粉末を使用して減圧プラズマ溶射で作製した膜が良好な結果を示した[30]. その後，試験軸受として，アンギュラ玉軸受7204（内径20 mm，外径47 mm，幅14 mm）相当の内輪，外輪ならびに転動体をSi_3N_4とし，SUS304の保持器に上記固体潤滑膜をコーティングして700℃での評価を試みたが，保持器の熱変形などによる転動体と保持器の干渉による振動により8,000 rpmで中止し，最終的な固体潤滑膜の性能確認までには至らなかった[34].

近年のセラミックス系自己潤滑複合材料開発では，Al_2O_3とクロム酸バリウム（$BaCrO_4$）からなる焼結体がある．この摩擦係数の温度特性は室温から1,000℃まで0.3以下で安定している[38,39]. 総セラミック軸受のボールの間にスペーサとしてこの材料を適用して，温度800℃，荷重44 N，回転数1,000 rpmでテストした結果では，140分間までは異常なく回すことができた[41]ものの，その後強度不足による破損が生じた．なお，$BaCrO_4$は劇物に指定されているため，この材料の使用は特殊な用途に限定される.

環境面で心配がなく，広域温度対応型の自己潤滑性材料として期待されるものとしては，無限層構造をもつ複合酸化物（$Sr_{0.14}Ca_{0.86}CuO_y$）[42]と硫酸塩系固体潤滑剤がある[43]. 硫酸塩を含有させたAl_2O_3-$BaSO_4$複合材料が優れた特性を示した[44]. Al_2O_3-50 mass% $BaSO_4$の摩擦係数は，室温〜800℃の広い温度域で0.3以下を示しており，広域温度対応型自己潤滑複合材料として有望である.

参考文献

1) 日本トライボロジー学会セラミックスのトライボロジー研究会編：セラミックスのトライボロジー (2003).
2) 和田重孝：構造用セラミックスガイドブック，（株）TIC (2001).
3) 志村好男・水谷善之：第30回日本潤滑学会春期研究発表会 (1985) 173.
4) H. Wang, Y. Kimura & K. Okada : Proc. Jpn Int. Tribo. Conf., Nagoya (1990) 1389.

5) 千田哲也・飯野千織・植松　進・天田重庚：日本機械学会論文集（C編），57, 539 (1991) 256.
6) X. Dong, S. Jahanmir & S. M. Hsu : J. Am. Ceram. Soc., 74, 5 (1991) 1036.
7) 藤井正浩・吉田　彰・永森啓二・葉石秀機・張　啓浩：トライボロジー会議予稿集 1992-10 (1992) 235.
8) 足立幸志・加藤康司・井上英治・鍵本良実：日本機械学会論文集（C編），61, 586 (1995) 2553.
9) K. Adachi, K. Kato, E. Inoue & R. Takizawa : Proc. Int.Trib. Conf. Yokohama 415 (1995).
10) 田部浩三・清水哲朗・笛木和夫：金属酸化物と複合酸化物，講談社 (1986) 75.
11) T. Senda : J. Am. Ceram. Soc., 78, 11 (1995) 3018-3024.
12) A. Erdemir et al. : Trib. Trans., 33, 4 (1990) 511-518.
13) 足立幸志・加藤康司・濱崎庫泰：トライボロジー会議予稿集　福岡 1991-10 (1991).
14) 日本潤滑学会編：新材料のトライボロジー，養賢堂 (1991) 118.
15) H. G. Scott : Wear of Materials, ASME, 8 (1985).
16) V. Aronov : J. Tribology Trans. ASME, 109 (1987) 531.
17) 梅田一徳：機械技術研究所所報，50, 6
18) 日比裕子：トライボロジスト，46, 9 (2001) 708-713.
19) 松永正久・津谷裕子：固体潤滑ハンドブック，幸書房 (1978).
20) 竹林博明・唯根　勉・吉岡武雄：トライボロジスト，38, 10 (1993) 935-942.
21) T. Sogabe, T. Matsuda, K. Kuroda, Y. Hirohata, T. Hino & T. Yamashita : Carbon 33, 12 (1995) 1783.
22) 北村和久・武田　稔・吉岡武雄・曽我部敏明・浮田茂幸：トライボロジー会議予稿集，東京 1997-5 (1997) 113-115
23) 鹿島和嗣・宮崎・萩尾・吉田・小林：炭素，No.121 (1985) 73-75.
24) 梅田一徳：未発表.
25) 山本豊寿・正田義男・近田哲夫：トライボロジー会議予稿集，東京 1994-5 (1994) 249-252.
26) 中井　毅・篠宮　護・津谷裕子・吉岡武雄・梅田一徳：トライボロジー会議予稿集，大阪 1997-11 (1997) 629-631.
27) I. M. Allam : Journal of Materials Science, 26 (1991) 3977-3984.
28) H. E. Sliney, T. N. Strom & G. P. Allen : ASLE Transactions, 8 (1965) 307-322.
29) H. E. Sliney : NASA TM-103612, DOE/NASA/50162-4.
30) 新関　心・吉岡武雄・水谷八郎・豊田　泰・橋本孝信：トライボロジスト，40, 12 (1995) 1037-1044.
31) 豊田　泰・吉岡武雄・梅田一徳・新関　心・兼子敏昭・板倉孝志：トライボロジスト，41, 2 (1996) 146-153.
32) 新関　心・吉岡武雄・水谷八郎・小鳥居広文・豊田　泰・橋本孝信・柏村　博・高森　誠・杉　博美・平井英次：機械技術研究所所報，49, 3 (1995) 84-95.
33) 兼子敏昭・吉岡武雄・梅田一徳・新関　心・豊田　泰・板倉孝志：機械技術研究所所報，49, 3 (1995) 96-106.
34) 板倉孝志・吉岡武雄・梅田一徳・新関　心・豊田　泰・兼子敏昭：機械技術研究所所報，49, 3 (1995) 107-113.
35) 榎本祐嗣・梅田一徳：トライボロジスト，34, 3 (1989) 222-225.
36) K. Umeda & Y. Enomoto : Proc. 6th Int.Cong. on Tribology Eurotrib'93 Budapest, (1993) 222-227.
37) 梅田一徳・高橋　淳：トライボロジー会議予稿集，金沢 1994-10 (1994) 675-678.
38) 梅田一徳・高津宗吉・田中章浩：トライボロジー会議予稿集，名古屋 1998-11 (1998) 608-610.
39) K. Umeda, A. Tanaka & S. Takastu : Proceedings of the International Conference Nagasaki (2000) 1161

-1166.
40) 梅田一徳・高津宗吉・田中章浩:トライボロジー会議予稿集,宇都宮 2001-11 (2001) 231-232.
41) K. Umeda, H. Mizutani, S. Sasaki, A. Korenaga, T. Murakami, S. Takastu & N. Ikeda:第1回環境適合型次世代超音速推進システム国際シンポジウム予稿集,CD-ROM版 (2002) S-3.
42) 鈴木雅裕・佐々木雅美・村上敏明:トライボロジスト,43, 12 (1998) 608-610.
43) P. J. John & J. S. Zabinski:Tribology Letters, 7 (1977) 31-37.
44) 村上 敬・Ouyang Jiahu・梅田一徳・間野大樹・佐々木信也・米山雄也:トライボロジー会議予稿集,鳥取 2004-11 (2004).

4.7 雲母

雲母(mica)はかなりの埋蔵量が期待される天然鉱物資源のフィロケイ酸塩である.一般には雲母は(001)面に平行にへき開性をもつ薄片状鉱物で,層状構造を有している.また鉱物であるために耐熱性に優れ,1,000～1,300℃の高い融点をもつ.雲母族には,白雲母(muscovite),黒雲母(biotite),パラゴナイト(paragonite),レピドライト(lepidolite)などがあり,固体潤滑剤として検討されているものに,白雲母に属する絹雲母(セリサイト,sericite)と黒雲母の端成分である金雲母(フロゴパイト,phlogopite)とがある.絹雲母は白雲母の中で,非常に細粒のものをいい,種々の特徴があることから固体潤滑剤として期待される.また最近では合成のフッ素雲母も検討されている.ここでは絹雲母を中心にこれらの雲母について概説する.

4.7.1 絹雲母
(1) 絹雲母の特長
絹雲母は天然にほぼ無尽蔵に産し,固体潤滑剤として汎用する場合に,供給性の問題はなく,しかも天然鉱物であることから熱安定性があり,地球環境に優しい.絹雲母は結晶性がよく,六角板状の薄片状(三層構造)をもち,へき開性を有する.比重は2.76～3.2で比較的小さく,硬さはモース硬さで,3～4である.

固体潤滑剤としてみた場合の長短所は以下のようになる.
長所としては,
(a) 薄片状で,配向性がよい,
(b) 耐熱性がある,
(c) 絹光沢を有し,ほぼ無色透明である,
などで,(a)については,絹雲母は化粧品のファンデーションやベビーパウダなどに使用されており,肌表面に簡単に付着・配向することから,摩擦表面上に配向性のよい固体潤滑剤といえる.(b) 絹雲母の融点は1,000℃以上であることから,その配向被膜は金属表面を酸化抑制する作用をもつ高温用固体潤滑剤として期待される.しかも(c) 配向被膜は白色であることから,白色固体潤滑剤としても期待される.

一方,短所とこれに対する対応は,次のようである,
(a) 天然鉱物であるために,硬い石英や長石が混入している,
(b) 微粒子が得られにくい,
(c) 油および水中分散の対策が必要である.
(a)および(b)に対しては,粉砕や水篩分級およびフラッシング法[1]で,また(c)に対しては表面

（2）絹雲母の潤滑性

絹雲母の潤滑特性については，親油化表面処理[2〜4]された絹雲母を鉱油およびグリースに添加された場合について検討されている[5,6]．図4.93[5]および表4.19[6]は，絹雲母をそれぞれパラフィン系鉱油およびグリースに添加した場合の曽田四球試験による耐荷重能および耐摩耗性を示す．ここで適用された絹雲母は，水篩分級とフラッシングによって不純物が除去された平均粒径0.3 μmの微粒子で，親油化表面処理によって一次粒子として油中およびグリース中に分散されている．図4.93に示すように，絹雲母添加濃度とともに基油の耐荷重能は向上している．またグリース添加においても，MoS_2やグラファイトよりも耐摩耗性が得られている（表4.19）．絹雲母の潤滑性能の要因として，絹雲母が摩擦表面上に配向した被膜形成があ

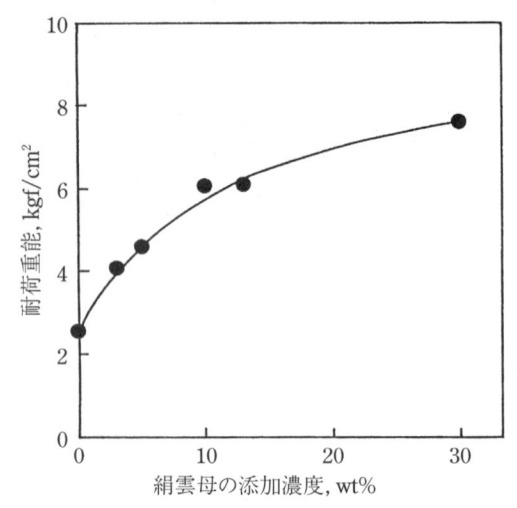

図4.93 絹雲母懸濁油の耐荷重能〔基油：パラフィン系鉱油（粘度：20.1 cSt＠40 ℃，4.07 cSt＠100 ℃，粘度指数100）試験法：曽田四級試験，標準法〕
〔出典：文献5）〕

表4.19 固体潤滑剤添加グリースの耐摩耗性
〔出典：文献6）〕

潤滑剤	摩耗痕径, mm
ベースグリース*	0.77
5 wt％表面処理絹雲母	0.48
5 wt％未処理絹雲母	0.66
5 wt％二硫化モリブデン	0.68
5 wt％グラファイト	0.93

曽田四球試験：1.5 kgf, 750 rpm, 30 min.
＊：DOS/鉱油＝75/20（重量比），リチウムステアレート

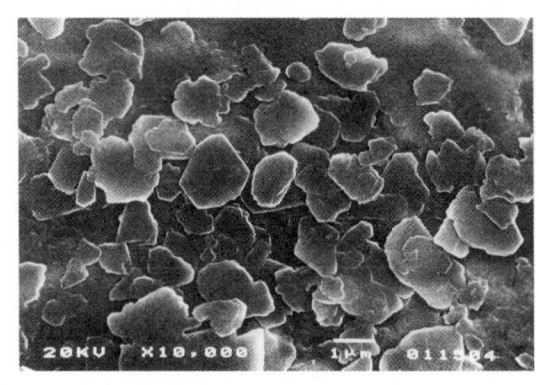

図4.94 SEMによる親油化処理絹雲母の10 wt％懸濁油で得られた摩耗痕上の粒子の配向
〔出典：文献5）〕

る．図4.94[5]に，絹雲母懸濁油中で得られた鋼球の摩耗痕のSEM写真を示す．親油化処理した絹雲母は一次粒子状態できれいに均一に配向している．一般にMoS_2やグラファイトの層間の結合はvan der Waals力の弱い力によるために，その潤滑性はせん断による層間のすべりやすさによる．これに対して絹雲母の層間はより強いイオン結合であるために，層間はすべりにくく，図4.94に示すような薄片状の粒子間の滑りがその潤滑性に寄与すると考えられる．

（3）絹雲母の耐熱性

絹雲母は耐熱性であり，しかも表面被覆性に優れていることから，熱処理剤として有用である[7]．ステンレス鋼の中でも酸化されやすい13Crステンレス鋼は熱処理の際に厚い酸化物スケールが析出し，仕上げ工程で除去する作業が必要である．特に形状が複雑な場合は除去作業にかなりの時間と動力を費やす．

図4.95は，13Cr系ステンレス鋼板に親油化処理絹雲母懸濁液と市販のMoS_2系液で被覆処理し，

表面状態

0.2mm

断面状態

0.1mm

(a) 無塗布　　　　(b) MoS₂系液塗布　　　　(c) 親油化処理絹雲母液塗布

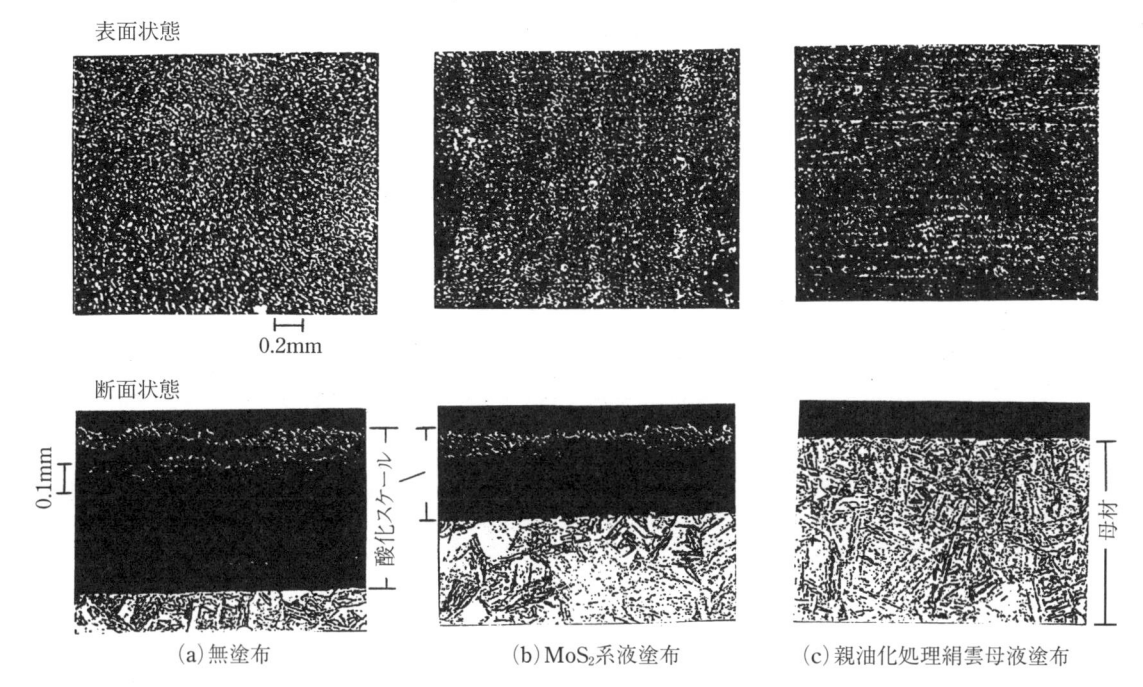

図 4.95　固体潤滑剤を被覆した13Cr系ステンレス鋼の熱処理後の状態（処理条件：1,000 ℃，4 h）

1,000 ℃の電気炉で4時間熱処理した時の鋼板の表面と断面写真を示す．MoS₂液塗布ではかなり厚い酸化スケールが形成され，表面は無塗布と変わらない酸化膜で覆われている．絹雲母液塗布ではほとんど酸化膜は形成されておらず，表面は試験片作成時の研削傷が残ったままの状態を呈している．

絹雲母の耐熱性と表面配向性のよい利点を利用して，高温ねじ用固体潤滑剤の検討がされている[8]．表 4.20 および表 4.21 は，グリースに添加した絹雲母のシェル四球試験による潤滑特性とボルトテンション試験の結果を示す．絹雲母単独ではグラファイトと同等以上の極圧性を示し，SP系極圧剤と併用でMoS₂以上の極圧性を発揮する．表 4.21 は絹雲母系潤滑剤と市販の高温用ねじ潤滑剤のねじ特性の比較を示す[8]．常温におけるねじ特性は，絹雲母/MoS₂系は市販のものと同等の特性を示し，800 ℃，5 hの熱処理後の緩めトルク試験では，絹雲母単独および絹雲母/MoS₂系のみが優れている．

また絹雲母は熱間圧延用[9]や冷・温・熱間鍛造用固体潤滑剤[10～12]として研究されている．熱間

表 4.20　高速四球試験による絹雲母の潤滑特性〔出典：文献8)〕

資料 No.	試料 1	試料 2	試料 3	試料 4	試料 5	試料 6
潤滑剤	ベースグリース	絹雲母, 5 mass %	グラファイト, 5 mass %	MoS₂, 5 mass %	試料1＋ EP剤*	試料2＋ EP剤*
LNSL, N	392	490	392	618	784	784
WP, N	1236	1569	1569	2452	2452	3089
LWI	226	255	245	363	382	412

＊：SP系EP剤，2 mass %
LNSL：Last non-Seizure Load（非焼付き最大荷重），WP：Weld Point（溶着荷重），LWI：Load-Wear Index（荷重－摩耗指数）

表4.21 各種ねじ用潤滑剤のねじ特性〔出典：文献8）〕

ねじ特性の評価	トルク性, kgf·m	酸化抑制性
	5日目の締付けトルクと緩めトルクの平均値	加熱処理前後の緩めトルクの比較
◎	～25	減少
○	26～30	ほぼ同じ
△	31～35	増加
×	36～	増加（固着）

資料	添加剤，（ ）内は添加量，mass%		
A	セリサイト（40）	△	◎
B	セリサイト/MoS_2（22.5/22.5）	◎	○
C	セリサイト/MoS_2（15/35）	◎	△
D	MoS_2（50）	◎	△
E	セリサイト/MCA（25/15）	△	△
F	セリサイト/MCA（20/20）	◎	△
G	セリサイト/MCA（15/25）	◎	△
H	MCA（40）	◎	△～×
I	グラファイト（33）	○	×
J	油井管用，$CaCO_3$（50）	◎	△～×
K	油井管用，Ni, Zn, Cu, グラファイト（63）	◎	△
L	ねじ用，Ni/グラファイト（15/25）	△	×
M	ねじ用，Cu（50）	○	×

圧延に絹雲母とKPO_3の混合グリースを適用することによって，圧延時の摩擦係数やロール摩耗の点で良好な潤滑剤が開発されている．

4.7.2 金雲母その他

固体潤滑剤としての金雲母に関する研究はあまり多くはなく，むしろ雲母強化プラスチックとしてのトライボ複合材料の実用が多い．表4.22[13]は，金雲母などの試料をペレット状にして鋼と空気中および真空中で摩擦させた場合の摩擦係数を示す．粒径や適用方法によっては固体潤滑剤として期待される．またステンレス鋼の熱間加工用の固体潤滑剤として合成金雲母[14]も検討されている．

近年，層間に水分子などを吸収して膨潤することから合成フッ素雲母[15]がグリース増ちょう剤などとして注目されている．この合成金雲母は融点が1,375℃と高く，金属鋳造用の離型剤やメカニカ

表4.22 雲母タイプ鉱物の摩擦データ〔出典：文献13）〕

物質	化学構造	摩擦係数	
		空気中	真空中*
パイロフィライト	$[Al_2(OH)_2]Si_4O_{10}$	0.51～0.89	0.10～0.27
白雲母	$[Al_2(OH)_2]KAlSi_3O_{10}$	＞1.0	＞1.0
滑石	$[Mg_3(OH)_2]Si_4O_{10}$	0.13～0.89	0.21～0.72
金雲母	$[Mg_3(OH)_2]KAlSi_3O_{10}$	0.38～0.64	－

＊：1×10^{-5} Torr，試料ペレット/鋼ディスク，$W=0.88$ N，$v=41$ cm/s，$T=26.6$℃

ルシール用などの複合セラミックス原料としても検討されている[16].

参考文献
1) 林　剛：窯業協会誌, 87, 6 (1979) 291.
2) 林　剛・広中清一郎・大津賀望・田畑勇仁：粘土科学, 29, 2 (1989) 63.
3) 林　剛・長沼伯之・松尾浩平・前田好弘・広中清一郎：粘土科学, 31, 3 (1991) 161.
4) 林　剛・長沼伯仁・松尾浩平・前田好弘・広中清一郎：粘土科学, 31, 3 (1991) 169.
5) S. Hironaka & T. Hayashi : J. Japan Petrol. Inst., 31, 3 (1988) 221.
6) S. Hironaka, T. Hayashi & Y. Ohta : J. Japan Petrol. Inst., 31, 6 (1988) 507.
7) 林　剛・渡辺　潔・広中清一郎：粘土科学, 29, 2 (1989) 55.
8) 広中清一郎・鈴木雅裕・太田善郎：J. Japan Petrol. Inst., 45, 2 (2002) 103.
9) 高橋秀樹・谷川啓一・加藤　治・白田昌敬・倉橋隆郎・西山泰行：塑性加工春季講演会 (1989) 641.
10) 中村　保・島　信博・石橋　格：第39回塑加連講演集 (1988) 407.
11) 中村　保・石橋　格・柏谷　智：塑性加工春季講演会 (1990) 507.
12) 中村　保・石橋　格：固体潤滑シンポジウム (1990) 84.
13) M. E. Campbell : Solid Lubricants, NASA SP-5059 (1972) 7.
14) 田村　清：トライボロジスト, 37, 5 (1992) 368.
15) 北島圀夫：表面, 19, 2 (1981) 83.
16) トピー工業株式会社資料.

4.8 その他の固体潤滑剤

4.8.1 ワックス

　ワックスの明確な定義はないが，あえていえば，常温で固体，加熱すれば比較的低粘度の液体となるものである．蜜蜂が巣を作るときに体液として分泌されるものを蜜蝋と呼ぶ．この成分を使用して古代よりロウソクが作られていた．現在ではハニーキャンドルとしても一般的にも知られている．

　19世紀後半，石油工業の発達と共に安価で大量に石油系ワックスが生産されるようになった．この石油系ワックスの成分がパラフィン系炭化水素のため単にパラフィンと呼ばれることが多い．金属加工業界では，ロストワックス精密鋳造法がよく知られており，これらワックスが使用される．

　上記の他に多くのワックスの種類があり，大別すると下記の通りである[1].

(1) 天然ワックス
・動物系ワックス：蜜蝋，鯨蝋，セラック蝋，その他
・植物系ワックス：カルナバ蝋，木蝋，米糠蝋，キャンデリラワックス，その他
・石油系ワックス：パラフィンワックス，マイクロクリスタリンワックス
・鉱物系ワックス：モンタンワックス，オゾケライト，その他

(2) 合成ワックス
フィッシャートロプシュワックス，ポリエチレンワックス，油脂系合成ワックス（エステル，ケトン類，アミド），水素化ワックス，その他

(3) 加工・変性ワックス
酸化ワックス，配合ワックス，変性モンタンワックス，その他

ワックスの応用については，床・家具・自動車のつや出しや，スキーの滑走面（Ⅳ応用編 4.15参照）に利用されることが多い．固体潤滑剤と配合したワックスはスキーの滑走面の他に，カメラなどの精密機械のしゅう動部，クレーン車輪部のフランジの摩耗や音を減少させるために使用されている．

4.8.2 メラミンシアヌレート（MCA）[2]

メラミンシアヌレートはメラミン樹脂製造時の副産物として生成され，MCA（Melamin Cyanuricacid Adduct）とも呼ばれる白色の固体である．潤滑機構については解明されていないが，黒鉛やMoS_2と同様にへき開性の構造に起因すると考えられている．MCAは図4.96のような化学構造をもつと考えられており，化学的に安定で金属への腐食性はなく，水，有機溶剤などにはほとんど溶解しない．耐熱性は300℃までは安定であり，有機物としては高く，その温度を超えると徐々に昇華または分解して消失する．

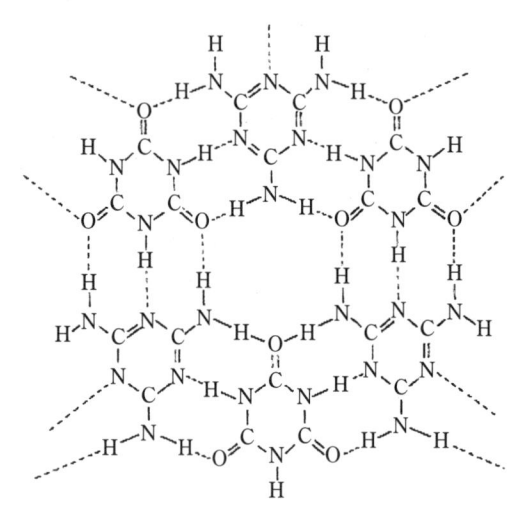

図4.96 メラミンシアヌレートの化学構造 図4.97 Nε-ラウロイルリジンの電子顕微鏡写真

4.8.3 アミノ酸化合物[3]

アミノ酸化合物であるNε-ラウロイルリジンは図4.97[4]のようにへき開性の層状構造を有しており，遷移金属との安定な錯体を形成するため金属イオンのキレート能（親和性）が高い．乾性潤滑被膜としての特性が調べられ，ポリアミドイミド樹脂とPTFE[5]およびポリアミドイミド樹脂[6]との複合被膜で優れた結果を示している．

4.8.4 その他

すでに記述されているが，カーボン系新材料（DLC，各種ナノカーボン類）の他，フッ化セレン（CeF_3），硫化スズ（SnS_2），クロム酸バリウム（$BaCrO_4$，$BaCr_2O_3$）[7]，無限層構造複酸化物（$Sr_{0.14}Ca_{0.86}CuO_y$）[8]，硫酸塩系固体潤滑剤（硫酸バリウム：$BaSO_4$，硫酸ストロンチウム：$SrSO_4$，硫酸鉛：$PbSO_4$）[9〜11]の固体潤滑性が確認されている．これらについては，Ⅵ 資料編の固体潤滑剤の諸性質と文献を参照頂きたい．

参考文献

1) http://www.seiro.co.jp/w_museum/wax_m.htm
2) Y. Tsuya, M. Watanabe, T. Hirae, M. Sato & A. Kawakita : Solid Lubrication by Melamine – Cyanurate, ASLE Paper Presented ASME ASLE Lubrication Engineering Conference (Am Soc Lubr Eng), (1979) 79-LC-2.1-11.
3) 佐川幸一郎・竹原将博・横田博史：固体潤滑剤としての新しいアミノ酸系機能性粉体, 材料技術, 4, 11 (1986) 448-453.
4) 日本潤滑学会編：新材料のトライボロジー, 養賢堂 (1991) 190.
5) 壁谷泰典・金山 弘：アミノ酸系固体潤滑剤を配合した乾性潤滑被膜の摩擦特性, トライボロジー会議予稿集, 新潟 2003-11 (2003) 455.
6) 壁谷泰典・金山 弘：アミノ酸系固体潤滑剤を配合した乾性潤滑被膜の摩擦特性 (第2報), トライボロジー会議予稿集, 鳥取 2004-11 (2004) 543.
7) 梅田一徳・高橋 淳：トライボロジー会議予稿集, 金沢 1994-10 (1004) 675-678.
8) 鈴木雅裕・佐々木雅美・村上敏明：トライボロジスト, 43, 12 (1998) 608-610.
9) P. J. John, S. V. Prasaad, A. A. Voevodin & J. S. Zabinski : Wear, 219 (1998) 155.
10) 村上 敬・Ouyang Jiahu・梅田一徳・間野大樹・佐々木信也・米山雄也：硫酸バリウムを含む複合材料の高温摩擦・摩耗特性, トライボロジー会議予稿集, 鳥取 2004-11 (2004) 541.
11) T. Murakami, Ouyang Jiahu, K. Umeda, S. Sasaki & Y. Yoneyama : High-Temperature Friction and Wear Properties of X-$BaSO_4$ (X : Al_2O_3, NiAl) Composites Prepared by Spark Plasma Sintering, Materials Transactions, 46, 2 (2005) 182-187.

5. 最先端の固体潤滑

5.1 ゼロ摩擦

ゼロ摩擦現象を意味する超潤滑の概念は，原子スケール摩擦の原子論の研究[1〜4]通して提案された．図5.1の摩擦の原子論モデルを調べると，表面の整合性に依存して摩擦が有限の場合とゼロの場合が現れる[5]．二つの周期性を内在する系[6]，たとえば，電荷密度波，イオン伝導，エピタキシャル結晶成長，吸着原子層等では整合性に依存した現象がよく知られているが，固体の接触表面の整合性の考え方は原子スケール摩擦の理論・実験研究（ナノトライボロジー）に新しい展開をもたらした．

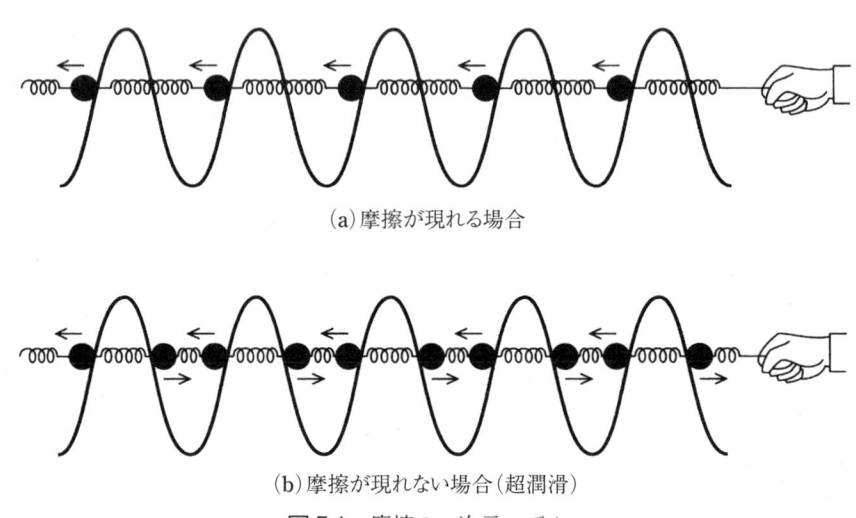

(a) 摩擦が現れる場合

(b) 摩擦が現れない場合（超潤滑）

図5.1 摩擦の一次元モデル

理論では，理想結晶表面の摩擦モデルとして，完全結晶表面同士が周期ポテンシャルを介してすべり運動する系（運動エネルギー項を含むFrenkel-Kontorovaモデル）が調べられた[1,3,7]．このような理想結晶のモデルでは，不整合構造が原子緩和後も保たれれば，すべり面における原子間相互作用エネルギーの損得は互いに打ち消し合い，すべり面の全エネルギーはすべり距離に対して不変となり，すべり速度ゼロの極限で無限系の摩擦はゼロになって超潤滑が発現する．単純な一次元モデルで超潤滑を例示する（図5.1）．ばねで繋がれた上の固体の各原子は，接触する下の固体から周期ポテンシャルを受けて運動する．表面間に発生する摩擦力は，上の固体の各原子に作用する力のすべり方向成分の総和となり，その総和は接触面の原子配列に強く依存する．上下の固体表面の格子間隔比が有理数となる整合接触の端的な例として，上下の固体の原子間隔が同じ場合〔図5.1 (a)〕には，各原子に作用する力の方向はすべり方向に対してそろって逆向きになる．このため，各原子に作用する力の総和は有限となり摩擦が現れる．原子スケールのロッキングとして，このメカニズムをAtomistic locking[6]と称する．これに対し，上下の固体表面の格子間隔比が無理数となる不整合接触の場合〔図5.1 (b)〕には，各原子に作用する力は無限系で完全に打ち消し合い，力の総和，すなわち摩擦力は厳密にゼロになる．この場合，表面間の相互作用が固体内の相互作用に比べて大きくなり，あるしきい値を超えると，不整合接触面に局所的に整合構造が現れる構造相転移（Aubry転移）が生じる[8]．このとき，原子は局所的にピン止め（pinning）され，固体を断熱的[9]に非常にゆっ

くりすべらせる場合でも，ピン止め原子はすべりによって急にその結合がはずれるために非断熱運動が生じ，蓄積された弾性エネルギーが散逸する．これがTomlinson[10]の摩擦発生の機構である．モデルに応じて不整合接触面の構造相転移はどう振舞うのか．その相転移の発生は固体内と表面間の原子間相互作用の競合によって決まる．一次元 Frenkel-Kontorova モデルでは Aubry 転移が生じやすく，このために摩擦ゼロ状態は弱い表面間相互作用が必要と結論された[1,2]．これに対し，モデルの高次元性に伴う原子の運動の高い自由度が，超潤滑発現に本質的に重要であることが指摘され，金属結合等の強い相互作用が作用する現実的な三次元系において，構造相転移は起こらず超潤滑が現れることが結論された[3,11,12]．三次元系の分子動力学シミュレーションによると，Aubry 転移に伴う Tomlinson の機構に基く原子の非連続運動は発生せず，個々の原子は連続的に運動すると結論された[3]．シミュレーションによると，原子の非連続運動を起こすには，固体間の相互作用を固体内部の相互作用に対して数十倍程度に大きくする必要があることが示された．

接触面の原子配列と摩擦との関係が，原子モデル（図5.2）の分子動力学計算で調べられた[11]．平坦な Cu(111)面を有する探針が，Cu(111)基板と接触してすべる．原子間ポテンシャルは EMT[13] (Effective Medium Theory) から決められる．整合接触の場合には，Atomistic locking によって摩擦が生じ，スティックスリップが生じることが示された．不整合接触の場合には，摩擦力の平均値は計算精度の範囲内でゼロになり超潤滑が現れることが示された．この場合の不整合接触は，Cu(111)探針を Cu(111) に直角の軸周りに 16.1 度回転し，$\Sigma 25$ の界面を有する．臨界接触荷重以下で摩擦力の時間平均値はゼロになり，臨界荷重を越えるとスティックスリップが生じて摩擦力は有限となる．不整合接触では接触面積が小さくなるにつれて摩擦が現れやすくなる．計算では，20×20原子の接触面で摩擦の平均値はゼロとなり，5×5原子の接触面ではピン止めによって摩擦が生じた．このように，摩擦系の整合性・接触面積はナノマシン，マイクロマシンの潤滑設計の重要なパラメータとなる．

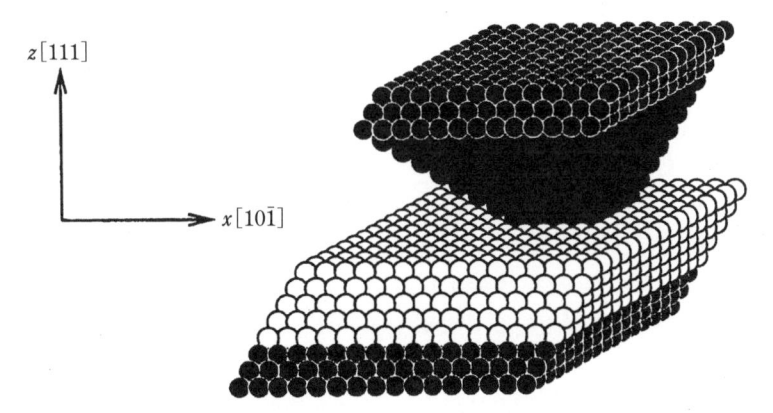

図5.2 平滑な Cu(111) 探針先端表面と Cu(111) 試料表面との整合接触接触面は 5×5の原子面で構成される〔出典：文献11)〕

原子レベルでよく制御された表面・界面の摩擦実験により，摩擦力が接触面の整合性に依存し，不整合の場合に摩擦が低下する傾向は，清浄表面の摩擦の一般的な性質として認識されつつある．接触面の整合性の考え方は摩擦制御や摩擦系の設計に有用と期待される．

弾性接触する白雲母単結晶へき開面の大気中のすべり摩擦において，摩擦力は接触面の格子ミスフィットに対して異方性を示す[14]．接触面同士の結晶方位がそろうと最大摩擦力が観測され，不整

合接触で摩擦力は最小となる．類似の摩擦異方性が超高真空下のNi(100)結晶面で観測されたが，その異方性は固体内部の塑性変形の異方性に起因すると結論された[15]．面心立方金属の(111)面においてのみ超潤滑を示した分子動力学計算[11]は，この実験結果を合理的に説明している．摩擦力顕微鏡（FFM）によって原子スケールの摩擦異方性が調べられている．超高真空下のLangmuir-Blodgett（LB）膜と基板との摩擦では，探針の走査方向に対して膜の小片を90度回転することにより，摩擦小の領域が摩擦大に転じ摩擦力像のコントラストが反転する[16]．フラーレン（C_{60}）とNaCl基板との超高真空FFM実験では，摩擦力が接触面の整合性と原子間相互作用の双方に依存することが指摘された[17]．フラーレンをグラファイト基板間分子ベアリングとして機能する極小摩擦の潤滑系がFFM実験で実現されている[18]．よく知られたグラファイトフレークのFFM実験で，摩擦力は整合接触でピークを示し，不整合接触できわめて小さくなる摩擦異方性が観測された[19]．カーボンナノチューブをFFMの探針とした実験では，探針と基板の整合性に依存してナノチューブの運動がすべりから回転に転ずる現象が観測された[20]．整合接触で摩擦は大となってナノチューブは回転し，不整合接触では摩擦は小となりナノチューブは回転しないですべると説明された．多層のカーボンナノチューブ壁面の不整合面の摩擦が走査型電子顕微鏡試料室内のナノチューブの引張り試験で調べられた[21]．隣接するナノチューブ壁面間の整合性に依存した摩擦力変動は，ナノチューブの理論計算の結論[22]と一致している．基板上の吸着膜の摩擦では，理論モデルと実験系との直接対比が可能である．Au上のKr吸着膜[23]や二次元多孔質基板上のHe吸着膜[24]の摩擦力は，液体状態の膜よりも不整合構造の固体膜で低下する．この傾向は分子動力学計算[25]とも定性的に一致する．Pd(111)上の吸着水分子クラスタの拡散・成長は，界面の整合性に影響されることが指摘されている[26]．超高真空走査型トンネル顕微鏡技術によって，理論モデルと同等の清浄表面の固体摩擦が調べられている（図5.3）．探針先端のW(011)とSi(001)のトンネルギャップ間の摩擦力が測定された．不整合接触で摩擦力は測定分解能の3 nN以下となる現象が観測された[27]．マクロスケールで観測されたMoS_2膜の超低摩擦係数は，観測された固体内の不整合すべり面の原子構造に起因すると説明された[28]．今後，摩擦力測定の高精度化の推進により，透過電子顕微鏡等の表面分析技術やナノテクノロジーを融合した次世代のSTM開発や，生体系のミクロスケールの摩擦研究が促進されることを期待する．

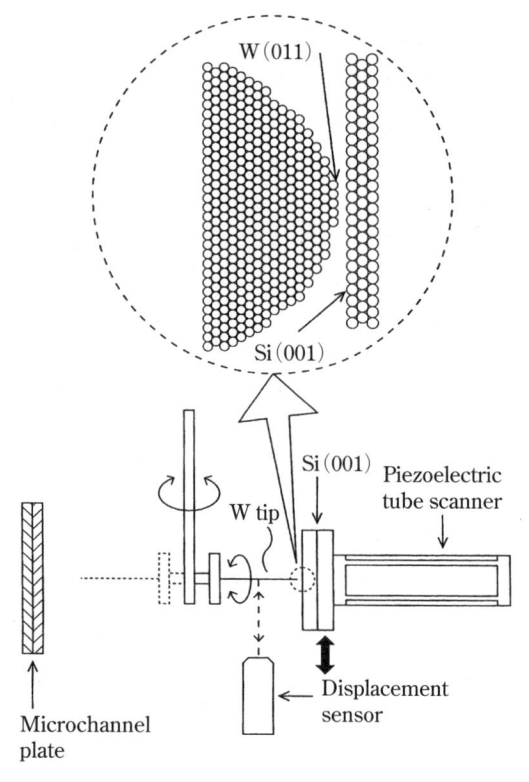

図5.3 超高真空STM摩擦実験装置の模式図（挿入図は探針先端表面と試料表面の接触を示す）

参考文献

1) G. M. McClelland : In Adhesion Friction, edited by M. Grunze and H. J. Kreuzer, Springer, Berlin, (1990) 1.

2) J. B. Sokoloff : Surf. Sci., 144 (1984) 267.
3) M. Hirano & K. Shinjo : Phys. Rev., B 47 (1990) 11837.
4) H. Matsukawa & H. Fukuyama : Phys. Rev., B49 (1994) 17286.
5) 平野元久：超潤滑，数理科学，No. 364 (1993).
6) P. Bak : Rep. Prog. Phys., 45 (1982) 587.
7) K. Shinjo & M. Hirano : Surf. Sci., 283 (1993) 473.
8) S. Aubry : J. Phys. (Paris) 44 (1983) 147.
9) H. Goldstein : Classical Mechanics, 2 nd. Ed., Addison-Wesley, Reading (1980).
10) G. A. Tomlinson : Phil. Mag., 7 (1929) 905.
11) R. Sorensen, K. W. Jacobsen & P. Stoltze : Phys. Rev., B 53 (1996) 2101.
12) G. He, M. H. Musser & M. O. Robbins : Science, 284 (1999) 50.
13) K. W. Jacobsen, J. K. Norskov & M. J. Puska : Phys. Rev., B 35 (1987) 7423.
14) M. Hirano, K. Shinjo, R. Kaneko & Y. Murata : Phys. Rev. Lett., 67 (1991) 2642.
15) J. S. Ko & A. J. Gellman : Langmuir, 16 (2000) 8343.
16) R. M. Overney, H. Takano, M. Fujihira, W. Paulus & H. Ringsdorf : Phys. Rev. Lett., 72 (1994) 3546.
17) R. Luti, E. Mayer, H. Haefke, L. Howald, W. Gutmannsbauer & H. J-. Guntherodt : Science, 266 (1994) 1979.
18) K. Miura, S. Kamiya & N. Sasaki : Phys. Rev. Lett., 90, 5 (2003) 55509.
19) M. Dienwiebel : Atomic-scale Friction and Superlubricity, Ph.D thesis (2003).
20) M. R. Falvo, R. M. Taylor II, A. Helser, V. Chi, F. P. Brooks Jr, S. Washburn & R. Superfine : Nature 397 (1999) 236.
21) Min-Feng Yu, Boris I. Yakobsen & Rodney S. Ruoff : J. Phys. Chem., B 104, 37 (2000) 8764.
22) J. C. Charlier & J. P. Michenaud : Phy. Rev. Lett., 70 (1993) 1858.
23) J. Krim & A. Widom : Phys. Rev., B 38 (1988) 12184.
24) E. D. Smith, M. O. Robbins & M. Cieplak : Phys. Rev., B 54 (1996) 8285.
25) M. Hieda, M. Suzuki, H. Yano, N. Wada & K. Torii : Physica, B 263-264 (1999) 370.
26) T. Mitsui, M. K. Rose, E. Fomin, D. F. Ogletree & M. Salmeron : Science, 297 (2002) 1850.
27) M. Hirano, K. Shinjo, R. Kaneko & Y. Murata : Phys. Rev. Lett., 78 (1997) 1448.
28) J. M. Martin, C. Donnet, Th. Mogne & Th. Epicier : Phys. Rev., B 48 (1993) 10583.

5.2 極低摩擦の実現

5.2.1 研究の背景

　固体接触で摩擦係数を下げる試みは長い歴史があり，古典的には層状構造化合物および軟質金属の薄膜に始まり，今日も新しい材料，系について継続されている．たとえば，宇宙環境，高温，水の存在する環境など，苛酷な環境で機能するしゅう動部材が求められている．明らかに材料構造の中にすべり面を有している化合物として使われてきたグラファイト，MoS_2，WS_2，h-BN もむろん万能ではなく雰囲気と温度依存性があり，やわらかさのゆえに摩耗率が高く摩耗粉が発生しやすいなどのゆえに，経験的に目的に応じた使いわけがされている．層状構造をもつ従来型の素材に対して，新たに開発された素材のうち，マクロ接触（微小針状先端の接触に対し，μm 程度以上の接触面を仮にマクロ接触と称する）で低摩擦が観察された例にダイヤモンドライクカーボン（Diamond-

Like Carbon, DLC）があり，さまざまな表面の要素が摩擦特性に影響することを報告している．その目的とするところは，低摩擦材料の開発は確かに大きな目標であるが，同時に摩擦力の発生するメカニズムを見直し，低摩擦が実現するためにはどのような条件を満足する必要があるかを実証することにある．

　軟質金属の薄膜はいち早く検討された[1]．その結果，基盤の表面粗さが被膜の厚さに匹敵する程度になると，被膜の潤滑性が失われることを見出している．凹凸が摩擦力に支配的に寄与することを支持する結果である．一方，基盤の平滑性がnmになると，被膜の厚さもnmに近づきえて，新たに極薄膜の特性としてこの厚さ領域の物性が注目された．すなわち，二次元に近い領域となるとバルクには見られない新たな物性が出現する可能性があると期待された．トライボロジー特性に寄与する薄膜物性にも，新たな物性が期待された．ナノテクノロジーの発達により，ナノ構造厚さが制御して作られ，原子サイズで評価できる研究手段が発達した環境となると，これまで観察されなかった表面近傍の情報がトライボロジーに寄与する状態を観察できることとなった．微細結晶の配列，単原子層の生成，変形，相転位，転移などが実際摩擦前後で観測できると，しゅう動のメカニズム，摩擦力の源を観測できることなり，さらに摩擦力を減らす必要条件が次第に明らかになることが期待される．低摩擦化の実現への挑戦はこの目的への一つのアプローチである．

　温度変化は被膜の状態を変化させ，ひいては摩擦特性を変化させる．薄膜の特性と摩擦特性との関係を，温度をパラメータとして追跡することは摩擦特性を理解するうえに不可欠である．

　バルクの融点とは大きく下回る低い温度でも，微細結晶では表面効果で溶融する事実も，軟質金属薄膜の摩擦特性に関係する可能性がある．微視的研究手段で表面構造とすべり特性との関連を研究した結果が，ミクロおよびマクロ接触で見出される．

　一方，多くの実験結果は，実用環境を目的として大気中で行われており，したがって大気中の水蒸気，炭化水素，硫黄化合物などの寄与を含む空気成分の総合として評価されている．表面の特定の気体成分の影響を議論するためには，他の成分を排除した実験条件，たとえば超高真空の実験環境が必要となり，試験中に試料表面が汚染，反応などによって変化するのを避ける必要がある．摩擦の現場を間違いなく捉えることの積み重ねで，極低摩擦の実現例などにより，本項では表面層が低摩擦化に寄与する程度を実験によって得られた範囲で記載する．摩擦力に影響する要素は凹凸に加えて，表面の化学的結合力があるとする記載は多い．しかし，後者の寄与の程度を実測した実例は現時点では少なく，実測されたとみなされた場合でも，複数以上の影響要因が同時に変化しているため原因を限定できないことが多い．たとえば，トライボロジーの実験結果に再現性，実験結果の揺らぎがあり，測定者によって結果が異なる場合がある．この場合，固定すべき実験条件のうち必要な条件が見落とされているのではないかとの懸念がある．その一つは極表層面の元素組成がある．わずか1原子層がどれほどの影響をもたらすか，確かめる必要があるだろう．すでに実用化されている層状構造化合物に，H，Si，金属イオンなどを加えた材料，DLCおよび極薄金属層によるものなどが検討されている．それらの低摩擦作用機構はそれぞれ一見異なるように見えるが実は共通したすべり面の機構が作用しているのであろう．以下に，その共通項の抽出を試みる．

5.2.2　低摩擦の実現例

（1）　DLC表面のグラファイト化と水素の役割

　固体接触の面で低摩擦の発生した例として，水素原子を加速注入し，高い原子割合で含むDLC被膜は低摩擦を示すことが見出された．多くの実験結果による摩擦低減のメカニズムとして，水素（H）の影響が提案された[2]．Hが低摩擦の原因であるとする証拠は間接的にその後，Hを含むDLC

をCVDにより被覆した面との摩擦により低摩擦が得られ，環境および相手材により大きく影響を受けることが示された[3]．図5.4にサファイアにDLCコーティングした面の摩擦係数が報告された．Hは表面にあっても定量的に測定することが難しく，存在しても摩擦特性にかかわるメカニズムとして特定することは実証が困難であるが，その効果は多くの実験により検証されている．DLC膜のしゅう動の結果，低摩擦が生じた表面ではグラファイト化しているとの観察がある．表面の数原子層での化合物層の有力な観察手段はSOR回折，EELSであってこれらを用いた結果は注目された．グラファイトが合成されるためには1,800℃または，1,200℃と触媒金属の存在とが必要とされているが，摩擦面でこの条件が達成される可能性は高く，精密な測定が期待されている．

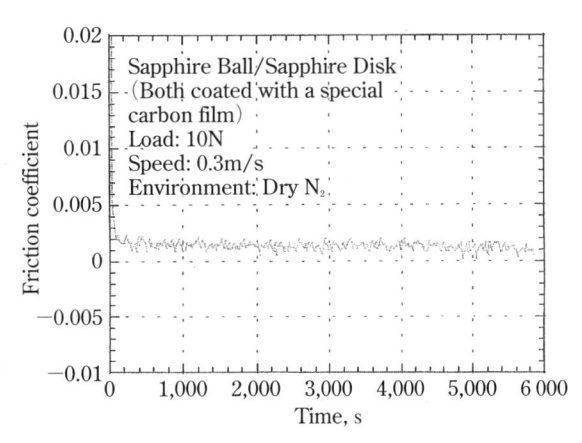

図5.4 サファイアに特殊なDLCをコートした面の間の低摩擦現象〔出典：文献3）〕

表面の元素組成がすべりに及ぼす効果を求めるため，一つのモデル実験としてSi清浄表面とHによって終端化したSiの表面での摩擦係数の比較が行われた．すなわちダイヤモンド/H-Siの摩擦系においては，Hは単原子層に限られ，多層構造となりえないこと，H以外の汚染元素が除外された超高真空でHを吸着させた面を用いて，Hで修飾した面が0.007までの摩擦係数低減を示すことが示された．

摩擦力を発生させる源は凹凸および硬さで代表される材料物性で現される部分と，接触面間の化学的相互作用との和であるとの考え方はすでに多くの記載がある．しかし，第2項がどれほど大きく寄与するか実測できた結果がきわめて少ない．一つのアプローチとして表面原子を化学的に不活性な原子に置き換えることにより，低摩擦に導く例として情報を提供した例がある．現在までの段階で，固体接触としては低い摩擦係数が現れた例を示す．

(2) MoS_2の移着による層間のすべり

層状構造薄膜の低摩擦現象については多くの研究があり，グラファイトと二硫化モリブデンは優れた特性を示すことは周知である．この層状構造を鋼表面に薄膜として成長させるか，または被膜の一部を相手材の表面に移着させ，すべり面を形成させた例がある．超高真空中で0.003以下の摩擦係数（図5.5）を長時間維持している優れた系として注目された[4]．この系では，酸化によるSの損失がなく，汚染物質たるC，Oが摩擦面の障害を作らないため，すべり面は層間にあり摩擦面と垂直にC軸が配向する限り低摩擦は持続すると期待される．

この系は確保され摩耗粉がその面を破壊しない限り低摩擦は持続すると予想され，実験時間内に半永久的に低摩擦が持続したと報告されている．自己犠牲的すべりである以上，摩耗と摩

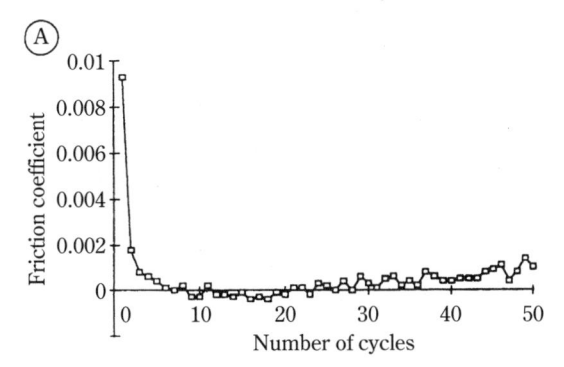

図5.5 二硫化モリブデン被膜の真空中での低摩擦現象〔出典：文献4）〕

耗粉の発生は避けられない．もし摩耗粉が発生したら急速に摩耗が進行するので，被膜の破壊限界以下の条件で優れた特性が期待される．明らかに酸素，水分子の存在する環境ではMoS_2の酸化分解が進行し，H_2Sが発生してSは膜面から失われ，酸化モリブデンが摩擦面に加わるため摩擦係数は低くはならないことは観察されている．

（3）軟質金属薄膜の結晶配向性変化による低摩擦現象

軟質金属の薄膜の厚さと摩擦係数の関係は，数ミクロン厚さで極小の摩擦係数を示すことは知られている．凹凸を5 nmRz程度のSiウェーハとダイヤモンド研磨面の接触において，清浄面では摩擦係数は0.6程度である．しかしその面間にAgの被膜が存在すると，膜厚に依存して，摩擦係数の歴然たる低下が観察された[5]．図5.6に膜厚と摩擦係数の関係を引用する．一見鏡面に見えるSi研磨面でも，酸化被膜が存在するとAgが存在してもこの摩擦係数低下は観察されない．軟質金属の被膜厚さがナノメートルの領域に入るとバルクとは異なる物性が現れる可能性があり，低摩擦化現象を発

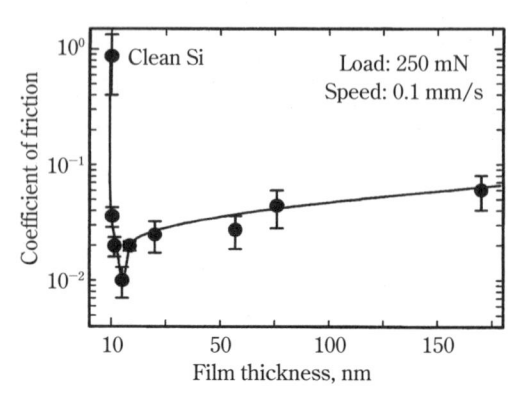

図5.6 Ag極薄膜の摩擦係数と膜厚依存性〔出典：文献5）〕

生した摩擦面でどのような現象が起こっているかを確かめるため，Agの薄膜ですべり面の観察が行われた．酸化被膜を除去したSiウェーハ上に成長したAg微結晶は，すべり面Ag(111)を蒸着面に平行に配向し，エピタキシャル成長している．膜厚が5〜10 nm領域では，被膜は島状構造で隣接する島との間にわずかのすきまがある構造である．このすきまのゆえに，しゅう動せん断力方向にすべり面は平行移動するため結晶は低抗力で変形し，摩擦係数0.007以下の極低摩擦にいたることが観察された（図5.7）．膜厚が50 nm程度に厚くなると，三次元的掘り起こし効果によりすべり変形が部分的に妨げられ0.01程度まで，大きくなる．またSi(111)上にAg単原子層を作り，その面にAgをさらに堆積させてAg結晶を形成させるとAgの多結晶，すなわちSiの方位とは無関係なさまざまな方向を向いたAg結晶子が成長する．この面をしゅう動するとしゅう動開始直後から低摩擦とはならず，しゅう動回数の増加とともに徐々に0.02まで低下する．この系では

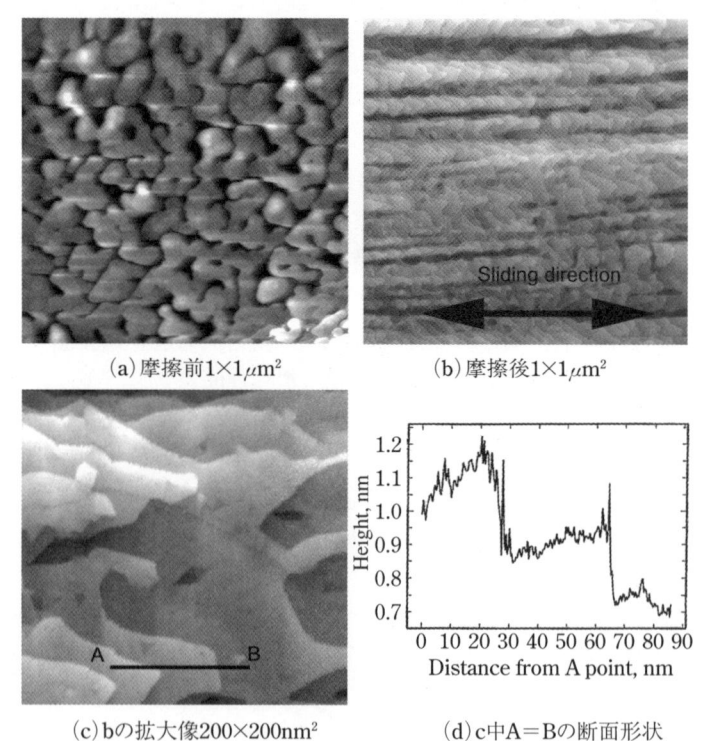

(a) 摩擦前 1×1μm^2

(b) 摩擦後 1×1μm^2

(c) bの拡大像 200×200nm^2

(d) c中A=Bの断面形状

図5.7 Ag薄膜（5 nm厚）の摩擦によるしゅう動面のSTM像〔出典：文献5）〕

Agのすべり面はしゅう動面と必ずしも並行ではないため，抵抗がそれだけ大きくしゅう動を繰り返すことによってAg(111)はしゅう動方向に再配向し摩擦係数を低下させることが観察された．この系では，薄膜特有の極低摩擦現象はすべり面の配向性が進むとそれを反映して摩擦が低下すると解釈された．すべり面の微視的観察によれば，Ag(111)面の変位は各層間で起こり，1原子層のすべり面が摩擦面内いたるところで観察される．この変位が可逆的であるため，1,000往復の後もSEMで観察できるほどの摩耗が生じていない．結晶内のすべり面をしゅう動方向に平行に配向させ，かつ結晶同士が衝突しない程度の膜厚を作ることは，必要条件とみなされる．実際には，Ag原子の一部はせん断され結晶上を離れることはありうるはずである．しかし観察されるほどの摩耗粉が見られなく，しゅう動痕内からAgが失われることはほとんどない現象は，Ag原子が常温でもSi上を移動することができ，かつ酸化されないことに関連すると著者は推定している．自己修復性をもつ被膜は一つの理想系と考えられる．

(4) 窒素雰囲気における低摩擦現象

超高硬度が期待される窒化炭素CN_xの被膜を窒素雰囲気中でしゅう動したとき，Si_3N_4を相手材として0.01以下の低摩擦がえられることを示し，摩擦面には-C≡Nに相当するXPSのN1s化学シフトがしゅう動によって増加する現象が報告された[6]．図5.8に雰囲気気体の影響を示す．摩擦係数の低下が表面のNの化学的状態と関連する可能性を示唆した例として，注目される．低摩擦現象のメカニズムは未解決ながら，雰囲気が窒素であること，酸素が2％以上存在すると低摩擦化を妨げることなどの観察は雰囲気との反応および反応生成物の寄与が示唆される．

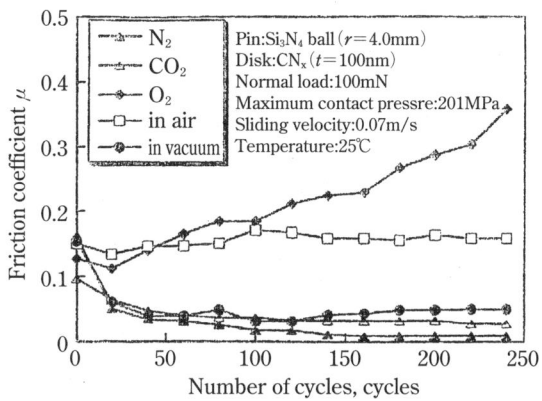

図5.8 CN_x被膜と窒化ケイ素の摩擦係数，雰囲気による影響〔出典：文献6）〕

(5) 単結晶上非整合方向しゅう動における摩擦力打消し現象

単結晶上を単結晶が接触してしゅう動する場合に，原子の配列周期の比が無理数であって，接触面間の原子の相互作用が打ち消される場合，見掛け上摩擦力が限りなく小さくなる可能性が議論され，実際低摩擦が観察された[7]．しゅう動の方向と結晶の完全性，および接触面積内の原子数は数百個程度のミクロ接触が必要であろうが，超潤滑性が発現する一つのケースとして，物理サイドから大きな関心をもたらした．ミクロ接触点の集合がマクロ接触と密接に関連することを示唆し，少なくともミクロの接触では摩擦現象を物理で扱える段階に導いた．仮想的な系として結晶表面を1個の原子が移動する場合に，相手面とどの程度の相互作用を行うか計算する手法も提案されている．他項超潤滑機構に詳細が示されている．

5.2.3 低摩擦発生の条件

摩擦力の表現はほとんどの場合垂直荷重に比例する量として表現されるが，第2項に化学的相互作用の項が存在するとする著者もある．明らかに第2項は存在するが，その大きさは小さいか一定とおいて近似されることが一般的であったが，その大きさおよび一定とおけるかどうかを実証することが，今後の重要課題である．

Si表面の第一原子層を化学的相互作用の異なるHおよびOに置き換えて摩擦係数を測定した結果もある[8]．図5.9, 5.10に水素で終端化したSi面のダイヤモンド球によるすべり，およびAg薄膜で

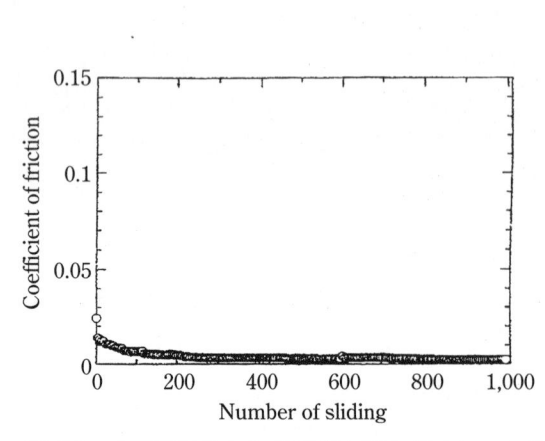

図5.9 水素終端化した Si(111) 面とダイヤモンドとの摩擦係数〔出典：文献8〕

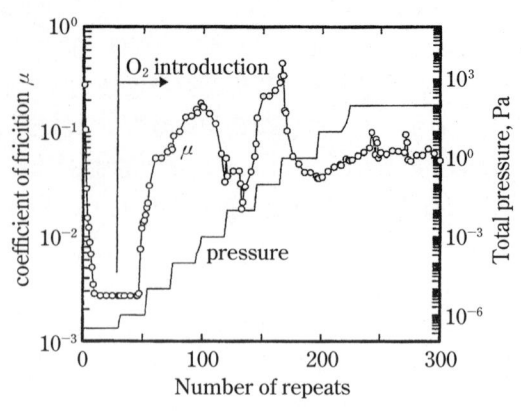

図5.10 清浄 Si 面に Ag 被膜を施し，低摩擦でしゅう動中に酸素ガスを階段状の圧力だけ導入したときの摩擦係数変化〔出典：文献8〕

被覆した Si 表面とダイヤモンドにより低摩擦でしゅう動している間に，酸素ガスを徐々に（図中の階段状に）導入したときの摩擦係数の測定結果を示す．

ここでは H, O はほぼ1原子層であり，基盤の Si の凹凸，硬さの要素は変化していないので，摩擦力の大きな変化は表面原子層の化学的反応性の差に帰せられる．H の量と存在状態を直接測定することは現在の技術では困難であるので，将来 H の状態を制御することで，摩擦特性が改善されると期待される．

H, Ag の孤立電子対は満たされると反応性はなくなる．一方表面に存在する O はなお結合手を残し，強い反応性をもつと判断される．逆に，表面の活性を塞げば，摩擦はその材料のバルクの性質に支配される特性によると判断される．いまひとつの条件は，薄膜としてしゅう動面に一様に Ag が存在し続けるためには，スライダ側に移着しないことが必要である．スライダの材料に移着が起こると，すべての Ag はプレート側に一様に付着して被膜を形成できない．スライダに Ag が移着しない界面が重要な条件とみられる．

5.2.4　ミクロ接触とマクロ接触

ミクロな接触点の集合がマクロな接触特性に直接反映されるかどうかは，いまだ合意が得られている段階にないが，単純化されたモデル系では明らかに表面構造はマクロしゅう動特性に現れる．低摩擦すべりが実現している雰囲気に酸素，窒素，水分子を導入し，10^{-8} Pa から徐々に 0.1 Pa まで上昇させた場合，気体の種類によって大きな差が現れる．上述のように酸素の吸着層は 10^{-6} Pa 付近より，単原子層形成からはじまる．このときすでに酸素の吸着は大きな摩擦力上昇となって現れる．

マクロな接触面の各点は，形状，硬さをはじめ欠陥，結合構造，組成，などすべての状態が均一な条件の下にあるとは考えられないので，関連性は単純ではないが，1原子層といえどもマクロな摩擦特性に大きな寄与を及ぼすことは次第に明らかとなってきている．

5.2.5　摩擦面の将来設計に向けて

実用面で低摩擦を求める場合は多いが，用いる環境と低摩擦の程度によって対策は様々に考えられる．特に油剤が使えない真空，高温，水中，極低温など過酷な条件で持続できる摩擦面は，徐々に達成されつつある．個々の材料特性を生かし使い分ける．低摩擦化の必要条件は依然として，一

つのモデル系に過ぎないが，凹凸の要素が支配的である領域と，もはや支配的でなくなる境界は明らかに数十ナノメータの領域にある．薄膜に期待される知られざる物性のうちに，軟質金属薄膜の低摩擦現象，表面修飾による低摩擦化の情報を用いて，実用化への応用と新たな系の発見が期待される．摩擦面がますます平滑となると，凹凸の代わりに支配的となる要素には化学的相互作用があり，これが摩擦係数に寄与する程度は場合によっては非常に大きくなる．これまでに実験的に低摩擦が得られた系はこの項が非常に小さいことが共通している．

参考文献

1) J. Halling & M. G. D. Sherbiney：Proc. Instn.Mech. Engrs. (1978) 131.
2) J. A. johnson, J. B. Woodford, X. Chen, J. Andersson, A. Erdemir & G. R. Fenske：J. Appl. Phys., 95 (2004) 7765.
3) A. Erdemir：Tribology International, 37 (2004) 577.
4) J. M. Martin, C. Donnet & Th. Le Mogne：Phys. Rev. B., 48 (1993) 10583.
5) M. Goto, T. Nakahara & F. Honda：Proc. Instn. Mech. Engrs., part J. 218 (2004) 279.
6) N. Umehara, M. Tatsuno & K. Kato：Proc. ITC Nagasaki (2001) 1007.
7) M. Hirano, K. Shinjo, R. Kaneko & Y. Murata：Phys. Rev. Lett., 78 (1997) 1448.
8) H. Masuda & F. Honda：IEEE Trans. Mag., 39 (2003) 903.

5.3 特殊環境

従来，宇宙環境下で使用される固体潤滑剤には，超高真空下で良好なトライボロジー特性を有することが求められてきた．近年の宇宙開発の多様化に伴い，宇宙機の駆動部が直接宇宙環境に長期間曝されるミッションの可能性が出てきたことから，宇宙環境下における潤滑剤への影響因子である原子状酸素や紫外線，電子線等の影響が重要視されるようになってきた．宇宙環境は宇宙機の軌道によって大きく異なるが，静止軌道（高度36,000 km）では放射線や紫外線が，また低軌道（高度200～500 km）では原子状酸素や紫外線が重要な影響因子である．本項ではこのうち近年重要性が増している低軌道宇宙環境の固体潤滑への影響について，宇宙曝露実験や地上模擬実験で得られた知見をまとめる．

5.3.1 原子状酸素

スペースシャトルや国際宇宙ステーションなど低地球軌道を飛行する宇宙機の進行方向に向いた固体潤滑剤表面には，図5.11に示すように，この高度域における大気組成の主成分である原子状酸素（O^3P：基底状態）が1秒あたり10^{13}～10^{15} atoms/cm^2，宇宙機の飛行速度である8 km/sで衝突する（相対衝突エネルギーに換算して5 eV）．原子状酸素は化学的にきわめて活性であるので，多くの材料と反応し，酸化物を形成する[1]．これまで電気的に中性な酸素原子を地上で加速する方法が

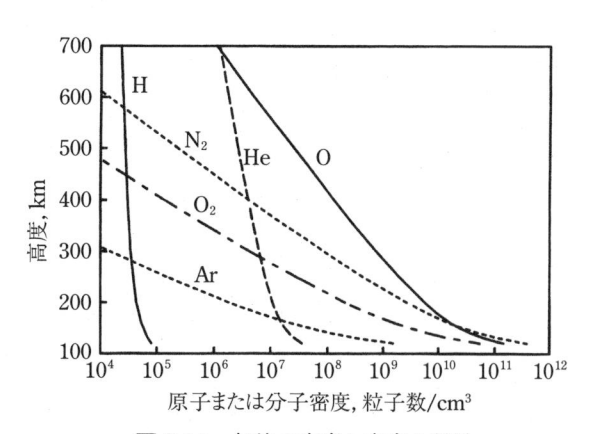

図5.11　気体の密度と高度の関係

なかったことから，低地球軌道上における原子状酸素と固体表面の高エネルギー衝突についての知見は非常に限られたものであった．近年，いくつかの軌道上曝露実験が行われるとともに，レーザデトネーション法により地上で中性原子の加速が可能となり，実験的なデータが得られるようになってきた[2]．

地上の実験装置を用いた二硫化モリブデン（MoS_2）スパッタリング被膜と 5 eV 原子状酸素の衝突反応実験においては，S の脱離（SO, SO_2 の形成・気化脱離）と Mo の酸化（MoO_3 の形成・表面残留）が確認されており，原子状酸素照射後の摩擦開始直後の摩擦係数も 0.005 から 0.04 へ上昇することが確認されている[3]．この際，初期摩擦係数の増大は原子状酸素照射量に依存するが，表面組成の変化は酸化によって生じた MoO_3 が保護膜として機能するため，表面から数十 nm 以内に限定されたものとなる．したがって，摩擦により表面の酸化層が除去されると摩擦係数も回復する．一方，原子状酸素の照射によって摩擦係数が減少するとの試験結果も報告されている[4]．このような実験結果の相違は，試験条件の違いによる酸化層厚さと最大せん断応力深さとの兼合いや相手材への転移の違い等が原因として考えられる．これに対して，原子状酸素照射中に同時に摩擦を行うと，摩擦頻度に比べて原子状酸素の照射量が多い場合には，摩擦による摩擦係数の十分な回復は見込めず，定常的な摩擦係数の増大が生じる．しかしながら，その場合でも摩擦係数自体は 0.1 を超えることはなく，潤滑剤としては使用可能な範囲内である．上述の結果は MoS_2 スパッタリング被膜だけではなく，有機系結合材を用いた MoS_2 焼成膜についてもほぼ同様である．

原子状酸素の摩擦係数への寄与は，その反応が表面領域に限定されることから，さほど大きくないが，定常的に摩擦が行われる状態ではむしろ寿命への影響の方が深刻であることが最近明らかにされた．前出のレーザデトネーション装置を用いた地上実験の結果では，原子状酸素を照射しながら摩擦を行うと，原子状酸素による酸化膜の形成と摩擦による酸化膜の除去が繰り返し生じるため，潤滑膜の損耗が著しい．図 5.12 は原子状酸素を照射中に同時に摩擦試験を行った例であるが，被膜寿命は摩擦 1 サイクルあたりの原子状酸素フラックスに反比例することが示されている[5]．この関係は原子状酸素による表面酸化膜厚が原子状酸素フラックスに対して線形的であるフルーエンス領域で成り立つ．原子状酸素曝露中の摩擦時に観察される，このような大きな損耗率は被膜厚さが小さいスパッタリング被膜にとっては大きな問題となる．一方，摩擦を受けずに単に原子状酸素に曝露される状態では，酸化劣化は潤滑膜表面に限定されるため，上述のような原子状酸素による寿命に対する線形的な挙動は観察されないと考えられる．

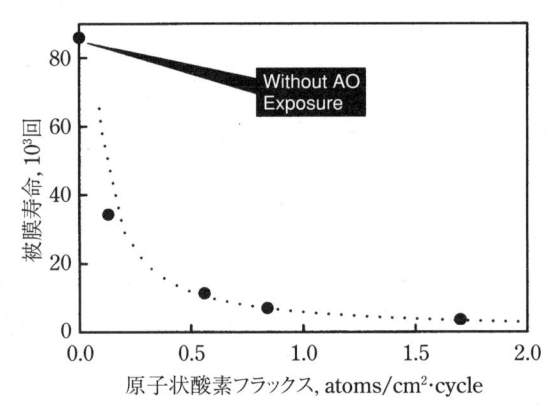

図 5.12 原子状酸素フラックスと MoS_2 スパッタ薄膜の寿命の関係（地上試験結果）

5.3.2 紫外線

宇宙環境における紫外線は地上と異なり，大気による吸収がないため紫外線強度が強く，特に有機材料は大きな影響を受ける．図 5.13 に地上と軌道上における太陽光強度の違いを示す．固体潤滑剤，特に有機材を含んだ潤滑剤も紫外線の影響を受けると予想されるが，原子状酸素に比べてトライボロジー特性への影響を調べた報告例は少ない．

真空中で紫外線照射を行い，ピンオンディスクタイプの摩擦試験により紫外線の影響を評価した結果として，有機系結合材を用いたMoS_2焼成膜では定常摩擦係数が上昇し，寿命も増加したと報告されている[6,7]．一方，3種類のMoS_2スパッタリング被膜を用いた実験では，1種の被膜に寿命の増加があったが，他の2種については影響が見られなかったとされている[4,8,9]．また，紫外線の照射量を段階的に変化させ，最大で軌道上210日分に相当する紫外線照射を行った各種MoS_2被膜の往復動摩擦試験による評価結果が報告されている[10]．それによると，有機系結合材を用いたMoS_2焼成膜では，摩擦初期に紫外線の照射量に伴って摩擦係数の減少が観察され，スパッタリング被膜では紫外線の照射によって摩擦係数の上昇が見られた．また，いずれの被膜もこの試験における紫外線照射量では，寿命の顕著な変化は認められなかった．以上のようなトライボロジー特性の変化は，焼成膜については結合材である樹脂の紫外線による硬化が原因と推定されている．しかしながら，いくつかの試験で異なった結果が得られている他，紫外線照射量がさらに増加した場合，樹脂の脆性化が生じ，寿命が急激に短くなる可能性も指摘されている．また，結合材を含まないスパッタリング被膜でも，紫外線の摩擦特性への影響が発現したことから，結合材だけでなくMoS_2自体への紫外線の影響が示唆されている．長期間，紫外線に曝された場合の影響やMoS_2自体のトライボロジー特性変化のメカニズムについては，引き続き研究が必要である．

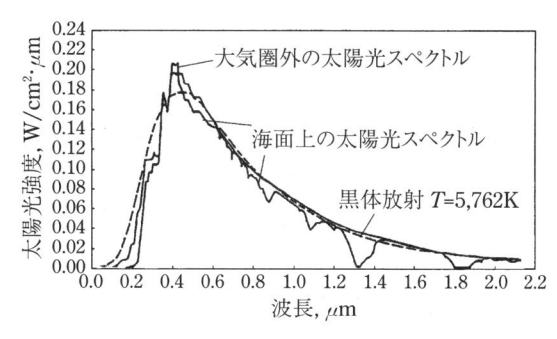

図 5.13 大気圏外と海面上における太陽光スペクトル

実際の低軌道宇宙環境では，MoS_2等固体潤滑剤のトライボロジー特性は紫外線，原子状酸素それぞれの単独の影響だけでなく，それらの相乗効果により，さらに大きく影響を受けることも考えられる．このような観点から，低軌道宇宙環境への曝露実験や地上での複合効果の評価が進められている．宇宙機の姿勢によっては原子状酸素，紫外線が同時または交互に照射されることから，地上で原子状酸素と紫外線を順番に照射し，MoS_2被膜のトライボロジー特性への影響が調べられている．地上実験の結果からは，初期摩擦係数において原子状酸素と紫外線の複合照射の影響が認められ，しかも原子状酸素と紫外線の照射順序によってその影響が異なるという結果が得られている[11]．また，SFU/EFFU[*1][12]，MFD/ESEM[*2][13]などH-IIロケットやスペースシャトルを使った実際の低軌道宇宙環境での材料曝露実験においては，スパッタリング被膜は表面酸化およびトライボロジー特性において，地上で原子状酸素を照射した場合と類似の結果が得られており，特に原子状酸素の影響が大きいと思われる．一方，有機系結合材を用いたMoS_2焼成膜のトライボロジー特性は，寿命の増加など紫外線照射試料に近い特性を示しているが，摩擦特性や表面分析結果は原子状酸素照射試料に近い．以上の結果は，摩擦条件によっては紫外線と原子状酸素の複合効果が発現する可能性を示唆している．

その他，紫外線や原子状酸素など宇宙固有の環境要因に加えて，大規模な宇宙システムでは宇宙機自体からの揮発性物質に起因する表面コンタミネーションもトライボロジー特性に影響を与える要因として留意する必要がある．

[*1]：SFU/EFFU：1995年3月H-II 3号機により打ち上げられた宇宙実験・観測フリーフライヤ（SFU（Space Flyer Unit））の搭載実験機器部（EFFU（Exposed Facility Flyer Unit））において，材料曝露実験が行われ

た．高度約480 kmで約10カ月の運用後，1996年1月スペースシャトルエンデバー（ミッション番号：STS-72）において若田飛行士により回収された．

*2：MFD/ESEM：1997年8月，スペースシャトルディスカバリー（ミッション番号：STS-85）により行われた，日本のマニピュレーター飛行実証試験（MFD（Manipulator Flight Demonstration））の一画を使用し，様々な宇宙用材料の耐宇宙環境性を評価するための材料曝露実験（ESEM（Evaluation of Space Environment and Effects on Materials））が行われた．高度約300 kmにおいて，約11日間のミッションが実施された．

参考文献

1) 岡田益吉・朽津耕三・小林俊一 編（井口洋夫監修）：宇宙環境利用のサイエンス，裳華房，東京（2000）．
2) G. E. Caledonia, R. H. Krech & D. B. Green : A High Flux Source of Energetic Oxygen Atoms for Material Degradation Studies, AIAA Journal, 25, 1 (1987) 59-63.
3) M. Tagawa, H. Kinoshita, M. Umeno, N. Ohmae, K. Matsumoto & M. Suzuki : Ground-Based Tribological Testing of the Sputter-Deposited Molybdenum Disulfide Films in Hyperthermal Atomic Ooxygen Exposure, Proceedings of 8th European Space Mechanisms and Tribology Conference, Toulouse, France (1999) ESA SP-438, 291-296.
4) K. Matsumoto, M. Suzuki, K. Imagawa, Y. Okada & M. Tagashira : Evaluation of Tribological Characteristics of Sputtered MoS_2 Film Exposed to LEO Environment, Proceedings of the 21st International Symposium on Space Technology and Science, Omiya (1998) 502-507.
5) M. Tagawa, M. Muromoto, S. Hachiue, K. Yokota, N. Ohmae, K. Matsumoto & M. Suzuki : Wear-Life of the Molybdenum Disulfide Sputtered Film under Hyperthermal Atomic Oxygen Bombardment : In-Situ Wear-Life Evaluations, Proceedings of the 10th European Space Mechanism and Tribology Conference, San Sebastian, Spain (2003) ESA SP-524, 311-314.
6) 岸　克宏・小鑓幸雄・今川吉郎：宇宙ステーション軌道における曝露環境下のトライボロジー，トライボロジスト，44, 1 (1999) 32-38.
7) T. Fukatsu, Y. Torii & K. Fusegi : Postflight Analysis of the Exposed Materials on EFFU, ESA SP-399 (1997) 287-292.
8) 松本康司・鈴木峰男・今川吉郎・岡田　豊：MoS_2スパッタ被膜の宇宙環境曝露実験－その1 AO, UVを照射した試料による評価－，第41回宇宙科学技術連合講演会予稿集（1997）．
9) 松本康司・鈴木峰男・今川吉郎・岡田　豊：原子状酸素，紫外線を照射したMoS_2スパッタ被膜のトライボロジー特性，トライボロジー会議予稿集（1997）422-424.
10) 松本康司・鈴木峰男・小原新吾・今川吉郎：紫外線による二硫化モリブデン被膜のトライボロジー特性変化，第44回宇宙科学技術連合講演会予稿集（2000）．
11) 松本康司・鈴木峰男・小原新吾・今川吉郎：二硫化モリブデン被膜に及ぼす原子状酸素と紫外線の複合効果，トライボロジー会議予稿集（2002-10）473-474.
12) M. Takei, Y. Torii, K. Fusegi, M. Miyatam & Ichikawa : Space Environmental Effects on Space Exposed Materials of EFFU, 47th International Astronautical Congress, Beijing, China (1996).
13) 宇宙開発事業団　制御・推進系技術研究部：MFD材料曝露実験成果報告書，宇宙開発事業団技術報告 NASDA-TMR-000011 (2001).

5.4 マイクロ・ナノトライボロジー

摩擦・摩耗・潤滑に関する表面近傍での諸現象を微視的に取り扱う科学技術分野がマイクロ・ナノトライボロジー[1,2]と呼ばれる．電子情報機器，マイクロマシン，生体，宇宙機器等を対象として原子や電子のレベルに至る微視的解析が必要になり，旧来からのアプローチに対して一種の変革が起こっている．

従来のトライボロジーとマイクロ・ナノトライボロジーを比較したものを表5.1に示す[2,3]．微視的に見れば摩擦は相対する表面の各原子間の相互作用に，摩耗は表面原子の結合と破壊に，潤滑は潤滑剤分子間および固体表面と潤滑剤分子の相互作用になる．しかし，これまでのトライボロジーでは，このような物質の粒子性を無視し，均質な連続体モデルとして扱ってきた．たとえば従来，マクロな耐摩耗性については比摩耗量で評価される場合が多いが，その場合，連続的な概念になる．これに対して，情報機器の摩耗では何回かの摩擦回数に対して，1パスあたりの平均的な摩耗深さが1原子層以下になることが要求されている．

マイクロ・ナノトライボロジーでは原子オーダの摩擦，摩耗が問題となり，摩擦を低減することおよび使用期間中の摩耗を数原子層以下に低減すること，すなわち実用観点からゼロ摩耗を実現する固体潤滑表面が必要になっている[1〜3]．実用的な意味でマイクロ・ナノトライボロジーにおけるゼロ摩耗を実現するためには従来の自己犠牲形の軟質薄膜ではない，耐摩耗性を有する固体潤滑性表面が必要になっている．これらゼロ摩耗を実現するための表面構成として表5.2が提案されている[4]．常に摩擦界面でせん断される系が必要になる．また，具体的な膜材料としてSiを含有させたカーボン膜を主成分とし，表層のみをフッ素化した膜のマイクロ・ナノトライボロジーが検討され

表5.1 従来のトライボロジーとマイクロ・ナノトライボロジー

		従来のトライボロジー	マイクロ・ナノトライボロジー
理論・機構・解析	摩擦	凹凸説 凝着説 塑性変形抵抗	原子・電子の相互作用 分子動力学・電子論
	摩耗	アブレシブ摩耗 凝着摩耗 塑性変形疲れ 有限要素法	原子の移動・脱落 分子動力学・電子論
評価法		触針式形状測定器 ピンオンディスク試験機	表面形状：STM，表面分析 摩擦力：FFM 凝着力：AFM 摩耗：AFM 磁気記憶関係試験装置
耐摩耗材料		ゼロ摩耗（IBM） (1) 疲労き裂の発生しにくい材料 (2) セル構造を形成しにくい材料 (3) 塑性流動しにくい材料 (4) 凝着が小さい材料	原子的ゼロ摩擦 (1) 表面エネルギー小 (2) 表面欠陥の除去 (3) 吸着・汚染の挙動 (4) 母材が高強度
応用		(1) 現用機械 (2) 機構部品	情報機器 (1) 潤滑剤，保護膜 (2) 低発塵，低損傷，表面処理

表5.2 マイクロ・ナノトライボロジーにおけるゼロ摩耗のモデルと材料構成例

(図)	潤滑（表面）	摩擦系を構成する材料の内部のせん断が生じず、常に界面でせん断が起こる系	低表面エネルギー 低分極・高結合	C-F系化合物
	高強度（内部）	摩擦に起因する破壊・疲労による欠陥の発生および成長が無視できる系	高強度 一次元鎖 共有結合	C架橋構造 ダイヤモンド
	密着性（境界）	基板との密着性が大きく境界で破壊がない系	密着力	SiC, TiC（炭化物）

ている．このように材料構成として摩擦特性，耐久性に優れる超硬質膜を主成分とし，表面改質により低エネルギー化させた固体潤滑性表面が期待される．

5.4.1 固体潤滑表面のマイクロ・ナノトライボロジー特性
(1) 層状結晶材料

固体潤滑性を示す二硫化モリブデン（MoS_2），黒鉛（グラファイト）など層状結晶構造材料のへき開面は原子オーダで平滑であり，AFM，FFMなどで原子像が観察されている．原子像が観察されやすい層状結晶材料についてアトミックスケールの摩耗評価が行われている．マイカを10^5回摩擦した時には摩耗痕が観察されている．このときの溝の最大深さは1.0 nmである[5]．これはへき開面の

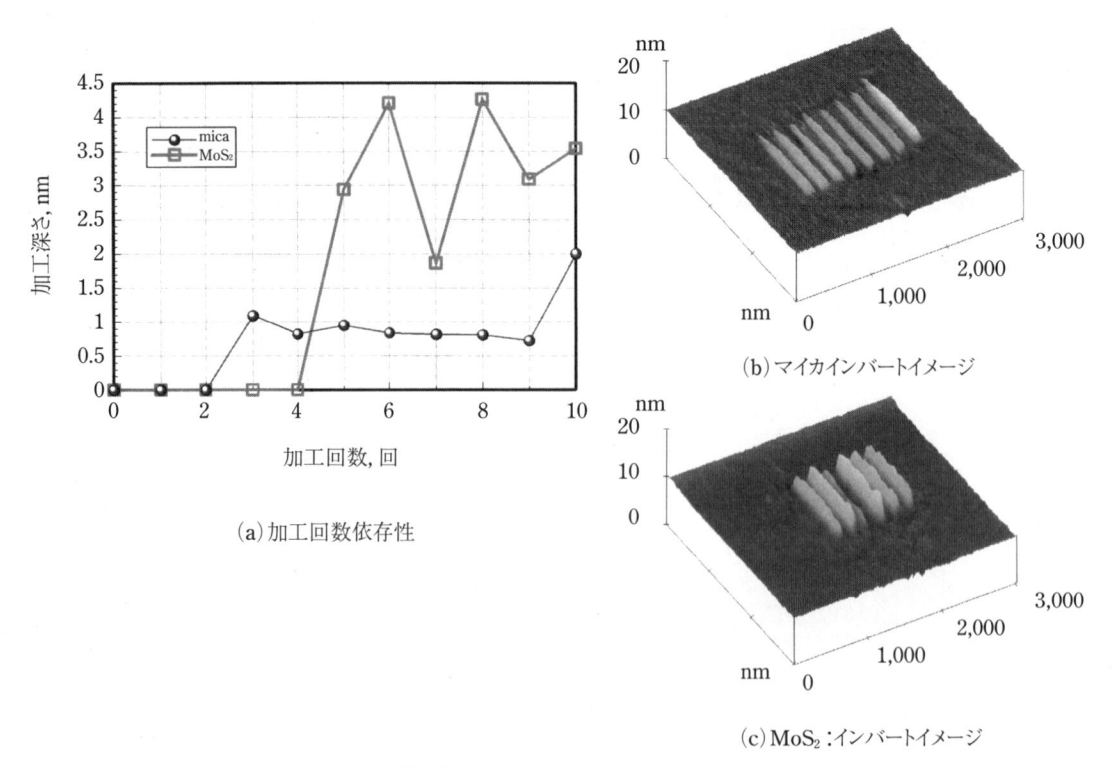

(a) 加工回数依存性

(b) マイカインバートイメージ

(c) MoS_2：インバートイメージ

図5.14 層状結晶材料 MoS_2，マイカのマイクロ摩耗

間隔に対応する．さらに摩耗痕溝底部の表面形状は0.5 nmピッチの凹凸が観察され，へき開表面から1層下の新しいSiO_4の原子配列が現れている[6]．図5.14にMoS_2，マイカのアトミックスケールの摩耗を示す．層状結晶材料では原子オーダの摩耗欠陥が生じると，それがもとになってへき開単位で摩耗が進行する傾向が見られる[7]．すなわち層状構造のへき開単位でクラスタ状に摩耗が進行する．

（2）ダイヤモンドライクカーボン（DLC）膜

DLC膜はダイヤモンドの硬度が高い性質とグラファイトの優れた固体潤滑性を兼ね備えた膜として優れたトライボロジー特性を示す[3,4]．磁気ディスク保護膜，マイクロマシンなどマイクロ・ナノトライボロジーの分野へ応用されている．表5.2のゼロ摩耗の表面モデルとして形成したフッ素処理したSi含有DLC膜の摩擦力分布では，フッ素化処理したSi-DLC膜は摩擦力が小さく，スティックスリップによる変動も減少している．この様にフッ素化により表面の相互作用を低減することによって，マイクロ荷重領域の摩擦力を著しく低減できる．図5.15はカーボン系膜の摩擦痕の摩擦回数依存性と摩耗進行曲線を示している[4,8]．Siを含有することにより摩耗は著しく減少し，さらにフッ素化により摩耗深さは減少する．フッ素化したSi含有カーボン膜では数十パスで1原子層除去されていることになる．すなわち原子単位の不連続な摩耗が生じている．

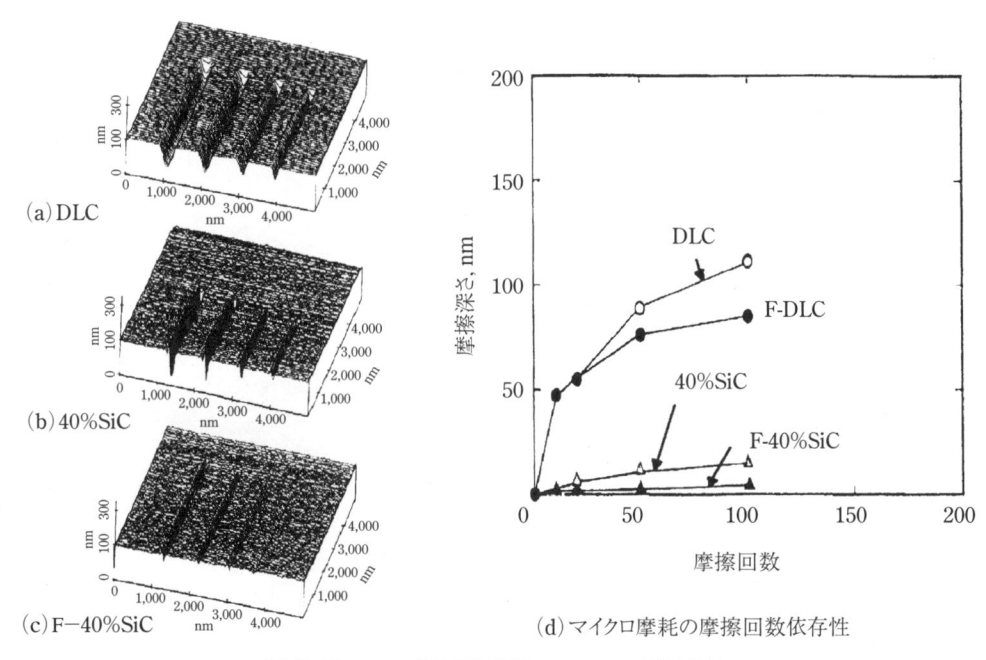

(a) DLC
(b) 40%SiC
(c) F-40%SiC
(d) マイクロ摩耗の摩擦回数依存性

図5.15 フッ素化DLC膜のマイクロ摩耗特性

5.4.2 マイクロ・ナノトライボロジーへの応用の可能性

（1）高密度記録装置

現状の磁気ディスクタイプのメモリは数年後に物理限界が生じ，それ以降のテラビットメモリは走査型プローブ顕微鏡（SPM）技術を用いたメモリが主流になると考えられている．その中でもAFMメモリが有望であり，高分子を記録媒体として，検討されている[9]．たとえば，ポリカーボネートのフッ素プラズマ処理によってナノメータスケールの加工が実現されている[10]．さらにナノ周期積層材料を媒体として，1層ごとに加工・記録し，物性の変化から再生する方式[11]が提案され

ている．すなわち，超高密度記録としてチップを摩擦させ媒体に記録するトライボメモリが期待されている．

(2) **マイクロ・ナノマシン**

　開発が進められているナノ・マイクロマシンにおいてもマイクロ・ナノトライボロジーは重要な検討課題になっている．摩擦のうち分子間力，表面張力などの表面力は，ほぼ面積に対応する．したがって寸法の減少に伴い，体積力に比べ，表面力の影響が相対的に増大する．また，マイクロマシンは寸法が小さいため微少な摩耗でも特性に影響を与える．これに対して低摩擦で耐摩耗性があることからフッ素化したDLC膜，ダイヤモンド膜などのマイクロマシンへの応用が提案されている[12]．

　ナノテクノロジーでは原子，分子を組み立てて機械を作ることが提案され，理論から将来の機械を想像する探検的工学として検討が進められている[13]．そこでは鞭毛モータに類似した分子軸受が提案されている．分子軸受では分子間の弱い引力であるファンデルワールス力で支えられ，相対運

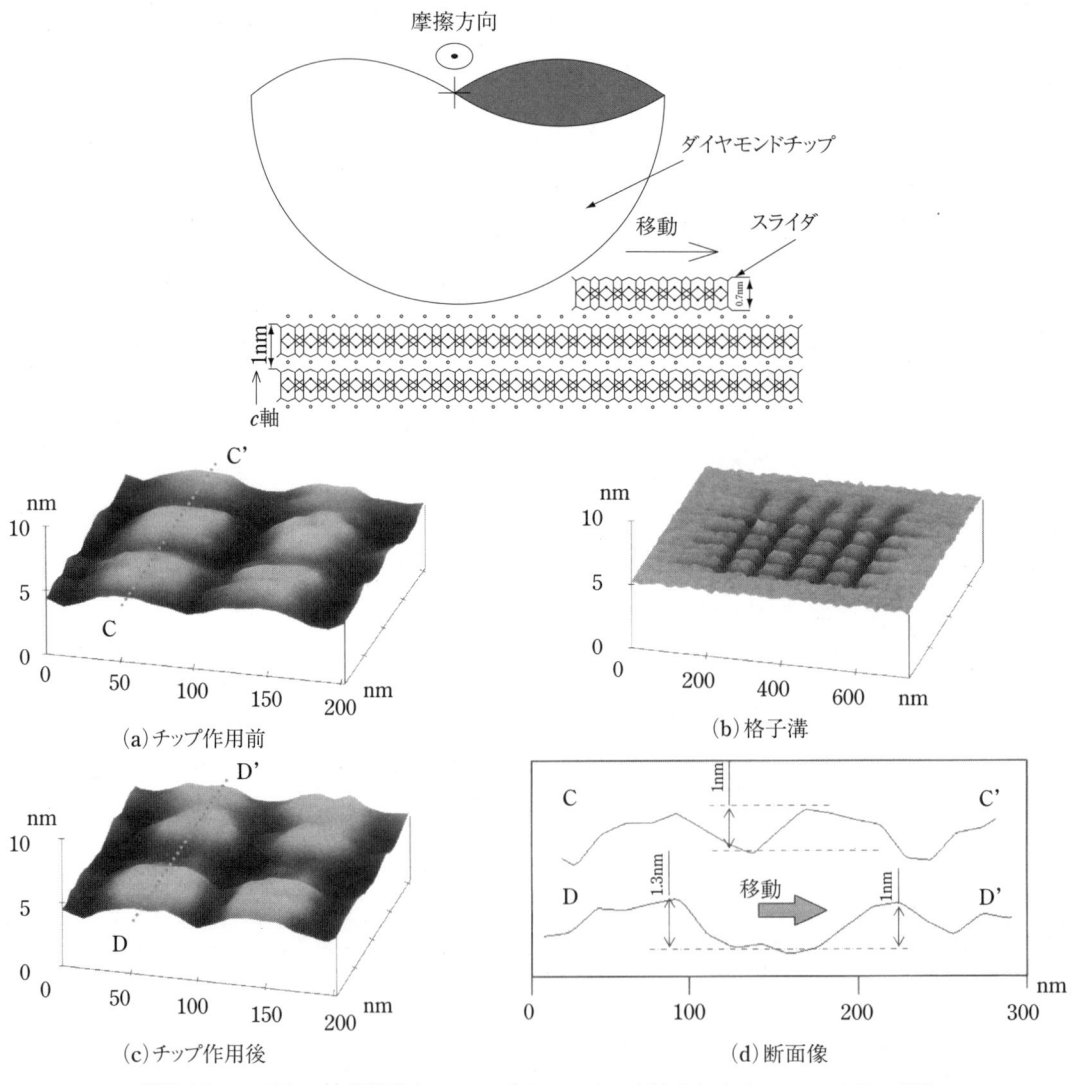

図5.16　マイカの結晶構造とファンデルワールス支持されたナノスライダの移動

(a)チップ作用前
(b)格子溝
(c)チップ作用後
(d)断面像

動する.層状結晶材料の固体潤滑作用はファンデルワールス結合した層間のすべりで生じることを考えると,これらのファンデルワールス軸受を利用したナノマシンは究極の固体潤滑といえるかもしれない.AFMを用い,ファンデルワールス力で支持されたナノスライダの実験的検討が行われている[14].図5.16(1)のモデルに示すようなスライダをマイカ表面に形成し,図5.16(2)に示すようにファンデルワールス支持部での移動が観察されている.これらのナノマシンはカーボン原子を基本としたナノチューブ,バッキーボールに類似した形状をもっており,将来のナノマシンの世界でも固体潤滑材料が有望である.

(3) ナノプロセッシング

AFMは極表層における原子オーダの表面力に関する情報が得られる測定装置として広く用いられるようになっている.AFMを用い超硬質チップを工具として,各種結晶材料などの構成原子を除去するnmオーダの加工法が検討されている[15].超硬質チップを用い,被加工物への機械的作用を適正化することにより,加工単位を原子オーダで制御した除去加工が可能である.この加工法を発展させるにはダイヤモンド,c-BNなど超硬質材料のチップの製作が重要になる.c-BNチップとそれを用いて,マイカの積層周期単位である1 nm深さの機械的微細加工が実現され,50 nm間隔のラインアンドスペースが形成されている.これらは層状結晶材料の原子間距離を基準とする三次元ナノメータ定規への応用が検討されている[16].さらにトライボケミカル反応を利用したシリコンの局所酸化を利用し,加工部をエッチングマスクとするナノ加工が実現されている[17].

(4) 医療・生体・バイオ

医療用ではマイクロサージェリーが今後発達するが,そのなかで血管中を作業用ロボットが動作することが考えられている.寸法が小さくなればレイノルズ数は小さくなり,そこでは高粘度流体と同様の挙動を示す.血管内部での円滑な運動を実現するためには,多くのマイクロ・ナノトライボロジー的課題を克服しなくてはならない.また,ダイヤモンドなどの超硬質膜を用いれば,各種水溶液中で摩擦係数0.01以下の境界潤滑を実現できる[18]ことから,その耐食性を考えれば,生体材料用インプラント材など医用および海水中作動機械など海洋用トライボロジー部品として期待される.

(5) クリーン環境用潤滑法

超LSI製造装置等では真空装置,クリーンルームなどの清浄環境で用いる搬送装置,ハンドリング装置などの駆動機構からの微細な摩耗発塵の放出を抑制する必要がある[19].これらのニーズに対しては従来使用されていた潤滑油は飛散などで使用できない場合が多い.このため摩擦特性に優れた耐摩耗性薄膜が必要になっている.クリーン環境中の潤滑法は,① 固体潤滑膜などの表面改質,② 低蒸気圧油による潤滑,③ 非接触支持が適用されている[20].

(a) 固体潤滑膜などの表面改質

層状格子構造を有する二硫化モリブデン(MoS_2),二硫化ダングステン(WS_2)および軟質金属の金(Au),銀(Ag)は高温においても蒸気圧が低く,真空用,クリーン環境用潤滑剤として用いられている.また,MoS_2,Agなどは大気中では潤滑性が低下する.このため半導体プロセスでは真空中および大気中両方で使用できる発塵の少ない潤滑剤が必要とされている.また従来の固体潤滑剤は材料内部のせん断の生じやすさから潤滑性を示す,いわば自己犠牲型の潤滑剤であり,脱落して系外に排出され,発塵が生じやすい.これに対して低摩擦の耐摩耗性材料を用いれば発塵を低減できる.構成材料としてはSiC,Si_3N_4などセラミックス[21,22]の適用およびボロン(B)または窒素(N)のイオン注入よって摩擦発塵が低減できることが明かになっている.さらに耐摩耗性と潤滑性を兼ね備えた表面としてダイヤモンドライクカーボン(DLC)膜[23],ダイヤモンド膜[24]などが評価され,

低発塵化が実現している.

(b) 玉軸受からの発塵とその対策

固体潤滑膜と,低蒸気圧グリースを用いた転がり軸受からの発塵特性を紹介する.固体潤滑膜としては,軟質金属として,金,銀のイオンプレーティング膜($Au-IP$, $Ag-IP$),層状固体潤滑剤の代表として,MoS_2のスパッタ膜について,無潤滑および低蒸気圧フッ素系グリースを用いた場合と比較している[25].図5.17(a)に示す軸受揺動試験装置を用い,試験対象の軸受は,2個を1対として軸受内輪を支持し,その外輪を揺動軸の両端に滑合させ,中央部分に対向させた1対のアクチュエータで揺動駆動した.試験はクリーンルーム内で行い,軸受から生じた塵挨は,プラスチックチューブを通じ光散乱式のダストカウンタで評価した.各軸受について2,000万サイクルまでの揺動中における発塵量を評価し,発塵量が最大の時の粒径とその粒径以上の粒径を有する粒子数を求めたのが図5.17(b)である.$Ag-IP$膜,$Au-Ip$膜の場合,傾きが大きくなり,特に小さい粒径のものが増大している.また,適切な条件で形成したMoS_2-SP膜では発塵が少なくなり,粒径分布も軟質金属と異なっている.PFPE系のグリースを用いた軸受では粒径の小さい塵埃が著しく増大している.そして粒径の大きいものは著しく少なくなる.側板シールを形成した場合,特に固体潤滑剤からの発塵は減少する.

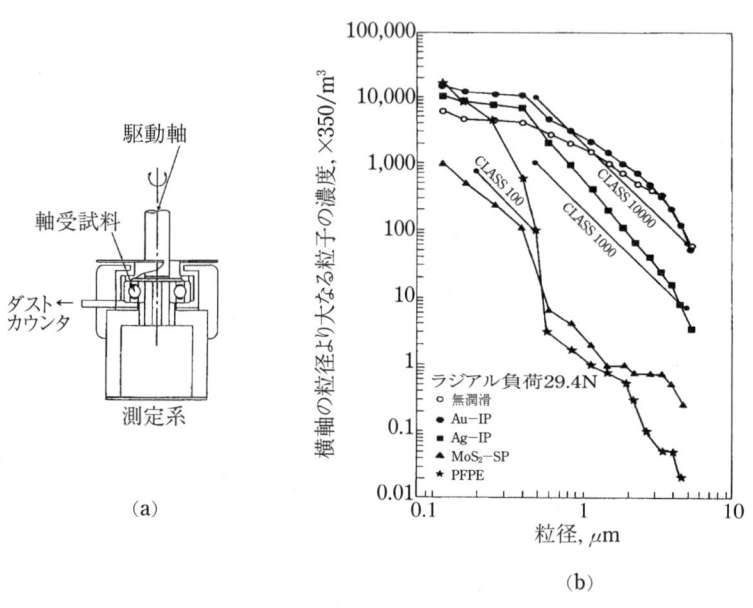

図5.17　固体潤滑玉軸受からの発塵粒径分布

参考文献

1) 金子礼三:ゼロ摩耗への挑戦(1995)オーム社.
2) 榎本祐嗣・三宅正二郎:薄膜トライボロジー,東京大学出版会(1994).
3) S. Miyake & R. Kaneko : Microtribological Properties and Potential Applications of Hard, Lubricating Coatings, Thin Solid Films, 212 (1992) 256.
4) S. Miyake, R. Kaneko, Y. Kikuya & I. Sugimoto : Micro-Tribological Studies on Fluorinated Carbon Film, Trans. ASME J. Tribo., 113 (1991) 384.
5) S. Miyake : Atomic-Scale Wear Properties of Muscovite Mica Evaluated by Scanning Probe Microscopy, Appl. Phys. Lett., 65, 8 (1994) 980.
6) S. Miyake : One nm Depth Processing of Muscovite Mica by Mechanical Sliding, Appl. Phys. Lett., 67, 13 (1995) 2925.
7) S. Miyake & K. Matsuzaki : Mechanical Nanoprocessing of Layered Crystal Structure Materials by Atomic Force Microscopy, Jpn. J. Appl. Phys., 41, 9 (2002) 5706.
8) S. Miyake, R. Kaneko & T. Miyamoto : Micro- and Macro-Tribological Improvement of CVD Carbon

Ffilm by the Inclusion of Silicon, Diamond Films and Technology 1, 4 (1992) 205.
9) H. J. Mamin, L. S. Fan, S. Hoen & D. Rugar : Tip-Based Data Storage Using Micromechanical Cantilevers, Sensors and Actuators A 48 (1995) 215.
10) 三宅正二郎・松崎圭寿：ポリカーボネートのフッ化炭素プラズマ処理によるナノ加工の実現とその高密度記録への応用，電気学会論文誌，121-E, 10 (2001) 564.
11) S. Miyake & J. Kim : Nanoprocessing of Carbon and Boron Nitride Nanoperiod Multilayer Films, Jpn. J. Appl. Phys., 42, 3 B (2003) L322.
12) S. Miyake : Tribological Improvements of Polished Chemically Vapor Deposited Diamond Films by Fluorination, Appl. Phys. Lett., 65, 9 (1994) 1109.
13) K. Eric Drexler : Nanosystems, John Wiley & Sons Inc. (1992).
14) 三宅正二郎・浅野正志：各種硬質膜形成チップによる微細加工とそのナノスライダーへの応用，精密工学会誌，66, 8 (2000) 1275.
15) 三宅正二郎：原子間力顕微鏡（AFM）を用いたナノ加工技術，機械の研究，52, 3 (2000) 349.
16) 三宅正二郎：ニューダイヤモンドを用いたAFMによるナノ加工，NEW DIAMOND, 18, 4, 67 (2002) 13.
17) S. Miyake & J. Kim : Fabrication of Silicon Utilizing Mechanochemical Local Oxidation by Diamond Tip Sliding, Jpn. J. Appl. Phys., 40 (2001) 11 B, L1247.
18) S. Miyake & A. Kinjo : Low Friction and Low Damage Properties of Diamond with Water Bboundary Lubrication, Proc. in 25 th Leeds-Lyon Sympo. on Tribology (1998) 123.
19) 三宅正二郎：清浄環境におけるトライボロジー，潤滑，33, 2 (1988) 103.
20) 三宅正二郎：クリーン環境用軸受，精密工学会誌，57, 4 (1991) 599.
21) S. Miyake : Dust Generation from Rrolling-Sliding Elements of Combined Stainless Steel and Silicon Nitride, J. of Tribology, ASME Trans., 117 (1995) 634.
22) 三宅正二郎・北野雅之・山元賢二：炭化ケイ素系セラミック材料からの発塵特性，トライボロジスト，40, 2 (1995) 153.
23) 三宅正二郎・北野雅之・渡部修一・山元賢二：ダイヤモンドライクカーボン（DLC）膜形成による摩耗発塵低減効果，トライボロジスト，41, 5 (1996) 403.
24) 三宅正二郎・土田晃一・松崎圭寿：ダイヤモンド膜形成による滑り摩擦部からの発塵低減，トライボロジスト，46, 4 (2001) 960.
25) S. Miyake : Dust Ggeneration Properties of Solid Lubricant Film Coated and Perfluoropolyether Lubricated Ball Bearings, J. of Tribology, ASME Trans., 122, 4 (2000) 796.

6. 試 験 法

6.1 トライボロジー特性試験法

6.1.1 はじめに

固体潤滑剤のトライボロジー特性は,主として摩擦試験と摩耗試験に分けられるが,実用的には摩擦試験よりも摩耗試験が重視される傾向にある.もっとも摩耗特性を調べる場合にも,通常摩擦係数の測定は行われる.

一般的に摩耗試験は次のような目的によって行われる.(1)摩耗現象のメカニズムの解明,(2)数種の検討材料の比較試験による選択の目安,(3)候補材料の摩耗特性評価による使用限界条件の予測,(4)耐摩耗性を効果的に発揮させるための製造条件管理や品質管理,(5)実機に近い試験機による摩耗寿命予測など.

固体潤滑剤単体および固体潤滑剤を含有するしゅう動材料の摩耗特性を評価するためにも同様な摩耗試験方法が用いられることが多い.一般的に,固体潤滑剤・膜の単純な耐摩耗性を評価する方法としてピン(ボール)・オン・ディスク摩耗試験,固体潤滑剤を混合・分散・含有・塗布した材料を評価する方法としてスラストシリンダ摩耗試験,回転運動を模して部分軸受の一部として評価するブロック・オン・リング摩耗試験の3試験方法が多用されている.この他にも,潤滑油の特性評価をする各種の点,線接触の試験機が使用されることがあるが,測定データのばらつきが大きくなるので,試験結果の評価については充分注意をする必要がある.

また JIS,JSME 規格には,(1) JSME S 013 摩耗の標準試験方法(対象:金属材料)[1],(2) JIS K 7218:プラスチックの摩耗試験方法[2],(3) JIS R 1613:ファインセラミックスのボールオンディスクによる摩耗試験方法[3] の3種の試験方法が詳細に規格化されているので参考にして評価するとよい.

しかしながら摩耗試験で得られた結果の問題点として,(1)摩耗試験のデータが実際の機器の設計に直接的に利用し難い,(2)摩耗試験の基本的特性結果が実機の特性と異なることが多い,(3)異なる試験機での結果の互換性は全くなく,優位さが逆転する場合が多い,(4)同一条件でもばらつきが大きい,等が挙げられるが,新材料の標準的な特性の第一段階のスクリーニングとしてこれらの摩耗試験は有効な方法である.

6.1.2 摩耗試験の種類

(1) ピン・オン・ディスク摩耗試験

図6.1(a)に示すようなディスク(ピンのしゅう動円直径:40 mm以上,厚さ:3〜10 mmの円板)試験片に,先端が平面で直径2〜10 mmの円柱状のピン試験片を,一定荷重のもとで垂直に接触させながら,ディスク試験片をその中心軸周りに回転させてしゅう動させる方法である.この類似の試験方法として,ピン試験片のかわりに先端が半球面の丸棒または球を用いたボール・オン・ディスク摩耗試験方法がセラミック球や鋼球表面に施されたPVD,CVD硬質膜の摩耗評価試験として行われる.

摩耗試験の実施にあたって次の項目について注意することが肝要である.

(a) ホルダに取り付けられたディスクは水平面内で回転させるものとし,回転の面振れは上下方向に対して10 μm以下に調整されていなければいけない.ディスクの材質はS45C程度を用いる

か，実際の適用条件に合致した材質で製作する．また，試験面の表面粗さは一般的には，$Ra：0.2\,\mu m$以下とし，研削目の方向が摩耗データに影響しないように注意しなければいけない．

（b）片当たりを防止する調心機構を有する剛性のあるピンホルダに固定されたピン試験片の先端は平坦と

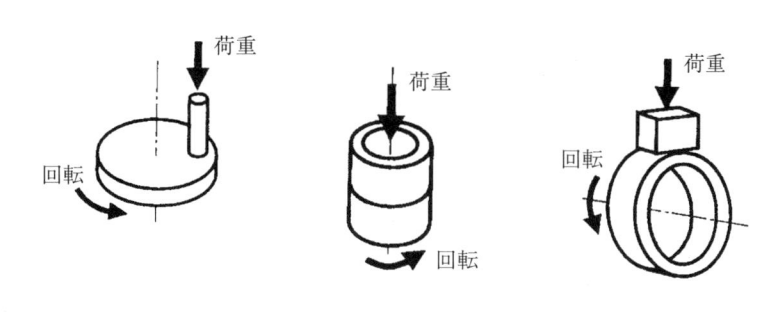

a) ピン・オン・ディスク　　b) スラストシリンダ　　c) ブロック・オン・リング

図6.1　代表的な摩耗試験の種類

する．先端の外周を$C0.1$または$R0.1$程度に面取りを行い，初期なじみがスムーズに行われるようにすること．試験片面の表面粗さは適用条件を考慮して決定することが好ましいが，一般的にはディスクの表面粗さと同等の$Ra：0.2\,\mu m$以下とする．ただし，試験片母材の密度により表面粗さが影響を受ける場合はこの限りではない．

（c）試験片に加える負荷機構は重錘が最も好ましいが，ばね，油圧，空圧でも安定した負荷が与えられれば差し支えない．

（d）駆動装置は，所定のしゅう動速度が得られる回転速度に設定でき，摩擦力の変動による回転速度の変化が，自動的に補正できるサーボモータを使用することが好ましいが，この変動を1％以下にできる駆動力を有する方法であれば形式にはこだわらない．

（e）摩擦力の測定を常時行うことは摩耗過程の特異現象を観察するために重要なことであり，通常板ばねによるひずみ測定が用いられるが，その他の方法でも差し支えない．最も注意しなければいけないのは，摩擦測定によって生じる振動発生等により，摩擦状態に与える影響を最少にする方法を採用することである．

（f）試験雰囲気条件は，温度を23 ± 5℃，相対湿度を60 ± 10％以内に保持することが好ましい．試験室全体をこの条件に保つことが最適であるが，試験部位のみこの条件に管理して行っても構わない．これ以外の条件で行ったときは条件を必ず明記すること．

（g）摩耗試験の条件

ピン試験片の長手方向の摩耗が，最大で3 mm以内に収まるように試験条件を設定することが好ましい．そのため，荷重・速度・しゅう動距離を組み合わせて，実際の適用条件に近づけて行うことを考慮すること．

① 荷重：荷重は適用条件に応じて選択する．推奨値は1～50 Nの範囲とする．

② しゅう動速度：しゅう動速度は適用条件に応じて選択する．推奨値は0.1～0.5 m/sの範囲とする．

③ しゅう動距離：しゅう動距離は適用条件に応じて選択する．推奨値は1,000～5,000 mとする．

④ 試験条件が上記と異なる時は試験条件を詳細に付記する．

（h）試験前後の試験片の測定

① 質量の測定

てんびんを用いて質量を測定する．試験後は付着している摩耗粉を適当な振動を与えて落とした後，測定すること．

② 摩耗痕断面積の測定

ディスク試験片上に生じた摩耗痕は，しゅう動方向に直角な断面形状を触針式表面粗さ計等で，円周90度おきに4箇所測定し，断面積を求める．

（i）試験結果の表し方の注意点

試験結果を比摩耗量で表して評価をすることがある．同一系統の材料であればその結果の優劣さを評価することができるかもしれないが，金属とプラスチックのように硬さも融点も異なる材質を同一の比摩耗量で評価することは適切ではない．

（j）摩耗試験の回数

同一の試験条件で少なくとも5回の摩耗試験を行うこと．ばらつきの大きいとき（ばらつきの範囲が10％を越えるとき）は最大値と最小値を切り捨て，3回の平均値で結果を整理することが好ましい．

（2）スラストシリンダ摩耗試験機〔図6.1（b）〕

試験機の構造は，回転試験片を保持するホルダ，それを回転させる駆動装置，固定試験片を保持・固定するホルダ，それを回転試験片に押し付ける負荷機構，試験雰囲気制御機構および摩擦力の検出機構等よりなる．代表的な試験機の外観を図6.2に示す．

（a）回転試験片ホルダは，水平面内で回転させるものとする．その回転軸の外周の振れおよび上下方向の振れは5 μm以下に調整されているものとする．

（b）駆動装置は，所定のしゅう動速度が得られる回転速度に設定でき，試験中の摩擦力の変動による回転速度の変化を無視できる補正機構と駆動力を有すること．

（c）固定試験片ホルダは，試験片を固定し，下部回転試験片との片当たりを補正するための調心機構を備えるとともに，下部試験片との摩擦によって生じる力に対して高い剛性をもつことが必要である．また，試験片の廻り止めに使用する丸ピン，だ円ピンは交換可能な構造にすること（ホルダの材質はSUS630を熱処理して製作すると，ほとんどの雰囲気試験に使用可能で便利である）．

（d）円筒試験片の外形は15 mmから30 mmの中空円筒（推奨値：外径25, 6 mm，内径20 mm）とする．先端の内外周縁を$C0.1$，または$R0.1$程度に面取りする．長さは特に規定しないが，15〜40 mmが望ましい．試験片の表面粗さはRa：0.2 μm以下とする．ただし樹脂材料，複合材料の場合は適用条件に合せること．

試験部分詳細

図6.2　サーボモータ駆動のスラストシリンダ試験機の例

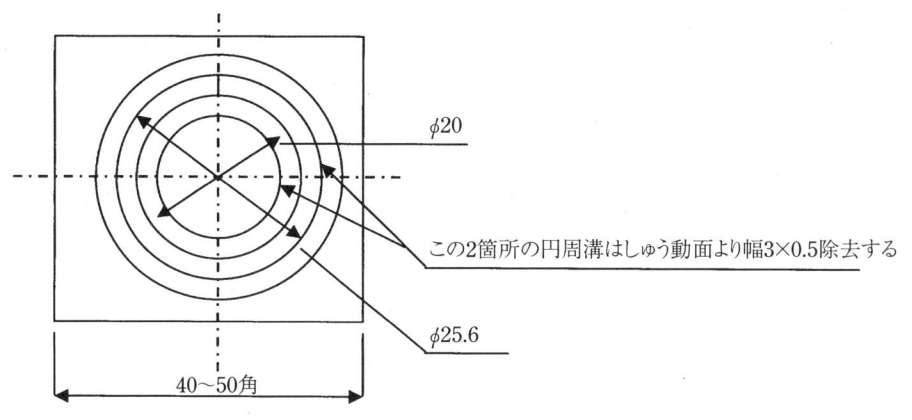

図 6.3 内外周縁の影響を考慮した平板試験片例

(e) 平板試験片は円筒試験片の外径よりも大きく,厚さ 2 mm 以上の平板とする.試験面の平面度および上下面の平行度は 10 μm 以下とする.試験片の表面粗さは $Ra:0.2\,\mu m$ 以下とする.

平板試験片で最も注意しなければいけないことは,摩耗試験中に下部回転試験片の内外周縁が平板試験片にもぐりこみ,材質本来の摩擦特性と異なる値を測定する恐れである.この対策として,図 6.3 に示すように内外周の溝および摩耗粉排出溝を設けることが重要である.

(f) 摩耗試験を開始する前に回転試験片および固定試験片を各々のホルダに固定する.試験は,回転試験片を回転させてから荷重をかけるか,荷重をかけてから回転試験片を回転させるか,2 通りの方法があるが,わずかに荷重をかけてから回転をさせる方が均一な初期当たりが得られ,測定値が安定するので推奨する.

(g) 摩耗試験の条件として

① 荷重は,目的に応じて選択する.推奨値は 1～100 N の範囲とする.ただし,潤滑剤を用いる試験の場合はこの限りではない.

② しゅう動速度は,目的に応じて選択する.推奨値は 0.1～0.5 m/s の範囲とする.ただし,潤滑剤を用いる試験の場合はこの限りではない.

③ しゅう動距離は,目的に応じて選択する.推奨値は 1,000～5,000 m とする.

その他の試験条件,試験結果の評価は前記ピン・オン・ディスク試験方法に準ずる.

(3) ブロック・オン・リング摩耗試験

(a) ブロック・オン・リング摩耗試験機の主要構造はリング試験片を保持する主軸とそれを回転させる駆動装置,ブロック試験片を保持・固定するブロックホルダ,それをリング試験片に押し付ける負荷機構,試験雰囲気制御機構およびその摩擦力の検出機構等の周辺装置より構成されている.

① 主軸の回転時の振れは,取り付けられたリング試験片の外周部において 10 μm 以下に調整されていること.

② 駆動装置は,所定のしゅう動速度が得られる回転速度に設定でき,発生する摩擦力の変動によって生じる回転速度の変化を自動的に補正できる駆動力を有すること.

③ ブロックホルダはブロック試験片を固定し,しかもリング試験片との片当たりを防止するための調心機構を具備し,ブロックホルダ上部の荷重機構と一体に連結されていること.また,リング試験片との摩擦によって生じる負荷に対して十分な剛性を有すること.

(b) 試験片の寸法と精度は下記の通りとする

① リング試験片は直径 30～50 mm でブロック試験片の幅 5～15 mm の接触面を得るため,厚さ 15

mm以上で主軸に取付け可能な中空円筒とする．リング試験片の外周の真円度は10μm以内で，表面粗さは$Ra : 0.2 \mu m$以下とする．

②ブロック試験片は幅5～15 mm，長さ15～20 mm，高さ5～10 mmに加工した直方体とする．試験面の平面度および上下面の平行度は10μm以下とする．表面粗さは$Ra : 0.2 \mu m$以下とする．ただし，樹脂材料および複合材料の場合は実用条件に合せて行うこと．

(c) 試験を開始する前にリング試験片を主軸に，ブロック試験片をホルダに固定する．ブロック試験片にわずかに荷重をかけ主軸を手回しで数回転させ，ブロック試験片をいったん取り外し，しゅう動痕が幅方向に一様に当たりを示していたら，再度ホルダに取り付け試験を開始する．

(d) 摩耗試験の条件
 ① 荷重は目的に応じて選択する．推奨値は，1～150 Nとする．
 ② しゅう動速度は目的に応じて選択する．推奨値は，0.1～0.5 m/sの範囲とする．
 ③ しゅう動距離は目的に応じて選択する．推奨値は，1,000～5,000 mとする．

(e) 摩耗痕断面積の測定
 ① ブロック試験片上の全幅に円弧状の摩耗痕が生じる．その摩耗痕のしゅう動方向に直角な方向の断面形状を触針式表面粗さ計などで3箇所測定し，摩耗痕断面積を求める．

 ② リング試験片外周部にもブロック試験片とのしゅう動痕が生じる．このしゅう動痕の断面形状を触針式表面粗さ計などで円周90°おきに軸方向4箇所測定し，摩耗痕断面積を求める．硬質物を多量に含む複合材料を試験したときには，このしゅう動痕が実用で大きな不具合を生じることがあるので注意すること．

その他の試験条件はピン・オン・ディスク試験に準ずること．

6.1.3 試験結果のまとめ方

摩耗試験の結果は次の各項についてまとめ報告する．
(1) 試験片の詳細（材質，寸法，仕上げ方法，表面粗さ，硬さ等の機械的性質，製造方法，熱処理条件等）「複合材料の場合は製造工程の差異によって試験結果が大きく異なるため，成分だけでなく工程も詳細に表示すること．」
(2) 摩耗試験の方法，試験の種類（ピン・オン・ディスク，スラストシリンダ，ブロック・オン・リング），摩耗試験機の仕様（試験片の駆動方法，荷重負荷方法，摩擦力の検出方法，雰囲気のコントロール方法）
(3) 試験条件（荷重，しゅう動速度，しゅう動距離等）
(4) 試験雰囲気の温度および湿度，試験片に直接熱伝対等を用いて測定した場合はそれらの変動範囲
(5) 各試験片の試験前後の質量，寸法の変化，摩耗体積，比摩耗量
(6) 摩擦力を測定したときの試験の摩擦係数
(7) 試験中に発生した振動，騒音等の特異現象および試験後の試験片表面に付着した凝着粉等に関して詳細に記録すること．

参考文献

1) 日本機械学会基準，JSME S013 摩耗の標準試験方法，1999年5月14日．
2) JIS K7218 プラスチックの滑り摩耗試験法．
3) JIS R1613 ファインセラミックのボール・オン・ディスク法による摩耗試験方法．

6.2 機器分析法

6.2.1 トライボロジーにおける機器分析の位置づけ

固体潤滑面の現象とトラブル対策のためには接触面を微視的に観察する手段は欠かせなくなった．特に，しゅう動面の製作精度，技術の向上と相まって，摩擦特性改善への要求は増し，微小な変位であっても滑らかに正確に移動させるためには，もはや表面層設計の視点をミクロからナノに引き下げねばならない場合は多い．摩耗速度がマクロに測定できる程大きくとも，実用可能な分野はあるが，多くの場合，マイルド摩耗の範囲をこえれば実用には不向きとなることは明らかである．さらにマイルド摩耗では極表面層（ナノの深さ）の組成，構造が摩擦特性に及ぼす影響が無視できない．固体接触面においては，接触面の薄い層の元素組成，配列，結合状態，吸着分子の状態などが，鋭敏にかつ重要な要素として摩擦特性に反映することが知られるようになって，これらの情報の測定が必要となった．

たとえば1万回のしゅう動で1μm摩耗する場合の摩耗量は1回につき，およそ0.5原子層の摩耗に相当する．ここでは，表面第1原子層が主役である．したがって，この程度の摩耗量が重要であるならば，数原子層の被膜厚さの摩擦特性を無視することはできず，この表面層の化学組成その他の特性を測定しなければならない．また，油中の添加剤分子の吸着状態に関しては長い歴史をもつ多くのモデルがあり，一般にモデルとして認められてはいるが，実際の吸着状態の観察は今に至ってようやく始まったばかりである．ここでも固体表面分析技術が必要となろう．添加剤の相互作用の推定，有望な系の予測と実機による試験の優先順位の推定，など長時間を要する油中の添加剤性能のテストを繰り返すことをできる限り削減するためには，シミュレーションが一つの手段であるが，実際に吸着状態を観察する手段もまた必要である．

本項では，従来最も重要因子とみなされてきた硬さ，凹凸に加えて，摩擦現象の把握に必要な表面情報を得るために汎用される分析手法の概略を示す．多用される個々の手段について，成書が大量にある[1～4]．またそれらは日進月歩である．それぞれについて解説することは本項の目的ではなく，どの手段を用いればもっとも目的に沿う情報が得られやすいかの判断基準を記すにとどめる．実例は論文集に譲ることとする．

6.2.2 表面の情報とトライボロジー

接触面でどの程度の深さまでを，しゅう動特性に寄与する層として想定し，分析の対象とするかに関しては，接触条件に応じて，表面層のmmからnmまで，さまざまである．流体のみを介したしゅう動でも，固体表面の添加剤分子吸着層は摩擦特性，摩擦面の寿命，化学反応に寄与する．無論固体接触すれば，最表面層で起こる現象が摩擦特性に寄与する程度は多かれ少なかれ無視できない．摩擦面がバルク組成と異なる原因は主として次の過程が挙げられている．

（1）摩擦面は多かれ少なかれ酸素および雰囲気分子の吸着膜で被覆されている．多成分系ではこれら被覆成分と化学的相互作用の強いバルク成分元素は表面に向かって拡散する．その結果表面には特殊な成分元素が増化する．超高真空中におかれた多成分系の金属清浄面では，表面エネルギーを低くするため，バルクより表面に向かって表面エネルギーが低い成分元素が拡散し，バルクとは異なる元素組成，構造をとる．

（2）摩擦面に加えられた機械的エネルギーの一部は熱の発生をともない，表面から内部に向かう温度勾配をつくる．この温度勾配によって（1）の拡散は加速される．逆にバルクに向かう元素もある．

（3）表面に加えられた機械的エネルギーは表面組織に攪拌，変形，破断，転位，欠陥をつくり，反

応活性となる．気体分子との反応により非化学量論的化合物が生成し，凝着特性を支配する要素となる．

これらの過程は表面組成および表面の摩擦特性をバルクとかけ離れたものへと変化させる．変化する層の厚さは1ないし数原子層より，反応層が増せば厚い被膜に成長する．目視によって金属光沢を保つ段階でも，(1)，(2)は確実に存在し，摩擦特性に寄与する．

上記の情報を把握するため，目的とする情報と摩擦条件に応じて，分析機器は表面数原子層に高感度な手段，あるいは数 μm の厚い層の情報をもたらす方法を選択する必要がある．さいわい，表面分析手段はこの30年間に大きく進化し，使いやすい装置が普及したため，非常に薄い層の情報をとりだす際の難点がずいぶんと少なくなった．

6.2.3 さまざまな表面情報を得る手段：機器分析

(1) 光電子分光法，真空紫外光電子分光法 photo emission spectroscopy / ultra violet photoelectron spectroscopy（PES/UPS）

(2) 電子プローブマイクロアナリシス electron probe micro analysis（EPMA）

(3) 低速電子線回折法/反射高速電子線回折 low energy electron diffraction/reflection high energy electron diffraction（LEED/RHEED）

(4) オージェ電子分光法 Auger electron spectroscopy/scanning Auger microscopy（AES/SAM）

(5) エネルギー分散型および波長分散型X線分光法 energy dispersive X-ray analysis/wave dispersive X-ray analysis（EDX/WDX）

(6) 二次イオン質量分析法 secondary ion mass spectrometry（SIMS）

(7) 赤外分光法/ラマン散乱法 infrared absorption spectroscopy, Fourier transfer infrared absorption spectroscopy/Raman scattering（IR, FT-IR/RS）

(8) 走査型プローブ顕微鏡 scanning probe microscopy（scanning tunneling microscopy/atomic force microscopy/friction force microscopy）（SPM（STM/AFM/FFM））

(9) X線吸収微細構造解析法 X-ray absorption for fine structure（XAFS）

(10) 電子エネルギー損失分光法 electron energy loss spectroscopy（EELS）

(11) 核磁気共鳴法電子スピン共鳴法 nuclear magnetic resonance/electron spin resonance（NMR/ESR）

(12) その他

非常に多くの方法が用いられて年々進歩する中で，当面トライボロジストに直接役立つであろう情報をもたらす手段の代表例を挙げたが，このほか非常に多くの手段が提案されている．個々の手段の詳細に関しては成書を参照されたい．

6.2.4 トライボロジーにおける表面分析法選択の基準

(1) 電子線入射の特徴

表面より情報を得るために，まず試料面に入力する（問いかける）手段とエネルギーを選ぶ．入射ビームの進入深さとシグナルが試料から脱出する深さのうち，浅いほうが情報の深さを決定する．

入力手段は電子線，イオン線，光（可視，赤外光），X線，磁力線，熱など，およそ目的とする情報が最も深く関連する手段が選ばれるだろう．たとえば試料物質の電子の状態を知ることが目的であれば，そのエネルギー状態と相互作用の最も強い（話の通じやすい）電子線を選択するのが有利となる．図6.4に電子線の脱出深度のエネルギー依存性を示す[1]．AESは，電子線を入射して表面0.5〜

10 nm 厚の層の化学的状態の違いを識別し，定量的化学組成を測定できるため普及した．また電子線は細束に出来る利点と走査できる特性を生かし，二次元分解能を得るため多用され（EPMA），急速に普及した．CPU の援用により操作性，データの処理と保存，加工に大きな進展があった．また回折現象（LEED）を併用して極表面層（2, 3 原子層より薄い部分）の原子配列の周期性を測定するため不可欠な手段である．表面層の結晶の配向，その揺らぎなどの重要な情報をもたらす低速電子線回折，反射高速電子線回折は，原子の配列構造に関して重要な情報を与える．表面構造を観察しそれがトライボロジー特性に如何に反映されるかを目的にして，ミクロあるいはマクロの接触の立場からも利用される．また電子線は EPMA においては，細束ビームで微小領域（2, 3 μm：入射電子線は仮に 0.05 μm 径の細束であっても，X 線の発生体積で支配される）のみ励起し，特性 X 線を発生させるため，データの蓄積の多い X 線に関する定数を用いて，精度の高い定量分析および状態分析に利用される．多くの測定点で精度を上げると，原子比のわずかな変化が測定できる．図 6.5 は，二硫化モリブデン被膜が摩擦面に使用されたとき，摩擦距離の増加とともに次第に S が失われ S/Mo 原子比が小さくなることを示している[5]．

一次電子線のビーム強度と加速エネルギーを厳密に一定にすることは当然重要であって，試料に照射する直前にビーム電流をファラデーカップで受け，一定値にセットする．これを省略し試料電流で代用すると，試料表面の散乱電流，反射電流の変動が無視できず，定量性にかなり影響する．

おなじく細束の電子線を入射する走査型電子顕微鏡 SEM/EDX を使うにあたって，表面の凹凸による二次電子の強度を利用した拡大像をえる目的以外に，組成の差，したがって二次電子放出能/反射率の違いによるコントラスト，電子透過能の差を利用した結晶方位

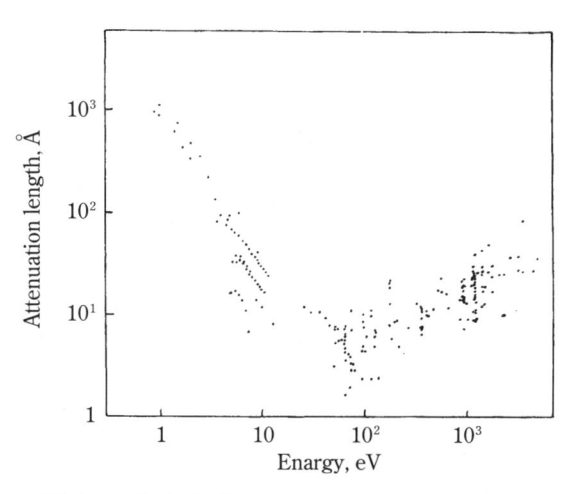

図 6.4 電子の運動エネルギーと脱出深さの関係〔出典：文献 1)〕

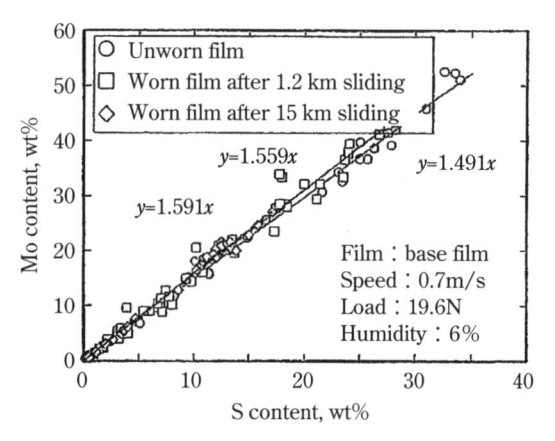

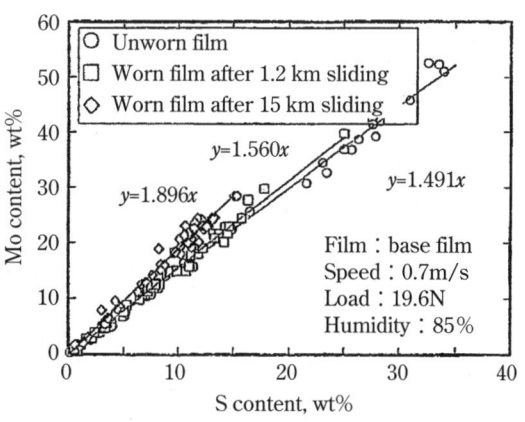

しゅう動した面の MoS₂ の分析例［未発表資料］

図 6.5 しゅう動した面の MoS_2 の分析例〔出典：文献 5)〕

の差のコントラスト，試料表面上の特定部分に電位の差がある場合のコントラストを利用したイメージを得る場合がある．また，EDXを利用して半定量的分析を行う．エネルギー分散型分光器のエネルギー分解能は，波長分散型分光器に比してはるかに劣るので，装置に付属した計算ソフトにより定量値に換算されるとはいえ，大きな誤差を含むと考えざるを得ない．また凹凸の激しい摩擦面の場合，検出器にいたる特性X線の強度は凹凸，共存元素，深さ方向分布状態の影響を受けて大きく変化しやすい．したがって特性X線強度を試料中の元素濃度の定量的値とする場合は，これら変化要因を十分に考慮して，標準物質を測定してその装置の精度を把握すると同時に，多くの場所の平均値を使うなどにより絶対値の精度を上げる必要がある．付属ソフトの計算結果はあくまで純物質が単独に平滑な面として存在するという仮定のもとでの近似であって，EPMAと同等の精度では扱えない．

入射電子線のエネルギー幅を分光し，半値幅を5 meV程度まで小さくし，表面の吸着分子の振動エネルギーに匹敵するエネルギーで照射すると，電子線のエネルギーが吸収され，電子線エネルギー損失スペクトル（EELS）として観察される．赤外光の吸収と似た情報を与え，吸着種の識別が可能となり，触媒など多くの分野で利用されている．

（2）イオン線入射の特徴

イオン線は原子の配列，種類などの情報をもたらし，SIMSとして多用されるようになった．1970年以降，二次イオン特にクラスタと呼ばれる原子団イオン種は，表面に存在した原子の配列構造の破片として近似され，逆にクラスタをつなぎあわせればもとの表面構造が再現されると仮定された．しかし，明らかに表面に隣接しては存在しなかった原子対が，二次イオンとして高強度で検出される例が多数見出された．イオン衝撃は1個のイオンの衝突によって，直径数十Åの範囲にプラズマ状態を作りこの体積の中で原子が再結合して，表面に存在しなかった原子対を構成する機会と時間が十分あることが示された．このように，SIMSの利用法としては，表面に高感度であることと引き換えに，検出されたクラスタイオン種が表面には必ずしも存在した証拠にはならないという，情報の限界が見られた．その後，飛行時間型質量分析とデータのフーリエ変換処理機能が発達し，質量分解能が1/100原子質量単位以下にまで改善され，かつノイズレベルが大きく改善されると，二次イオン質量分析の利用範囲が大きく拡大された．すなわちこれまで"同じ質量数"として識別できなかった原子およびクラスタが分別でき，ほぼ一義的に元素が決定できるようになった．しかし質量分析の定量性は特殊な場合を除いて低いし，上述の再結合の可能性は常にある．摩擦面の分析には平滑な面はむしろ稀であって，試料の凹凸が大きくシグナル強度に反映すること，共存元素の種類と量，化合物の差などが二次イオン発生効率に大きく影響することなどが留意されねばならない．たとえばアルカリ元素の共存は二次陽イオンの発生効率を著しく大きくし，酸素の共存は陰イオンの発生効率を著しく大きくさせる事実がある．したがって，それらの元素のイオン銃を使って，表面をそれぞれのイオンで飽和させる発想があり，一定の表面状態を得て"測定値の安定性"を増した．一方，二次イオン強度を増強することができるが，定量的取扱いがさらに複雑になった．すなわち"測定値"は絶対値として使えるか，物理的に何を表しているかに関しては問題が残る．むしろSIMSの利点は，定性的ではあるがきわめて高感度に表面数原子層厚さでの元素構成および分子構造を反映した特有の二次イオン放出パターンを知ることができ，その相対的な量の議論程度は可能とみなすべきである．この長所を生かすことがSIMSの有利な用途である．

（3）X線入射の特徴

入力エネルギーとしてのX線はさまざまな過程を引き起こすが，そのうち光電子放射過程を用いて，電子と原子核との間の結合エネルギーを測定する手段はXPSとして汎用される．化学結合状態

が異なると，内殻電子のエネルギーに変化が表れる場合が多く，いわゆるケミカルシフトによって化学的状態を識別する手段として発達した．

豊富な理論とデータの蓄積で，AESと同様0.5～10 nmの表面層厚さを分析するために有利となる．共存元素，積層状態，化学的結合状態など定量性に大きく影響する要素が不確定のため，定量の目的よりむしろ定性分析および状態分析に有利となる．細束にできないため通常5 mm直径以上の試料面を照射するが，光学系で微小領域のみを照射するか，微小部分のみからのシグナルを取り出す制限視野の手法により二次元分解能を得ている機種がある．細束により照射面積を少なくした場合表面に存在する分析対象原子数はそれだけ少なくなり，得られるシグナルの強度はさがる．目的に応じて適切な使用法が必要となる．シグナルとしてX線を取り出す場合，X線の脱出深さから，必然的に2～3 μmの深さを含む平均値を測定することになる．したがって最表面層に関する感度はそれだけ希釈され，深さ方向に濃度が変化する試料のときの情報は，スパッタして表面層を除去して表面分析を繰り返すなど，他の方法との組合せで得られなければならない．入射ビーム径を浸入深さ2，3 μm以下に細束にしても，定量目的のためには意味はないが，分析位置を確認しイメージを作る目的の顕微鏡機能のため入射電子線は細束にするのが理想的である．X線による定量性のための物理量，たとえば吸収係数，X線発生確率，反射率，共存する元素の吸収係数など，の測定には多くのデータ蓄積があり，適切な補正係数を用いれば，定量精度は電子線に比べ優れている．出力X線としてL線を用いると外殻電子に近い位置の電子の遷移が関与するため，化合物の差によるエミッションプロファイルのケミカルシフトが現れやすく，状態分析に用いる手法がある．一般にL線は幅が広く，強度は低いためピークが完全分離することはほとんどないが，スペクトルのプロファイルをつくり，カーブフィッティングで近似して定性分析に用いる．

(4) 可視光，赤外光の特徴

可視光のエネルギー領域は数eV程度の電子と相互作用し，試料中のイオン，分子の状態を反映した情報をあたえる．赤外光の吸収/ラマン散乱光の分光においては，一部の不透明な物質を除いて，光の透過能は電子線，イオン線に比べれば非常に大きく，バルクの分子構造の同定に用いられる．基本的には，結合する原子間のボンドの大きさと距離，質量による振動状態が入射光の振動数と一致した場合に吸収，散乱が起こることを利用している．すなわち，分子中にどんな官能基が含まれるかを判定するために有利となる．一定のビーム光路となるよう設定した気体，液体の試料セルを用いれば定量可能となる．固体の場合は，入射した光が複雑な形状の面に入射すれば定量性はもはや期待できない．これら方法論がおのずからもつ情報の特徴を組み合わせ，摩擦現象の解析に寄与できる情報を抽出する必要がある．複数の方法論の情報を重ねあわせ，表面構造の信頼性が高められていくと考えられる．

(5) ミクロの探針 SPM

SPMは表面の凹凸，電子雲の形状，または微視的摩擦力を原子サイズで観察する手段の総称としてもはやなくては済まされない地位にあるため，分析とは呼べない手段であるが，あえて併記する．すなわち，元素の種類を識別できないが，トライボロジーには重要な要素となる凹凸構造を原子サイズレベルで提供する．表面ナノ構造の特性が摩擦特性に鋭敏に反映されることが知られるに至り，ミクロの情報はマクロな摩擦現象に深く関連しトライボロジーの研究手段として，ミクロ探針による表面の情報がなくては済まされなくなり，今後ますます重要性を増すと考えられる．SPMのうち，AFMは摩擦力の分布を直接接触で観察するので，最も摩擦特性を反映するパラメータではあろうが，表面の形状，硬さなどすべての因子の総合結果を接触状態で得るため探針の形状，試験面への損傷が無視できない．非接触で測定するモードは相互作用を測定していて，摩擦力と同じと考える

かどうか疑問の余地がある．他のミクロ非接触情報と対比して解析することが重要となり，これからの研究進展が期待される．マクロの接触はミクロの接触の化学的相互作用によって表される部分と，マクロな凹凸，変形，せん断の部分との和であろうが，その寄与の割合が接触状態によって大きく変化する．またそれぞれが独立した因子であるかどうかは今もって不明である．

（6）適切な機器分析法の選択

トラブルシューティングに用いられるトライボロジーの手段のうち，分析手段は重要な証拠を提供する．材料設計，表面設計は表面機能のうち摩擦特性に大きく影響することは明らかである．分析手段によってもたらす情報の質と精度はさまざまである．したがって，用いる分析手段の選択は，何を知りたいかを明確に定め，かつ表面のどこにある何をどこまでの精度で知りたいかを予測した後，選択しなければならない．移着，反応生成物の有無，表面組成とその深さ方向分布などの分析結果は熱履歴，硬さ変化などと関連して，原因究明に寄与する．また実機による摩擦特性試験に多大な時間と費用を要する場合は，短時間の実験結果から，長時間試験の結果を予測するために用いることもある．シミュレーション，モデル計算によるアプローチとあいまって，最終的に実験で確かめる場合にも，有望性を予測する優先順位推定に有効であろう．

参考文献

1) M. P. Seah & W.A. Dench : Surf. Interface Anal., 1 (1979) 2.
2) D. P. Woodruff & T. A. Delchar : Modern Techniques of Surface Science - Second Edition, Cambridge Solid State Science Series (1994).
3) K. Miyoshi & Y. W. Chung : Surface Diagnostics in Tribology, World Scientific, (1993).
4) D. Briggs & M. P. Seah : Practical Surface Analysis, Second edition, John Wiley and Sons (1992).
5) 本多文洋：トライボロジスト，50, 3 (2005) 232.

IV. 応 用 編

　応用編では，固体潤滑法の実用例を概観する．一般産業から家庭用品まで，予想を越えた広い範囲で固体潤滑法が活躍していることが理解されるであろう．実は企業秘密で公開できないものも多いので，応用分野はこれ以上に広がっている．一方，他国で大きなシェアを占める兵器関係が見当たらない．これは，守秘義務よりも軍需産業を日陰者視しているわが国の特殊事情による．

1. 固体潤滑剤の使用形態

　固体潤滑剤は粉末または薄膜の状態で使用される．用法としては，被膜にする場合，油やグリースに混入する場合，固体マトリックスに混入する場合等々あるが，どのような供給方法で応用するにしても，摩擦表面にある厚さとある物性を持つ固体潤滑剤の被膜が生ずることによって，潤滑作用が働く[1]．用途に応じて種々の使用形態が使われている．使用形態としては，粉末のまま使用，油，グリースへ添加，固体潤滑膜，潤滑性複合材等がある[2]．

1.1 粉末での使用

　固体潤滑剤原料そのものは，粉末であり，粉末状で市販されている．塑性加工の分野では，粉末をそのまま摩擦面にふりかける，またはすり込む，品物の表面にまぶしながら圧着することも適用されている．粉末を高速度で母材の表面に吹き付ける方法もあり，短時間の高面圧に耐える．

参考文献
1) 津谷裕子：固体潤滑剤，潤滑，21，8 (1976) 56. 79.
2) 川邑正男：固体潤滑剤の応用，トライボロジスト，33，2 (1988) 79.

1.2 油，グリースへの添加

　油やグリースは，固体潤滑剤を摩擦表面に供給する働きをもっている．油に添加する場合，液体に固体潤滑剤の粉末を混合することは通常固体潤滑剤が沈殿したり凝集したりしやすい．そのため，固体潤滑剤の微粒子化と微粒子を油中に懸濁分散する処理が必要となる．この際，分散処理が固体潤滑剤そのものの効果に影響しないこと，また使用する潤滑油自身に各種添加剤が使用されており，それらとの相互作用を考慮すること等注意が必要である．固体潤滑剤と油の組合せには，分散させているアルキレングリコールやポリブデン等の残留炭素の少ない媒体油が高温で徐々に揮発，蒸発し残った固体潤滑剤で潤滑する使用方法もある．給油方法は少量ずつ頻度多くするのが好結果につながる．

　グリースへの添加は，油への添加と異なる点がある．それは，グリースに使用している増ちょう剤により固体潤滑剤を沈殿させることなく，任意の添加量を分散混合できることであり，固体潤滑剤をグリースに添加し広く使用されている．また，固体潤滑剤によっては，増ちょう剤としての効果も期待できるものもある．種々の増ちょう剤があり，固体潤滑剤との組合せは幅広く用途に応じて選択される．

　油やグリースに固体潤滑剤を多量に添加すると，油やグリースというよりもペースト状になる．ペースト状物質は固体潤滑剤が多量に添加されているので，耐荷重性に優れるが，固体潤滑剤が摩耗により微細化し，表面積が増加することでより油分を吸収し潤滑面が枯渇しやすくなることがあり，注意を要する．

　その他，固体潤滑剤入りの油やグリースが安定した効果を発揮するためには，粉末の固体潤滑剤が均一に分散していることが必要であるが，分散装置の使用等工夫がなされ，潤滑剤メーカーの技術上のノウハウになっている[1]．

参考文献
1) 川窪二三雄・大高留次郎：固体潤滑剤コンパウンド・グリース，コンパウンド・オイルの種類と使用法，月刊トライボロジ，8（1996）36．

1.3 固体潤滑膜

固体潤滑膜には，結合型固体潤滑膜と固体潤滑剤のみよりなる固体潤滑膜とがある．前者は結合剤を使用して固体潤滑剤の粉末同士を結合させると同時に母材表面に付着させるものである．黒鉛，酸化鉛，窒化ホウ素，フッ化カルシウム，フッ化黒鉛等の固体潤滑剤としての本来の特性を示す方法といえる．ケイ酸ソーダ，ホウ砂，リン酸アルミニウム等無機化合物を結合剤と使用したものは，300℃から1,500℃以上の高温での潤滑に使用される．母材には通常耐食性のある材料を使用することが必要である．固体被膜潤滑剤の特徴は耐荷重が優れていることである．油やグリース等使用できない場所へも使用される．一般に潤滑被膜は数μmから数十μmの膜厚でかつ長寿命も要求される．カメラ，事務機，音響機器等の部品は軽荷重であっても接触面圧は大きく，固体被膜潤滑剤にとっては厳しい潤滑条件である．

1.4 固体潤滑剤のみよりなる固体潤滑膜

二硫化モリブデン，金，銀，四フッ化エチレン樹脂（PTFE）等の潤滑被膜を真空蒸着，スパッタリング，イオンプレーティング等で母材表面に付着させる，ドライプロセスによる固体潤滑被膜がある．用途は，通常の油やグリースが使用できない高真空，超高真空中で高温から低温までの広範囲条件での転がり軸受等である．半導体製造設備や宇宙用で使用される．

スズ，鉛，亜鉛，銅，金，インジウム等の軟質金属を電気めっきや母材表面に金属粉末を均一に散布し加熱圧縮する方法等もある．過酷なしゅう動面に使用する．特徴としては導電性を有することであり，金や銀は電気接点に使用される[1]．

参考文献
1) 西村　允：固体潤滑剤の種類と特徴，月刊トライボロジ，8（1996）26．

1.5 潤滑性複合材

樹脂や金属，セラミックス材料だけでは厳しいしゅう動条件の場合，各材料に固体潤滑剤を配合して複合材とする使用形態がある．金属系，樹脂系，セラミックス系がある．金属系は，鉄，銅，鉛，スズ，モリブデン，タンタル，ニッケルおよびそれらの合金等の金属粉末と黒鉛，二硫化モリブデン，二硫化タングステン，窒化ホウ素等の固体潤滑剤粉末を混合し焼結したものである．また金属のしゅう動部に多数の穴をあけ，その中に固体潤滑剤を埋め込む使用方法もある．

軽量，乾燥潤滑，耐食，長寿命が要求される場合は，ポリアミド（ナイロン），フェノール樹脂，ポリフェニレンサルファイド（PPS），ポリエーテルサルホン（PES），ポリイミド（PI），ポリアミドイミド（PAI）等の各合成樹脂と黒鉛，二硫化モリブデン，PTFE等の合成樹脂系複合材が使用される．すべり軸受やすべり面に使われるものには，PTFE，ポリイミド等にガラス繊維やカーボン繊維の強

化材からなる複合材もある[1]．これらの複合材は長寿命化，メンテナンスフリーとして使用される．500℃以上の高温で長期に使用される用途には，セラミックス系複合材が種々検討されている[2,3]．

参考文献

1) 西村　允：固体潤滑剤の種類と特徴，月刊トライボロジ，8 (1996) 26.
2) 梅田一徳：トライボロジーの最新技術と応用（監修　森　誠之・三宅正二郎），第6章 特殊環境，シーエムシー出版 (2007) 273.
3) 北　英紀：セラミックス系材料と固体潤滑，トライボロジスト，53, 11 (2008) 719.

1.6　まとめ

　本書に記述された各種機械要素における固体潤滑剤の使用形態をまとめて示したのが表1.1である．固体潤滑剤の実名の記載のないものは表中ではブランクとした．なお，これらは使用状況の一例であり，固体潤滑剤は上記の他にも多岐の産業分野に使用されている．
　固体潤滑剤の使用形態はその用途が広いことから多様である．使用箇所に適した使用形態により本来の効果が得られる．効果が出ないから，固体潤滑剤の効果がないとは言えない．使用形態の面からも検討することにより，よりいっそうの効果と応用範囲が広がる．まだまだ研究の余地は残っている．

表1.1　各種産業における固体潤滑剤の使用形態（本ハンドブックの記述より抜粋）

産業分野	使用形態						環境		
	バインダ結合			分散			大気中	真空中	液中
	被膜	複合材料	埋込み	油	グリース	ペースト			
機械要素									
すべり軸受	○	○	○	○			○	○	○
転がり軸受	○	○			○		○	○	○
シール		○					○	○	○
プラスチック歯車		○			○		○	○	○
金属歯車	○	○					○	○	○
ねじ	○			○			○	○	○
産業における応用									
自動車エンジン	○	○		○	○		○		
駆動系	○				○		○		
ブレーキ		○					○		
電装部品	○	○		○	○		○		
シートベルト	○						○		
シート	○					○	○		
サンルーフ		○							
鉄道									
すり板		○					○		
ブレーキ		○	○				○		
床板	○	○		○	○		○		

表1.1 各種産業における固体潤滑剤の使用形態（本ハンドブックの記述より抜粋）（続き）

産業分野	使用形態						環境		
	バインダ結合			分散			大気中	真空中	液中
	被膜	複合材料	埋込み	油	グリース	ペースト			
OA・AV機器									
カメラ	○								
複写機, FAX	○	○			○				
ハードディスク	○			○					
VTR		○		○	○				
産業機械									
建設機械	○			○	○	○	○		
工作機械	○	○		○	○	○			
成形用機械	○	○	○				○		
発電プラント		○		○			○		
ターボ機械	○	○		○			○		○
航空宇宙機器									
航空機エンジン	○	○					○		
航空機機体	○	○					○	○	
宇宙船・船体	○	○					○	○	
宇宙船エンジン	○	○					○	○	
パワープラント	○	○	○	○	○		○		○
構造物・橋梁	○	○	○						
住宅関連機器	○				○		○		
塑性加工									
圧延	○				○		○		
プレス				○			○		
引抜き加工	○			○	○		○		
電気・電子機器									
電気接点	○	○					○	○	
変位センサ	○	○				○	○	○	
モータブラシ		○					○	○	
クリーン環境	○	○					○	○	
医療福祉機器									
X線機器	○	○					○	○	
介護ベッド	○	○			○		○		
マッサージチェア	○	○			○		○		
食品加工	○	○				○	○		
スキーとワックス	○	○	○			○	○		
文具		○					○		
生活関連機器									
水道栓	○	○					○	○	
ホットプレート, 内釜	○						○		

2. 固体潤滑剤の種類

本書に記述された各種機械要素に使用されている固体潤滑剤を表2.1にまとめた．前述のように使用用途は多岐にわたるが，実用的な固体潤滑剤の種類は主に二硫化モリブデン（MoS_2），グラファイト（黒鉛），ポリテトラフルオロエチレン（四フッ化エチレン樹脂，PTFE）が被膜または分散形態で使用されることが多い．なお，固体潤滑剤の実名記載のないものは表中ではブランクとした．

ここでは固体潤滑剤粉末，複合材料，あるいはスパッタリングなどの合成被膜などを除き，固体潤滑剤が配合された潤滑剤についてどのような種類があるのかを紹介する．

表2.1 各種産業分野に使用される固体潤滑剤の種類（本ハンドブックの記述より抜粋）

産業分野	種類							
	黒鉛	MoS_2	PTFE	PI	WS_2	DLC	炭酸カルシウム	その他
機械要素								
すべり軸受	○	○	○					
転がり軸受	○	○	○	○	○	○		Au, Ag, Pb
シール	○							
プラスチック歯車	○	○	○	○				MCA
金属歯車	○	○	○	○	○			ステアリン酸, タルク, Au, Ag, Pb
ねじ		○						
産業における応用								
自動車エンジン	○	○	○					
駆動系	○	○	○					
ブレーキ	○	○	○	○	○			Sb_2S_3, ZrS, CaF
電装部品	○	○	○					有機Mo, MCA
サンルーフ			○					
シートベルト		○	○					
シート		○	○				○	
鉄道								
すり板	○	○			○			BN, FeS, CuS, MnS
ブレーキ	○	○						
床板	○							
OA・AV機器								
カメラ	○		○					
複写機, FAX		○	○					
ハードディスク						○		
VTR								PE系
産業機械								
建設機械	○	○	○			○		
工作機械		○	○			○		
成形用機械	○							
発電プラント	○	○	○	○				BN
ターボ機械	○		○					WC

表 2.1 各種産業分野に使用される固体潤滑剤の種類（本ハンドブックの記述より抜粋）（続き）

産業分野	種類							
	黒鉛	MoS_2	PTFE	PI	WS_2	DLC	炭酸カルシウム	その他
航空宇宙機器								
航空機エンジン	○	○						
航空機機体	○	○	○					
宇宙船・船体	○	○	○					Au, Ag, Pb, Na_2SiO_3
宇宙船エンジン	○	○	○					TiN, Ag, MgO, CaO
パワープラント	○	○	○					
構造物・橋梁	○	○	○					
住宅関連機器		○						
塑性加工								
圧延	○						○	リン酸塩カリ，ホウ酸塩
プレス	○						○	アジピン酸ナトリウム
引抜き加工	○	○						リン酸塩, シュウ酸塩, ｱﾃﾞｱﾘｰ酸
電気・電子機器								
電気接点								Au, Ag
変位センサ								Au, Ag, Pb
モータブラシ	○	○						BN
クリーン環境		○	○	○	○			Ag, Pb
医療福祉機器								
X線機器		○	○					Ag, Pb
介護ベッド		○	○					
マッサージチェア			○					
食品加工			○					HMWPE
スキーとワックス	○							HMWPE, FC, HC, Ga
文具	○							h-BN, 粘土, Si_3N_4
生活関連機器								
水道栓	○					○		SiC, Al_2O_3
ホットプレート，内釜			○					

2.1 分散液，ディスパージョン

　通常固体潤滑剤は比重が大きいので，単に潤滑油に混合した場合，直ぐに沈殿し，安定に分散できない．また親水性のものが多いため，潤滑油に微粒子粉末を混合しても，凝集を起こし，沈殿する．固体潤滑剤粉末と水あるいは潤滑油を混合し，分散剤を添加した後，ボールミルなどで微粒子状に固体潤滑剤を分散させたディスパージョンが市販さている．潤滑油分散液には鉱油や合成油など潤滑油の種類，固体潤滑剤の種類，固体潤滑剤の濃度など各種グレードがあり，用途に応じて選択すべきである．そのまま潤滑油として，あるいはギヤ油，タービン油やエンジン油に添加し，かじりや焼き付きの防止，摩耗の低減などが期待できる．

　水系には黒鉛，窒化ホウ素，フッ素樹脂分散液があるが，黒鉛分散液は熱間鍛造などの塑性加工

に多用されている．

2.2 ペースト

　潤滑油に数十％と多量の固体潤滑剤を一種あるいは数種類を練り込んだ潤滑剤で，一見してグリース状であるが，通常のグリースと比べ比重がかなり大きい．高荷重で低速のしゅう動部に薄く塗布し，かじりや焼付きの防止に優れた効果を発揮する．たとえば，部品やねじなどの組立時や分解修理時，工作機械のチャックのかじりや焼付きの防止，スラスト軸受などの滑らかな嵌合，工作機械のベッド面のスティックスリップの防止などである．

2.3 固体グリース

　グリースに数～十数％の固体潤滑剤を1種あるいは数種類を練り込んだ潤滑剤で，単にグリースとも呼ばれており，決められた呼称はない．

　通常はグリースからにじみ出たオイルよって摩擦摩耗の低減を行っているが，運転停止や再稼動時，往復運動や間欠運動での摩耗低減に固体潤滑剤が大きな効果を発揮し，機器の寿命を大幅に延長する．建設機械や，製鉄機械など衝撃荷重時のかじり焼付き防止に効果がある．固体潤滑剤は鉱油系や合成油系グリースに配合されて，自動車などの車両部品，OA機器，家電機器など非常に多岐にわたって使用されている．

2.4 乾燥被膜潤滑剤

　塗料タイプの潤滑剤で塗料用樹脂に1種あるいは数種の固体潤滑剤を配合したものである．樹脂の種類によって，常温乾燥型，常温硬化型，加熱硬化型などがある．塗布方法に合わせて，スプレー用，印刷用，浸漬用など様々なバリエーションがある．

　乾燥被膜潤滑剤を塗布するにあたっては，被塗布物の脱脂が不可欠であり，密着性向上のため，化成処理などの適切な表面処理が推奨される．

　乾燥被膜潤滑剤はオイルやグリースなど湿式の潤滑剤と異なり，乾燥した被膜であるため，オイルやグリースが使用できないような箇所，高温低温雰囲気，真空，べたつきを嫌う箇所，コンタミを嫌う箇所など多方面にわたって使用されている．また，密着性に優れるためオイルやグリースとも共用されている．

　固体潤滑剤を多量に配合した乾燥被膜潤滑剤は冷間鍛造などの塑性加工に優れた効果を発揮する．

3. 機械要素

3.1 すべり軸受

　固体潤滑剤を用いた自己潤滑性すべり軸受は固体潤滑剤そのものを用いた単体型，金属表面などに薄膜を構成した被膜型，固体潤滑剤を軸受マトリクス内部に複合化した分散型および軸受に凹みを設けて固体潤滑剤を埋め込んだ埋込み型など大別して4種類が一般に用いられている．

3.1.1 単体型軸受

　黒鉛は固体の潤滑剤としても用いられるが，多孔質人造黒鉛に熱硬化性のフェノール樹脂あるいは低融点金属を含浸させると脆性的な機械的強度が改善され，これを所定の形状に機械加工してすべり材料とすることができる．あるいは黒鉛粉末を樹脂バインダで固めて成形しすべり材料とすることもできる．特徴としては水潤滑が可能で耐食性に優れるため，水中ポンプやケミカルポンプの軸受およびシール材として用いられる．また導電性があるので電動機のブラシおよび電車の集電装置のシューとしての用途がある．

　軸受の性能としては比較的軽荷重の3 MPa程度の面圧が強度的理由で限度となる．炭化ケイ素と黒鉛を複合化 (SiC/C) させると潤滑特性が大幅に向上するとの報告もある[1]．

3.1.2 被膜型軸受

　固体潤滑剤をバインダによって金属または樹脂表面にコーティングした軸受で，被膜厚さが薄くできることと複雑な表面形状を有する箇所に適用できるところに特徴がある．潤滑剤としては黒鉛，二硫化モリブデンおよびフッ素樹脂が主に用いられている．バインダとしては用途によって各種選べるが，耐熱性や耐久性からポリアミドイミドなどの耐熱樹脂がよく用いられる．

　応用用途としては軽荷重のカメラの部品なども多いが，高荷重でもすべり距離が少ない場合は自己潤滑軸受として用いることができる．特に他の固体潤滑剤軸受の相手材料側に被膜を構成させるとなじみ出しが容易であり，軸受寿命を延長させる効果がある．二硫化モリブデンおよびフッ素樹脂系は真空中でも使用できるので人工衛星などのしゅう動回数の少ない部品などにも使用されている．

　通常は乾燥摩擦条件で使用される場合が多いが，最近では自動車のエンジン軸受のような流体潤滑条件下で用いる軸受の表面にコーティングしてなじみ出しの条件を改善した軸受もある．

　二硫化モリブデンなどの粒子を高速でショットブラスと同様に吹き付け，ピストンスカートになじみ出しのために被膜を構成させる方法も最近実用化が進んでいる[2]．

3.1.3 分散型軸受

　固体潤滑剤粉末や粒子を樹脂材料に分散させたものは成形性がよいので複雑な形状でも大量生産に適している．金属粉末と混合・焼結して複合材料としたものは，多孔質で含油して用いられる場合が多い．樹脂の場合は母材としてポリアセタール，ポリアミド，PPSあるいは耐熱性のポリイミドなどが用途によって選定される（図3.1参照）．これらはフッ素樹脂が配合されることが多く，導電性を必要とする場合は黒鉛や炭素繊維などが配合される．応用用途としては複写機やFAX，自動券売機などのほか自動車の操舵システムや懸架システムに軽量化ならびに振動吸収などを目的として使

図3.1　固体潤滑剤配合樹脂軸受

図3.2　裏金付き固体潤滑剤分散型軸受

用されている．

　鉄系もしくは銅合金系との複合材料は比較的精度も高く製作できるので，家電機器のモータ，自動車の発電機，冷凍機器のポンプなど応用範囲が広い．図3.2に示す分散型軸受は一般鋼材を裏金とし機械的強度を向上させたもので，通常焼結含油軸受では許容負荷面圧は10 MPa程度が上限であるが，100 MPa程度まで可能となるため，建設機械（パワーショベル）などのアーム部位の衝撃を受ける軸受にも使用できる．

3.1.4　埋込み型軸受

　固体潤滑剤を軸受母材の摩擦面に窪みを設けて埋め込んだタイプのもので，潤滑剤としては黒鉛，黒鉛系複合材料あるいはフッ素系複合材料などが埋め込まれる（図3.3参照）．この軸受の特徴は耐久性があり大型の軸受の製作も可能で，軸受直径が1 mを超える本四連絡橋梁などのような長径間吊橋のタワーリンク軸受などにも用いられている．軸受母材としては，耐荷重性と耐摩耗性が優れていることにより高力黄銅またはこれの強度を高めた合金を用いる場合が多い．アルミ青銅を用いる場合は耐食性を，また鋳鉄を用いる場合はコストダウンと耐熱性を目的とする．一般用途には固体潤滑剤は黒鉛がよく用いられるが，長期の耐久性と耐食性を目的とする場合はフッ素樹脂系の固体潤滑剤を用いる．これは電食を避けるためで河口堰や海底掘削リグなどの海水中でも用いることができる．黒鉛を潤滑剤とし銅合金を母材とする場合の耐熱性は300℃程度であるがごみ焼却プラントや高い放射線にも耐えるので原子力プラントの設備にも用いられる．

図 3.3　固体潤滑剤埋込み型軸受

現在は一般的に使用される例が多くなったので，これらの固体潤滑剤埋込み型軸受は各種サイズの規格品が容易に入手できるようになっている．

参考文献
1) 東洋炭素㈱：技術資料 TS シリーズ（摺動用途）Ver. 2 (1997).
2) 荻原秀実：固体潤滑剤の微粒子ピーニングによる内燃機関ピストンしゅう動部の表面改質，トライボロジスト，47, 12 (2002) 31.

3.2 転がり軸受

潤滑は，転がり軸受の性能を左右する重要な因子である．半導体・液晶，宇宙，医療などの先端分野では，真空，高温，クリーンといった特殊環境下で転がり軸受が使用されるため油やグリースを用いることができず，潤滑には固体潤滑剤を主に使用する．転がり軸受に使用する固体潤滑剤は，軟質金属系，層状結晶構造物質系，高分子系の3種類に大きく分類される．

3.2.1 軟質金属系

金（Au），銀（Ag），鉛（Pb）などの軟質金属系は，転がり軸受の転動体にコーティングし，軸受からのアウトガスが問題とされる超高真空中で主に使用される．銀は大気中で使用すると酸化しやすく耐久性が急激に低下するため，大気圧から真空雰囲気の繰返し環境下には適さない．また，鉛は環境負荷の問題等があり取扱いに注意する必要がある．

3.2.2 層状結晶構造物質

二硫化モリブデン（MoS_2）や二硫化タングステン（WS_2），黒鉛（グラファイト）などの層状結晶構造物質は，保持器や軌道輪にコーティングしたり，保持器やセパレータの複合材料として使用する．大気圧から真空雰囲気の繰返し環境下での使用が可能であり，一般的に耐熱性や耐荷重性において高分子系より優れている．高温領域においては，グラファイト保持器が500℃まで使用可能であるものの，真空中では潤滑効果がないために大気圧中での使用に限定される．また，層状結晶構造物質は発塵量が多いため半導体・液晶等のクリーンな環境が要求される箇所には適さない．

3.2.3 高分子系

高分子系は，保持器や軌道輪にコーティングしたり，直接保持器材料として使用する．雰囲気依存性が低いため大気圧から真空雰囲気の繰返し環境下やクリーン性能が要求される箇所，腐食環境下で使用する潤滑剤として適している．表3.1[1]に転がり軸受に用いる3種類の固体潤滑剤についての主な特性と用途について示す．

3.2.4 高温環境下での適用

高温用の軸受材料と潤滑剤についての適用温度範囲を図3.4[1]に示す．軸受構成材料については，300℃まではマルテンサイト系ステンレス鋼（SUS440C），300℃から500℃までは軌道輪に耐熱性の優れた高速度工具鋼（SKH4，M50）と転動体にはセラミックスを用いた組合せセラミック軸受が使用される．現在，500℃を超える温度領域では安定して使用できる固体潤滑剤がないため，軽微な摩耗現象が許容される範囲内で総ボールタイプの総セラミック軸受を使用する場合がある．

図3.4 高温用軸受材料と潤滑剤
〔出典：文献1）〕

表3.1 転がり軸受に使用する主な固体潤滑剤の特性[1]

分類	固体潤滑剤	熱安定性, ℃ 大気	熱安定性, ℃ 真空	摩擦係数 大気	摩擦係数 真空	耐荷重性, MPa	発塵	放出ガス	主な用途
軟質金属系	銀（Ag）	－	600以上	－	0.2～0.3	最大2500	△	◎	超高真空
	鉛（Pb）	－	300以上	0.05～0.5	0.1～0.15	最大2500	△	◎	
層状結晶構造物質	二硫化モリブデン（MoS₂）	350	400以上	0.01～0.25	0.001～0.25	最大2000	△	○	真空，高温
	二硫化タングステン（WS₂）	425	400以上	0.05～0.28	0.01～0.2	最大2500	△	○	真空，高温
	グラファイト（C）	500	－	0.05～0.3	0.4～1.0	最大2000	△	○	大気中，高温
高分子系	ポリテトラフルオロエチレン（PTFE）	260	200	0.04～0.2	0.04～0.2	最大1000	◎	△	クリーン，真空，耐食
	ポリイミド（PI）	300	200以上	0.05～0.6	0.05～0.6	最大1000	○	△	

◎：優，○：良，△：可

3.2.5 固体潤滑剤を適用した軸受の構成

表3.2[2]に固体潤滑軸受の構成と特徴についての代表的な例を示す．コーティング部品については，軟質金属の場合は玉へのコーティング，高分子系と層状結晶構造系の場合は内外輪軌道や保持器へのコーティングをすることで真空，高温，クリーンなど油やグリースが使用できない特殊環境下においても転がり軸受の性能が発揮できるようにしている．また，これらの固体潤滑剤を直接保持器材料として使用することもある．

3.2.6 固体潤滑剤の新たな試み

転がり軸受への新たな固体潤滑剤の試みとしてダイヤモンドライクカーボン（以下DLCと記す）

表3.2 固体潤滑軸受の構成と特徴[2]

	潤滑剤の系統		高分子		高分子	層状構造物質	軟質金属
コーティングタイプ	軸受構造（太線部がコーティング部）						
	コーティング膜の内容	コーティング部品	全面（シールド除）	内外輪軌道，玉，保持器内面	保持器	保持器	玉
		膜成分	フッ素系高分子	フッ素樹脂	PTFE	MoS_2	Ag
	性能	雰囲気圧力，Pa	大気圧〜10^{-5}				10^{-3}〜10^{-10}
		温度，℃	−100〜200	−100〜260	−100〜200	−100〜300	−200〜500*
		クリーン性	優	優	優	—	—
	潤滑剤の系統		高分子	高分子，層状物質複合		層状構造物質	
保持器材タイプ	軸受構造						
	保持器材料の成分	潤滑剤	フッ素樹脂	フッ素樹脂 層状物質系潤滑剤	WS_2（セパレータタイプ）	グラファイト	
		他	強化繊維	PEEK樹脂 強化繊維	金属系焼結材	—	
	性能	雰囲気圧力，Pa	大気〜10^{-5}			大気圧	
		温度，℃	−100〜200	−30〜300	−100〜350	−100〜500*	
		クリーン性	優	—	—	—	

* 温度は潤滑膜，潤滑用保持器材のみの対応数値．使用温度により別途内外輪，玉材料の検討が必要．

	単層DLC	中間層／DLC	金属含有DLC1	金属含有DLC2
被膜構成	C, H／基板	C, H／基板	C, H, Me／基板	C, H, Me／基板
製法	プラズマCVD法, イオン蒸着法, アーク式イオンプレーティング法, スパッタ(UBMS)法他			
中間層	—	Cr, Si, Ti, SiC他		Cr, Si他
金属成分		—	Si, W他	Si, W他(傾斜層)
膜厚	～2μm	～2μm	～5μm	～5μm
硬さ	15～50GPa	15～50GPa	12～30GPa	12～30GPa
密着力	～20N	～50N	～70N	～75N

図 3.5 各種DLC膜の構成と特性〔出典：文献3〕〕

が注目を集めているのでここで紹介する．DLC膜はダイヤモンド構造とグラファイト構造に水素との結合が混在するアモルファス状の硬質炭層であり，低摩擦で耐摩耗性が優れているという特徴をもつ．転がり軸受に適用するためには軸受寿命を支配する被膜の密着性が特に重要であり，各種DLC膜の構成と特徴を図3.5[3]に示す．基板と被膜の密着性を向上させるためにCr, Si, Ti, Wなどの金属元素を添加し，中間層や傾斜層を設けることで密着力や摩擦・摩耗特性，物理特性の改善が図られている．過酷な潤滑条件下での転がり寿命試験結果の例として，水中における転がり特性について図3.6[4]に示す．タングステン（W）含有DLC膜は面圧1.9GPa，繰返し数10^8回後でも軽微な摩耗に留まっており，SUS440Cよりもはるかに耐摩耗性が優れ，長寿命になることがわかる．特殊環境下でのトライボロジー特性の改善効果が確認されており，転がり軸受に適用する新たな固体潤滑剤として大いに期待されている．

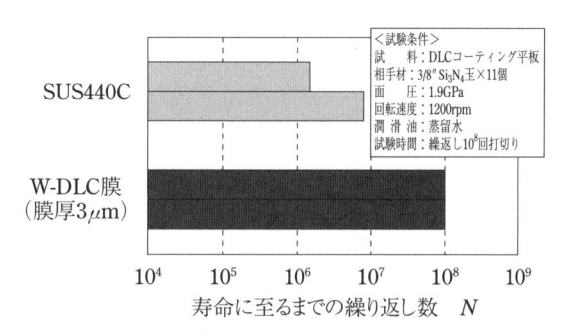

図 3.6 水中での転がり寿命試験結果〔出典：文献4〕〕

参考文献

1) 光洋精工（株）：特殊環境用軸受シリーズ セラミック軸受・EXSEV軸受, CAT. 250.
2) 藤井義樹・小野 浩：Koyo Engineering Journal, 164 (2003) 24.
3) 林田一徳：転がり接触におけるDLC膜のトライボロジー特性, トライボロジスト, 47, 11 (2002) 48.
4) 気田健久・林田一徳：金属含有DLC膜の転がり特性, トライボロジー会議予稿集, 東京 春 2001-5 (2001) 30.

3.3 シール

各種機器においてその内部と外部との環境のしゃ断機能を有する機械要素が密封装置（シール）である．運動用シールでは回転運動用と往復動用に，回転運動用としては，非接触式シールと接触式シールとに分けられる．回転機械におけるシール（密封装置）は種々使用されているが，過酷な環境

で使用され，高性能を求められるのがメカニカルシールである．メカニカルシールは自動車をはじめ各種産業機械，家庭用電気製品，石油精製，化学プラント，宇宙航空機器などに用いられるポンプ，圧縮機，かくはん機，エンジンなどの代表的な回転軸シールである．

3.3.1 メカニカルシールの構造

メカニカルシールの代表的な構造例を図3.7に示す．シール端面は二つのしゅう動材を用い，シールの中で最も重要な部分でその主なる要求特性は接触によるシーリングとシールしゅう動面の摩耗抑制たる潤滑性の保持という相反する現象の持続にある．シール両端面の潤滑膜は$0.1～1.0 \mu m$というレンジのきわめて薄い厚さである．わずかな偏りがあったならばそれがそのままシールのパフォーマンスに影響を与える．その構成は図3.7に示すように，上述のシール端面の摩耗に従った軸方向への移動のないメイティングリング端面に移動可能なシールリング端面をばねで押し付けて密封を形成する基本構造がある．さらに，固定側の密封環とカバープレート，回転側の密封環と回転軸との密封は二次シールと呼ばれるOリングにより，安定な両端面の密着性の確保維持を役割としているシール部位がある．

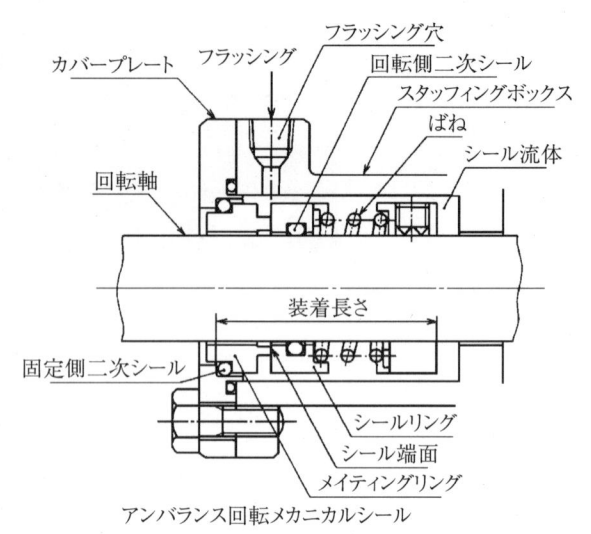

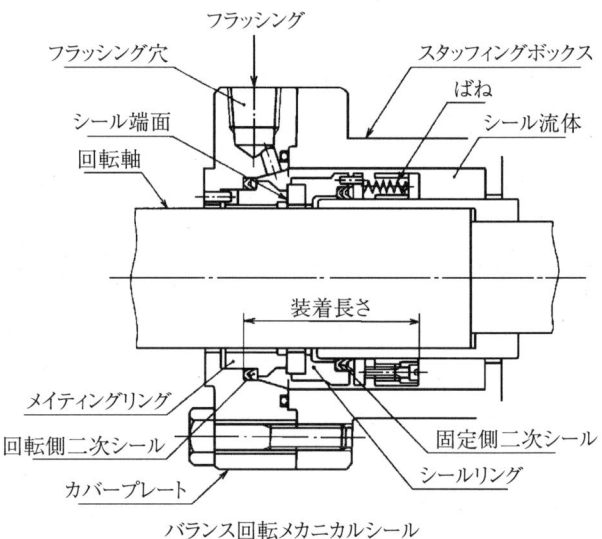

図3.7 メカニカルシールの構造例〔出典：文献3〕〕

3.3.2 メカニカルシール構成材料

メカニカルシールの主なる構成材料は金属材料，二次シール材料（パッキン材料），さらにシール両端面を担うしゅう動材料とに分けられる．金属材料では機械的特性や耐食性が求められ，ステンレス鋼が選定されることが多い．シールするべき流体の性質，環境との関係からより耐食性に配慮する必要がある場合は耐食性のある合金，チタンをはじめ，ハステロイ，インコネルアロイなども用いられる．また，シール端面材料との熱的特性を考慮して熱膨張係数などで選定する場合もある．二次シール材料にはゴム材料を用いている．そしてシールとして最も厳しい環境に直接相対するのがしゅう動材料である．表3.3に一般に知られている各種シール用しゅう動材料とそれらの代表的な特性を示した．メカニカルシールに要求される性質は，使用条件下で低摩擦，低摩耗であること，密封流体に対し耐食性があること，放置時に接触部分に凝着が生じないこと，流体を介して電気化学的な作用により腐食が生じないこと，そして熱割れに強い性質であることなどである．これらを踏

表 3.3 各種しゅう動材料の機械特性

材料	熱伝導率, W/m·K	熱膨張係数, $10^{-6}K^{-1}$	ヤング率, GPa	引張強度, MPa	圧縮強度, MPa	硬度, HV	密度, kg/m³	熱拡散係数, mm²/s
C＋Sb	20	3.5	33	48	280	—	2300	13
C＋フェノール樹脂	9	3	23	41	230	900	1800	5.7
アルミニウム青銅	42	18	130	345	960	—	7600	—
ミーハナイト	42	10	110	210	720	—	7200	12
ニハード	40	19	96	200	—	150	7300	—
SUS316	16	16	190	620	—	185	8100	4
ステライト	15	11	250	620	—	600	8700	—
Al_2O_3（95％）	30	6.9	365	240	3200	1500	3900	10
SiC（反応焼結）	150	4.3	410	249	10000	3000	3100	62
SiC（焼結）	100	4.8	390	240		2800	3100	—
WC（Coバインダ）	105	4.5	650	880	6900	1300	15000	

表 3.4 密封面しゅう動材料として要求される性質

要求項目	性質
耐摩耗性があること	比摩耗量
耐熱性があること	最高使用温度限界
機械的強度が大きいこと	引張強さ，曲げ強さ，弾性係数
耐食性があること	腐食率，表面状態変化
熱伝導性がよく，変化が少ないこと	熱伝導率，熱膨張係数
自己潤滑性があること	摩擦係数（乾燥時）
気密性があること	気孔率，比重
加工性が良いこと	硬さ
相性の良い組合せが構成できること （過大摩耗を生じない組合せ） （電池腐食を起こさない組合せ）	焼付き荷重，起電力

まえてメカニカルシールの設計時に使用条件としゅう動材料との関連で要求される性能を表3.4に示した．また，メカニカルシール用しゅう動材料は一方に硬質材料を，もう一方に軟質材料を組合せて用いる場合が多い．硬質材料はセラミックス，超硬合金および特殊鋼があり，軟質材料は，カーボン－グラファイト系複合材料（カーボンと呼ぶ）である場合が大勢を占めている．しかしながら，密封流体によっては軟質，硬質の組合せでない場合もある．近年，セラミックスがシール端面材料として広く使用されるに至ったが，なかでも炭化ケイ素（SiC）の焼結体が多く実用されている．SiCは非常に硬く耐食性，耐熱性に優れ，熱的特性としては超硬合金と同程度であり，常圧焼結法によるSiCの大量生産の出現を契機にメカニカルシール用しゅう動材としてその拡大ぶりは目を見張るものがある．スラリーを含む流体に対してもその適した物性を発揮し密封性が良好といわれている．

3.3.3 実使用環境とメカニカルシールの実用例

メカニカルシールを選定したり，設計する場合考慮すべきパラメータは種々ある．その主なものは回転機器の用途，構造そして流体圧力，流体温度，軸径，回転数，振動などメカニカルシールの静的あるいは動的な運動である．さらに重要なのは何をシールするのか流体自体の特性を知ること

などが挙げられる．流体特性としては，その種類，粘度，比重，腐食性，結晶性など物理的，化学的特性である．さらに機外の雰囲気，たとえばその温度，腐食性も考慮しなければならない．これら選定の因子によりシールの形式，バランス比，しゅう動材料の選択，二次シールの選定，冷却システム，具体的な設計へとメカニカルシールへの具現化が進むのである．また，特に高温，高速，高差圧を負荷されるいわゆる高負荷条件下での使用を目論む場合は根本的に設計思想を見直す場合もある．すなわちシール流体とシールしゅう動材料をはじめ構成材料との適合性がよくない場合，構造は適合してもシールとしての能力を損なうことになる．水中ポンプ用シールでは耐摩耗性，耐食性の他に求められる特性として耐スラリー性が付加されるので先にも述べたが，SiC材同士でのしゅう動特性の組合せがある．たとえばSiC_2（反応焼結）とSiC_4（常圧焼結）で対応されている（表3.5参照）．高負荷用としては高圧水パイプライン用シールの例がある．この場合，従来の条件をはるかに超えるPV値である$700\ \mathrm{MPa \cdot m/s}$（$P: 11.8\ \mathrm{MPa}$，$V: 59\ \mathrm{m/s}$）を満足したものである．この環境は，一般に高負荷条件で使用されていたカーボンと超硬合金との組合せでは超硬合金にサーマルクラックを生じるために使用できないような過酷な条件であった．しかしカーボンとSiC_2（反応焼結）という組合せでさらに設計上の配慮とも合わせて，良好に作動するメカニカルシールが開発され

表3.5 各種SiC材の特性

名称	SiC_2	SiC_3	SiC_4
組織			
製法	反応焼結法	特殊転換法	常圧焼結法
組成, wt%	SiC-12% Si	SiC-44% C	SiC ≧ 97%
密度, g/cm³	3.05	2.3	3.1
硬度	HS110	HS90	HS120
	HV1700	—	HV2400
曲げ強度, MPa	392	127	490
ヤング率, GPa	343	25	353
ポアソン比	0.20	0.15	0.20
破壊靭性, $\mathrm{MN/m^{3/2}}$	2.8	—	2.4
熱伝導率, W/m・K	150.7	38.1	129.8
熱膨張係数, $10^{-6}\ \mathrm{K}^{-1}$	3.1	3.2	3.5
	(RT〜673 K)	(RT〜673 K)	(RT〜673 K)
耐熱温度（大気中）	1673 K	673 K	1873 K
耐熱衝撃性 $\varDelta T$	523 K	673 K以上	473 K以上

た[1]. また, しゅう動半径200 mmからなる大径メカニカルシールで, 負荷条件として20 MPaの高圧という場合も圧力による変形および耐食性を考慮して超硬合金, SiC_4 (常圧焼結) の組合せで成功することができた[2]. その他過酷な条件下でのメカニカルシールの要求はあとをたたない.

参考文献
1) K. Kojima, S. Matumoto, T. Fujita & T. Koga : Lub. ENG., 41, 11 (1985-11) 670.
2) 藤田卓也:潤滑, 32, 12 (1987) 850.

3.4 歯車

3.4.1 プラスチック歯車

　プラスチック歯車は, 主に射出成形品として自動車, 複写機, プリンタやその他家電製品等に多く使用されており, 近代産業に欠くことのできない機械要素である. 動力伝達用プラスチック歯車では, 特に自動車などでは, 温度的に過酷な条件下での使用が多く, 強度を保証するには, 歯車のかみあい発熱による温度上昇を抑制することが重要となる. また, 歯がかみあいに入るときの急激な接触 (衝突) やすべり, スティックスリップによる振動・騒音の発生を抑えるためには, 歯車材料のしゅう動性能を高めることが効果的である[1,2].

(1) 歯車材料

　プラスチック歯車材料としては, ポリアセタールやナイロン等の使用量が圧倒的に多い. 比較的高温雰囲気中で使用される耐熱性樹脂のポリエーテルエーテルケトン (PEEK) や熱可塑性ポリイミド (TPI) およびPPSなど, また耐熱性の向上を目的としたナイロン66等では, 歯の曲げ強度向上のために, ガラス繊維やカーボン繊維およびカーボンウイスカ等が強化材として充てんされる場合が多い. 強化材により曲げ強さは向上しても, プラスチック歯車同士のかみあいでは, 繊維等による

表 3.6　TPIの炭素繊維強化, PTFEおよび黒鉛添加による強度変化

歯車材料	曲げ強度, MPa	曲げ弾性率, MPa	曲げ疲労限度, MPa
TPI + CF30 %	348	20500	70
TPI + PTFE + 黒鉛	123	2920	20
TPI + CF20 % + PTFE5 %	292	14200	46
TPI + CF20 % + PTFE15 %	276	14100	35

(注) CF : PAN系カーボン繊維, 充てん量 : wt %

アブレシブ作用により, 摩耗量の増加や摩擦係数の増加の傾向が見られる. このため, 強化の効果を生かし, 摩耗量の増加や摩擦係数の増大を抑えるため, 黒鉛やPTFEおよびシリコン樹脂等を充てんすることで, しゅう動特性向上の効果を上げている. プラスチックに固体潤滑剤を充てんすると, 多くの材料で強度の低下が見られる. しかし, しゅう動性が向上すると歯の摩耗および偏摩耗が減少

表 3.7　カーボンウイスカ (CW) 充てんと摩擦係数の変化 (充てん量 : wt %)

歯車材料	摩擦係数
PEEK	0.95
PEEK + CW10 %	0.75
N66	0.73
N66 + CW12.5 %	0.5

相手材 : SUS304

し，振動・騒音の増加防止に効果がある．表3.6に，歯車材料に用いられる炭素繊維（CF）で強化したTPIのPTFE充てんによる強度変化を示す（以下参考文献が挙げられていないデータは，著者の未公表データによる）．表3.7に，PEEKやナイロン66（N66）にカーボンウイスカ（CW）を充てんしたときの固体潤滑剤としての効果を示す．

（2）歯車温度

図3.8には，表3.6に示したTPIを用いた平歯車（モジュール1，歯数30×30歯幅5 mm．以下歯車に関するデータは本仕様に同じ）の実験結果の積算回転数と歯先面温度の関係を示す．図3.9には，TPIの非強化材料とそれにCF30％添加し，PTFEを充てんしたときの両者の運転時歯先面温度の比較を示す．両図からPTFE充てんにより，運転時歯車温度の上昇が抑えられ，長寿命への効果が顕著であることがわかる．

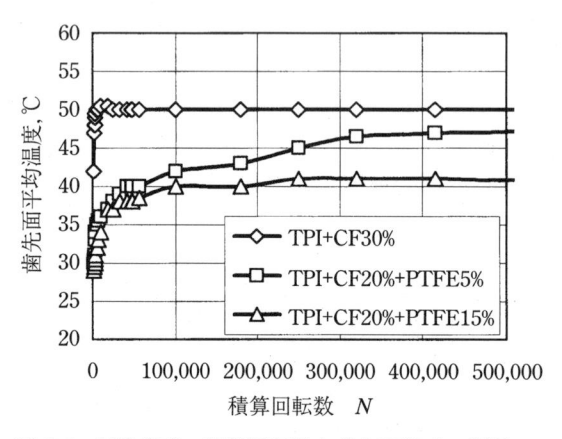

図3.8 TPI歯車の積算回転数と歯先面温度の関係
（歯面荷重：10 N/mm，ピッチ円周速度：1 m/s）

図3.9 TPF非強化材とTPF＋FC30％＋PTFE強化材の運転時歯先面温度の比較
（歯面荷重：5 N/mm，ピッチ円周速度：1 m/s）

（3）耐久性

表3.8には，表3.6に示した材料を用いた歯車の耐久性を示す．TPI＋PTFE＋黒鉛では材料強度が低く，耐久性も低い．TPI＋CF＋PTFE5％では，材料強度はTPI＋CF＋PTFE15％に比べ材料強度は高いが，運転による温度上昇が大きいため，耐久性に劣る．ナイロンやポリアセタール等の汎用エンジニアリングプラスチックは，耐熱性エンジニアプラスチックに比べ，温度が高くなると強度が著しく低下するため，しゅう動性の向上が耐久性向上に大きく貢献する[3]．

表3.8 TPI＋CF30％の破壊積算回転数を100としたときの耐久性割合（％）

歯車材料/歯面荷重	5 N/mm	10 N/mm	20 N/mm
TPI＋CF30％	100	100	100
TPI＋PTFE＋黒鉛	10	30	22
TPI＋CF20％＋PTFE5％	22	46	50
TPI＋CF20％＋PTFE15％	60	56	60

（4）騒音低減

プラスチック歯車は低騒音であるが，なおも騒音が問題となる．歯車の騒音の発生原因は，かみ

合いに入るときの急激なすべり接触，歯面間のすべり接触によるスティックスリップ現象が主な要因と考えられる．したがって歯車の騒音を減少させるための材質としては，しゅう動性が良い材料が効果的と考えられる．また，摩耗により歯形がくずれると，かみあい不整が生じ，騒音が増加することから，耐摩耗性も歯車性能維持に大きく影響する．図3.10に，TPIにCFを30％強化した材料とTPIにPTFEと黒鉛を充てんした材料の歯車での騒音レベルの比較を示す．PTFEと黒鉛を充てんした材料の騒音低減効果は大きい．

(5) グリース

自動車および事務用機器等の歯車では，歯の摩耗の低減，しゅう動音およびかみあい衝撃を緩衝によって騒音低減をはかる目的に，特に高速用途の歯車列には，PTFEやメラミンシア/アクリレート（MCA）等を添加したグリースが塗布される場合がある．

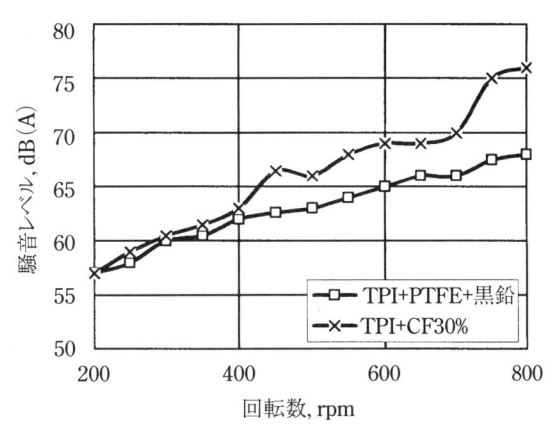

図3.10 PTFEおよび黒鉛添加による騒音低減効果（歯面荷重：5 N/mm，ピッチ円周速度：1 m/s）

2.4.2 金属歯車の固体被膜潤滑

宇宙機器や半導体製造装置，分析装置等に代表される真空機器に使用される歯車の潤滑方式としては油，グリース潤滑に比べ耐環境性（蒸発，温度による粘度変化等）に優れ，周辺機器への汚染も少ない等の利点から固体潤滑方式が多用されている．固体潤滑剤としては二硫化モリブデン，二硫化タングステン等の層状構造物質，金，銀，鉛等の軟質金属およびポリイミド，PTFE等の自己潤滑性高分子材料が使用されている．二硫化モリブデンはその低摩擦性能と温度変化に対する摩擦特性の変化が小さいという利点から最も多用される固体潤滑剤である．しかし，大気中での吸湿により摩擦特性，寿命の劣化が生じるため大気中作動時，保管時には湿度管理が必要である．

図3.11に宇宙用高負荷歯車への適用を目指して，真空用二円板型転がり・すべり試験機を使用して実施した各種固体潤滑剤の高負荷（ヘルツ接触面圧：590 MPa）でのスクリーニング試験結果を示す[4]．

試験で評価した固体潤滑被膜は，二硫化モリブデン焼成膜，鉛めっき膜，金めっき膜，銀イオンプレーティング膜である．高負荷歯車用固体潤滑被膜としては，長時間にわたり被膜が破断せず，トラクション係数が低いことが選択の基準となる．金，銀などの軟質金属被膜はトラクション係数が高く，潤滑寿命も短いため，高負荷での歯車の潤滑には適さないと思われる．また二硫

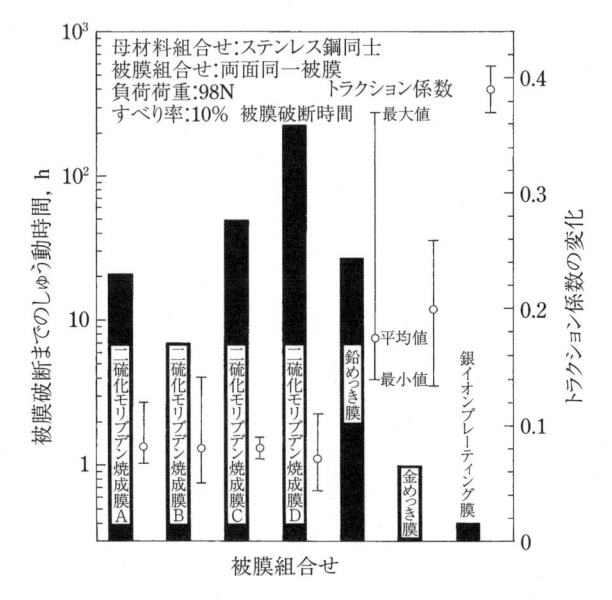

図3.11 各種固体潤滑剤被膜の真空中耐久試験結果

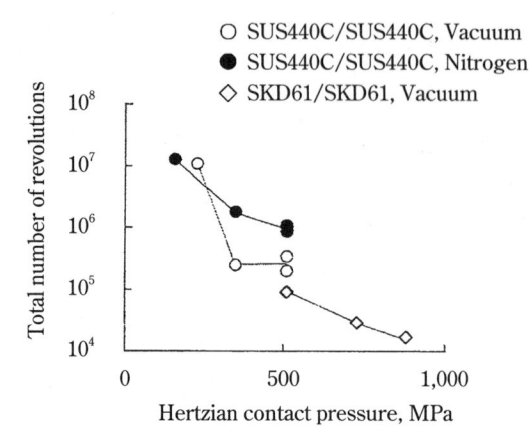

図 3.12 二硫化モリブデン焼成膜歯車の耐荷重性試験結果

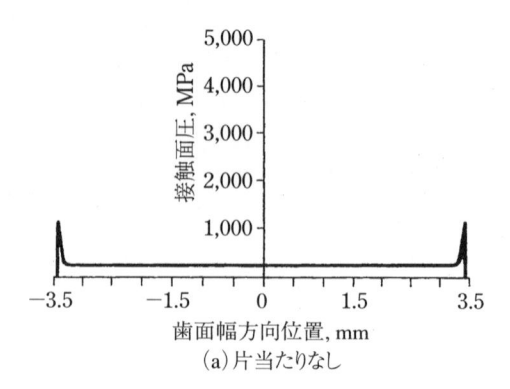

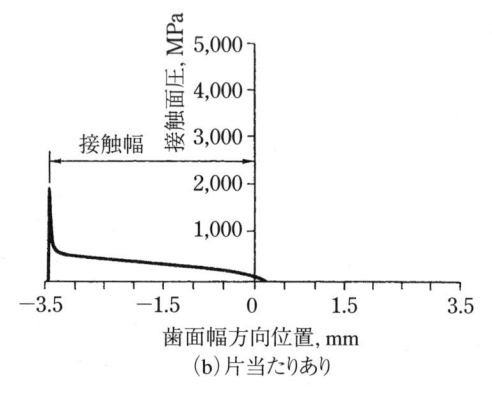

図 3.13 ミスアラインメントによる歯面接触面圧分布計算結果

化モリブデン焼成膜の中でも，有機結合剤系（被膜 A, C, D）の特性が無機結合剤系（被膜 B）よりも優れていた．

図 3.12 は二硫化モリブデン焼成膜歯車の真空中および窒素ガス雰囲気中での耐荷重性試験結果である[5]．寿命は負荷（ヘルツ接触面圧）の影響を強く受け，荷重増加とともに指数関数的に減少する．負荷を 500 MPa 以下に抑えることでかなり長寿命が得られるが，短寿命要求であっても 1 GPa 以下の負荷に抑えることが望ましいといえる．また，雰囲気に対しては，寿命は真空中よりも窒素ガス中の方が長い．

歯車機構においては，ミスアラインメントや軸のたわみなどにより歯面の接触部が偏り（片当たり），局所的に GPa オーダの過大な面圧が発生して，寿命が設計値を下回ることがあり，特に固体潤滑歯車においては留意する必要がある．片当たりと寿命と関係を知ることができれば，逆に要求歯車寿命に対して必要な軸受の取付け精度や軸剛性などをある程度求めることができる．

図 3.13 は傾きの条件に合わせて，固体潤滑被膜（二硫化モリブンデ焼成膜）を考慮して弾性計算した歯面の接触面圧分布の例である．この面圧分布のモーメント中心の面圧値を用いることで，片当たりを与えないときのピッチ点面圧と寿命の関係を使って寿命を推定できることを示した[6]．

参考文献

1) 山田伸志他：静音設計と騒音防止・利用技術, リアライズ社 (1993) 206.
2) 武士俣貞助：エンジニアリングプラスチック歯車のトライボロジー, 月刊トライボロジー (1999.8) 18.
3) 武士俣貞助・篠原健一・遠藤敏明：グリース潤滑下におけるプラスチックウオームギヤの摩擦・摩耗, トライボロジスト, 46, 11 (2001) 881.
4) 佐々木 彰：トライボロジスト, 36, 2 (1991) 148.
5) 佐々木 彰・西村 允・他3名：トライボロジスト, 45, 7 (2000) 544.
6) Y. Yoshii, A. Sasaki, M. Suzuki, et al. : Proc. International Tribology Conference, Yokohama (1995) 1591.

3.5 ね じ

ねじはおねじ部品とめねじ部品とをねじ部ではめあわせて形成される機械要素であり，ねじの用途は締結用ねじと運動伝達用ねじに大別される．

3.5.1 締結用ねじ

機械部品のねじ締結において，使用されるボルト・ナットに適正な締付け力を与えることは重要であるが，それを決定することは容易ではなく．日本工業規格（JIS B 1083）では，トルク法，回転角法およびトルクこう配法について規定している[1]．中でもトルク法は一般的に多く使用され，原理的にもねじ部品間の各部接触面のトライボロジーに最も強く影響を受ける．締付けトルクの90％前後はねじ面および座面の摩擦によって消費させられるため，初期締付け力のばらつきは，締付け作業時の摩擦特性の管理状態によって大きく変化する．

ボルト，ナットで締結する場合，締付けトルク T_f と締付け力 F_f の関係は，式(1)のトルク係数 K とねじの呼び径 d により次式で書くことができる[2]．

$$T_f = K F_f d \tag{3.1}$$

$$K = (P/\pi + \mu_s \cdot d_2 \cdot \sec\alpha' + \mu_w \cdot D_w)/2d \tag{3.2}$$

上式(3.1)において，トルク係数 K が定まると，締付けトルクによって締付け力を管理することができる．ここで，μ_s：ねじ面摩擦係数，μ_w：座面摩擦係数，D_w：座面における摩擦トルクの等価直径，P：ピッチ，β：リード角，d_2：ねじの有効径，α'：山直角断面におけるフランク角である．なお，D_w は座面の面圧が均一であると仮定し，接触する座面の内径 D_i，外径 D_o から $D_w = 2(D_o^3 - D_i^3)/3(D_o^2 - D_i^2)$ で算出できる．

トルク係数 K は，式(3.1)と式(3.2)で明らかなように部品寸法が一定であれば，ねじ面の摩擦係数 μ_s および座面の摩擦係数 μ_w に対しトルク係数 K を計算することができる[3]．摩擦係数 μ_s および μ_w のばらつきが大きいのでトルク係数もかなり変動する．図3.14は，トルク係数 K のばらつきを示す実験結果の一例[3]であるが，$K=0.12\sim0.25$ の範囲で変動している．これは $\mu_s = \mu_w = 0.08\sim0.21$ に相当する．一般にボルト・ナットの締付けでは $\mu_s = \mu_w = 0.15$ を想定して，K の基準値を0.2として用いることが多い．

摩擦係数 μ_s および μ_w と潤滑状態および表面処理状態との関係についてはいくつかの報告があるが，一般的なボルト・ナット締結の場合および代表的な条件の組合せにおける実験例[2,3]を表3.9に示す．摩擦係数 μ_s および μ_w は，無潤滑に対して油潤滑，MoS_2 潤滑の順に低下しているが，μ_s と μ_w の大小関係は潤滑状態により異なる．また表面処理の影響では，μ_s については亜鉛めっきクロメート処理の方がやや低いが，μ_w についてはどちらともいえないようである．以上より，潤滑剤によりねじの締付けにおける摩擦係数およびトルク係数の低下は明らかであり，潤滑の要因が大き

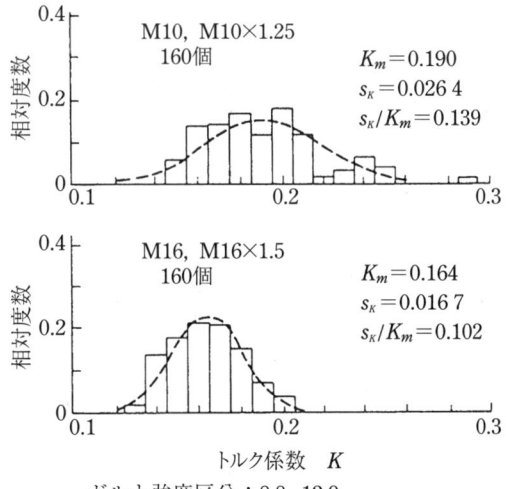

M10, M10×1.25 160個 $K_m = 0.190$，$s_K = 0.0264$，$s_K/K_m = 0.139$

M16, M16×1.5 160個 $K_m = 0.164$，$s_K = 0.0167$，$s_K/K_m = 0.102$

ボルト強度区分：8.8, 12.9
表　面　処　理：なし，リン酸亜鉛処理
潤　滑　剤：120マシン油，防錆油

図3.14　トルク係数の分布〔出典：文献3)〕

表 3.9 ねじ面摩擦係数 μ_s および座面摩擦係数 μ_w 〔出典：文献 2, 3)〕

(a) μ_s および μ_w の範囲

潤滑状態	潤滑油	MoS_2 潤滑	無潤滑
μ_s	0.10〜0.18	0.08〜0.16	0.17〜0.25
μ_w	0.10〜0.27	0.05〜0.12	0.15〜0.70

(b) 各種潤滑剤の μ_s および μ_w（実験値）

潤滑剤	表面処理なし ボルト，ナット		亜鉛めっきクロメート処理 ボルト，ナット	
	μ_s	μ_w	μ_s	μ_w
60 スピンドル油	0.17〜0.20	0.16〜0.22	0.13〜0.17	0.15〜0.27
120 マシン油	0.14〜0.18	0.12〜0.23	0.11〜0.15	0.13〜0.19
防錆油，NP-7	0.13〜0.15	0.13〜0.18	0.09〜0.13	0.12〜0.19
菜種油	0.12〜0.15	0.11〜0.18	0.08〜0.12	0.10〜0.22
カップグリース	0.13〜0.17	0.09〜0.22	0.11〜0.14	0.13〜0.21
MoS_2 ペースト	0.09〜0.12	0.04〜0.10	0.09〜0.11	0.09〜0.12
無潤滑	0.17〜0.25	0.15〜0.70	0.10〜0.18	0.17〜0.50

ボルト：M10, 強度区分 8.8,
　表面粗さ　表面処理なし　　ねじ面　12.5 S
　　亜鉛めっきクロメート　　ねじ面　3.2 S
ナット：六角 2 種，強度区分 8,
　表面処理なし　　　　　　　ねじ面　12.5 S
　　　　　　　　　　　　　　座面　　3.2 S
　亜鉛めっきクロメート　　　ねじ面　25 S
　　　　　　　　　　　　　　座面　　3.2 S
座面板：SCM435, HRC40, 熱処理後研削　0.4 S
締付け速度：2 rpm

いことを示している．

3.5.2 運動伝達用ねじ

運動伝達用ねじは，接触状態が異なるすべりねじとボールねじに大別できる[4]．

(1) すべりねじ

すべりねじは，設計および製作が簡単でセルフロッキングなどの利点があるが，ボールねじなどの転がりねじに比べ摩擦および摩耗が大きく，機械的効率が低下する．したがって，比較的低速で正確な送りを連続的に行うような場合は，ボールねじでは転がり軸受の転動体が通過する現象と同じような原因で微小振動を伴う送り状態となることから，すべりねじが使用されることが多い．実例としては，台形ねじや角ねじを利用して，ねじプレス，ねじジャッキや材料試験機のように比較的低速で高荷重を伝達したい場合，工作機械の軸方向にセルフロッキングが要求される場合に使われている．

(2) ボールねじ

ボールねじ（図 3.15 参照）は，ねじの軸とナットの間に鋼球を介し，作動時において両者が接触する鋼球が転動しながら循環する構造である．ねじ溝と鋼球の接触状態は，軸方向の運動伝達を目的

3. 機械要素

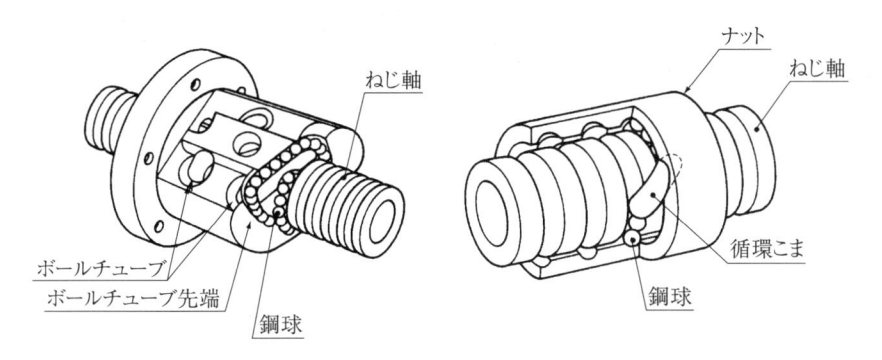

(a) 外部循環式ボールねじ　　　　　(b) 内部循環式ボールねじ

図3.15　ボールねじの構造例〔出典：文献4)〕

としているので，両者は45°程度の接触角で設計されている．球の転がり運動を利用しているため，すべりねじと異なり効率は非常に高く，通常の使用では90％以上，予圧を有する条件において，直線運動を回転運動に変える場合でも80％以上を得ることが出来るとされる．

　固体潤滑する場合，鋼球に二硫化モリブデンスパッタ膜を処理したり，市販の二硫化モリブデン系被膜を薄く（膜厚1μm程度）塗膜している．軸は処理しない場合が多い．

参考文献

1) 日本規格協会：ねじの締付け通則，JIS B1083 (1990).
2) 日本ねじ研究協会編：ねじ締結ハンドブック，日本ねじ研究協会 (1985).
3) 吉本　勇編：ねじ締結体設計のポイント，日本規格協会 (1992).
4) 日本トライボロジー学会編：トライボロジーハンドブック，養賢堂 (2002).

4. 産業における応用

4.1 自動車

4.1.1 エンジン関係
(1) その1

固体被膜潤滑剤が適用された自動車のエンジン部品事例(ピストンスカート,すべり軸受)について,その狙いと効果を示す.

(a) ピストンスカート

ピストン材料はアルミニウム合金が用いられているが,ボアとしゅう動するスカートに有機結合固体被膜潤滑剤(以下樹脂コートと称する)が適用されている.従来から,樹脂コートはピストンスカートのスカッフ防止のために用いられてきたが,最近では,ピストンの摩擦損失を低減するために用いられている.エンジンオイル中でしゅう動するピストンの摩擦損失低減としては,スカート部面積の低減と低摩擦材料(樹脂コート等)の適用が行われている.

有機結合固体被膜潤滑剤には,ピストンの相手材であるボア材との低摩擦特性以外に,耐摩耗性,耐焼付き性が要求される.有機結合固体被膜潤滑剤の摩擦摩耗特性には,バインダの種類,固体潤滑剤の種類,焼成温度等多くの要因が影響する.図4.1にピストンスカートに各種表面処理を施したピストンの摩擦損失測定結果を示す.樹脂コートAは,PAIバインダに固体潤滑剤としてMoS_2,グラファイトを添加したものであり,樹脂コートBは,PAIバインダに固体潤滑剤MoS_2,PTFE,グラファイトを添加したものである.図中には無処理材(Al-Si合金)も示してあるが,有機結合固体被膜潤滑剤のコーティングにより大幅に摩擦損失が低減でき,特にPTFEを含有した樹脂コートBの摩擦損失の低減が大きい[1].

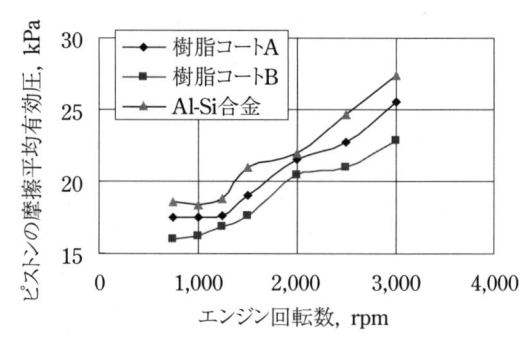

図4.1 実機エンジンにおける樹脂コートピストンの効果

(b) すべり軸受

高出力化,小型化による面圧上昇,摩擦低減のための薄幅化,低粘度油の使用などにより,耐焼付性,耐摩耗性,耐疲労性に優れたすべり軸受が必要である.エンジンのすべり軸受としては,アルミニウム合金軸受が多く用いられているが,高速高荷重用軸受には,オーバレイを施した三層軸受が使用されている.オーバレイは,鉛を主成分とし,スズおよびインジウムなどを添加した電気めっきである.また,近年環境問題から,鉛を使用しないオーバレイ材料が開発されている.このオーバレイ材料は固体潤滑剤と樹脂の複合被膜(以下固体潤滑オーバレイと称する)から構成されている.

固体潤滑オーバレイの材料構成のコンセプトを図4.2[2]に示す.従来の鉛基オーバレイの場合,厚さ15〜25μmの軟質オーバレイがしゅう動初期からすべての軸受性能を担うことをコンセプトとしていたが,固体潤滑オーバレイは,軸受性能のうち初期のなじみ性のみを薄膜のオーバレイに担わせ,耐久性能の耐焼付き性や耐疲労性は,なじみ後の残存オーバレイと軸受合金で確保することをコンセプトとしている.

固体潤滑オーバレイの検討結果の一例を図4.3[2)]に示す．樹脂としてPAIを用い，40 vol％のMoS$_2$を配合した固体潤滑オーバレイをアルミニウム合金すべり軸受に施すことにより，寿命が5～10倍以上に向上する．

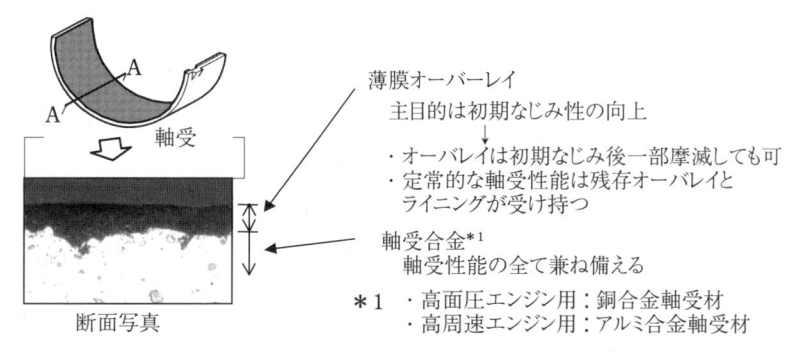

図4.2 固体潤滑オーバレイのコンセプトと材料構成

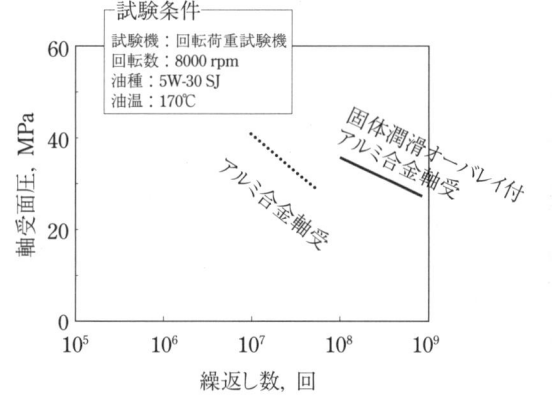

図4.3 軸受の耐疲労性

図4.4 MoS$_2$ショットピストン

(2) その2

(a) MoS$_2$ショット処理ピストン

MoS$_2$ショット処理ピストンは，MoS$_2$ショット処理（第Ⅱ章3.5.3サンドブラスト参照）を内燃機関用のアルミニウム（以下Al）合金製ピストンに適用した低しゅう動ピストンである．一例として図4.4にピストンリング溝下のスカートと称するしゅう動部分に処理を施したものを示す．これは投射材として高純度（98.5％以上）MoS$_2$微細粉（細孔電気抵抗法による体積分布中位径：11 μm）を100 m/s以上の高速度圧縮空気流とともにバインダ（接着剤）レスで投射し，純粋なMoS$_2$層を母材表面から内部に形成定着させたものである．本ピストンはコーティングのように表面上に膜を形成するものではなく，表面から内部に層を形成するので，有意な寸法，形状変化がない．

(b) MoS$_2$打込み状態

処理後の断面を観察した結果，図4.5に示すように，MoS$_2$と母材の界面からβ'-Mo$_2$C，Al$_8$Mo$_3$といった金属間化合物を検出した．これらの金属間化合物は少なくとも数百度以上にならなければ創製されないものである．江上らの研究[3)]によると，この昇温は1500 Kを越えることが報告されている．これらのことから，処理により打ち込まれたMoS$_2$は投射のエネルギーにより母材の一部が溶融しそこへ入り込み，熱拡散反応を伴いつつ定着したものと推察される．微粒子投射処理の場合，

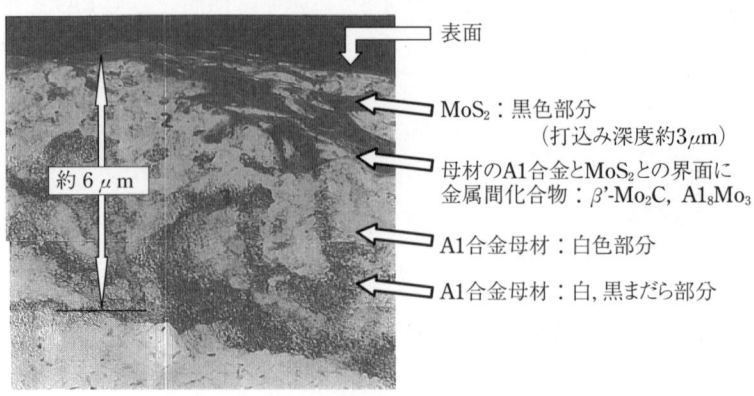

表面
MoS$_2$：黒色部分
（打込み深度約3μm）
母材のAl合金とMoS$_2$との界面に
金属間化合物：β'-Mo$_2$C, Al$_8$Mo$_3$
約6μm
Al合金母材：白色部分
Al合金母材：白, 黒まだら部分

ピストンスカート断面TEM（透過電子顕微鏡）像

図4.5　MoS$_2$打込み状態

微粒子の衝突による昇温の後，圧縮空気流による冷却を伴う．この過程はマイクロ秒オーダで繰り返される[3]ため，昇温による母材の有意な変形などはなく，MoS$_2$の酸化も無視できる程度である．また接着剤と考えられる金属間化合物の存在により，母材とMoS$_2$の密着性が向上していると推察する．ここでMoS$_2$の代わりにMoを投射した場合には，Al$_{22}$Mo$_5$, MoSi$_2$, CuAl$_2$といった金属間化合物が確認されたことを付記する．なお現在，表面より20μmの深さまでMoS$_2$を打ち込み定着させることができる．

(c) ならし時間短縮効果とMoS$_2$の結晶配向

MoS$_2$ショット処理ピストンを組み込んだ機関のならし運転特性を図4.6に示す．その結果，機関は運転開始時点から十分な低しゅう動を発現し，ベースピストンに対し4割ほど短い時間でならし運転が終了する．これは投射のエネルギーによるMoS$_2$の結晶配向に起因すると，次の二つの観察結果から推察する．図4.7に示すように，平山ら[4]によるとSUS420（焼入れ焼戻し）材へのMoS$_2$ショット処理面のX線回折結果から，MoS$_2$(004), (006), (008)面の回折線強度が大きくなっていることがわかった．よってMoS$_2$ショット処理面はMoS$_2$のc軸配向性が顕著になっているといえる．これはMoS$_2$層がしゅう動表面に対して平行に配向していることを意味し，MoS$_2$がもつ固体潤滑剤としての性能を十分に発揮しやすい状態となっていることを示唆している．また筆者らはWC（タングステンカーバイト）材を用い，MoS$_2$ショット処理直後の処理断面のTEM（Transmission Electron Microscope：透過電子顕微鏡）観察を行い，観察範囲内におけるすべてのMoS$_2$の結晶配向

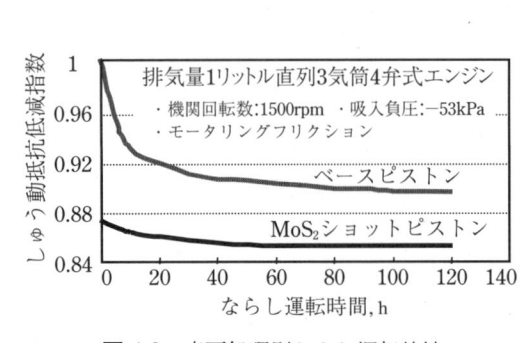

図4.6　表面処理別ならし運転特性

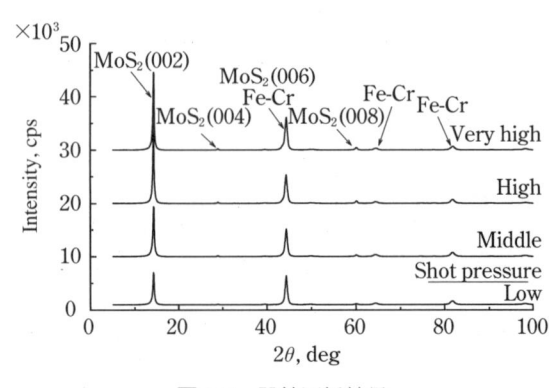

図4.7　X線回折結果

4. 産業における応用

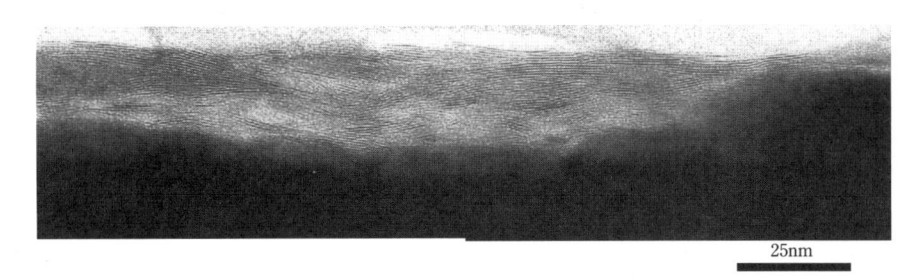

図4.8 MoS$_2$ショット直後断面TEM明視野像

を確認している（図4.8）．よってこの結晶配向がしゅう動開始時点から十分な低しゅう動を発現する理由であるといえる．このようにしゅう動開始前から全て結晶配向するようなMoS$_2$の定着方法はなく，イオン注入法においても一部配向するに止まっており，MoS$_2$ショット処理は，バインダレスによるMoS$_2$の新しい定着法であると考える．

(d) しゅう動抵抗低減効果

MoS$_2$ショット処理ピストンと，試験的に各種表面処理を施したピストンを供試機関に組み込み，機関単体，台上にてしゅう動抵抗を測定した（図4.9）．その結果MoS$_2$ショット処理が最も有効であった．MoS$_2$ショット処理が同じMoS$_2$を用いるコーティング処理より効果が大きい要因は，コーティングの際に必要不可欠なバインダを用いずに高純度MoS$_2$を付与できること，および，しゅう動開始前からMoS$_2$のc軸配向性が顕著であること，また次章で述べる移着が十分発揮されるためと推察する．

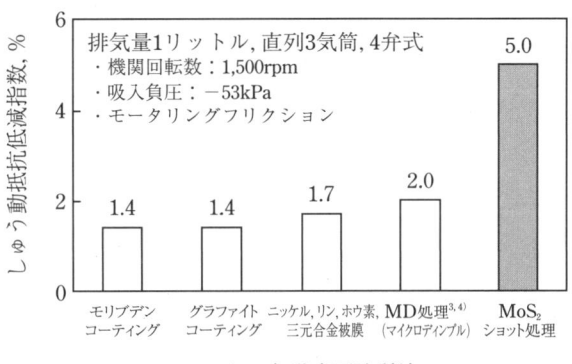

図4.9 各種しゅう動表面改質法としゅう動抵抗低減率特性

(e) しゅう動抵抗低減効果の持続性とMoS$_2$の移着

打込み深度2μmのMoS$_2$ショット処理ピストンを供試機関に組み込み，機関単体，台上に

深度	表面	1μm	2μm	3μm	4μm
Mo面積率	6%	1%	1%	0.3%	0

カラーマッピング結果と各深度のMo面積率

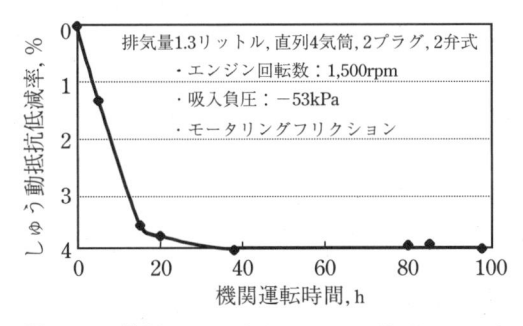

・分析倍率：×2000
・観察範囲：60μm×45μm
・摩耗量が最大の気筒ピストンにて観察

FE-SEM/EDX面分析

図4.10 機関ならし時間としゅう動抵抗低減率特性の関係

図4.11 長時間運転後のピストンスカート部のMo残存状況

て，高負荷，長時間運転を実施した（図4.10）．その結果約40時間運転後にしゅう動抵抗はほぼ平衡状態となり安定し，100時間経過後もその値を維持する．そして100時間経過後の実しゅう動部分から初期打込み量以上のMoS$_2$の存在を確認した．続いて実しゅう動面を掘下げた結果，深層からも存在を確認した（図4.11）．100時間運転後の実しゅう動面の摩耗量は2～4.9 μmであることを確認しているので，初期打込み深度より深層から初期打込み量以上のMoS$_2$の存在を認めたことは，

表4.1 MoS$_2$打込み深度としゅう動抵抗低減率

MoS$_2$打込み深度, μm	しゅう動抵抗低減率, %
1	2.1（ただし持続性なし）
2	4.3
3	3.9
4	4.1
12	4.3

排気量1.3 L，直列4気筒，2プラグ，2弁式
・エンジン回転数：1500 rpm ・吸入負圧：−53 kPa
・モータリングフリクション

高純度MoS$_2$を用いたことによるMoS$_2$の移着と推察する．このことからMoS$_2$は深く打ち込めば打ち込むほどより低しゅう動を発現するというものではなく，一定の打込み深度，量があれば十分な低しゅう動を長期間安定して発現することが判明し，打込み深度を変化させても一定の低しゅう動効果であった結果（表4.1）を裏づけるものと推察する．

（f）むすび

以上，MoS$_2$ショット処理の概略について記した．紙面の都合から書き足りないことが多々あるが，詳しくは文献[5～7]を参照されたい．今後はアルミニウム合金材の他に，鉄系金属材料への適用検討が必要と考える．本稿でも述べたように，幸いにも平山ら[4]は最適投射圧力選定に通じる手法をX線回折結果から見出しているので，これら手法を用い鉄系金属への適応が確立されれば，本処理の用途は拡大すると思われる．最後に共同研究開発者である（株）不二製作所 石渡正人氏に厚く謝辞を表する．

4.1.2 駆動系

固体被膜潤滑剤が適用された駆動系の部品事例〔差動制限装置付デファレンシャル（以下LSD，Limited Slip Differentialと略す）の摩擦板〕について，その狙いと効果を示す．

（1）LSDの摩擦板

LSDは，摩擦を積極的に利用し左右輪間，あるいは前後輪間の差動トルクを制限する装置であり，多板クラッチ式，ビスカス式，遊星歯車式などがあるが，ここでは多板クラッチ式について説明する．一般に後輪駆動車に用いられる多板クラッチ式LSDには，高性能化に伴いデフオイル中でのしゅう動において高差動トルクが得られ，しかもフリクションプレートとディスク間の摩擦に起因する振動音（チャタ音）の発生がないことが要求されている．この音は，すべり速度が小さい領域で摩擦係数が速度の増加に伴い減少する（μ-V特性が負勾配となる）特性を有する場合に発生しやすい．この課題を解決するために，フリクションプレートの表面改質が検討されている．その一例として，図4.12[8]に各種摩擦材について，平板同士を摩擦した場合の結果（μ-P特性）を示す．固体潤滑剤としてMoS$_2$とPTFEを，また摩擦調整剤として炭素繊維を含む樹脂コート材C，CFRPシート材D，およびPTFE分散NiめっきGが，摩擦係数が高く，荷重に対して安定していることがわかる．これらの摩擦材のμ-V特性を図4.13[8]に示すが，樹脂コート材Cは，特に実車でチャタ音が発生しやすい0～5 rpmにおいて，摩擦係数が正こう配になっている．実車においても，高差動トルクが得られ，またチャタの発生もなく優れた特性を示す．

樹脂コート材Cが優れた摩擦摩耗特性を示すのは，炭素繊維がμのレベルアップと耐摩耗性の向

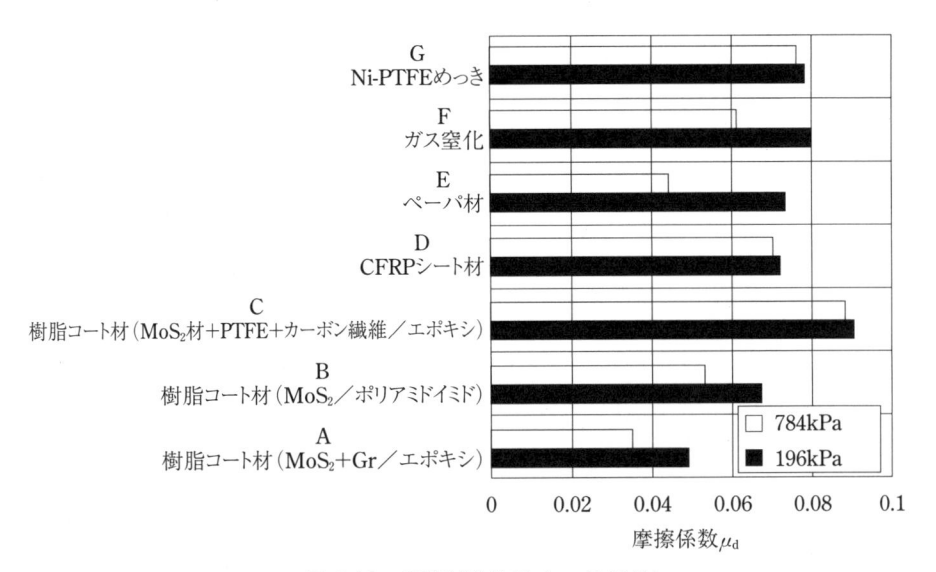

図 4.12 摩擦試験結果（μ–P 特性）

上に寄与しており，PTFE は μ–V 特性の改良に効果がある．また，MoS$_2$ は，μ–V 特性の改良効果はないが，PTFE による μ 低下を少なくするのに効いている．

4.1.3 ブレーキ

ブレーキには，摩擦熱に変換し放出する摩擦ブレーキと，電気などに変換して回収する回生ブレーキがある．回生ブレーキは，環境保全に適したブレーキとして知られているが，完全停止能力の不足から単独で使われることはなく，摩擦ブレーキと併用されている．

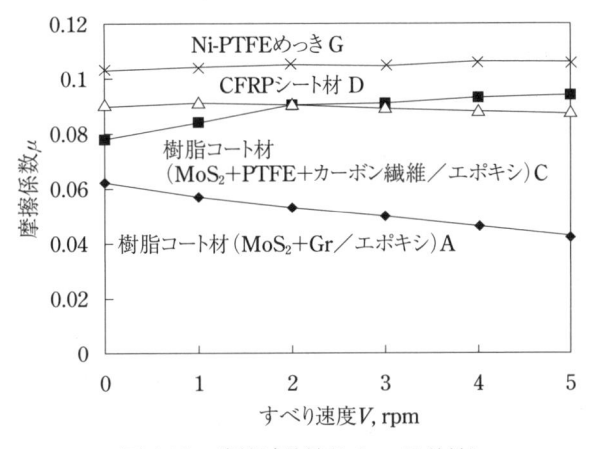

図 4.13 摩擦試験結果（μ–V 特性）

摩擦ブレーキは，乾燥摩擦を利用した乾式と油中で摩擦する湿式があり，自動車や鉄道車両・産業機械等では，特に耐久性を必要とする場合を除き軽量，安価で信頼性の高い乾式ブレーキが広く使われている[9~11]．

自動車のブレーキは回転する鋳鉄製ロータ（ディスクブレーキ）やドラム（ドラムブレーキ）に摩擦材（パッド・ライニング）を押し付け，ブレーキ力を得る仕組みであり，その性能は摩擦材によって影響されるところが大きい．

（1）摩擦材に求められる性能

自動車の走行中におけるディスクロータ温度は，摩擦熱により 100～200℃に上昇し，高速や下り坂からの繰返し制動では 600℃以上となり，摩擦材表面の瞬間温度では，1,000℃をはるかに超えている[12]．

自動車の高速化やブレーキの小型・軽量化に伴い，摩擦環境はますます厳しくなり，信頼性・快適性に優れた耐熱性摩擦材が求められている．

摩擦材に求められる主な特性は，
- 低温から高温まで摩擦係数が高く，速度，加圧力，雨水による摩擦係数の変化が少ないこと．
- 低温から高温まで摩耗量が少なく，ロータ材を傷付けないこと．
- 高温高速の繰返しブレーキで摩擦係数の低下が少なく（フェード）トルクが安定していること．
- 有害な振動，ノイズ，ジャッダー等の発生がないこと．
- 剛性が高く，食付き感があること．
- 錆付き等有害な特性をもつことなく，高温まで十分な強度を維持すること．

等であるが，販売地域によってその重要度も異なる．たとえば米国や日本では寿命，ノイズが重視され，欧州では摩擦係数，フェード，食付き感が重視されている．

(2) 摩擦材の現状

摩擦材には，熱硬化性樹脂を結合材とした有機系摩擦材，金属を結合材とした焼結合金，炭素繊維で強化した炭素複合材C/Cコンポジットがある．有機系摩擦材は自動車を始めとした多くの車両に使われ，焼結合金は新幹線や競技用車両に，C/Cコンポジットは軽量・耐熱性から航空機やレーシングカーなどに使われている．

自動車用摩擦材は，耐熱性・柔軟性・強度に優れたアスベスト繊維が長い間用いられていたが，繊維の形状が肺腫瘍の一因となる恐れから労働安全衛生法（特化則）に指定され，現在では使われていない．

ノンアスベスト摩擦材は表4.2[13]に示した複数の非アスベスト系補強繊維と摩擦調整材，結合材を混合し，下記製造工程で加熱加圧成形される．

　　　混合→予備成形→加熱加圧成形→アフターキュア→研磨仕上げ

(3) 固体潤滑剤の役割

自動車にとって，ブレーキ振動や異音・ノイズの発生は，快適なドライブをする上で解決せねばならない重要な課題であり，機構と摩擦材の両面から対策が続けられている．摩擦材からの対策は，主に表4.3に示す摩擦調整材のバランスによって行われているが，中でも摩擦表面を適度に潤滑して

表4.2 摩擦材の種類〔出典：文献13)〕

材料（重量部）		各種摩擦材			
		ライニング	パッド ノンスチール	パッド ロースチール	パッド セミメタリック
補強繊維	鉄系	0～10	0	5～20	20～50
	非鉄	0～10	5～20	0～10	0
	無機	0～20	0～30	0～10	0～10
	有機	5～10	3～10	0～5	0
結合材	樹脂	10～20	5～15	5～15	5～10
	ゴム	0～10	0～5	0～5	0
摩擦調整材	有機	5～15	3～5	0～5	0～5
	無機	20～50	15～50	15～50	5～15
	金属	0～10	0～20	0～30	0～40
	研削材	0～5	0～10	0～10	0～10
	潤滑剤	0～15	5～15	5～20	10～25

表 4.3 摩擦調整材

狙い	分類	材料
摩擦摩耗の向上	有機材	カシュー重合物, ゴム粉末
	金属	銅, 真鍮, 鉄, 青銅
	無機充てん材	硫酸バリウム, 炭酸カルシウム, 水酸化カルシウム, 硫酸カルシウム, 雲母, 蛭石
	研削材（セラミックス）	アルミナ, シリマナイト, ムライト, ジルコン, ジルコニア, チタニア, ガラス, マグネシア, 鉱滓綿, シリカ, スピネル類, 酸化クロム, 長石, 酸化鉄
潤滑	層状化合物	天然黒鉛, 人造黒鉛, MoS_2, WS_2, Sb_2S_3, ZnS, 窒化ホウ素, フッ化カーボン
	非層状化合物	PbO, CaF_2
	低融点軟質金属系	Pb, Sn, Cu

摩擦振動を抑制する材料として，固体潤滑は重要な役割を果たしている．

黒鉛は，耐熱性に優れているうえに熱伝導率が高く，摩擦面の冷却効果も大きいので，摩擦材に適した潤滑剤として古くから使われている．土状黒鉛・鱗片状黒鉛は，結晶化が進んだ天然黒鉛で，産地による結晶化度，純度，不純物の成分などによって異なる摩擦特性を利用している．また，工業的に造る人造黒鉛は，出発原料や焼成温度を変えることによって，黒鉛化度，硬さ，密度，粒形などを意図的に変更して摩擦剤に適用している．

黒鉛は優れた潤滑剤であるが，雰囲気中の水分（絶対湿度）に影響されやすいこと[14]と，高温では酸化して潤滑性を失う欠点もある．摩擦材においても黒鉛は，低温乾燥条件で摩擦係数が高く不安定になる傾向にあり，また高温では潤滑性を失い摩擦面を劣化させ，振動やノイズの原因となっている．これらの対策としては，水分の影響を受けない潤滑剤として二硫化モリブデン[15]やポリテトラフロロエチレン（PTFE）など，また高温対策しては，硫化アンチモン, 硫化スズ, フッ化カルシウムなどが潤滑剤として使われている．

潤滑剤の中で，塩化物や硫酸銀などを含む潤滑剤はさびや固着を起こしやすく，また鉛，アンチモンなどの重金属化合物は，環境保全から好ましくない．

多くの場合，潤滑材は摩擦係数を下げる目的で使われているが，摩擦材では摩擦係数を下げずに摩擦振動やノイズを軽減する必要から，摩擦表面で起きている様々な現象を考慮した対応が必要となる．特に，摩擦振動はロータへの移着とはく離によるスティックスリップとされているが，これらの原因となるトライボケミカル反応[16～20]（凝着・掘り起こし・摩砕・酸化・還元・分解・合金・合成など）を考えた原材料の選択とその配合バランスが重要となってくる．さらに，トライボケミカル反応を抑制するため，摩擦材をソフトにして均一な接触状態としたり，熱伝導率を高くして冷却効率を高め，摩擦面の温度上昇を避けるなどの対応も必要となってくる．

4.1.4 電装部品

電装部品は自動車の電気関係部品の総称であるが，これまで機械制御方式であった部品の多くが電子制御方式を採用する傾向にあり，広い意味ではほとんどの自動車部品が電装部品となってきている．

電装部品のトライボロジーに関する特徴として，使用環境の多様性が挙げられる．図4.14は代表

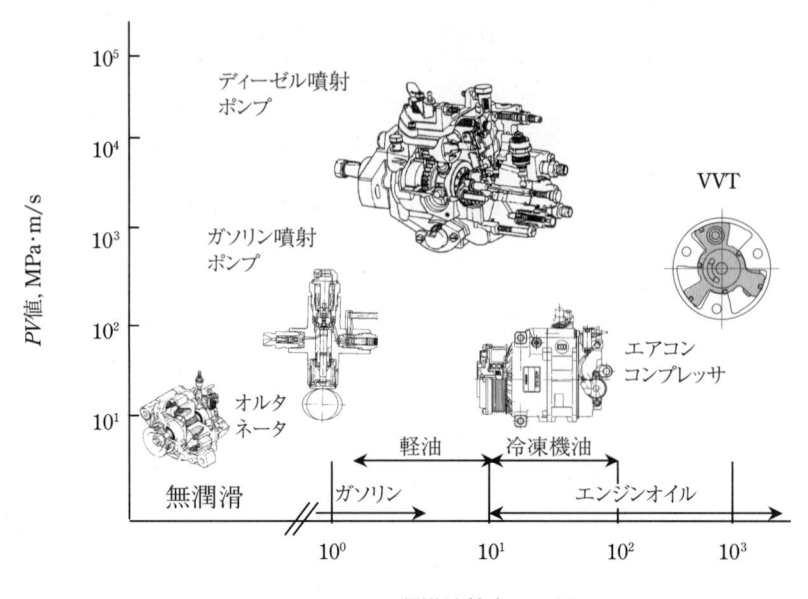

図 4.14 電装部品のトライボロジー環境

的な電装部品のしゅう動部について潤滑環境とPV値を比較したもので，オイル潤滑やグリース潤滑の他に，ガソリンや軽油など燃料潤滑，冷媒雰囲気，あるいは冷却水や無潤滑環境がある．

電装部品で固体潤滑剤はグリースもしくは潤滑油が使用できない部位や，目標を満足しない場合に使われており，主な適用方法として次の3種類がある．

① しゅう動材料中に直接分散
② バインダを用いて，しゅう動部表面に被膜を形成
③ グリースや潤滑油に添加

(1) しゅう動材料中に直接分散

ナイロンにPTFEを分散しアクセルペダルの軸受に使用した例や，黒鉛を焼成しカーボンブラシに用いた例がある．

カーボンブラシは一般的に無潤滑環境下で使用され，耐摩耗性に有効な黒鉛と，電気伝導性に有効な銅紛と，これらの粉末を固めブラシ強度を確保するためのバインダから構成されている．

黒鉛は，粉末最外郭の不飽和電子に水分が吸着することにより粒子間の凝集を防止し潤滑性が発揮できるが，高温低湿度下では水分が乾燥するため黒鉛粉末が凝集し摩耗量が増加する．このような環境下では水分に代わって黒鉛の不飽和電子部に吸着する気体分子を供給する必要がある．ここではブラシ材を低温焼成することにより有機バインダを残留させ，摩擦熱を利用して黒鉛に吸着可能な熱分解ガスを発生させるブラシ材を開発した例[21]について述べる．

図4.15はオルタネータ環境下のブラシ摩耗をカラープレート試験により評価したもので，ブラシ材質のプレートと，スリップリング材質のカラーですべり試験を実施した後，プレートの摩耗深さを形状測定により求めた．試験条件は荷重8 MPa，すべり速度4 m/s，温度130℃，時間1 hで，試験部分を高温恒湿槽内に設置することにより，試験中の湿度をコントロールした．試験中の絶対湿度を横軸にとり，プレートの摩耗量をプロットした結果，従来のブラシ材では湿度が1.8 kPa以下で急激に摩耗量が増加するのに対し，開発した低温焼成ブラシ材は0.1 kPaでも顕著な摩耗量の増加は

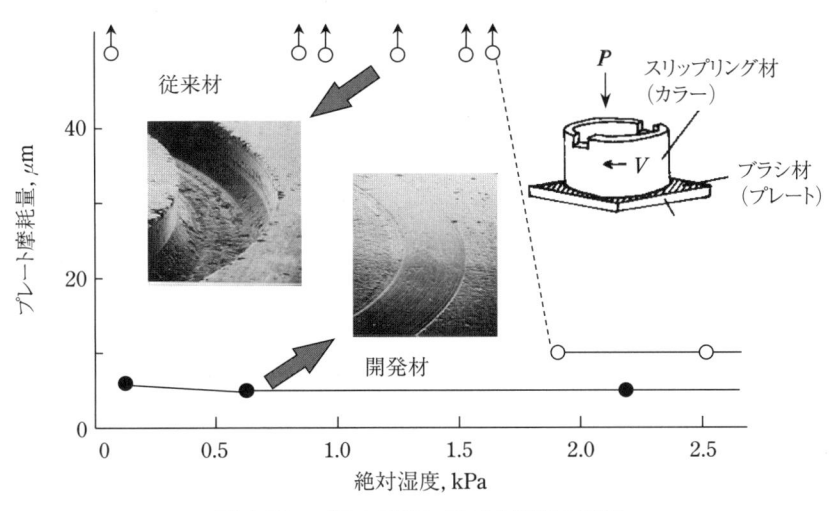

図4.15 ブラシ摩耗に及ぼす湿度の影響

認められず,開発材の高温低湿度下における耐摩耗性の優れた結果が得られた.

(2) バインダを用いて,しゅう動部表面に被膜を形成

電装部品は一般的にメンテナンスフリーが原則であるが,固体潤滑剤を被膜として用いた場合,摩擦の度に被膜が摩耗することは避けられず,被膜寿命を問題とする部位には適さないため,目的を限定し使用している.実用化例として,初期なじみ効果を期待してコンプレッサのしゅう動部にSnめっき[22]やMoS$_2$を,また交換部品であるワイパーブレードの潤滑に黒鉛系コーティングが実用化されている.

(3) グリースの添加剤

しゅう動部表面に固体潤滑剤の潤滑膜を形成する点ではコーティングと同じだが,潤滑膜が摩耗してもグリースから固体潤滑剤を供給補修することにより効果が持続できることから,PTFEとMCAをカーヒータ用グリースに添加した例や,PTFE,MCA,有機Moの混合物を小型モータ用グリースに添加した例など多くの部品に使われている.グリースにMoS$_2$や黒鉛を添加した場合,耐焼付き性の改善は顕著である反面,耐摩耗性には悪影響を及ぼす場合がある[23].

スタータでは,耐焼付き性が要求されるスプライン部にMoS$_2$を40％添加したグリース,耐摩耗性が要求される軸受部には固体潤滑剤のないグリースと,使い分けている.ところが小型・軽量化に加え,最近ではアイドルストップ用として長寿命化が求められ,かつグリースを分離するスペースもなくなり,グリースの共通化が求められてきた.ここでは耐焼付き性と耐摩耗性を同時に満足するグリースを開発した例を示す.

図4.16は表4.4に示す試験方法により,耐焼付き性試験結果を縦軸に

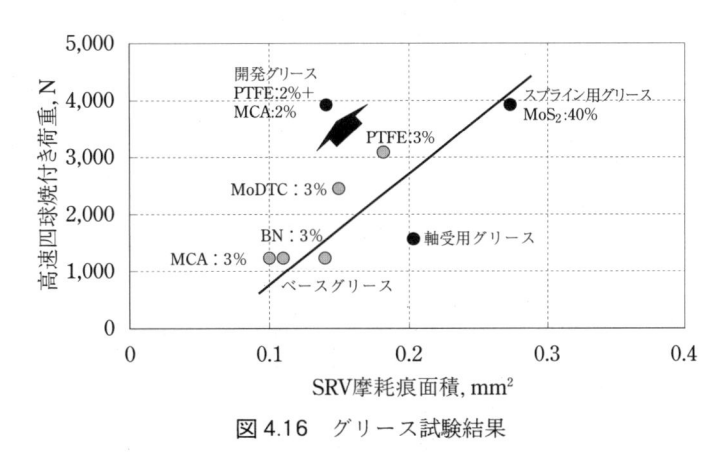

図4.16 グリース試験結果

耐摩耗性試験結果を横軸にプロットしたもので，グリースの基油と増ちょう剤が同じ場合，耐焼付き性の改善に伴い耐摩耗性が低下する傾向にあるが，PTFEとMCAを用いた開発グリースでは，これらを単独で用いた場合と異なり，ほとんど耐摩耗性を損なうことなく耐焼付き性が向上できることが明らかとなった．

4.1.5 シートベルト

(1) シートベルトの概要

表4.4 試験方法

項目	耐焼付き評価	耐摩耗性評価
試験機	高速四球試験	SRV試験
しゅう動部	（四球試験図）	（SRV試験図）
試験条件	ASTM D 2596 ・回転数：1800 rpm ・時間：10秒間	・荷重：100 N ・周波数：10 Hz ・振幅：2 mm ・時間：30分間

シートベルトは，万が一の事故の際に乗員を拘束して人命を守る安全装置として，全ての自動車に装着が義務づけられている．

車の衝突時に，人体には計り知れない衝撃が伝わる．体重50 kgfの人間が，50〜60 km/hのスピードで衝突した場合，14,700 N程の衝撃（5階建ビルからの落下に相当）を受けるといわれる．衝突してから100分の10〜15秒で人体は動く．したがって，人命を守るためには，シートベルトは100分の1秒以下で機能することが求められる．

シートベルトはベルトおよびリトラクタ（ベルト巻取り装置）とベルト金具（タング）を締結するバックルで構成されている（図4.17）．部品点数は30〜40点程で組み付けられ，部品同士相互にしゅう動する仕組みになっている．衝突の際に，部品同士がかじり発生することなしに，確実に作動する信頼性と，乗車ごとにタングとバックルを装脱着する際の，操作フィーリング性を満足するには，MoS_2やPTFEなど固体潤滑剤のもつしゅう動耐久性が必要不可欠である．

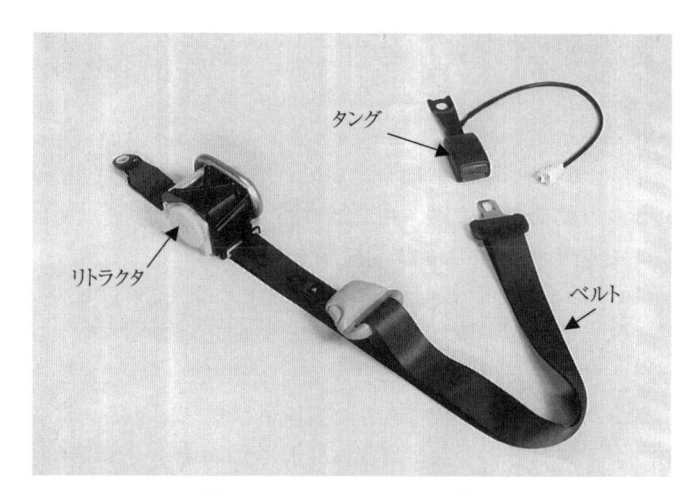

図4.17 シートベルトの構成

(2) シートベルトに要求される諸特性

① ベルト金具（タング）とバックルの脱着耐久潤滑評価（規定耐久回数評価）
② 腐食評価（塩水噴霧—湿熱の規定サイクル評価）
③ 砂混入のバックル耐久評価（規定耐久回数評価）
④ 温度環境評価（−40〜100℃の規定サイクル評価）
⑤ 衝突評価（規定速度で衝突した後の強度保持と規定荷重以下でのタングの解離力評価）

自動車メーカーおよび各国法規制の基準に従い，上記項目について複合的に組み合わせた評価が実施され，要求基準を満たすことが求められる．二硫化モリブデンやPTFEの幅広い温度特性，低摩擦化，耐かじり特性等が，要求基準を満たすうえで大きな役割を果たしている．

(3) シートベルトへの固体潤滑剤の実用例

(a) バックル (図4.18)

従来, バックルは防錆目的のためにめっきを施し, 潤滑はしゅう動部にグリースを施していたが, タング装脱着の際に付着したグリースが衣服を汚すことが問題になった.

現在では, 二硫化モリブデンやPTFEを熱硬化性樹脂溶液に分散させた防錆潤滑塗料をコーティング処理し, 潤滑と防錆を兼ね備えた樹脂コート被膜に置き換わっている (図4.19).

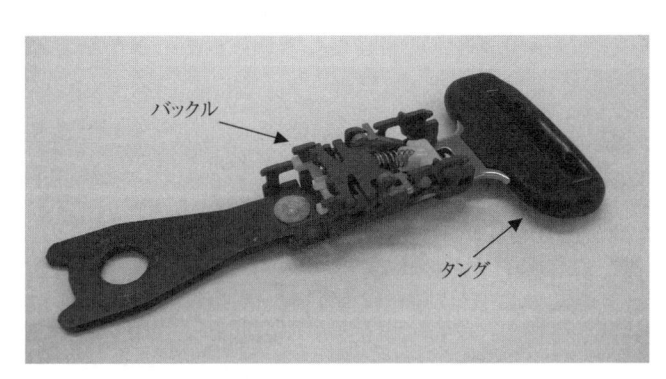

図4.18 バックルとタング

図4.19 バックルコーティング部品

(b) リトラクタ (図4.20)

リトラクタ付き (巻取り装置付き) シートベルトは以下の2方式がある.

① ALR (オートマチック, ロッキング, リトラクタ) 長さ調整された状態でELR (エマージェンシー, ロッキング, リトラクタ) ベルト自動調整機能に緊急ロック機能を合わせ持ち, 通常は自由にベルトを引き出すことができる. 自動的にロックされ, それ以上ベルトは, 引き出せない方式.

② ELRにはベルトの引出し速度感知式と, 車体の減速度を感知する方式と, 2方式を併用する二重感知方式があり, 二重感知式が主流になっている. さらに, 衝突を感知すると瞬時にリトラクタの中にベルトを引き込み, エアバックが膨らむまでの間に乗員をシートに固定するプリテンショナ

図4.20 リトラクタ

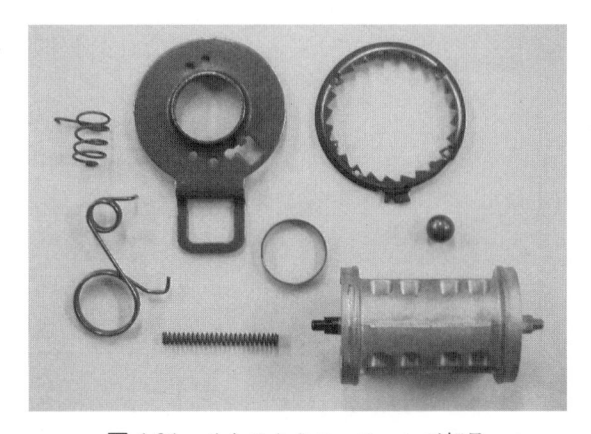

図4.21 リトラクタコーティング部品

付きベルトがある．プリテンショナを駆動するために，多数のボールに二硫化モリブデンとPTFE配合の熱硬化性樹脂コート剤をコーティングし，ボールとチューブのしゅう動抵抗を減らすことにより，パワーソースからの力を効率よくシャフトに伝える．ベルトを巻き取るシャフトは，軸受部分に二硫化モリブデン配合の熱硬化性樹脂コート剤がコーティングされ，数十万回という使用に対しても性能劣化がなく，プリテンショナの作動効率を向上させることで高い拘束力を発揮する．図4.21にリトラクタコーティング部品を示す．

4.1.6 サンルーフ

(1) サンルーフの特徴と構成

近年，自動車用サンルーフ（図4.22）は，その開放感や運転する楽しみを感じられることから装着率が高まっており，乗用車のオプション製品としては欠かせない製品の一つになっている．

しかしながら，サンルーフは，自動車の頂面に装着され直射日光や風雨，砂埃をまともに受けるため温度や湿度などの環境変化が激しく，その環境変化に影響されず絶えず安定した開閉を求められる要求品質の高い製品の一つである．サンルーフの一般的な機能は，電動モータの動力によりガラス部分がスライドすることで自動車の天井部を開閉している．その際，実際の被しゅう動・しゅう動部品は，アルミレールと樹脂シューである（図4.23）．

図4.22 サンルーフ

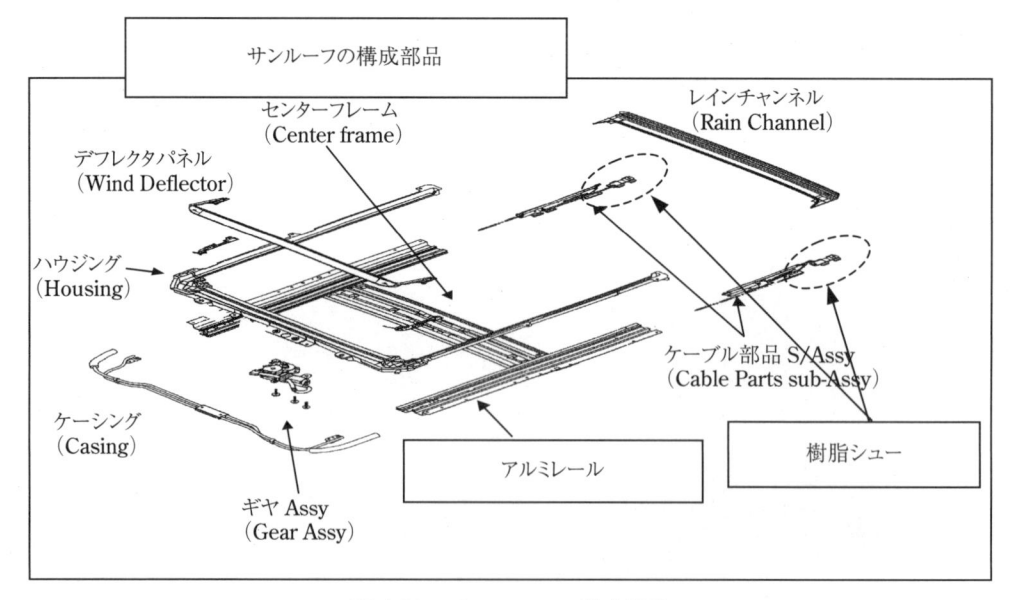

図4.23 サンルーフの構成部品

(2) 求められる特性

サンルーフ開閉時の重要な要求性能は，① 電動モータの動力で作動させるため少ないしゅう動抵抗で動くこと，② 作動時にスティックスリップによる異音が発生しないこと，③ しゅう動部の摩耗による作動時のガタ発生を防止することの三つである．

(3) しゅう動における問題点

樹脂シューの材質は，一般的にポリオキシメチレンやポリアミドが使用されるが，機械的強度や剛性の確保および寸法安定性のためにガラス繊維が10～20％程度添加されている．このガラス繊維は，樹脂シュー自体の耐摩耗性確保にも貢献しているが，その反面，ガラス繊維は母材の樹脂成分より相対的に硬質であるため，初期なじみ後にガラス繊維が表面に露出してしまうことでスティックスリップによる異音発生を引き起こしてしまう．また，このガラス繊維は，相手攻撃性が大きくなりアルミレールの摩耗量も増加してしまう．

(4) スティックスリップ発生メカニズム

一般的にスティックスリップは静μと動μの差が大きいほど発生しやすいといわれている．サンルーフの場合，初期なじみ後のガラス繊維の露出によって，往復動の動く方向が切り替わる点において静μが大きくなりスティックスリップの原因になっていた（図4.24）．

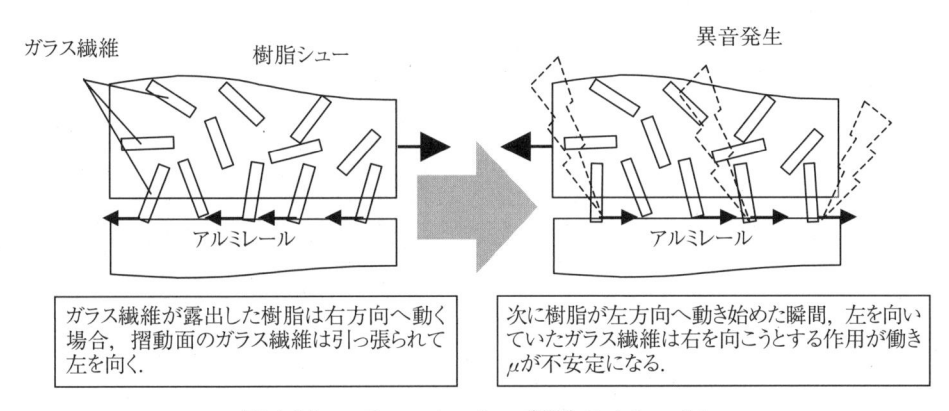

図4.24 スティックスリップ発生のメカニズム

(5) スティックスリップと摩耗防止対策

前述したスティックスリップと摩耗の対策を行うには，初期なじみ後のガラス繊維の露出を防ぐことが重要である．そこで，シュー自体の強度確保しながらスティックスリップ防止と耐摩耗性の改善を狙って，樹脂シューのしゅう動面に固体潤滑剤（PTFE）入りのポリアミドイミド系樹脂コーティング処理を行いガラス繊維の露出を防ぎ，かつ潤滑性を向上させる対策を行った（図4.25）．

図4.26に樹脂コーティング有無における作動⇒停止⇒反転作動⇒停止を繰り返したときの摩擦係数の変化を示す．この対策によりスティックスリップの発生を抑え，摩耗量も低減することができ量産製品の信頼性を確保することができた．

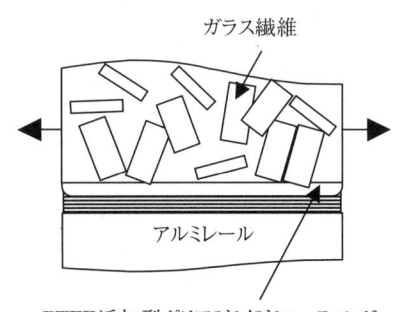

図4.25 樹脂コーティングによるスティックスリップと摩耗防止対策

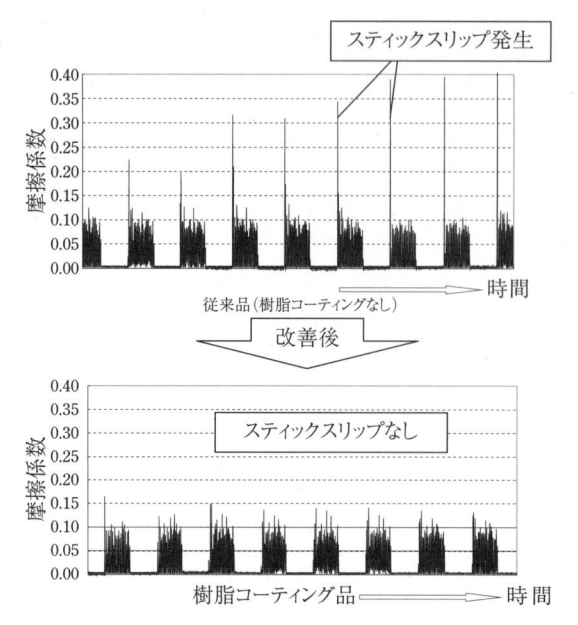

図4.26 従来品と改善後（樹脂コーティング）の摩擦係数の比較

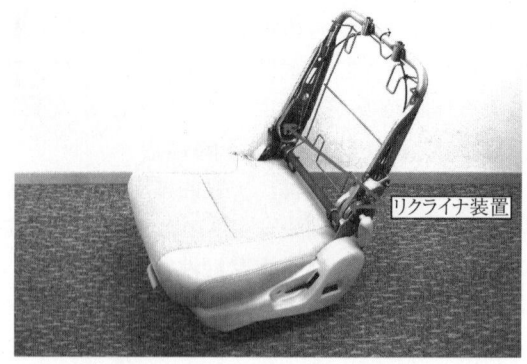

図4.27 リクライナ機構

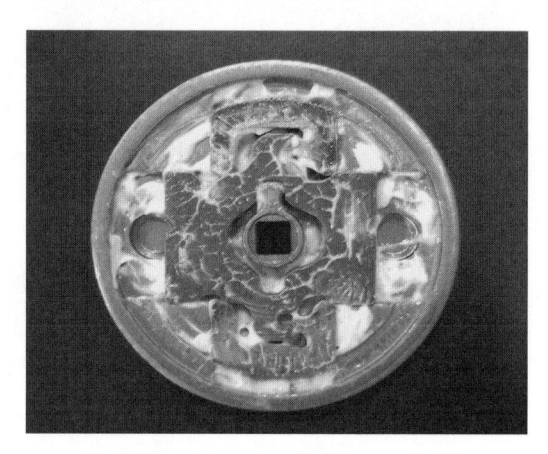

図4.28 リクライナ構成しゅう動部品

4.1.7 自動車用座席シート

（1）座席シートの概要

座席シートは，自動車の安全と快適な車内空間を作り，リラックスした運転を実現するために，背もたれ角度調整と，前後移動を一体化させた複合機能をもたせている．

座席に座ってリクライニングの操作を行う場合，リクライナ装置（図4.27）にはシートバック等の重量物や着座した乗員の背もたれ荷重と，シートバックを前面に起こすためのリクライニング機構用渦巻きばねの反力も追加入力され，構成しゅう動部品（図4.28）は高い面圧を受けた状態になる．この状態での急発進や走行時のコーナリングなどにより，構成しゅう動部品には非常に高い面圧が繰り返し作用し，グリースの油膜切れが起こりやすくなる．部品同士がかじり発生することなしに確実に作動する信頼性を満足するには，優れた固体潤滑剤のもつしゅう動耐久性が必要不可欠である．

（2）座席シートへの固体潤滑剤の実用例

（a）リクライナ機構

リクライナ構成しゅう動部品は，かみあいロック状態で走行時に高い面圧が加わる．ロック状態でシートバック前後方向に繰返し荷重が入力されることで，構成しゅう動部に高い面圧が加わり，油膜切れが起きやすい状態になる．そのため，摩擦係数が大きくなり，スティックスリップ音等の異音を発生する場合がある．その後，かじり，摩耗の進行に伴いロック状態と解除状態の信頼性が失われ，確実な作動性が損なわれる．図4.28はリクライナ構成しゅう動部品を合成油およびLiセッケン等に白色固体潤滑剤（カルシウム化合物等）を40〜60％の割合に配合したペーストを塗布した例である．しゅう動面において金属同士の直接接触を防ぐ白色固体潤滑剤を使用したことにより，油

膜切れがなくなり，スティックスリップ音の発生を持続的に抑えることができた．さらにロック状態から解除状態に切り換える抵抗が，グリースに比べ50〜60％程低減した．

白色固体潤滑剤ペーストの大きな特徴は，図4.29に示すとおり，高面圧往復運動下において，二硫化モリブデンペーストに比べ格段に優れた耐久性を示し，そのしゅう動特性は大幅に向上することが確認できた．また，白色固体潤滑剤ペーストはリクライナ装置以外にも，シートスライド装置，ロック装置等のように，しゅう動面間に高い面圧が繰り返し作用する機構に対しても適用できる．

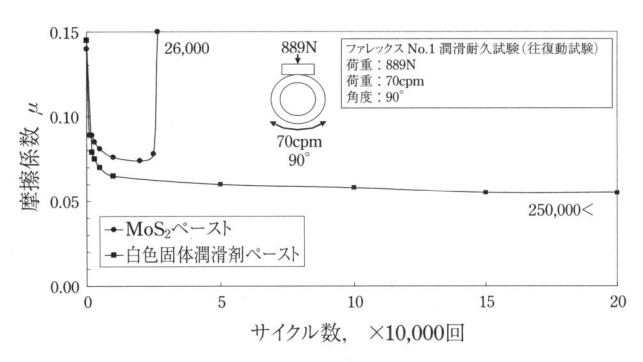

図4.29　ファレックスNo.1潤滑耐久試験（往復動試験）

（3）樹脂コート潤滑被膜の実用例

（a）後部格納シートのヒンジおよびピン

後部格納シートは，操作レバーを引くことにより，シートバックを前に倒し，座席（脚部）のロックを解除させて床下に収納する仕組みになっている．座席（脚部）のロック解除と収納の際は，操作力がヒンジおよびピンを介して効率よく伝達されることが求められる．グリースの場合は，しゅう動部に高い面圧が繰り返し作用するために，油膜切れにより摩擦抵抗が高くなり，操作力のばらつきが大きくなる．

図4.30は二硫化モリブデンとPTFEを熱硬化性樹脂溶液に分散させた防錆潤滑塗料をコーティング処理したヒンジとピンである．強靭な樹脂コート潤滑被膜を形成させることにより，しゅう動性の向上が得られ，安定した操作力が実現できた．

（b）シートリクライニング機構用渦巻きばね

図4.31は渦巻きばねに対して二硫化モリブデンとPTFEを配合した樹脂コート潤滑被膜をコーティングした例である．その効果は，防錆性の他に，しゅう動性向上によるスティックスリップ音等の，異音の抑制が挙げられる．

4.1.7項のまとめに際して，トヨタ紡織株式会社のご教示と，写真提供のご協力を得たことを付記して謝意を表します．

図4.30　ヒンジ，ピンコーティング部品

図4.31　渦巻きばねコーティング部品

参考文献

1) 斉藤浩二 他：自動車技術会学術講演会前刷 (1995-9) 100.
2) 金山 弘 他：トライボロジー会議 春 東京 1999-5 (1999) 23.
3) 前田 隼・江上 登・加賀谷忠治 他：微粒子ピーニングにおける粒子速度および材料表面温度分布の解析, 日本機械学会論文集 (C編), 63, 660 (2001) 2700.
4) 平山朋子・石田 尚・菱田典明：MoS_2 ショット処理による小型機器用固体/流体すべり軸受の基礎特性, トライボロジー会議 春 東京 (2003) 331.
5) 荻原秀実・小林重実・村田雅史 他：表面改質によるエンジンのしゅう動抵抗低減技術, (株)本田技術研究所 HONDA R&D Technical Review, 12 2 (2000) 93.
6) 荻原秀実・山田 裕・石渡正人：MD処理によるエンジンしゅう動抵抗の低減, トライボロジー会議 春 東京 (2001) 327.
7) 荻原秀実：固体潤滑剤の微粒子ピーニングによる内燃機関ピストンしゅう動部の表面改質, トライボロジスト, 47, 12 (2002) 31.
8) 道岡博文 他：自動車技術会学術講演会前刷 (1990) 170.
9) 青木和彦：ブレーキ, 山海堂 (1986) 3.
10) 荻原長雄・出村 要：トライボロジスト, 41, 4 (1996) 275.
11) 真保 敬：自動車技術, 40, 8 (1986) 1041.
12) 井上光弘：日本機械学会論文集 (C編), 51, 466 (1985) 1433.
13) 堀口和也：摩擦材と環境問題第37回トライボロジー先端講座, 日本潤滑学会 (1992) 41.
14) R. H. Savage：Phys., 19 (1948) 1.
15) G. W. Rowe：Wear, 3 (1960) 274.
16) 井上光弘：トライボロジスト, 37, 6 (1992) 493.
17) 保足順子・高木康夫：トライボロジー予稿集 2001-5 (2001) 169.
18) 保足順子・高木康夫：トライボロジー予稿集 2001-11 (2001) 141.
19) 保足順子・高木康夫：トライボロジー予稿集 2002-5 (2002) 81.
20) 保足順子・高木康夫：トライボロジー予稿集 2002-11 (2002) 41.
21) 村上洋一：自動車用オルタネータ長寿命ブラシ材の開発, 粉体粉末冶金協会第82回講演大会概要集 (1998) 130.
22) 加藤祥文：微量の銅を含有する置換すずめっきの皮膜構造と機械的特性, 表面技術協会第81回講演大会要旨集 (1990) 172.
23) 日本トライボロジー学会編：トライボロジーハンドブック, 養賢堂 (2001) 732.

4.2 鉄　道

4.2.1 パンタグラフすり板

(1) 使用条件と求められる特性

パンタグラフすり板は，電車の屋根上のパンタグラフの最上部に取り付けられる部材で，トロリ線と接触して摩擦し電力を授受する．電車の走行速度でトロリ線と摩擦し，約100～1,600 Aの大電流を通電する．JR各社の線区でのすり板の使用条件は表4.5のとおりである．

すり板には，車両部品として機械的強度，摩擦材として低摩擦係数と耐摩耗，導電材として低抵抗率が求められ，相手材を摩耗させないことも必要である．また，用途により重視される条件が異

表 4.5　パンタグラフすり板材料の使用条件例

使用線区	在来線	在来線	新幹線
き電方式・き電電圧, kV	直流 1.5 kV	交流 20 kV	交流 25 kV
パンタグラフ通電電流, A	～1600	～100	～500
接触部での見掛け電流密度, kA/m^2	～4000	～300	～1500
摩擦速度, km/h	～130	～130	～300

なるほか，消耗材としての経済性も重要である．実際の運用では耐摩耗性が最も重要であり，潤滑性の向上策として適切な固体潤滑剤の選択は重要な課題である．

実車ではパンタグラフとトロリ線の接触が一時的になくなる「離線」の発生が不可避である．離線が発生するとすり板とトロリ線の間にはアーク放電が発生する．通常 1 回の離線の継続時間は数十〜数百 ms 程度で，走行時間に対する離線継続時間の総和の割合（離線率）は数％程度である．すり板はこの程度の頻度で断続的に発生するアーク放電に曝されるため，材料の摩擦摩耗を考慮する場合にはアーク放電の影響が無視できない．

相手材であるトロリ線は，硬銅または Sn 0.3 ％の銅合金である．最近は Cr 0.31 ％ - Zr 0.07 ％ - Si 0.02 ％の銅合金も開発されている[1]．トロリ線材料では導電性と機械的強度が重要であり，潤滑性は特に求められていない．

（2）すり板として使われる材料

すり板として実用されるのは，金属基または炭素基の自己潤滑性複合材料である．金属基の材料としては，銅または鉄を基材とした焼結合金，炭素基の材料としては，多孔質炭素材，金属を含有する多孔質炭素材，および，金属を含有する炭素繊維強化炭素複合材（C/C 複合材）がある．表 4.6 に代表的な実用材の物性値を示す．

表 4.6　すり板材料の物性値の例

材料		主な使用線区	密度, g/cm^3	衝撃値[*1], kJ/m^2	硬さ	抵抗率, $\mu\Omega\cdot$m
金属基	鉄系焼結合金	新幹線	7.7	117 以上[*2]	HB 70～115[*2]	0.40 以下[*2]
	銅系焼結合金	在来線	8.2	98 以上[*2]	HB 55～65[*2]	0.34 以下[*2]
	銅系焼結合金	在来線（寒冷地）	8.2	69 以上[*2]	HB 85 以下[*2]	0.30 以下[*2]
炭素基	多孔質炭素材（純カーボン）	民鉄線	1.7	1.5	HS 75	32
	金属含有多孔質炭素材（金属溶浸）	在来線	2.9	4.0	HS 85	1.8
	金属含有多孔質炭素材（混合焼結）	在来線	3.7	4.2	HS 80	1.0
	金属含有 C/C 複合材	民鉄線	2.7	7.7	HS 80	1.1

（注）[*1]：衝撃値はシャルピー衝撃試験による，[*2]：規格値

(3) 金属基すり板

現用の焼結合金すり板の主な成分を表4.7に示す．素地成分は機械的強度を高めるために鉄系ではFeにNi，銅系ではCuにSnを加え，耐摩耗性，耐アーク性を向上するために硬質粒子としてCrやFeTi，FeMo，FeWなどの合金鉄が添加されている．潤滑成分としては黒鉛，低融点金属，金属硫化物が用いられるが，黒鉛や金属硫化物は，添加量を増加すると機械的強度の低下を招くため，添加量が限られる．寒冷地用として開発されたすり板では，冬季の霜により発生するアーク放電に対応するため，黒鉛のかわりにMoS_2，FeS，CuS等の金属硫化物を潤滑成分として使用している[2]．

在来線では，外部潤滑としてグリース，ワックス等を併用できるため，必ずしもすり板に含まれる固体潤滑剤だけで潤滑性を確保する必要はない．しかし新幹線では，パンタグラフの構造上，外部潤滑が困難であり，また，高速走行やアーク放電の発生による摩擦面の温度上昇が大きく，グリース，ワックス等の効果が得がたいため，潤滑はすべて固体潤滑により行っている．潤滑成分としては，高速摩擦では鉄の酸化物も潤滑剤として働くと考えられているほか[3]，MoS_2等も使われているが，効果が大きいのは低融点金属である．最近は，低融点金属に代わり，WS_2，BN等の耐熱性の固体潤滑剤，MnS等の金属硫化物が試みられている[4]．

表4.7 焼結合金すり板の主な成分と外部潤滑

種別	使用線区	素地	硬質成分	潤滑成分	外部潤滑
銅系	在来線	Cu, Sn	Cr, P	黒鉛，金属硫化物	グリース，ワックス等
銅系	在来線（寒冷地）	Cu, Sn	Cr, P, 合金鉄	金属硫化物	グリース，ワックス等
鉄系	新幹線	Fe, Ni	Cr, P, 合金鉄	金属硫化物，低融点金属	不可

(4) 炭素基すり板

多孔質炭素材はそれ自身が良好な潤滑性を有しており，摩擦材として有効であるが，すり板として使うには機械的強度と導電性が不足するため旧国鉄では戦時中を除き使用例はなかった．近年，トロリ線側の摩耗低減を目的に多孔質炭素材に金属を含有した複合材をすり板に適用する開発が行われ，実用化が進められている．

新たに実用化された炭素基すり板は，炭素粉を成形・焼成した多孔質炭素材に金属を溶浸する方法と炭素粉と金属粉を混合して成形・焼結する方法により製造され，カーボン系すり板，または，メタライズドカーボンすり板とも呼ばれている．含有金属は銅または銅合金で，含有量は，質量比で約50％，体積比で約15〜25％である．金属を溶浸または混合・焼結することで，多孔質炭素材単味と比較して，抵抗率は約1/10，機械的強度は約3倍となり，集電電流量の大きい直流電化区間の電車でも使用可能である[5]．また，炭素繊維と炭素粉とを複合したC/C複合材に金属を溶浸した材料もすり板に適用可能であることが確認されている[6]．表4.8に現用の炭素基すり板の主な成分を示

表4.8 炭素基すり板の主な成分

種別	基材となる炭素材	含有金属	金属の含有方法
純カーボン	多孔質炭素材	なし	───
カーボン系（メタライズドカーボン）	多孔質炭素材	Cu	溶浸
カーボン系（メタライズドカーボン）	多孔質炭素材	Cu	混合・焼結
C/C複合材	C/C複合材	Cu, Ti	溶浸

す．

　最近では，在来線の約6〜7割の電車で金属を含有する炭素基すり板が使われ，焼結合金すり板の場合と比べてトロリ線の摩耗率が約1/2〜1/3に減少したことが報告されている[5]．炭素基すり板については，高速走行の新幹線で使用可能な高強度のすり板，集電電流量の大きい直流電気機関車などで使用可能な高導電性のすり板の開発も進められている[6,7]．

4.2.2 ブレーキ

　鉄道は大量高速輸送機関であり，安全確実に車両を減速，停止させることが求められている．その機能を担っているのがブレーキである．

　鉄道のブレーキは図4.32に示すように，車輪の回転を止めること（車輪/レール間の粘着を利用）により車両を止めるかどうか，固体同士の摩擦を利用するかそれ以外の力（電磁気力や空気抵抗）を利用するか等により分類できる．車輪の回転を摩擦により停止させる方法として，踏面ブレーキ方式とディスクブレーキ方式に大別できる．

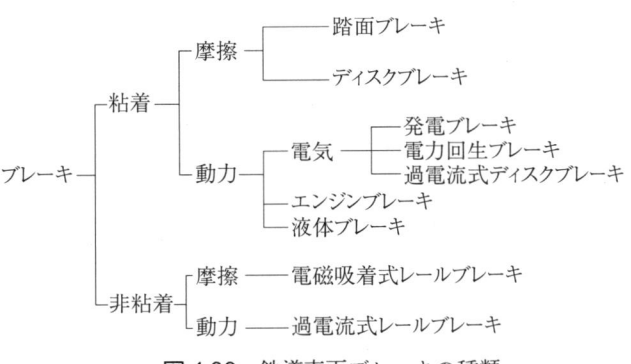

図4.32　鉄道車両ブレーキの種類

　踏面ブレーキ方式[8]は，鉄道が走り始めたころより採用されてきており，図4.33(a)に示すように，車輪の踏面，すなわちレールの上を転がる面に制輪子と呼ばれるブロックを押し付ける方式である．制輪子はその材質により，鋳鉄制輪子，合成制輪子，焼結合金制輪子に分けられる．鋳鉄制輪子としては片状黒鉛とパーライト地からなる普通鋳鉄が標準的に使用されてきていたが，耐摩耗性を改善する目的で母材を硬い白銑とし潤滑剤として黒鉛ブロックを埋め込んだ制輪子も入換え用機関車などで一部実用化されていた．また，普通鋳鉄を基本としてリン，モリブデン，クロムなど

(a) 踏面ブレーキ　　　(b) ディスクブレーキ

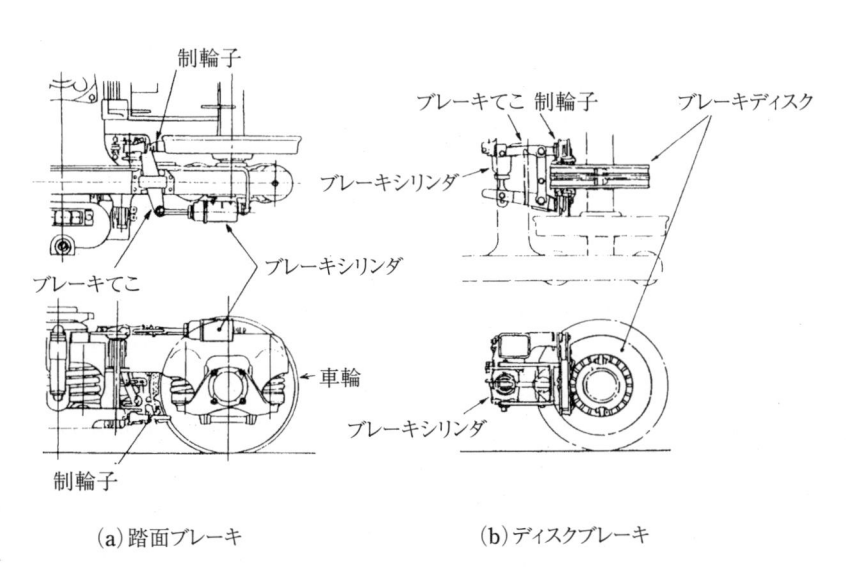

図4.33　鉄道車両の基礎ブレーキ装置

の合金元素を添加することによりパーライト地中に硬いリン化合物や炭化物を分散析出させ摩擦摩耗特性を向上させた合金鋳鉄制輪子が開発され，近年広範囲で使われている．

　合成制輪子は，フェノール樹脂で鉄粉や黒鉛などを固めた摩擦材で鋳鉄制輪子に比較して，摩擦係数が高い，摩耗が少ない，軽いなどの点では優れているが，湿潤条件下で摩擦係数が低下する場合があることや相手車輪踏面を鏡面化させ車輪レール間の粘着を下げる傾向が見られるなどでは改善が求められ，開発が行われてきている．

　焼結合金制輪子は，銅や鉄などの金属粉や硬質粒子，黒鉛などを焼結した摩擦材であり合成制輪子と同様の長所をもつ制輪子である．

　ディスクブレーキ方式は，図4.33 (b) に示すように，車軸または車輪側面に円盤（ブレーキディスク）を取り付け，それにライニング（制輪子ライニング）を押し付ける方式で，わが国では戦後になり実用化された．踏面ブレーキ方式が車輪を回転側の摩擦材として使用しているため，ブレーキ吸収エネルギーが車輪の走り装置としての機能を損なわない範囲に限定されるのに対し，ディスクブレーキ方式はブレーキ専用のディスクを用いるため，部品点数は多くなるが高負荷の使用条件には適しており，新幹線，特急などの高速車両や通勤電車などのブレーキ頻度の高い車両を中心に使用されている．

　ライニング材としては，合成材と焼結合金材があり，前者は在来線，後者は主に新幹線で使用されている．両者を比較すると，合成材は相手ディスクへの攻撃性は低いが，負荷が高く温度上昇が大きい条件ではフェード状態となり摩擦係数が急激に低下して摩耗も急増する．一方，焼結合金材は高速域でも安定した摩擦係数が得られるのが特徴である[9]．

　空気抵抗や各部の摩擦損失などがないとした場合，最高速度で走行している車両の運動エネルギーを計算し，それを一車両あたりのブレーキ数で割った値をブレーキ負荷エネルギーとして表4.9に示す．比較のために乗用車が高速道路を走行している状態の値を合わせて示した．1回のブレーキで一つのブレーキあたりの負担エネルギーは大まかには乗用車に比較して在来線は10倍，新幹線はさらに10倍といえる．ただし，ブレーキの重さ，たとえばブレーキディスクの重量は乗用車が3〜5 kg程度であるのに対し，鉄道車両は100〜140 kgf程度あり，単位重量あたりではその違いはかなり小さいといえる．また，電車では，高速からのブレーキ時には電気ブレーキを主に作動させる方式が主流になってきており，新幹線においても実際にディスクブレーキが動作するのは低速域に限られている場合が多い．

表4.9　ブレーキの負担するエネルギー量の比較

		重量, t	速度, km/h	エネルギー, kJ	ブレーキ, 固/両	負荷, kJ
鉄道	在来線	35	130	2.3×10^4	8	2.8×10^3
	新幹線	40	300	1.4×10^5	8	1.8×10^4
自動車		1.5	100	5.8×10^2	4	1.5×10^2

　表4.10にブレーキディスク材料[10]として，使用または開発されてきた主なものを示す．鋳鉄系の材料が古くから使われてきており，従来の普通鋳鉄から耐熱性を改善する目的で合金元素を添加した低合金鋳鉄に主流は移ってきてはいるが在来線車両では，現在においても広く使用されている．新幹線では，1964年の開業当初から，低合金鋳鉄が採用されてきていたが，ディスク交換は摩耗によるものよりも熱き裂によるものが多い状況であった．その後の高速化等への対応として，耐熱き裂性に優れた鋳鉄-鋳鋼クラッドや鍛鋼が開発され，現在では鍛鋼が主流となっている．このように

表4.10 各国で使用中または研究開発中の主な鉄道用ブレーキディスク

分類		材料名称	特徴	強度, MPa	比重	実績または進捗状況	主な課題問題点	国名
鉄系金属材料	鋳鉄系	片状黒鉛鋳鉄（普通鋳鉄）	摩擦特性が安定 安価	250程度	7.2	在来線で使用	長寿命化 軽量化	日本 世界各国
		Ni-Cr-Mo低合金鋳鉄	摩擦特性が安定 合金化	250	7.2	新幹線, 在来線で使用中	長寿命化 軽量化	日本
		CV黒鉛鋳鉄 合金系もあり	高強度 黒鉛形状変更	500	7.2	在来線で一時使用	軽量化	英国 日本
		鋳鉄-鋳鋼クラッド材	摩擦材＋強度材 複合材料	200+580	7.2+7.8	新幹線で使用中	軽量化	日本
	鋼系	鋳鋼	高強度 耐熱き裂製	800	7.8	一部大型トラックで採用	軽量化	日本
		鍛鋼	高強度 耐熱き裂製	800	7.8	新幹線, 在来線, TGV等で使用	軽量化	日本 仏など
複合材料	金属系	アルミ合金基複合材料	軽量 耐摩耗性	250	2.9	研究開発中 一部自動車で採用	摩擦特性 耐熱性	日本 欧米
	非金属系	C/Cコンポジット	軽量 耐熱性	150	1.7	航空機, F1で使用	摩擦特性 形状, 価格	欧米 日本
		SiC/Cコンポジット	軽量 耐熱性	—	2.4	一部自動車で採用 研究開発中	価格 強度	独

実用化されている材料はいずれも鉄系材料であり，今後のさらなる高速化への対応，軽量化への要求に対しては新材料の検討が進められている．特に，高速高負荷の使用条件に耐える耐熱性と高速化にとって重要な軽量性を兼ね備える材料として期待されていたのがC/Cコンポジットである[11]．航空機やF1レーシングカーのブレーキとして実績があり，鉄道においても開発が進められた．TGV（フランス）では従来の鉄系ディスクと同様の形態であるディスク-ライニングタイプでの実車試験が行われ，わが国でも新幹線用に検討が行われたが実車での試験まで進んだのは航空機と同様のマルチディスクタイプであった．結果としては，摩耗が多いなどコスト高の割りにメリットが少ないため，実用化には至っていない．これに変わって最近注目されているのがSiC/Cコンポジットである．この材料はマトリックスがSiCでそれを炭素繊維で補強した複合材料である．C/Cコンポジットに比較して摩擦性能が安定し，摩耗が少ないが材質的にやや脆いとされている．海外では一部の高級スポーツカーで実用化され，鉄道用としても検討が進められている．

4.2.3 床板

鉄道分岐器（ポイント）は図4.34に示すように軌道周辺における機械的要素として重要な役割を担い，車両の進行方向を変えるときに線路を左右に移動させる．このときトングレールは枕木の上に設置された床板の上を滑って固定された基本レールに密着する．トングレールはレール底面で床板上を滑るがこのとき摩擦が高すぎると基本レールに確実に締結できず転換不良となる．

通常の床板の材料は一般鋼材SS400を用い，1週間に1回程度（降雨があったときはその直後に）潤滑油を塗布して用いている．このメンテナンスが必要な理由は床板が常時外気にさらされること

図 4.34　鉄道分機器

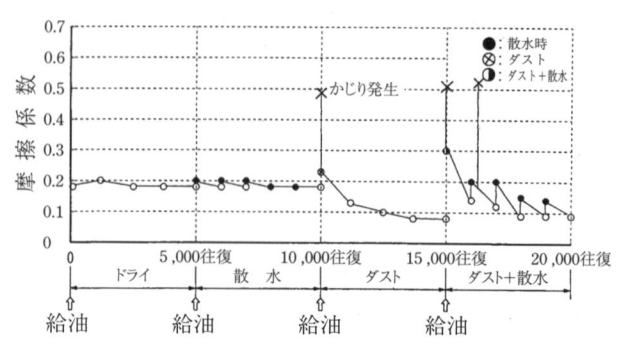

図 4.35　SS400 を用いた給油床板の摩擦特性

のみならず，太陽光の照射，降雨，降雪および砂塵などの異物が侵入（火山灰の場合もある）するような非常に厳しい環境条件下で使用されるためである．油塗布作業は列車が通過する合間に行わなければならず作業としても危険が伴い，また多量に給油すると流出して環境を汚染する問題もある．

従来の床板に油塗布を施さないと急激に高い摩擦係数となり焼付き現象を生ずるが，定期的に給油すれば摩擦は安定する．しかしダストを介在させた場合や，降雨を想定した散水とダスト介在の組合せでは急激に摩擦係数が増加し不安定となり（図 4.35 参照），これは実際のポイントにおける経験とも合致し不転換の事故要因となる可能性が高い．この試験は面圧 0.1 MPa，すべり速度 0.2 m/s，ストローク 0.2 m（往復すべり）にてダストには JIS ケイ砂 2 種を用い相手材として実物のレールを使用して実施した．

これらの理由で給油間隔を長期に延長できかつ安定した摩擦係数を示す床板材料が求められ，すべり省給油型の床板が開発された[12]．

床板の形状はベース材として鋼材 SS400 を用いすべり面側に黒鉛系固体潤滑剤を含む銅合金複合材料を焼結したもので，鋼材に突起部分を設けてこの部分は焼結を高密度にして高い荷重を支え，へこみの部分は焼結密度を低くして多孔質度を上げて潤滑油を含浸できるような図 4.36 に示す構造になっている．

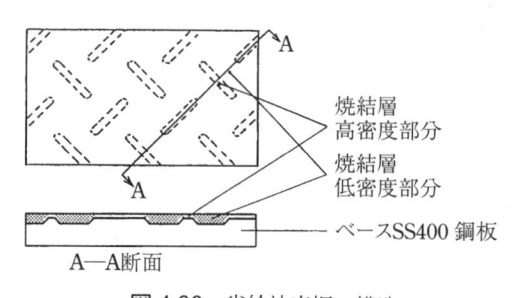

図 4.36　省給油床板の構造

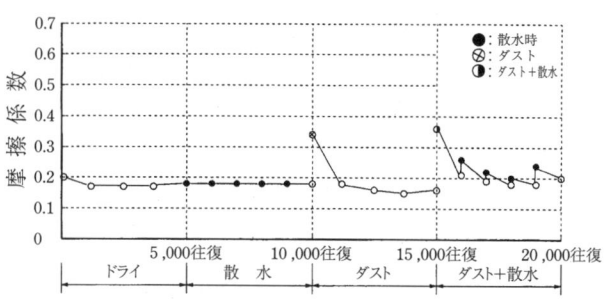

図 4.37　省給油床板の摩擦特性

ポイントの転換時はレール重量だけで負荷荷重は低いが，転換後列車が通過するときに高い衝撃的な輪軸荷重が負荷されるため，衝撃荷重実験（荷重 0～300 MPa，100 万回繰返し負荷した結果の圧縮変形量は 0.1 mm 程度）を実施した結果この形態が選定された．

この床板は図 4.37 に示すように各種条件下において安定した摩擦性能を示す．

この他，雪の多い地方では固定レールとトングレールの間に雪が圧縮され氷状となりレールが密着しなくなる場合があるので電気ヒータを床板に組み込み融雪するが，この条件においても摩擦性能が低下しないことが求められる．

（財）鉄道総合技術研究所の指導を得て，JR 九州・施設部にて 2 箇所の駅を候補に選び実際に 2 年 6 カ月間使用しその間摩擦状態がモニターされ実用に当っての基本的保守方法が確立された[13]．通常は非常に安定しているが多量の異物あるいは大きな異物が堆積する条件では摩擦係数が上昇するので，一般の使用に当っては 3 カ月ないし 6 カ月に 1 回程度安全点検を兼ねて表面清掃ならびに塗油することが奨められている．

参考文献

1) 青木純久・長沢広樹・小比田正・片山信一：鉄道総研報告，12, 10 (1998) 40-44.
2) 寺岡利雄・福原邦夫：潤滑，29, 8 (1984) 599-605.
3) 松山晋作：トライボロジスト，41, 7 (1996) 546-551.
4) 青木純久・福原邦夫・片山信一・寺岡利雄：鉄道総研報告，4, 10 (1990) 58-65.
5) 久保俊一・土屋広志：RRR, 56, 8 (1999) 10-13.
6) 久保俊一・土屋広志・池内実治・長沢広樹・久須美俊一・菅原 淳：鉄道総研報告，15, 7 (2001) 5-10.
7) 久保俊一・土屋広志・池内実治：鉄道総研報告，11, 9 (1997) 19-24.
8) 出村 要・辻村太郎・保田秀行：鉄道車両のブレーキ技術 (5)，機械の研究，49, 1 (1997) 49.
9) 木川武彦・出村 要・保田秀行：鉄道車両のブレーキ技術 (6)，機械の研究，49, 2 (1997) 295.
10) 辻村太郎・高尾喜久雄・出村 要・保田秀行：鉄道車両のブレーキ技術 (7)，機械の研究，49, 3 (1997) 379.
11) 辻村太郎・保田秀行・熊谷則道：鉄道車両のブレーキ技術 (15)，機械の研究，49, 11 (1997) 1161.
12) オイレス工業（株）：オイレス床板技術資料，K92-GR-002-1 (1992).
13) 古賀克彦：無給油床板試験敷設のその後，日本鉄道施設協会誌，12 (1993) 842.

4.3 OA・AV 機器

4.3.1 カメラ

カメラは身近にあって親しみやすい精密機械である．手軽に扱え，迅速かつ正確に見たままを映像記録する．特に，一眼レフカメラはファインダで見たままを記録でき視差がないこと，一瞬の情景を写し止めるストップモーション効果に優れていること等から万能カメラと呼ばれている．ここでは，この一眼レフカメラにおける露光制御部・電気信号接点・機械要素について固体潤滑剤の使用例を紹介する．

（1）露光制御部

図 4.38 にシャッタ羽根を，図 4.39 に絞り羽根をそれぞれ示す．両羽根の共通点は厚さ 0.1 mm 程度の薄板で構成され，互いに重なり合っているところにある．シャッタ走行時あるいは絞り込み時には，この重なり合った羽根が相対すべり運動する．もし液体潤滑剤がこの重なり部分に浸入して

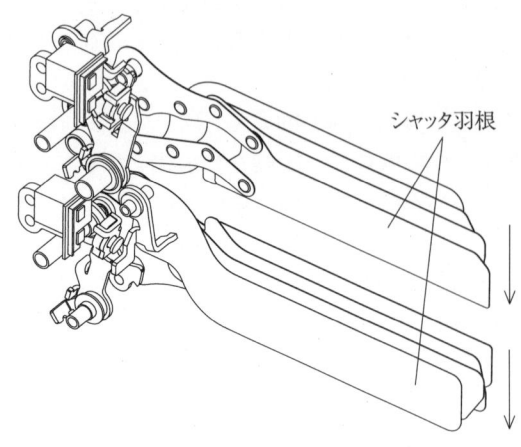

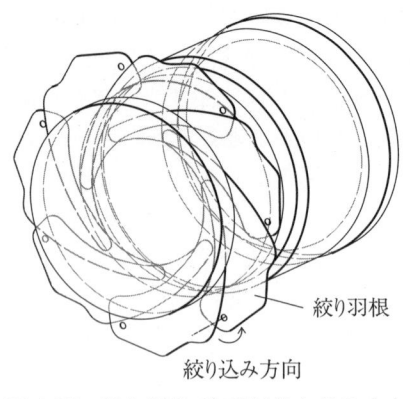

図 4.38 シャッタ羽根（矢印は走行方向を示す）

図 4.39 絞り羽根（矢印は絞り込み方向を示す）

しまったならば，シャッタまたは絞りの安定動作が損なわれてしまう．油もグリースも使用できない部分である．したがって露光制御部には通例固体潤滑剤が採用され，その果たす役割はきわめて重要となる．

（a）シャッタ羽根

シャッタ羽根材料の一例を示せば炭素繊維複合材が挙げられる．このシャッタ羽根用炭素繊維複合材料は厚さ約 0.03 mm のシート 4 枚から成る積層材料である．4 層構成のおのおののシートは炭素繊維の方向を一方向に揃えてあり，マトリクス基材としてエポキシ樹脂を使用している．この積層材料をシャッタ羽根に適用することで軽量化とともに，耐摩耗性や耐熱性，高剛性を達成している．

またシャッタ羽根表面に焼き付けるグラファイト系固体潤滑剤は潤滑機能だけでなく，光の反射率を所定値に調整する役割をも果たしている．このシャッタ羽根表面での光の反射率は閃光装置を用いた撮影において，適正露光を得るために利用される．

（b）絞り羽根

絞り羽根に金属材料を用いる場合には，一般に SK 材または Al 材を使用し，その表面につや消し，黒色のグラファイト系固体潤滑剤を厚さ約 5 μm 焼き付けてある．SK 材絞り羽根の場合には，固体潤滑剤焼付け前に HV500 から HV600 に焼入れし，黒色化成被膜を施す．Al 材絞り羽根の場合には，あらかじめ黒色アルマイトを施す．Al 材は比較的大型の絞り羽根に使用する．また廉価で大量生産されるレンズには黒色ポリエーテルイミド（PET）をそのまま使用する例もある．

（2）電気信号接点

現在のカメラは制御技術の発展にともない，オートフォーカス機能はもとより手ぶれ防止機能まで実用化されている．このような機能を実現するために，カメラとレンズとの通信は欠かせないものになっている．一般にカメラの電気信号接点には Au めっきが施されるが，ここではそれ以外の例を紹介する．

一眼レフカメラはレンズ交換可能であるから，カメラとレンズとの通信には信号接点が必要になる．図 4.40 にカメラ側の，図 4.41 にレンズ側の電気通信用接点を示す．レンズ交換するとき図 4.40 に示す操作手順によって，カメラ側接点とレンズ側接点とは相対すべり運動するため，カメラ側接点には Pt めっきを，レンズ側接点には NiB めっきをそれぞれ施し耐摩耗性に配慮してある．またカメラ側接点用インサートモールド樹脂にはポリオキシメチレン（POM）を採用している．

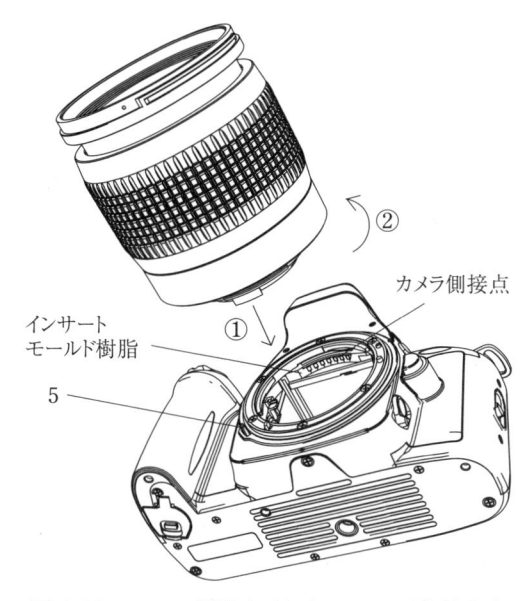

図 4.40　カメラ側接点（矢印はレンズ装着方向，番号①②は操作手順を示す）

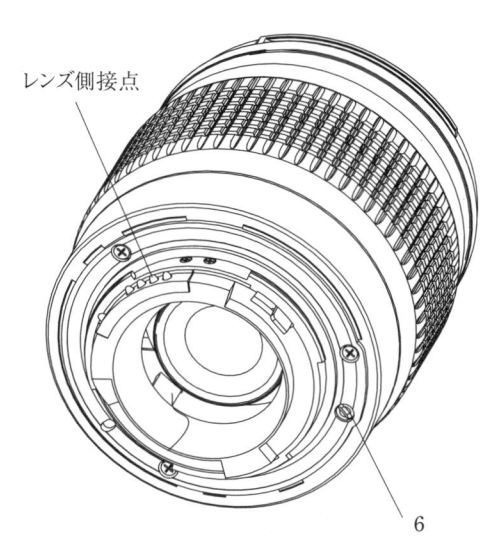

図 4.41　レンズ側接点

（3）機械要素

（a）カ ム

カメラのシャッタボタンを押すと，その内部では図4.42に示す状態からモータに駆動されてカム1が反時計方向に回転する．このカム1の1回転で1回の撮影動作を完了する．さらにこの回転はカム溝12およびカム溝13に止め爪3の先端部31が落ち込んだとき，モータへの通電が断たれ停止する．カム溝12による停止期間中に，図4.39の絞り羽根の絞り込み動作と図4.38のシャッタ走行動作とが行われる．一連の撮影動作とフィルム巻上げとが完了するとカム溝13に止め爪3が落ち込みカム1は停止する．ここではカム1の停止後ただちに止め爪3を解除し図4.42の状態に戻る．

カム1の基材はZDC，その表面にCu-Niめっきを施してある．止め爪3は浸炭オーステンパ（HV500）後，金属マトリックスにNi，分散粒子としてPTFEを組み合わせた複合めっきを採用しカム溝13の摩擦係数低減と耐摩耗性を向上している．

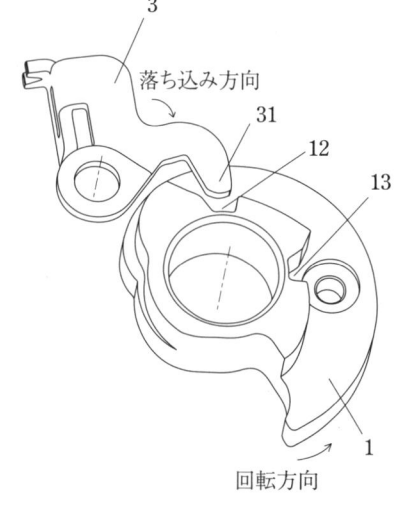

図 4.42　カム

（b）レンズ駆動連結軸

カメラにレンズを装着すると，図4.40および図4.43に示す駆動軸5は図4.41のレンズ側の連結軸6と結合する．この駆動軸5は焦点合わせのためのレンズ駆動トルクを伝達するとともに，レンズ交換可能とするためにスラスト方向運動も可能である．レンズ駆動トルクの伝達ならびに駆動軸5と相対すべり運動する歯車7には耐摩耗性，寸法安定性，成形性等バランスのよいPOM材を取り入れている．

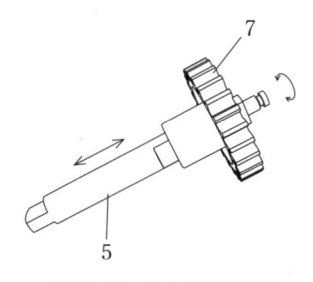

図 4.43　レンズ駆動軸

4.3.2 複写機・ファクシミリ・LBP

(1) はじめに

複写機・ファクシミリ・LBP（レーザビームプリンタ）の多くは，紙に文字や図形を描くためのインクの役割を果たす現像剤（トナー）を熱で融かして，印刷データを記録用紙に定着させる「ヒートローラ定着方式」が採用されていた．

ヒートローラ定着方式では，定着ローラ全体を加熱する構造になっておりトナーを融かすことができる温度にまで加熱するのに，相当の時間を要する．トナーを融かすために定着ローラを決まった温度まで加熱することをウォームアップといい，それにかかる時間をウォームアップ時間という．

一般的なヒートローラ定着方式では，ヒータと定着ローラが非接触に配置されるうえ，定着ローラの体積が大きく熱容量が大きくなる．また，印刷可能となる温度に加熱するのに時間がかかるため，待機時も定着ローラを加熱し続けているため，大量の電力を消費している．ウォームアップ時間が短ければ短いほど，印刷速度は向上し，高速印刷に対応するためには，定着ローラを瞬時に加熱しなければならず相当な熱量を要する．メーカーでは「オンデマンド定着方式」を開発し，ウォームアップ0秒の高速印刷を実現した．

オンデマンド定着方式は，一般的な金属管とシリコーンゴムで構成される定着ローラ部分に，ポリイミドシートという薄いフィルム状の素材を用いて，セラミック製の面状ヒータをポリイミドシートに直接配置して加熱するため瞬時にポリイミドシート表面に熱を伝えるものである．

複写機・ファクシミリ・LBPの多くは，「オンデマンド定着方式」を採用しているため，セラミック製の面状ヒータとポリイミドシートの間に生じる摩擦によってポリイミドシートが円滑にしゅう動できないことを避けるためにグリースを塗布している．

(2) グリースの要求特性

「オンデマンド定着方式」によってトナーを熱で融かして，印刷データを記録用紙に定着させるには，トナーを熱で融かすことのみならず対向する加圧ローラによって融けたトナーを記録用紙に押し付けながら記録用紙を排出させなければならない．

ポリイミドシートは，記録用紙を介して加圧ローラに加圧される力によって記録用紙に従って回転しながらセラミック製の面状ヒータとしゅう動する機構である．したがって，グリースには以下のような要求特性がある．

(a) 耐熱・耐寒性

定着温度が約200℃に達するので，グリース特性に変化がないこと．
また，低温環境下でちょう度の変化が少ないこと．

(b) 耐荷重性

加圧ローラによる加圧力に打ち勝ち面状ヒータとポリイミドシートの間に留まること．

(c) 低離油度

グリースから基油が離れる量が，きわめて少ないこと．

(d) 低蒸発量

定着温度が約200℃に達するので基油の蒸発量が，きわめて少ないこと．

(e) ゴム・プラスチック親和性

グリースは，ポリイミドシート等に接触するので，影響を与えないこと．

(f) 不燃性

発火・引火のおそれのないこと．

（3）グリースの選定

要求特性を満足できるグリースの種類は，シリコーン系グリースまたはフッ素系グリースにしぼられたが，シリコーン系グリースの基油であるポリシロキサンの低分子量成分が，揮発して電気接点に移行するとガラス被膜に変化して導通障害を起こすこと，増ちょう剤のリチウムセッケンに耐荷重性が乏しいことから最終的にはフッ素系グリースを選択した．

しかし，フッ素系グリースにも基油の種類や増ちょう剤であるポリ四フッ化エチレン（PTFE）の粒径・粒度分布がセラミック製の面状ヒータとポリイミドシートのしゅう動特性に大きな影響を及ぼすことが判明した．すなわちグリースの調合に供する基油が直鎖状のものや側鎖状のものに潤滑特性は大きく依存し，耐荷重性や離油度が増ちょう剤の粒径・粒度分布に依存すると言える．さらに増ちょう剤であるPTFEの固体潤滑作用による耐久性の増長があるといえる．以下に選定評価時のちょう度（表4.11），駆動トルクの経時変化データ（図4.44），離油度のデータ（表4.12）を示す．

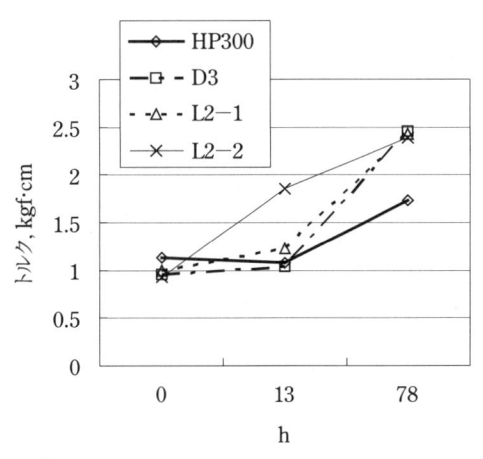

図4.44 駆動トルクの経時変化データ

表4.11 選定評価時のちょう度

メーカー	ちょう度	グリース	トルク, kgf·cm		
			0 h	13 h	78 h
DC·A	275	HP300	1.13	1.08	1.73
H	326	D3	0.95	1.03	2.45
D	326	L2-1	1.00	1.23	2.43
D	294	L2-2	0.93	1.85	2.38

表4.12 離油度のデータ

グリース	離油度（重量% 200℃）					
	30時間	1週間	2週間	3週間	4週間	5週間
HP300	6.8	10.2	12.2	13.8	14.6	14.8
D3	7.4	10.2	12.2	13.4	14.4	14.5
L2-1	9.0	12.6	14.4	15.8	17.0	17.2
L2-2	6.8	10.0	11.4	12.4	13.0	13.3

4.3.3 ハードディスク

図4.45に示すようにハードディスク装置には記録再生部品として磁気ディスクおよび磁気ヘッドが搭載されている．それぞれの部品にはそれらの断面図に示すようにナノメートルレベルのカーボン膜が保護膜として被覆されている．磁気ヘッドの記録・再生素子と磁気ディスクの磁気記録媒体

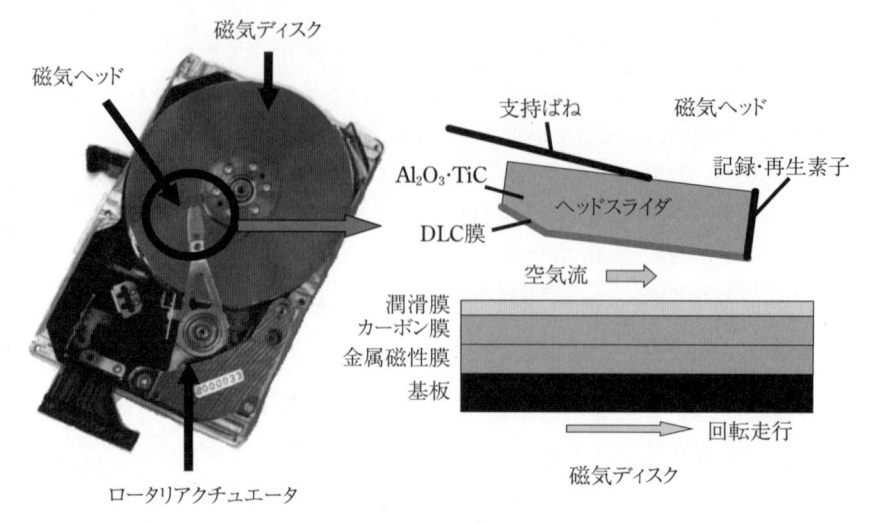

図 4.45 磁気ディスク装置の部品と磁気ヘッド-磁気ディスク界面の断面構造

との間隔を小さくするほど記録密度を上げることができるため,保護膜厚はできるだけ薄くする必要があり,磁気ディスクで5 nm,磁気ヘッドで3 nm程度である.保護膜の役割は磁気ディスクにおいては金属磁性薄膜の摩耗および腐食からの保護である.また,磁気ヘッドにおいては磁気ディスクのカーボン保護膜上に被覆されたパーフルオロポリエーテル潤滑油が,磁気ヘッドスライダ材料に含まれるアルミナによって分解することを防止するためである.分解のメカニズムはルイス酸としての触媒作用によると考えられており[1],分解生成物であるパーフルオロカルボン酸は強酸であり磁性金属を腐食させるほか,生じた高粘性物質がスライダ端面に付着し磁気ヘッドの空気浮上を阻害してヘッドクラッシュの原因になるとされている.磁気ディスクの機械的耐久性に関わる保護膜の性能は,膜自体の機械物性(硬度,ヤング率,内部応力,疲労強度等),下地材料との付着強度,および潤滑剤との親和力の三つが特に重要となる.磁気ヘッドの保護膜は,下地との付着力を向上させるためにSiを付着層に用いている.カーボン保護膜は非晶質膜であるが,トリゴナル配置の化学結合 sp^2 に比べテトラヘドラル配置の化学結合 sp^3 の含有割合が多いほど膜硬度が大きい.磁気ディスクのカーボン保護膜はマグネトロンスパッタ法で成膜され,水素や窒素を添加することが一般的である.窒素化することにより硬度は減少するが,潤滑剤との親和力は増加するといわれている.磁気ヘッドのカーボン保護膜は,プラズマCVD法を用いて製造するダイヤモンドライクカーボン(DLC)である.このDLC膜は水素を含有し,sp^3 結合を多く含むことにより緻密で硬度が高い.記録密度の増加が進み,磁気ヘッドの浮上量が10 nm程度になって接触頻度も多くなっていることから,さらなる薄膜化が要求される.しかし膜厚が5 nmを下回ると急激に機械的強度が減少し,これを解決するためにイオンビームデポジション法(IBD)[2]やカソーディックアーク法[3]といった新しい成膜法が期待されている.カーボン膜は種々の方法で評価されており,特にラマン散乱分光法は図4.46に示すような1,360 cm^{-1}付近のDバンドと1,575 cm^{-1}付近のGバンドに注目し,グラフェン構造の広がりを表すDバンドが小さく強度比(I_D/I_G)が小さいほど耐摩耗性が良いことも知られている.また核磁気共鳴法(NMR)や電子線エネルギー損失分光法(EELS)によって sp^2 と sp^3 の結合比率が計測できる[4,5].また電子スピン共鳴法(ESR)によってカーボン膜に含まれるダングリングボンド量が計測され,図4.47に示すような潤滑剤との親和エネルギー(吸着熱)との相関が報告されている[6].膜の機械的特性は,三角すい圧子を用いた超微小硬度計などが用いられている[7].

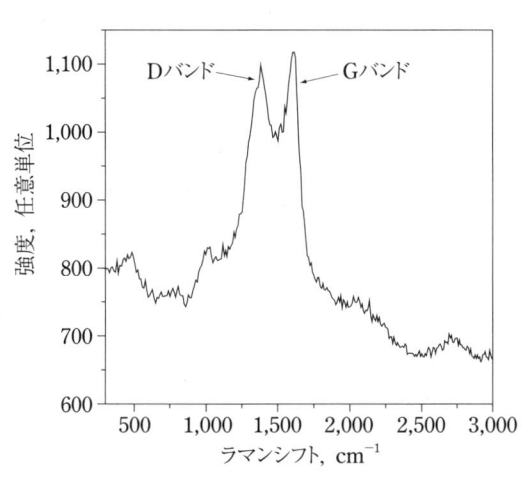

図 4.46 スパッタカーボン膜のラマンスペクトル

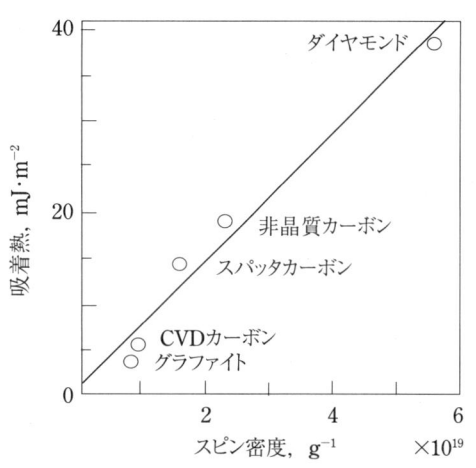

図 4.47 パーフルオロポリエーテルに対する各種カーボンの吸着熱とダングリングボンド量の関係

磁気ディスク装置におけるカーボン保護膜の機械的耐久性評価は，磁気ディスクの回転・停止を繰り返して磁気ヘッドを間欠的に接触させるコンタクト・スタート・ストップ（CSS）法が一般的に採用されているが，連続しゅう動法（ドラッグ試験）も用いられている．これらのその場観察手段として，ひずみゲージによる摩擦力，AEセンサによる音響振動測定，ドップラー振動計による磁気ヘッドの振動測定，または偏光解析を用いた光学的膜厚観察[8]などが用いられている．

4.3.4 VTR

1975年に家庭用VTR（Video Tape Recorder）が商品化されて以来，一般家庭への普及は著しい．1980年代になると家庭用のビデオカメラも普及しはじめ，それ以降，ハード面だけでなくソフト面での技術進歩も目覚しいものがある．

記録媒体である磁気テープに情報を書き込むあるいは読み込む機構（メカデッキ）の基本的な構成は図4.48示されるとおりである．磁気記録は記録媒体と磁気ヘッドとの相対運動を基本とする技術でありその中で生ずる現象はすべてトライボロジーの領域に入るものと解釈できる．

（1）ヘッド系

VTRにおいて画像の読み取りは，シリンダヘッドの回転方向に対して傾いた方向にテープを走行

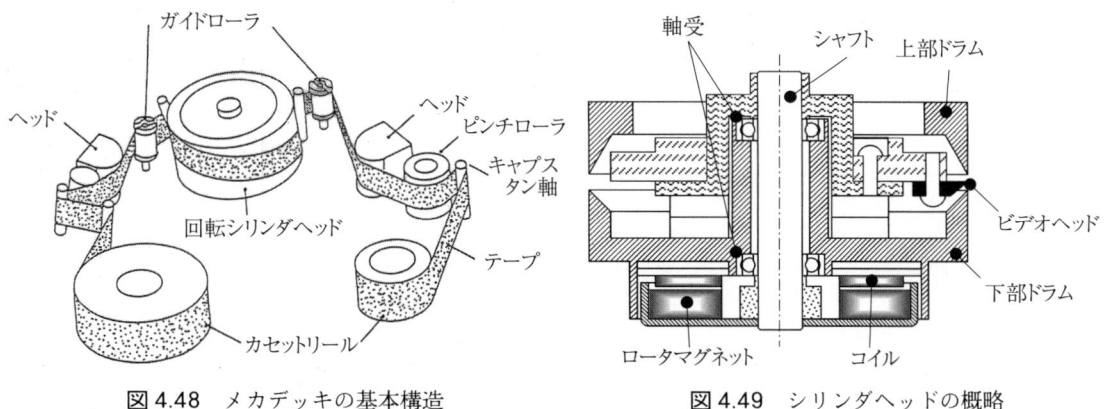

図 4.48 メカデッキの基本構造

図 4.49 シリンダヘッドの概略

させて走査する（ヘリカルスキャン）．そのためシリンダヘッドの回転精度はきわめて重要となり，画像の品質〔ジッタ（Jitter）現象：シリンダヘッドの回転むらやテープの走行速度むら，テープの伸縮により生じる画像ゆれ現象〕に大きく影響する．
　シリンダヘッドの回転精度には軸受の精度が反映

表 4.13　使用条件例[1]

項目	単位	条件
回転数	min^{-1}	1800～1900
温度	℃	－20～＋80
湿度	％RH	5～90

表 4.14　要求性能と軸受仕様[1]

項目	単位	要求性能	軸受仕様
回転精度	μm	軸の振れ ラジアル方向≦2 アキシアル方向≦1	回転軸のラジアル振れ・アキシアル振れなど JIS P2 以上
組込み性		すきまばめ	寸法精度 JIS P4 以上，内径寸法を 0.5～1.0 μm 単位で区分
振動	G	0.01 以下	低騒音対策（軌道輪，玉，保持器，グリースのすべて）
回転むら	％	0.005 以下	専用グリース
寿命（騒音寿命）	h	3000 以上	専用グリース，ラビリンス効果に優れるシールド構造
消費電力	mA	100 以下	低トルク（専用グリース）

されるため，シリンダヘッドの軸受には精密な玉軸受が用いられている（図 4.49，表 4.13[9]，表 4.14）．
　磁気テープは高速に回転するドラム上を浮上しながら走行しているが，最近では記録の高密度化に伴いシリンダヘッドの回転速度は低下していく傾向にある．また，DVC（Digital Video Camera）に代表されるビデオカメラは小型化が進み，これに伴いシリンダヘッドも小型化されてきているため，テープがドラムに接触しやすくなってきている．これに対し，上ドラムにV字溝を設ける方法

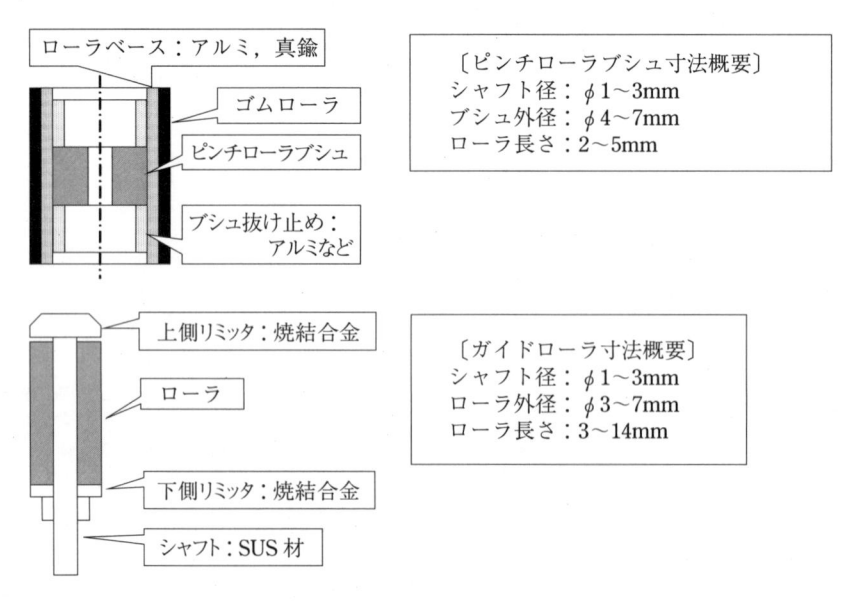

図 4.50　ガイドローラの構造，寸法

や上下ドラムの径差をコントロールするなど，接触しゅう動を和らげる手法が採用されている.

(2) テープ走行系

ピンチローラおよびガイドローラの構造，寸法を図4.50に，その使用条件例を表4.15に示す. VTRの場合，音響機器用とは異なり，早送り/巻戻しの高速回転から，ノイズレススローのような超低速間欠駆動に至る広範囲な速度変化があり，さらに記録の高密度化によりキャプスタンの回転数も非常に低速化してきている．キャプスタン軸に追従して回転するピンチローラも同様であり，含油軸受やミニチュアボールベアリングに塗布されている潤滑油の効果が得られなくなってきている.

ヘッドドラムにテープを半周以上巻き付けるようなメカデッキでは，必然的にテープガイドに巻き付ける角度も増えてしまい，テープ走行ロスが多くなってしまうので，ラップ角が最小となるように設計し，さらに走行ロスを軽減させる必要がある.

表4.15 使用条件例

使用部位	ピンチローラブシュ	ガイドローラ
軸受材料	ポリエチレン系 特殊添加剤充てん材料	含油ポリアセタール系 特殊添加剤充填材料
相手軸	SUS材など	SUS材など
回転数	$200～600 \ min^{-1}$	$10000 \ min^{-1}$ 以上
軸受部荷重	300～1500 gf	20～50 gf
回転方向	正逆回転	正逆回転
潤滑	グリース初期塗布	無潤滑
要求特性	回転振れ精度5μm以下	テープへの異物付着がないこと

参考文献

1) P. H. Kasai : Degradation of Perfluoropolyethers Catalyzed by Lewis Acids, Adv. Info. Storage Syst., 4 (1992) 291.
2) Y. Sun, X. Chu, & M. M. Yang : Untrathin Ion-Beam Carbon as an Overcoat for the Magnetic Recording Media, IEEE Trans. Mag., 39, 1 (2003) 594.
3) H. Inaba, S. Fujimaki, S. Sasaki, S. Hirano, S. Todoroki, K. Furusawa, M. Yamasaka & X. Shi : Properties of Diamond-Like Carbon Films Fabricated by the Filtered Cathodic Vacuum Ark Method, Jpn. J. Appl. Phys. 41 (2002) 5730.
4) J. Robertson : Amorphous Carbon, Adv. Phys. 35, 4 (1986) 317.
5) H. Tsai & D. B. Bogy : Critical Review:Characterization of Diamondlike Carbon Films, J. Vac. Sci. Technol. A5 (1987) 3287.
6) M. Yanagisawa : Adsorption of Perfluoro-Polyethers on Carbon Surfaces, Tribology and Mechanics of Magnetic Storage Systems vol. IX, STLE Special Publication SP-36 (1994) 25.
7) 柳沢雅広：薄膜の機械的特性の評価法－硬度や耐摩耗性などを解明－, Nikkei Mechanical, 5.16 (1988) 95.
8) S. W. Meeks, W. E. Weresin & H. Rosen : Optical Surface Analysis of the Head Disk Interface of Thin Film Disks, ASME J.Tribology, 117 (1995) 112.
9) 光洋精工株式会社編：転がり軸受，工業調査会 (1998) 154.

4.4 産業機械

4.4.1 建設機械
(1) 建設機械用油脂(グリース)の応用

建設機械において,各部しゅう動部にはグリースが多用されている.特に高荷重用途や,油圧ショベル作業機のピン・ブシュ部には初期なじみを円滑にするために二硫化モリブデン入りのグリースやペーストが使用されている.

しかし,二硫化モリブデン入りグリースの使用に際して,使用条件によっては注意が必要である.パワートレイン部品に焼き付き防止のために二硫化モリブデン高荷重グリースを使用した場合,フレッチング摩耗が発生することがある.そこで,ASTM D4170 フレッチング摩耗試験を実施した結果[1]を図4.51に示す.リチウムグリースは良好な耐フレッチング性を示したが,二硫化モリブデン高荷重グリースはNLGI基準を大幅に超えるフレッチング摩耗を発生した.

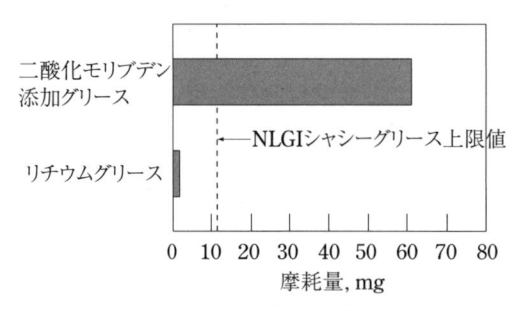

図4.51 フレッチング摩耗試験結果

表4.16 リン酸塩ガラス組成

組成, wt%	
P_2O_2	63
K_2O	19
Na_2O	16
B_2O_3	2
性状	白色粉体
粒子径, μm	20〜150

近年,建設機械の高性能化に伴って二硫化モリブデン入りグリースでも極圧性が不足する場合が出てきたため,固体潤滑剤としてリン酸塩ガラスを配合した非黒色系高荷重グリースが開発され,使用されている[1].表4.16にリン酸塩ガラスの組成を示す.リン酸塩ガラス入りグリースと二硫化モリブデン入りグリースなどの耐焼付き性能をダスト混入がありとなしの場合の2水準について ASTM D2596 高速四球試験を実施し比較した(図4.52).ダストはJIS 8種標準ダスト(関東ローム土)を使用し添加量は1 wt%とした.

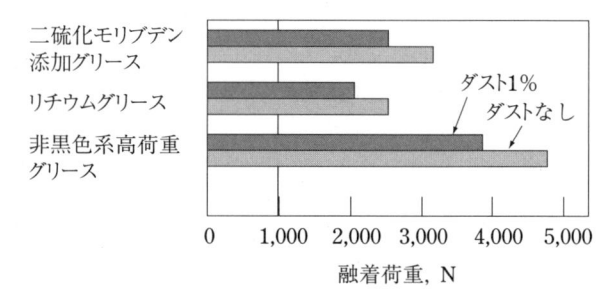

図4.52 高速四球試験による融着荷重比較

ダストなしの条件で,非黒色系高荷重グリースはリチウムグリースの2倍近い値を示した.また,二硫化モリブデン入りグリースよりも優れた結果であった.ダスト混入条件においては,耐荷重能は低下するが,二硫化モリブデン入りグリースより1ランク上の性能を示した.

リン酸塩ガラス入りグリースの潤滑メカニズムは軽負荷時(390 N)と高負荷(3,090 N)時での高速四球試験後のフェログラフィ写真(図4.53)の分析から次のように推定される.高負荷ではリン酸塩ガラスが溶融して摩耗粉を包み込んでいる様子が観察されることから,グリースとともにしゅう動面に入り込み高温高圧状態に曝され軟化して厚い潤滑被膜を形成していると推定される.

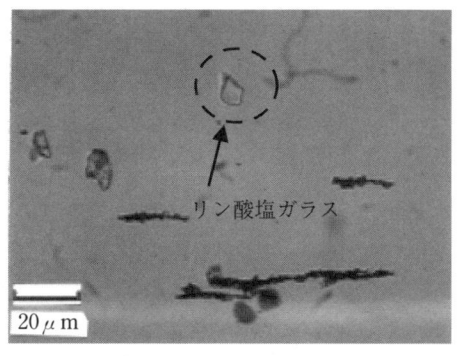

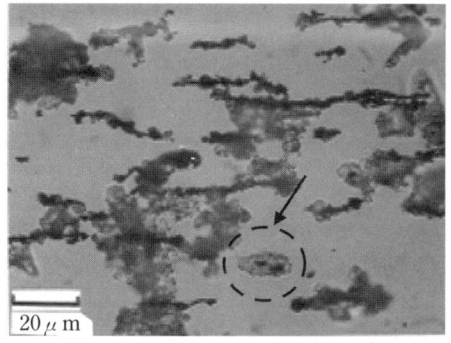

低負荷時（390N） 　　　　　　　　高負荷時（3,090N）

図4.53　高速四球試験後のフェログラフィ写真

（2）建設機械部品への応用

建設機械部品において固体潤滑剤が適用されている例としては各種軸受が多い．油圧機器やディーゼルエンジンの軸受として銅・スズ合金焼結層の上にPTFE＋固体潤滑剤をライニングしたものが使用されている．この軸受は，オフロードダンプトラックのハイドロニューマチックサスペンションのショックアブソーバロッド支持部にも使用されている．一部の油圧ショベルの作業機には，固体潤滑剤プラグを銅合金ベースに埋め込んだブシュが使用され給脂間隔の延長が図られている[2]．

最近では油圧機器のしゅう動条件が過酷になる状況（難燃性作動油，生分解性オイル，低粘度オイル使用や環境対応による油性剤，極圧添加剤除去）や小型化によるPV値アップに対応してDLC（ダイヤモンドライクカーボン）膜を油圧機器に適用する例がある[3,4]．

その中で，難燃性作動油（水グリコール系）を油圧ショベルに適用し，薄い発生油膜に起因する焼き付きを解決した例を紹介する．DLC膜は，成膜方法，成膜条件によって硬さ，表面粗さ，はく離強度に大きな差がある．そこで，油圧ポンプ/斜板ポンプ（図4.54）に要求される硬さ（耐久性）と表面平滑性（低相手材攻撃性）の両立を狙い成膜方法と成膜条件を設定した．その結果，硬さ60,000 MPa，表面粗さ（$R_{\max}$）1 μmのDLC膜を斜板ポンプクレードル部に形成した油圧ポンプを開発し，油圧24.5 MPa，油温80℃で稼動する水グリコール仕様の油圧ショベルが実用化されている（図4.55）．

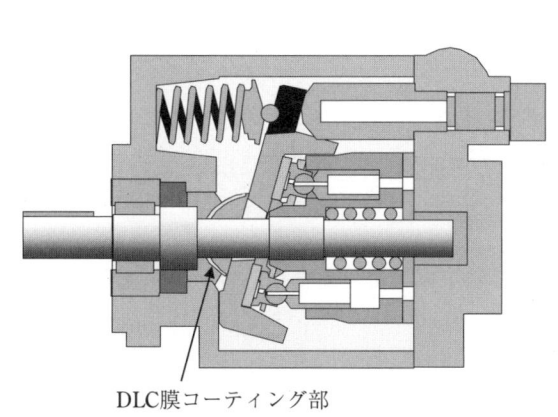

図4.54　斜板ポンプ構成図　　　　　　図4.55　水グリコール仕様油圧ショベル

4.2.2 工作機械

工作機械は加工速度の増加と加工精度の向上が常に求められる．加工速度の増加の点ではスピンドル軸の高速回転がキーテクノロジーであり，その軸のベアリング部材のセラミックボールなどでの改良とともに潤滑方式もグリース潤滑，ミスト潤滑，ジェット潤滑などがとられている．ただし，いずれも流体潤滑ですら限界の領域で適用されており固体潤滑を積極的に使用する状況にはない．一方，加工精度の向上では位置決め精度の向上はもとより各部材の摩耗の防止も精度維持の点から重要であり，固体潤滑を積極的に使用する例もある．

工作機械での精度維持としての固体潤滑剤応用は装置本体部材での使用と工作機械を構成する各種機械部品・工具等々でのメンテナンス仕様という二つの側面がある．もちろん工作機械にもねじやボールジョイント，ギヤボックス，スプライン等があり，それぞれの離脱・潤滑用に固体潤滑剤含有の各種製品が使用されている．またそれぞれの軸の嵌合や組立，初期なじみ用に固体潤滑剤を使用しているのは機械装置全般とも共通している．

マシニングセンタに代表される切削機械装置本体に組み込まれている固体潤滑剤は主にすべり案内面での使用に限定されている．従来はしゅう動面に二硫化モリブデン系のペーストを塗布することが各工作機械メーカーでも一般化しており，メンテナンス用のしゅう動面油にも二硫化モリブデン分散のオイルが使用されていた時期もあった．現在では案内面をエポキシコンパウンドやフッ素樹脂充てんプラスチックを使用することにより，スティックスリップの発生による位置決め精度の低下はほぼ防止されている．そのため固体潤滑剤含有製品をしゅう動面油に使用する例は減っており，最終ユーザーの判断でメンテナンスに使用している状況である．ただし，しゅう動部品のメンテナンス用に各装置メーカーの純正保守グリースとして固体潤滑剤含有製品が指定されている場合もあり，一概に固体潤滑を必要としなくなっているとはいい難い．

実際に工作機械の使用現場ではメンテナンス用も含めると固体潤滑剤含有製品の用途は多岐にわたる．使用現場での代表的なメンテナンスの用途として自動旋盤のコレットチャックとスピンドルキャップのテーパ状接触面の離脱用に二硫化モリブデン含有ペーストを塗布する例がある．この部分は切削液も進入するため，一時期は塩素系の切削剤により離脱が確保された時期もあったが，塩素系切削剤の使用削減により再び離脱困難となり改めて使用が増加する傾向にある．また難加工剤のタッピングには塩素系でも性能的に不十分な場合があり固体潤滑剤と併用することで良好な加工を可能とさせている例もある．塩素系潤滑剤の削減に伴い固体潤滑剤を再び検討する機会も増えている．

また加工用工具にも固体潤滑とみなされる製品は多く，TiN，TiCNに代表される耐摩耗処理のみならずDLC被膜処理した商品も多数使用されている．またTiN，TiCN等の表面処理を行った後，二硫化モリブデンのスパッタリング膜を付けた商品もあり，TiN等の表面にMoS_2スパッタリングをすることで，エンドミルの切削長さ寿命でTiCNのみの1.5倍，ステンレス鋼のピアスパンチでTiCNのみの4倍，ドリル切削では3倍から条件によっては10倍以上の寿命延長が得られるとの実験結果もあり[5]，実用に供されている．

一方，打抜きや鍛造に使用されるプレス機械においては，重荷重のすべり部分も多くオイレスメタルの使用も一般的であり，メンテナンス用として各すべり面，オープンギヤに固体潤滑剤含有製品を塗布し摩耗を防止している．また金型においては加工時の微振動によるフレッチング摩耗防止の要求があり軟質金属含有の焼付き防止剤の使用など多くの実用例がある．特に近年は打抜き・加工速度の増加，精度要求の過酷化に伴いフレッチング摩耗は増加しており，固体潤滑によるフレッチング防止要求も増加している．

4. 産業における応用

以上のように，工作機械の高速化は固体での潤滑の限界を超えている感がある．ただし環境問題の高まりから加工用潤滑剤の使用原料にも制限が加わりつつあり固体潤滑剤を見直す例も増え，かつ精度維持を含め良好な加工を維持するために各種固体潤滑剤は不可欠な状態である．

4.4.3 成形用機械

射出成形機において金型の開閉と締付けを行う型締装置は，射出装置と同様に重要な要素である．代表的な型締め装置の構造の一つであるトグル式と呼ばれる方式を図4.56に示す．トグルブシュには高硬度特殊銅合金系固体潤滑剤埋込み型軸受が適応されている．タイバーブシュには高力黄銅合金系固体潤滑剤埋込み型軸受，固体潤滑剤分散型焼結複層軸受，成長鋳鉄含油軸受が各射出成形機メーカーの設計思想にも基づき使い分けられている．図4.57に固体潤滑剤埋込み型軸受，図4.58に固体潤滑剤分散型焼結複層軸受の外観を示す．

(1) トグルブシュ

トグル機構においては構成するリンクの位置によって力の拡大率と速度が変化する．型締め運動の初期の段階では，速度は速いが力の拡大率は小さく，型締め完了に近づくにつれて急激に速度が減少する代わりに，力の拡大率は増加する．そして型締め完了時点では，速度は無限小となり，力の拡大率は理論上（リンク機構の摩擦損失がないとすれば）無限大となる．このリンク部に使用される軸受には型締時に最大荷重65～120 MPaが繰返し負荷される．以前は，銅合金や熱処理した鉄ブシュが十分な潤滑油の供給のもとで使用されていたが，油，グリースによる機会，作業環境の汚染などの問題を解決するために10年以上も前から固体潤滑剤埋込み型軸受が選定されている．軸受性

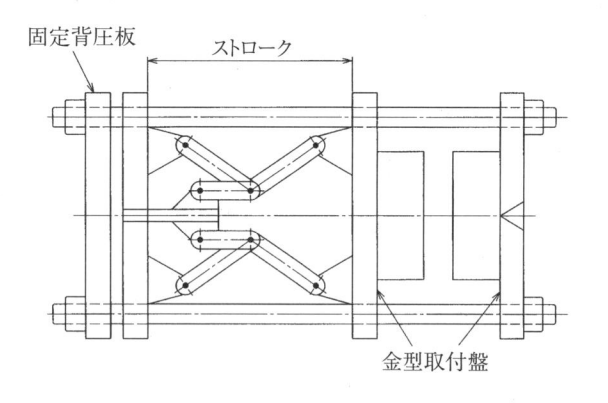

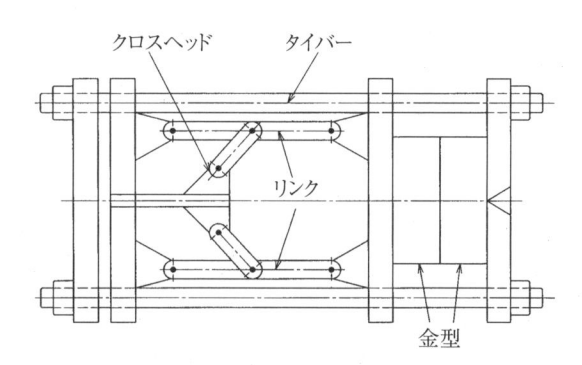

図4.56 トグル機構

図4.57 固体潤滑剤埋込み型軸受

図4.58 固体潤滑剤分散型焼結複層軸受

能としては，①高い耐荷重性，②なじみ性，③耐摩耗性，④給脂間隔延長（50〜100万ショットごと）などが要求されている．軸受ベース金属は，一般の高力黄銅に高負荷時の耐摩耗性向上を目的にNi等を添加したものや，Crを添加しさらに耐荷重性を向上させたグレードなどが使用されている．固体潤滑剤としては，高荷重にも耐えられるように高強度かつ潤滑油の保持性の良い黒鉛ベースが選択され，黒鉛被膜と油の相乗効果により潤滑される．

表4.17に摩擦試験条件，図4.59，図4.60に最大荷重100 MPaにおける各材質の摩擦挙動および摩耗量を示す．

耐摩耗性の高い材質は摩擦係数が若干高い傾向にあることがわかる．また，相手材の摩耗は2〜3μm程度である．型締め機構においては軸受の摩耗を極力少なくし，型締め力を維持することが射出成形品の精度の確保に重要である．現状はNi，Crを含んだより耐摩耗性の高いベース金属が選択され，製品精度の向上に寄与している．

表4.17 摩擦試験条件

運動形態	相手軸連続揺動運動
試験面圧	100 MPa
しゅう動速度	0.47 m/min（試験サイクル：5 cpm）
相手軸材質	SCM440高周波焼入れ（硬度：HRC60±2）
揺動角度	90°
試験時間	100 h（30000サイクル）
潤滑条件	無潤滑

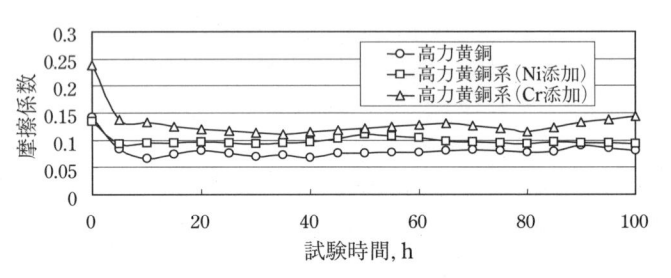

図4.59 摩擦係数の時間的推移

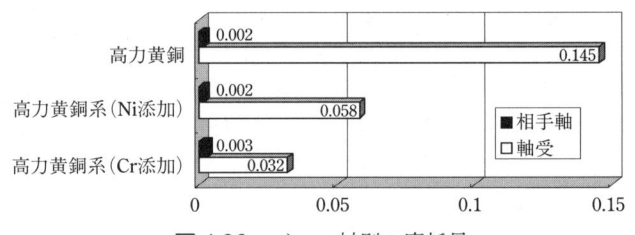

図4.60 ベース材別の摩耗量

(2) タイバーブシュ

タイバーブシュは成形金型が取り付けられた可動盤に組み付けられ，タイバー上を成形サイクルに伴い直線往復運動する軸受である．運動中の負荷荷重は1 MPa程度で比較的低いが，すべり速度はディスク関係等の薄肉品を成形する小型機においては2 m/sと通常の2倍程度で往復運動としては

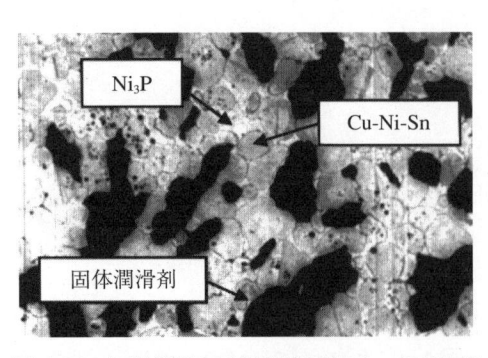

図4.61 固体潤滑剤分散型複層軸受の表面状態

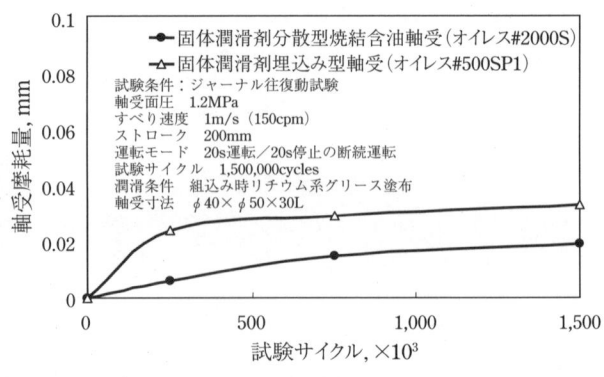

図4.62 往復動試験結果

かなり早い速度で使用されている．

図4.61にタイバーブシュで使用されている固体潤滑剤分散型複層軸受の表面写真を示す．高硬度のNi_3P層，比較的柔らかい$Cu-Ni-Sn$層，固体潤滑剤（黒鉛）の3成分で形成されている．固体潤滑剤と空孔に保持された含油オイルにより摩擦係数が低減され，高硬度の組織が分散していることにより耐摩耗性が向上している．

図4.62にタイバーで使用される軸受の設計条件下での往復動試験結果を示す．摩耗量はいずれも許容範囲であるが，耐摩耗性は相対的に埋込み型よりも分散型のほうが優れていることがわかる．また，分散型は埋込み型と比較して固体潤滑剤の摩耗による潤滑油，グリースの汚れも少なく，相手軸への固体潤滑剤の移着量も少ないことから外観がクリーンであることが評価される場合もある．

4.4.4 発電プラント

近年，発電プラントの効率向上を目指した開発・設計が進み，使用される軸受，しゅう動部材の使用条件が厳しくなりつつある．

水力発電プラントでは，図4.63に示すように，スラスト軸受とガイド軸受が装備されている．軸受損失低減のため，従来のホワイトメタルに代わって，樹脂材料の採用が進んでいる．蒸気タービンには，始動・停止やその他に起因する軸受台のすべりを円滑にするため，ソールプレートが設けられている．鉄系材料ソールプレートのしゅう動面にグリースを注入する方式に代わって，メンテナンスフリーと環境負荷低減のため，無潤滑樹脂材料の採用が進められている．

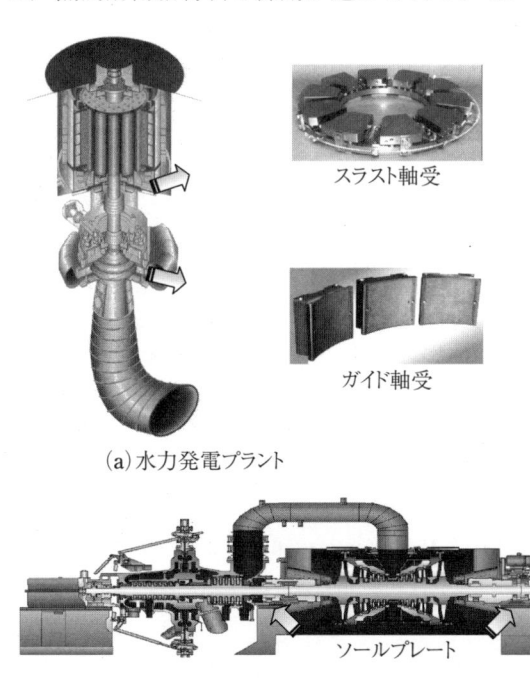

図4.63 樹脂しゅう動材料の発電プラントへの適用例
(a) 水力発電プラント
(b) 火力発電プラント

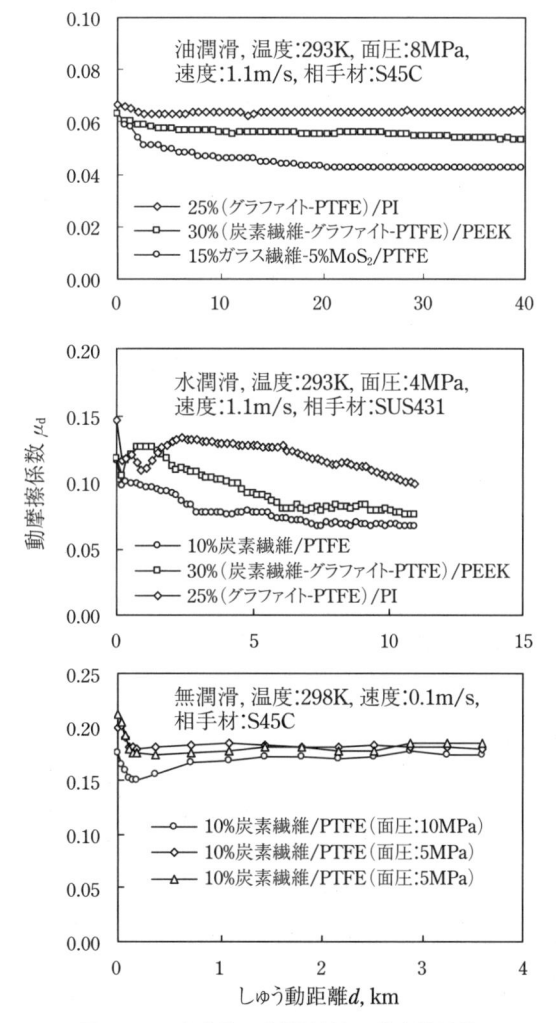

図4.64 代表的な樹脂材料の動摩擦係数

表4.18 代表的な樹脂しゅう動材料の組成としゅう動条件
(リング・オン・ディスク摩耗試験法)

潤滑条件	樹脂材料		面圧, MPa	速度, m/s	温度, K	相手材
	母材	充てん材				
油	PTFE	15%ガラス繊維-5% MoS_2	2～8	0.5～3.4	RT～353	S45C $R_{max}=6\mu m$
		20%ホウ酸アルミニウムウイスカ-5% MoS_2				
		20%ホウ酸アルミニウムウイスカ-5% BN				
		10%炭素繊維				
	PEEK	30%(炭素繊維-グラファイト-PTFE)				
	PI	25%(グラファイト-PTFE)				
水	PTFE	10%炭素繊維				SUS-431 $R_{max}=6\mu m$
	PEEK	30%(炭素繊維-グラファイト-PTFE)				
	PI	25%(グラファイト-PTFE)				
無潤滑	PTFE	10%炭素繊維				S45C $R_{max}=6\mu m$
	PEEK	30%(炭素繊維-グラファイト-PTFE)				
	PI	25%(グラファイト-PTFE)				

代表的な樹脂しゅう動材料の組成を表4.18に示す．低摩擦係数と耐摩耗性に優れた四フッ化エチレン（PTFE），ポリエーテルエーテルケトン（PEEK），ポリイミド（PI）樹脂材料を母材とし，ガラス繊維，炭素繊維，ホウ酸アルミニウムウイスカ，BN，MoS_2，グラファイト等の充てん材を添加して，摩擦・摩耗特性とともに機械的性質の向上を図っている．

(1) 油中における樹脂材料のしゅう動特性

ガラス繊維-MoS_2/PTFE樹脂材料は，PEEK系，PI系樹脂材料と比較して，動摩擦係数が最も低く（図4.64），水力プラントの各種軸受に数多く採用されている．この樹脂材料軸受を採用した水力プラントは，起動摩擦係数が従来のホワイトメタルの約1/3と低く，自己潤滑性に優れ，高面圧に耐えられるため，軸受の小型化による大幅な損失低減，始動時に機械的に回転部をジャッキアップする装置や油膜を形成するオイルリフタ装置の省略化，軸受寿命と信頼性向上が得られている[6,7]．

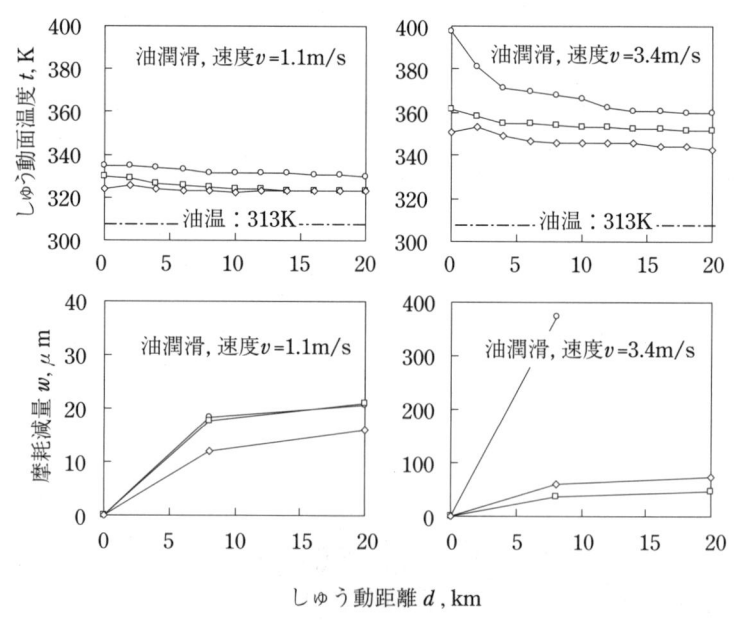

図4.65 油中におけるPTFE系樹脂材料のしゅう動特性

―○― 15%ガラス繊維-5%MoS_2/PTFE
―□― 20%ホウ酸アルミニウムウイスカ-5%MoS_2/PTFE
―◇― 20%ホウ酸アルミニウムウイスカ-5%BN/PTFE

4. 産業における応用

ホウ酸アルミニウムウイスカ-BNまたはMoS_2/PTFE樹脂材料は，高温および高速のしゅう動条件において，摩擦による温度上昇がガラス繊維-MoS_2/PTFE系樹脂材料と比較して，遥かに小さく，摩耗減量もきわめて少ない（図4.65）．微細なウイスカの分散効果と自己潤滑性により，充てん材の脱落によるしゅう動面のアブレシブ摩耗が抑制され，鏡面のしゅう動部を呈している〔図4.67（a）〕．この樹脂材料は，火力発電プラントのような高速回転に使われる軸受および各種のしゅう動部材用に適している．

（2）水中における樹脂材料のしゅう動特性

水潤滑条件において，ガラス繊維/PTFE樹脂材料は，相手材とともに激しい摩耗を起こすことが知られているが，炭素繊維/PTFE樹脂材料は，PEEK系材料より摩擦係数が小さく，耐摩耗性に優れている（図4.65, 4.66）．炭素繊維の摩耗粉がしゅう動面に存在し，潤滑効果を発揮している〔図4.67（b）〕．この材料は，吸水性を有するPI系樹脂材料より遥かに寸法安定性が高く，耐土砂摩耗性に優れ，水力発電プラントの水車主軸のパッキン材料として採用検討されている．

（3）無潤滑状態における樹脂材料のしゅう動特性

PTFE樹脂材料は，建築構造物，橋梁等の温度差やその他に起因する動きを逃がすため，可動支承として使用されている．PTFE母材に炭素繊維，グラファイト等の充てん材を添加することによって，圧縮弾性率，潤滑性が向上し，高負荷のしゅう動条件において，自己潤滑性を発揮し，優れた耐摩耗性を呈している〔図4.66（b）〕．このような用途では，大気中の砂やその他の異物の巻込みによるアブレシブ摩耗が懸念されるが，異物混入した摩耗試験にて異常摩耗が見られず，円滑なしゅ

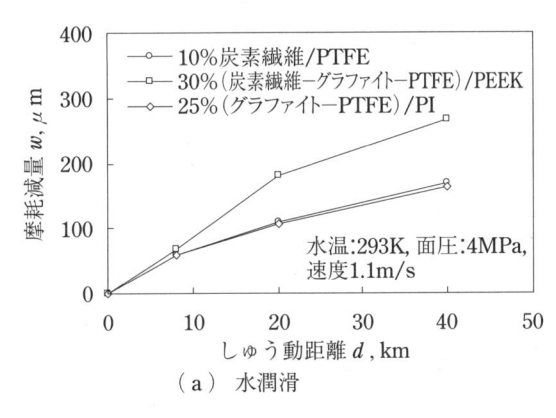

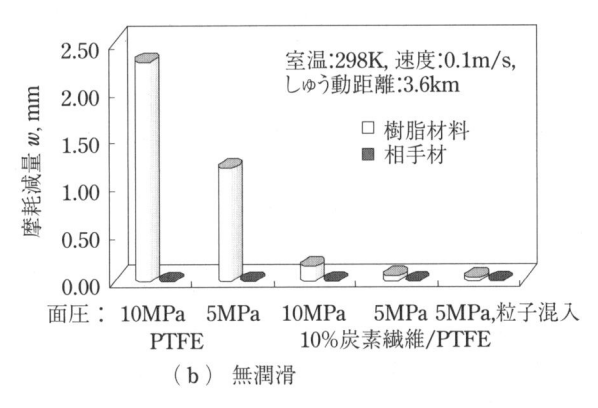

（a）水潤滑
（b）無潤滑

図4.66 水中および無潤滑状態における代表的な樹脂材料のしゅう動特性

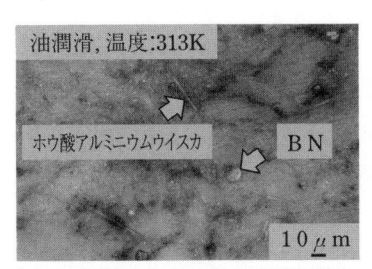

(a) 20%ホウ酸アルミニウムウイスカ-5%BN/PTFE 面圧:8MPa、速度:3.4m/s
(b) 10%炭素繊維/PTFE 面圧:4MPa、速度:1.1m/s
(c) 10%炭素繊維/PTFE （しゅう動面100μmアルミナ粒子混入） 面圧:5MPa、速度:0.1m/s

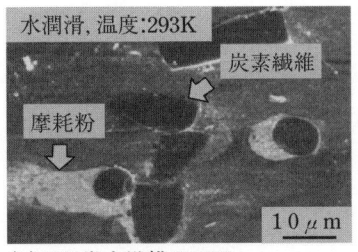

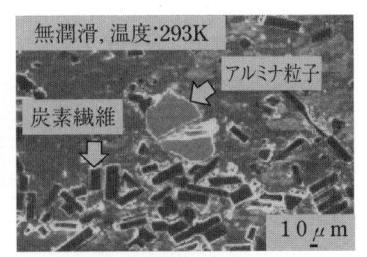

図4.67 代表的な樹脂材料のしゅう動面

う動状態を確認した〔図4.67 (c)〕．蒸気タービンソールプレートとして，適用検討が進んでいる．

参考文献

1) 飯島浩二他：非黒色高荷重グリース"ハイパーホワイトグリース"の開発，コマツテクニカルリポート，44, 1 (1998) 16.
2) 上山直樹：油圧ショベルのEMS(新給脂技術)，住友重機械技報，47, 139 (1999) 73.
3) 山本　浩：水グリコール仕様油圧ショベル，トライボロジー研究会第15回講演会予稿集 (2004) 35.
4) 加藤慎治：油圧機器部品への表面改質技術の適用，第6回トライボコーティングの現状と将来シンポジウム予稿集 (2004) 41.
5) 日本コーティングセンター株式会社，技術資料．
6) タントロン ロン・宇野修悦・安藤雅敏：水車発電機軸受への樹脂材料の適用，ターボ機械，29, 5 (2001) 281.
7) タントロン ロン・木本淳志・宇野修悦：樹脂材料軸受のエネルギー機器への適用，まてりあ，42, 1 (2003) 45.

4.5 ターボ機械

ターボ機械は水車，ポンプ，蒸気・ガスタービンが代表的である．各々河川水（スラリー），蒸気，高温ガスの作動流体が翼を通じて主軸を回転させ電気等のエネルギーに変換する回転機械である．そのために，主として主軸を支承する主軸受，および流体の漏れを防止する軸封装置のトライボロジー要素部品は重要なものである．母機の性能向上と共にこれらの要素部品もさらに高PV値など過酷条件になり，焼き付かず，摩耗が少ない性能が要求される．併せてコンパクト化，イージーメンテナンス性が要求され，固体潤滑剤に負うところが多く新素材の適用，および適正構造設計によ

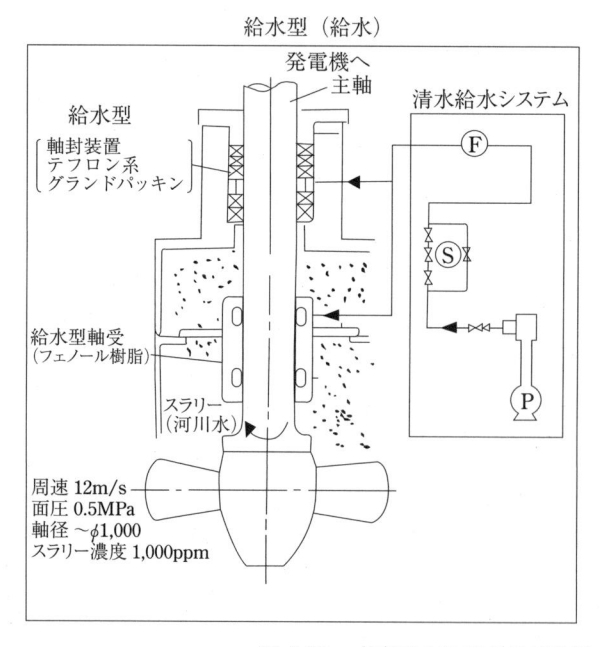

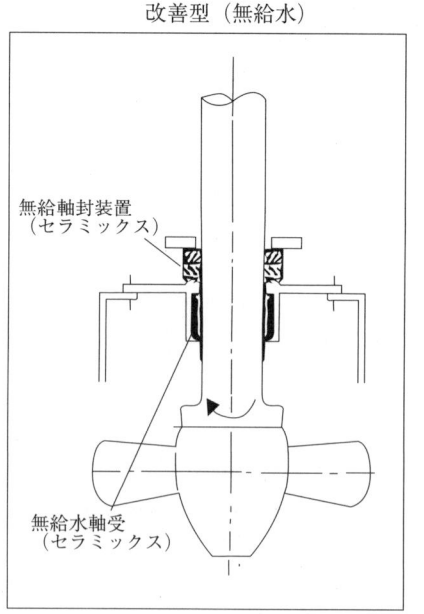

図4.68　水車用主軸受と軸封装置〔出典：文献2)〕

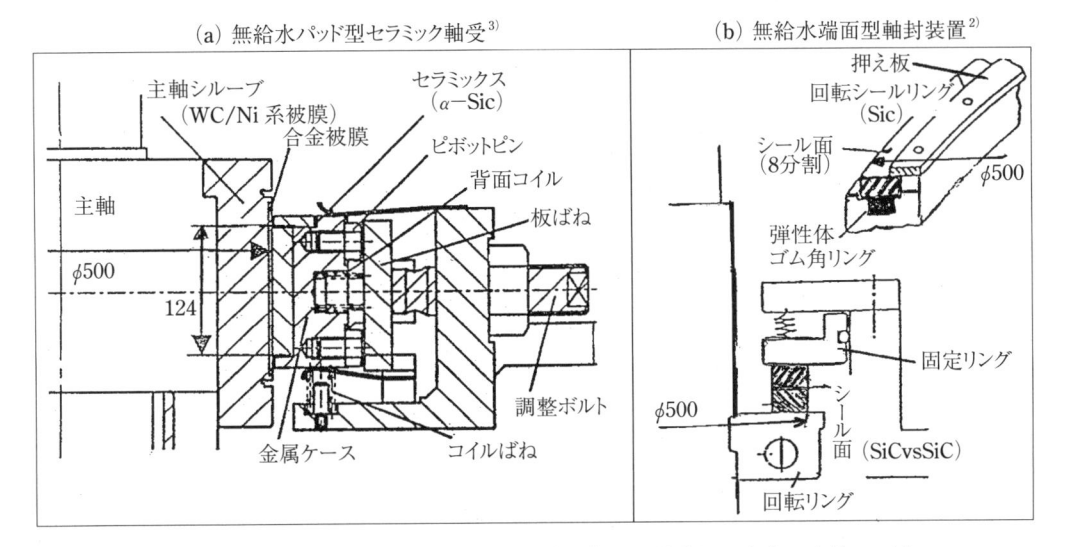

図4.69 水車用セラミックス主軸受と軸封装置の構造例〔出典：文献3, 4)〕

りこの極限潤滑設計が順次研究推進され改善されてきている.

水車を例にとると，主軸受は大径（最大約$\phi 500$ mm）で比較的低速低面圧（約12 m/s, 0.5 MPa）であり流体（油）潤滑域が支配的であるが，起動停止時等の接触条件を配慮し，スズ系合金のパッド型ホワイトメタルで支承しているのが主流である[1]．その後環境問題より図4.68の無給油化のため清水供給による水潤滑軸受も研究されているが，流体膜が生成しにくいため固体潤滑性があるフェノール樹脂製の真円軸受が使用されている[2,3]．しかしこれらの軸受は油・水の供給装置を必要とし，補機のメンテナンスに手間がかかる．イージーメンテナンスの観点から作動流体の土砂を含む河川水（スラリー）の水を用いて直接潤滑する水中軸受の実用化を目指している．硬さが高く耐摩耗性があるとともに水潤滑性もあるセラミックス溶射等を施している．構造例を図4.69に示す．また，図4.68のように河川水漏水防止の軸封装置も黒鉛，テフロン系等の固体潤滑剤を含浸したグランドパッキンやセグメントシールを使用している．軸受と同様に異物を含んだ河川水の耐摩耗シールに清水供給ラインより清水をシール面に流す構造である．これを非酸化物系のファインセラミックス（SiC）を分割・弾性支持構造にてシール面に適用し補機不要のイージーメンテナンス化を図った新方式の河川水直接潤滑シール装置も開発されている〔図4.69 (b)〕[4]．これは硬く，アブレシブ摩耗に強くそして表面に水潤滑性を得る

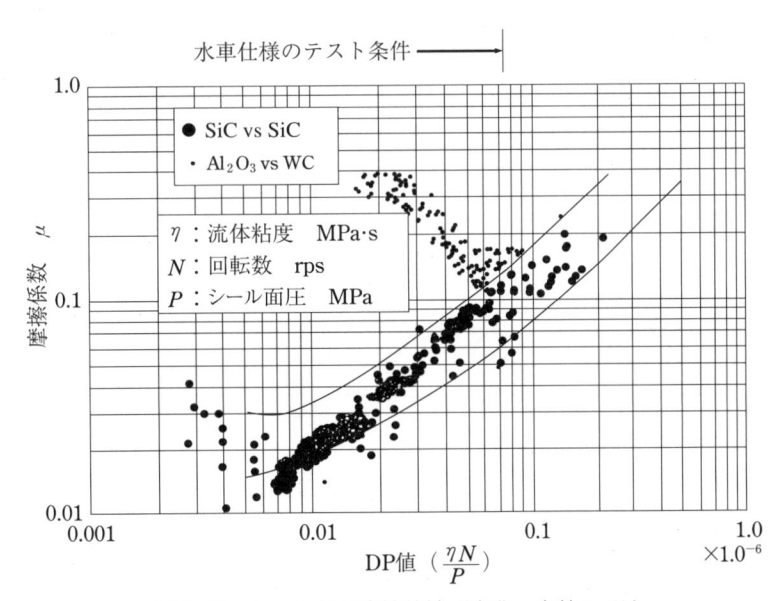

図4.70 シール面の摩擦特性〔出典：文献3, 8)〕

トライボケミカル反応により生成する水和物が固体潤滑剤として作用する[4,5]原理を利用したものである．そのシール面の良好な摩擦特性の例を図4.70に示す．これは一時新素材として着目を浴びたセラミックスの研究の成果でもある[6,7]．また付加価値の高いターボ機械がゆえに，信頼性を確保するために基礎試験による固体潤滑剤質選定等の基礎試験，および実機大モデル試験を通じて成されたものである．

ポンプについても，上記技術を適用し，酸化物系セラミックス軸受材とWC溶射型軸スリーブ材の組合せにて，汲み上げる河川水直接潤滑軸受の実用化が成されたのは数年前である[8〜10]．最近は河川水を汲み上げる前にあらかじめポンプを運転，すなわち軸受がドライ作動になるが保守管理が容易な待機運転用ポンプが要求されている．ドライ作動可能な固体潤滑性と耐摩耗性をもつ樹脂材の軸受により実用化を目指している[11]．付随して軸封のメカニカルシールも2分割で交換しやすく，

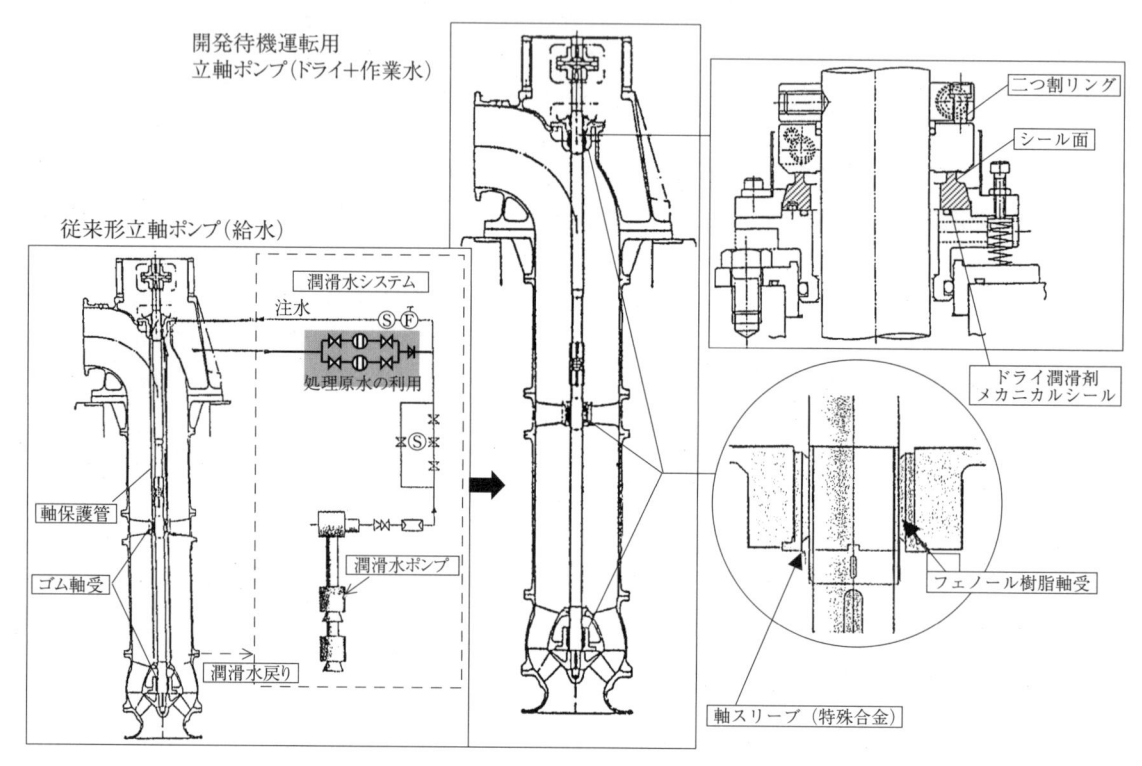

図4.71 固体潤滑剤適用のドライ運転用河川水ポンプの軸受・シール例〔出典：文献11, 12)〕

ホワイト合金供試材（現行材）の組織

軸受合金 No.	Sn	炭素繊維	Cu
①	残	7	3

PEEK系合金供試材の組成

軸受合金 No.	PEEK	炭素繊維	PTFE
②	残	30	2
③	残	—	10

図4.72 樹脂を使用したタービン軸受の例〔出典：文献15)〕

ドライ運転可能な新シールしゅう動材も開発されている[12]．これも樹脂製固体潤滑剤の研究成果を反映している[13]．これらの構造例を図4.71に示す．

蒸気・ガスタービンも，横型の大型回転機械で主軸を支えるすべり軸受は水車と同様に油膜が生成しやすいパッド型軸受構造を有し，主として発停接触時の耐焼付き性のよい軟質金属のホワイトメタルを使用している[14]．しかし近年タービンの大型化が進み，軸受荷重が増大し，軟質金属の限界面圧を超えるものが多くなってきており1.3～1.5倍以上の耐焼付き性と耐摩耗性を有する図4.72に示す樹脂軸受（例：ポリエーテルエーテルケトン）適用の研究もなされている[15,16]．図4.73に研究結果の一例を示した．また，蒸気，ガスの作動流体の漏れはタービン効率を左右する．シール装置も非接触のラビリンスシールに変わり漏れが少ない接触型であるブラシ素線（耐熱性セラミックス等）を円環状にしたブラシシールが研究されている[16]．以上はセラミックス，樹脂材を上手く適用した大型ターボ機械の例である．

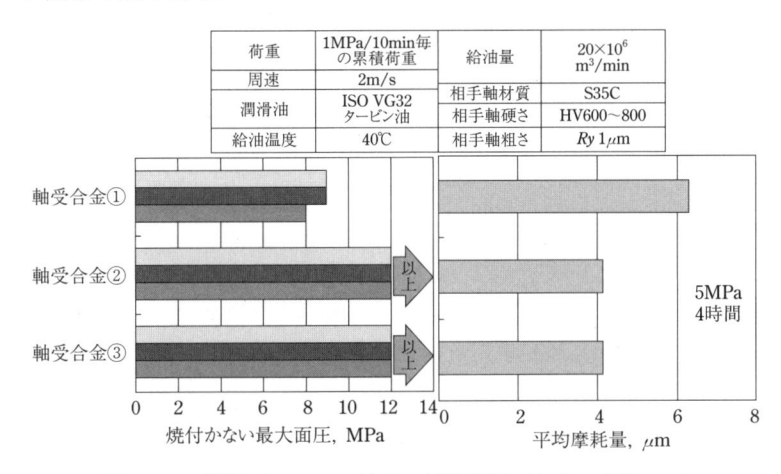

図4.73　樹脂用タービン軸受の試験結果〔出典：文献15)〕

参考文献

1) 小澤　豊：大型タービンにおける軸受技術，日本ガスタービン学会誌，30, 20 (2002).
2) 石橋　進・山下一彦・小室孝信・大野久雄：水車用大径セラミック軸受の研究，ターボ機械，20, 10 (1992) 59.
3) 会澤宏二・大嶋勝宏・大塚吉元・友部亮一：パッド型セラミック軸受のしゅう動特性，トライボロジー会議予講習，新潟 (2003) 42.
4) 石橋　進・山下一彦・小室隆信：水車用セラミック軸封装置の研究，ターボ機械，19, 2 (1991) 12.
5) 佐々木信也：セラミックの水潤滑特性，機械技術研究所技報，44, 4 (1990).
6) 梅田一徳：セラミックスと環境，トライボロジスト，34, 2 (1989) 111.
7) 朝鍋定生・佐木邦夫・松本　將・石橋　進：セラミックスのトライボロジー部品への応用，三菱重工技報，24, 2 (1987) 132.
8) 石橋　進・河野　廣・山下一彦・小室孝義：ポンプ用セラミック軸受の研究，ターボ機械講演前刷集，三重 (1990).
9) 石橋　進・山下一彦・米井　陽：しゅう動部品用セラミックス，トライボロジスト，36, 2 (1991) 144.
10) 木村芳一：セラミックス製水潤滑すべり軸受の特性の利用，トライボロジー研究会，第12回講演会前刷集 (1992) 27.

11) 小林　卓：エンジニアリングプラスチック軸受の最近の応用例，月刊トライボロジー，168 (2001) 38.
12) 布施俊彦・山田真照：メカニカルシールの市場・技術動向，月刊トライボロジー，178 (2002) 52.
13) 関口　勇：プラスチック系固体潤滑剤の技術動向，月刊トライボロジー，168 (2000) 34.
14) 小澤　豊：大型タービンにおける軸受技術，月刊トライボロジー，189 (2003) 42.
15) 貝漕高明・山下一彦・中野　隆・藤田正仁・新藤　剛：耐高面圧複合軸受システムに関する研究，トライボロジー会議予講集，新潟 (2003) 187.
16) 三上　誠：水車発電機用軸受およびシール技術の動向，月刊トライボロジー，189 (2003) 45.

4.6 航空宇宙機器

4.6.1 航空機エンジン

　航空機エンジンはいくつかのエンジン形態に分類されるが，現在市場に広く普及しているものはガスタービンエンジンである．ガスタービンエンジンには，ターボジェットエンジン，ターボファンエンジン，ターボプロップエンジン，ターボシャフトエンジンなどに分類され，前者二つのエンジンを通称ジェットエンジンと呼ばれている．ここではジェットエンジンにおける固体潤滑剤の適用事例について紹介する．

　図4.74に旅客機に搭載されているターボファンエンジンを示す．このエンジンは，圧縮機の最前部に位置するファンがタービンで駆動され，ファンで圧縮された空気の一部は圧縮機でさらに圧縮されて燃焼室に送られ，燃焼排気ガス噴流を発生して推力を得るとともに，ファンで得られた残りの圧縮空気は燃焼されずにそのまま側路からエンジン後方へ噴出されることによる推力も得るエンジンである．ジェットエンジンには潤滑油が適用できない高温しゅう動部や振動によって微小しゅう動する部位が数多くあり，その使用環境と要求される機能に応じて，多くの固体潤滑剤がコーティングされている．これらの中には，低摩擦性能だけでなく，耐摩耗性能と耐熱性能も同時に要求される場合が多い．このため，固体潤滑剤は低摩擦や固着防止を目的に焼成膜としてコーティングされるだけでなく，耐摩耗材料，耐熱材料とともに溶射などの方法を用いてコーティングされる場

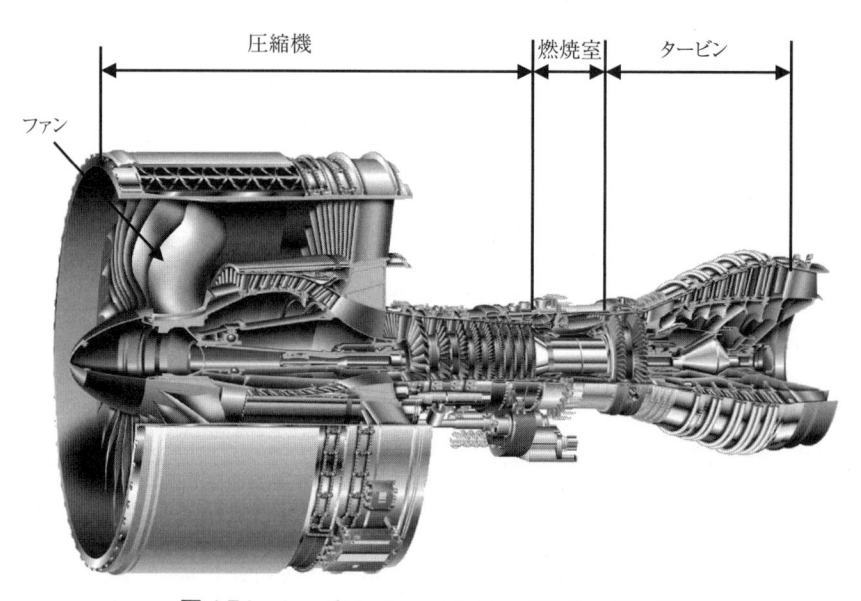

図4.74　ターボファン・エンジン〔出典：文献1)〕

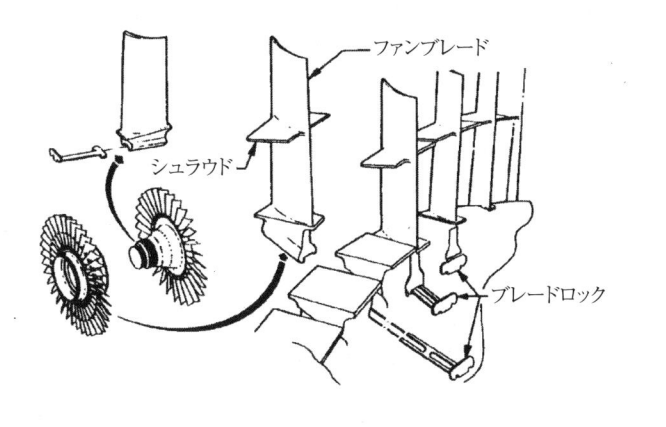

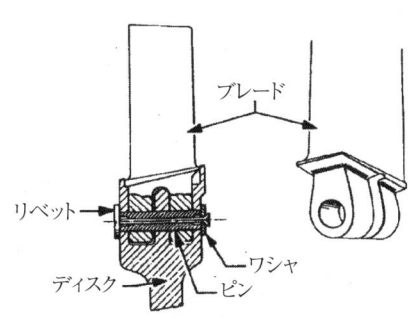

ダブルテールロック式　　　　　　　　　　　　　　　　　ピンジョイント式

図4.75　動翼の固定方法〔出典：文献2）〕

合も多い．

　はじめに，動翼の固定部の適用事例を紹介する．動翼の付け根の固定方法として，図4.75に示すようにダブテール（鳩の尾）・ロック方式，ピンジョイント式などと呼ばれる方式がある．ダブテールロック式の場合，動翼のつけ根のはめ合い部は，微小振動を受け，温度は最高500℃程度まで上がる部位もあるため，フレッチングによる過大摩耗や固着が問題となる．このため，MoS_2系やグラファイト系の焼成膜，Cu-Ni系，Cu-Ni-In系，Al-Cu系の溶射膜が環境温度に応

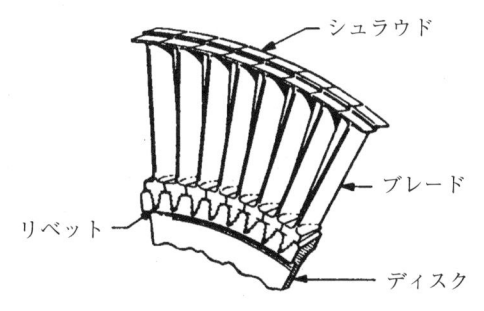

図4.76　シュラウド付きタービン動翼
〔出典：文献3）〕

じて使い分けられている．また，ピンジョイント方式の場合はピンとディスク間の固着を防止する目的で，MoS_2系の焼成膜がコーティングされている．図4.76に示すシュラウド付きタービン動翼のシュラウドはめあい部では1,000℃近くの高温環境下で，微動摩耗を軽減させる必要があり，Crを含むCo系耐熱合金やこれらにセラミックスなど含めた複合材料が肉盛溶接・溶射などによってコーティングされている．

　次に，動翼とケーシングなどの静止部間のガスをシールするため静止部側に軟質な被膜を厚めにコーティングし，動翼先端との初期しゅう動によりすきまを小さく保つガスシール法があり，ここで用いられる被膜をアブレイダブルコーティングと呼んでいる．この被膜は，接触した際の動翼への攻撃性が少なく，かつ，適度な耐摩耗性能と耐熱性が要求される．このアブレイダブルコーティングに用いるためのコーティング材として，温度の低いコンプレッサ動翼相手面にはNi-C被膜，Al-C被膜，Co-ポリエステル-hBN（六方晶の窒化ホウ素）被膜などが，温度の高いタービン動翼側ではCo-Ni-Cr-Al-Y-ポリエステル-hBN被膜などが使われており，様々な材料を混合した複合材料がコーティングされている．

4.6.2　航空機機体

　航空機機体への固体潤滑剤適用箇所は，主にベアリング，ギヤ，カム，リンケージ，ヒンジピン，ボルト，ナット，ブシュ，ピストン，シリンダその他のしゅう動部品である．固体潤滑剤が適用さ

表 4.19 固体被膜潤滑剤

区分	適用部位（例）	適用箇所		適用部材質
ヘリコプタ	メイン・ロータ系統	メインロータスピンドル スピンドルナット	ねじ部	Ti6AL-4V
		ピッチコントロールロッド	ねじ部	Ti6AL-4V
		ブレード取付け，エクスパンダブルピン	ピン	
	操縦系統	リンク機構　ロッドエンド　ピボット　リンク	ねじ部	7075
				4340
			しゅう動部	17-4PH
			しゅう動部	7075
			ボルトねじ	PH13-8Mo
	構造	キャビンドア 尾翼	トラック ヒンジボルト	7075 NAS1946
	脚	構成部品　プルーブ/ピン　リング等	しゅう動部	4340
航空機	装備	アレスティングフック継手部 ドラグシュート機体取付部	ジャンク部 固定ピン	D6AC PH13-8Mo
	構造	フラップ，ドア等	—	—
	脚	主脚アップロック機構 前脚ダウンロッククレバ取付け部 脚コントロール系統	レバー部 ブラケット 結合部	PH13-8Mo 17-4PH 17-4PH

（注）固体被膜潤滑剤の MIL 規格は複数あり，使い分ける

れるのは，比較的荷重が大きく油潤滑に不適切な箇所，給油等のアクセスが難しくメンテナンスが困難な箇所，塵埃が多くグリース，油潤滑等に不向きな箇所で主に脚，ドア，操縦系統等である．ヘリコプタ，航空機の適用箇所および材質等を表 4.19，図 4.77，図 4.78 に示した．

　ヘリコプタではメイン・ロータヘッド，操縦系統，脚周り等，航空機では一般に脚まわり，舵面ヒンジ，ドア，エンジン部等に適用されている．

　航空機に適用される固体被膜潤滑剤は，MoS_2 入りのエポキシ樹脂の焼付けタイプが多く，適用方法については規格で細かく定められている．一般的には前処理後，スプレー等により塗布し加熱硬化（150℃×2h）しており，厚さは5～13μm程度で，クラック，スクラッチ，ピンホール，ふくれ，泡等は許容せず，耐液性，密着性，熱安定性，耐久性，耐荷重性，腐食性，貯蔵性等が要求される．その他，フッ素樹脂粉末を樹脂に混合したタイプの固体被膜潤滑剤も適用されている．

　また，開発は中断したが宇宙往還技術実験機（HOPE-X）では，打上げ時の大負荷（面圧 80 MPa）や再突入時に高温になることから舵面駆動アクチュエータ球面軸受（約 300℃）の開発も実施された．

　① PTFE/ガラス繊維ライナ，② MoS_2＋黒鉛/無機系バインダ焼成膜，③ MoS_2/有機系バインダ焼成膜の3種類の材料試験を行い，①が比較的寿命が長く，摩擦係数も0.1以下と良好な特性を示した．開発した軸受外観を図 4.79 に示す．

の適用例

固体被膜潤滑剤		適用部状況	備考
適用規格	膜厚, μm		
MIL	5〜13	・メインロータの遠心荷重受け ・点検等アクセスし難い	図4.77
MIL	5〜13	・ブレードピッチ角を制御するロッド	図4.77
MIL		・メインロータブレード取付けピン	
MIL	5〜13	・飛行制御のリンク機構で円滑な動きが必要で，しゅう動部に固体被膜潤滑剤を適用	
MIL	5〜13		
メーカー規格			
MIL	5〜13		
MIL			
MIL	5〜13		
MIL	5〜13		
MIL	5〜13	・スチール材を使用，表面処理はチタンカドミめっき適用	
MIL	5〜13	・ユニバーサル継手部のしゅう動	
MIL	5〜13	・固定ピンのしゅう動	
メーカー規格		しゅう動面	
MIL メーカー規格 メーカー規格	5〜13	・レバー部のしゅう動 ・ブラケットのしゅう動 ・結合部のしゅう動	図4.78

　航空機機体への固体被膜潤滑剤適用は，今後も機能面，整備性から必須であり，耐久性の優れた高信頼性新材料開発が望まれる．

4.6.3　宇宙船・船体関係

　ロケット，人工衛星，宇宙ステーションでは，しゅう動部に限らず，接触の可能性がある部位には潤滑処理を施すことが設計の原則である．

（1）宇宙船が曝される環境

　人工衛星や宇宙ステーションの固体潤滑設計では，特に以下の環境を考慮する必要がある．

　① 大気：船体，機器類は，地上では通常60％RH以下のクリーンルーム雰囲気で保管される．また，同雰囲気での作動が必要な場合も多い．

　② 振動：地上での輸送，ロケット打上げ時の推進薬燃焼，軌道上での保持機構の解放などにより振動や衝撃を受ける．打上げ時の振動で10G（1G＝9.8 m/s^2）以上，衝撃では数千Gの加速度に達する場合がある．

　③ 真空：人工衛星の軌道はおよそ200〜4万kmの高度にあり，圧力にして10^{-4}〜10^{-11}Pa程度になる．ただし，機体内部では吸着気体の脱離などがあるため，周囲に比較し1〜2桁高い圧力と推定されている．

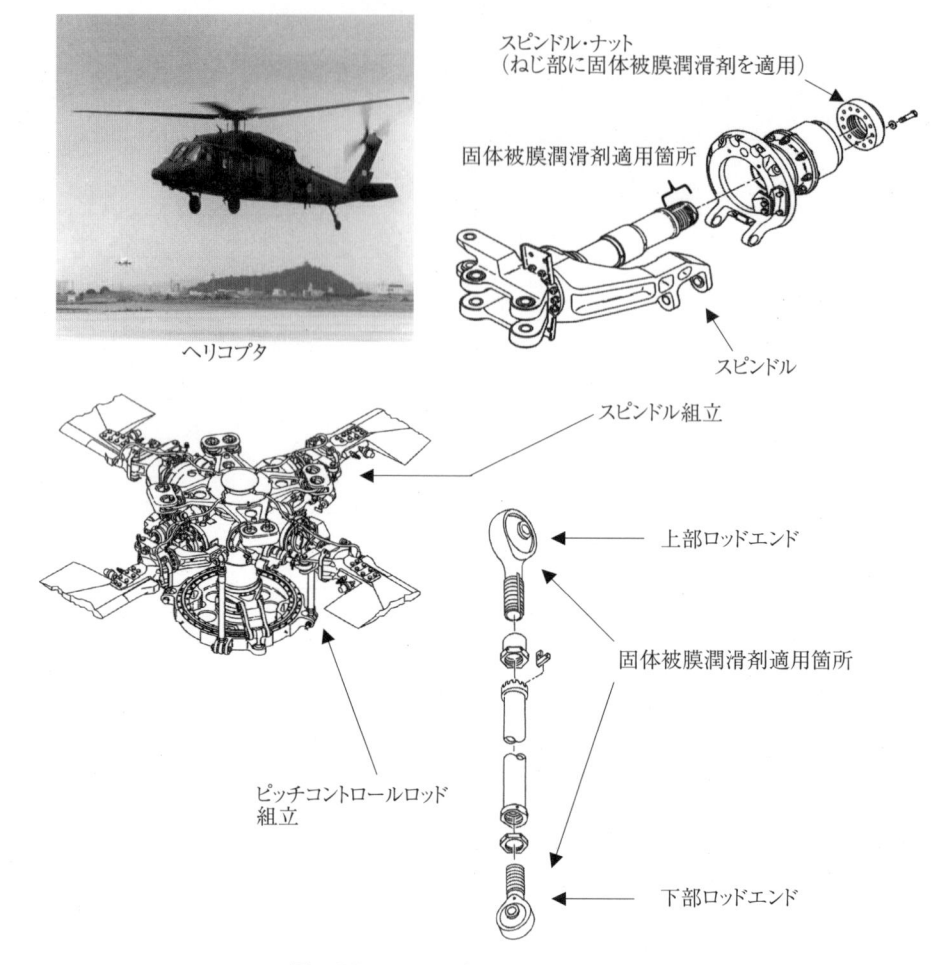

図 4.77 ヘリコプタメインロータヘッド

④ 温度変化：宇宙環境に曝露された部分では，日陰，日照に対応して $-100 \sim +100$ ℃ 程度の温度差を受ける．機構部分は，通常，温度変化が比較的少ない場所に取り付けられ，$-40 \sim +65$ ℃ 程度である．

⑤ 微小重力：宇宙船内部の重力は，地上の $1/10^4 \sim 1/10^6$ である．

⑥ 放射線など：放射線については，宇宙遠方，太陽およびヴァンアレン帯から，α，β，γ 線，陽子，中性子などが飛来する．また，劣化作用の特に強い波長 200 nm 以下の太陽からの真空紫外線や，高度 $200 \sim 600$ km では強力な酸化作用をもつ原子状酸素が存在する．

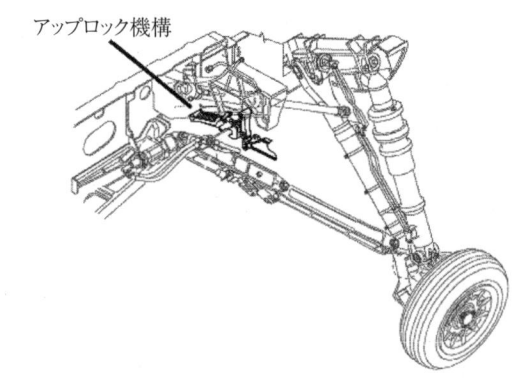

図 4.78 小型航空機主脚

(2) 固体潤滑剤に要求される特性

人工衛星などの無人宇宙船では，固体潤滑剤を含むすべての材料に対して，真空中で蒸発しにくく，かつ，周囲を汚染しにくい性質として，表 4.20 の熱真空安定性が要求される．原則として，質

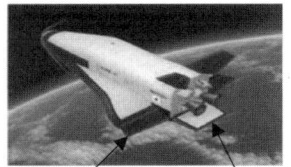

図 4.79 宇宙往還機の舵面駆動用アクチュエータの球面軸受開発品

表 4.20 宇宙船に使用される材料の評価試験

項目		概要
熱真空 安定性 （アウトガス）	質量損失比	真空（7×10^{-3} Pa 以下）中，125 ℃ 24 時間加熱後の試料の損失質量比
	再凝縮物質量比	上記の蒸発物の，25 ℃ 表面への付着・凝縮による増加質量比．再付着汚染
	再吸水量比	真空 125 ℃ 24 時間加熱後，23 ℃ 50 % RH で 24 時間放置による増加質量比
有人安全性	上方火炎伝播性	0.7 気圧，30 % O_2 雰囲気で，下方から着火し，燃焼長さ，燃焼伝播時間，自己消火性などを評価
	オフガス	約 8.6×10^4 Pa で 49 ℃ 72 時間加熱したときに供試体から発生する気体の毒性を分析評価
	臭気	約 8.6×10^4 Pa で 49 ℃ 72 時間加熱したときに供試体から発生する不快臭や刺激臭の程度を評価

量損失比は 1 % 以下，再凝縮物質量比は 0.1 % 以下であることが求められる．また，宇宙ステーションなどの有人宇宙船に対しては，さらに表 4.20 の有人安全性が要求される．表 4.21 は，宇宙ステーションの日本実験モジュール「きぼう」での使用が許諾された MoS_2 焼成膜とその評価試験の結果である[4]．

潤滑剤の摩擦係数と寿命に対する設計マージンや試験評価基準については，国内では特に規定されていない．多くの固体潤滑剤では，最大接触圧力は 1 GPa 以下に設計される場合が多い．また，寿命マージンについては，予想される地上試験サイクル数および軌道上サイクル数の 2 倍以上の寿命を試験で確認する場合が多い．

表 4.21 MoS_2 焼成膜の評価試験結果[4]

MoS_2 焼成膜	熱真空安定性		有人安全性		
	質量損失比，wt %	再凝縮物質量比，wt %	上方火炎伝播性	オフガス	臭気
MoS_2 + 結合材	0.84	0.00	A	A	A
MoS_2 + 黒鉛 + ケイ酸ナトリウム	0.73	0.01	A	K	A
MoS_2 + フェノール樹脂	0.23	0.03	A	K	A
MoS_2 + Sb_2O_3 + ポリアミドイミド	0.19	0.01	A	A	A

許容値は，質量損失比 ≦ 1 %，再凝縮物質量比 ≦ 0.1 %．上方火炎伝播性および臭気については A，オフガスについては K, A, V が許容ランク．

(3) 宇宙船に利用される固体潤滑剤と適用例

　固体潤滑剤は，宇宙空間に直接曝露されるような真空で広範な温度変化に曝される部位，蒸発による汚染を抑えたい部位，しゅう動面積が広い部位に採用される．宇宙用途ではバルクよりも薄膜で利用される場合が多い．代表的な固体潤滑剤は，MoS_2スパッタリング膜，フェノール樹脂やポリアミドイミドなどを結合剤とした有機系MoS_2焼成膜，ケイ酸ソーダなどを結合剤とした無機系MoS_2焼成膜，PTFEおよびPTFE系複合材料，ならびにAu，Ag，Pbの各イオンプレーティング膜である．以下に宇宙用途における固体潤滑の代表的な例を示す．

(a) ロケット

　ロケットにおける代表的な固体潤滑部位として，推進薬を燃焼器へ圧送するターボポンプがあり，次節において詳細に説明される．その他では，ロケット段間や衛星切り離しに用いる分離機構，そして，推進薬配管系の各種弁があり，MoS_2系またはPTFE系の固体潤滑剤が使用されている．

　図4.80は，ロケットの第1段と第2段との結合・分離を行うためなどに用いられる分離ナットの概念図である．この部品は，打上げ時に1度だけ作動すればよく，結合時には10 kNオーダの張力でボルトとナットが締め付けられている〔図4.80(a)〕．分離時には火薬の爆圧でストッパがはずれ，三つ割りのナットが分解し，またその爆圧でエジェクタピンがボルトを押し出す仕組みとなっている〔図4.80(b)〕．ナットとストッパは50～数百MPa前後の平均圧力で接触しており，両しゅう動面には，有機系MoS_2焼成膜が塗布されている．このしゅう動面の摩擦係数については上限と下限が規定されており，打上げ時の振動ではすべりを生じず，一方，分離時には規定の負荷以下ですべることが必要とされている．

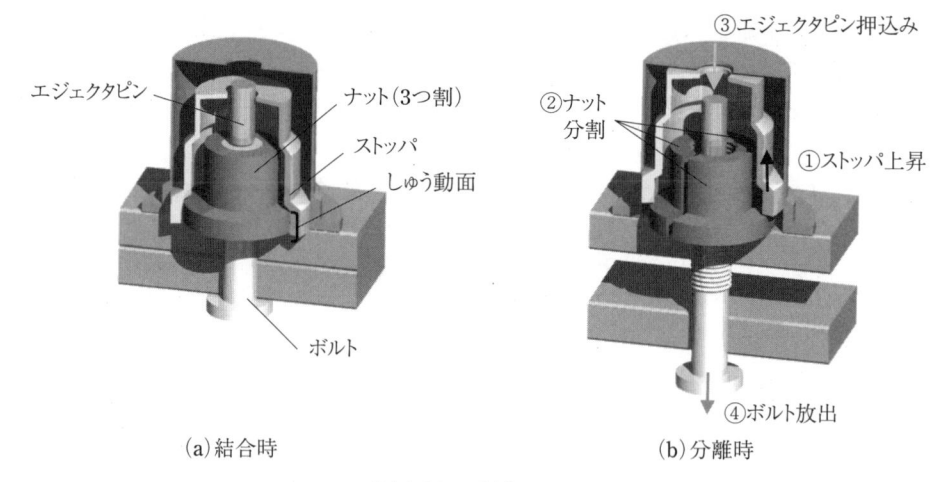

(a) 結合時　　　　(b) 分離時

図4.80　分離ナット

(b) 人工衛星

　人工衛星に独特な機構として，太陽電池パドルやアンテナなどの大型構造物を打上げ時に収納固定し軌道上で展開・固定するための保持解放機構と，それらが展開した後に形状を固定するためのラッチ機構がある．図4.81は，折り畳んだ状態にあるアンテナパネルと衛星本体とを結合しているラッチ機構であり，軌道上で一度だけ作動すればよい．アンテナパネルは，軌道上で，ぜんまいばねの力により展開する．パネルの固定は，展開に伴いラッチピンが半円状のガイド端面をすべり，最終的に溝に落ちることにより固定される．ガイドの溝近傍には，展開の完了を確認するためのリミットスイッチが取り付けてある．これらのしゅう動面は，面積が広く宇宙に直接曝露されることか

4. 産業における応用

ら，有機系 MoS_2 焼成膜が塗布されている．

連続運動を行う代表的な機構は，太陽電池パドル面を常に太陽方向に向けるための太陽電池パドル駆動機構であり，高度数百km程度の軌道上では1日あたりおよそ16回の一方向回転を行う．図4.82 (a) はその外観を示しており，外部には駆動のためのステップモータと減速用平歯車が，内部には太陽電池で発生した電力やモニタ用信号出力を衛星本体に送るためのスリップリングが組み込まれている．平歯車は有機系 MoS_2 焼成膜で潤滑される．スリップリングは，図4.82 (b) に示すように固定されたブラシと回

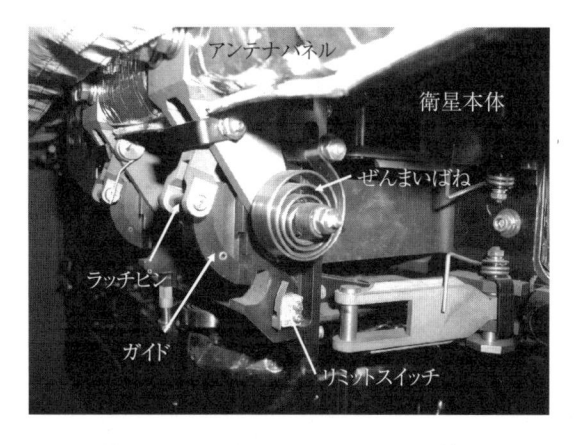

図4.81 アンテナパネル用ラッチ機構

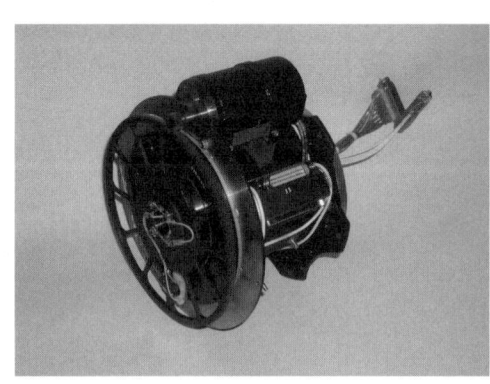

(a) 外観　　　　　　　(b) スリップリング

図4.82 人工衛星用太陽電池パドル駆動機構

転するリングとからなり，潤滑性と電導性を両立するように，ブラシには Ag/MoS_2 複合材を利用し，リングには銅合金に金めっきを施した材料を利用している．

地球観測用センサの走査駆動機構や柔軟構造物の張力を一定に保つ機構などでは，軸受の回転角にして数十°以内の微小な揺動を繰り返すものがあり，固体潤滑を行う場合には摩擦トルクピークの発生に注意が

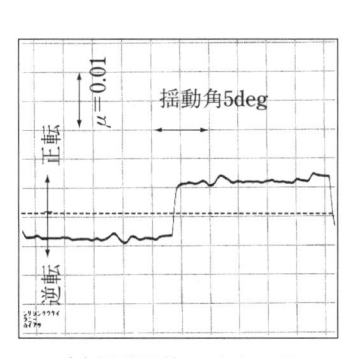

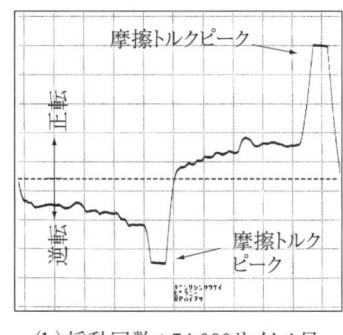

(a) 揺動回数：1サイクル目　　(b) 揺動回数：54,000サイクル目

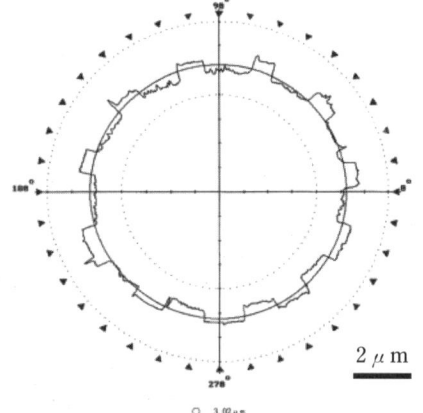

図4.83 玉軸受揺動試験における摩擦トルク（$\mu = 2T/dW$, T：摩擦トルク，d：軸受内径，W：荷重）

図4.84 揺動試験後の内輪転走面のプロファイル

IV. 応用編

必要である．図4.83は，2002年に打ち上げられた地球観測衛星「みどり2号」のフレキシブル太陽電池パドルの張力調整機構用深溝玉軸受（内径12 mm, JIS 6001相当）の真空中揺動試験で観察された摩擦トルクピークである．図4.84は試験後の内輪転走面プロファイルであり，玉が転走した位置11箇所でMoS_2スパッタリング膜が摩耗していることから，この端部に玉が乗り上げることによりトルクピークが発生したと考えられる．このようなトルクピークは運用回転角よりも大きな角度でのならし運転を数千〜1万サイクル行っておくことで1/10程度まで低減可能である．さらに摩擦トルク変動の低減が要求される場合には，軌道上の運用期間中に，軸受の揺動角を定期的に複数のパターンで変えて固体潤滑剤膜を均す操作が必要である．

（c）宇宙ステーション

図4.85の国際宇宙ステーション日本実験モジュール「きぼう」には，宇宙環境での曝露実験が可能な船外実験プラットフォームが整備されている．船外実験プラットフォームには，図4.86に示すように，曝露実験用の各種装置が収納された実験ペイロードを取り付けるための装置交換機構など，多くの結合機構が存在する．これらの機構には，ボールねじ，軸受，歯車，玉軸受，すべり軸受などの機械要素が多数使われている．これらは10^{-4} Pa以下の超高真空に曝されることから，玉軸受にはMoS_2スパッタリング膜とPTFE系複合材保持器が，他の機械要素には表4.21に示すMoS_2焼成膜が使われている．

比較的摩擦係数の高い固体潤滑剤を利用した機構として，「きぼう」のロボ

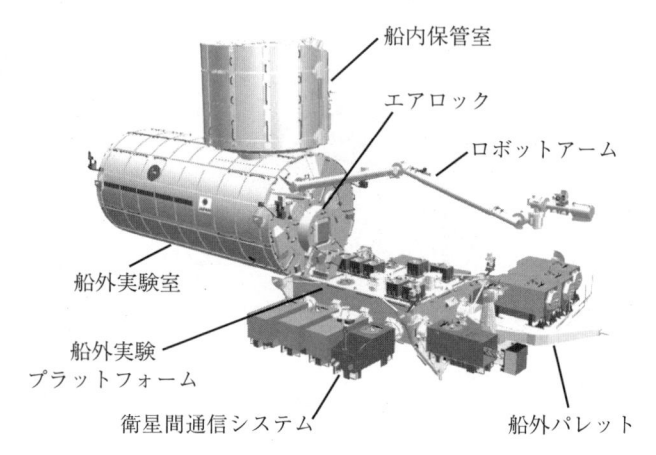

図4.85 国際宇宙ステーション日本実験モジュール「きぼう」

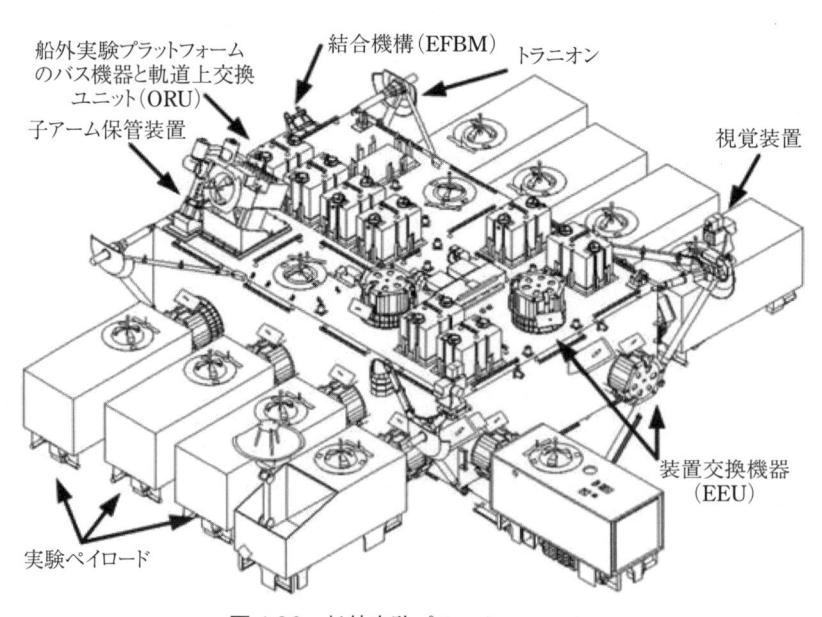

図4.86 船外実験プラットフォーム

ットアームのブレーキがある[5]．ロボットアームは長さ約10 mの親アームと長さ約2 mの子アームとから構成されており，親アーム関節にブレーキが組み込まれている．緊急時には子アームへの慣性的な負荷が子アーム自身の保持力以下となるよう穏やかに停止させる必要があり，ブレーキの制動トルク上限が規定されている．逆に，停止開始よりアーム先端移動距離が30 cm以内で停止させなければならない要求があり，制動トルクの下限値も規定されている．アルミナ粒子などの骨材を含むクロム酸水溶液を塗布，焼成した酸化クロム系のセラミックス被膜を制動材として使用することにより，変動幅が小さく，安定した摩擦トルク特性を実現している．

4.6.4 宇宙船・エンジン関連

今日，宇宙輸送に係るロケットエンジンの信頼性向上が大きな問題となっている．極低温推進剤である液体酸素（液酸）や液体水素（液水）を燃焼器に送るターボポンプの高速回転軸系を支える軸受[6~8]や軸シール[9,10]では，極低温・高温の極限環境トライボロジー技術[11]が問題になる．図4.87に示すように[12]，ターボポンプは多くのトライボロジー要素を含むため，信頼性に優れる固体潤滑技術が必要になる．

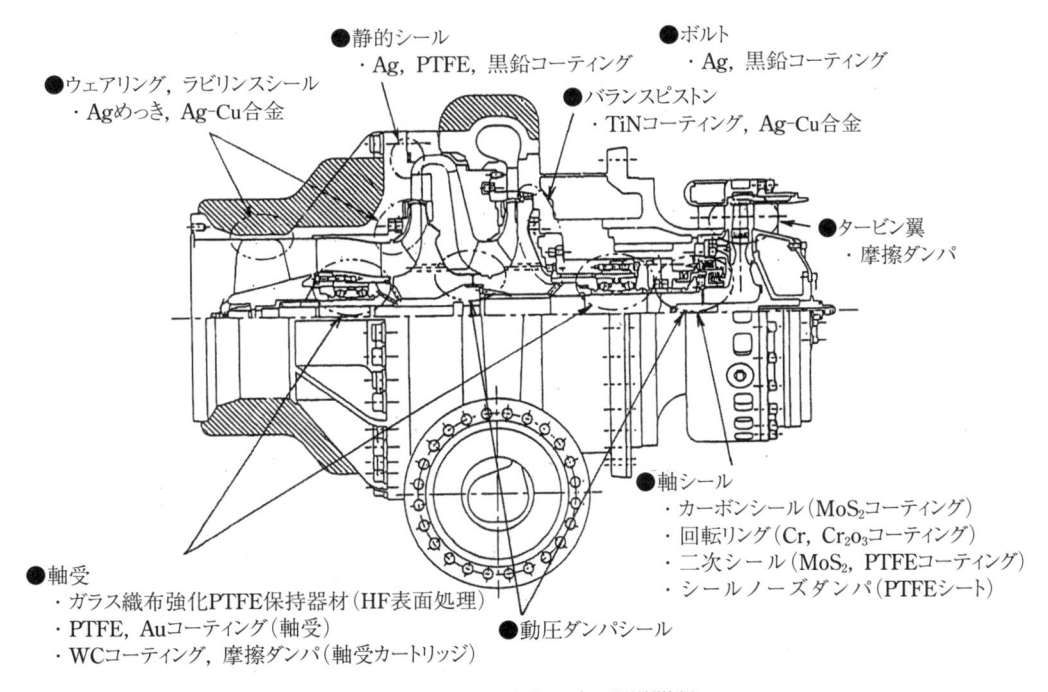

●静的シール
・Ag, PTFE, 黒鉛コーティング

●ボルト
・Ag, 黒鉛コーティング

●ウェアリング，ラビリンスシール
・Agめっき，Ag-Cu合金

●バランスピストン
・TiNコーティング，Ag-Cu合金

●タービン翼
・摩擦ダンパ

●軸シール
・カーボンシール（MoS_2コーティング）
・回転リング（Cr, Cr_2O_3コーティング）
・二次シール（MoS_2, PTFEコーティング）
・シールノーズダンパ（PTFEシート）

●軸受
・ガラス織布強化PTFE保持器材（HF表面処理）
・PTFE, Auコーティング（軸受）
・WCコーティング，摩擦ダンパ（軸受カートリッジ）

●動圧ダンパシール

図4.87 ターボポンプの潤滑問題

（1）ターボポンプの軸受と軸シール

H-2ロケットのLE-7エンジンの液水ターボポンプは，小型・軽量化のため回転数はかなり高く，三次の危険振動数（32,000 rpm）を超えた運転となる．軸受は液水で直接冷却する．内径40 mmの軸受は，dn値200万（50,000 rpm）の高速性能を確認している[13]．dn値200万は，最新のジェットエンジン用軸受と同等である[14]．

極低温ポンプと高温ガスタービンの間には，軸シールを設ける．液酸ターボポンプでは，軸シールシステムは複雑になる．ヘリウムガス（GHe）を供給して，ポンプ側の液体酸素とタービン側の燃焼ガス（水蒸気と未燃の水素ガス）の漏れを確実に分離する．液水ターボポンプでは，液水の漏れを

4. 産業における応用

タービン側に排出できるため，軸シールシステムは簡単になるが，シール速度は高速になる．軸受と軸シールで使われる固体潤滑技術には，液水の還元性，液酸の酸化性の配慮が重要である．

(2) 自己潤滑軸受

ターボポンプの軸受は，低温で優れた潤滑性を示すPTFEをガラス繊維やガラス織布で強化した保持器[15]を用い，保持器と玉の接触で形成されるPTFE移着膜で自己潤滑する．極低温のポンプ流体は，軸受の摩擦発熱を除去する．冷却不足になると，バーンアウト摩耗[16]により，軸受の転走面は約300℃以上になる[17]．液酸中では，金属の爆発的燃焼に繋がるため，軸受は強制的な冷却が必要である．液化気体は気化しやすいため，加圧して過冷却状態や超臨界圧状態にして冷却能力を高める．また，ノズルを用いたジェット噴流で冷却すると，少ない冷却量でも効率的に冷却でき，軸受の摩耗が軽減する．

短繊維で強化したPTFE保持器材料は，繊維強化材が多くなると摩耗面に繊維集積層が形成されやすく，PTFE潤滑膜の供給能力が減る[15]．また，極低温下でのPTFEの摩擦摩耗特性は，図4.88に示すように[12]，非晶質領域における二次ガラス転移温度に対応した特異な変化を示す．また，極低温酸素ガス雰囲気

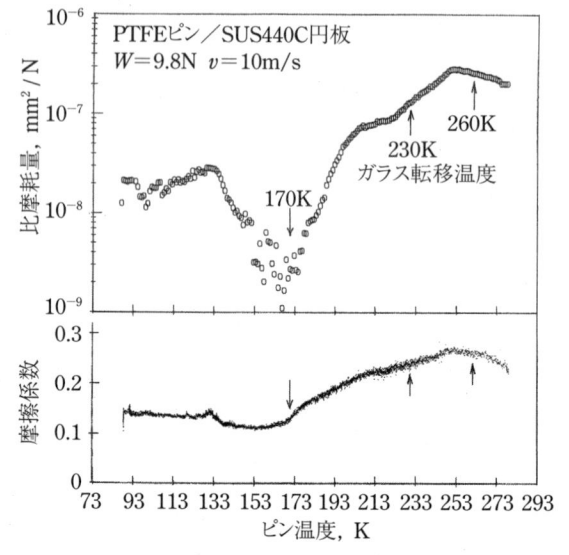

図4.88 低温酸素ガス中でのPTFEの摩擦摩耗特性曲線

では，PTFEの摩擦摩耗特性は軸受鋼の酸化度に大きく影響を受ける．軸受の摩耗軽減には，PTFE潤滑膜の高い付着性が必要になる．MgOやCaOの酸化物の添加は，軸受鋼に対するPTFE潤滑膜の付着性を高める[17]が，TiNコーティングは，PTFE潤滑膜の付着性が弱くなるため，軸受トルクは不安定になる．

実機ターボポンプ軸受は，機械的強度に優れるガラス織布で積層強化したPTFE保持器材が用いられる．この保持器は，表面に露出したガラス繊維の研磨作用を防ぐため，フッ化水素酸を用いた表面処理により優れた潤滑性に改善している[18]．PTFE潤滑膜は，この表面処理で形成されるCa酸化物を含むため，液水中では，Fとメカノケミカル的に化学反応して，軸受の転走面に耐久性に優れる厚いCaF_2潤滑膜が形成される．また，軸受鋼との化学反応で形成されるFeF_2層が摩耗を抑制する[19]．一方，酸化摩耗しやすい液酸中では，PTFE潤滑膜はきわめて薄く，潤滑膜の下層に形成されるCr_2O_3層が摩耗を抑制する[19]．ジェット冷却による十分な冷却状態では，12時間（50,000 rpm）以上の軸受試験でも摩耗が皆無になる[20]．

最近の上段エンジンの開発では，ターボポンプの小型・軽量化と高圧化のため，軸受は超高速化している．液水用軸受の高速限界は，Si_3N_4玉を用いたハイブリッドセラミック軸受でdn値300万（120,000 rpm）のレベルに達している[21]．この軸受は，保持器の外輪案内面を片側だけにした外輪片案内形式が用いられる．保持器のポケット形状を平円にして，保持器の振動を抑制する．外輪側の冷却が向上するとともに，軸受トルクが外輪両案内軸受に比べて半減するため，超高速回転時の摩擦発熱を少なくできる[22]．ハイブリッドセラミック軸受は，液水中ではSUS440C製軸受に比べて優れた性能を示すが，液酸中ではPTFE潤滑膜の玉への付着性が悪い[22]ため性能は劣る．平円ポ

ケットは，高いラジアル荷重下やミスアライメント時に発生する玉とポケット面との過度な接触が防止でき，LE-7エンジンの液水ターボポンプ軸受にも適用されている[23]．

（3）**軸シール**

低圧の液酸や液水をシールする場合は，接触式のメカニカルシールを用いる．LE-5エンジンの液水用メカニカルシールでは，シール面の温度ひずみや圧力ひずみが小さくなる構造にして，PTFE製のシールノーズダンパを設けてシール面の振動を押さえる[24]．摩擦発熱のため，シール面間を流れる漏れ流体が気相状態になるため，適切なバランス比や十分な冷却が必要である．シールリングには，極低温での摩耗が少ないLiF含浸カーボンを使用する．回転リングは，液酸用シールでは耐酸化性がよいWC材を用いるが，液水用シールではカーボンに含まれる黒鉛の薄い移着膜が形成しやすい硬質Crめっきが優れる[25]．

LE-7エンジンの高圧シールには，非接触式のフローティングリング（FR）シールを用いる[26]．FRシールは，二次シール面に押し付けられるシールリングが半径方向に可動しやすくするため，液酸用シールではPTFE膜，水素ガス用シールではMoS_2膜ですべりをよくする．超高速（120,000 rpm）用FRシール[21]は，強度が劣るカーボンシールリングの替わりにAgめっきを施した金属製シールリングが用いられる．多段式FRシールに比べて，1段式シールが漏れ流体の気液二相化に伴うシールリングの不安定振動が抑制できる．

GHeパージシールや低圧のタービンガス用シールには，接触式の動圧型セグメントシールが用いられる[27]．シールの雰囲気温度がCO_2の固化温度（216 K）以下の低温では，カーボンの摩擦と摩耗が増大するため[12]，カーボンシール面にMoS_2コーティングを施している．ランナのシール面は，カーボンに対して優れた耐摩耗性を示すCr_2O_3をコーティングしている．

参考文献

1) Jane's, AERO-ENGIES, (Jane 2001) 459.
2) 松岡増二：新航空工学講座 8「エンジン構造編」，日本航空技術協会，p 76.
3) 文献 2) の p 96.
4) 岸克宏・小鑓幸雄・今川吉郎：宇宙ステーションにおける固体潤滑剤の安全性実証試験，第 43 回宇宙科学技術連合講演会論文集，99-1 B 10 (1999).
5) 本田登志雄：宇宙機器用ブレーキ，トライボロジスト，41, 4 (1996) 311.
6) 野坂正隆：潤滑，32, 10 (1987) 689.
7) 野坂正隆：潤滑，32, 12 (1987) 833.
8) 野坂正隆：トライボロジスト，44, 1 (1999) 13.
9) 野坂正隆・尾池守：トライボロジスト，35, 4 (1990) 233.
10) 野坂正隆：トライボロジスト，48, 2 (2003) 128.
11) 野坂正隆・尾池守・菊池正孝：潤滑，33, 2 (1988) 90.
12) 野坂正隆・尾池守・菊池正孝：低温工学，31, 10 (1996) 500.
13) M. Nosaka, M. Oike, M. Kikuchi, M. Kamijyo & M. Tajiri : Trib. Trans., 36, 3 (1993) 432.
14) 鈴木峰男・西村允・古賀忠・野坂正隆：トライボロジスト，45, 12 (2000) 940.
15) 野坂正隆：日本複合材料学会誌，20, 6 (1994) 215.
16) 野坂正隆：トライボロジスト，36, 9 (1991) 689.
17) M. Nosaka, M. Oike, M. Kikuchi, M. Kamijyo & M. Tajiri : Lubr. Eng., 49, 9 (1993) 677.
18) M. Nosaka, M. Oike, M. Kamijyo, M. Kikuchi & H. Katsuta : Lubr. Eng., 44, 1 (1988) 30.

19) M. Nosaka, M. Kikuchi, M. Oike & N. Kawai : Trib. Trans., 42, 1 (1999) 106.
20) M. Nosaka, M. Kikuchi, N. Kawai & H. Kikuyama : Trib. Trans., 43, 2 (2000) 163.
21) M. Nosaka, S. Takada, M. Kikuchi, T. Sudo & M. Yoshida : Trib. Trans., 47, 1 (2004) 43.
22) M. Nosaka, M. Oike, M. Kikuchi & T. Mayumi : Trib. Trans., 40, 1 (1997) 21.
23) M. Nosaka, M. Oike, M. Kikuchi, R. Nagao & T. Mayumi : Lubr. Eng., 52, 3 (1996) 221.
24) 野坂正隆・宮川行雄・上條謙二郎・鈴木峰男・菊池正孝：潤滑，29, 1 (1984) 35.
25) 野坂正隆・鈴木峰男・宮川行雄・上條謙二郎・菊池正孝・森 雅裕：航技研報告，TR-653 (1981).
26) M. Oike, R. Nagao, M. Nosaka, K. Kamijo & T. Jinnouchi : AIAA 95-3102 (1995).
27) 尾池 守・野坂正隆・菊池正孝・渡辺義明：トライボロジスト，37, 4 (1992) 339.

4.7 パワープラント

パワー・プラントとして代表的な発電システムは，自然エネルギー利用の太陽電池や燃料電池など活用したもの以外に熱，流体エネルギーを機械回転エネルギーに変換し，発電機により最終的に電気エネルギーを得る．大きなプラントとして火力，原子力，水，および風力，波浪発電などがある．これらは多くの機械で構成され，それとともに多くのしゅう動部位があり，適材適所に固体潤滑剤が使用されスムーズな作動に寄与している．その中でも発電能力の向上に伴い，電力供給をコントロールする機構などに使われる高面圧揺動の特殊作動する支承軸受は特に重要であり，パワープラントのしゅう動部位の一例として紹介する．

発電コントロール機構はタービン等の回転機械の回転数を制御することにより行う．これには回転駆動源の水，高温ガス等の作動流体の流量を加減する揺動開閉弁が用いられ，流体の衝動力，高温等の特殊で過酷な条件で弁軸を支える軸受は高出力化に対し重要な機械要素であり，良好な作動には固体潤滑剤が不可欠である．

水を作動流体とする水力発電は図4.89のように，高出力に伴い高落差の衝撃水圧を有した河川水によりウォータータービンの回転数を揺動開閉作動制御弁であるガイドベーン，ランナベーンでコントロールする．そのために弁軸を支承する各軸受は高面圧最大10 MPaにも達するが耐焼付き，耐摩耗性を含め10年間メンテナンスフリーが要求される．黒鉛を主とする固体潤滑剤を銅系のベース金属に埋め込んだ固体潤滑剤埋込み型軸受が各種の試験，追跡調査（7年間低で10 μmの耐摩耗性）により適用されている[1]．

高温ガスを作動流体とするコンバインド火力発電のガスタービンは図4.90のように，回転制御用弁として高温ガスを生成する燃焼器のバイパス弁がある．その軸受は高温500℃，面圧1 Mpaで常時開閉動作と微動がある厳しい条件である．これを複合セラミクスと窒化処理の組合せ，グラファイト被

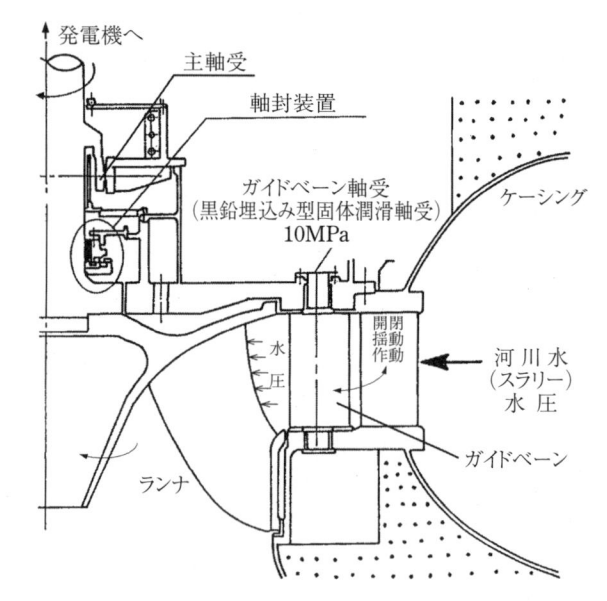

図4.89 高面圧揺動の水車用ガイドベーン軸受

4. 産業における応用

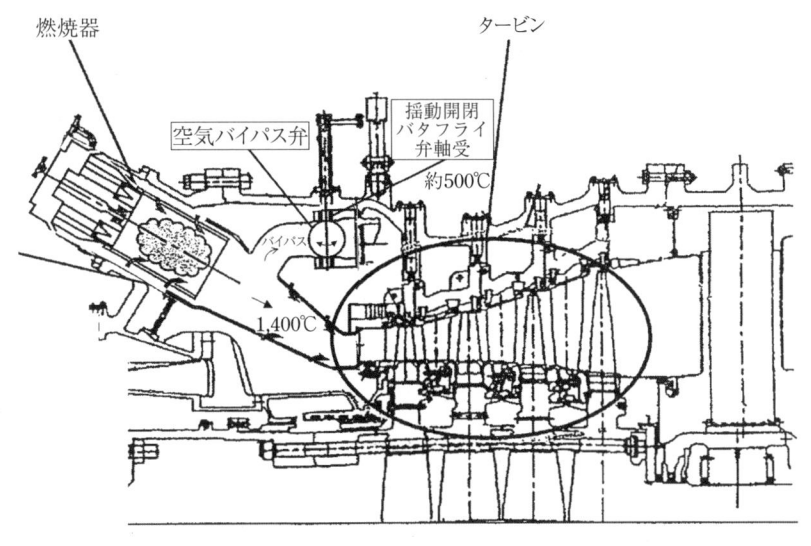

図4.90 高温中揺動のガスタービン燃焼器バイパス弁軸受

膜による初期なじみ性等の高温固体潤滑剤にて対応している例がある．
　蒸気を作動流体とする原子力，火力発電用スチームタービンについても蒸気加減弁があり，高温蒸気をセラミックス系高温固体潤滑剤でスムーズな作動を確保している．
　次いで発電プラントの信頼性向上の一環として回転機械のジャーナル軸受，スラスト軸受に新素材適用が図られている．水車発電機の従来のスラスト軸受には，スズ系合金のパッド軸受が使用されているが，最近では図4.91のようなパッドの表層面に摩擦・摩耗特性に優れる四フッ化エチレン樹脂系のしゅう動材を適用した軸受が開発されている[2,3]．表面層は金属に比べてヤング率が小さいので，油膜圧力による圧縮変形量が大きく油膜が生成しやすいとともに，摩擦・摩耗性能向上を図り回転

図4.91 水車発電機用樹脂系材料のスラスト軸受〔出典：文献2, 3〕

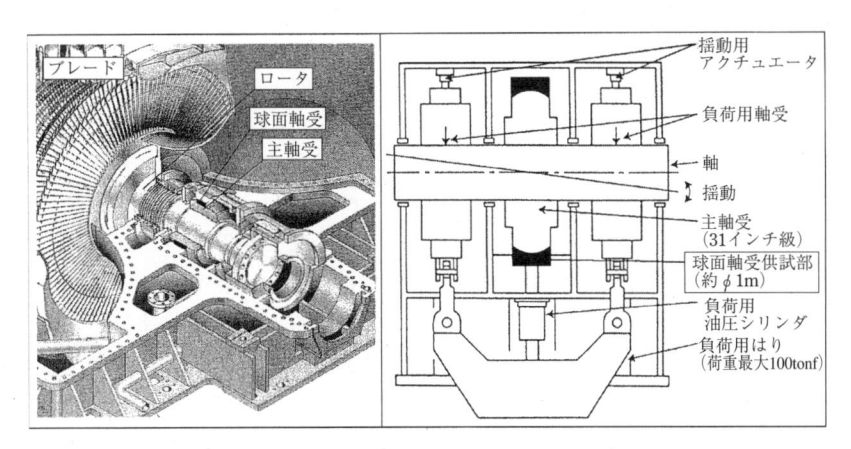

図4.92 蒸気タービン用高面圧球面軸受と揺動モデル試験法〔出典：文献4, 5〕

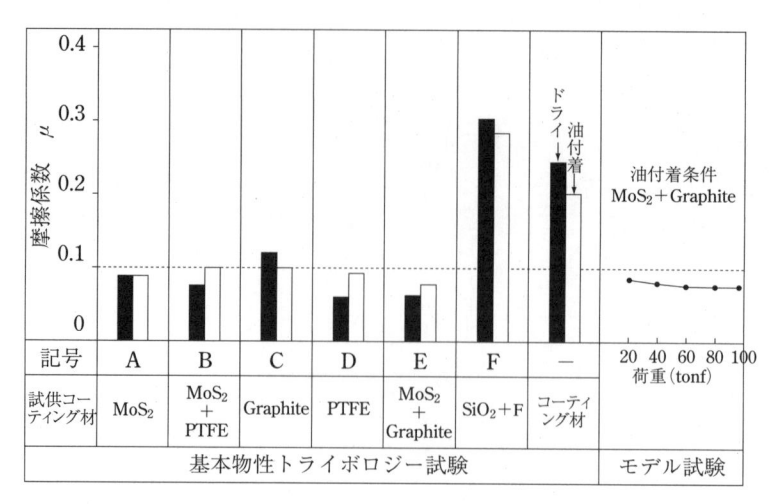

図4.93 球面軸受試験結果〔出典：文献5)〕

性能の信頼性向上を図っている．また，火力，原子力発電用の蒸気タービンの主軸ジャーナル軸受においても，高面圧揺動作動の軸受が使用されている．据付けの軸受アライメント・傾斜調整を目的に図4.92の軸受外周部に大径（1,000 mm）の揺動球面軸受を装備している場合が多い[4)]．油潤滑であるが固体接触主体になるために，固体接触の摩擦係数を軽減するために各種の低摩擦材料のコーティングを基礎，実機大相当の試験を行っている．試験結果を図4.93に示すが，二硫化モリブデン＋グラフファトが最も低い摩擦係数0.08を示し，さらにジャーナル主軸受の信頼性，安定性を向上する付設軸受材として期待されている[5)]．

その他，自然エネルギー利用の風力発電用の発電機の主軸受には潤滑性が高い高粘度を採用した合成基複合リチウムセッケン基タイプのグリース給脂が採用されている[6)]．波力発電には発電エネルギーになる波力伝達軸受は図4.94のように水中部に設置され，給油などのメンテナンスが難しいことから無給油の海水潤滑としてPTFEブシュを適用している[7)]．以上からも発電プラントの軸受には固体潤滑剤が不可欠である．

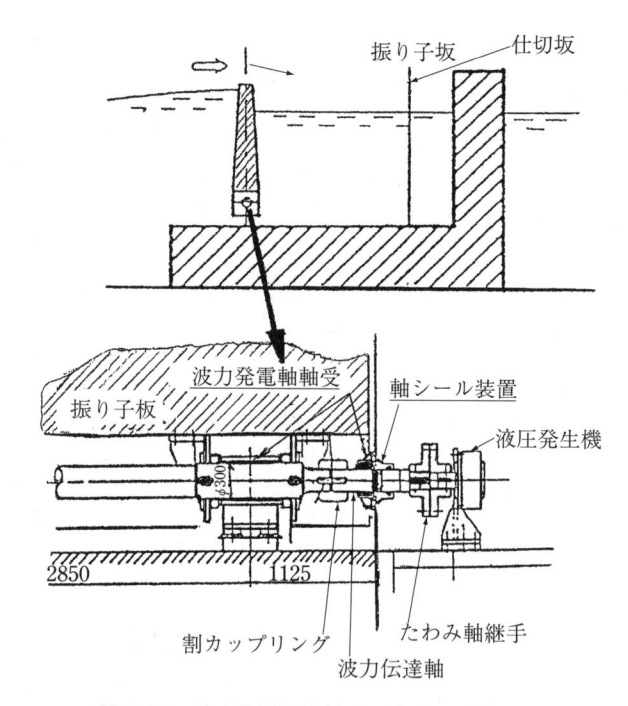

図4.94 波力発電伝達軸受〔出典：文献7)〕

発電プラントの揺動軸受以外のパワーシステムとして揺動作動の動力伝達装置があり，その揺動高面圧ピン継手の例を紹介する．射出成形機では大きな負荷を伝達する型締機構として図4.95のトグル機構がある．そのピン継手にはグリースを併用した黒鉛ベースの固体潤滑剤埋込み型軸受が選定されている[8)]．高面圧の最大120 MPaを支承すべくベース金属は高力黄銅に高負荷時の耐摩耗性向上にNi, Cr等を添加している．また，図4.96の運搬揚重機械の関節部の揺動ピン継手は最大80

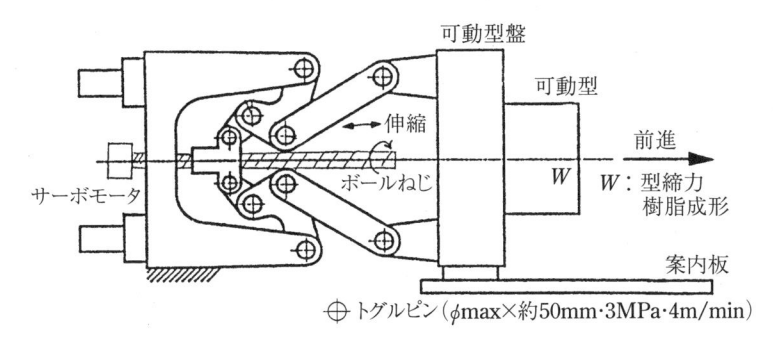

図4.95 トグルピン機構概要〔出典:文献8)〕

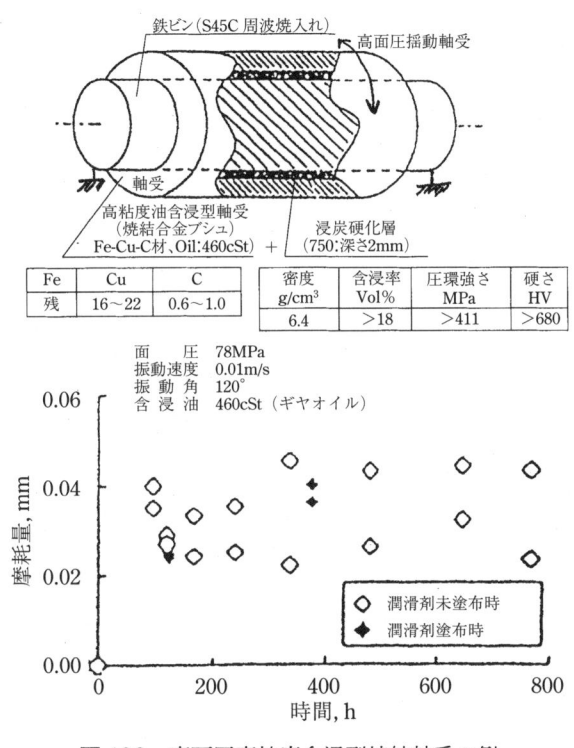

図4.96 高面圧高粘度含浸型焼結軸受の例
〔出典:文献9)〕

MPaの高面圧で低速の作動をする．グリースを併用した黒鉛系固体潤滑剤分散型焼結含油軸受を中心に使用されている[9]．これら高面圧しゅう動作動には銅系のベースメタルにて高荷重を支持し，黒鉛等の固体潤滑剤を分散，埋込み，または被膜として耐焼付きを図り動力伝達機能を得ている．このようにパワープラントも新しい素材の改善・開発により大出力化を達成している．

参考文献

1) 笠原又一：すべり軸受における固体潤滑技術の応用，月刊トライボロジー，193(2003)19.
2) 三上 誠：水車発電機用軸受およびシール技術，ターボ機械，26, 11 (1998) 53.
3) 南波 聡：水車発電機への新素材適用の研究，トライボロジー研究会，第11回講演会前刷集(2001)41.
4) 小澤 豊：大型タービン軸受の技術動向，月刊トライボロジー，189(2001)41.

5) 山下一彦:蒸気タービン軸系摺動部の低摩擦コーテイング技術,月刊トライボロジー,168 (2000) 46.
6) 岡田孝利:風力機械の市場動向および潤滑技術,月刊トライボロジー,189 (2003) 52.
7) 高見 久・竹本篤美・三木貴之・高田光芳:波力発電システムとトライボロジー,トライボロジスト,42, 1 (1997) 42.
8) 須田 博:産業機械における自己潤滑すべり軸受の技術と市場動向,月刊トライボロジー,188 (2003) 30.
9) 米谷英二・波多野和好:油圧ショベルを支えるトータルトライボロジー技術,トライボロジー研究会,第13回講演会前刷 (2003) 37.

4.8 構造物・橋梁建築関係

4.8.1 橋梁関係

(1) 桁橋用支承

地上に構築される橋梁などの長大な構造物では図4.97に示すように地上に固定された下部構造とその上に載せられた上部構造の間に,太陽熱などによる温度伸縮,構造物を形成する材料の化学反応などによる材料そのものの伸縮,風による変形,地震の慣性力による移動,路面を走行する車両などによる変形,などが発生する.

上記長大構造物では変位を管理された状態で許容するため,高面圧下において,無給油で長く安定した摩擦性状をもつ固体潤滑剤埋込み型の軸受材が使用される.このような条件下において使用される軸受材料としては図4.98のような高力黄銅鋳物に四フッ化エチレン樹脂系固体潤滑剤を埋め込んだ軸受(以下,高力黄銅支承板という)や,ガラス繊維等で補強された四フッ化エチレン樹脂板の一部を鋼板に埋め込んだ軸受(以下,密閉ゴム支承板という)が用いられる.

図4.97 橋梁用軸受の使用位置

高力黄銅支承板の軸受材はすべり面に形成された固体潤滑剤の被膜により安定した摩擦力を提供する.被膜が破損した場合は埋め込まれた潤滑剤によって被膜の補修がなされる.このため潤滑剤の埋込みはあらゆる方向の移動に対してオーバーラップするように埋め込まれる.この条件を満足させながら,荷重を支える軸受ベース材(高力黄銅鋳物部分)の面積を減少させないため,軸受ベース材表面積に対する固体潤滑剤の表面積比率は25〜30%程度に設計されている.固体潤滑剤としては四フッ化エチレン樹脂,黒鉛,二硫化モリブデンなどが単独または併用されて用いられている.

密閉ゴム支承板はすべり面が潤滑剤そのもので形成され

図4.98 高力黄銅支承板(上段)と密閉ゴム支承板(下段)

る．あらかじめ鋼板に設けられた溝に，厚みの50～70％を埋め込んで水平方向のクリープを防止している．相手すべり面はどちらのタイプも磨かれたステンレス鋼板が使用される．

これらの軸受部分に発生する摩擦力は構造物の強度設計に大きな影響を与える．このため軸受部分に発生する摩擦力は，経年依存性，速度依存性，面圧依存性，変位依存性などの基本特性が事前に把握され設計されている．

支承板の大きさは $\phi 100$ mm 程度から $\phi 1,000$ mm 程度まで標準化されている．

（2）つり橋

つり橋は橋げたをケーブルで吊り下げる構造であるが，このケーブルの温度収縮により橋げたが上下する．この橋げたの上下動を低減するため図4.99に示すようタワー部分にリンク式のつり材を用いている．このリンクの上，下の回転部分に軸受材が使用される．

図4.99 つり橋とリンク用高力黄銅軸受

この軸受材は桁橋と同様，海上面に設置されることが多く長期間の腐食環境下で使用され，かつ十分なメンテナンスも望めない．このような過酷な条件下で高力黄銅鋳物に潤滑剤を埋め込んだ軸受材が使用されている．固体潤滑剤としては四フッ化エチレン樹脂，黒鉛，二硫化モリブデンなどが単独または併用されて用いられている．

4.8.2 建築関係

建築物を地震から守る方法は古くから研究され，現在では地震で発生する慣性力に対し構造部材を強固に設計する耐震設計構法が主流となっている．しかしながら近年では建築物に入る地震動を基礎部分で絶縁し建築物に大きな慣性力を発生させない構法が免震構法と呼ばれ工事されている．

この免震構法における地震動の絶縁装置を免震装置と呼び，すべり軸受が使用されている．この

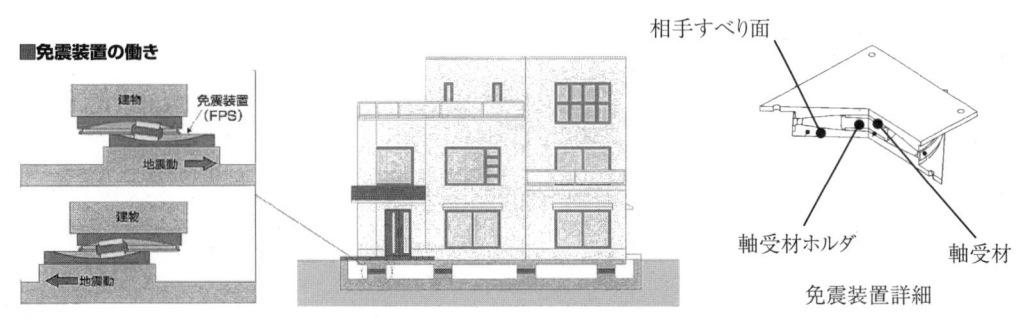

図4.100 代表的なすべり免震装置

ような装置をすべり系免震装置と呼ぶ．すべり系免震装置には平面をすべるものと，曲面をすべるものが市場に供給されている．代表的なすべり免震装置を図4.100に示す．

すべり材としてはガラス繊維などで補強された四フッ化エチレン樹脂が使用され相手すべり面にコートを施し，摩擦係数を低く設定した低摩擦タイプとコートなしの高摩擦タイプが使用されている．現在市場に供給されている免震装置の面圧依存性および速度依存性は図4.101[1)]のような傾向にある．

すべり系免震装置の摩擦係数を振動制御のための減衰として積極的に利用する設計も行われる．免震設計においては動的な設計が行われるため，摩擦係数の各種依存性が数式でモデル化されている．

参考文献
1) 社団法人日本免震構造協会，第3回技術報告会梗概集，2003.04.15.

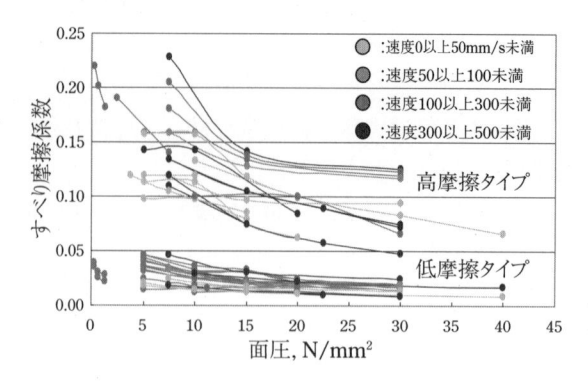

すべり系免震装置の摩擦係数の面圧依存性

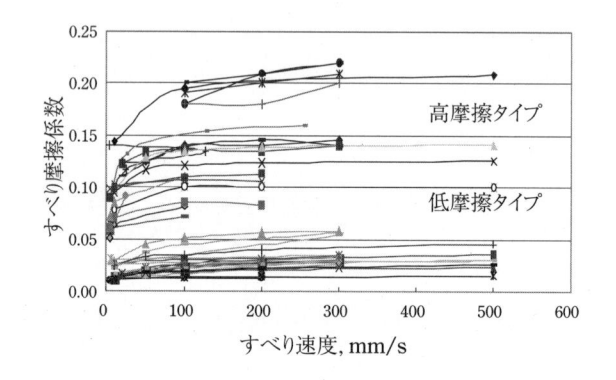

すべり系免震装置の摩擦係数の速度依存性

図4.101　すべり系免震装置の摩擦係数〔出典：文献1)〕

4.9 住宅関連機器

4.9.1 ブラインドシャッタ

最近の一般住宅でも省エネ効果を重視した外断熱設計がなされるようになってきた．その一つにブラインドとシャッタの機能を併せ持った外付け「ブラインドシャッタ」がある．ブラインド機能としてはルーバの昇降および角度調整によって太陽熱のしゃ蔽，自然換気の調整が可能になっている．また，ルーバの昇降と下降時の閉鎖によりシャッタと同じ機能をもたせ，防犯および台風等の自然災害に備えている．これらの動作を安全かつ確実に行うために，駆動部には摩擦低減を目的に種々のすべり機構が採用されている．たとえば，電動タイプではルーバの下降動作中に障害物あるいは幼児等がルーバの下に挟まれた場合，安全機能が作動するようになっている．その一つの方法としてルーバの昇降中異常が発生すると図4.102に示す回転伝達軸（断面：六角）の負荷トルクが増大し，駆動部の伝達ギヤ（はすば歯車：出力側）は軸に沿ってすべり，隣接するリミットスイッチを作動させ停止および一定量上昇する機構になっている．この安全機能を保障するために，回転伝達軸の摩擦表面には二硫化モリブデンの焼付けコートおよび二硫化モリブデン入りグリースを施し，スライド部の摩擦係数低減と安定した動作を確保している．また，ルーバの昇降はアルミニウム枠の溝を上下にスライドする機構になっており，ルーバのスムーズな昇降を得るためにガイドブシュとして低摩擦，耐摩耗性の良いプラスチック軸受を採用している．

同時に，ルーバの角度調整用軸受としての機能も併せ持っている．このように回転あるいは往復

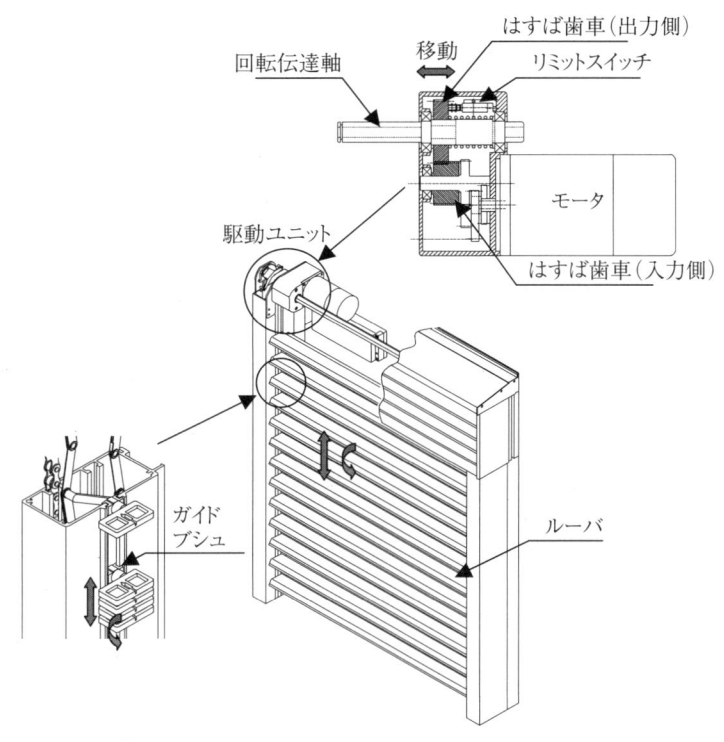

図4.102 ブラインドシャッタ概略

動を伴うすべり部には，摩擦低減および安定稼動のために固体潤滑剤等を利用した種々のすべり機構が採用されている．

4.9.2 開閉機器装置

開閉機器装置は手の届かない位置にある窓等を遠隔操作するために開発された．一般的には劇場，病院，旅館あるいはデパート等の人が集合する建物の緊急時の排煙と換気・通風を目的とした窓の遠隔操作用として使用されている．また，採光と自然換気のためにビルの屋上等に設置されるトップライトにも採用されている．一般住宅では同様な開閉装置を天窓や側窓にも採用しているものもある．ここでは一例として排煙および換気システムに使用されている開閉装置について述べる．

図4.103に示すシステムは窓の閉鎖時にはハンドルボックス内でワイヤロープ（ステンレス製）をロックし全体を固定しているが，火災等非常時の排煙あるいは換気時にはハンドルボックスのロックを外すと窓枠に備え付けられたダンパの力によりワンタッチで窓が開くよう設計されている．また，窓を閉めるときは窓と連結されているワイヤロープをハンドルボックス内のドラムに巻き取ることにより閉鎖される．このように窓の開閉はワイヤロープを介して遠隔操作できるようになっており，ワイヤロープは窓の近くまでフレキシブルコンジットによって案内されている．

特に非常時には確実な作動が要求されるため，ワイヤロープとコンジット間の摩擦抵抗および耐久性が重要になってくる．したがって，確実な作動を補償するためにコンジットの内径面には樹脂製のライナを施し，湾曲部の摩擦低減および耐摩耗性，耐久性向上を図っている．

また，ハンドルボックス内のワイヤロープ巻取りおよびロック機構に関わる回転部分には同様に確実な作動のためにプラスチック軸受および固体潤滑剤入りグリースが用いられている．

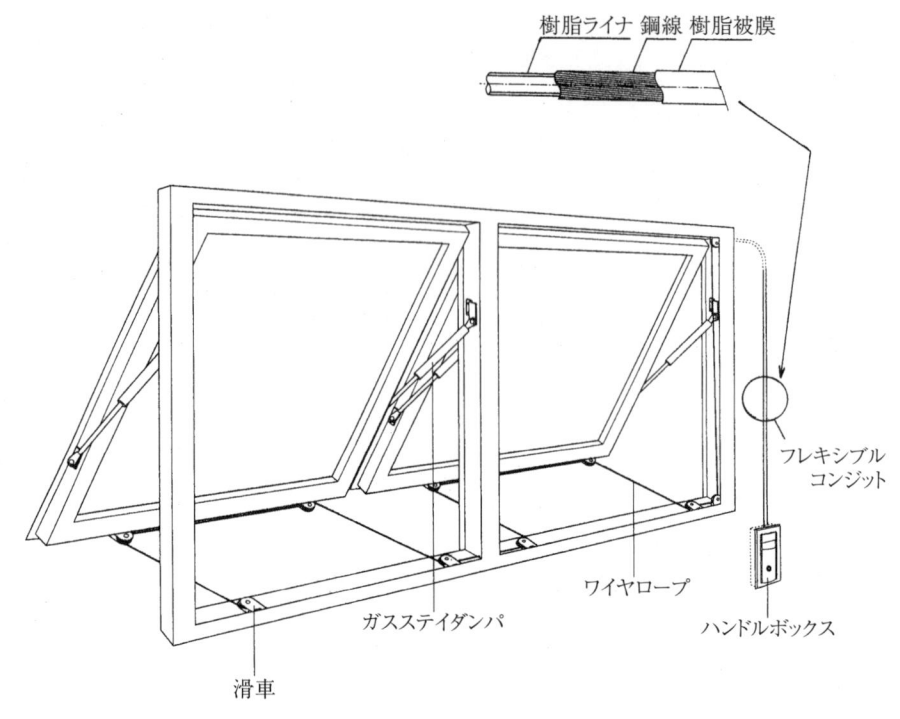

図4.103 排煙窓および開閉システム概略

4.10 塑性加工

4.10.1 圧　延

　圧延における固体潤滑剤の利用例として，鋼の熱間圧延を例に述べる．高合金鋼のシームレスパイプの穿孔時，ピュアサーロールと圧延材の焼付きが発生し，品質欠陥となっている．これを防止するため，一部でホウ酸塩系の潤滑剤が利用されている．これは，高温でホウ酸塩が融解しピュアサーロールと圧延材間に溶融塩の潤滑膜を形成するためである[1]．

　同様に，高合金鋼の穿孔時ピュアサーロールと圧延材間のスリップにより圧延作業の効率低下が発生する．これを防止するため，酸化ケイ素，炭化ケイ素，アルミナ等の高硬度粒子を水溶性ポリマーの水溶液に分散させたスリップ防止剤（かみ込み性向上剤）を，ピュアサーロールと圧延材間に存在させ圧延時のかみ込みスリップを防止することの検討が行われている[2]．これは，「固体潤滑剤の利用による摩擦係数低減や焼付き防止」という一般的な利用方法とは異なり，「高硬度・高融点固体粒子がピュアサーロールと圧延材間に存在することによりかみ込み性の向上を計る」という点で特異な利用方法として注目されている．

　シームレスパイプのマンドレルミル圧延において，マンドレルバーと圧延材間の焼付き防止のため，従来黒鉛を基油（鉱油，合成油等）に分散させたものあるいはペースト状潤滑剤が用いられてきた．しかし，このようなペースト状潤滑剤は，作業時の発煙，発火，作業環境の汚染という欠点を有しているため，現在では，黒鉛と水溶性樹脂よりなる黒鉛系潤滑剤が用いられている[3]．

　なお，近年，マンドレルバーと圧延材間の潤滑条件が非常に苛酷になってきていることと，作業環境のさらなる改善の観点より，高面圧・高すべり条件下でも黒鉛を強固に付着させる新しい水溶性樹脂の探究と，黒鉛に代わる廉価で作業環境への負荷が小さい固体潤滑剤の探究が行われている．

形鋼圧延では，ロールと圧延材間の相対すべりが大きいことより，板圧延に比べ焼付きが発生しやすい．特に，一般鋼に比べスケールの発生が少ないステンレス鋼の圧延ではより焼付きが発生しやすいため，これを防止するため，グリースに固体潤滑剤（例：炭酸カルシウム）を添加した潤滑剤が利用されている[4]．これは，劣悪な給脂条件下でもグリースが自分自身の粘性で優れた付着性を有すること，グリースが高粘性であるため固体潤滑剤の安定分散が容易であることにより，添加した固体潤滑剤がロールと圧延材間に存在し焼付き防止効果を発揮することを利用した例である．グリース状潤滑剤の利用により，焼付きが減少し，圧延作業の効率化（圧延材のきず手入れ作業の削減，ロール交換頻度の削減）に大きく寄与している．

鋼板の熱間圧延には，従来，基油（鉱油，合成油等）に各種液体添加剤を添加した熱間圧延油が用いられてきた．しかし，近年，ワークロールの材質がハイクロムロールよりハイスロールに変更された結果，ロール肌荒れ発生による圧延材の品質低下が問題になっている．そこで，基油に超微粒子炭酸カルシウムを均一分散させた熱間潤滑剤を利用し，ワークロール表面の肌荒れを防止し圧延材の品質を向上させる動きが急速に拡大している[5,6]．これは，高温・高圧下で，スケール（酸化鉄）と超微粒子炭酸カルシウムが反応し，高温での潤滑性に優れるフェライト[7]が生成し，これがワークロール表面の黒皮（酸化膜）生成を制御し，ロールの肌荒れ防止に寄与しているためと考えている．さらに，グリースに固体潤滑剤を添加した潤滑剤の利用も始まっている．グリースに固体潤滑剤を添加した潤滑剤は，ロールへの付着性に優れるため給脂量を減らせるとともに，圧延材のかみ込性に優れるため高圧下圧延が可能となるためである[8,9]．なお，グリースに固体潤滑剤を添加した潤滑剤の板圧延への応用技術は，次世代の鋼板として注目されている微細粒鋼板の製造を可能にする技術の一つとして今後広がっていくと考える．また，グリース状潤滑剤には，従来の液状潤滑油に比べ廃液処理性に優れるという特徴がある．これは，グリース状潤滑剤は，液状潤滑油に比べ付着性に優れるため給脂量を減少させることができるためである．したがって，これからの潤滑剤に要求される環境負荷を低減できる潤滑剤としておおいに期待されている．

さらに，特殊な例として酸化鉄微粉を水溶性ポリマーの粘性溶液に分散させた焼付き防止剤を，ステンレス鋼の熱間圧延時の焼付き防止に利用した例がある．この焼付き防止剤は，酸化鉄微粉をステンレス鋼の焼付き防止に利用したということだけではなく，添加した酸化鉄微粉が最終的に圧延材と一体化するため，圧延材の品質に悪影響を及ぼさないという特長がある[10]．

以上，圧延における固体潤滑剤の利用方法について，鋼の熱間圧延を例に述べたが，他の塑性加工と同様に圧延の分野でも加工条件の苛酷化は年々進んでおり，新規固体潤滑剤の探究とその応用技術の開発により，加工条件の苛酷化に対応できる潤滑技術を確立することが重要である．

4.10.2 プレス

機械工学事典[11]によると，「プレス加工とは，機械プレス，液体プレスなどのプレス機械を用いて材料を塑性変形させて加工する方法の総称．板状の素材を加工する板金プレス加工，塊状の素材を加工する鍛造プレス加工，粉末を圧縮して成形する粉末プレス加工を含む」と記述されている．

ここでは，プレスにおける固体潤滑剤の利用例として，板金プレス加工用潤滑剤と鍛造プレス加工用潤滑剤について述べる．固体潤滑剤の利用という観点から，プレス加工用潤滑剤を分類したものが図4.104である．

（1）板金プレス加工用潤滑剤

板金プレス加工用潤滑剤として，深絞り加工用油について述べる．深絞り加工油には，金型と素材の焼付きを防止するため，基油（鉱油，合成油等）に各種極圧添加剤（例：硫黄系，リン系，塩素

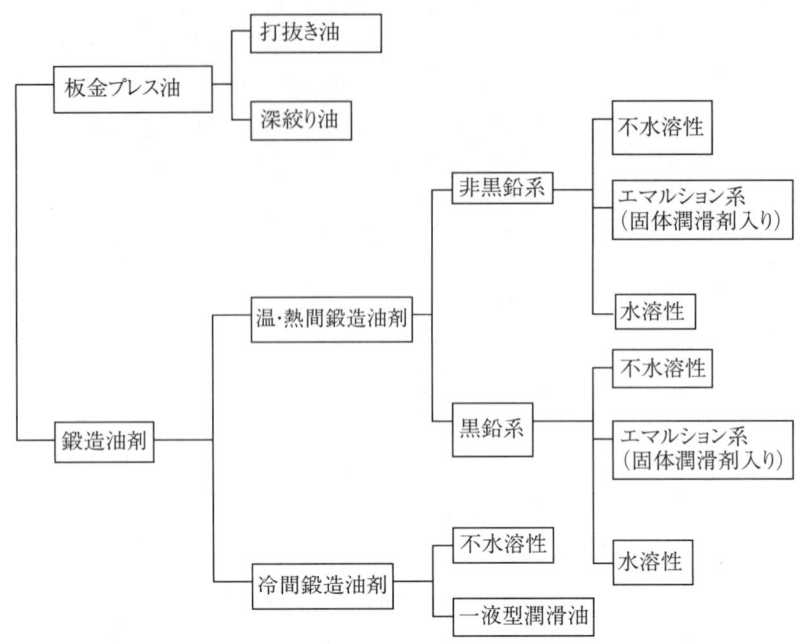

```
鍛造油剤 ─┬─ 板金プレス油 ─┬─ 打抜き油
          │                └─ 深絞り油
          │
          ├─ 温・熱間鍛造油剤 ─┬─ 非黒鉛系 ─┬─ 不水溶性
          │                   │            ├─ エマルション系（固体潤滑剤入り）
          │                   │            └─ 水溶性
          │                   └─ 黒鉛系 ───┬─ 不水溶性
          │                                ├─ エマルション系（固体潤滑剤入り）
          │                                └─ 水溶性
          │
          └─ 冷間鍛造油剤 ─┬─ 不水溶性
                           └─ 一液型潤滑油
```

＊固体潤滑剤の利用という観点から，プレス加工用潤滑剤を分類した

図4.104 プレス加工用潤滑剤の分類

系）を添加したプレス油が使用されている．極圧添加剤は，高温・高圧下で素材と反応し低融点または低せん断強度の金属塩を生成し，潤滑性・耐焼付き性を向上させるといわれている．なかでも，塩素系添加剤は安価で耐焼付き性に優れるため，広く使用されてきたが，廃液の焼却時，燃焼条件によってはダイオキシン類が発生することよりその使用が大幅に制約されてきている．そこで，塩素系添加剤に代わる物質として，高温安定性に優れる特殊リン化合物を添加した潤滑剤や基油に超微粒子炭酸カルシウムを添加した潤滑剤が検討され，実機での評価が行われている．ただし，厳しい加工条件では，塩素系潤滑剤がまだ使用されており，早急に塩素系潤滑剤と同等かそれ以上の潤滑性を有する油剤の開発と新たな加工方法の検討が求められている．

(2) 鍛造プレス加工用油剤

鍛造プレス加工用油剤としては，熱間，温間，冷間鍛造油が挙げられる．熱間鍛造には，黒鉛を油に分散させた不水溶性と水に分散させた水溶性が使用されている．不水溶性は前方押出し加工のような潤滑性が要求される加工に，水溶性は据込み加工のように金型の冷却性と素材の離型性が求められる加工に使用されている．なお，据込み加工では，金型の形状に適した摩擦係数の確保と作業環境改善面より，脱黒鉛油剤の検討が行われており，有機酸塩（例：アジピン酸ナトリウム）と水溶性樹脂とで構成された非黒鉛系水溶性油剤の使用が拡大している．これは水分蒸発後，金型表面に水溶性樹脂をバインダにした有機酸塩の残渣が生じ，これが金型と素材の焼付き防止と離型に寄与している．温間鍛造には，高温・高圧下での潤滑性が重要となるため，黒鉛を基油に分散させた油剤が広く使用されていた．しかし，黒鉛を基油に分散させた油剤は，加工時，発煙，引火の危険があるため，黒鉛を水に分散させた水溶性油剤へほとんど置き換えられている．さらに，最近では環境負荷低減の動きを受け，3R（Reduce, Reuse, Recycle）の観点より，基油に超微粒子の無機物を安定に分散させた循環使用が可能な温間鍛造油剤が開発され大幅な油剤使用量の削減を達成している[12]．冷間鍛造の分野では，高面圧下で複雑な加工を行うため，油剤のみの潤滑では耐焼付き性が

不十分であり，これを補うためあらかじめ素材表面に化成処理を行い，加工の手助けをすることが広く行われている．しかし，このような化成処理工程では，化成処理スペースの確保，多量のエネルギー消費とともに，大量の廃棄物が発生することより，化成処理工程を省略できる潤滑剤として，水溶性の一液型油剤の検討が行われ，すでに実用化にされている[13,14]．

以上，プレス加工用潤滑剤における固体潤滑剤の応用について述べたが，プレス加工においても，ネットシェイプ加工の動きは急速に進んでおり，新規固体潤滑剤の探究とそれを応用する加工技術の進歩により，より環境に優しい加工技術の確立が求められている．

4.10.3 引抜き加工

引抜き加工とはダイスを通すことで，所定の断面に縮小して棒・線・管状の製品に成形する加工であり，ダイス間で塑性変形させることで目的寸法のみならず機械的性質の変化も加え目的の品質を達成させる．基本的には熱間圧延等で成形された線材，棒材を円形のダイスを通しダイス径と同一径の製品に加工するが，その装置にはドローブロック（伸線機），ドローベンチ（抽伸機）がある．これらの装置も年々高速化，高精度化が進んでおり加工用潤滑剤に求められる性能もますます過酷になっているが，固体潤滑剤の適用例の前に各種棒・線の引抜き加工法の進展概略を述べる．

（1）逆張力引抜き法

1920年代に開発された．逆張力によってダイス面圧を減少させ摩耗を減少させる手法で，引抜き加工でも表面品位が保たれた点で画期的であった．

（2）回転ダイス引抜き法

1950年代に開発された．ダイスを孔軸の回りに回転させながら引き抜く手法で，製品の真円度が向上できる．

（3）強制潤滑引抜き法

1955年にイギリスで開発された技術．ダイス部分で潤滑剤を高圧にするなど強制的にダイス・被加工材間に導入し摩擦を低減させる方法．難加工材の伸線を可能にしたが，オイルスポットによる表面品位の低下も見られる．

（4）ローラダイス引抜き法

1956年に考案された．ダイスをローラに変えることで材料の摩擦抵抗を減少することができる．水溶性の潤滑剤の併用とともに高速伸線が可能となった．

（5）温熱間引抜き法

素材を所定温度に加熱して引き抜く方法で，タングステンやモリブデンなどの難加工材の伸線に用いられる．潤滑剤はグラファイト系などの固体潤滑剤が用いられる．

（6）ダイレス引抜き

ダイスを用いても焼付きが著しいなどきわめて加工が難しい場合に，素材を加熱しながら引っ張り，所定の細さにしながら急冷する加工法がある．光ファイバの引抜きなどの例がある．

（7）超音波引抜き法

引抜き中のダイスに超音波振動をあたえ，潤滑剤の導入を促進させ摩擦力低減を図る方法．超音波の効果を出すにはダイスのジオメトリー検討や超音波に適合する潤滑剤設計など課題も残る．

（8）引抜き加工での固体潤滑の現状

引抜き加工における固体潤滑剤の使用方法は大別すると，① 加工前の被加工材表面に処理する方法，② ダイス直前で潤滑剤を塗布する方法の2種類である．それぞれの処理方法ごとの潤滑剤を以下に述べる．

① 加工前の被膜処理型固体潤滑剤

引抜き加工においてもリン酸塩系・シュウ酸塩系の潤滑被膜は多用されている．それらとの併用も含め，ステアリン酸の金属セッケン＋二硫化モリブデン，樹脂をバインダとしたグラファイト系や二硫化モリブデン系の乾性被膜が使用されている．また，ステンレス鋼においてはリン酸塩と反応しないため，ニッケルめっき処理やフッ素樹脂被膜を用いる例もある．二硫化モリブデン系の乾性被膜に用いる樹脂には，エポキシやフェノール樹脂等の有機溶媒系もあるが，処理が簡便な点も含めセルロース系の水系製品の使用が多い．固体潤滑剤のそれぞれの配合量や比率は条件によりまちまちであり，各生産現場の加工条件に応じて選択している．おおまかには冷間での加工や，難加工材には二硫化モリブデン系が，温熱間にはグラファイト系が使われ，グラファイトでは耐熱温度的に限界の場合，石灰やホウ酸ガラス系が組み合わされる．

② ダイスでの加工時の固体潤滑剤含有製品

前述のように加工前に素材に表面処理を行う場合もあるが，素材がダイス間で加工が行われる直前に供給する方法がより一般的である．潤滑法には，油系の湿式法と固体粉末による乾式法の2種類に大別される．

湿式法では二硫化モリブデン等の固体潤滑剤を分散させたオイルやグリース類など通常の固体潤滑剤含有製品を使用する例のほか，水と界面活性剤と植物油・鉱油からなるエマルションタイプの潤滑剤が用いられる．また加工用潤滑剤の特徴として新生面への吸着など極圧添加剤においてはその反応速度の速さが求められるため，活性硫黄・リン酸系等通常の保全用潤滑剤に用いられる極圧添加剤よりも活性の強い添加剤が用いられる．また，ミクロンオーダでの極細線の伸線の場合，セッケン水中で加工を行う場合がある．セッケン水といっても油性剤等も併用するため，この油性剤の可溶化剤としての使用目的もあるが，界面活性剤にノニオンセッケンを用いダイス間の摩擦熱により結晶化させ固体潤滑剤として働かせている例がある．ノニオン系界面活性剤の多くは水溶液中でイソトロピック液であるが，温度上昇とともに結晶化を起しカード相となる．ダイスと線間では摩擦熱により生じたカード相が一種の固体潤滑となり，ダイス間を抜けるともう一度イソトロピック液となり除去も可能となる．このカード相を安定させて発生させるために加工条件に応じた適正な曇点をもつセッケンと濃度が調整される．

引抜き加工での特徴はこれらの湿式潤滑剤のほか二硫化モリブデン，グラファイト，消石灰，タルク等とステアリン酸の金属セッケン（亜鉛・バリウム・カルシウム等）の粉末を混合した粉末型の固体潤滑剤製品（乾式潤滑剤）を素材表面に付着させる例が多い点が挙げられる．これらの粉末固体潤滑剤はダイス前のボックスに充てんされ，加工とともにダイス間に連れ込まれ潤滑を行う．乾式潤滑は粉末を扱う点で微粉末は作業環境上好まれないことが多く，粉塵等の対策からかさ密度の大きい粉末のものが望まれており塊状セッケンとしてから粉砕するなどの工夫も見られる．また，これら潤滑剤の共通の問題として，加工後の残存潤滑剤の除去が挙げられる．昨今の環境問題の高まりから，酸・アルカリ洗浄でなければ除去できない潤滑被膜は嫌われる傾向にあり，ブラスト等による物理的除去も廃棄物の発生など問題は残る．環境負荷の少ない潤滑方法が求められる点では通常の潤滑剤以上に解決が急務といえる．

参考文献

1) 依藤　章 他：ピアサーガイドシューの焼付き防止技術，平成9年度塑性加工春季講演会 (1997) 505-506.
2) 依藤　章 他：ピアサーロールの損耗による被圧延材のスリップとその防止技術，第47回塑性加工連合講演会 (1996) 289-290.

3) 内田　秀 他：固体潤滑被膜の潤滑性能評価方法の検討, トライボロジスト, 39, 4 (1994) 361.
4) 伊原　肇 他：グリース状熱間潤滑剤を用いたロール焼きつき防止技術の実用化, CAMP-ISIJ, 14 (2001) 1020.
5) 伊原　肇：鋼用熱間圧延油の歴史と現状, 電気製鋼, 73, 3 (2002) 177-182.
6) 後藤邦夫 他：高塩基性有機金属塩の熱間潤滑効果とその作用機構, 鉄と鋼, 84, 7 (1997) 502-509.
7) 特許出願公告：昭57-363200号.
8) 公開特許公報：特開2003-193079号.
9) 倉橋隆郎 他：新熱延プロセスと超微細粒組織の創質, 塑性と加工, 44, 505 (2003-2) 106-111.
10) 栗田俊哉 他：ステンレス鋼熱間圧延における粘性水溶液潤滑剤の実用化, CAMP-ISIJ, 2 (1989) 1502.
11) 日本機械学会：機械工学事典, 丸善 (1997) 1170.
12) K. Goto : Advanced Technology of Plasticity, vol. 1 (2002) 769-774.
13) 日本塑性加工学会：プロセストライボロジー分科会年間報告書 (2000) 151-157.
14) 日本塑性加工学会：プロセストライボロジー分科会年間報告書 (2000) 158-165.

4.11 電気・電子機器

4.11.1 電気接点 [1]

　電気接点には，リレー，スイッチ，ブレーカ等開閉動作により電気のON/OFFに関わる開閉電気接点，コネクタ，プラグ等挿抜動作により電気の接続に関わる静止電気接点，モータ，ポテンショメータ，スリップリング等しゅう動動作により電気の開閉・接続・抵抗値変化に関わるすり電気接点の3種類がある．

　電気接点をON/OFF等するといろいろな現象が発生するので，"低く安定した接触抵抗を得る"，"溶着，ロッキングおよび粘着を防ぐ"および"消耗，転移を防ぐ"の3点が電気接点に求められる．

　まず，接触抵抗を低くするためには接触力が同じであれば軟らかい材料ほど接触面積が大きくなるので金や銀が適している．

　接触面が酸化被膜，硫化被膜その他の汚染被膜で覆われると接触抵抗が高くなるので，この点でも化学的に安定である金や銀が適している．

　このようなことから電気接点の多くが金合金，銀合金である．

　合金として使用されるのは，"溶着，ロッキングおよび粘着を防ぐ"および"消耗，転移を防ぐ"ためである．

　溶着，ロッキングおよび粘着とは，電気接点同士が付いてON/OFF，挿抜，しゅう動が困難または不能となることで金，銀は融点が低く，被膜の発生が少なく不利だが高融点のニッケルやタングステンあるいは酸化物を複合化することで耐溶着性が向上する．

　消耗とは，ON/OFF時の衝突，挿抜，しゅう動時の摩擦による機械的消耗とジュール熱や放電による電気的消耗がある．

　転移とは，電気接点の一方が消耗し，それが相手側に付着することで，酷くなるとロッキングが生じ開離できなくなることである．

　機械的消耗に対しては，硬い方が有利であり，電気的消耗に対しては融点，沸点が高い方が有利であり，金，銀を合金化することが求められる．

　表4.22に電気接点に使用されている金合金，銀合金とその物理的性質を示す．この項では，開閉電気接点材料について記述し，すり電気接点材料については次項変位センサで記述する．

表4.22 代表的な金，銀系電気接点材料

名称	組成, wt %	融点, ℃	ビッカース硬さ HV	電気伝導率 IACS %	密度, g/cm^3	用途
金合金	Au-Ag8	1058	30	28.7	18.0	通信機用リレー スイッチ コネクタ 整流子
	Au-Ag10	1055	30	25.4	17.9	
	Au-Pd40	1460	100	5.2	15.6	
	Au-Ag25-Pt6	1100	60	11	16.1	
銀合金	Ag-Pd60	1395	80	4.3	11.4	整流子
	Ag-Cu7.5	799	56	90	10.4	
	Ag-Cu10	778	62	86	10.3	
	Ag-Cu6-Cd2	880	65	43	10.4	
	Ag-Cu24.5-Ni0.5	810	135	68		
	Ag-Cd1	959	35	92	10.5	
	Ag-C2	960	30	86	9.7	スイッチ
	Ag-Ni10	960	65	91	10.3	リレー，マグネットスイッチ
	Ag-CdO12	960	70	80	10.2	各種スイッチ リレー
	Ag-SnO$_2$9.3	960	110	73	10.0	
	Ag-NiO-MgO	960	130	92	10.5	スイッチ
	Ag-W65	960	120	52	14.9	ブレーカ

　金-銀合金は，金の粘着しやすさと銀の硫化しやすさを低減した接触信頼性の高い電気接点材料で弱い電流領域で使用されている．

　図4.105に金-銀合金の硫化量と接触抵抗の関係を示す．銀の硫化による障害は，硫化被膜が機械的に脆く，また360℃で分解するため接触力が大きかったり電流が大きい場合は問題とならないが接触力が小さかったり電流が小さい場合は問題となり金以外にパラジウムを添加したり銀の表面に金合金をクラッドしたり，めっきすることが行われている．

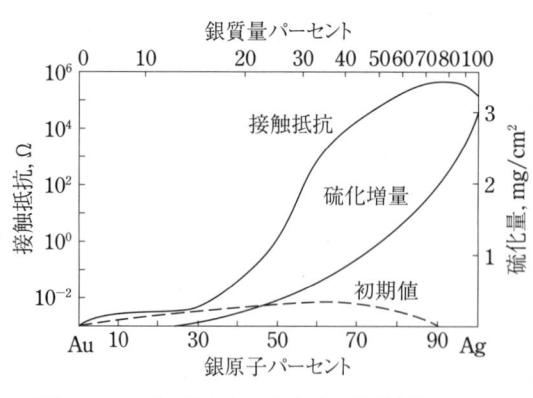

図4.105 金-銀合金の硫化量と接触抵抗の関係（60℃，H$_2$S，90 mmHgにおいて）

図4.106 銀-酸化スズ複合材料の断面組織

銀をさらに大きい電流領域で使用するためには，耐溶着性を向上しなければならず酸化スズ，酸化カドミウム，タングステン，ニッケル等を銀中に微細分散させることが行われている．

これらの銀合金は，酸化物を分散させる場合は内部酸化法で，タングステンやニッケルを分散させる場合は焼結法で製造されている．

銀－スズ7.5％合金を内部酸化すると銀中に酸化スズの微細粒子が均一に分散した銀－酸化スズ複合材料となる．

内部酸化の条件は，スズ等の合金元素によって変わるが温度が高く酸素圧力が低いほど酸化物粒子は大きくなり，温度が低く酸素圧力が高いほど小さくなる．

酸化物粒子の大きさ，形状および分散性は電気接点性能だけでなく塑性加工性にも影響を及ぼす．図4.106に銀－酸化スズ複合材料の断面組織を示す．

4.11.2 変位センサ[1]

角度センサや直線変位センサ等の変位センサには，接触式，非接触式がある．電気接点が関わる接触式の変位センサは，ポテンショメータを利用したもので機械量や物理量の電気変換器として高精度でしかも大きなアナログ出力が得られること，また機械量との連動が簡単等の特徴を有する．

表4.23 すり電気接点材料

名称	組成, wt %	融点, ℃	ビッカース硬さ HV	抵抗率, $\mu\Omega\cdot cm$	密度, g/cm^3
SP-1	Au-Pt10-Pd35-Ag30-Cu14-Zn1	1098	265〜310	31.6	11.9
SP-2	Au-Pt5-Ag10-Cu14-NI1	955	235〜290	13.3	15.9
SP-3	Pt-Pd43-Ag39.5-Cu17	1077	270	28.3	10.3
SP-5	Au-Pt5-Pd45-Ag30	1371	95	39.4	12.8
625R	Au-Ag29-Cu8.5	1014	260〜290	12.5	14.4
AgPdCu	Pd-Ag20-Cu30	1115	190〜320	27.2	10.0
PdRu	Pd-Ru10	1580	180〜280	43.0	12.0

この項では，しゅう動に関係するすり電気接点について記述する．

すり電気接点はマイクロモータ，ポテンショメータ，スリップリング等に使用されており電気的接触と同時にしゅう動を伴うため摩耗と接触抵抗が特に問題となる．すり電気接点材料選定に際しては，その組合せが重要となり，開閉電気接点材料に使用されている金，銀，金－銀合金，金－パラジウム合金，銀－パラジウム合金，銀－グラファイト合金，銀－銅合金，銀－銅－カドミウム合金，銀－銅－ニッケル合金，銀－カドミウム合金等のようにばね性を有していないものと表4.23に示す冷間加工硬化型や析出硬化型のばね性を有するものの組合せが用いられている．

ポテンショメータや半固定抵抗器等の抵抗体に

表4.24 貴金属抵抗材料

組成, wt %	抵抗率, $\mu\Omega\cdot cm$	抵抗温度係数, $10^{-4}/℃$
Pt-Rh10	19	17
Pt-Ir10	24.5	13
Pt-Rh10-Au5	26	11
Pt-Rh15-Ru5	31	7
Pt-Ir20	32	8.5
Ag-Pd60	42	0.3
Pt-Ru10	42	4.7
Pt-W8	62	2.8
Pt-Mo5	64	2.4
Pt-Cu20	82.5	0.98
Au-Pd40-Mo5	100	1.2

は，電気抵抗が大きく，抵抗の温度係数の小さな材料が求められる．また，しゅう動を伴うため表面被膜ができにくく，耐摩耗性，耐食性の優れた材料が求められる．

貴金属抵抗体を表4.24に示すが，白金やパラジウム系の合金が多い．抵抗率は，高い方が適しているが実際には10～100 $\mu\Omega\cdot$cmの範囲である．強加工したものは耐摩耗性が向上するが，使用中時間とともに応力が緩和され抵抗値が変化し安定性が失われる．安定性を保証するためには，冷間加工後熱処理し，応力を十分除去しなければならない．サーメット型の場合は，セラミック基板上に酸化ルテニウム系ペーストや銀パラジウム系ペーストを塗布し，高温で焼成したもので耐熱性，耐湿性に優れている．

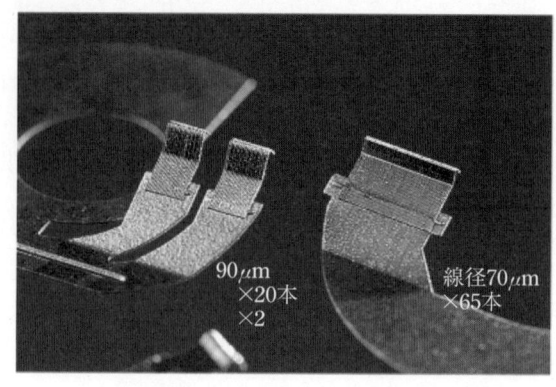

図4.107 マルチワイヤブラシ

ポテンショメータやエンコーダ等に使用されているブラシは，接触信頼性を向上させるため図4.107に示す多点式のマルチワイヤブラシと呼ばれているものが使用されている．

このマルチワイヤブラシは，直線性をもたせるため機械矯正または熱矯正を施したϕ50～300 μmのすり電気接点材料を数本から数十本束ね，主にスポット溶接にて根本の方をばね材料に取り付けている．多点接触するために接触信頼性の高いすり電気接点である．

アルミナ基板に酸化ルテニウム抵抗体と銀パラジウム導体を図4.108に示すようなパターンに印刷・焼成し，このパターン上にマルチワイヤブラシを接触させて接触抵抗を測定した結果を図4.109に示す．

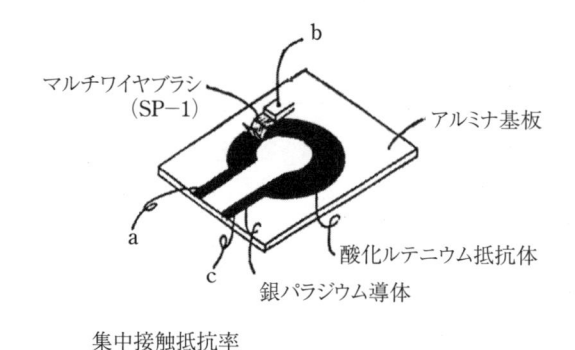

集中接触抵抗率
$$R_{\rm con}(\%) = \{(R_{ab}+R_{bc}-R_{ac})/2R_{ac}\}\times 100$$

図4.108 マルチワイヤブラシの集中抵抗測定回路

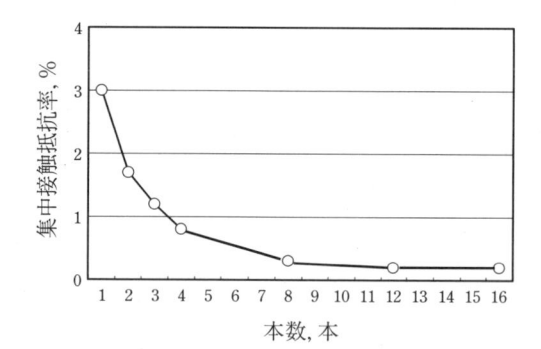

図4.109 マルチワイヤブラシの本数と接触抵抗の関係

この結果よりマルチワイヤブラシの本数は8本以上であれば低い接触抵抗が得られることがわかる．

4.11.3 モータブラシ

近年ブラシレスモータやリニアモータのように，新しい原理に基づくモータが話題を提供する機会が多くなった．しかしながらコストの厳しいモータ市場において，ブラシ付きモータを使用する分野は現在も広範囲にわたっている．

これはブラシ付き直流モータの基本原理が非常にシンプルであるためと思われる．

ブラシと整流子を組み合わせ，電機子コイルに流れる電流の方向をコントロールすることで電磁石の極を変化させ，外周の固定磁石と引き合ったり反発したりすることで，回転子に回転トルクを発生させるこの基本原理（図4.110参照）は，直流モータの発明当時（19世紀中ごろ）よりまったく変わらないものであり，この原理に基づくモータは，将来も電気エネルギーを運動エネルギーに変換する手段として常用されると考える．

この原理におけるブラシの役割は，整流子との組合せによって，電流の向きを切り替える重要なものである．

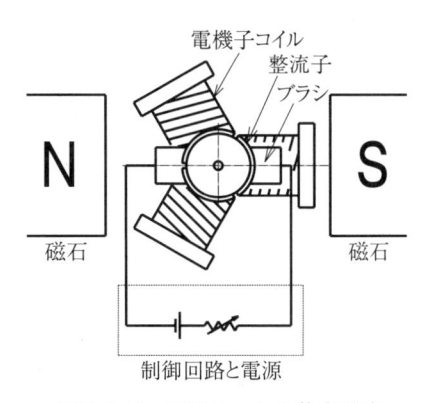

図4.110 DCモータの基本構成

(1) ブラシに求められる特性

ブラシは高速で回転する整流子に，一定の加圧力で押し付けられながら電流授受を行うため，必要な特性には，① 電流の良導体，② 摩擦摩耗を常に行っているため，潤滑性に富んでいる，③ 接触表面の高温に耐えうる，④ しゅう動振動を吸収できる硬さや構造が挙げられる．ブラシは貴金属製板ばねでできた金属ブラシと，黒鉛を成分としたカーボンブラシ，黒鉛と金属を成分とした金属黒鉛質ブラシに大別されるが，ここでは比較的利用分野が広範囲にわたる，金属黒鉛質ブラシを主体に論ずることとする．

(2) ブラシの製造方法

金属黒鉛質ブラシは図4.111に示す製造工程で作られる．黒鉛粉は主に天然黒鉛が使用される．特に結晶の良く発達した鱗片状黒鉛はしゅう動特性に優れたブラシを作るうえで欠かせないものである．これをフェノール樹脂等の粘結材と混練した後，乾燥・粉砕・分級を行う．樹脂の種類や添加量は，ブラシの強度や電気特性を左右し，ブラシの特徴を決定付ける重要なものである．こうしてできあがった造粒黒鉛粉と金属粉，場合によっては固体潤滑剤のような添加剤を適量配混合し，成形用原料とする．金属粉には銅粉や銀粉，固体潤滑剤には二硫化モリブデンなどを用いる場合が多い．完成した原料は，金型内で製品形状に加圧成形され，次に焼成工程を経て完成に至る（あるいはレンガ状のブロックを成形焼成し，機械加工によって製品形状を得る）．

先に述べたように黒鉛は，ブラシのしゅう動安定性を左右する重要な要素であるが，これは黒鉛結晶が六方晶系に属し潤滑性に富んだ材料であるためである．各層内の炭素原子は強い共有結合で結び付いているが，各層間の結合力（ファンデルワールス力）は弱く，層間では非常にすべりやすい

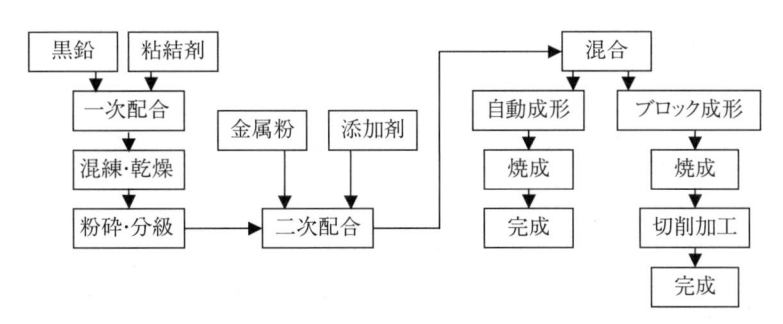

図4.111 ブラシ製造工程図

(3) 過酷条件下でのブラシ性能改善事例

モータの小型化・高出力化によって，電流密度が上昇し，ブラシや整流子周辺の温度上昇が激しく，空気中の水分の恩恵を得難い環境，あるいは電装部品のように使用環境が苛酷である場合などは，黒鉛のみの潤滑性では使用に耐えない．先に記した固体潤滑剤とは，通常の運転環境ではもちろんのこと，このような過酷なモータ運転環境において，潤滑性能を補うために添加するものであり，代表例としては，二硫化モリブデン・窒化ホウ素などが挙げられる．

図4.112に各種固体潤滑剤を添加した際の，摩擦係数・接触電圧降下の変化を示す．試験は銅製スリップリングにブラシを650 gf/cm^{2}で押し付け，20 A/cm^{2}の通電をして行った．スリップリングの回転数は400 rpmブラシは銅＝50 wt%，黒鉛＋（その他潤滑剤3%）＝50%とした．潤滑剤を添加することにより，摩擦係数は低下し，変動も少なくなることが確認できる．また潤滑被膜が整流子表面に生成されるため，接触電圧降下の値は無添加品に比較して高い数値を示す．値の変動は摩擦係数同様，潤滑剤を添加したブラシが安定する傾向を示す．

ブラシにとってしゅう動の安定性は，摩耗に大きく影響を与える．しゅう動が安定していない場合，ブラシと整流子との間で，電流のやりとりに伴う火花発生が過大となり，ブラシ・整流子共に火花による焼損で摩耗が加速される．上記の実施例で固体潤滑剤を添加することで摩擦係数・電圧降下共に変動が少なくなるが，これは無添加品に比較してしゅう動状態が安定していることを示しており，結果として固体潤滑剤はブラシ寿命にも効果があるということが判る．従って良質なモータ用ブラシにとって，潤滑性能は最も重要な要素である．

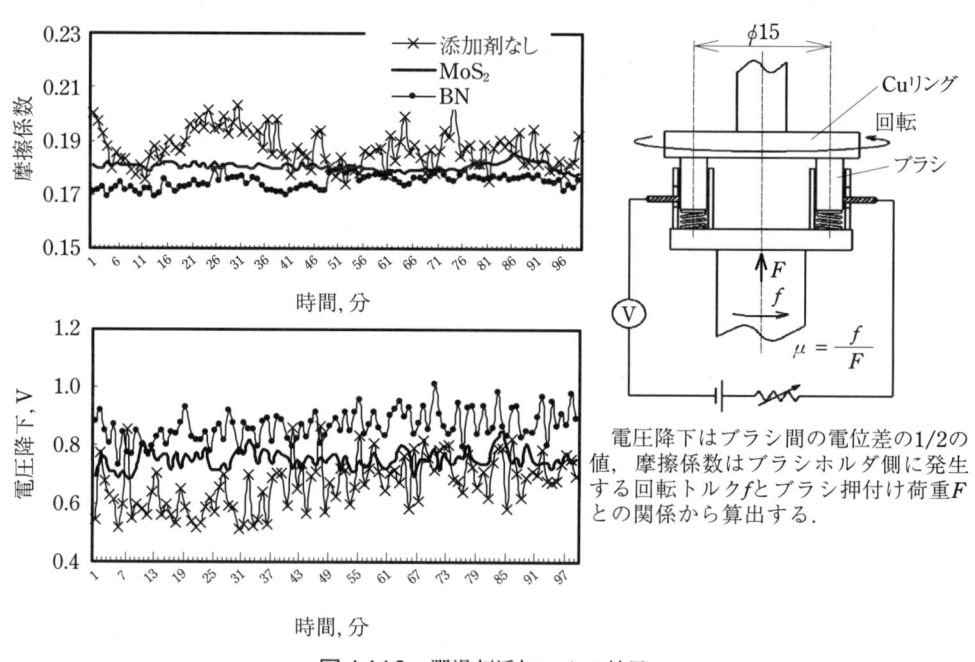

電圧降下はブラシ間の電位差の1/2の値，摩擦係数はブラシホルダ側に発生する回転トルクfとブラシ押付け荷重Fとの関係から算出する．

図4.112　潤滑剤添加による効果

参考文献

1) 田中貴金属工業株式会社：貴金属の科学 応用編改訂版，田中貴金属工業株式会社（2001）77.

4.12 クリーン環境

半導体，液晶，電子，光学機器などの先端分野においては，電子部品の高集積化・高密度化を背景にクリーン環境の高度化がめざましく，クリーン度（低発塵・アウトガス低減）に対する要求が年々厳しく，多様化してきている．

ここでは，クリーン環境への転がり軸受（以後軸受と記す）の取組みとして発塵特性，アウトガス特性について記述し，産業における応用例として半導体製造装置の軸受に求められる特性について紹介する[1~3]．軸受に用いる主な固体潤滑剤の特性を表4.25に示す．発塵・アウトガス特性をともに満足する固体潤滑剤がないことがわかる．

表4.25 転がり軸受に用いる固体潤滑剤の主な特徴[1]

分類	潤滑剤	主な特性				軸受への適用	
		熱安定性，℃		発塵	アウトガス	主な使用方法	主な用途，目的
		大気	真空				
軟質金属	銀（Ag）	—	600 ≦	△	◎	・玉にコーティング	・超高真空
	鉛（Pb）	—	300 ≦	△	◎		
層状結晶構造物質	MoS$_2$	350	400	△	○	・保持器や軌道輪にコーティング ・保持器材料	・高温 ・長寿命
	WS$_2$	425	400	△	○		
	黒鉛	500	—	△	○		
高分子	PTFE	260	200	◎	△		・クリーン ・腐食環境
	ポリイミド	300	200 ≦	○	△		

4.12.1 軸受からの発塵特性

クリーン環境で使用される軸受の潤滑は，油やグリースの漏れ・飛散・蒸発などによる環境汚染の観点から使用が制限され，主に固体潤滑剤が使用されている．また，固体潤滑被膜の摩耗，脱落は発塵源となりクリーン環境を汚染すること，潤滑被膜の涸渇により軸受寿命が短くなることに注意しなければならない．そのためには，軸受構成部品である転動体，内外輪，保持器間の構成部品自身および相手部品を摩耗させず，潤滑不良による凝着や焼付き現象を発生させないように構成部品と固体潤滑剤の選定を上手く行う必要がある．

図4.113に各種固体潤滑剤を使用した軸受からの発塵量を測定した結果を示す．軟質金属であるAgやMoS$_2$，グラファイトに代表される層状結晶構造物質の発塵量が1万個以上のレベルであるのに対して，フッ素樹脂保持器を用いた軸受E，フッ素系高分子膜をコーティングした軸受Fは，3桁以上少ない発塵量であることがわかる．PTFEに代表されるフッ素高分子材料は，転着（移着）性に優れることからクリーン環境用潤滑剤として適しているといえる．これらは，成形性の優れる熱可塑性樹脂であるため，直接保持器材料として適用される場合と内外輪，転動体，保持器にコーティングされ使用される場合とがある．しかし，これらのフッ素系高分子材料は，耐荷重性が低く，高

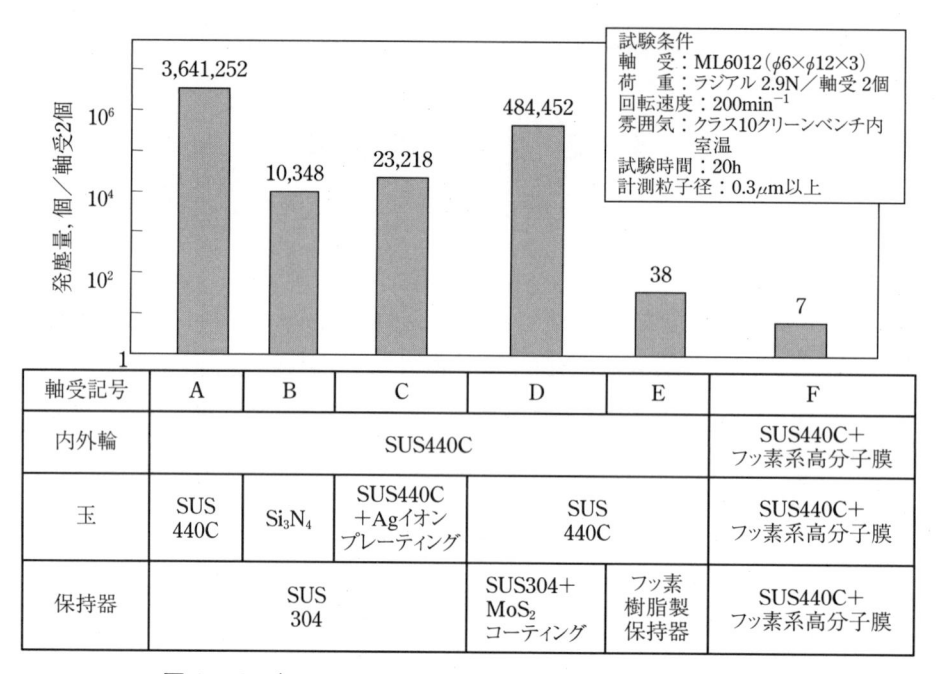

図4.113 各種固体潤滑軸受の発塵試験結果〔出典：文献1)〕

試験条件
軸　受：ML6012($\phi 6 \times \phi 12 \times 3$)
荷　重：ラジアル2.9N／軸受2個
回転速度：200min^{-1}
雰囲気：クラス10クリーンベンチ内
室温
試験時間：20h
計測粒子径：0.3μm以上

軸受記号	A	B	C	D	E	F
内外輪	SUS440C					SUS440C+フッ素系高分子膜
玉	SUS440C	Si$_3$N$_4$	SUS440C+Agイオンプレーティング	SUS440C		SUS440C+フッ素系高分子膜
保持器	SUS304			SUS304+MoS$_2$コーティング	フッ素樹脂製保持器	SUS440C+フッ素系高分子膜

発塵量（個数）：A: 3,641,252　B: 10,348　C: 23,218　D: 484,452　E: 38　F: 7

温での使用が困難であることから材料面の改良（混合），各種フィラーを用いた複合化が今後の課題となっている．

4.12.2 軸受からのアウトガス特性

10^{-4}Paまでの低〜高真空雰囲気圧力領域においては，フッ素樹脂，フッ素系高分子膜のコーティング，MoS$_2$，WS$_2$などの層状結晶構造物質が使用される．上記を保持器や軌道輪にコーティングするほか，保持器やセパレータに潤滑性複合材料として用いることで，大気圧から真空雰囲気の繰返し環境下でも使用可能である．

10^{-5}Paよりも圧力の低い超高真空領域では軸受からのアウトガス特性が重要となり，銀に代表される軟質金属は，イオンプレーティング，スパッタリング法によって真空雰囲気で主に転動体に薄膜としてコーティングされ使用される場合が多い．膜の自己修復性に優れるものの基本的には自己犠牲型の潤滑剤であるため，膜が摩耗，脱落し発塵源となる．しかし，蒸気圧が低く，真空プ

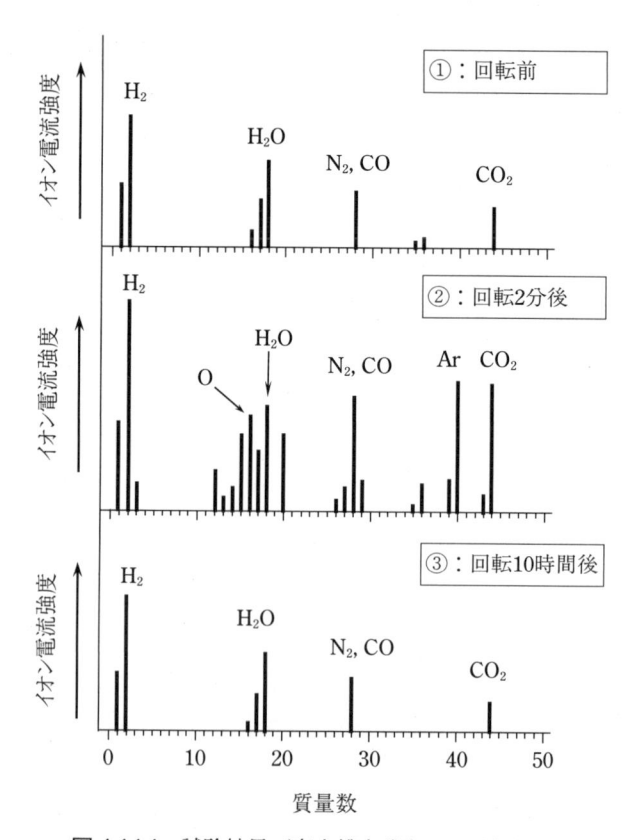

図4.114 試験結果（真空槽内残留ガス分析結果）〔出典：文献1)〕

ロセスでコーティングされた膜（軟質金属）からのアウトガスが少ないことから，超高真空の清浄雰囲気用として主に使用されている．下地材料の上にいかに付着力が強く，均一で緻密な膜をコーティングできるかが今後も重要な課題となっている．層状結晶構造物質としては六方晶系のMoS_2が比較的万能な固体潤滑剤として使用される．層間ですべりやすいため，発塵が多いものの摩擦係数は，面心立方構造の銀，鉛よりも低い．

図4.114に銀を玉にイオンプレーティング処理した軸受の回転試験中における真空槽内の残留ガス分析結果について示す．試験は，試験軸受（型番608）を2個使用し，ばねによりアキシアル荷重を負荷させ，真空槽の圧力は1.3×10^{-8} Pa，室温にてマグネットカップリング型回転導入機により軸受を真空槽外から回転させながら行った．回転開始直後には，軸受に吸着していたと考えられる各種ガス，およびイオンプレーティング処理に使用したArなどのガス放出が確認されるが，約10時間回転後には回転前と同様の状態となり，軸受からのアウトガスは確認できなくなる．同様の評価で，玉にMoS_2のスパッタリング処理を行った軸受では，回転開始後60時間後でもアウトガスが確認されることや，アウトガス成分に膜成分である硫黄（S）があることが確認されていることから10^{-5} Pa以下の超高真空領域での潤滑剤には銀が適しているといえる．ただし，銀は大気中で使用すると酸化しやすく耐久性が急激に低下するため大気圧から真空雰囲気の繰返し環境下での使用において注意が必要である．

4.12.3 産業における応用例

次に，応用例としてクリーン環境を代表する半導体製造装置に用いられる軸受の要求特性について表4.26に示す．これらの半導体製造装置では，微細描画化，成膜・エッチングの高速処理化やウェハーの高集積化・高密度化が急速に進んでおり，軸受に対して真空，クリーン，耐熱，耐食等の優れた特性が要求されており，中でもクリーン度については各工程の使用装置に必須な要求特性となっている．さらに，半導体・液晶製造の効率向上のために基板の大型化が進んでおり，荷重負荷

表4.26 半導体製造装置用軸受に要求される特性[2]

半導体製造装置		軸受に要求される特性			
工程	使用装置名	真空	クリーン	耐熱	耐食
露光，描画	ステッパ装置 アライナ装置 電子ビーム描画装置	○	○		
レジスト処理	コータ／デベロッパ アッシング装置				
エッチング	各種ドライエッチング装置 ウエットエッチング装置	○	○		○
洗浄，乾燥	洗浄，乾燥装置		○		○
熱処理	酸化・拡散炉 ランプアニール装置		○	○	
イオン注入	各種イオン注入装置	○	○		
CVD	各種CVD装置	○	○		
PVD	スパッタリング装置 蒸着装置	○	○	○	
CMP	CMP装置		○		○
ウェーハ検査・測定	表面欠陥検査装置 パターン検査装置		○		

の増大による軸受の耐荷重性の向上（長寿命化）や基板の高品質化に伴うクリーン度の向上が求められている．

　半導体製造装置における軸受の潤滑を考える際には，クリーン度，耐真空性，耐熱，耐食と寿命特性について検討しながら，軸受材料と潤滑剤の最適な組合せを選定することが重要である．

参考文献
1) 藤井義樹・小野　浩：Koyo Engineering Journal, 164 (2003) 24.
2) 竹林博明：Koyo Engineering Journal, 163 (2003) 58.
3) 斉藤　剛：NSK Technical Journal, 673 (2002) 22.

4.13 医療福祉機器

4.13.1 X線機器

(1) X線発生管の構造

　医療用のX線撮影装置には，胸部や胃部などの身体の一部分を撮影するものやCT (Computed Tomography) スキャンのような全身を撮影するものまで多くの種類がある．これらの装置では図4.115に示すX線発生管（X線管）が使用されている．X線管は硬質ガラスなどにより封じられ，内部は高真空に保たれている．ターゲットの表面は金属製であり，電子銃から照射された電子がその表面に衝突することによりX線が発生する．ターゲットは円盤形で高速回転され，その回転軸に転がり軸受が使用されることがある．

(2) X線管用転がり軸受の潤滑

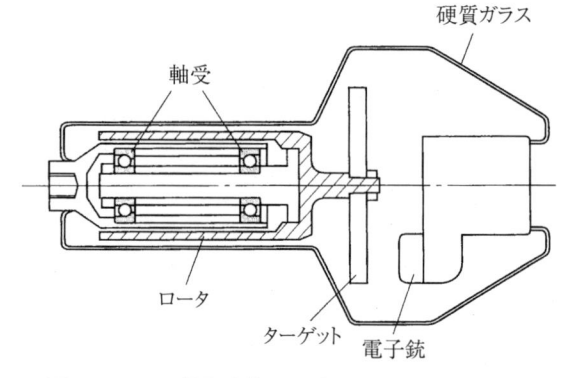

図4.115　X線発生管の構造図〔出典：文献1〕〕

　X線管用の転がり軸受はターゲットに衝突した電子のアース経路となるため，通電性が必要となる．また軸受は500℃の高温にも達する．導電性と高温条件に適用するため，銀 (Ag) または鉛 (Pb) の軟質金属が軸受の固体潤滑剤として使用される．これらの固体潤滑剤は軸受の玉表面にイオンプレーティングにより薄膜として形成される．表4.27に銀と鉛の特徴を比較した．銀は鉛よりも硬質であるため，銀の方が軸受寿命は長い．しかし軸受の回転音は鉛の方が低く静かである．なお高真空中では300℃を超えると，鉛は蒸発速度が大きくなるため，潤滑性能が失われ使用できない．

表4.27　銀と鉛の固体潤滑剤としての特徴比較

固体潤滑剤	軸受寿命	軸受の回転音	最高使用温度	雰囲気圧力
銀 (Ag)	長	高	500℃*	10^{-3} Pa以下
鉛 (Pb)	短	低	300℃	

* 軸受材質の耐熱温度によるもの

(3) 軸受試験評価

銀と鉛の潤滑特性を真空中での軸受試験により調べた．試験条件を表4.28に，試験結果を図4.116，図4.117に示す[1]．

表4.28 軸受試験条件

軸受型番	708相当	軸受温度	300℃
軸受寸法, mm	内径8，外径22，幅7	予圧	アキシアル50 N
軸受材質	工具鋼	モーメント荷重	8 N·m
雰囲気圧力	10^{-3} Pa以下	回転速度	3000 min^{-1}

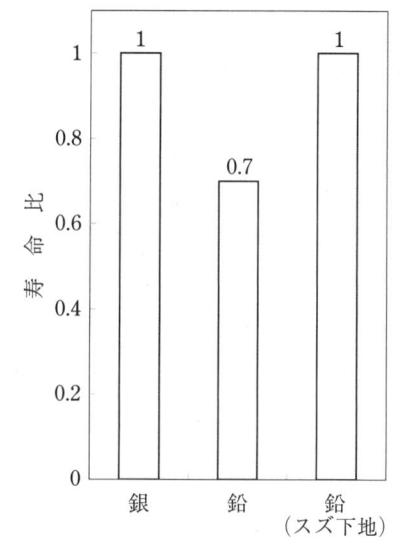

図4.116 軟質金属膜の寿命比

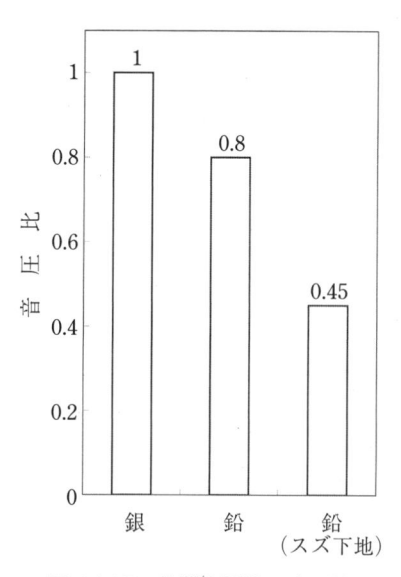

図4.117 軟質金属膜の音圧比

下地にスズを施し鉛の薄膜を形成した仕様の軸受の寿命は，銀の薄膜仕様と同じ寿命に達する．これはスズの方が鉛よりも軸受材料である鋼とのぬれ性が高く，金属薄膜の付着力が増すためである．また下地にスズを施した鉛の薄膜仕様では軸受回転の音圧も低下する．これは鉛とスズの合金化によるものと考えられ，低騒音を求められる医療機器に利用されている．

4.13.2 介護ベッド

近年，他の先進国と同様に，日本においても急速に高齢化が進んでいる．現在，国内の要介護認定者は380万人強[2]であり，高齢化，少子化に伴って介護労力も減少，不足することが予想され，安全かつ効果的で快適な介護機器が求められている．ここでは，介護・療養の現場で最も重要な役割を担う電動介護ベッドの機能に求められる固体潤滑剤について考える．

(1) 介護ベッドの装置の構成と概要

介護ベッドは通常のベッドと異なり多くの可動部をもつ．具体的には，図4.118に示すように，主にボトムといわれる床面部をギャッチ（背上げ，膝上げ，かかと上げなど）させるための機構と，介護作業がしやすいように，ボトム高さを調節する機構を有する．

それぞれの部位は，モータで可動するX形状または，平行形状のリンク機構からなり，これは簡

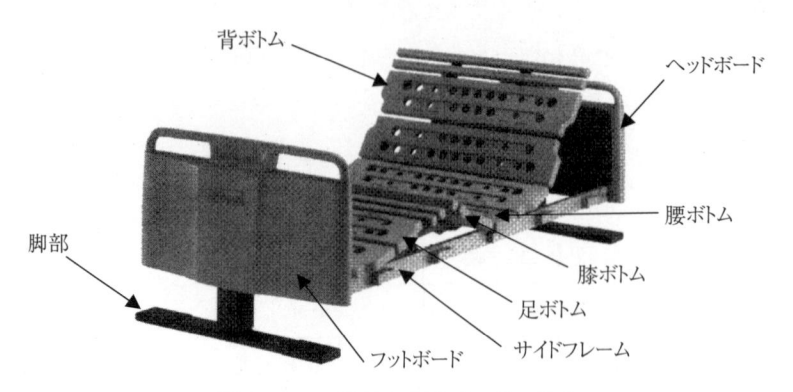

図4.118 一般的な介護ベッドの構造

単にいうと自動車のタイヤを交換するときに使用するジャッキの機構を数箇所もったベッドと考えればわかりやすい．

（2）介護ベッドの特徴

介護ベッド特有の課題として，使用時の静粛性が重視される．自動車のジャッキはねじ部や締結ピンにグリースが使用できるし，使用中のしゅう動音もほとんど問題視されることはない．一方，介護用ベッドでは介護者や被介護者が，深夜に作動させても他の家族を気遣うことなく静かに可動する必要性や，また稀にアルコールや水性洗浄剤による洗浄が行われるため，グリースやオイルを使うことなく良好なしゅう動状態を確保しなければならない，というトライボロジー課題が存在する．たとえば，介護作業で床上げを行うとき，モータとリンクを結ぶ可動部のピンにはおよそ20 MPaの荷重がかかりしゅう動する．もちろんグリース等の潤滑剤は消毒や洗浄によりなくなると考えられるので長期の効果が期待できない．

そこで，この課題の対策として介護ベッドの可動部には，潤滑性を確保するため固体潤滑被膜を用いることが有効となる．実際，市販されている介護ベッドの中には，しゅう動の厳しいピンに固体潤滑被膜を使用しているものが見られる．

（3）介護ベッドに求められる特性とトライボロジー課題

介護ベッドは，上記の荷重に耐え，かつ作動時に静粛な可動をしなくてはならない．また，この作動は1日に数回行われるので固体潤滑被膜は，耐久性も必要となる．さらに，医療機関や老人養護施設等においては洗浄作業も必要となるためアルコール類や洗浄剤に対する耐薬品性もある程度考慮しなければならない．したがて，介護ベッドに使用される固体潤滑被膜に求められる特性はこれらの課題を解決しうる潤滑膜でなくてはならない．表4.29に代表的な固体潤滑被膜の特徴を示す．

表4.29に示した固体潤滑被膜についてテストピースによるしゅう動試験を行った結果を図4.119に示す．なお，評価方法および，評価条件については，それぞれ図4.120および表4.30に示す．

表4.29 主な固体潤滑被膜とその特徴

| 種類 | 基材 | 潤滑成分 | 基材の特性 | | | 耐薬品性 | 耐久性 |
			引張強度, MPa	圧縮強度, MPa	使用可能温度, ℃		
A	ポリイミド	MoS_2	92	132	304	◎	○
B	ポリアミドイミド	MoS_2	147	215	250	◎	◎
C	ポリアミドイミド	PTFE	147	215	250	◎	◎

4. 産業における応用

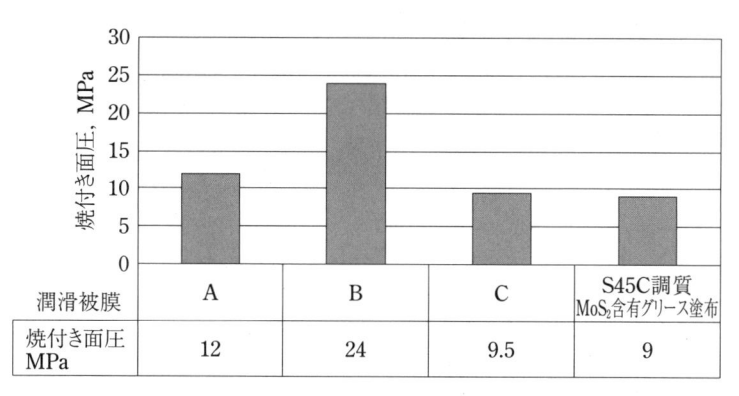

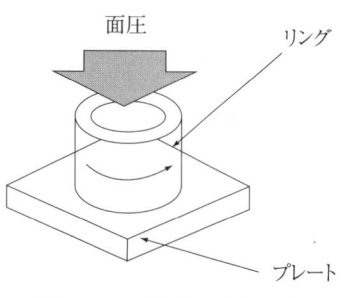

図4.119 S45C調質材に各種潤滑被膜を行ったときの焼付きまでの面圧（耐焼付き性評価結果）

潤滑被膜	A	B	C	S45C調質 MoS₂含有グリース塗布
焼付き面圧 MPa	12	24	9.5	9

図4.120 焼付き試験方法

図4.119と表4.29から潤滑被膜Bは，耐焼付き性・耐薬品性の面から介護ベッドに求められる良好な特性を示すことがわかる．これはバインダ剤として耐荷重性と耐薬品性に優れるポリアミドイミドが使用されおり，さらに同じバインダ剤の潤滑被膜Cが，低面圧で良好なしゅう動特性を示すPTFEを潤滑成分として使用されているのに対し，潤滑被膜Bは高面圧で優れたしゅう動特性を示すMoS_2を含むためである．

表4.30 焼付き試験の評価条件

しゅう動速度, mm/s	200
負荷面圧, MPa/3 min	5
潤滑方式	リング側に潤滑被膜剤を塗装

このように介護ベッドのしゅう動部は，耐焼付き性および耐薬品性に優れるバインダ剤と，高面圧で有効な潤滑成分を含む固体潤滑被膜を用いることで，静粛で快適なしゅう動性が確保できる．

今回は，主に介護ベッドの作動機構部分に使用されている固体潤滑剤に求められる特性について説明したが，介護ベッドには今後さらに検討されなくてはならない課題がある．それは，介護ベッドにおける褥瘡発生のメカニズムを考えるとマットやシーツといった直接身体に触れる物とのせん断応力や摩擦力を考慮する必要がある．これらの摩擦力を低減するために，繊維に使用される固体潤滑剤や固体潤滑剤被膜についても，環境や人体への影響を考慮して，今後検討されなければならない．

4.13.3 マッサージチェア

家庭用健康機器として電動マッサージ機に使用されるローラ部分は狭いスペースで回転，揺動，軸方向運動を伴うため剛性の高い薄肉鋼裏金付きPTFE軸受が多く使用される．それらの使用箇所を図4.121に示すとともに，軸受の材質，サイズ，形状，使用条件等を下記に記した．
 (1) 軸受材質：鋼裏金付きPTFE軸受
 (2) 軸受サイズ：外径φ10，内径φ8，肉厚1.0，幅10
 (3) 軸受形状：ブシュ
 (4) 最高使用荷重：100 kgf
 (5) 最高使用温度：約50℃
 (6) その他：初期なじみと防錆のため組付け時にグリース塗布

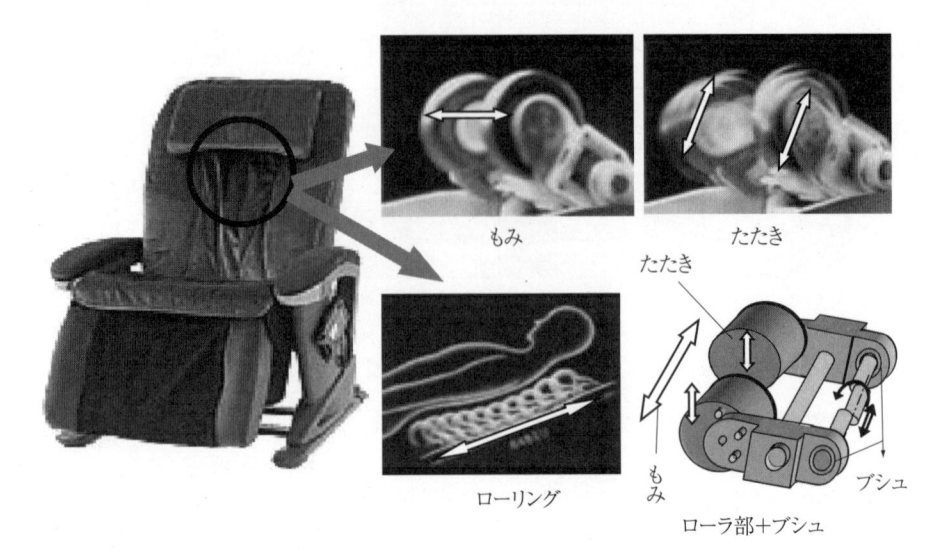

図 4.121　マッサージチェアに使用されている軸受（ブシュ）

参考文献

1) 奥田康一：Koyo Engineering Journal, 151 (1997) 27.
2) 国民健康保険中央会ホームページ　発表資料・統計情報：認定者・受給者の状況 (2004.03.29).

4.14　食品・化成品用高性能ポンプ

　食品や化成品を定量搬送するには通常 SUS316 製のロータリポンプ（図 4.122 参照）が使用される．これらのポンプは一般的に吐出口径が 25 mm 以上で少量を搬送したり，原液を注入したりする少量（$Q = 10$ l/min 以下）の吐出量ポンプとしては流量の調整ができないため製作されていない．それゆえ，この用途は脈動のあるダイヤフラムやチューブポンプが主に用いられてきた．

　ダイヤフラムやチューブポンプは脈動があるため，製品品質に悪影響が出たり，構造上，使用後の洗浄が困難などの不具合がユーザーから指摘され，なんとか洗浄性に優れる小型のロータリポンプの登場が市場から要求されてきた．

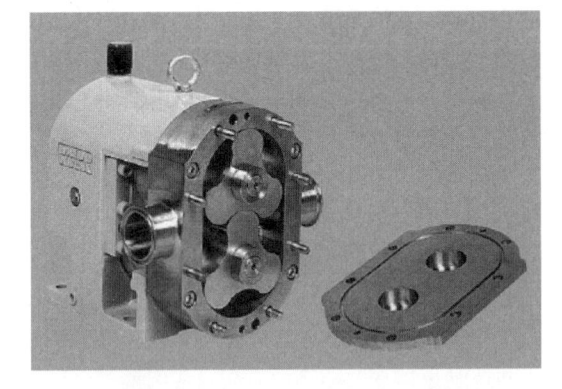

図 4.122　ロータリポンプの外観

　ポンプは小型になると図 4.123 に示すように支持軸受に玉軸受を使用しないと軸間距離が小さくできない．そのため，玉軸受のすきまだけ軸方向に SUS316 のポンプロータが変動し，SUS316 製のポンプ室やふた部に接触し，かじりを発生する．

　この対策にポンプ室，ふた部の表面に三フッ化樹脂のコーティングを 0.15 mm 程度行い，その後，機械加工を行ってロータとのすきまを最小に設定することとした．その結果，他のポンプと変わらない容積効率を達成することができるとともに，樹脂コーティングの離型性により搬送後の洗浄性が向上し，高粘度液の少量搬送には欠かせないポンプとして市場で多用されることとなった．図

4. 産業における応用

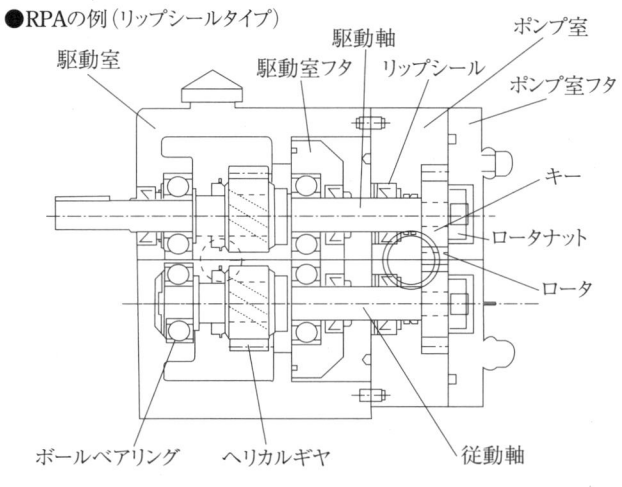

●RPAの例（リップシールタイプ）

図4.123 ポンプ内部構造

L 標準形ポンプ室	S 高性能形ポンプ室
SUS316の優れた耐食性 完全サニタリー	小型ポンプ（RPA, B）に適用 優れた自吸性，耐食性，洗浄性 （SUS316の上に，ピンホールのないテフロンをコーティング）
ほとんどの用途に適用可能. ・食品・製菓・レトルト食品・樹脂 ・飲料・油脂・化粧品・医薬品 ・氷菓・糖液・洗剤・歯ミガキ・接着剤	自吸性，耐食性用途に適用する. ・各種薬品・各種インク ・染色のり ・でんぷんのり

図4.124 SUS316と三フッ化樹脂コーティング部品の外観

4.124にSUS316と三フッ化樹脂コーティングのポンプ室，ふたの外観を示す．

4.15 スキーとワックス

　スキーの滑走面に要求される性質には，① 耐摩耗性，② 機械的特性の温度依存性が小さいこと，③ ワックス吸収性，④ 摩擦係数の低い滑走性，⑤ 経時変化がない耐老化性，⑥ リペア性などが挙げられる．それらを満たすために厚さ1mm程度のポリエチレンが使用される．ポリエチレンは主として粉末を加圧・加熱焼結により円柱状のブロックに成形したもの（シンタード製法）で分子量70万～800万となる．それを所定の厚さの板状に削り出し，ソールに接着される．またグラファイトなどを10～15％添加したポリエチレンも使用される．
　ポリエチレンの組織は結晶質と非晶質からなり，分子量が多くなるほど非晶質部が大きくなる．この非晶質部はワックスを吸収する場所であり，この体積を大きくするために密度が0.94以下のポリエチレンが最適である．ポリエチレンは非極性のため撥水性に富んでいる．フッ素樹脂が使用さ

れない理由はポリエチレンに比べワックスの吸収性に欠けるためである．

　滑走面には通常ストラクチャーと呼ばれる多数の細かい溝がすべり方向に平行に付けられる．これは滑走面と雪面の摩擦によりできる水分を排出する目的で施される．ストラクチャーは，気温，雪質などで変えており，水分が発生しやすい雪質であればストラクチャーは粗く，逆に水分の発生が少ない雪質であればストラクチャーを入れない．粗いストラクチャーのおよその大きさは溝の深さが約 $25\mu m$，ピッチは 0.4 mm 程度である．また，雪の結晶が粗い場合も結晶がストラクチャーに引っかかるため入れない．ストラクチャー形成には専用のチューニングマシンや，サンドペーパ（＃100〜240）やリラー（平行な山をもつヤスリ）を使う．ストラクチャーを施したソールは毛羽立っているためナイロン布や馬毛ブラシなどで毛羽取りを行う．

　一般に，ワックスは摩擦係数を下げると認識されているが，その主たる目的は滑走面と雪面の摩擦によりできる水分の吸着をさけるためである．したがって，ワックスにはソール材と同様に撥水性が求められる．ワックスは炭化水素，炭化水素＋炭化フッ素，炭化水素＋炭化フッ素＋ガリウムなどの成分が混合される．主成分である石油系ワックスのパラフィンワックスは直鎖の飽和炭化水素（炭素数分布は約 20〜40，分子量は約 300〜500）でできている．融点は 47〜100℃までのものが主に使われている．ワックスはそれぞれの雪温に適合した硬さを保持し，雪の結晶が滑走面に突き刺さらないように耐アブレシブ性をもたせている．ガリウムとフッ素は滑走した時に発生する静電気や水分発生による吸着現象を抑える作用をする．

　またワックスには，クロスカントリースキーなどで滑走を止めるワックス（グリッドワックス）もある．これは樹脂，樹液などの混合であり，滑走面に付着させて粗さを大きくしている．付着させたワックスが競技中に摩耗しない（はく離しない）ことが重要である．

　競技スキーではワックスはベースワックスとトップワックスの 2 層に分けて塗布される．ベースワックスには上記の炭化水素やフッ素系の成分をベースにしているが，トップワックスは高純度のフッ素のワックスを用いる．ワックスの状態には固形，粉末，液体，半固体がある．A 社のカタログをみると，成分や状態の違いにより 65 種類ものワックスがある．

　ワックスの撥水性を調べるために蒸留水を用いて接触角を求めた．B 社の 4 種類のガリウム含有ワックスをポリエチレンソールに塗付した結果を図 4.125 に示す[1]．ポリエチレン自身の接触角は 105°であった．ワックスの接触角は 99〜104°であり，その種類にはあまり依存しないといえる．ただし，これらのワックスは右にいくほど，適用温度が高くなる．また，参考のために数種の基板と

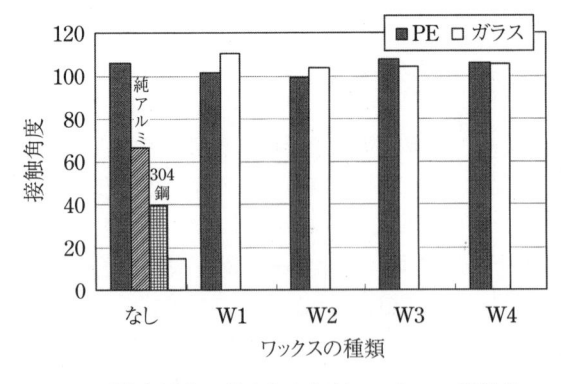

図 4.125　ガリウム含有ワックスの接触角
（ワックスの適用温度 W1：−15〜−6℃，W2：−6〜−2℃，W3：−3〜＋1℃，W4：0〜＋10℃）

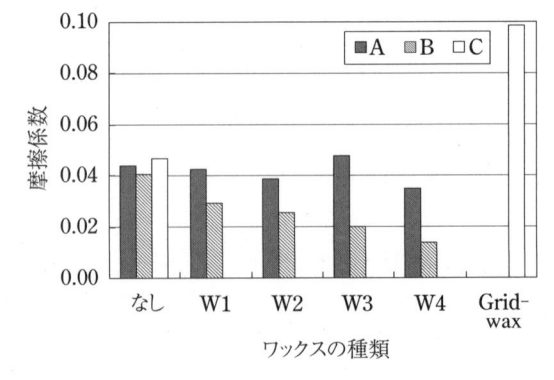

図 4.126　スキー実験による摩擦係数の測定結果
（A, B, C はスキーヤー）

ガラス板にワックスを塗付した結果も示した．ガラス板に塗布した場合には若干右下がりには見えるが，大きな変化はないといえる．これらの結果より，ワックスがポリエチレンよりも撥水性を向上させているとは明確にはいえないし，ワックスの基本成分が同じであれば接触角も変わらない．

雪面上を滑走したときの摩擦係数の測定結果を図4.126に示す[1]．ワックスなしでは摩擦係数μは0.042であり，比較的スキーヤーの個体差はない．一方，ワックスではスキーヤーの個体差が現れるが，ワックスの適用温度が高くなるほど摩擦係数は減少する傾向にあり，スキーヤーBではμは0.014まで小さくなっている．これは当日の気温に対するワックスの適用性を示している．また，グリッドワックスはワックスなしの2倍以上（$\mu = 0.098$）の値を示している．

ポリエチレンに求められる特性の一つは，上述のようにワックスの吸収性であり，競技スキーではワックスをポリエチレンに浸透させて用いる．ワックスはアイロン（温度は130℃以下）で溶融してポリエチレンソールに浸透させる（これをホットワクシングと呼ぶ）が，これは拡散現象を利用している．ワックスの浸透深さはアイロンの温度と移動速度に依存するが，表面近傍では10～30 wt%になり，深さに対し指数関数的に減少し，浸透深さはせいぜい150～250 μm程度である．アイロンの移動速度が遅いほど加熱時間が長くなり，より深く浸透する．しみ込んだワックスはスキー滑走時に表面にしみ出る．表面のワックスが摩耗した時に濃度変化で表面にしみ出る場合と雪温が低い時にポリエチレンの収縮でしみ出る場合などが考えられる．ただし，ホットワックス以外のワックスはポリエチレンに浸透することはなく，ソール面に付着しているだけである．

ホットワクシングでは滑走面上に液状になるまでワックスをのばし，直ちにスキーを室温で冷やす．次にスクレーパーでワックスを削り，仕上げる（スクレイピング）．これは，ワックスを塗ったままだと面が粗く雪の結晶に引っかかって滑走性が悪くなるためである．その後ブロンズブラシでストラクチャー内に残っているワックスも取り除き，ファイバーテックス（ナイロン布）やファイバーレーンで滑走面を拭いて仕上げる．ワックスは最終的には表面に膜のような状態でストラクチャーの細かい溝も見えるぐらい薄い状態にする．

参考文献
1) 三ヶ田礼一・岩渕　明：競技スキーにおけるワクシング，トライボロジスト，47, 2 (2002) 94.

4.16 文　具

文具の中で固体潤滑剤と密接な関係をもつものは筆記具であり，特に通常の木枠の鉛筆芯やシャープペンシル芯（以後，シャープ芯）である．これらの芯に要求される性能[1,2]は，書きやすく，消しやすいこと，

(1) 描線が濃く鮮明で，摩耗による消費量が少ないこと，
(2) 自己潤滑性を有し，滑らかに書けること，
(3) 曲げ強度や先端強度が大きく，折れにくく，先端が崩れにくいこと，
(4) 直径，長さ，曲がり，表面の凹凸などの寸法精度がよく，経時変化がなく，変質しないこと，

などがあり，特に(2)～(4)は固体潤滑剤と深く関係し，いずれも固体潤滑剤の芯中の含有量に依存する．

4.16.1 鉛筆芯

鉛筆芯には通常の黒色の鉛筆と色鉛筆があり，これらの芯の基本的な主組成分は，前者では黒描

表 4.31 鉛筆芯の種類と配合および筆記特性〔出典：文献2)〕

鉛筆芯の種類		6B		2B	HB	2H		9H
組成	黒鉛 (wt%)	80	→	75	70	60	→	45
	粘土 (wt%)	20	→	25	30	40	→	55
描線		濃い			→			薄い
曲げ強度		小さい			→			大きい
摩擦係数		小さい			→			大きい
摩耗		多い			→			少ない
書き味		柔らかい			→			硬い

線と書き味性のための黒鉛と結合材としての粘土，後者では色描線用の顔料と結合材としてのワックス，粘土または窒化ホウ素などである．いずれの芯においても前述の鉛筆芯への要求性能はこれら成分の配合比によって左右される．黒鉛筆芯に使用される黒鉛は配向性による強度や書き味（自己潤滑性）の観点から，一般には鱗片状黒鉛や土状黒鉛が適用される．また粘土については硬度や寸法安定度などから数種の粘土が混合される場合がある．鉛筆芯はこれらの黒鉛と粘土を混練後，非酸素雰囲気（たとえば，N_2 ガス）下で焼成されて製造される．

表4.31には黒鉛筆芯の種類と黒鉛/粘土配合比による筆記特性を示す．配合比によって硬度（曲げ強度），描線の濃さ，書き味などが異なる．黒鉛濃度が増加するにつれて，書き味は柔らかく，濃く書けるが，反対に曲げ強度が低下して折れやすく，摩耗しやすくなる．一方黒鉛濃度が減少し，粘土量が増加すると，曲げ強度が増し折れにくく，細字が書けるが，描線が薄く，書き味は硬く，紙面を引っかき損傷する場合がある．また消しゴムによる消去性は低い．

4.16.2 シャープ芯

黒シャープ芯は，結合材として粘土の代わりにポリ塩化ビニルなどの樹脂を用いて，この溶融樹脂と黒鉛との混練物を約1,000℃の窒素ガスなどの非酸化雰囲気中で焼成し，樹脂を炭化して製造される．したがって黒シャープ芯は黒鉛と樹脂の炭化物との自己潤滑性C/Cコンポジットといえる．一般にシャープ芯の直径は0.3～0.5 mmと通常の鉛筆芯より細いためにより強度（折れにくさ）が必要である．

カラーのシャープ芯の一般的な製法は，立方晶窒化ホウ素（hBN），粘土，結合材の混練物を押出し成形し，乾燥後，これを焼成して得られた白色の多孔体に各色の染料溶液を含浸する方法がとられる．最近では次のように製造される[3]．hBNと樹脂との混練物を N_2 ガス中で焼結してhBN/炭素コンポジットを作り，これを高温で炭素部を酸化除去して白色多孔体にする．次に，この多孔体にシリコン系溶液を含浸させた後，焼結してできた白色多孔質の hBN/Si_3N_4 複合セラミックスに各色の染料溶液を含浸させて作る．表4.32には，カラーシャープ芯の物性と筆記特性を示す．

表 4.32 カラーシャープペンシルのペン芯の物性と筆記性能

物性	曲げ強度, MPa	＞200
	硬さ	2B, 3B（市販黒鉛筆芯）
筆記性能	書き味	良好，滑らか
	描線の発色	鮮明
	消しゴム消去性	良好（黒芯並み）

参考文献

1) 川窪隆昌：鉛筆しんの摩擦・摩耗, 潤滑, 23, 9 (1978) 652.
2) 広中清一郎：筆記具のトライボロジー, トライボロジスト, 48, 4 (2003) 531.
3) 公開特許公報, 平8-48931.

4.17 生活関連機器

4.17.1 水道栓

家庭用水道栓に用いられる弁は，従来は台形ねじを用いたスピンドル機構により，ゴムパッキンを，通水孔をあけたシート面に押し当て水路を開閉する方式のものが大半であったが，近年は，通水孔を設けた2枚のセラミック板弁体をすり合わせるセラミックス弁が広く用いられるようになった．セラミックスは研磨によって平滑な面を実現でき，化学的にきわめて安定しており，さらに弾性係数が大きく硬いため，すり合わせ方式の弁体に適しているとされている．

セラミック弁は，図4.127に示すような台所用および洗面所用のシングルレバー混合栓の弁として

図4.127 シングルレバー混合栓外観
〔提供：東陶機器（株）〕

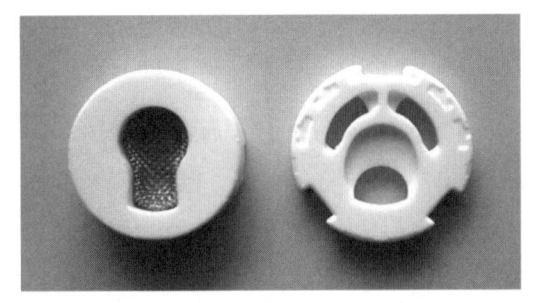

図4.128 シングルレバー混合栓用セラミックス弁体

広く採用されている．シングルレバー混合の弁体に用いられるセラミック板の実例を図4.128に，機構図を図4.129に示す．図4.129に示す方式のセラミックス弁は1960年代終わりに米国で基本となる構造が開発されて以来，内部部品の潤滑にシリコーングリースが用いられてきた．

シングルレバー混合栓用の弁は，図4.129からわかるように弁から上に突き出した軸を操作すると，上側のセラミック板は，下側のセラミック板と弁ケースの天井と摩擦しつつ移動し，開閉と湯水混合を行う仕組みになっている．このとき移動するセラミックス板にかかる垂直荷重は，弁をケースに収める際にかける力に下側のセラミック板が水圧によって押し上げられる力が加わり，200 Nに達することもある．通常のセラミックスや樹脂では摩擦速度が小さい場合，摩擦係数は0.3～0.5程度が一般的であり，図4.129からわかるように動くセラミックス板の上下に摩擦面があるため，潤滑剤を用いずにこれを駆動するのに必要な

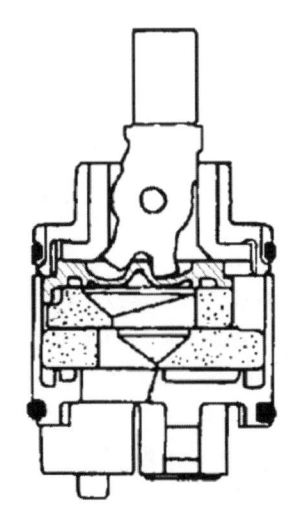

図4.129 シングルレバー混合栓用弁機構図

力は，120〜200 N となる．この力をレバー機構により 1/10 にしても，操作に要す力が大き過ぎ，快適な操作を行うことができない．また，各部品が損耗しやすくなる．このため多くの場合，潤滑にシリコーングリースが用いられてきた．グリースによって摩擦係数は 0.02 以下となるので操作力を格段に小さくすることができる．

しかしながら，グリース潤滑をすると，使用期間経過とともに操作力が大きくなる，あるいは，突然操作に要する力が大きくなるといった操作力に安定性についての問題がある．その主因は，グリースの流失あるいは偏在といったものと考えられており，潤滑をグリースに依存しているかぎり解消は難しい[1]．そこで固体潤滑の技術により，この問題への対応が行われている．

まず，セラミックス板の材質を改善して摩擦係数の低減を図ろうとする方法がある．実用化された第一の例としては，多孔質の炭化ケイ素を焼成し，これに潤滑剤となる油分を含浸させたものがある[2]．第二の例としては炭化ケイ素母材中に黒鉛を均一に分散させたものがある[3]．次に，セラミックス板の表面に固体潤滑剤をコーティングする方法がある．実施例としては，アルミナの表面にダイヤモンドライクカーボン（DLC）をコーティングし，摩擦係数の低減を図ったものがある[4]．日本の水栓メーカーの大半は，この方法を 1990 年代半ばに採用した．さらに，今一つの方法として，弁体の片側をセラミックスに代えて，摩擦係数の低い樹脂を用いるというものがある[5]．

水道栓に要求される機能は，第一に確実に止水できることであるが，第二に，軽い操作力で容易に開閉や温度調整をできることが，単に快適性だけの問題ではなく，節水，省エネの面からも求められている．さらに，機器の動作の安定性を向上させ，健康指向の社会的要請に対応するため，流体潤滑剤を用いない，完全な固体潤滑化がいっそう指向されると考えられている．

4.17.2 ホットプレート，内釜，フライパン

固体潤滑剤の一つとして知られるフッ素樹脂はすべり用途への使用の他，一般的には調理器具への展開がよく知られている．フッ素樹脂加工のフライパンが代表的な例である．フッ素樹脂被膜を加工した（フッ素樹脂コーティングと呼ばれる）調理器具としてはフライパンの他ホットプレート，炊飯器の内釜が早くから適用されている．調理器具に使用される目的は非粘着性と呼ばれるフッ素樹脂の特性が生かされたものであり，食品等がこびりつきにくいという特長を生かしたものである．

また，ホットプレート，炊飯器の内釜，フライパンに応用されている理由として使用時の温度に耐えうることが被膜の前提条件となるため，フッ素樹脂の耐熱性が生かされている．PTFE をはじめとするフッ素樹脂はプラスチックの中でもきわめて耐熱性が高い（PTFE，PFA で静的条件下の連続使用温度が 260 ℃）ことが特長である．ただし，ホットプレートや炊飯器は装置側で温度制御されるが，フライパンは使用状況が異なる．よって使用時の伝熱の均一性と過熱によるコーティングの劣化を防ぐためには基材であるアルミニウムの厚さが 2.3 mm 以上必要とされている．

フライパンに，フッ素樹脂コーティングが使用されてからすでに 45 年以上になるが，近年ではフッ素樹脂コーティングを施すことにより油，水の使用が少量で済むという特徴が環境上，健康上の観点から新たに注目されている．

ここでは，ホットプレート，内釜，フライパン等の調理器具，食品容器に展開される被膜材料とその加工法について記述する．

（1）フッ素樹脂コーティングの分類と使用される材料

表 4.33 にフッ素樹脂コーティングの分類と使用される材料を示す．ここでは主に調理器具，食品容器関係へのフッ素樹脂コーティングとして使用される材料を示す．コーティングの場合，金属等に施工する前の材料の状態は塗料の形態であり，液体塗料の場合と粉体塗料の場合がある．

表4.33 フッ素樹脂コーティングの分類と使用材料

コーティング層による分類	被膜を構成する層の呼び方	バインダ樹脂	フッ素系樹脂
多層コート	プライマー（下塗り）	PAI（ポリアミドイミド） PI（ポリイミド） PPS（ポリフェニレンサルファイド） PES（ポリエーテルサルフォン）	PTFE（ポリテトラフルオロエチレン） FEP（パーフルオロエチレンプロペンコポリマー） PFA（パーフルオロアルコキシアルカン）
	ミドル層（中間層）	PTFE, FEP, PFA	
	トップ層（上塗り）		
単層コート	ワンコート	PAI（ポリアミドイミド） EP（エポキシ樹脂） PES（ポリエーテルサルフォン）	PTFE FEP

　コーティング層による分類として，1層で被膜を構成する場合を単層コートと呼び，2層以上で構成する場合を多層コートと呼ぶ．フライパン，ホットプレート，炊飯器の内釜に使用されるコーティングは殆どが多層コートである．

　多層コートはバインダ樹脂を含むプライマー（下塗り）が金属との接着層になり，その上にフッ素樹脂を施工することにより，フッ素樹脂膜を金属に接着させる方法をとる．2層あるいは3層構造になり，3層の場合はミドル層（中間層）に光輝材（マイカ等），被膜の耐久性を増すためのセラミックス等の材料が含まれる場合もある．トップ層（上塗り）は顔料入りまたはクリア（透明）の層となる．

　多層コートの特長は一番上の層がフッ素樹脂になるため，フッ素樹脂の特性である，耐熱性，非粘着性が十分に機能することである．

　耐熱性があり物が付きにくい，水，油をはじくという特徴はフッ素樹脂の炭素-フッ素の結合エネルギーが高いことに起因する．C-F構造の結合エネルギーが強固なために他の物質の吸着が起こりにくいのである．物が固着しにくい性質と耐熱性があることから食品を扱う金属表面への加工に応用されている．

　単層コートのほとんどは変性フッ素樹脂と呼ばれる分類に属する．変性フッ素樹脂はフッ素樹脂以外の樹脂（PAI, EP, PES等の材料）を被膜の主成分とし，その中にフッ素樹脂が含まれるものをいう．1回の塗装で終了するのでワンコートフィニッシュとも呼ばれる．多層コートに比べ施工が簡単で，施工の際の熱処理温度も低くできる場合がある．ただし，被膜のベースがフッ素樹脂以外の樹脂となるので，フッ素樹脂がベースの多層コートとは特性が異なる．変性フッ素樹脂はすべり用途での展開が主になるが食品容器等でも多層コート程の非粘着性，耐熱性を要求されないケースでは使用されている．

（2）被膜の施工方法

　調理器具，食品容器にフッ素樹脂被膜を施工する方法として，大きく分けるとPCM（プレコートメタル）とポストコート（後コート）と呼ぶ2種類に分かれる．PCMはあらかじめ板状（コイル状）の金属にフッ素樹脂コーティングを施し，その後に板を切断，プレスして容器に成形する工程をとる．大量生産に向く方法である．円板状などに切断された後，プレス工程の前にフッ素樹脂コーティングを施す場合もある．

ポストコートは金属を製品形状に成形した後にフッ素樹脂コーティングを施す方法である．製品がプレス品のほかに鋳物，ダイキャストでもフッ素樹脂を加工できるのが特長で製品の生産規模，板の厚み等に関わらず加工することでき，適用するコート材料の幅も広くなる．

図 4.130 に多層コート（2層）を加工する際の代表的な工程を示す．加工される基材はアルミニウム板，アルミダイキャストが一般的である．炊飯器の内釜は，かつてはアルミニウムが主流であったが，最近はアルミニウムとステンレス他の金属のクラッド材が使用されることも多い．

まず脱脂工程では金属基材の油分，汚れを除去する．具体的には溶剤または水系の洗浄液で洗浄するか空焼きと呼ぶ加熱処理により油分，汚れを除去する．一般的な塗装でもいえることだが，金属への接着が難しいフッ素樹脂の場合はこの工程が特に重要で，被膜の接着に影響してくる．

下地処理工程ではブラスト加工と呼ばれる粗面化処理や，金属表面を硬くするための溶射加工を行う．これも，被膜の接着性をさらに強固にするためのものである．

塗付工程ではプライマーおよびトップの塗料が塗付される．液体または粉体の塗料をスプレーガンで塗付する（粉体塗料の場合は静電ガンと呼ばれる静電気を利用したガンを使用する）．液体塗料を加工する場合は塗付後に乾燥工程が入る．

焼成工程の処理温度は材料によって異なるが多層コートの場合は約380℃の温度をかける場合が多い．この工程でフッ素樹脂がフィルム化するので重要な工程である．施工されたコーティングの膜厚は通常 30〜50μm である．焼成後は常温で冷却され，外観，膜厚等の検査を行い工程は終了する．

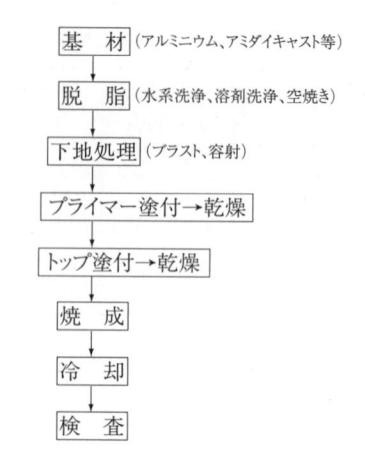

図 4.130　多層コート（2層）の代表的な工程

参考文献

1) 桑山健太・木村安秀：アルミナ摺動面とシリコーングリースのトライボ反応，トライボロジー会議予稿集東京，1998-5 (1998) 200.
2) 奥田裕次・馬嶋一隆・野村仁司・佐々木泰仁：湯水混合栓，特開H6-1347885 (1994).
3) 阪口美喜夫：炭化ケイ素-炭素系複合材料「ルモナス SC」，工業材料，46, 6 (1998) 110.
4) 桑山健太：DLCコーとしたアルミナとその水栓バルブへの応用，トライボロジスト，42, 6 (1997) 436.
5) 斉木英也：弁装置，特開H6-2774 (1994).

4.18　その他の応用例

固体潤滑剤は 4.1 から 4.17 までの応用例のほかにも多岐にわたって，産業界で使用されており，固体潤滑剤を配合されている潤滑剤の種類も多い．ここでは，4.1 から 4.17 までの応用例以外について使用されている固体潤滑剤と主な効果を表 4.34 に記述する．

表4.34 産業界で使用されている固体潤滑剤と主な効果

応用例	使用潤滑剤	主な効果
自動車 差動ギヤ	二硫化モリブデン系ディスパージョン	かじり, 焼付き防止
自動車 ドア部品	固体潤滑剤配合グリース	かじり, 焼付き防止 摩擦係数の低減 異音発生の抑制
自動車 CVジョイント	固体潤滑剤配合グリース	かじり, 焼付き防止 摩擦係数の低減
溶鉱炉スライディングノズル	ペースト	焼付き防止
製鉄 タンデムロール	固体潤滑剤配合グリース	かじり, 焼付き防止
ロータリキルン, ミル, サポーターロール	ペースト	かじり, 焼付き防止 耐熱性
掘削機 軸受	ペースト	かじり, 焼付き防止 耐熱性, 耐水性
船舶 スクリュー軸受組立, 定修	ペースト	かじり, 焼付き防止
オープンギヤ	固体潤滑剤配合グリース	かじり, 焼付き防止 機器寿命の向上
ケーブル	固体潤滑剤配合グリース	耐久性向上 伝達力の向上
ドライヤ, テンターコンベアなどのチェーン	固体潤滑剤配合グリースディスパージョン	摩耗の低減 伝達力の向上 耐熱性
ベルトコンベア軸受	固体潤滑剤配合グリース	機器寿命の向上 耐熱性
ワイヤ・ロープ	固体潤滑剤配合グリース	かじり, 焼付き防止 耐久性向上
高温ボルト・ナット ボールねじ, スピンドル	二硫化モリブデン系乾性被膜	かじり, 焼付き防止 耐久性向上 耐熱性
ソレノイドバルブ プランジャ	二硫化モリブデン系乾性被膜	乾燥潤滑 低摩擦係数 耐久性向上
ガスケット, シール Oリング	二硫化モリブデン系, フッ素樹脂系乾性被膜	低摩擦係数 はりつき防止 耐熱性
ガスコック	固体潤滑剤配合グリース	低摩擦係数 耐ガス性

V. 資 料 編

- 固体潤滑関係の規格類・・ 357
- 固体潤滑剤の基本特性・・ 359
- 高分子材料の基本特性・・ 360
- 固体潤滑剤銘柄一覧　A：用途別仕様・・・・・・・・・・・・・・・・・・・・・・・・・・・ 364
- 固体潤滑剤銘柄一覧　B：様態別仕様・・・・・・・・・・・・・・・・・・・・・・・・・・・ 380
- 産業編添付資料・・ 405

固体潤滑関係の規格類

　固体潤滑剤に関係する内外の規格類を以下に示す．内容については個々の規格を参照願いたい．なお，記述中の略号は次のようである．

DEF：Defense Specification（Ministry of Defense）
ASTM：American Society for Testing and Materials
SNH：Commission Technique de la Lubrication des Charbonnages des France
N.S.：Norme Siderusic, Denominations Charbonnages de France
FED：Federal Specification
FFD.TEST METHOD：Federal Test Method Standard
ICS：International Classification for Standards（国際規格分類）
IDT：identical（一致）
MOD：modified（修正）
NEQ：not equivalent（同等でない）
TR：technical report（技術情報）
ISO CD：committee draft（委員会原案）
ISO DIS：Draft International　Standards（国際規格原案）
ISO FDIS：Final DIS

ASTM
D2981-94(2003)「Standard Test Method for Wear Life of Solid Film Lubricants in Oscillating Motion」
D2649-99　　　「Standard Test Method for Corrosion Characteristics of Solid Film Lubricants」
D2510-94(1998)「Standard Test Method for Adhesion Film Lubricants」
D2511-93(2003)「Standard Test Method for Thermal Shock Sensitivity of Solid Film Lubricants」
D2625-94(2003)「Standard Test Method for Endurance(Wear)Life and Load Carrying Capacity of Solid Film Lubricants
　　　　　　　　（Falex Pin and Vee Method）」

MIL
MIL-PRF- 81329D「PERFORMANCE SPECIFICATION LUBRICANT , SOLID FILM, EXTREME ENVIRONMENT
　　　　　　　　NATO CODE NUMBER S-1737」
MIL-PRF-46147C「 PERFORMANCE SPECIFICATION LUBICANT, SOLID FILM, AIR CURED (CORROSIN
　　　　　　　　INHIBITING)」
MIL-PRF-46010F「PERFORMANCE SPECIFICATION LUBRICANT , SOLID FILM , HEAT CURED , CORROSIN
　　　　　　　　INHIBITING」
MIL-M-7866B　二硫化モリブデン，潤滑用(Technical)
MIL-G-23549A（ASG）　一般用グリース
MIL-L-25681C　二硫化モリブデン入りシリコーン潤滑剤
MIL-A-13881　雲母入り焼付き防止剤
MIL-L-46010A　耐腐食性，熱硬化被膜
MIL-L-23398B　室温乾燥固体被膜
MIL-L-81329（WP）　極端条件用固体被膜
MIL-L-8937（ASG）　熱硬化固体被膜
粉末　　MIL-M-7866　　MIL-G-6711　　SS-G-659a　　MIL-A-907D　　MIL-A-13881　　MIL-G-21164C　　MIL-G-23549A
　　　　MIL-L-46010A　MIL-L-23398B　MIL-L-81329　MIL-L-8937
MIL-B-8942A　TFE を貼付した自動調心平軸受

FED-STD791B　乾燥固体被膜潤滑剤の摩耗寿命試験
FED-STD791B　固体潤滑被膜の耐荷重能
FED-STD791B-7001.1　乾燥固体被膜潤滑剤の液体抵抗
FED-STD791B-4001.2　腐食試験法
ASTM　D　2510　乾燥被膜潤滑剤の付着性能試験

固体潤滑関係の規格類

MIL-A-907D 高温用焼付き防止剤

JIS
JIS M 8511:76 「天然黒鉛の工業分析及び試験法」(ICS 73.080)
JIS M8601:60 「天然黒鉛」(ICS 73.080)
JIS H 8621:98 工業用銀めっき(ICS 5.220.40)(MOD ISO 4521:85)
JIS G 3312 着色亜鉛鉄板
JIS B 1581 焼結含油軸受→廃止7.3.1
JIS Z 2501:00 焼結金属材料－密度, 含油率及び開放気孔率試験方法 (ICS 77.160) (MOD ISO/DIS2738:96)
JIS Z 2507:00 焼結軸受－圧環強さ試験方法 (ICS 77.040.10;77.160)
JIS Z 2550:00 焼結金属材料－仕様 (ICS 77.160) (MOD ISO 5755:96)

DEF-2304 二硫化モリブデン粉末 ZX-35 (1966英国)
ASTM D 2510-69 乾燥固体被膜潤滑剤の付着性についての試験法
ASTM D 2511-69 乾燥固体被膜潤滑剤の耐熱衝撃性試験法
ASTM D 2716-71 真空中および他の制御された雰囲気中での乾燥固体被膜潤滑剤の摩擦係数と摩耗特性についての試験方法
ASTM D 2649-70 乾燥固体被膜潤滑剤の腐食性検査法
ASTM D 2625-69 乾燥固体被膜潤滑剤の耐久性と耐荷重性試験法ファレックス法
ASTM D 2981-71 往復動における固体被膜潤滑剤の摩耗寿命測定法
SNH256 NF-M82-661 固体潤滑剤の使用法 (仏)
SNH255 M82-660 固体潤滑剤の設計, 分類, 管理 (仏)
SNH257 Mn 82-662 固体潤滑剤の一般的性質 (仏)
N.S.384A, F.T.322 二硫化モリブデンを含む耐熱グリース (仏)
N.S.384A, F.T.511 潤滑用の二硫化モリブデン粉末 (仏)
N.S.384A, F.T.512 二硫化モリブデンを含む鉱油系ペースト (仏)
N.S.384A, F.T.513 二硫化モリブデンを含むシリコーン油系ペースト (仏)
N.S.384, F.T514 二硫化モリブデン懸濁油 (仏)
N.S.384A, F.T516 二硫化モリブデンを含む樹脂と塗料 (仏)

FED.SPEC,TT-C-490B 樹脂塗装のための鉄系表面の清浄法と前処理
FED.TEST METHOD,791B-7001.1 乾燥固体被膜潤滑の液体抵抗試験法
FED.TEST METHOD,791B-3807.1 乾燥固体被膜潤滑剤の耐摩耗寿命試験法
FED.TEST METHOD,791B-3812.1 乾燥固体潤滑剤の耐荷重能試験法
FED.TEST METHOD,791B-4001.2 被膜による防食性：塩水噴霧試験法
FED.TEST METHOD,141a-2011.1 鋼板の前処理

ASTM D1367 コロイド状黒鉛を含む潤滑油の玉軸受による試験法
ASTM D2511-69 乾燥固体被膜潤滑剤の耐熱衝撃性試験法

固体潤滑剤の基本特性

(出典：幸書房刊「固体潤滑ハンドブック」)

	物質名	化学記号	分子量	比重	結晶構造	格子定数 a	格子定数 c	a/c	かたさ(モース)	電気抵抗(Ω·cm)	融点(℃)	熱安定性(℃) 大気中	熱安定性(℃) 真空	熱膨張係数(10⁻⁶/℃)	弾性率(10⁶kgcm⁻²)	色	摩擦係数 大気中 大	摩擦係数 大気中 小	摩擦係数 真空中 大	摩擦係数 真空中 小	備考
1	黒鉛	C	12.011	2.23〜2.25	六方晶	2.456	6.69	2.72	1〜2	2.6×10⁻³	3500<	500		15〜25	0.1	黒灰	0.3	0.05	1	0.4	金属、比熱0.167 熱伝導率0.30
2	二硫化モリブデン	MoS₂	160.07	4.8	六方晶	3.16	12.29	3.89	1〜2	8.33	1800<	350	1350			灰	0.25	0.006	0.2	0.001	P-半導体
3	二硫化タングステン	WS₂	248.02	7.4〜7.5	六方晶	3.29	12.97	3.94	1〜2	1.4×10¹	1850	425	1350			灰	0.28	0.05	0.2	0.001	N-半導体
4	窒化ホウ素	BN	24.83	2.27	六方晶	2.504	6.661	2.66	2	10¹⁴	3100〜3300	700	1587			白	0.2	0.02	0.8		比熱3.62 熱伝導率0.036
5	フッ化黒鉛	(CF)ₙ		2.34〜2.68		≒2.5	14.6	5.84	1〜2	不導体	(320〜420分)		344			白	0.2	0.02	0.28	0.1	
6	一酸化鉛	PbO(α)	223.21	9.3	正方晶	3.97	5.02	1.26	2		880					黄(赤)	0.12				
7	二酸化モリブデン	MoO₂	143.95	4.69	斜方晶	3.92	13.94	3.55	2.5		715					黒(黄)	0.2				
8	酸化コバルト	CoO	165.88	5.18	立方晶	5.24					(895分)					黒灰	0.28				
9	酸化亜鉛	ZnO	81.38	5.78	正方晶	3.24	5.19	1.6	4.2		1790					白(黄)	0.33				
10	酸化スズ	SnO	134.7	6.39	正方晶	3.80	4.84	1.27			(680分)					灰	0.42				
11	亜酸化銅	Cu₂O	143.08	6.04	立方晶	4.269			4.0		1210					赤	0.44				P-半導体
12	酸化カドミウム	CdO	128.41	8.15	立方晶	4.69			2.5		890	700				暗赤	0.48				
13	酸化タングステン	WO₃	231.92	7.16	正方晶				4.0		1470					淡黄	0.55				
14	フッ化カルシウム	CaF₂	78.08	3.18	立方晶	5.46			4.0		1373	700				無					混合物の摩擦係数 0.07〜0.20(500℃)
15	フッ化バリウム	BaF₂	175.36	4.89	立方晶	6.2			4.0		1280	700				無					
16	フッ化リチウム	LiF	25.94	2.64	立方晶	4.017			4.0		842	700				無					
17	フッ化ナトリウム	NaF	41.97	2.78	立方晶	4.62										無					
18	ポリエチレン			0.91〜0.965					R30〜R50	10¹⁵	60〜200			1500〜3000		無	0.5	0.05			
19	ポリプロピレン			0.90					R93	10¹⁵<	120					無	0.4	0.15			
20	三フッ化樹脂			2.1					R112	10¹⁸	200			700		無	0.35	0.15			
21	ナイロン66			1.1					R45〜R118	4〜40×10⁹	130〜150			830〜550	29000	無	0.4	0.05			
22	PTFE			2.2					J75〜J95		260				6000	無	0.35	0.04	0.2	0.04	
23	ポリカーボネート			1.2						2×10¹⁶	140			700	33400	無	0.2				
24	ポリアセタール			1.4											28000	無	0.6				
25	ポリイミド			1.43											32000	無	0.5	0.1			
26	金	Au	196.97	19.3	面心立方晶	4.08			2.5〜3.0	2.2×10⁻⁶	1063			144.3		黄金	0.5	0.05			金属
27	銀	Ag	107.87	10.5	面心立方晶	4.08			3.0	1.6×10⁻⁶	960			192.1		白銀					金属
28	鉛	Pb	207.2	11.3	面心立方晶	4.95			1.5	2.08×10⁻⁵	327.4			292.4		灰	0.17				金属
29	セレン化モリブデン	MoSe₂	253.86	5.26	六方晶	3.29	12.8	3.89	1.0〜2.0	1.86×10⁻²		400	1350			灰	0.19				P-半導体
30	テルル化モリブデン	MoTe₂	351.14	7.7	六方晶	3.52	13.97	3.97	1.0〜2.0	8.69×10⁻²		400	1240			灰	0.09				P-半導体
31	セレン化タングステン	WSe₂	341.78	9	六方晶	3.29	12.95	3.94	1.0〜2.0	1.14×10⁻¹		350	1350			灰	0.49				金属
32	テルル化タングステン	WTe₂	439.05	9.4	正斜晶体				1.0〜2.0	3.10×10⁻³			1020			灰	0.8				金属
33	二硫化ニオブ	NbS₂	157.03	4.41	六方晶	3.31	11.89	3.59	1.0〜2.0	3.10×10⁻³		420	1050			灰	0.12				金属
34	βニオブ	NbS₂·β	250.43	6.25	六方晶	3.45	13.03	3.77	1.0〜2.0	5.35×10⁻³		350	1350			灰	0.53				金属
35	二硫化タンタル	NbTe₂	348.11	7.6	六方晶	10.9	19.89	1.82	1.0〜2.0	5.74×10⁻³		325	900			灰	0.05				金属
36	β硫化タンタル	TaS₂·β	245.08	7.05	六方晶	3.35	12.32	3.67	1.0〜2.0	2.33×10⁻³		600	900			黒灰	0.08				金属
37	セレン化タンタル	TaSe₂·α	338.87	8.6	三方晶	3.43	12.74	3.71	1.0〜2.0	1.37×10⁻³		575	950			灰	0.53				金属
38	テルル化タンタル	TaTe₂	436.15	5.28	六方晶	10.9	20.07	1.84	1.0〜2.0	8×10⁻⁵		320	950			ブロン	0.22				金属
39	二硫化チタン	TiS₂	112	3.28	六方晶	3.408	5.70	1.67	1.0〜2.0	2×10⁻⁵		130	950			濃紫	0.33				金属
40	セレン化チタン	TiSe₂	205.8	5.26	六方晶	3.53	6.48	1.72	1.0〜2.0	1.86×10⁻⁴		300	950			灰褐色	0.17				金属
41	テルル化チタン	TiTe₂	303.1	6.34	六方晶	3.76	5.809	1.58	1.0〜2.0	1×10⁻⁴		100	950			黒	0.22				N-半導体
42	二硫化ジルコニウム	ZrS₂	155.4	3.82	六方晶	3.662	6.137	1.63	1.0〜2.0	3.10×10⁻³		300	950			紫褐色	0.18				N-半導体
43	セレン化ジルコニウム	ZrSe₂	249.1	5.48	六方晶	3.77	6.66	1.68	1.0〜2.0	1×10⁻¹		130	950			紫褐色	0.23				N-半導体
44	テルル化ジルコニウム	ZrTe₂	346.4	5.7	六方晶	3.952	6.66	1.68	1.0〜2.0	1×10⁻³		250				赤	0.34				金属
45	ヨウ化ビスマス	Bi₁₃	589.76	5.7	六方晶	5.28	10.59	2.00			439					赤	0.37	0.39			
46	水酸化リチウム	LiOH	23.95	1.43	単斜晶						445					無	0.48	0.21			
47	ヨウ化ニッケル	NiI₂	312.53	5.834	六方晶	6.92	(32°40')				797					黒	0.35	0.44			
48	塩化カドミウム	CdCl₂	183.32	4.05	六方晶	6.23	(36°02')				568					無	0.24	0.16			
49	ヨウ化カドミウム	CdI₂	366.25	5.67	六方晶	4.23	6.85	1.61			385					黄	0.22	0.15			
50	臭化カドミウム	CdBr₂	272.24	5.19	六方晶	6.63	(32°42')				580					無	0.40	1.00			
51	二硫化スズ	SnS₂	182.83	5.08	六方晶	3.65	5.88	1.61			882					黄					
52	ピロリン酸鉛	Fe₃	745.42						5.0		1230					無					
53	ピロリン酸鉛	Zn₂P₂O₇	304.72	3.75					3.0							無					
54	ピロリン酸カルシウム	Ca₂P₂O₇	254.12	3.09					2.0							無					
55	ピロリン酸スズ	Sn₂P₂O₇	411.36	3.16												無					

高分子材料の基本特性

高分子材料基本特性一覧　　　　　　　　　　　　　〔出典：STLE 刊　Booser「Tribology Data Book」〕

	樹脂名	略称	ガラス転移点T_g 融点T_m, ℃	フィラー	摩擦係数 μ		摩耗率 $\times 10^{-15}$ m^3/Nm	限界 PV値 $\times 10^6$ N/ms
					静的	動的		
1	Acrylonitrile Butadiene Styrene	ABS	T_g=100〜125	無	0.3	0.35	70	
				30wt% Carbon fiber	0.17	0.19	2	
				15wt% PTFE	0.13	0.16	6	0.14
				2wt% Silicone	0.11	0.14	1.6	
2	Epoxy			無		0.55	200	
				30wt% Carbon fiber		0.42	2.1	
				無			370	
				5vol% ZrO$_2$			60	
				5vol% SiC			20	
				20vol% Al$_2$O$_3$			8	
3	Ethylene tetrafluoroethylene	ETFE	T_g=-120 T_m=270	無	0.5	0.4	100	
				30wt% Glass fiber	0.17	0.18	0.2	
				30wt% Carbon fiber	0.11	0.18	0.12	
				30wt% PTFE	0.1	0.12	0.18	
4	Ethylene chlorotrifluoroethylene	ECTFE	T_g=-64 T_m=240	無	0.27	0.29	20	
				10wt% PTFE	0.06	0.11	0.54	
				15wt% Glass fiber	0.13	0.16	0.6	
				20wt% Carbon fiber	0.15	0.17	0.36	
5	Fluorinated ethylene propylene	FEP	T_g=-100 T_m=275	無	0.11	0.16	22	
				無		0.45		0.11
				無		0.2		
				15wt% Glass fiber	0.11	0.12	0.5	
				15wt% Carbon fiber	0.1	0.11	0.2	
6	Perfluoroalkoxy	PFA	T_g=80 T_m=304	無	0.12	0.15	25	
				10wt% PAN carbon fiber	0.1	0.14	0.1	
				15wt% Pitch carbon fiber	0.11	0.18	0.32	0.95
				20wt% Glass fiber	0.12	0.15	0.2	
				10wt% PTFE	0.06	0.11	0.1	
7	Phenol-formaldehyde	Phenolic		無	0.78	29		
				無		0.18		
				20wt% Carbon fiber	0.35	2.3		
				20wt% Glass fiber	0.74	7.4		
				30wt% Glass fiber			0.53	
8	PolyamideX/Y	Polyamide6/6 PA 6/6 又は Nylon6/6	T_g=52 T_m=265	無		0.61	4	
				30wt% Carbon fiber		0.35	2.5	
				30wt% Glass fiber		0.44	4.4	
				無	0.2	0.28	4	0.09
				30wt% Carbon fiber	0.16	0.2	0.4	0.95
				30wt% Glass fiber	0.25	0.31	1.5	0.35
				20wt% Aramid fiber		0.25	1.2	
				2wt% Silicone	0.09	0.09	0.8	0.21
				5wt% MoS$_2$	0.15	0.2	1.1	
				5wt% Graphite	0.28	0.3	3	
				20wt% PTFE	0.1	0.18	0.24	0.62
				無		0.57	16	
				15wt% PTFE		0.13	0.5	
		Polyamide6/10 PA 6/10 又は Nylon6/10	T_g=40 T_m=225	T_g=40 / T_m=215	0.23	0.31	3.6	0.07
				20wt% PTFE	0.12	0.2	0.3	0.62
				2wt% Silicone	0.1	0.12	0.92	0.14
				30wt% Glass fiber	0.26	0.34	1.6	0.3
				30wt% Carbon fiber	0.2	0.25	0.5	0.74
		Polyamide6/12 PA 6/12 又は Nylon6/12	T_g=40 T_m=215	無	0.24	0.31	3.8	0.07
				20wt% PTFE	0.12	0.19	0.32	0.63
				2wt% Silicone	0.1	0.12	0.96	0.14
				30wt% Glass fiber	0.27	0.33	1.7	0.28
				5t% MoS$_2$	0.33	0.33	2.9	
9	PolyamideX	Polyamide6 PA 6 又は Nylon6	T_g=40 T_m=225	無	0.22	0.26	4	0.07
				15wt% PTFE	0.13	0.15	0.6	
				2wt% Silicone	0.1	0.12	1	0.14
				30wt% Glass fiber	0.26	0.32	1.8	0.3
				30wt% Carbon fiber	0.18	0.21	0.6	0.77

高分子材料の基本特性

高分子材料基本特性一覧　　　　　　　　　　　　　　　〔出典：STLE刊　Booser「Tribology Data Book」〕

	樹脂名		略称	ガラス転移点T_g 融点T_m, ℃	フィラー	摩擦係数 μ		摩耗率 ×10⁻¹⁵ m³/Nm	限界 PV値 ×10⁶ N/ms
						静的	動的		
9	(PolyamideX)	Polyamide6	PA6/Nylon6	T_g=40 T_m=225	5wt% Graphite	0.16	0.19	1.2	
					5t% MoS₂	0.28	0.3	3.2	
		Polyamide11	PA 11 又は Nylon11	T_g=43 T_m=190	無			7	
					35wt% PbS		0.43	1.4	
					85wt% Bronze	0.15	0.15	1.6	
		Polyamide12	PA 12 又は Nylon12	T_g=42 T_m=180	無	0.21	0.27	3.6	
					15wt% PTFE	0.09	0.16	0.6	
					85wt% Silicone	0.18	0.17	3.1	
10	Polyamideimide		PAI	T_g=275	12% Graphite/3% PTFE	0.06	0.27	0.34	
					12% Graphite/8% PTFE	0.02	0.19	0.12	
					20% Graphite/3% PTFE	0.02	0.19	0.16	
11	Polybutylene terephthalate		PBT Polyester	T_g=22〜80 T_m=236	無	0.19	0.25	4.2	
					30wt% Carbon fiber	0.12	0.15	0.48	0.77
					30wt% Glass fiber	0.23	0.27	1.8	
					20wt% PTFE	0.09	0.17	0.3	0.54
					2wt% Silicone	0.09	0.16	1	
12	Polycarbonate		PC	T_g=65 T_m=220	無	0.31	0.38	50	0.018
					20wt% PTFE	0.09	0.15	1.5	0.7
					30wt% Glass fiber	0.23	0.22	3.6	
					30wt% Carbon fiber	0.18	0.17	1.7	0.3
13	Polychlorotrifluoroethylene		PCTFE	T_g=45 T_m=220	無		0.6	34	
					30wt% Carbon fiber		0.25	1	
					無	0.28	0.28		
					無		0.6	0.32	
14	Polyether ester		Elastomeric Polyester	T_g=-70〜20 T_m=220	無	0.27	0.59	20	
					20wt% PTFE	0.22	0.25	0.8	
					30wt% Carbon fiber	0.25	0.4	8	
					2wt% Silicone	0.21	0.22	0.6	
15	Polyetheretherketone		PEEK	T_g=140 T_m=343	無	0.2	0.25	4	
					無				6
					30wt% Carbon fiber	0.19	0.13	1.2	13.6
					30wt% Carbon fiber				
					30wt% Glass fiber	0.28	0.3	1.8	
					20wt% PTFE	0.19	0.13	1.2	
					無		0.5	14.5	
					15wt% PTFE		0.18	0.5	
16	Polyetherimide				無		0.43	38	
					15wt% PTFE		0.22	2.4	
					無	0.18	0.17	80	
					30wt% Glass fiber	0.22	0.24	2.6	
					30wt% Carbon fiber	0.2	0.22	1.4	
17	Polyethersulfone			T_g=230	無	0.27	0.32	30	0.25
					15wt% PTFE	0.09	0.12	0.78	
					30wt% Glass fiber	0.23	0.21	3	
					30wt% Carbon fiber	0.17	0.15	1.6	0.35
18	Polyethylene		PE	T_g=-120　T_m=137					
		-low density	LDPE		無	0.28	0.28		
					無		0.32	53	
					30vol% Cu		0.35	2	
		-high density	HDPE		無	0.15	0.15		
(18)	Polyethylene	-high density	HDPE		無			180	
					20wt% PTFE	0.09	0.13	0.9	
		-high molecular weight	UHMWPE		無		0.2	0.1〜1.6	
					無		0.13	2.2	
					無		0.22	0.25	
19	Polyethylene terephthalate		PET	T_g=70〜120 T_m=290	無			3.2	
					無			6.7	
					無		0.68	21.7	
					15wt% PTFE		0.15	0.7	

V. 資　料　編

高分子材料の基本特性

高分子材料基本特性一覧

〔出典：STLE 刊　Booser「Tribology Data Book」〕

	樹脂名	略称	ガラス転移点T_g 融点T_m, ℃	フィラー	摩擦係数 μ 静的	摩擦係数 μ 動的	摩耗率 $\times 10^{-15}$ m^3/Nm	限界 PV値 $\times 10^6$ N/ms
20	Polyimide	PI	T_g=250〜370	無				4
				無		0.65	1.7	
				30wt% Carbon fiber		0.35	0.4	
				50wt% Graphite fiber		0.24	0.38	
				30wt% Glass fiber				5
				無	0.35	0.29	2〜9.6	
				15t% MoS$_2$		0.24	2.3	
				15t% Graphite	0.3	0.24	0.72	
				15t% Graphite		0.08	1.1	20.9
21	Polymethylemethacrylate	PMMA	T_g=105 T_m=200	無	0.3	0.3		
				無		0.55	170	
				30wt% Carbon fiber		0.25	0.5	
				無		0.43	84	
				20vol% Cu		0.66	53	
22	Polyoxymethylene	POM 又は Acetal	T_g=−85〜−50 T_m=181	無		0.45	2.1	
				15wt% PTFE		0.22	0.4	
				無	0.14	0.21	1.3	0.12
				15wt% PTFE	0.08	0.16	0.4	
				2wt% Silicone	0.08	0.11	0.4	0.42
				10wt% Graphite fiber	0.16	0.22	1.2	
				20wt% Carbon fiber	0.11	0.14	0.8	0.7
				30wt% Glass fiber	0.25	0.34	0.49	
				30wt% Glass fiber				0.28
				40wt% Glass fiber	0.38	0.29	4.8	0.56
				30wt% Carbon fiber	0.23	0.2	3.2	0.7
23	Polyphenylene oxide	PPO	T_g=208 T_m=260	無	0.32	0.39	60	0.018
				15wt% PTFE	0.1	0.16	2	
				30wt% Glass fiber	0.26	0.27	4.6	
24	Polyphenylene sulfide	PPS	T_g=88 T_m=285	無		0.7	38.5	
				15wt% PTFE		0.3	2.8	
				無	0.3	0.24	10.8	0.11
				20wt% PTFE	0.08	0.1	1.1	
				40wt% Glass fiber	0.38	0.29	4.8	0.56
				30wt% Carbon fiber	0.23	0.2	3.2	0.7
25	Polyphthalamide	Aromatic Nylon 又は Aromatic PA	T_g=250〜400	無	0.2	0.21	17.8	
				10wt% PTFE	0.05	0.1	0.16	
				30wt% Glass fiber	0.19	0.21	1	
				30wt% Carbon fiber	0.1	0.12	0.78	
26	Polypropylene		T_g=−18〜−10 T_m=176	無	0.27	0.27		
				無		0.48	22	
				30wt% Carbon fiber		0.32	1.6	
				20wt% PTFE	0.08	0.11	0.66	0.18
27	Polystylene	PS	T_g=100 T_m=240	無	0.28	0.32	60	0.05
				2wt% Silicone	0.06	0.08	0.74	0.32
				15wt% PTFE	0.12	0.14	3.5	
28	Polysulfone		T_g=185	無	0.29	0.37	30	0.18
				15wt% PTFE	0.09	0.14	0.92	
(28)	Polysulfone		T_g=185	30wt% Glass fiber	0.24	0.22	3.2	
				30wt% Carbon fiber	0.17	0.14	1.5	0.3
29	Polytetrafluoroethylene	PTFE	T_g=126 T_m=327	無	0.04	0.05	100	0.06
				15wt% Glass fiber	0.05	0.09	0.14	0.35
				25wt% Poly-oxybenzoate	0.05	0.13	0.1	0.63
				20wt% Poly-phenylene sulfide	0.05	0.13	0.08	0.34
				無			135	
				30wt% FEP			6.3	
				25wt% Polyester	0.04	0.09	0.06	
30	Polyurethane	Thermoplastic/ TPU	T_g=−51	無	0.32	0.37	6.8	0.053
				15wt% PTFE	0.27	0.32	1.2	
				2wt% Silicone	0.25	0.31	1.1	
				30wt% Glass fiber	0.3	0.34	3.6	

高分子材料の基本特性

高分子材料基本特性一覧

〔出典：STLE 刊　Booser「Tribology Data Book」〕

	樹脂名	略称	ガラス転移点T_g 融点T_m, ℃	フィラー	摩擦係数 μ 静的	摩擦係数 μ 動的	摩耗率 ×10⁻¹⁵ m³/Nm	限界 PV 値 ×10⁶ N/ms
31	Polyvinyl chloride	PVC	T_g=87 T_m=212	無	0.3	0.3		
				無		0.45	440	
				30wt% Carbon fiber		0.32	0.6	
32	Polyvinylidene chloride		T_g=−19 T_m=198	無	1.4〜1.6			
33	Polyvinyl fluoride		T_g=−40 T_m=170	無	0.21	0.24	20	
				15wt% Carbon fibere	0.25	0.25	0.28	0.39
				25wt% Glass fibere	0.11	0.12	2	
34	Styrene acrylonitrile	SAN	T_g=115	無	0.3	0.35	70	
				15wt% PTFE	0.13	0.16	6	0.14
				2wt% Silicone	0.11	0.14	1.6	

固体潤滑剤銘柄一覧 A：用途別仕様

[出典：潤滑通信社刊「潤滑剤銘柄便覧 2009」]

固体潤滑剤銘柄一覧　A：用途別［ペースト・グリース］

タイプ	主用途	仕様		出光	NOKクリューバー	エスティーティー	オメガ	カストロール	川邑研究所	協同油脂
ペースト	万能汎用組立用	鉱油ベース			アルテンプ QNB50	ゾルベスト 100ペースト 101ペースト 700ペースト スプレー			デブリック ペーストM	モリレックス P
	高温部組立用	合成油ベース			ウォルフラコート トップペースト クリューバー-L801 (スプレー)	ゾルベスト 104ペースト 105ペースト 808ペースト	オメガ 99FG		デブリック ペースト D.A.S	
	メカトロニクス用	鉱油系				ゾルベスト 103ペースト 109ペースト				
		合成油系				ゾルベスト 110ペースト 111ペースト 130ペースト 710ペースト スプレー	オメガ 99FG			
	焼付防止用	鉱油系					オメガ 99			
		合成油系				ゾルベスト 1113ペースト				
	特殊組立用	その他				ゾルベスト 120ペースト				
グリース	万能汎用	セッケン基		ダフニー エポネックス SRNo.0,1,2		ゾルベスト 201グリース 202グリース		モラブ・アロイ 777 860ES	デブリックグリース MP MPC	モリホワイト スーパー モリレックス モリレックスM
		非セッケン基								
	高温高荷重用	セッケン基		ダフニー エポネックス SRNo.0,1,2	スタプラックス N12MF NBU12MF	ゾルベスト 842L/Mグリース	オメガ 33 35		デブリックグリース SLKZ-15	アルミックス MO マルテンプHRL
		非セッケン基				ゾルベスト 211グリース 212グリース		モラブ・アロイ 1000 2115	デブリックグリース SLKZ-6 SLKZ-7	モリレックスRN OSグリースMO
	低温高荷重用	セッケン基				ゾルベスト 832L/Mグリース 248グリース 251グリース			デブリックグリース U, LTF LTSH	汎用グリースHD マルテンプMS
	開放歯車・ロープ用	非セッケン基								
		特殊			グラプロスコン C-SGO ULTRA		オメガ 65 73	モラブ・アロイ 8031	デブリックグリース LP-11 SLV-1	マルテンプ CPL, 8158
	メカトロニクス用	鉱油系				ゾルベスト 248グリース 250グリース 251グリース 254グリース 255グリース 257グリース		モラブ・アロイ BRB572		マルテンプ AC-N AC-D AC-P GS-A SC-S SC-G
		合成油系								

固体潤滑剤銘柄一覧 A：用途別仕様　　　　　　　　　　　　　　　　　　　　　　　　（ 365 ）

[出典：潤滑通信社刊「潤滑剤銘柄便覧 2009」]

固体潤滑剤銘柄一覧　A：用途別〔ベースト・グリース〕

タイプ	主用途	仕様	NOKクリューバー	エスティーティー	オメガ	カストロール	川邑研究所	協同油脂
グリース（続き）	耐水用	セッケン基		ソルベスト 220グリース 221グリース 225グリース 820L/Mグリース 830L/Mグリース 840L/Mグリース	オメガ 64 65 73	モラブ・プロイ フードプルーフ 823FM 6040		
	その他	非セッケン基		ソルベスト 235グリース 236グリース 240グリース 245グリース 822L(M)グリース 832L(M)グリース 836グリース 842L(M)グリース 851グリース 231グリース 202グリース				マイクロカーボングリース No.1

タイプ	主用途	仕様	極東貿易	三興石油工業	シールエンド	昭和電工	スガイケミー	住鉱潤滑剤	東レ・ダウコーニング
ペースト	万能汎用組立用	鉱油ベース	ネバージースーブラック	レビナス ベーストロイM,V,Y	ロータリーコート No.1000			モリベースト 500 500スプレー 300 300スプレー	モリコード® G-Rベースト DXベースト P-1900ベースト モリコードG Gラピッドスプレー
	高温部組立用	合成油ベース		レビナス モリドライスプレー ベーストロイP 耐熱ベーストAC	EP-5			モリベーストH モリシルバーベースト	モリコード® Uベースト M-77ベースト
	メカトロニクス用	鉱油系						スミテックP1 スミテックP2 モリシルバーベーストAS	モリコード® DXベースト Eベースト
		合成油系					ピグル	モリベーストAS スミベーストNS	
	焼付防止用	鉱油系	ネバージーズ 標準グレード ニッケル・スペシャル マリングレード ブルー 高温ベアリング潤滑剤 高温ステンレスグレー へビーメタルブリー		ボルトン EX1000　EP-5		BASC		モリコード® 1000ベースト 1000スプレー P-37ベースト

V.資料編

固体潤滑剤銘柄一覧 A：用途別仕様

[出典：潤滑通信社刊「潤滑剤銘柄便覧 2009」]

固体潤滑剤銘柄一覧 A：用途別 [ペースト・グリース]

タイプ	主用途		仕様	極東貿易	三興石油工業	シールエンド	昭和電工	スガイケミー	住鉱潤滑剤	東レ・ダウコーニング
ペースト	焼付防止用		合成油系	ネバージーズ ホワイト食品用グレード PTFEホワイト食品用グレード パイプコンパウンド				ビラル A-S(合成油50%鉱油50%)	モリペーストH スミペーストBN	
	特殊組立用		その他	ネバージーズ ニッケル原子力グレード レギュラー原子力グレード 高温ステンレス原子力グレード ヘビーメタルブリー					モリペーストAS-S	モリコート® P-1900食品用ペースト
グリース	万能汎用		セッケン基		レピアスMOGL No.0,1,2,3	ロータリコート 汎用グリース#2,#3			モリチューム Sグリース モリFM-Lグリース モリLGグリース モリLG-Sグリース スミプレックスPS	モリコート® BR1-Sグリース BR2プラスグリース
			非セッケン基		レピアスMOGV No.0,1,2,3 レピアス耐熱ペーストAL				モリスピードグリース	
	高温 高荷重用		セッケン基						スミプレックス L-MO スミプレックスBN スミプレックスPS モリウレアグリース ハイモリグリース モリPSグリース モリトンLM スミテンプグリース モリハイテンプグリース	モリコート® 44MAグリース
	低温 高荷重用		セッケン基							
			非セッケン基		レピアスMOGST No.1,2,3				モリスピードグリース モリトングリース	モリコート® HP-300グリース 6169グリース
	開放歯車 ロープ用		特殊						モリギヤコンパウンドF900 モリギヤコンパウンドF1500 モリギヤ1500スプレー モリGG-S モリローブドレッサ(スプレー) モリギヤギヤグリース モリガースキヤーグリース	
	メカトロ ニクス用		鉱油系					スミテック 304,305,308,310,331,353		モリコート® X5-6020グリース EM-30L, 60Lグリース
	耐水用		セッケン基				ルービーエス2091		モリHDグリース	YM-102, 103グリース
			非セッケン基		レピアスMOGST No.1,2,3				モリウレアグリース	PG662, 663グリース
	その他								モリラベーグリース モリトン CK CK-S CK-L	モリコート® EMD110グリース G-4500食品用グリース G-4501食品用グリース

V．資料編

固体潤滑剤銘柄一覧 A：用途別仕様

[出典：潤滑通信社刊「潤滑剤銘柄便覧 2009」]

固体潤滑剤銘柄一覧 A：用途別 [ペースト・グリース]

タイプ	主用途	仕様	大東潤滑	ダイゾーニチモリ	日本グリース	㈱日本礦油	日本黒鉛	八弘綱油	菱三商事
ペースト	万能汎用組立用	鉱油ベース	LM-82　ブースター#100 LM-0801　ペーストスプレー LM-83ブーストスプレー	ペーストスプレー C-ペースト ME-ペースト		ダイレックス ペースト スプレー	モリハイ スプレーペースト(※1) ルーブハイトMR	モリコンペースト ソルK-1	
	高温部組立用	合成油ベース	LM-32 NVアルビナ	PGペースト OCペースト					
	メカトロニクス用	鉱油系	LM-83ブースター	C-ペースト RSペースト		ダイプレックス　ペースト			
		合成油系		MRペースト RSペースト					
	焼付き防止用	鉱油系	LM-83ブースター	ペーストスプレー C-ペースト ME-ペースト		スレッドコンパウンド	コートハイFG ルーブハイト603		
		合成油系	LM-901アルミスペシャル LM-1501(200g) LM-1503(スプレー)	DBペースト100N PGペースト					
	特殊組立用	その他		D-ペーストMZ-22			ルーブハイトGMR(黒鉛入り) ピアシングオイル #4(※1), #5		トリフローグリース
グリース	万能汎用	セッケン基	LM-150MPグリース	Sグリース No.0, 1, 2, 3 Lグリース No.1, 2	ニグタイトM No.1, 2, 3 キングスターEP No.1, 2	ダイレックス 150, 151, 152 ベーマルブCPL302T	グラファイトグリース		
		非セッケン基	LM-160Gグリース	SNグリース032	モリエースZ- 1, 2 ニグルーブ HTP No.0, 1, 2 HTP No.0, 1, 3	ユーレットMNo.2 ダイレックス　251 252	グラファイトグリース	モリロングリース A-280 A-325 F-280 F-325	ドライ・グリース・スーパー
	高温高荷重用	セッケン基	LM-47LLグリース LM-49 HDコンパウンド	ACグリース OCMグリース		アットルーブ　MS, HD カルフォニレックスVS			
		非セッケン基	LM-46Bグリース	SNグリース101 BSグリース SUMグリース	ニグエースK-1, 2 ニグエースSYU No.2	超耐熱グリースGP-1, 2 ユーレットDD	ピアシングオイル #41K	モリロングリース C-280 C-325	
	低温高荷重用	セッケン基	LM-47ALグリース低温用	SIグリース	ニグタイトLL-2M	ダイプレックス　P.U			
		非セッケン基	LM-48Sローテンプグリース	LTグリース		ダイレックス　251 252 ベーマルプE-47A			
	開放歯車ロープ用	特殊		ギヤコンスプレー ローブライフ OCグリース		ダイレックス ギヤーSPNo.2		モリロングリース W-100 W-200	
	メカトロニクス用	鉱油系		CRMグリース		ダイレックス 151, 152, 251, 252 ベーマルブ CPL202Y			
		合成油系		CRSグリース CRSグリースS841		F-642, EL, P ベーマルブCPL302T			
	耐水用	セッケン基	LM-0605〜7 LM-0608 LM-0609 BMグリース LM-0603 カートリッジモリシャーグリース	OCSグリース		アットルブMS			

※1 合成油ベース

V. 資　料　編

固体潤滑剤銘柄一覧 A：用途別仕様

[出典：潤滑通信社刊「潤滑剤銘柄便覧2009」]

固体潤滑剤銘柄一覧 A：用途別 [ペースト・グリース]

タイプ	主用途	仕様	大東潤滑	ダイゾーニチモリ	日本グリース	(株)日本鉱油	日本黒鉛	八弘綱油	菱三商事
グリース	耐水用	非セッケン基	LM-160 Uグリース		グラファイト1-2 MMS No.2 AR-3	ダブレックス 251, 252			
	その他		LM-45 アドマックギヤー		ニグルーフ	ダブレックス BC VB	グラファイトコンパウンド		

タイプ	主用途	仕様	日立粉末冶金	和光ケミカル	岩谷産業/QRP	大新化工	中央油化	OBERON/トライボジャパン	ワコンルーブ
ペースト	万能汎用組立用	鉱油ベース	ヒダゾル MO-131	ワコーズ スレッドコンパンド				オベロン G33	ワコン スーパー#50
	高温部組立用	合成油ベース		プレーキプロテクター(BPR)					
	メカトロニクス用	鉱油系							
	焼付き防止用	合成油系		CVJ-HDペースト		GP2000		オペロン G33	メタルエイド DS
	特殊組立用	その他		組付けペースト					ラップ#30
グリース	万能汎用	セッケン基					センタックスMO センタックスMY No. 1, 2, 3	オペロン G26, G35 (食品産業用)	ワコン D-M #0, 1, 2, 3 メカパワー#0, 1, 2
		非セッケン基			ティキソグリース		アルタックスMO マイデンプMY No. 1, 2, 3	オペロン G36, G36N, G38, G3a, G28	
	高温高荷重用	セッケン基	ヒダゾル MO-138S			SOFMET SOFMET - NF NEW FMET REDUCTION-GREASE D.P.S	ベンタックスMO No. 2 フロログリースS	オペロン G51, G55, G36, G53, G39 (食品産業用)	ワコン ハイデンプ#1 #8092:セグライト
	低温高荷重用	非セッケン基				ROPELIFE GEARDLIB		オペロン G35 (食品産業用)	
	開放歯車ロープ用	特殊			ティキソグリース		グラファイトグリース No. 1, 2, 3	オペロン G34, G55	ワコン D-DG#0, 1, 2, 300
	メカトロニクス用	鉱油系					エレクトメガMA エレクトメガEK No. 1, 2	オペロン G32 (食品産業用)	ワコン #8092
	耐水用	合成油系				THERMOPAUL		オペロン G37 (食品産業用)	ワコン D-X #1, #2
		セッケン基						オペロン G36N, G36, G38 G55, G39, G28	
		非セッケン基				CONTACT-GREASE KU SU	センタコック No. 2, 3 ブレーキグリース No. 2	オペロン G30, G31, G32, G56	ワコン D-A #1, #2

固体潤滑剤銘柄一覧　A：用途別仕様　　（369）

[出典：潤滑通信社刊『潤滑剤銘柄便覧 2009』]

固体潤滑剤銘柄一覧　A：用途別 [ペースト・グリース]

タイプ	主用途	仕様	安斎交易	大洋液化ガス	ヤナセ製油	タイホーコーザイ	日本サーティファイド・ラボラトリーズ	大東通商
ペースト	万能汎用組立用	鉱油ベース		メダリオンホワイト アンチシーズ カッパーブレート モリ EP DRILL STEEL LUBRICANT				
	高温部組立用	合成油ベース						
	メカトロニクス用	鉱油系	LOR#101 LOR#400(ポリマー)	カッパーブレート ニッケルハイテンプ モリEP				
	焼付き防止用	合成油系	LOR#HT2000	メダリオンホワイト アンチシーズ ニッケルハイテンプ モリEP	A1ペーストW		ロックシーズ ロックシーズ 20/20	
	特殊組立用	鉱油系	LOR#636 (セルフモールドパッキン)	カッパーブレート カッパーオール ニッケルハイテンプ モリEP			ロックシーズ20/20	
グリース	万能汎用	セッケン基		レールマスター オムニリス500M メダリオンFMグリース				トラフオイル 1W マルチパーパスルブリカント
		非セッケン基	LOR#101 LOR#404(ルポン)					
	高温高荷重用	セッケン基	LOR#404(ルポン) LOR#2000 (HT)	オムニタスカ メダリオンFMグリース オムニテンプ	HBPグリース HBWグリース	チェーングリース NX512		
	低温高荷重用	セッケン基	LOR#404(ルポン) LOR#101LT	オムニタスカ メダリオンFMグリース				
	開放歯車ロープ用	特殊	LOR#760ML	サータック2000 レールマスター			CCX-77 ルーフトラックプラス	
	メカトロニクス用	鉱油系	LOR#101	オムニタスカ ノバシーア				
		合成油系		レールマスター オムニタスカ オムニテンプ ノバシーア メダリオンFMグリース				
	耐水用	セッケン基						
		非セッケン基	LOR#404					
	その他		LOR-#114F (H-1)					

V. 資料編

（370）　　　　　　　　　　固体潤滑剤銘柄一覧 A：用途別仕様

[出典：潤滑通信社刊「潤滑剤銘柄便覧2009」]

固体潤滑剤銘柄一覧 A：用途別【オイル・車両用】

タイプ	主用途	仕様	NOKクリューバー	エスティーティー	オメガ	川邑研究所	協同油脂	三興石油工業	シールエンド
オイル	万能汎用	添加剤		ソルベスト500/510オイルブリカント		デフリックベース M		レビアスモリガードNo.5,10,32,56,100 120,320,460	
		ストレート						レビアスペンカーG	
	高温高荷重用	添加剤	シンテスコ（淡1）ウォルフラコートトップフルード	ソルベスト530/540オイルブリカント	オメガ646			レビアス合成油A, B, AVB, AVA レビアスペンカー 50A, S	
	低温高荷重用	添加剤				デフリックベース D, AG		レビアスモリロイヤルP	
		ストレート							
	ギヤ用	添加剤		ソルベスト500オイルブリカント ソルベスト510オイルブリカント				レビアスモリガードFHP90,140 ニューガードFHP90,140	
		ストレート		ソルベスト508～568オイルブリカント					
	その他	添加剤		ソルベスト860 760スプレー					
		ストレート							
車両用	ガソリンエンジン用	添加剤							
		ストレート							
	ディーゼルエンジン用	添加剤							
		ストレート							
	ギヤ用	添加剤							
		ストレート							
	グリース	汎用					ワンルーバーM0 モリレックス		ロータリーコート 汎用グリース
		特殊用					汎用グリースHD		ロータリーグリース ブレーキグリース

（※1）は合成ベース

タイプ	主用途	仕様	昭和電工	新日鐵化学	スガイケミー	住鉱潤滑剤	東レ・ダウコーニング	大東潤滑	ダイゾーニチモリ
オイル	万能汎用	添加剤			ビラルB1 ビラル T&D	モリコンM100 モリコンクスパー100 モリコンク	モリコート® Mディスパージョン	LM-81	ニチモリオイル
		ストレート				モリキロン 5, 10, 20, 30, 40, 50 モリRGオイル150, 220, 320, 460		オートリキモリ	ニチモリMSオイル アブルーブ ニチモリMCオイル
	高温高荷重用	添加剤	ルービーエス2121			Rコーベッドオイル46 セラミックGオイル	モリコート® M-31ディスパージョン		
		ストレート				モリキュー B モリハイテンプオイル LF320 スミテンク Gオイル	モリコート® M-30ディスパージョン	LM-120面熱オイル	ニチモリPGLオイル ニチモリHTCオイル50 ニチモリHTCオイルS150A
	低温高荷重用	添加剤							
		ストレート							ニチモリ LTO-80オイル（-50℃）

V.資料編

固体潤滑剤銘柄一覧 A：用途別仕様

[出典：潤滑通信社刊「潤滑剤銘柄便覧 2009」]

固体潤滑剤銘柄一覧　A：用途別〔オイル・車両用〕

タイプ	主用途		仕様	昭和電工	新日鐵化学	スガイケミー	住鉱潤滑剤	東レ・ダウコーニング	大東潤滑	ダイゾーニチモリ
オイル	車両用	ギヤ用	添加剤		シンルーブNSギヤオイル 150,220,320,460		モリコンMU00スミコーギヤスペシャルオイル モリコングRGオイル 150,220,320,460	Mディスパージョン		ニチモリMGオイル ニチモリギヤーオイル #90,140,220,320
			ストレート			ピタルBⅡ	モリコング			ニチモリLAPスプレー ニチモリLAP-Sスプレー
		その他	添加剤				モリアッセンブリオイル 120,150			
			ストレート			ピタルF10スプレー				
		ガソリンエンジン用	添加剤				オイルトリートメントブラック エンジンコーティングGブラック	モリコード® Mディスパージョン	LM-1101, 1102	ニチモリN-150 エンジンオイル添加剤
			ストレート				モリブラックSFオイル ブラック エンジンコーティングGブラック		LM-1101, 1102 パワーマックス	
		ディーゼルエンジン用	添加剤				オイルトリートメント ブラック エンジンコーティングGブラック	モリコード® Mディスパージョン	LM-1101, 1102 パワーマックス	ニチモリ エンジンオイル添加剤
			ストレート				モリブラックディーゼル			
		ギヤ用					モリオートギヤ オートギヤオイル	モリコード® Mディスパージョン	LM-1201～3	ニチモリN-160 ギヤーオイル添加剤
										ニチモリN-190
	グリース		汎用				モリLGグリース モリリチューASグリース		LM	ベアリングダブリン ベアリングダブリン MO カートリッジ モリリチウムグリース カートリッジ モリブラーングリース カートリッジ モリSMグリース
			特殊用				等速ジョイントグリース モリクラッチグリース ブレーキシムグリース		LM	ニチモリブレーキグリース ニチモリBSグリース（スライドドラム用） ニチモリN-195BIグリース（ボールジョイント用） ニチモリBSグリース（スライドドラム用） ニチモリN-195BIグリース（ボールジョイント用）

※は合成油

タイプ	主用途	仕様	ヘンケルテクノロジーズジャパン	日本黒鉛	㈱日本礦油	八弘網油	菱三商事	日立粉末冶金	ELF
オイル	万能汎用	添加剤				モリロンオイル #305	トリフロー	ヒダゾル GO-102	
		ストレート		コートハイM オイルペハイトG405				ヒダゾル OF-5C	
	高温高荷重用	添加剤				モリロンオイル #705			
		ストレート		プランジャーハイト オイルペハイトG307				ヒダゾル GO-154	

V. 資料編

固体潤滑剤銘柄一覧 A：用途別仕様

[出典：潤滑通信社刊「潤滑剤銘柄便覧 2009」]

固体潤滑剤銘柄一覧 A：用途別〔オイル・車両用〕

タイプ	主用途		仕様	ヘンケルテクノロジーズジャパン	(株)日本礦油	日本黒鉛	八弘網油	菱三商事	日立粉末冶金	E L F
オイル		低温高荷重用	添加剤			オイルハイト M-56L M-307				
			ストレート							
		ギヤ用	添加剤			オイルハイト GM-56L(黒鉛入り)				
			ストレート							
		その他	添加剤	モリダンプ207※		エマルハイト M-1 ルーブハイト L				
			ストレート			モリハイトスプレー(油性) ローリングオイル		ヒタゾルOL-2M		
車両用		ガソリンエンジン用	添加剤	オイルダンプ SLA-1246 SLA-1612						ELF Molygraphite Pro 15W40, 20W50
			ストレート							
		ディーゼルエンジン用	添加剤	オイルダンプ SLA-1246 SLA-1614						ELF Molygraphite Turbo Diesel 15W40 ELF Grapholia Diesel 15W40 TX15W40 MS15W40
			ストレート							
		ギヤ用	添加剤		ダブレックス150, 151, 152 アットルブMS					
			ストレート							
		グリース	汎用		アットルブHD ダブレックス ギヤ-SP ダブレックスEL AA-20				ヒタゾルMO-138S	
			特殊用							

※は合成油

タイプ	主用途		仕様	大新化工	ワネンルーブ	大洋液化ガス	ヤナセ製油	タイホーコーザイ
オイル		万能汎用	添加剤					ベネトンA PN56
			ストレート	DAIKA JET ATAN	ワネンルーブL #10, #20, #30			ジェットルーブ
		高温高荷重用	添加剤	SOFMET LIQUID NEW SOFMET LIQUID			ハイタックHBP1,2 ハイタックGA68, 220	モリアタック
			ストレート	DAIKAJET ATAN DAIKALUB 1030	ワネン D-LS4400H メカパワー150			
		低温高荷重用	添加剤					
			ストレート					ビスコルーブ
		ギヤ用	添加剤	BERITOX		クラリオン		
			ストレート	RT-PACKAGE	ワネンルーブL #80, #85, #90, #90L #120, #120L, #140			

固体潤滑剤銘柄一覧 A：用途別仕様　　　　　　　　　　（373）

[出典：潤滑通信社刊「潤滑剤銘柄便覧 2009」]

固体潤滑剤銘柄一覧　A：用途別　[オイル・車両用]

タイプ	主用途		仕様	大新化工	ワコンルーブ	大洋液化ガス	ヤナセ製油	タイホーコーザイ
オイル	その他		添加剤	AUTOMOLY				
			ストレート	PRF(スプレー)	ワネン D-1W #25, #45			
	車両用	ガソリンエンジン用	添加剤				アディーブスU	
			ストレート					
		ディーゼルエンジン用	添加剤					
			ストレート					
	ギヤ用		添加剤					

V. 資　料　編

固体潤滑剤銘柄一覧　A：用途別仕様　[乾性被膜]

[出典：潤滑通信社刊「潤滑剤銘柄便覧 2009」]

タイプ	主用途	有機/無機	仕様	NOKクリューバー	エスティーティー	川邑研究所	サン・エレクトロ	昭和電工	住鉱潤滑剤	東レ・ダウコーニング
乾性被膜	初期なじみ用	有機	常乾型		ソルベスト302 ドライコート	デブリックコート VN-1, VN-M ANH-POT NC　FNG-45 FNW-2(※1)	ルブリボンド A, B, 220 バーマスリック G, S		モリコート C-S モリドライ1100スプレー	モリコート® M-8800
		有機	焼付き型		ソルベスト306 ドライコート	デブリックコート DP-1			モリドライ1610	モリコート® 106
		無機	常乾型		ソルベスト 300(+) 730ドライコートスプレー		バーマスリック RAC		モリドライ5511 モリドライスプレー5510	モリコート® D-321R
		無機	焼付き型	クリューバーL501 (スプレー)	302ドライコート				モリドライ5511	モリコート® M-8800
	長期潤滑用	有機	焼付き型		305(+) 306, 365, 369ドライコート	デブリックコート HBX-1, EB-3　HBM-1, HBX-N, FH-30, FH-70 LHB-6, SQX-5	ルブロック 2109, 4396, 4856(※2) 5306, 5396 エスパールーブ 620, 620A, 620C, 626		ドライコート 2510, 3500 モリドライ 1610, 2810	モリコート® Q5-7409 106 3399A AERO
		無機	常乾型			デブリックコート 650, 801	バーマスリック RAC エスパールーブ 810, 811, 912 9000, 9001, 9002			
		無機	焼付き型		314(+) ドライコート	デブリックコート VN-1, VN-M VNH-POT, NC	ルブリボンド 220			
	長期防錆用	有機	焼付き型		305(+) 342(+) ドライコート	デブリックコート EB-3, FBT-116 FBT-1, DP-1	ルブロック 4396, 4856, 5306, 5396, 5397 エスパールーブ 620, 620A　620C, 626 1201, 1203		ドライコート 2910 モリドライ 1670	モリコート® 3400A AERO
		有機	常乾型				エスパーボンド 333			モリコート® 3402C
		無機	常乾型				エスパールーブ 9000, 9001, 9002			
		無機	焼付き型				ルブリボンド FHT フォームコート T-50	ルービーエスFK-26 FK-205		
	高温用	有機	常乾型		ソルベスト 374, 379 ドライコート	デブリックコート HMB-1			ドライコート 3500 モリドライ 2810	モリコート® D10, Q5-7409
		有機	焼付き型		ソルベスト 300(+) 730 ドライコートスプレー				モリドライ5511 モリドライスプレー5510	モリコート® D-321R
		無機	焼付き型				エスパールーブ 812, 823 エスナールーブ 382			

固体潤滑剤銘柄一覧 A：用途別仕様

固体潤滑剤銘柄一覧　A：用途別〔乾性被膜〕

[出典：潤滑通信社刊「潤滑剤銘柄便覧2009」]

タイプ	主用途		仕様	大東潤滑	電気化学工業	東洋ドライルーブ	ダイゾー/ニチモリ	ヘンケルテクノロジーズジャパン	日本黒鉛	日立粉末冶金
乾性被膜	初期なじみ用	有機	常乾型	LM-23 コンセントレート		ドライルーブ#108 #111	ニチモリDM-100 ニチモリDM-100スプレー	モリダッグ210		
			焼付き型	LM-52 モリナメルC		ドライルーブ#1 MB-2100 MC-2400	ニチモリDM-204	ダッグ 213 モリダッグ232J 254N		
		無機	常乾型		ボロンスプレー（溶剤インダーなし）		ニチモリDM-800 ニチモリDM-820スプレー			ヒタゾルME-195
			焼付き型							
	長期潤滑用	有機	常乾型	LM-26 モリナメルB		ドライルーブ FC-3400 FC-5940 MC-2400 S-6100	ニチモリDM-610BK	エムラコン 330 333J 352 GP-1904	コートハイト#4 バニーハイトBP コートハイトE	
			焼付き型	LM-52 モリナメルC LM-56 モリナメルZ						
		無機	常乾型				ニチモリDM-820			
			焼付き型				ニチモリDM-820			
	長期防錆用	有機	常乾型	LM-55 モリナメルG LM-56 モリナメルZ		ドライルーブ FB-2100 FC-3400	ニチモリDM-300 ニチモリDM-901BK	ファスナコート AM-3S		
		無機	常乾型							
	高温用	有機	常乾型	LM-53 モリナメルD		ドライルーブ FCシリーズ MCシリーズ	ニチモリDM-610BK ニチモリDM-671BK	ダッグ 154, 156		
			焼付き型				ニチモリDM-820			
		無機	常乾型		BNコートUB, UW BNコートトリスプレー BNコートS		ニチモリDM-820			

V. 資料編

固体潤滑剤銘柄一覧　A：用途別仕様

固体潤滑剤銘柄一覧　A：用途別〔乾性被膜〕

[出典：潤滑通信社刊「潤滑剤銘柄便覧2009」]

タイプ	主用途		仕様	和光ケミカル	大新化工	大洋液化ガス	デュポン	タイホーコーザイ	大東通商
乾性被膜	初期なじみ用	有機	常乾型	パイダスドライ		WBL-52 モリドライフィルムスプレー	ドライフィルムRA RA, RA/IPA, RA/W		
			焼付き型				ドライフィルムARA RA/IPA 2000/IPA LW-1200		
		無機	常乾型						
			焼付き型						
	長期潤滑用	有機	常乾型				ドライフィルムRA RA/IPA, RA/W	ドライフィルム 潤滑剤0187	
			焼付き型				ドライフィルムARA RA/IPA 2000/IPA LW-1200		
		無機	常乾型						トラフオイル3W ドライフィルム トラフオイル7W インプレグネーション
			焼付き型						
	長期防錆用	有機	常乾型			KATS 5080 KATS 6027 KATS 9050	ドライフィルムRA EA/W		
			焼付き型				ドライフィルムARA RA/IPA 2000/IPA LW-1200		
		無機	常乾型						
			焼付き型						
	高温用	有機	常乾型		DAIKA-SEAL SPECIAL DAIKA DRY-SPRAY	WBL-52	ドライフィルムRA RA, RA/W		
			焼付き型				ドライフィルムARA RA/IPA 2000/IPA LW-1200		
		無機	常乾型						
			焼付き型						

V.資料編

固体潤滑剤銘柄一覧　A：用途別仕様

[出典：潤滑通信社刊「潤滑剤銘柄便覧2009」]

固体潤滑剤銘柄一覧　A：用途別［乾性被膜］

タイプ	主用途	仕様		エスティーティー	川邑研究所	サンエレクトロ	シールエンド	昭和電工	住鉱潤滑剤	東レ・ダウコーニング
乾性被膜	ゴムプラスチック用	有機	常乾型	ソルベスト302/309 ドライコート					モリC-S	モリコート® M-8800
			焼付き型	ソルベスト 392, 395 ドライコート						
		無機	常乾型	ソルベスト300(+) ドライコート		デュポンF333				
			焼付き型			エバールコープ 9001, 9002 / 9400, 9500				
	非金属用	有機	常乾型	ソルベスト 365, 369 ドライコート	テフリックコート GMB-3				モリC-S	
			焼付き型			デュポンF333				
		無機	常乾型			エバールコープ 9001, 9002				
			焼付き型							
	塑性加工用	有機	常乾型		テフリックコート・ディスパージョン	フォームコートT-50			スミモールド201	
			焼付き型			フォームコートT-50				
		無機	常乾型	ソルベスト300(+), 730 ドライコートスプレー					モリドライ5511 モリドライスプレー5510	
			焼付き型						モリドライ5511 モリドライスプレー5510	
	その他特殊用	有機	常乾型	ソルベスト303(+) 318, 328 ドライコート		ルブリボンド 320, 332 (PTFE系)			スミロンパウダースプレー ドライコート2400	モリコート® D-321R
			焼付き型			エバールコープ 6000シリーズ 6102～6180各色 9400, 9500(PTFE系)				
		無機	常乾型					ルービーエス5026 ルービーエススプレー		
			焼付き型							モリコート® D-708 Q5-7409
固体（粉）状	パウダー	油脂系		ソルベスト610パウダー		ローダリーコートパウダー		ショウビーエス IMP		
		樹脂系						ショウケラム UHS		
		その他								

タイプ	主用途	仕様		大東潤滑	電気化学工業	東洋ドライルーブ	ダイゾー／ニチモリ	昭和電工	ヘンケルジャパン／テクノロジージャパン	日本黒鉛	日立粉末冶金
乾性被膜	ゴムプラスチック用	有機	常乾型			ドライルーブ F-890	DM-130		エムラロン327J		
			焼付き型			ドライルーブ P-2000			エムラロン312 314Black 345 T804Clear T861Clear 8370APA TW-805		
			常乾型			ドライルーブ FDシリーズ FNシリーズ FRシリーズ LMシリーズ					
		無機	常乾型								
			焼付き型								

V. 資料編

固体潤滑剤銘柄一覧 A：用途別仕様

[出典：潤滑通信社刊「潤滑剤銘柄便覧2009」]

固体潤滑剤銘柄一覧 A：用途別［乾性被膜］

タイプ	主用途		仕様	大東潤滑	電気化学工業	東洋ドライルーブ	ダイゾーニチモリ	ヘンケルテクノロジーズジャパン	日本黒鉛	日立粉末冶金
乾性被膜	非金属用	有機	常乾型			ドライルーブ F-890 #108	DM-100 DM-110			
			焼付き型			ドライルーブ FC6150B FBシリーズ	DM-901BK			
		無機	常乾型				DM-820			
			焼付き型				DM-820			
	塑性加工用	有機	常乾型	LM-62 モリナメルF		ドライルーブ F-890 #108	DM-100 DM-110		モリハイトME-20 #40, スプレー エマルハイト S-12 M-81	ヒタゾルGS-58B
			焼付き型						モリハイト S-100 (バインダーなし)	
		無機	常乾型				DM-800 DM-820スプレー		モリコロイド CF-626 プロハイト S-2 S-5	ヒタゾル AB-1, AD-1 MA-405, GA-362A
			焼付き型							
	その他特殊用	有機	常乾型						ルービーエス FK-520 5026, スプレー アルダイス BN バーニーハイトスプレー L24 T30	
			焼付き型			ドライルーブ FCT200 (非粘着) DD1860 (キズ付防止)	DM-230 (短時間硬化) DM-690BK (非粘着)			
	その他特殊用	無機	常乾型							
			焼付き型							
乾性	パウダー			LM-112バウダー LM-12N&02バウダー LM-13SMバウダー	デンカボロンナイトライド GP, HGP SP-2, SP-3 SGP, MGP	ドライルーブ SP PF	M-5バウダー Aバウダー Cバウダー Tバウダー		モリバウダー グラファイトバウダー 青P, ACP, ACP-1000 CSP, 特CP, CP, CPB CB-150, HAG-150, HAG-15, HAG-150, CPS, F#31 BNバウダー⑪HP, HSP	ヒタゾル MD-40, MD-108 GP-60, GP-63 GP-74, GP-78 HAG-15, GP-100
固体(棒)状	油脂系						チョーク		ルーブハイト S	
	樹脂系								ルーブハイト SP	
	その他				デンカボロンナイトライド N-1, HC					ヒタゾルGA-377

V. 資 料 編

固体潤滑剤銘柄一覧　A：用途別仕様

[出典：潤滑通信社刊「潤滑剤銘柄便覧 2009」]

固体潤滑剤銘柄一覧　A：用途別【乾性被膜】

タイプ	主用途		仕様	デュポン	タイホーコーザイ	日本サーフライファイド・ラボラトリーズ	安斎交易	セイシン企業
乾性被膜	ゴム・プラスチック用	有機	常乾型	ドライフィルム RA, RA/IPA, RA/W				
			焼付き型	ドライフィルム RA/IPA, RA/W 2000/IPA, LW-1200				
		無機	常乾型					
			焼付き型					
	非金属用	有機	常乾型	ドライフィルム RA, RA/IPA, RA/W				
			焼付き型	ドライフィルム RA/IPA, RA/W 2000/IPA, LW-1200				
		無機	常乾型					
			焼付き型					
	塑性加工用	有機	常乾型	ドライフィルム RA, RA/IPA, RA/W				
			焼付き型	ドライフィルム RA/IPA, RA/W 2000/IPA, LW-1200				
		無機	常乾型					
			焼付き型					
	その他特殊用	有機	常乾型	ドライフィルム RA, RA/IPA, RA/W		ドライルーブプラス		
			焼付き型	ドライフィルム RA/IPA, RA/W 2000/IPA, LW-1200				
		無機	常乾型					
			焼付き型		乾性潤滑剤	Tルーブプラス	LOR"636	
パウダー		油脂系						(PTFEパウダー)
固体（棒）状		樹脂系						JFWシリーズ
		その他						

V. 資　料　編

固体潤滑剤一覧 B：様態別仕様　　　　　固体潤滑剤銘柄一覧 B：様態別仕様

[出典：潤滑通信社刊「潤滑剤銘柄便覧 2009」]

固体潤滑剤一覧 B：様態別仕様［ペースト］

銘柄	番手	色相	ちょう度(混和)25℃	NLGI番号	滴点℃	銅板腐食100℃24h	曽田式四球試験MPa	固体潤滑剤種類	固体潤滑剤(平均)粒径μm	固体潤滑剤含有量 wt%	使用温度範囲℃	用途
NOKクリューバ												
ウォルフラコート トップペースト		乳白色		2〜3				白色系	3〜5		-15〜150	(1)
クリューバー L801 (スプレー)		灰		1〜2				金属系	5〜15		-25〜1000	(2)

(1)潤滑・組立ペースト、微動摩耗、スティック・スリップの防止 (2)高温用ペースト、ねじ、ボルトなどの焼付き防止、チェーンなどの固着防止

銘柄	番手	色相	ちょう度(混和)25℃	NLGI番号	滴点℃	銅板腐食100℃24h	曽田式四球試験MPa	固体潤滑剤種類	固体潤滑剤(平均)粒径μm	固体潤滑剤含有量 wt%	使用温度範囲℃	用途
エスティーエイ												
ソルベスト 100ペースト		灰黒色	330					MoS$_2$	5		-20〜400	(1)
ソルベスト 700ペーストスプレー		灰黒色	300					MoS$_2$白色固体	1		-50〜150	(2)
ソルベスト 101ペースト		白色	330					MoS$_2$白色固体	5		-40〜400	(3)
ソルベスト 103ペースト												
ソルベスト 104ペースト		灰黒色	300					MoS$_2$	5		-50〜400	(4)
ソルベスト 105ペースト												
ソルベスト 808ペースト												
ソルベスト 110ペースト		茶褐色	250〜310					金属系			-30〜1100	(5)
ソルベスト 710ペーストスプレー												
ソルベスト 111ペースト		白色						特殊			-40〜1100	(6)
ソルベスト 113ペースト												
ソルベスト 120ペースト		灰黒色	180〜270					MoS$_2$			-30〜400	
ソルベスト 130ペースト												

(1)各種機械の組立用、焼付き防止用 (2)特に往復動下の潤滑、フレッチングコロージョン防止 (3)合成油ベースであり高温下の用途に最適 (4)シリコーンオイルをベースとしているので低温および高温部の潤滑に最適 (5)各種ねじ、ボルト、ワシャの焼付き防止、高温バルブ、フランジ、パッキンなどの潤滑シール (6)ソルベスト110ベーストのエアゾール

銘柄	番手	色相	ちょう度(混和)25℃	NLGI番号	滴点℃	銅板腐食100℃24h	曽田式四球試験MPa	固体潤滑剤種類	固体潤滑剤(平均)粒径μm	固体潤滑剤含有量 wt%	使用温度範囲℃	用途
オメガ												
オメガ99		銀	340	0	なし		合格	MSL, AL, Cu	5	59	-130〜1200	(1)
オメガ99FG		白									-30〜450	(2)

(1)押出成形機ダイス、射出成形機ノズル、ガスケット等フランジ面、電気炉焼きなまし炉の各種ボルト、スライディングノズル、各種ベアリング、テーパーばめの押付き止め、テーパーばめの焼付き防止、オープンギヤ部、各種ボルトの焼付き・腐食防止 PAOベース (NSF H1)
(2)食飲料工場、製薬工場、化粧品工場等のブッシュ、スライド部、オープンギヤ部等の潤滑に用いられる

銘柄	番手	色相	ちょう度(混和)25℃	NLGI番号	滴点℃	銅板腐食100℃24h	曽田式四球試験MPa	固体潤滑剤種類	固体潤滑剤(平均)粒径μm	固体潤滑剤含有量 wt%	使用温度範囲℃	用途
川邑研究所												
デブリック・ペースト	M		310〜340					MoS$_2$	0.6		-15〜120	(1)
	D		265〜295						0.3		-40〜120	
	A		220〜250						0.6		-40〜300	
	S		220〜250						0.6		-40〜215	

①Mは鉱油系、Dはダイエステル系、Aはアルキルキレングリコール系、Sはシリコン系で、何れも初期なじみ用として用いられる

銘柄	番手	色相	ちょう度(混和)25℃	NLGI番号	滴点℃	銅板腐食100℃24h	曽田式四球試験MPa	固体潤滑剤種類	固体潤滑剤(平均)粒径μm	固体潤滑剤含有量 wt%	使用温度範囲℃	用途
極東貿易												
ネバーシーズ標準グレード		銀色	300〜350	2	182			銅、黒鉛			-183〜1100	(1)
ネバーシーズニッケルスペシャルグレード								ニッケル、黒鉛			-183〜1425	(2)
ネバーシーズニッケル原子力グレード		灰色	290〜340		235			ニッケル、黒鉛			-183〜1425	(3)
ネバーシーズマリーングレード		青色	270〜300	1	182			銅、黒鉛			-129〜982	(4)
ネバーシーズスプレー					144			ニッケル MoS$_2$			-100〜815	(5)
ネバーシーズホワイト食品グレード		白色	285〜310	2	232	変化なし		PTFE			-30〜200	(6)
ネバーシーズPTFEホワイト食品グレード		銀色	285〜325		198			テフロン			-54〜149	(7)
ネバーシーズパイプコンパウンド												(8)
ネバーシーズ高温ベアリング潤滑剤		黒色	310〜360	1〜2	なし			黒鉛			-23〜649	(9)

固体潤滑剤銘柄一覧 B：様態別仕様

[出典：潤滑通信社刊「潤滑剤銘柄便覧 2009」]

銘柄	番手	色相	ちょう度(混和) 25℃	NLGI 番号	滴点 ℃	銅板腐食 100℃ 24h	曽田式四球試験 MPa	固体潤滑剤種類	固体潤滑剤(平均)粒径 μm	固体潤滑剤含有量 wt%	使用温度範囲 ℃	用途
極東貿易（続き）												
ネバーシーズブラック		黒色	230～250		191	変化なし		MoS₂			−101～399	(10)
ネバーシーズ高温ステンレスグレード		シルバーグレー	310～340	1	176以上	なし		ステンレス, 黒鉛	～50		～1204	(11)
ネバーシーズ高温ステンレス原子力グレード			285～325	2				フッカカルシウム			~1343	(12)(13)

(1)耐熱性、耐腐食性に特に優れ、焼付き防止、防錆性、耐水性、広い用途向き。(2)上記(1)の特性に加え特に耐強酸、強アルカリの腐食環境向き。(3)GE社, WESTINGHOUSE社などの原子力発電機器仕様。 ネバーシーズ高温ステンレスグレードは(4)上記(1)の特性に加えて、耐水流出を防ぐ、(5)特にステンレス鋼のカジリ防止、汚れを嫌う箇所の潤滑、かじり防止。(6)米国FD A178, 3570NSF H1に合格。(7)米国FDA178, 3570およびD60YP12, 981B943Bに合格。(8)テフロンテープの代わりとなるとともに、潤滑、防錆、かじり防止。(9)潤滑剤、高温域の潤滑、あわせて、潤滑、防錆効果にも優れる。(10)正人組立U5177, 1550NSF H1に合格。ネバーシーズ原子力グレード主成分：ステンレススチール粒子。鋼系及びニッケル系成分の入った製品が仕様できない箇所。欧州環境基準を遵守した、従来品より低トルク性能を持つ。(11)主成分：ステンレススチール粒子、金属微粒子を含まない。(12)主成分：ステンレススチール粒子、鋼系及びニッケル系成分の入った製品が仕様できない箇所。(13)主成分：フッカカルシウム。原子力機器用途

銘柄	番手	色相	ちょう度(混和) 25℃	NLGI 番号	滴点 ℃	銅板腐食 100℃ 24h	曽田式四球試験 MPa	固体潤滑剤種類	固体潤滑剤(平均)粒径 μm	固体潤滑剤含有量 wt%	使用温度範囲 ℃	用途
三興石油工業												
レビアスペーストロイ	M		330				8	MoS₂	0.5		−10～180	(1)
	V		320				10		1		−15～120	(2)
	Y		330	1		1a	8		0.5		−10～120	(3)
	W						7				−10～140	(4)
	P						10		0.4		−20～200	(5)

(1)鉱油ベースMoS₂ペースト (2)鉱油ベース有機Mo極圧添加剤ペースト（切削、ギヤの添加剤） (3)鉱油ベース有機Mo極圧添加剤ペースト (4)鉱油ベース白色固体潤滑剤 (5)合成油ベースMoS₂ペースト

銘柄	番手	色相	ちょう度(混和) 25℃	NLGI 番号	滴点 ℃	銅板腐食 100℃ 24h	曽田式四球試験 MPa	固体潤滑剤種類	固体潤滑剤(平均)粒径 μm	固体潤滑剤含有量 wt%	使用温度範囲 ℃	用途
シールエンド												
ローラリーコート	1000	黒色	400		180以上	合格		MoS₂	0.7	42	−50～400	(1)
EP-5	EX1000							黒鉛	1.5	43	−15～400	(2)
ボルトン		シルバーグレー						マイカ		35	−50～1000	

(1)初期ならし運転、しゅう動部無給油長時間潤滑 (2)焼付き、かじり防止 (3)鉱油ベース有機Mo極圧添加剤ペースト

銘柄	番手	色相	ちょう度(混和) 25℃	NLGI 番号	滴点 ℃	銅板腐食 100℃ 24h	曽田式四球試験 MPa	固体潤滑剤種類	固体潤滑剤(平均)粒径 μm	固体潤滑剤含有量 wt%	使用温度範囲 ℃	用途
スガイケミー												
ピラドトBASC			325±15		185			Cu	50	10～30	800	(1)
ピラドトS								Zn, Cu, C, Li		54(ガス後)	1100	(2)

(1)加熱炉、熱機関のボルトナット (2)電気的腐食防止、高温・高圧のボルトナットの焼付き防止

銘柄	番手	色相	ちょう度(混和) 25℃	NLGI 番号	滴点 ℃	銅板腐食 100℃ 24h	曽田式四球試験 MPa	固体潤滑剤種類	固体潤滑剤(平均)粒径 μm	固体潤滑剤含有量 wt%	使用温度範囲 ℃	用途
住鉱潤滑剤												
モリペースト500	2	灰黒色	280	2	70			MoS₂			<350	(1)
モリペースト300	1	黒色	310	1	180		>0.883	MoS₂, C			<400	(2)
モリペーストH	2	灰黒色	290	2	なし			MoS₂				(3)
スミペーストP1	1	白色	310	1	200		>0.784	PTFE, MCA			<250	(4)
スミペーストP2	-	淡黄白色	260	-	>300			PTFE, MCA, 有機Mo				
モリペーストAS	2	銅褐色	275	2	なし		>0.883	MoS₂, Cu, Pb, C			<1,100	(5)
スミペーストAS-S	0	灰褐色	370	0	280		0.687	C, Cu, Al			<800	(6)
スミペーストNS	-	白色	300	1	>300		>0.196					
スミペーストBN	-		309	-			>0.196	BN			<1,200	(7)

(1)各種機械の摩擦面、かん合部、ねじ部などに塗布する組立用潤滑剤。モリペースト300は低速・高荷重下のしゅう動部の潤滑用潤滑剤。(−20～180℃)にも使用可能 (2)特に高温下の組立用潤滑用として最適な製品 (3)シリコーンオイルベースのため、高温下の組立用潤滑剤。広い温度範囲（−50～300℃）で使用される潤滑剤として最適 (4)精密部品の組立用潤滑剤、低温下でも使用可能。スミテックP2はP1の高性能タイプ（金属対応性が良好）(5)高温下腐食的雰囲気下における焼付きを長期にわたる焼付きを防止する。AS-Sは高温下（常温～400℃）塩水や高温度雰囲気下における焼付きや焼結後の長期にわたる焼付き焼結を防ぎ良好 (6)塩水や高温度雰囲気下における焼付きや焼結後の長期にわたる焼付きや焼結を防止。また、ステンレスボルトの焼付きを防止 (7)高温下のステンレスボルトの焼付きや焼結後の長期にわたる焼付きや焼結を防止する

V. 資料編

固体潤滑剤銘柄一覧 B：様態別仕様

[出典：潤滑通信社刊「潤滑剤銘柄便覧2009」]

固体潤滑剤銘柄一覧 B：様態別仕様 [ペースト]

銘柄	番手	色相	ちょう度 (混和) 25℃	NLGI 番号	滴点 ℃	銅板腐食 100℃ 24h	曾田式 四球試験 MPa	固体潤滑剤種類	固体潤滑剤 (平均)粒径 μm	固体潤滑剤 含有量 wt%	使用温度範囲 ℃	用途
東レ・ダウコーニング												
モリコート®G-n ペースト			300					MoS₂ 白色系			−20〜400	(1)
モリコート®U ペースト		灰黒色	310								−40〜400	(2)
モリコート®M-77 ペースト			300		200以上			MoS₂	5		−45〜400	(3)
モリコート®G ラピッドスプレー			310								−35〜400	(1)
モリコート®1000 ネジ用潤滑剤		褐色	295					金属粉末、特殊	1		−30〜650	(4)
モリコート®P-37 ペースト		灰黒色	280			1 a		特殊			−30〜1400	(5)
モリコート®E ペースト			300								−50〜150	(5)
モリコート®DX ペースト		白色	325		200以上	1 a		白色系			−25〜125	(6)
モリコート®P-1900											−30〜300	(6) 食品加工用ペースト

(1)機械のならし運転時、圧入、焼ばめ等機器の組立時、かん合部のフレッチングコロージョンの防止 (2)モリコートGnペーストに比べ高温下でのカーボン残渣が少ないため、高温下の用途に最適 (3)シリコーンオイルを基油としており、低特性および樹脂との親和性に優れている (4)耐熱性に優れたねじ専用焼付防止剤。擦摩係数のばらつきが小さく、トルクによる軸力管理を容易にする (5)白色固体潤滑剤を使用しているため白色系 (6)食品、飲料の製造工程で使用される機械装置の部分の潤滑。NSF H1に登録

銘柄	番手	色相	ちょう度 (混和) 25℃	NLGI 番号	滴点 ℃	銅板腐食	曾田式 四球試験 MPa	固体潤滑剤種類	固体潤滑剤 (平均)粒径 μm	固体潤滑剤 含有量 wt%	使用温度範囲 ℃	用途
大東潤滑												
ブースター #100	LM-82	灰黒色	265〜295	No.2	なし		0.6				−15〜200	(1)
ブースター	LM-0801		310〜340	No.1	180以上		0.7				−20〜200	(2)
NVアルピナ	LM-83		265〜295	No.2	なし		0.8				−35〜450	(3)
アルミネスペースト	LM-901	銀色					−	アルミニウム金属粉末			−60〜1200	(4)

焼付きかじり防止、組立用潤滑剤 (1)鉱油系 (2)特にフレッチングコロージョン防止 (3)合成油系高温用 (4)かじり防止

銘柄	番手	色相	ちょう度 (混和) 25℃	NLGI 番号	滴点 ℃	銅板腐食	曾田式 四球試験 MPa	固体潤滑剤種類	固体潤滑剤 (平均)粒径 μm	固体潤滑剤 含有量 wt%	使用温度範囲 ℃	用途
ダイゾーニチモリ												
ニチモリ Cペースト		グレイ	290		160以上			MoS₂			−30〜300	(1)
MEペースト			315		170以上		12.5以上				−20〜400	(2)
PGペースト			280			合格					−30〜300	(3)
OCペースト		白色	310		180以上		10.0以上	PTFE			−30〜1000	(4)
RSペースト		茶色	320		なし			金属粉			−30〜1000	(5)
DBペースト100N					194		12.5以上	MoS₂、Zn			−20〜300	(6)
D-ペーストMZ−22		グレイ	290		190		10.0以上	MoS₂			−40〜400	(4)
MR-ペースト												

(1)組立用潤滑剤（鉱油系） (2)組立用潤滑剤（合成系） (3)組立用潤滑剤（高温時もかぶり極小） (4)低温・樹脂用 (5)高温ねじ専用。焼付き・固着防止 (6)塑性加工用。

銘柄	番手	色相	ちょう度 (混和) 25℃	NLGI 番号	滴点 ℃	銅板腐食	曾田式 四球試験 MPa	固体潤滑剤種類	固体潤滑剤 (平均)粒径 μm	固体潤滑剤 含有量 wt%	使用温度範囲 ℃	用途
㈱日本鉱油												
ダフレックスペースト		黒色	330		173	合格	15.0	MoS₂	5.0	50	−20〜400	(1)
ダフレックススプレー			325		180				0.5		−20〜400	(2)
スレッドコンパウンド		金属光沢	320		−		13.0	金属系	−		−30〜1000	(3)

(1)高温高荷重潤滑、焼付き防止 (2)穿工潤滑剤 (3)鍛造潤滑剤、焼付き防止剤 (4)焼付き防止剤

銘柄	番手	色相	ちょう度 (混和) 25℃	NLGI 番号	滴点 ℃	銅板腐食	曾田式 四球試験 MPa	固体潤滑剤種類	固体潤滑剤 (平均)粒径 μm	固体潤滑剤 含有量 wt%	使用温度範囲 ℃	用途
日本黒鉛												
ルーブハイトMR						合格	212	MoS₂	0.5	30	−20〜600	(1)
ピアソングオイル	#5					合格	88.5		10	40		(2)
コートハイトG	#41K							黒鉛	1.5	25		(3)
ルーブハイトGR						合格	191		1.0	26		(4)

(1)高温高荷重潤滑、焼付き防止 (2)穿工潤滑剤 (3)鍛造潤滑剤、焼付き防止剤、連鋳ロール軸受 (4)焼付き防止

固体潤滑剤銘柄一覧 B：様態別仕様

[出典：潤滑通信社刊「潤滑剤銘柄便覧 2009」]

固体潤滑剤銘柄一覧 B：様態別仕様［ペースト］

銘柄	番手	色相	ちょう度 (混和) 25℃	NLGI 番号	滴点 ℃	銅板腐食 100℃ 24h	曽田式 四球試験 MPa	固体潤滑剤種類	固体潤滑剤 (平均)粒径 μm	固体潤滑剤 含有量 wt%	使用温度範囲 ℃	用途
八弘鋼油												
モリコンペースト	ソルK-1	グレイ	85以上	—	50以上	合格	0.49	MoS_2	10以下	5	-10〜200	(1)
(1)オープンギヤ、ワイヤロープ用.その他最隙部浸潤用（ソル型）												
日立粉末冶金									(kgf/cm²)			
ヒタノールMO-131			269	1	255以上	合格	171.6	MoS_2	0.7		-10〜400	(1)
ヒタノールGO-222C			5000	—	—	—	—	黒鉛	5	25	5〜600	(2)
ヒタノールGO-154						合格	68.6	黒鉛	10以下		5〜600	
(1)スタリオン駆動機構部，カム，ギヤ，旋盤のセンタチャック，工作機械の摺動面案内溝摺動部のペースト状潤滑 金属加工用潤滑剤 (2)ダイカストマシンのプランジャ用潤滑剤.												
和光ケミカル	灰黒色											
ワコーックスモリコンパンド		茶色	非石けん	1	非溶融	—	MoS_2			-15〜400	(1)
ワコーズスレッドコンパンド		白色	シリコーン系	—	—	13.0	BN			-30〜1000	(2)
キーキプロテクター		黒色	リチウム系	—	—	—	MoS_2,PTFE			-30〜300	(3)
CVT-HDペースト											-20〜180	(4)
(1)二硫化モリブデンのペースト．タイヤチェーンのきしみ音防止，ボルト，ベアリング等のかじり，焼付き，さび付きを防止．(2)ねじ類のかじり，焼付きを防止する．(3)高粘着性グリースのブラシのペースト．耐熱・耐水ディスクパッドシリーズ．ダンプ性能を要求する箇所 (4)リチウム系グリースに二硫化モリブデンとPTFEを高濃度配合した等速ジョイントの異音解消グリース												
大新化工												
GP2000		黒色		1	180	—	—	MoS_2,タングステン			-130〜1371	(1)
(1)高荷重用												
OBERONノトライボジャパン												
オベロン633		シルバーグレー						特殊				
(1)耐食性のある焼付き防止剤												
大淀液化ガス												
カッパーペレート		ブロンズ	290	1.5	260	—	—	鋼・カパー，グラファイト		65%以上	-54〜982	(1)
カッパーオール		ダークグレイ	300	1	ナシ	—	—	鋼パウダー			-54〜566	(2)
モリEP		ダークグレイ	310	1	260	—	—	MoS_2，グラファイト			-54〜1427	(3)
ニッケルハイテンプ		シルバー	305	1.5	232	—	—	ニッケルパウダー			-54〜1427	(4)
メタリオンホワイトアンチシーズ		シルバーグレイ	310		>232	—	—	PTFE			-54〜982	(5)
DRILL STEEL LUBRICANT	W-GRAD BRUSHABLE	ブラウン	250	3	>260	—	—					(6)
ジンク50ツールジョイントコンパウンド		グレー	275〜305	1.5-2	149	1 A	—	ジンク				(7)
(1)耐酸化性と防錆・防腐性に優れたボルト，ガスケット等の焼付きかじり防止剤（無鉛）(2)無滴点で燃焼点で燃焼しないペースト（無鉛）(3)MoS_2が配合されたカジリ防止用ペースト（無鉛）(4)超高温で曝される発電所，石油精製，化学プラント等で使用できるペースト (5)NSF H-1登録規格のオールパフォーマンスに優れたオールパーペースト マイクロ仕上げ (6)MoS_2，グラファイト配合したコストパフォーマンスに優れたオールパーペースト掘削機械の潤滑剤 (7)API基準5A2規格の掘削ジョイントシーリング用コンパウンド												
ヤナセ製油												
A1ペースト		白色						チッ化硼素 Ca塩		50	-30〜1000	(1)
(1)金型焼付を防止，高荷重箇所の潤滑												
日本サーティファイド・ラボトリーズ												
		銀色粘性液体										
ロックシーズ（エアゾール）								セラミック			〜1200°C	(1)
ロックシーズ20/20		白色ペースト						亜鉛粉末			〜1260°C	(2)
(1)1200℃までの高温に耐える焼付き防止シーリング剤．MIL A-907E H2 (2) 1200℃までの高温に耐える焼付き防止シーリング剤．NSF H 1												

(384)　　　　　　　　　　固体潤滑剤銘柄一覧 B：様態別仕様

[出典：潤滑通信社刊「潤滑剤銘柄便覧 2009」]

固体潤滑剤銘柄一覧　B：容態別仕様 [グリース]

銘　柄	番手	色相	増ちょう剤セッケン基	ちょう度(混和)25℃	NLGI番号	滴点℃	曽田式四球試験MPa	固体潤滑剤種類	固体潤滑剤(平均)粒径μm	固体潤滑剤含有量wt%	使用温度範囲℃	用途
NOKクリューバー												
スタブラックス	N12MF	黒	Na comp		2～3	>220		MoS₂			-20～140	(1)
グラフロスコン	NBU12MF		Ba comp		1	>90		黒鉛			-30～150	(2)
	C-SG0かち		Al		0						-30～200	(3)

(1)モータ、ファン、スプライン軸受、乾燥炉モータ軸受等で負荷が高い個所 (2)N12MFと同種でさらに負荷が高い個所 (3)オープンギヤ、ギヤカップリング、セメントキルンのボールミル、オープンギヤ

エスティーアイ

銘柄	番手	色相	増ちょう剤	ちょう度	NLGI	滴点		固体潤滑剤種類	粒径	含有量	使用温度	
ソルベスト	201 グリース		Li	310～340	1	185					-20～150	
	202	灰黒色		265～295	2	なし		MoS₂	1		-30～160	
	211		非セッケン	310～340	1	なし					-20～150	
	212	淡黄色	ｶﾙｼｳﾑ複合セッケン	265～295	2	290<		―			-55～150	
	225			265～340	#1/#2	205<					-50～150	
	247	白色		300	1	195		白色固体			-40～160	
	248		Li			200					-55～150	
	251			310～340		197<		有機Mo			-30～250	
	254	淡黄色		290	#2	205		特殊成分			-65～250	
	257		PTFE	270	#0～#3	なし					-60～250	
	255	白色	PTFE/CF	220～385	2			ﾊﾞｰﾙｵｲﾙ/ﾎﾟﾘｴｰﾃﾙ			-85～130	
	240		PTFE	270	0			ﾊﾞｰﾙｵｲﾙ/ﾎﾟﾘｴｰﾃﾙ			-20～200	
	235	淡黄褐色	ｹｲ化合物	290	2	290<		バーフルオロポリエーテル			-50～180	
	245			310～340	1			―			-60～180	
	236		Li	265～295	2						-40～200	
	231	灰黒色		310～340	1	200<		MoS₂	1			
	232			265～295	2							
	261											
	822L			310～340	1							
	822M			265～295	2							
	832L			310～340	1							
	832M			265～295	2							
	842L			310～340	1							
	842M			265～295	2							

オメガ

銘柄	番手	色相	増ちょう剤	ちょう度	NLGI	滴点		固体潤滑剤種類	粒径	含有量	使用温度	
	オメガ 33	黒色	合成	275	2	なし		MoS₂	5		-20～232	(1)
	オメガ 35	灰色		270	2	260		MSL	0.5		-8～2000	(2)
	オメガ 65		リチウム	400	00	150		MoS₂、黒鉛			-29～149	(3)
	オメガ 73	黒色	カーボンブラック	265	2	なし					-7～204	(4)

(1)耐熱性低中速高荷重用。チェックギヤ等の極圧耐水部 (2)炉の台車、焼成炉、パン焼成炉、パン焼及び料理用オーブン、鋳造所、製鉄所の低速高温部 (3)チェーン、ケーブル、ワイヤ用。耐水、極圧性と高い浸透性 (4)オープンギヤ用、完全耐水性で耐熱性（走行クレーン、ロータリキルン）等のギヤ部

川邑研究所

銘柄	番手	色相	増ちょう剤	ちょう度	NLGI	滴点		固体潤滑剤種類	粒径	含有量	使用温度	
デブリックグリース			リチウム	260		190					-15～110	(1)
				300							-20～110	
			リチウム	290		180		MoS₂			-20～200	
				320							-45～110	

V. 資　料　編

固体潤滑剤銘柄一覧 B：様態別仕様

固体潤滑剤銘柄一覧 B：容態別仕様［グリース］

[出典：潤滑通信社刊「潤滑剤銘柄便覧 2009」]

銘柄	番手	色相	増ちょう剤 セッケン基	ちょう度 (混和) 25℃	NLGI 番号	滴点 ℃	曾田式 四球試験 MPa	固体潤滑剤 種類	固体潤滑剤 (平均)粒径 μm	固体潤滑剤 含有量 wt%	使用温度範囲 ℃	用途
川邑研究所（続き）												
テフリック・グリース			リチウム	216		216		MoS_2			−70〜200	(1)
(1)いずれも一般のグリースの性能では満足できない場所に使用される												
極東貿易												
ネバージーズレッドベアリング		赤色	ポリウレア	265〜340	1〜2	230					−34〜177	(1)
(1)ベアリング（高，低速）・チェーン，駆動装置の潤滑，かじり防止，防錆，錆害発生防止												
三興石油工業												
レピアス MO6L	No.0		Li	381	0	170					−5〜100	(1)
	No.1			338	1	172						
	No.2			280	2	185						
	No.3			240	3							
レピアス MO6V	No.1		ベントン	375	0	270					−10〜180	(2)
	No.2			282	1							
	No.3			241	2	290	5以上	MoS_2				
				238	3							
レピアスモリサーモグリス	No.1		Si	336	1	なし					−10〜200	(3)
	No.2			282	2							
				241	3							
レピアス 06ST	No.1		ポリマー	282	1	280					−20〜150	(4)
	No.2			243	2	295						
レピアス 06GST	No.3			230	3							
	OH			390	0	170					−20〜100	(5)
(1)汎用万能型 MoS_2 グリース (2)高温用 MoS_2 グリース (3)特耐熱 MoS_2 グリース (4)耐候性 MoS_2 グリース (耐水，耐熱，耐老化) (5)耐候性 MoS_2 グリース (耐水，低温高荷重)												
シールエンド												
ロータリーコート汎用グリース	2		リチウム	280	2	200		MoS_2			−10〜110	(1)
	3			235	3	206						
(1)衝撃を伴う高荷重軸受，初期なじみ												
昭和電工												
ルービーエヌ	2091	淡黄色						窒化ホウ素	1	5%	700	(1)
住鉱潤滑剤												
(1)ガラス離型剤												
シャシーグリース MO	No.2	灰黒色	Caセッケン	280	2	104	−	MoS_2			−5〜80	
	No.3			237	3	230	0.39					
モリリチューム AS グリース	No.2	灰黒色		282	2	206	0.44				−10〜130	(1)
	No.1			319	1	188	0.49					
	No.0			364	0	165	0.39					
モリ FM−L グリース	No.2	黄色	Li セッケン	277	2	201	0.54	有機Mo		−		
	No.1			314	1	185	0.59					
	No.3			238	3	219	0.34					
モリ LG グリース	No.2	灰黒色		272	2	195	0.49	MoS_2			−15〜130	(2)
	No.1			314	1	186	0.44					
	No.0			371	0	170	0.54					

V.資料編

固体潤滑剤銘柄一覧　B：様態別仕様

固体潤滑剤銘柄一覧　B：容態別仕様［グリース］

［出典：潤滑通信社刊「潤滑剤銘柄便覧 2009」］

住鉱潤滑剤（続き）

銘柄	番手	色相	増ちょう剤セッケン基	ちょう度(混和)25℃	NLGI番号	滴点℃	曾田式四球試験 MPa	固体潤滑剤種類	固体潤滑剤(平均)粒径 μm	固体潤滑剤含有量 wt%	使用温度範囲℃	用途
モリLG-Sグリース	No.2	灰黒色	Liセッケン	280	2	195	0.49	MoS$_2$			-15〜130	(2)
	No.1			325	1	181						
	No.0			370	0	173						
モリHDグリース	No.2			278	2	203	0.68				-15〜150	(3)
	No.1			324	1	200						
	No.0			370	0	186						
モリスピードグリース	No.2		ベントン	280	2		0.54					
	No.1			325	1							
モリPSグリース	No.2			280	2		0.44				-25〜120	(4)
	No.1			325	1							
	No.0			370	0							
モリトングリース	No.2		特殊無機物	275	2	なし	0.87					
	No.1			320	1							
	No.0			370	0							
モリサーム	No.2			280	2		0.65		1		-10〜200	(5)
	No.1			325	1							
	No.0			370	0							
モリハイテンプグリース	No.1		ベントン	322	1	258	0.44	MoS$_2$, MCA			-15〜250	(6)
モリアルコムグリース	No.2		Al複合セッケン	273	2		0.49	MoS$_2$			-15〜190	(7)
モリウレアグリース	No.2		ウレア	275	2	250以上	0.39				-10〜200	
	No.1			320	1		0.34					
	No.0			370	0		0.29					
ハイモリグリース	No.2	黄色	特殊無機物	275	2	なし	-	MoS$_2$, C	1		100〜400	(8)
	No.1			320	1		0.44					
	No.00			415	00							
スミプレックスMP	No.2	黒色	Li複合セッケン	283	2	274	0.49	有機Mo			-20〜200	(9)
	No.1			325	1	270	0.59					
	No.0			365	0	248						
スミプレックスPS	No.2			280	2	286	0.34	MoS$_2$			-10〜240	
	No.1			312	1	248						
	No.0			364	0	300以上						
スミプレックスL-MO	No.2	淡黄白色		274	2	297						
	No.1			315	1	280						
	No.0			362	0							
スミプレックスBN	No.2	黄金色	ベントン	276	2	300以上	0.44	BN			-20〜200	(10)
	No.1			319	1	274	0.39					
	No.0			366	0	300以上	0.39					
スミデンプグリース S	No.2	黒色	なし	281	2	300以上		Cu			-10〜800	(11)
	No.1			325	1							
モリギヤコンパウンド	1500			測定不可	-	280以上	0.69	MoS$_2$			0〜70	
	900			340			0.78					
モリGG-S	No.1		ベントン	325	1	なし	0.64				-10〜100	
モリギヤグリース	No.00	灰黒色		415	00		0.44				-10〜150	(12)
							0.39					

固体潤滑剤銘柄一覧 B：様態別仕様

[出典：潤滑通信社刊「潤滑剤銘柄便覧 2009」]

固体潤滑剤銘柄一覧 B：容態別仕様［グリース］

住鉱潤滑剤（続き）

銘柄	番手	色相	増ちょう剤セッケン基	ちょう度(混和)25℃	NLGI番号	滴点℃	曾田式四球試験 MPa	固体潤滑剤種類	固体潤滑剤(平均)粒径 μm	固体潤滑剤含有量 wt%	使用温度範囲℃	用途
モリコートドレッサー	No.0	灰黒色	ベントン	380	0	150以上	0.39	MoS_2		—	−10〜150	(14)
モリコートCK	No.00			415	00	なし	0.34				−10〜200	(15)
モリコートCK-S	No.1			330	1			$MoS_2, CaCO_3, C$		—	−10〜200	(15)
モリコートCK-L	No.0			360	0							
スミテック331	No.2	白色	Liセッケン	280	2			PTFE			−60〜140	(16)
スミテック353	No.1	淡黄白色		325	1	206		PTFE, MCA			−55〜140	(17)
スミテック305		白色			—	210	—	PTFE, MCA, 有機Mo			−50〜140	
スミテック308		淡桃色		300		211					−70〜140	
スミテック310	No.2	白色		275	2	206		PTFE, MCA			−40〜140	(18)
スミテック304				322	—	なし		C, Sn			−45〜140	(19)
スミテックF970		灰黒色	ベントン	315	—			MoS_2			−15〜250	(20)
スミラベース・グリース	No.1										−10〜200	(21)

(1)焼付き防止性に優れたカルシウムグリース (2)高荷重用リチウムグリース (3)付着性、耐水性と撥水性に優れた高荷重用ベントングリース (4)高荷重重用ベントングリース (5)耐熱・高荷重用リチウム複合グリース (6)耐熱・高荷重用アルミニウム複合グリース (7)耐熱、焼付き防止用グリアグリース (8)高温下で固体被膜潤滑に移行する特殊グリース (9)耐熱、耐水・耐湿性に優れたモリハイテンプグリース、幅広い用途に使用可能 (10)超高温タイプ(合成油ベース) (11)開放ギヤ用コンパウンド、広い温度範囲で使用可能 (12)開放ギヤ用グリース、セメント工場ローダーキャリヤーギヤ用グリース (13)ワイヤーローブ防錆・保護用グリース (14)ワイヤーロープ防錆・保護用グリース (15)ガスコック用グリース、本体＝樹脂・栓＝銅系、CK-Lは大口径コック・産業用スパナブロックに、CK-Sはモリキャリヤコンパウンドタイプ、GG-Sはモリキャリヤコンパウンドタイプ、最適なPAO系合成油グリース、331、353は特に樹脂潤滑性に優れ、金属対金属の潤滑性に優れる (16)精密機器や低温下の潤滑箇所に最適なPAO系合成油グリース、本製品は特に低温特性に優れる (17)精密機器や低温下の潤滑箇所に最適なPAO系合成油グリース、304はすべりしゅう動部・ラッチ部の消音に、305は樹脂ギヤの消音に、304はすべりしゅう動部、305は樹脂ギヤの消音に (18)精密機器や低温下の潤滑箇所に最適なPAO系合成油グリース、本製品は油分の滲み出しがない低揮散タイプ (19)精密機器や低温下の潤滑箇所に最適 (20)導電性を有する高性能フッ素グリース (21)ゴムしゅう度が比較的大きな樹脂ギヤへの潤滑部に最適な難燃グリース

東レ・ダウコーニング

銘柄	色相	増ちょう剤セッケン基	ちょう度		滴点℃						使用温度範囲℃	用途
モリコート®BR1-Sグリース	灰黒色		310〜340								−30〜150	(1)
モリコート®BR2プラスグリース	白色		265〜295								−45〜150	
モリコート®XS-6020グリース	半透明 白色										−40〜150	(2)
モリコート®EM-30Lグリース			310〜340		180以上						−60〜130	
モリコート®EM-50Lグリース											−45〜150	
モリコート®EM-60Lグリース	黄色		—								−50〜130	(3)
モリコート®PG-662Y	白色	Liセッケン	285〜315								−10〜150	(4)
モリコート®PG-663	黄色		245〜275								−50〜150	(5)
モリコート®EMD-110グリース	白色		240〜280		200以上						−45〜150	
モリコート®YM-102グリース			260〜290								−70〜180	(6)
モリコート®YM-103グリース	白色半透明		250〜280								−65〜170	
モリコート®33Mグリース			265〜295		260以上						−40〜200	(7)
モリコート®44Mグリース			240〜280								−40〜200	
モリコート®55Mグリース	白色	フッ素樹脂									−40〜230	
モリコート®822Mグリース											−30〜230	
モリコート®3451グリース												
モリコート®3452グリース					なし						−65〜250	(8)
モリコート®HP-300グリース											−30〜250	
モリコート®HP-500グリース	乳白色		210〜250								−60〜250	
モリコート®HP-870グリース	白色										−60〜250	(10)
モリコート®6169グリース												

V. 資料編

固体潤滑剤銘柄一覧　B：様態別仕様

固体潤滑剤銘柄一覧　B：容態別仕様 [グリース]

[出典：潤滑通信社刊『潤滑剤銘柄便覧 2009』]

東レ・ダウコーニング（続き）

銘柄	番手	色相	増ちょう剤セッケン基	ちょう度（混和）25℃	NLGI番号	滴点 ℃	曾田式四球試験 MPa	固体潤滑剤種類	固体潤滑剤（平均）粒径 μm	固体潤滑剤含有量 wt%	使用温度範囲 ℃	用途
モリコート G-4500グリース食品加工用グリース		白色	Alコンプレックスセッケン	280		250以上					-50～150	(9)

(1)耐荷重性、耐衝撃性を要する機器のしゅう動部、小型ギヤ、ベアリングの長期潤滑 (2)ラジカセ、VTRなど音響機器のギヤ、軸受コントロールケーブルや自動車の各種プラスチック部品、小型モーター、チューナー、スライド部分、アンテナ、プラスチックギヤの各種機器のダンパ機構 (3)ラジカセ、VTRなど各種機器の接触機器とプラスチックとの接触機器や作業環境の汚れを嫌う箇所 (4)低温下、低速高荷重下 (5)軽または中荷重下のボールベアリング、ローラベアリング、極低温および高温下の各種機器のしゅう動部、プラスチック部品、各種ゴム、プラスチック部品 (6)ゴム部品の潤滑剤シーリング (7)高温、化学薬品、容器密封雰囲気下でのベアリング、バルブ、シャフト、パッキングの潤滑およびシーリング (8)高温高圧雰囲気下の各種ベアリング、ローラベアリング、塗装ライン、飲料の製造工程で使用される機械装置の部品の潤滑 (9)食品席食容器開食製品 (10)LNQ・LPGガスホキ専用

大東潤滑

銘柄	番手	色相	増ちょう剤セッケン基	ちょう度（混和）25℃	NLGI番号	滴点 ℃	曾田式四球試験 MPa	固体潤滑剤種類	固体潤滑剤（平均）粒径 μm	固体潤滑剤含有量 wt%	使用温度範囲 ℃	用途
アドマックギヤー	LM-45	灰黒色	ウレア	265～295	No.2	300以上	0.98				-20～200	(1)
Bグリース	LM-46		ベントン	310～340	No.1	なし	0.6				-15～230	(2)
Lグリース #250	LM-47		リチウム	220～250	No.3	200以上	0.8				-15～180	(3)
#280				265～295	No.2							
#320				310～340	No.1							
#380	LM-47A			355～385	No.0							
Lグリース低温用	LM-0605～0607		アルミニウムコンプレックス			214	-				-40～180	(4)
BMグリース（中粘度）	LM-0608		ウレア	265～295	No.2	283	0.7				-20～180	(5)
BMグリース（高粘度）	LM-0609					300以上	-				-20～180	(6)
HDコンパウンド	LM-49		リチウム	220～250	No.3	197	-				-20～200	7 (7)
				355～385	No.0	180以上	0.8					
				310～340	No.1							
				220～250	No.3							
MPグリース	LM-150	灰黒色	ウレア	265～295	No.2	195	0.6	MoS₂			-20～200	(1)
Uグリース	LM-160			265～295	No.2	284	0.7				-20～200	(4)
	LM-48S			310～340	No.1	267					-60～200	
ローテンプグリース	LM-48D		リチウム	265～295	No.2	200以上	-				-50～150	
						260						

(1)長寿命、耐熱グリース (2)高温用、無滴点グリース (3)高温、高荷重用グリース (4)低温用グリース (5)耐水性を必要とする汎用グリース (6)高荷重用グリース (7)汎用グリース

ダイゾーニチモリ

銘柄	番手	色相	増ちょう剤セッケン基	ちょう度（混和）25℃	NLGI番号	滴点 ℃	曾田式四球試験 (kgf/cm²)	固体潤滑剤種類	固体潤滑剤（平均）粒径 μm	固体潤滑剤含有量 wt%	使用温度範囲 ℃	用途
ニチモリLグリース	#2			Li	280		180以上	7.5以上				-20～160	(1)
Sグリース	#2				290		なし	12.5以上				-20～130	(9)
IN-10S				ベントン		2	200以上	7.5以上				-15～180	(2)
SNグリース032				A1複合	280		300以上	12.5以上				-15～200	(2)
ACグリース				特殊Ca	279	1	260	9.0以上				-15～250	(3)
OCMグリース				ベントン	318		250以上					-20～150	(2)
BSグリース				ウレア	280	2	200以上					-20～200	(3)
SiJMグリース				Li	325		なし	7.5以上	MoS₂			-60～150	(4)
S1グリース	#1			Bent		1	190以上					-40～130	(4)
LTグリース				非セッケン	305							-30～200	(5)
OGグリース				Li	330							-20～140	(6)
CRMグリース													

(1)長寿命、耐熱グリース (2)高温用、無滴点グリース (3)高温、高荷重用グリース (4)低温用グリース (5)耐水性を必要とする汎用グリース (6)高荷重用グリース

固体潤滑剤銘柄一覧　B：様態別仕様

固体潤滑剤銘柄一覧　B：容態別仕様［グリース］

[出典：潤滑通信社刊「潤滑剤銘柄便覧 2009」]

銘　柄	番手	色相	増ちょう剤セッケン基	ちょう度(混和)26℃	NLGI番号	滴点℃	曾田式四球試験 MPa	固体潤滑剤種類	固体潤滑剤(平均)粒径 μm	固体潤滑剤含有量 wt%	使用温度範囲℃	用途
ダイゾ/ニチモリ（続き）												
ニチモリCRSグリース			Li	325	1	180以上					−45〜150	(6)
OCSグリース			特殊Ca	279	1	300以上					−15〜250	(2)
CRSグリース841			Li	325	1	192		白色固体			−40〜150	(6)
N-190ベアリンググリース			Li	278	1	200					−20〜160	(7)
N-195 BJグリース				270	2	190		MoS_2				(8)

(1) MoS_2入り汎用リチウムグリース　(2) 高温用グリース　(3) 高荷重スライド用（トラッククレーンのブームなど）　(4) 低温用グリース　(5) オープンギヤ用　(6) 樹脂精密機械用　(7) 車両用ベアリングクグリース　(8) ボールジョイント用　(9) ワイヤロープ用

(株)日本礦油

銘　柄	番手	色相	増ちょう剤セッケン基	ちょう度(混和)26℃	NLGI番号	滴点℃	曾田式四球試験 MPa	固体潤滑剤種類	固体潤滑剤(平均)粒径 μm	固体潤滑剤含有量 wt%	使用温度範囲℃	用途
マットルブHD		黄褐色ペースト状	Al複合	280	No.2	259	−	有機Mo			−15〜200	(1)
マットルブMS	No.1			325	No.2	257	0.75	MoS_2				(3)
カルフォレックスVS	No.2		特殊複合	280	No.2	259	−	黒鉛			−5〜300	
ダブレックス150	No.0		Li	360	No.0	194	−					(2)
151	No.1	黒色ペースト状		325	No.1	196	0.75				−15〜150	
152	No.2			280	No.2	198		MoS_2				
251	No.1		非セッケン	325	No.1	非溶融	0.90				−15〜200	
252	No.2			280	No.2							
351	No.1		ウレア	325	No.1	255	0.70					
ダブレックスBC		黄褐色ペースト状	Li	280	No.1	179	−	有機Mo			−20〜130	(4)
ダブレックスEL		淡黄色ペースト状		280	No.1½	200	1.15				−30〜130	(5)
ダブレックスF642		黄褐色ペースト状	Al複合	294	No.1½	196	−	黒鉛			−55〜130	(6)
ダブレックスP	No.1		ウレア	325	No.1	241	0.90	有機Mo			−40〜180	(7)
ダブレックスギヤーSP		黒色ペースト状	特殊Na	280	No.2	260	0.60	MoS_2			−10〜200	(8)
ダブレックスU	No.1		Li	325	No.2		0.80				−60〜180	(9)
ダブレックスVB			非セッケン	235	No.3	195					−25〜150	(10)
超耐熱グリースGP	1			325	No.1	非溶融	0.75	黒鉛			−20〜500	(11)
	2			280	No.2		0.80					
ベーマルフCPL 202Y		黄色ペースト状	Li	280	No.2	189	−	有機Mo			−40〜130	(10)
ベーマルフCPL 302T		白色ペースト状		290	No.1½	200	−	PTFE			−55〜130	(12)
ベーマルフE-47A	−		非セッケン	260	No.2½	200<	−				−40〜150	(13)
ユーレットDD	No.1		ウレア	325	No.1	293	1.05	黒鉛			−10〜250	(2)
	No.2	黒色ペースト状		280	No.2	300<						
	No.0			370	No.0	248		MoS_2			−20〜200	(2)
ユーレットM	No.1			325	No.1	253	0.75					
	No.2			280	No.2	264						
AA-20		乳白色ペースト状	特殊Li	348	No.0½	265	−	PTFE			−60〜200	(9)

(1) 耐熱極圧用グリース　(2) 二硫化モリブデングリース　(3) 削岩機用グリース　(4) 鋼合金用グリース　(5) 耐プラスチック自動車部品用グリース　(6) 小型モータ用グリース　(7) スタータモータ用グリース　(8) オープンギヤ用グリース　(9) コントロールケーブル用グリース　(10) ガスコック用グリース　(11) グラファイトグリース　(12) 電子機器用耐プラスチックグリース　(13) 鉄鋼向シールドベアリングクグリース

日本黒鉛

銘　柄											(kgf/cm²)	
グラファイトグリース								黒鉛			130	(1)
グラファイトコンパウンド											161	

(1) 組込み用潤滑剤，焼付き防止

固体潤滑剤銘柄一覧 B：様態別仕様

[出典：潤滑通信社刊「潤滑剤銘柄便覧 2009」]

固体潤滑剤銘柄一覧 B：各態別仕様 [グリース]

銘柄	番手	色相	増ちょう剤セッケン基	ちょう度(混和)25℃	NLGI番号	滴点℃	曽田式四球試験 MPa	固体潤滑剤種類	固体潤滑剤(平均)粒径 μm	固体潤滑剤含有量 wt%	使用温度範囲 ℃	用途
ハ弘鋼油												
モリロングリース	A-280			265～295	2		0.49以上					(1)
	A-325			310～340	1	なし	0.39以上			10	-20～150	(2)
	F-280	グレイ	非セッケン	265～295	2		0.39以上	MoS₂	10以下			(2)
	F-325			310～340	1		0.39以上			3		
	C-280			265～295	2	60以上					-40～200	(3)
	C-325			310～340	1							
	W-100		なし	不混和100	—	50以上	0.39以上			5	-20～70	(4)
	W-200			不混和200							-20～60	

(1) 耐摩耗用, ワイヤロープ用(鉱油ベース)　(2) 汎用低廉型(鉱油ベース)　(3) 低高温併用向け(合成油ベース)　(4) ワイヤロープ用(ワックスベース)

銘柄	番手	色相	増ちょう剤セッケン基	ちょう度(混和)25℃	NLGI番号	滴点℃	曽田式四球試験 MPa	固体潤滑剤種類	固体潤滑剤(平均)粒径 μm	固体潤滑剤含有量 wt%	使用温度範囲 ℃	用途
菱三商事												
トライ・グリース・スーパー	TRG-1K	白色	PTFE	293	2	254	350	PTFE			300	(1)
トリフローグリース								テフロン				

(1) 万能

(kgf/cm²)

銘柄	番手	色相	増ちょう剤セッケン基	ちょう度(混和)25℃	NLGI番号	滴点℃	曽田式四球試験 MPa	固体潤滑剤種類	固体潤滑剤(平均)粒径 μm	固体潤滑剤含有量 wt%	使用温度範囲 ℃	用途
日立粉末冶金												
ヒタソルMO-138S		茶系	ウレア系	276	2～3	250以上	152.0以上	MoS₂			-10～400	(1)

(1) ギヤ, 軸受部の潤滑

銘柄	番手	色相	増ちょう剤セッケン基	ちょう度(混和)25℃	NLGI番号	滴点℃	曽田式四球試験 MPa	固体潤滑剤種類	固体潤滑剤(平均)粒径 μm	固体潤滑剤含有量 wt%	使用温度範囲 ℃	用途
岩谷産業/GRP												
デイキングリース	No.2			290	2	320					-35～200	

銘柄	番手	色相	増ちょう剤セッケン基	ちょう度(混和)25℃	NLGI番号	滴点℃	曽田式四球試験 MPa	固体潤滑剤種類	固体潤滑剤(平均)粒径 μm	固体潤滑剤含有量 wt%	使用温度範囲 ℃	用途
大新加工												
SOFMET		ブロンズ	非セッケン系		2	なし		銅他			-20～800	(1)
NEW SOFMET		赤褐色			0	260以上		MoS₂			-20～250	(2)
SOFMET-NF					1	269		MoS₂　黒鉛			-30～450	(3)
REDUCTION GREASE		黒色		400～420	00	275		ライニングインゴット			-25～180	(4)
ROPELIFE			非セッケン系		1	185					-20～150	(5)
GEARDLUB		ブロンズ	セッケン系	265～295	2	185以上		MoS₂			-20～120	(5)
THERMO PAUL	KU					なし						
CONTACT GREASE	SU	淡灰色						銅ルニカル			-30～120	(6)

(1) 高温, 高荷重用　(2) 高温下ベアリング及び減速ギヤ専用　(3) ワイヤロープ用　(4) オープンギヤや歯面改良　(5) 高温水, 高温スチーム使用機械　(6) 電気接点用

銘柄	番手	色相	増ちょう剤セッケン基	ちょう度(混和)25℃	NLGI番号	滴点℃	曽田式四球試験 MPa	固体潤滑剤種類	固体潤滑剤(平均)粒径 μm	固体潤滑剤含有量 wt%	使用温度範囲 ℃	用途
OBERON/トライボジャパン												
オベロンG26	2	ポリベージュ	Caスルホネート	265～295	2	300					-40～204	(1)
オベロンG28	2.5	レッド	リチウム	265～275		260以上						
オベロンG30	2	ダークブルー	ポリウレア	276		269					-32～176	
オベロンG31	1	グリーン		335	1	275					-8～149	
オベロンG32	00	ダークグレー	リチウム	330～360	00	—					-30～150	
オベロンG34	0										-17～200	
オベロンG35		ホワイト	Alコンプレックス	265～295		232						
オベロンG36		ブルー	ポリウレア	284		262						
オベロンG36N	2			283	2	283						
オベロンG37		グリーン	ベントン	265～295		無						

固体潤滑剤銘柄一覧 B：様態別仕様

[出典：潤滑通信社刊「潤滑剤銘柄便覧 2009」]

固体潤滑剤銘柄一覧 B：容態別仕様［グリース］

銘柄	番手	色相	増ちょう剤セッケン基	ちょう度(混和)25℃	NLGI番号	滴点 ℃	曾田式四球試験 MPa	固体潤滑剤種類	固体潤滑剤(平均)粒径 μm	固体潤滑剤含有量 wt%	使用温度範囲 ℃	用途
OBERON/トライボジャパン（続き）												
オベロンG38	2	グリーン	ポリウレア	285		271					−17〜260	
オベロンG39	2	グレー	ポリウレア	288	2	296						(1)
オベロンG53	1	レッド	ベントン			無					−7〜230	
オベロンG55	1,2	ブラック	カーボンブラック	265〜295	1,2	288以上						
オベロンG56	0				0							

(1) 各種グリースとも、一般のグリースにプラスアルファの性能を持たせている。G26, G35, G37は食品産業及び医療、医療品産業用に開発されたもの

大洋液化ガス

銘柄	番手	色相	増ちょう剤セッケン基	ちょう度(混和)25℃	NLGI番号	滴点 ℃	曾田式四球試験 MPa	固体潤滑剤種類	固体潤滑剤(平均)粒径 μm	固体潤滑剤含有量 wt%	使用温度範囲 ℃	用途
オムニリス360M	0	アンバー	リチウム	370	0	>171					−34〜170	(1)
	1			325	1	>177					−5〜170	
オムニリス500M	0		リチウムコンプレックス	370	0	>260					−18〜250	(2)
	1			320	1	>260	0.50				−15〜250	
	2			280	2	>260					−9〜250	
オムニタスカ	EP0	ブラック	アルミコンプレックス	370	0	>249	0.60	MoS₂グラファイト			−23〜193	(3)
	EP1			325	1						−7〜193	
	EP2			280	2						−4〜193	
	TK			280							−4〜193	
オムニテンプ	1	グレー	ベントン	335	1	ナシ		MoS₂				(4)
	2			285	2	>260	0.7				−12〜250	(5)
ノバビアー				300	1.5						−43〜230	
レールマスター	0	ブラック	アルミコンプレックス	380	0	246					−28〜230	(7)
	1W			340	1	243	0.5	MoS₂グラファイト			−24〜230	
	1S			320	1	243					−4〜230	
	2			290	2	260					−43〜110	
サータック	2000	ブラック	カーボンブラック								−29〜110	(8)
	2000RD										−18〜110	
	2000HD										−9〜110	
	2000XD											
メダリオンFMグリース	0	ホワイト	アルミコンプレックス	370	0	>249	0.7	PTFE MCA			−18〜230	(9)
	1			325	1						−12〜230	
	2			200	2						−9〜230	

(1)MoS₂配合のベアリング用多目的グリース (2)MoS₂配合の中速用多目的グリース (3)MoS₂配合高温用多目的で使用できる万能グリース (4)増ちょう剤にベントンを使用した滴点のない高温グリース (5)過酷な高温条件下で運転されるしゅう動装置の潤滑に最適 (6)地球環境にやさしい高荷重開放しゅう動部の全てに使用可能 (7)バイオラミナートテクノロジー(固体潤滑剤と有機添加剤の相乗効果) (8)食品機械用オーブンチェーン用 (9)食品機械用グリース。抗菌剤「ペプリスタッド」配合

ヤナセ製油

銘柄	番手	色相	増ちょう剤セッケン基	ちょう度(混和)25℃	NLGI番号	滴点 ℃	曾田式四球試験 MPa	固体潤滑剤種類	固体潤滑剤(平均)粒径 μm	固体潤滑剤含有量 wt%	使用温度範囲 ℃	用途
HBPグリース		灰黒色	ベントナイト	330		認めず		グラファイト、チッ化ホウ素			−20〜900	(1)
HBWグリース		黄白色		300				チッ化ホウ素		10		(2)

(1)ダイカストマシンや高温圧延駆動部の潤滑及びねじ部の焼付き防止 (2)高温部の潤滑、高荷重部の潤滑・焼付き防止、黒色汚染を嫌われる個所

タイホーコーザイ

銘柄	番手	色相	増ちょう剤セッケン基	ちょう度(混和)25℃	NLGI番号	滴点 ℃	曾田式四球試験 MPa	固体潤滑剤種類	固体潤滑剤(平均)粒径 μm	固体潤滑剤含有量 wt%	使用温度範囲 ℃	用途
チューングリース	NX512	白色	リチウム	355〜385	0	0.85以上		白色固体			−15〜120	(1)

(1)オーガギヤ、ガイドレール、スライドレール、ワイヤロープ、クレーンリフト、ギヤーカップリング、各種チェーン、その他浸透性と耐水性を必要とする潤滑

大東通商

銘柄	番手	色相	増ちょう剤セッケン基	ちょう度(混和)25℃	NLGI番号	滴点 ℃	曾田式四球試験 MPa	固体潤滑剤種類	固体潤滑剤(平均)粒径 μm	固体潤滑剤含有量 wt%	使用温度範囲 ℃	用途
トラフォイル1Wマルチパーパススルブリカント		黒色	リチウム					MoS₂			−40〜250	(1)

(1)長期潤滑、耐摩耗性

固体潤滑剤銘柄一覧 B：様態別仕様

[出典：潤滑通信社刊「潤滑剤銘柄便覧 2009」]

固体潤滑剤銘柄一覧 B：様態別仕様 ［オイル］

銘柄	番手	色相	密度 g/cm³	引火点 ℃	流動点 ℃	動粘度 mm²/s(cSt) 40℃	動粘度 mm²/s(cSt) 100℃	固体潤滑剤種類	固体潤滑剤(平均)粒径 μm	固体潤滑剤含有量 wt%	使用温度範囲 ℃	用途
NOKクリューバー												
シンテスコ		黒褐色	0.93	約250	−35	105	13	MoS₂			~220	(1)
ウォルフラコート トップブルード		灰色	1.25					金属系			−30~1000	(2)

(1)チェーンオイル、高温コンベア用 (2)キルン、焼鈍炉、精錬所などのチェーン

エスティーアイ												
ソルベスト500オイルブリカント		灰黒色	0.896	204		68.0	9.07	MoS₂	0.3			(1)
ソルベスト510オイルブリカント			0.926	235		321.0	23.04					
ソルベスト530オイルブリカント			1.000	225		110.0	19.26					(2)
ソルベスト540オイルブリカント		淡緑色	0.970	291		375	25.4	−	−			
ソルベスト508オイルブリカント			0.893	230		98.2	11.32	MoS₂	0.3			(3)
ソルベスト515オイルブリカント			0.896	240		148.4	14.74					
ソルベスト522オイルブリカント			0.900			218.4	19.15					
ソルベスト532オイルブリカント		灰黒色	0.904	260		310.3	23.84					
ソルベスト546オイルブリカント			0.907			455.4	30.92					
ソルベスト568オイルブリカント			0.908	270		667.4	39.12	−	−			
ソルベスト550オイルブリカント												
ソルベスト750スプレー		こはく色	0.826	240								

(1)各種工業用オイルへの添加用 500は低粘度用、510はキャオイル等高粘度用 (2)高温下（コンベア、チェーン）の潤滑 (3)ギヤ専用オイル

オメガ												
オメガ646SAE 40	68	黒色		204	−30	76	14	MoS₂	1		−10~200	(1)
SAE 50	150			218	−25	150	19.1					
オメガ648	150			304	−30	132	15					(2)

(1)高温・低温チェーン用オイル、ドライヤー・テンター、その他チェーン (2)高温用無煙チェーンオイル

三興石油工業												
レビアスモリガード	5		0.840	95	−25	5.2	1.77	MoS₂	0.4			(1)
	10		0.865	140	−20	11.2	2.65					
	32		0.872	210		34.0	5.70					
	56		0.880	240	−15	60.8	8.43					
	100		0.895	265		94.9	12.0					
	120		0.900	275		132.5	13.8					
	320		0.905		−10	321.3	26.6					
	460		0.910	290		468.5	34.6					
レビアス合成油	AVA		1.00	247	−30	229.0	23.2					(2)
	AVB		1.03	265		348.0	34.7					
レビアスモリガードHP	90		0.890	270	−15	160.0	16.3	MoS₂				(3)
	140		0.900	270		220.0	20.2					

(1)鉱油ベースの二硫化モリブデン配合耐荷重オイル (2)ポリアルキレングリコールベースの二硫化モリブデン配合耐熱、耐荷重オイル (3)自動車用ハイポイドギヤーオイルに二硫化モリブデンを配合した耐荷重、ロングライフギヤオイル

昭和電工												
ルーピーエス 2121		淡黄色	0.98	200				窒化ホウ素	1	10	700	(1)

(1)高温用、潤滑、離型剤

固体潤滑剤銘柄一覧 B：様態別仕様

[出典：潤滑通信社刊「潤滑剤銘柄便覧 2009」]

固体潤滑剤銘柄一覧 B：様態別仕様［オイル］

新日鐵化学

銘柄	番手	色相	密度 g/cm³	引火点 ℃	流動点 ℃	動粘度 mm²/s(cSt) 40℃	動粘度 mm²/s(cSt) 100℃	固体潤滑剤 種類	固体潤滑剤粒径（平均）μm	固体潤滑剤含有量 wt%	使用温度範囲 ℃	用途
シンルーブNSギヤオイル	150	黒色	0.8970	218	−15.0	152.8	14.96	黒鉛				
	220		0.9019	225	−12.5	231.4	19.50					
	320		0.9058	221	−12.5	326.9	24.61					
	460		0.9076	220	−10.0	468.7	31.31					

スガイケミー

銘柄	番手	色相	密度 g/cm³	引火点 ℃	流動点 ℃	動粘度 40℃	動粘度 100℃	固体潤滑剤 種類	固体潤滑剤粒径 μm	含有量 wt%	使用温度範囲 ℃	用途
ピラルT&D（オイル添加剤）	12		0.865					金属系				(1)
ピラルB1（オイル添加剤）	56		0.899									(2)
ピラルBGC-7（オイル添加剤）	220		0.926									(3)
ピラルT&Dスプレー											270	(4)
ピラルP0												(5)
ピラルA-Sスプレー											1100	(6)
ピラルF10スプレー			0.85								～150	(7)

(1)精密機械油（低粘度用）への極圧添加剤，高負荷で高温度に耐える潤滑フィルムを作り，温度，摩耗を防止し油量を下げる（5～10%添加）　(2)摩擦と摩耗を防ぐ多用途向けオイル添加剤，中程度のオイルに最適（10%添加）　(3)高負荷，低速のギヤ，ウォームギヤ，ハイポイドギヤに用の添加剤．本添加剤は油に溶け込む作用を与え，油を巻き込むか散らず，グリースへの添加剤としても用いる　(4)低粘度の油に特殊極圧剤を添加しスプレー缶に充てんしたもの．超精密しゅう動部の潤滑に最適　(5)さびつきをゆるめる剤　(6)1100℃までの高温部の焼付き，かじり防止と電気腐食の防止（7）食品工業用潤滑剤

住鉱潤滑剤

銘柄	番手	色相	密度 g/cm³	引火点 ℃	流動点 ℃	動粘度 40℃	動粘度 100℃	固体潤滑剤 種類	固体潤滑剤粒径 μm	含有量 wt%	使用温度範囲 ℃	用途
モリコンクM100	100	黒色	0.91	217	−25	90	9	MoS₂				(1)
モリコンクF100	100	褐色	0.94	167	−27.5	99	11	有機Mo				(2)
モリコンクF320	320		0.95	168	−12.5	327	25					(3)
モリコンクF460	460				−20	568	57					(4)
モリコンクスーパー100	100	赤褐色	0.94	184	−27.5	100	9	MoS₂，有機Mo				(5)
スミコーギヤスペシャルオイル	460		0.95	280	−10		35					
モリコンク	−		0.98	190	−35	132	15	MoS₂	0.5		≦150	(6)
モリキロン5		黒色	0.87	>180	−15	13	2.9					
モリキロン10	46		0.88	>206		47	6.9					
モリキロン30	68			>218		67	8.7					
モリキロン40	100		0.89	258	−12.5	98	11					
モリキロン50	150			260		150	15					
	220	淡黄色	0.9	270		214	18					
モリアッセンブリオイル120	−		1.01	217	−25	123	23	有機Mo			≦200	(7)
モリアッセンブリオイル150	150		0.92	260	−12.5	146	15				≦230	(8)
モリオイルF100	100		0.88	230	−17.5	101	12					(9)
モリキュー	−		1	264	−35	128	21	MoS₂			≦180	
モリキュー−B	320	黒色	0.88	278	−25	328	49					(10)
モリハイテンプオイルLF	320		0.88	215	−27.5	333	29	MoS₂，C			≦230	
セラミックGオイル	−		0.93	50	−40	20	−					(11)
スミデンプGオイル	−		1.03	276		93	27	C			−	
スミコーハイテンプオイルG	120		0.92	>210	<−10	126	15					(12)

(1)MoS₂配合のオイル添加剤．高荷重下のオイル発熱・異音防止．(2)有機Mo配合のオイル添加剤．高荷重下のオイル発熱・異音防止．給油間隔延長．(3)MoS₂＋有機Mo配合のオイル添加剤．高荷重下のオイル発熱，給油間隔延長．(4)MoS₂配合のギヤオイルでのピッチングやスコーリングなど損傷防止．(5)MoS₂高濃度配合のオイル添加剤．油置の多い設備機械や現用油の粘度変化を嫌う場合う．(6)MoS₂配合のオイル，低速，高荷重下のすべり軸受や設備機械チェーン，ならし運転用オイル・焼き付き防止．(7)MoS₂配合．部品組立時の摩耗，焼付き防止．150はならし運転にも．部品組成の高耐熱性．耐荷重性に優れたオイル．(8)有機Mo配合の高耐熱性．耐荷重性に優れたオイル．高温下のチェーンやしゅう動部など．(9)MoS₂配合の高温チェーン用オイル．オイルが蒸発するような高温下では固体潤滑剤に移行．カーボン残渣も僅少．(10)MoS₂配合の高温チェーン用オイル．高温下で長期間，流動性を保ちます．(11)窯業台車の軸受などの高温潤滑用オイル．スミデンプGオイルはセラミックGオイルの高性能タイプです　(12)高温用オイル添加剤．高温下のチェーン・軸受の潤滑補助や金属塑性加工用潤滑剤として最適

V. 資 料 編

固体潤滑剤銘柄一覧 B：様態別仕様

[出典：潤滑通信社刊「潤滑剤銘柄便覧 2009」]

固体潤滑剤銘柄一覧 B：様態別仕様 [オイル]

銘柄	番手	色相	密度 g/cm³	引火点 ℃	流動点 ℃	動粘度 mm²/s(cSt) 40℃	動粘度 mm²/s(cSt) 100℃	固体潤滑剤 種類	固体潤滑剤 (平均)粒径 μm	固体潤滑剤 含有量 wt%	使用温度範囲 ℃	用途
東レ・ダウコーニング												
モリコート M 77ディスパージョン		灰色	0.90	200以上		62.5	7.8	MoS₂	0.1		−30～120	(1)
モリコート M−30ディスパージョン			1.02			120					−40～400	(2)
(1)ギヤオイルへの添加により，ならし運転の短縮とピッチング防止 (2)高温下のオープンチェーン，コンベアの潤滑												
大東潤滑												
オートリキモリ	LM-81	灰黒色	0.93	223以上	−16以下	95	9.3	MoS₂			−20～180	(1)
耐熱オイル	LM-120		0.89	289	−15以下	140	13				−10～200	(2)
(1)極圧添加剤 (2)高温用チェーンおよび駆動用潤滑剤 (3)ギヤオイル潤滑剤												
ダイゾーニチモリ												
ニチモリ MCオイル（添加剤）			0.954	190以上		105	12.0					(1)
MGオイル（添加剤）			0.983	200以上		216.2	24.5					(2)
MSオイル	#30		0.897	200以上		96.3	11.0	MoS₂				(3)
アプルーブ			0.850	52以上	−30.0	6.95	−	PTFE				(4)
PGLオイル			1.007	200以上	−12.5	126.0	22.3	MoS₂				(5)
HTCオイル#50A			0.890	304	−35	286.0	23.0	−			～200	(6)
HTCオイルS150A			0.99			135.4	14.9				～250	(5)
LTO − 80 オイル			0.847	200以上	−47.5	65.7	10.4	MoS₂			−50～	(7)
ギヤオイル	#90		0.908			159.5	15.1					(8)
	220		0.911	218		223.0	18.4					(8)
	320		0.913	208		317.8	23.9					(8)
	#140		0.916			410.0	28.0					(8)
MP−40オイル			0.886	200以上	−20	81.2	9.7	−				(9)
LAPスプレー			0.925			150.8	14.7					(9)
LAP − S スプレー			0.820	40以上		1.72						(9)
ローブライブ			0.890	230		220.0	21.9					(10)
N−150エンジンオイル（添加剤）			0.915	236	12.5	113.5	13.5					(11)
N−160 ギヤオイル（添加剤）			1.012	172	15.0	277.1	44.4	MoS₂				(12)

(1)低粘度オイル用添加剤 (2)ギヤオイル添加剤 (3)汎用・原液使用 (4)無色・汎用，耐加重性大 (5)高温用（合成油） (6)高温用（鉱物油） (7)低温用ギヤオイル（−50℃） (8)ギヤ用 (9)有機物，耐荷重，防錆 (10)ロープ用，防錆，潤滑 (11)自動車用（エンジン添加剤） (12)自動車用（ギヤ添加剤）

ヘンケルテクノロジーズジャパン

銘柄	番手	色相	密度 g/cm³	引火点 ℃	流動点 ℃	動粘度 40℃	動粘度 100℃	固体潤滑剤 種類	固体潤滑剤 (平均)粒径 μm	固体潤滑剤 含有量 wt%	使用温度範囲 ℃	用途
オイルタッグ	1246	黒色	0.96	220								(1)
SLA	1612	緑色	1.00	196	−10		23	MoS₂		15		(1)
モリダップ	207	透明	0.98	196	−10		−			8.9		(2)
		灰緑色	1.07	271								

(1)エンジンオイル添加剤 (2)高温潤滑剤（400℃）

日本黒鉛

銘柄	番手	色相	密度 g/cm³	引火点 ℃	流動点 ℃	動粘度 40℃	動粘度 100℃	固体潤滑剤 種類	固体潤滑剤 (平均)粒径 μm	固体潤滑剤 含有量 wt%	使用温度範囲 ℃	用途
オイルハイトM	50L		0.980	245		250	25	MoS₂	0.5			(1)
コートハイトM			0.915	180		1700	70		2			
オイルハイトM	307		1.00	200					0.5			

固体潤滑剤銘柄一覧 B：様態別仕様

[出典：潤滑通信社刊「潤滑剤銘柄便覧2009」]

固体潤滑剤銘柄一覧　B：様態別仕様［オイル］

銘柄	番手	色相	密度 g/cm³	引火点 ℃	流動点 ℃	動粘度 mm²/s(cSt) 40℃	動粘度 mm²/s(cSt) 100℃	固体潤滑剤 種類	固体潤滑剤(平均)粒径 μm	固体潤滑剤 含有量 wt%	使用温度範囲 ℃	用途
日本黒鉛（続き）												
プランジャーハイト			1.193	235					8.0			(3)
オイルハイトG307			0.98	188以上	−10	200	20		0.5			(2)
ルーブハイト603				220								(4)
ローリングオイル			1.03	180以上	−5	1100	65	黒鉛	7.0			(5)
エマルハイトM−1			1.04	185					1.0			(2)
ルーブハイL				235					7.0			

(1)高温高荷重潤滑、焼付き防止、エンジンオイル添加剤　(2)熱間塑性加工用潤滑離型剤　(3)プランジャーチップ潤滑剤　(4)潤滑剤（チェーン）

銘柄	番手	色相	密度 g/cm³	引火点 ℃	流動点 ℃	40℃	100℃	固体潤滑剤 種類	粒径 μm	含有量 wt%	使用温度範囲 ℃	用途
八弘鋼油												
モリロンオイル	#305	グレイ	0.98	200以上	−10	107	11	MoS_2	1以下	1	−10〜80	(1)
	#705		0.99		−40	35	7				−40〜150	(2)

(1)一般用、ワイヤロープ用（鉱油ベース）　(2)低高温併用向け（合成油ベース）

銘柄	番手	色相	密度 g/cm³	引火点 ℃	流動点 ℃	40℃	100℃	固体潤滑剤 種類	粒径 μm	含有量 wt%	使用温度範囲 ℃	用途
菱三商事												
トリブロー	TRI-110	茶褐色	0.85	−20以下	−45	8		テフロン	3		246	(1)
	TRI-450A											
	TRI-400											
	TRI-4L											

(1)万能

銘柄	番手	色相	密度 g/cm³	引火点 ℃	流動点 ℃	40℃	100℃	固体潤滑剤 種類	粒径 μm	含有量 wt%	使用温度範囲 ℃	用途
日立粉末冶金												
ヒタゾルOL−2M			1.01	210以上	−5以下	70		黒鉛	4以下			(1)
ヒタゾルOF−5C				340以上	5以下	320			10以下			(1)
ヒタゾルGO−102				210以上	−10以下	277			0.1以下			(2)

(1)空気遮断器の接点潤滑　②低速・高荷重潤滑、機器の高温部潤滑

銘柄	番手	色相	密度 g/cm³	引火点 ℃	流動点 ℃	40℃	100℃	固体潤滑剤 種類	粒径 μm	含有量 wt%	使用温度範囲 ℃	用途
大新化工												
RT − PACKAGE		濃茶				460〜680		使用せず				
BERUTOX RT − 320		茶黄色	0.95	170	−29	320		MoS_2	5以下		−25〜60	
(オートモリ) AUTOMOLY		黒色	0.91	245	−7	100					−5〜160	
SOFMET LIQUID		ブロンズ色	0.95	186	−7.5	320		銅他			−5〜800	(1)
NEW SOFMET LIQUID												
DAIKALUB 1030			1.04	254	−32	100		MoS_2			−25〜400	(1)
DAIKA JET ATAN		黒色	0.91	294	−17	320					−10〜350	(2)
スプレー−PRF		灰黒色										

(1)高温・高荷重用　(2)浸透性潤滑

固体潤滑剤銘柄一覧　B：様態別仕様

[出典：潤滑通信社刊「潤滑剤銘柄便覧 2009」]

固体潤滑剤銘柄一覧　B：様態別仕様［オイル］

大洋液化ガス

銘柄	番手	色相	密度 g/cm³	引火点 ℃	流動点 ℃	動粘度 mm²/s (cSt) 40℃	動粘度 mm²/s (cSt) 100℃	固体潤滑剤種類	固体潤滑剤(平均)粒径 μm	固体潤滑剤含有量 wt%	使用温度範囲 ℃	用途
クラリオン	68	ブラック	0.888	204	−29	70	9	MoS₂	0.1μ		−15〜125	(1)
	100		0.893			106	12					
	150		0.896			159	15					
	220		0.900			235	22					
	320		0.905		−18	345	27					
	460				−15	475	31					
	680				−9	736	37					
	1000		0.939	210	−7	1080	50					
	1500		0.941	218	−4	1630	65					

(1) ウォームギヤを含む全ての密閉式ギヤボックスに使用できるバイオラミナントテクノロジー（固体潤滑剤と有機添加剤の相乗効果）を用いたオイル

ヤナセ製油

銘柄	番手	色相	密度 g/cm³	引火点 ℃	流動点 ℃	動粘度 40℃	動粘度 100℃	固体潤滑剤種類	固体潤滑剤(平均)粒径 μm	固体潤滑剤含有量 wt%	使用温度範囲 ℃	用途
ハイタックHBP	1	乳白色	0.99	220	−40	64	12	チッ化ホウ素			−40〜900	(1)
	2		1.00	222	−22	350	55				−22〜900	
ハイタックGA	68		0.87	218	−10	68	9.3	グラファイト系			−10〜900	
	220	黒色	0.88	222	−5	220	20	チッ化ホウ素			−5〜900	

(1) 高温時にもスラッジを形成せず固体潤滑剤が有効に働く。陶磁器やガラスの焼成部のギヤ、チェーン、台車ベアリング等

タイホーコーザイ

銘柄	番手	色相	密度 g/cm³	引火点 ℃	流動点 ℃	動粘度 40℃	動粘度 100℃	固体潤滑剤種類	固体潤滑剤(平均)粒径 μm	固体潤滑剤含有量 wt%	使用温度範囲 ℃	用途
ベネトンA	0105		0.81	73		2.8		PTFE			−10〜130	(1)
PN 55	0530					5.5					−10〜150	(2)
ジェットルーブ	NX31	淡黄色	0.89	210		520		モリブデン			−10〜150	(3)
ビスルーブ	0106	白色	0.74	−22以下				窒化ホウ素白色固体			−30〜400	(4)
モリアタック	NX22	淡黒色	0.93	−22				MoS₂			−5〜200	(5)
食品機械用潤滑剤	0127	無色	0.81	240								

(1) 錆びたり、焼付いて固着したボルト、ナット等のゆるめ、金属製品の潤滑・防錆　(2) 金属製品、精密機械治工具、金型及び定盤等の防錆、潤滑、プレス、穴あけ等の極圧潤滑を必要とする作業、各種ベアリングの外部注油　(3) 建設機械、工作用機械、正体首重などの高荷重、高回転部の外部潤滑など　(4) 工作機械、建設機械の極圧潤滑、回転部の焼付、摩耗、音なり、キシミ等の防止　(5) 食品製造用機械の潤滑、食品切断用刃物部分の潤滑及び付着防止、食品容器の離型など粘着型な

日本サーティファイド・ラボラトリーズ

銘柄	番手	色相	密度 g/cm³	引火点 ℃	流動点 ℃	動粘度 40℃	動粘度 100℃	固体潤滑剤種類	固体潤滑剤(平均)粒径 μm	固体潤滑剤含有量 wt%	使用温度範囲 ℃	用途
CCX −77		黒色粘着性液体	0.89	38.5		43		有機モリブデン			−44〜66	(1)
ルーブトラックプラス(コアゾール)		黒色粘着性液体	0.99	200以上							−29〜260	(2)

(1) チェーン・ケーブル潤滑防錆剤。ワイヤロープの芯の一本一本にまで浸透。潤滑・保護　(2) オープンギヤ潤滑防錆剤。海水や蒸気を弾き、腐食性ガスによる錆びと腐食を防ぐ粘着性コンパウンド

固体潤滑剤銘柄一覧 B：様態別仕様　　　　　　　　　　　　　　　　　　　　　　　　　　　（ 397 ）

固体潤滑剤様態別仕様一覧　B：様態別仕様〔乾性被膜〕

[出典：潤滑通信社刊「潤滑剤銘柄便覧2009」]

NOKクリューバー

クリューバー L501（スプレー）
①速乾性の高温、高荷重用。繊維機械の乾燥・テンダーの調節ねじ、塗装コンベアのチェーンスライド部

銘柄	番手	色相	固体潤滑剤 種類	固体潤滑剤（平均）粒径 μm	固体潤滑剤 含有量 wt %	バインダ 種類 有機	バインダ 種類 無機	溶媒の種類	乾燥方法 常温	乾燥方法 焼付き	粘度(20℃) poise	用途
		黒	MoS₂				○	石油系溶剤	○			(1)

エスティーティー

銘柄	番手	色相	固体潤滑剤 種類	固体潤滑剤（平均）粒径 μm	固体潤滑剤 含有量 wt %	バインダ 有機	バインダ 無機	溶媒の種類	乾燥 常温	乾燥 焼付き	粘度(20℃)	用途
ソルベスト300(+)ドライコート		灰黒色	MoS₂, 黒鉛	1〜3		○			○			(1)
ソルベスト730ドライコート		灰黒色	MoS₂					芳香系				(2)
ソルベスト302ドライコート			PTFE	1以下								(3)
ソルベスト303ドライコート		黒色	MoS₂					ケトン芳香系		○		(9)
ソルベスト305(+)ドライコート		灰黒色	PTFE									(4)
ソルベスト306ドライコート		黒色	MoS₂									(5)
ソルベスト309ドライコート		灰黒色	PTFE	1〜3					○			(11)
ソルベスト314ドライコート			MoS₂, PTFE					ケトン芳香系				(8)
ソルベスト318ドライコート												
ソルベスト328ドライコート		灰黒色						ケトン芳香系				(4)
ソルベスト343(+)ドライコート			MoS₂, 黒鉛	1以下								
ソルベスト369ドライコート		茶褐色	PTFE	1以下				ケトン芳香系		○		(6)
ソルベスト374ドライコート		灰黒色	MoS₂, 黒鉛									(10)
ソルベスト379ドライコート			PTFE	1〜3								
ソルベスト392ドライコート			PTFE					ケトン芳香系				(7)
ソルベスト395ドライコート												

(1)速乾性、金属用、組立用 (2)SOLVEST 300、ドライコート、エアゾール (3)室温硬化、長期潤滑 (4)加熱硬化、長期防錆、長期潤滑 (5)加熱硬化、長期潤滑 (6)アルミ用 (7)ゴムプラスチック用 (8)室温硬化、長期防錆
(9)高μ保持、耐摩耗性 (10)耐熱、耐薬品、軽荷重用 (11)室温硬化、長期潤滑

サン・エレクトロ

銘柄	番手	色相	固体潤滑剤 種類	固体潤滑剤（平均）粒径 μm	固体潤滑剤 含有量 wt %	バインダ 有機	バインダ 無機	溶媒の種類	乾燥 常温	乾燥 焼付き	粘度(20℃)	用途
ルブリボンド	A	暗灰	MoS₂, 黒鉛			○		有機		○		(1)
	B	暗灰	MoS₂									(2)
	HT	多色	PTFE									(3)
	220	灰色	MoS₂			○				○		(4)
	320	無色	PTFE									(5)
	331	灰色	MoS₂, 黒鉛		-	○		有機		○		(6)
フォームコート	332	黒灰	黒鉛									
	333											
	334											
	T-50	暗灰	MoS₂, 黒鉛			○	-		○			(7)
バーマスリック	G	乳白	VOC			-	○	蒸留水				(8)
	S	暗灰	MoS₂, 黒鉛			-						(9)
	RAC											
	1460W											
	1000	暗灰	MoS₂			○		有機		○		
	2006											
	2109											
ルブロック	4396	灰黒	MoS₂, 黒鉛、他									(10)
	4856	茶灰	黒鉛、他					蒸留水				
	5306											
	5396	暗灰	MoS₂, 黒鉛			○		有機				(11)

V. 資 料 編

固体潤滑剤銘柄一覧 B：様態別仕様

[出典：潤滑通信社刊「潤滑剤銘柄便覧 2009」]

固体潤滑剤様態別仕様一覧　B：様態別仕様（乾性被膜）

サン・エレクトロ（続き）

銘柄	番手	色相	固体潤滑剤種類	固体潤滑剤(平均)粒径 μm	固体潤滑剤含有量 wt%	バインダ種類 有機	バインダ種類 無機	溶媒の種類	乾燥方法 常温	乾燥方法 焼付き	粘度(20℃) poise	用途
ルブロック	7000	各色有	Ceramic									(12)
	620	灰黒	MoS_2				○	有機		○		(13)
	620A	青灰				○						
	620C											
	626	暗灰	MoS_2, 他									(14)
	810		MoS_2, 黒鉛		-							(15)
	811		MoS_2									(16)
	812		黒鉛									
	823											
エスパールーブ	6107	各色有	PTFE			○		蒸留水		○		(21)
	6108	各色有						有機				(22)
	9000	暗灰	MoS_2				○	蒸留水				(17)
	9001	赤、黒	-									(18)
	9002	灰黒	MoS_2, 他									
エスパースリック	1201	白灰	-					有機		○		(19)
	1301	灰	MoS_2									(20)
カルガード	FA											
	RA											
エコアルーブ	2240C											
エスナルーブ	642							蒸留水				
	382											

(1)MIL-L-23398A, B　(2)常温でも焼き付けでも可、Rev. K&L　(3)MIL-L-23398B, C, D　(4)多色のPTFE系　(5)前処理が不要、防錆力抜群、しかも水性の長期使用向け　(6)Ti材の冷間、温間押出しに最適、PMC9536　(7)超高温、1100℃での潤滑が可能　(8)常時450℃での潤滑が可能、間欠的には650℃での潤滑が可能　(9)MIL-L-46010C Type II　(10)オイル・グリースと併用しても半永久的に磨耗を防ぐ唯一の固体被膜潤滑剤　(11)MIL-L-8937D, MIL-L-46010 Type I　(12)最も新しいCeramic系、高真空下での使用が注目されている　(13)MIL-L-8937D, NASAspec.　(14)MIL-L-81329C, NASAspec.　(15)高温、耐放射線、超高温、重荷重に耐える宇宙開発用に適す　(16)高温、強酸に強力な耐性がある、過酷な条件のロケットエンジン等に最適　(17)屋外に設置される機器のために開発された二層式のベースコート MIL-13004705　(18)61070のトップコート、防錆と潤滑に優れ、沿岸立地に最適　MIL-13004705　(19)MIL-C-85614-A Aluminum Corting　(20)MIL-L-46010C Type II　(21)水性で前重性、防錆性強力　(22)MIL-PRF-46010F

昭和電工

銘柄	番手	色相	固体潤滑剤種類	固体潤滑剤(平均)粒径 μm	固体潤滑剤含有量 wt%	バインダ 有機	バインダ 無機	溶媒の種類	乾燥方法 常温	乾燥方法 焼付き	粘度(20℃) poise	用途
ルービーエス	FK-26	白色液状	窒化ホウ素		20	○		ケトン系	○		0.3	(1)
	FK-205			1	5			水			0.06	
ルービーエススプレー	5026	白色			20			ケトン系 DME	○		0.5	
	-				2.6							

(1)高温用潤滑離型剤

住鉱潤滑剤

銘柄	番手	色相	固体潤滑剤種類	固体潤滑剤(平均)粒径 μm	固体潤滑剤含有量 wt%	バインダ 有機	バインダ 無機	溶媒の種類	乾燥方法 常温	乾燥方法 焼付き	粘度	用途
モリドライ1610		灰黒色	MoS_2, C			○		トルエン・ブタノール	○			(1)
モリドライ1631			MoS_2					キシレン・MEK				
モリドライ5511			MoS_2, C					シクロヘキサン				
モリドライ3710			MoS_2, PTFE					MEK・キシレン				
モリドライ2810		黒色	MoS_2, C					NMP・キシレン				
ドライコート2910		乳白色	PTFE			○		トルエン・キシレン	○			(2)
ドライコート2510		黒色										
ドライコート3500		黒色	MoS_2, PTFE					NMP・DMF・キシレン				
モリドライ5536		灰黒色	MoS_2, C					水	○			(3)

固体潤滑剤様態別仕様一覧 B：様態別仕様 [乾性被膜]

[出典：潤滑通信社刊「潤滑剤銘柄便覧 2009」]

住鉱潤滑剤（続き）

銘柄	番手	色相	固体潤滑剤種類	固体潤滑剤粒径（平均）μm	固体潤滑剤含有量 wt%	バインダ種類 有機	バインダ種類 無機	溶媒の種類	乾燥方法 常温	乾燥方法 焼付き	粘度(20℃) poise	用途
スミモールF201			MoS_2, C					水	○			(3)
モリC-S			MoS_2					酢酸エチル	○			(4)
モリドライ1670		灰黒色	MoS_2			○		MEK			—	(5)
ドライコートPOM-1			PTFE					トルエン・キシレン・MEK		○		(6)
モリドライ1100スプレー			MoS_2					—				(7)
モリドライスプレー6510												(8)
ドライコート2400		白色	MoS_2, C				○	—		○		(9)
スミロン2250スプレー			PTFE									(10)
スミロンパウダースプレー												

(1) 初期なじみ用。固体潤滑剤を高濃度に配合した比較的軟質の被膜を形成。(2) 低μ被膜残存タイプ。硬質な被膜を形成して長寿命。低面圧下のしゅう動に適する。(3) 水希釈タイプ。スミモールF201は冷間鍛造用潤滑剤としても実績あり。(4) 簡易塗布タイプ。(5) ゴム・プラスチック用（ディッピング）塗布中は有効。小部品で大量の塗布を必要とする場合に有効。(6) 二硫化モリブデン被膜を形成するスプレー。(7) 二硫化モリブデン・グラファイトの耐熱性に優れた被膜を形成するスプレー。(8) PTFE被膜を形成する被膜を形成するスプレー。(9) PTFEを高濃度に配合した被膜を形成するスプレー。軽荷重下のしゅう動面やプラスチック・ゴムの離型に。(10) PTFE微粉末スプレー。高荷重下の摩擦低減に

東レ・ダウコーニング

銘柄	番手	色相	固体潤滑剤種類	固体潤滑剤粒径（平均）μm	固体潤滑剤含有量 wt%	バインダ種類 有機	バインダ種類 無機	溶媒の種類	乾燥方法 常温	乾燥方法 焼付き	粘度(20℃) poise	用途
モリコートⓇ D-321R乾性被膜潤滑剤								ミネラルスピリット	○			(1)
モリコートⓇ 106乾性被膜潤滑剤		灰色	MoS_2			○		PMA, キシレン				(2)
モリコートⓇ M-8800 乾性被膜潤滑剤								ミネラルスピリット	○			(3)
モリコートⓇ 3400A AERO乾性被膜潤滑								酢酸ブチル/MEK/エタノール		○		(4)
モリコートⓇ Q5-7409 乾性被膜潤滑剤		黒色	MoS_2/PTFE					N-メチル-2ピロリドン		○		(5)
モリコートⓇ D-708乾性被膜潤滑剤			MoS_2					MEK		○		(6)

(1) 速乾性、組立用。(2) 加熱硬化性。長期潤滑。(3) 室温硬化性。防錆。長期潤滑。(4) 加熱硬化性。防錆。(5) 加熱硬化性。(6) 加熱硬化性。密着性、低摩擦係数、防錆性

大東潤滑

銘柄	番手	色相	固体潤滑剤種類	固体潤滑剤粒径（平均）μm	固体潤滑剤含有量 wt%	バインダ種類 有機	バインダ種類 無機	溶媒の種類	乾燥方法 常温	乾燥方法 焼付き	粘度(20℃) poise	用途
コンセントレート	LM-23							キシロール	○			(1)
モリナメルB	LM-26	灰色						ケトン				(2)
モリナメルC	LM-52					○		アルコール				(3)
モリナメルD	LM-53		MoS_2					キシロール	○			(4)
モリナメルG	LM-55	灰黒色						ケトン				(3)
モリナメルZ	LM-56							アルコール				(5)
モリナメルF	LM-62											

(1) 速乾性、組立、金属加工用。(2) 加熱硬化型。(3) PTFE系被膜。(4) 無機系バインダを主体にした高温用固体潤滑被膜。(5) 組立用ドライ潤滑被膜

電気化学工業

銘柄	番手	色相	固体潤滑剤種類	固体潤滑剤粒径（平均）μm	固体潤滑剤含有量 wt%	バインダ種類 有機	バインダ種類 無機	溶媒の種類	乾燥方法 常温	乾燥方法 焼付き	粘度(20℃) poise	用途
BNコートU	B	黒色	窒化ホウ素	—			○	メチルシクロヘキサン	○			(1)
BNコートUスプレー	W	白色	窒化ホウ素						○			(1)
ボロンスプレー	#2510	黒色	窒化ホウ素	数μm	99		○	水	○			(2)

(1) 高温用 (2) 初期なじみ用

東洋ドライルーブ

銘柄	番手	色相	固体潤滑剤種類	固体潤滑剤粒径（平均）μm	固体潤滑剤含有量 wt%	バインダ種類 有機	バインダ種類 無機	溶媒の種類	乾燥方法 常温	乾燥方法 焼付き	粘度(20℃) poise	用途
ドライルーブ	FC-3400	各色	PTFE	<1				芳香系			(2)(3)(5)(7)	
	MB-2100	灰色	MoS_2	5		○		ケトン			(1)(2)	
	H1-T											(1)(2)(4)

固体潤滑剤銘柄一覧 B：様態別仕様

(出典：潤滑通信社刊「潤滑剤銘柄便覧 2009」)

固体潤滑剤様態別仕様一覧 B：様態別仕様〔乾性被膜〕

東洋ドライルーブ

銘柄	番手	色相	固体潤滑剤種類	固体潤滑剤(平均)粒径 μm	固体潤滑剤含有量 wt%	バインダ種類 有機	バインダ種類 無機	溶媒の種類	乾燥方法 常温	乾燥方法 焼付き	粘度(20℃) poise	用途
	#1	灰色	MoS₂	3				ケトン				(1)(2)
	MK-4190	灰色	MoS₂	1				エステル				(1)(2)(3)
	MC-2400	グリーン	PTFE	5				芳香系				(1)(2)(7)
	FB-2100	黒色	PTFE・G					ケトン				(2)(5)
	S-6100	グリーン	PTFE・G	<1				芳香系				(2)(5)(7)
ドライルーブ	S-6150	乳白色	PTFE			○		ケトン				(2)(6)
	R-4	灰色	MoS₂					エステル				(1)(2)(6)
	LM-8	黒色	MoS₂	1				アルコール				(1)(2)(6)
	#108	黒色	PTFE	<5				芳香系				(2)(3)(5)(7)
	FC5940	乳白色	PTFE	<1				エステル				(2)(3)(6)
	FD5700							アルコール		○		(1)(2)(3)
	FD2500											
	F890											

(1)補修、切削なじみ用 (2)無給油潤滑用 (3)量産用 (4)焼成時間3分、工程短縮可能 (5)長期防錆、耐荷重性良好 (6)長期潤滑、防錆タイプ、カラーバリエーション豊富 (7)耐熱性、長期潤滑 (8)非粘着タイプ (9)耐熱性、長期潤滑

ダイゾー/ニチモリ

銘柄	番手	色相	固体潤滑剤種類	固体潤滑剤(平均)粒径 μm	固体潤滑剤含有量 wt%	バインダ種類 有機	バインダ種類 無機	溶媒の種類	乾燥方法 常温	乾燥方法 焼付き	粘度(20℃) poise	用途
	100		MoS₂・G						○			(1)
	110		MoS₂			○						(2)
	204	ダークグレー	MoS₂・G									(3)
	230		MoS₂									(4)
	300											(5)
ニチモリDMコート	610BK	ブラック	PTFE			○			○			(6)
	671GN											(7)
	690BK	ダークグレー	MoS₂・G									(8)
	820	ブラック	PTFE			○	○			○		(9)
	901BK											(10)
ニチモリDM-100スプレー												(1)
ニチモリDM-820スプレー												(9)

(1)室温硬化型の汎用タイプ、スプレータイプもあり (2)長期防錆、耐油性良好 (3)軽荷重・長期潤滑用、汎用タイプ (4)焼成時間3分、工程短縮可能 (5)長期防錆、耐荷重性良好 (6)長期潤滑、防錆タイプ、カラーバリエーション豊富 (7)耐熱性、長期潤滑 (8)非粘着タイプ (9)耐熱性、長期潤滑

ヘンケルテクノロジーズジャパン

銘柄	番手	色相	固体潤滑剤種類	固体潤滑剤(平均)粒径 μm	固体潤滑剤含有量 wt%	バインダ種類 有機	バインダ種類 無機	溶媒の種類	乾燥方法 常温	乾燥方法 焼付き	粘度(20℃) poise	用途
	213	黒色	黒鉛					アルコール類、ケトン類		○	10min	(2)
モリダッグ	210	暗灰色	MoS₂					芳香族、ケトン類		○	12h	(1)
	232J	黄～青										(2)
	254	黒色	PTFE							○		(3)
	330	半光沢黒				○		NMP				(5)
エムラロン	333J	つや消黒	PTFE					酢酸ブチル、ケトン類		○		(5)
	352	黒色						アルコール類、ケトン類				(6)
	GP-1904							アルコール類			2h	(7)
プラスナコート	AM-3S	黒色	黒鉛									(8)
	154	半透明・ブルー	PTFE					水		○	1h	(9)
ダッグ	156											(10)
	312											

固体潤滑剤銘柄一覧 B：様態別仕様　　　　　　　　　　　　　　　　　　　　　　　　　　　（401）

[出典：潤滑通信社刊「潤滑剤銘柄便覧 2009」]

固体潤滑剤様態別仕様一覧　B：様態別仕様［乾性被膜］

銘柄	番手	色相	固体潤滑剤 種類	固体潤滑剤（平均）粒径 μm	固体潤滑剤含有量 wt%	バインダ 有機	バインダ 無機	溶媒の種類	乾燥方法 常温	乾燥方法 焼付き	粘度（20℃）poise	用途
ヘンケルテクノロジーズジャパン（続き）												
エムラロン	314Black	半光沢黒	PTFE					芳香族、ケトン類				(11)
	32TJ	半透明乳白色						アルコール類、ケトン類				(12)
	345	半透明・ブルー・黒				○				2h		(13)
	T804Clear							水				(13)
	TW-805	半光沢乳白色										(14)
	T861 Clear											(15)
	8370 APA	黒色										

(1) ガスケット、ゴム部品、(2) プランジャ、コンプレッサ (3) 極圧用、MIL規格 (4) 耐久部品 (5) SUS、アルミ製精密部品 (6) ボルト、ナット、キャブレター部品 (7) ボルト、ナットのトルクコントロール (8) 事務用機械接触面
(9) 原子炉、海運用、MIL規格 (10) ゴムのリングやアッセンブリーエイド (11) プラスチック用 (12) ゴム用標準品、Oリング、ロール (13) ゴム用固着防止、(14) ゴム用柔軟タイプ (15) ゴム用鳴き防止、固着防止、耐久性良好

銘柄	番手	色相	固体潤滑剤 種類	固体潤滑剤（平均）粒径 μm	固体潤滑剤含有量 wt%	バインダ 有機	バインダ 無機	溶媒の種類	乾燥方法 常温	乾燥方法 焼付き	粘度（20℃）poise	用途
日本黒鉛												
モリハイト ME-20			MoS₂		20			MEK			0.1～0.5	(1)
モリハイト S-100					25			I.P.A	○		2～3	(2)
モリハイトスプレー					14			MEK			0.1～0.5	(3)
モリコロイド CF-626				3.0	25			水			5～6	(4)
モリハイト #40	#4			0.5	40			I.P.A			0.2～0.5	(5)
コートハイト	E			7	30			MIBK			3～4	(2)
				40	45						700	(4)
バニーハイト BP-4	#16		黒鉛		12			I.P.A			0.5～1	(3)
スーパーコロハイト	#15Z			0.5	22		○				1～3	(5)
	735H			3.0	24						5～8	(6)
プロハイト	S-12			1.0	26						0.5～1	(7)
	#AS			0.7	27						2～4	(5)
バニーハイト	S-5				28		○	水			6～10	(5)
	L-24		タルク	1.0	25						1～3	(7)
プロハイト	L-30	白色	雲母	7.0	30						5～6	(8)
エマハイト M-81	S-2		BN		24						4.5～5.5	(6)
				1.0	27						1～2	(5)
プロハイト	15Z-4C	黒色		0.8μ	22.5wt%(固形分 27wt%)		○				1poise	(9)
	Tu-8			1μ	固形分24wt%	○					3poise	(10)
アルダイス	FTL-3				固形分24wt%		○				10poise	(10)
	BN							I.P.A				(11)
ルービーエス	5026			0.7	35		○					(12)
ルービーエススプレー	FK-205							I.P.A				(12)
プロハイト	S-35		黒鉛	0.8			○	水			2～4	(7)

(1) 冷間塑性加工、機械組込み潤滑剤、(2) 機械組込み潤滑剤 (3) 機械組込み潤滑剤、アルミ押出加工 (4) ガラススコア用潤滑剤 (5) 熱間鍛造型離型 (6) 温間鍛造型離型 (7) 温間鍛造型離型 (8) ブラウン管外装用
(9) スタンピング用離型剤 (10) スクリュースキャスティング用離型剤 (11) 高温重用潤滑剤 (12) 高温用潤滑離型剤

銘柄	番手	色相	固体潤滑剤 種類	固体潤滑剤（平均）粒径 μm	固体潤滑剤含有量 wt%	バインダ 有機	バインダ 無機	溶媒の種類	乾燥方法 常温	乾燥方法 焼付き	粘度（20℃）poise	用途
日立粉末冶金												
ヒタゾル MA-405			MoS₂	0.8	32		○	水			10	(1)
ヒタゾル ME-195				0.3	25		○	酢酸エステル			0.4	(2)
ヒタゾル AB-1			黒鉛	1以下	20		○	水			ペースト	(4)

V. 資 料 編

固体潤滑剤銘柄一覧　B：様態別仕様

[出典：潤滑通信社刊「潤滑剤銘柄便覧 2009」]

固体潤滑剤様態別仕様一覧　B：様態別仕様〔乾性被膜〕

銘柄	番手	色相	固体潤滑剤種類	固体潤滑剤(平均)粒径 μm	固体潤滑剤含有量 wt%	バインダ 有機	バインダ 無機	溶媒の種類	乾燥方法 常温	乾燥方法 焼付き	粘度(20℃) poise	用途
日立粉末冶金												
ヒタゾル AD-1			黒鉛	1以下	12			水			40	(1)
ヒタゾル GA-362A				3以下	24		○		○		3	(5)
ヒタゾル GA-377				10以下	33						1.3	(3)
ヒタゾル GS-58B				2以下	25			アルコール			5	(4)
(1)特殊伸線、冷間鍛造、その他塑性加工　(2)精密機械の精密仕上げ面の精度保持　(3)ブラウン管内部導電膜塗装　(4)一般的な導電性塗料　(5)鋳造用離型剤、プランジャ潤滑剤												
和光ケミカル												
バイタスドライ（エアーゾール）		白色	PTFE				○		○			(1)
(1)組立時の初期なじみ、乾燥潤滑												
大新化工												
DAIKA DRY SPRAY		灰黒色	MoS₂、黒鉛						○			
DAIKA SEAL SPECIAL		灰黒色	黒鉛						○			
大洋液化ガス												
WBL-52		ブラック	MoS₂、グラファイト	1	>21	○		フッ素系溶剤			10〜18	(1)
KATS 5080	5080	パステルイエロー						IPA				(2)
KATS 6027	6027	ミネナンバー	有機系化合物	—		○		水	○			(3)
KATS 9050	9050	乳白色						IPA				(4)
モリドライフィルムスプレー		灰黒色	MoS₂	0.1	>65			水	○			(5)
(1)グラファイトを主成分とした乾性被膜潤滑剤でも主成分としたに不溶性タイプのキャリア。キャリヤはミルのサポート、ハニーコームラジエーター、アルミダイキャスト及び押出し、ガラス加工、ゴム加工金型の離型剤　(2)塗装面保護コーティング剤 (3)防錆用コーティング剤　(4)ピーコライト塗膜保護剤　(5)MoS₂を主成分とした乾性被膜潤滑剤で摩擦係数の低い(μ0.04)潤滑被膜を鉄、非鉄金属、プラスチック、セラミック、ゴム、木材他の表面に形成する												
デュポン												
ドライフィルム	RA		PTFE	3.7	15				○			
	RA/IPA			3.7	25			IPA	○			
	RA/W			3.7	20			水	○			
	2000/IPA			<0.2	15			IPA	○			
	LW-1200			<0.2	20			水	○			
(1)各種機械の定盤・刃面、金属・木・ガラスのしゅう動面、大工道具、電動工具の刃面及び抵抗面の潤滑												
タイホーコーザイ												
ドライフィルム潤滑剤	0187		PTFE					キシレン	○			(1)
(1)ドライフィルム潤滑（エアゾール）												
日本サーフィアファイド・ラボラトリーズ												
ドライループ　プラス		黒灰色液体	二硫化モリブデン					イソプロパノール	○			(1)
(1)ドライフィルム潤滑・防錆剤。使用温度範囲：凍結温度〜400℃（溶剤揮発乾燥後）												
大東通商												
トラフォオイル3Wドライフィルム		黒色	MoS₂		10%以上			ジクロロメタン	○			(1)
トラフォオイル7Wメンブレネーション		薄青							○			(2)
(1)多孔質層のMoS₂被膜を形成。長期耐焼付き防止性　(2)金属面に多孔質層を形成。3Wの下地処理用。3Wとのセットで使用。												

V. 資　料　編

固体潤滑剤銘柄一覧　B：様態別仕様

（403）

[出典：潤滑通信社刊「潤滑剤銘柄便覧2007」]

固体潤滑剤様態別仕様　B：様態別仕様（パウダー）

銘柄	番手	色相	固体潤滑剤種類	固体潤滑剤(平均)粒径 μm	固体潤滑剤含有量 wt%	Fe含有量 wt%	酸不溶解分 wt%	水分 wt%	油分 wt%	原料 天然	原料 人造	用途
エスティーティー												
ソルベスト610パウダー		灰黒色	MoS_2	1	98.0	0.2以下	0.5以下					
シールエンド												
ローダリーコートパウダー			MoS_2	0.7	98.0以上							
昭和電工												
ショウビーエヌ	UHP	白色	窒化ホウ素	1～2 その他各種	99.7	0.005	-	trace	trace	○		(1)
(1)高温用潤滑離型剤												
大東潤滑												
ロンパウダー	LM-11	灰黒色	MoS_2	3～4	98以上	0.25以下	0.50以下	0.02以下	0.02以下			
Neo2パウダー	LM-12			0.7				0.05以下	0.05以下			
SMパウダー	LM-13			0.4				0.15以下	0.15以下			
ダイゾーニチモリ												
ダイゾーパウダー	A	灰黒色	MoS_2	0.45	98.0以上				0.05以下		○	
ニチモリ M-5パウダー	B			0.6					0.40以下			
ニチモリ Aパウダー	C			1.2					0.40以下			
ニチモリ Cパウダー				3.5								
ニチモリ Tパウダー												
日本黒鉛												
モリパウダー			MoS_2	0.7		0.2		0.1以下				(1)
グラヘイパウダー青			黒鉛	2.0	98.0以上	0.15						(2)
グラヘイパウダーACP				0.5	98.0以上	0.25						(3)
グラヘイパウダーACP-1000				2.0	97.5以上	0.450		0.06				(4)
グラヘイパウダーCSP				10.0		0.218				○		(5)
グラヘイパウダー特CP				6.0		0.260						(6)
グラヘイパウダーCP				1.0		0.232		0.05				(7)
グラヘイパウダーCP・B				6.0		0.224						(8)
グラヘイパウダーCB-150				7.0		0.239						(9)
グラヘイパウダーHAG-15				10.0		0.115						(10)
グラヘイパウダーHAG-150				40.0		0.007		0.08			○	(11)
グラヘイパウダーCPS				6.0		0.029						(12)
グラヘイパウダーF#31				1.0		0.279		0.05		○		(13)
グラヘイパウダーUHP				5.0		1.324		0.08				
グラヘイパウダーHPS			BN	50.0								(14)
				2.0								

(1)モリパウダーは各種粒度に調整した高純度二硫化モリブデン粉末であり、冷間鍛造の潤滑離型箇所およびび樹脂オイル、グリースへの添加用などに適す　(2)天然土状黒鉛、鉛筆芯、シール、塗料、黒鉛、(3)天然鱗状黒鉛、粉末冶金、電池、潤滑　(4)天然鱗状黒鉛、超硬合金粉末冶金、磁気記録テープ、鉛筆　(5)天然鱗状黒鉛、鉛筆芯　(6)天然鱗状黒鉛、鉛筆芯、粉末冶金、電導　(7)グリースの添加用なとに適す　(8)天然鱗状黒鉛、鉛筆芯、粉末冶金、電導　(9)天然鱗状黒鉛、電導　(10)人造黒鉛、超硬合金粉末冶金、鉛筆、電池、ブレーキ　(11)人造、黒鉛、粉末冶金、鉛筆、電池、電気抵抗　(12)天然鱗状黒鉛　(13)天然黒鉛、ブレーキ　(14)高温用潤滑剤

V．資　料　編

固体潤滑剤銘柄一覧 B：様態別仕様

[出典：潤滑通信社刊「潤滑剤銘柄便覧2007」]

固体潤滑剤様態別仕様一覧 B：様態別仕様 [パウダー]

銘柄	番手	色相	固体潤滑剤種類	固体潤滑剤(平均)粒径 μm	固体潤滑剤含有量 wt%	Fe含有量 wt%	酸不溶解分 wt%	水分 wt%	油分 wt%	原料 天然	原料 人造	用途
日立粉末冶金												
ヒダノル-MD-40			MoS₂	1.7	98.5以上			1.0以下				(1)
ヒダノル-MD-108			MoS₂	2.5	98.5以上							(2)
ヒダノル-GP-60				3,000メッシュ	92以上							(2)
ヒダノル-GP-63			黒鉛	1,000メッシュ	93以上							
ヒダノル-GP-74				400メッシュ								(3)
ヒダノル-GP-78				1,500メッシュ	95以上							(4)
ヒダノル-GP-100				2,000メッシュ	93以上							(2)

(1) 二硫化モリブデン、極圧添加剤　(2) りん状黒鉛、極圧添加剤、導電性塗料配合剤　(3) りん状黒鉛、極圧添加剤　(4) 人造黒鉛、導電性塗料配合剤

銘柄	番手	色相	固体潤滑剤種類									用途
ダイホーコーサイ												
乾性潤滑剤	0186	白色	PTFE									(1)

(1) Vベルトの鳴き止め、ドアロック、ヒンジ、チェーン等の潤滑、オイルシール、ゴムホース装着時の潤滑

銘柄	番手	色相	固体潤滑剤種類									用途
セイシン企業												
〈PTFEパウダー〉TFWシリーズ	TFW-1000	白色		10								(1)
	TFW-2000			6								
	TFW-3000			4								

(1) TFWシリーズはリサイクルPTFEを原料とし、微粉砕されたもの。インキ、塗料、潤滑剤、各種樹脂への添加など、PTFEがもつ特性を活かした添加剤として使用できる。

産業編 添付資料

産業編 表1 充てん剤入りテフロン®の銘柄

銘柄回名	組 成（重量%）		特　徴
	テフロン	充てん材	
テフロン®1103J	85	グラスファイバス 15	"テフロン®" TFEの化学性、電気的特性を殆どそこなわず、機械的特性（特に摩耗性）がよく改良されている最もポピュラーな銘柄。一般化学（パッキン、ガスケット、バルブシート等）、軸受などに利用
テフロン®1603J			
テフロン®1104J	80	グラスファイバス 20	
テフロン®1604J			
テフロン®1105J	75	グラスファイバス 25	
テフロン®1605J			
テフロン®1171J	75	グラスファイバス 20 グラファイト 5	ガラス単独に比べ、耐クリープ性、耐摩耗性が更に向上し、摩擦特性も優秀で始動トルク小。
テフロン®1671J			
テフロン®1174J	80	グラスファイバス 15 MoS₂ 5	ガラス単独に比べ、耐クリープ性、かたさ、耐摩耗性が更に向上し、摩擦特性も優秀。初期摩耗が少ない。
テフロン®1674J			
テフロン®1123J	85	グラファイト 15	グラファイトは一般に化学的、機械的用途の充填材として用いられ、静電防止の効果もある。
テフロン®1623J			
テフロン®1146J	40	ブロンズ 60	耐クリープ性、圧縮強さ、寸法安定性、かたさが特に優秀、熱伝導率が良好で、ピストンリング、軸受、シールに利用。化学的使用は不適
テフロン®1646J			
テフロン®1191J	75	カーボン グラファイト 25	圧縮クリープが特に優れ、高温高重で特色を発揮。広範囲の腐食雰囲気に耐える。水中摩耗が低いのも特徴。グラスファイバスに次いで利用が広い。
テフロン®1691J			
テフロン®1192J	67	カーボン グラファイト 33	
テフロン®1692J			
テフロン®1197J	90	炭素繊維 10	機械的特性の改良はカーボン/グラファイトと同じ。充てん量が少ないため引張特性はよりすぐれている。
テフロン®1697J			

産業編 表2 充てん剤入りテフロン®2600番シリーズの物性

項 目	単位	2603-J グラスファイバス	1603-J グラスファイバス 15%	2697-J 炭素繊維	1697-J 10%
充てん材含量	重量 %				
引 張 強 さ	kg/cm² (MPa)	180 (17.7)	200 (19.6)	200 (19.6)	240 (23.5)
伸 び	%	360	300	370	250
引張弾性率	kg/cm² (MPa)	3,723 (365)	— (—)	5,303 (520)	5,561 (543)
降伏点強さ	kg/cm² (MPa)	110 (10.8)	115 (11.3)	120 (11.8)	170 (16.7)
硬 さ	デュロメーター	—	—	58	58
圧縮クリープ性 24h	MD	7.9	12.5	6.3	10.6
	CD	—	—	7.9	11.2
永久変形 (24h後)	MD	3.6	7.5	3.1	6.0
	CD	—	—	3.7	5.9
摩耗係数 (空気中、50h後)	{23℃、140kg/cm²}	10.9	12.1	6.6	9.7
摩擦係数 (50h)	{cm³·s/kg·m·h}×10⁻⁶	0.22〜0.36	0.22〜0.41	0.26	0.28

産業編 表3 充てん剤入りテフロン® の物性 (1)

項目		単位	ASTM測定法	T-J	1103-J	1603-J	1104-J	1604-J	1105-J	1605-J	1171-J	1671-J	1174-J	1674-J
充てん材含量	重量 %			なし	グラスファイバ	グラスファイバ 15%	グラスファイバ	グラスファイバ 20%	グラスファイバ	グラスファイバ 25%	グラファイト 5%	グラファイト 5%	グラスファイバ MoS₂ 5%	グラスファイバ 15%
見掛け密度	①	g/ℓ	D-1457	260	370	800	370	800	430	800	400	800	400	800
比重	①	—	D-792	2.18	2.24	2.23	2.26	2.24	2.27	2.26	2.24	2.23	2.29	2.29
引張強さ	①	kg/cm²(MPa)	D-638	315(30.9)	255(25.0)	235(23.0)	225(23.0)	210(20.6)	205(20.1)	190(18.6)	200(19.6)	150(14.7)	220(21.6)	185(18.1)
伸び	①	%	D-638	400	330	320	305	300	285	280	300	235	320	280
圧縮クリープ 60min MD		%	D-621	—	—	6.6	6.0		5.2		5.8		4.6	
圧縮クリープ 60min CD			(23℃, 140kg/cm² 13.7MPa)	—	—	10.3	9.4		8.3		7.0		5.4	
圧縮クリープ 24h MD				14.3	—	9.6	8.7		7.9		8.0		6.5	
圧縮クリープ 24h CD				16.7	—	14.3	13.1		12.4		9.8		7.8	
①永久変形 (24h後) MD				7.9	—	5.3	4.9		4.5		3.9		3.0	
①永久変形 (24h後) CD				8.4	—	7.6	7.5		7.5		5.2		4.0	
クリープ 60min		%	(150℃, 200kg/cm² 19.6MPa)	51.8	—	52.4	51.3		50.7		36.8		45.5	
曲げ強さ 0.2%オフセット CD		kg/cm²(MPa)	D-790	57	40(3.9)		41(4.0)		42(4.1)		83(8.1)		85(8.3)	
曲げ弾性率 CD				3,500〜6,300 (343〜618)	15,500 (1,520)		17,300 (1,670)		19,000 (1,860)		15,400 (1,510)		16,900 (1,660)	
圧縮強さ 0.2%オフセット MD		kg/cm²(MPa)	D-695	77	116(11.4)		123(12.1)		131(12.8)		100(9.8)		129(12.7)	
圧縮強さ 0.2%オフセット CD					89(8.7)		89(8.7)		89(8.7)		101(9.9)		127(12.5)	
②圧縮弾性率 MD				4,200(410)	6,900(680)		7,600(750)		8,300(810)		9,800(960)		7,700(760)	
②圧縮弾性率 CD					6,000(590)		6,500(640)		7,000(690)		9,600(940)		8,300(810)	
硬さ		デュロメーター "D"	D-2240	55	60		62		63		64		65	
衝撃強さ(Izod) ①	②	kg・cm/cm(J/m)	D-256	15.8(155)	14.7(144)		12.2(129)		11.5(117)		15.7(154)		16.2(159)	
熱伝導率	②	kcal/m・h・℃(W/m・K)	Cenco Fitch	0.21(0.24)	0.32(0.37)		0.35(0.40)		0.39(0.45)		0.17(0.20)		0.28(0.33)	
線膨張係数 26〜90℃ MD		10⁻⁵/℃	D-696	12.2	14.2		13.4		12.6		13.5		15.0	
線膨張係数 26〜90℃ CD				—	10.6		10.2		8.3		9.0		6.3	
線膨張係数 25〜150℃ MD				12.6	15.1		14.2		13.2		13.1		15.8	
線膨張係数 25〜150℃ CD				—	10.9		10.3		8.6		9.0		6.4	
線膨張係数 25〜200℃ MD				13.7	16.3		15.4		14.4		13.9		17.3	
線膨張係数 25〜200℃ CD				—	12.3		11.4		9.7		9.9		6.9	
線膨張係数 25〜260℃ MD				16.4	18.5		17.7		16.8		15.9		20.0	
線膨張係数 25〜260℃ CD				—	14.8		13.4		11.9		11.7		8.0	
吸水率	②	%	D-570	0.014	0.015		0.014		0.013		0.016		0.010	
摩耗 (空気中, 50h後) 値限界 P 0.1m/s	①	kg・cm²・m/s (MPa・m/s)		—	6(0.59)		7(0.59)		7(0.59)		8(0.78)		8(0.78)	
摩耗 (空気中, 50h後) 値限界 P 0.5m/s	①			—	7(0.69)		9(0.88)		9(0.88)		14(1.37)		15(1.47)	
摩耗 (空気中, 50h後) 値限界 PV 5.0m/s	①			—	11(1.08)		12(1.18)		12(1.18)		18(1.77)		18(1.77)	
摩耗 (水中, 50h後)	①	cm²/s ×10⁶ kg・m・h	松原式試験機による測定	7,000	5,400		5,200		5,000		7		6	
動摩擦係数 (50h後)	①		P=7kg/cm²(0.67MPa)	—	0.39〜0.42		0.29〜0.35		0.50〜0.54		0.30〜0.32		0.29〜0.31	
静摩擦係数	②		P=35kg/cm²	0.05〜0.08	0.10〜0.13		0.10〜0.13		0.10〜0.13		0.08〜0.10		0.08〜0.10	

※このほかにTFAグをベースとしたものもあります

注) ①三井デュポンフロロケミカル測定データ (特記あるものを除く)。②デュポン社発行 The Journal of "Teflon" Vol.13, No.2, (1972) 及びVol.3, No.8 (1963) 掲載のGeneral Properties of Typical Filled TEF Compositions 表より引用 (特記あるものを除く)。③LNP社発行 Product Data 143 より引用。

1) 成形寸法 50φ×101L
2) 予備成形 T-1103-J, T-1191-J, T-1192-J, T-1197-J, T-1105-J, T-1104-J, T-1603-J, T-1604-J, T-1605-J：500kg/cm² (49.0MPa)
T-1146-J, T-1191-J, T-1192-J, T-1197-J, T-1671-J, T-1600-J：600kg/cm² (58.8MPa) T-1646-J：700kg/cm² (68.6MPa)
T-1674-J, T-1623-J, T-1697-J, T-1691-J：800kg/cm² (78.5MPa), T-1692-J：900kg/cm² (88.4MPa)
3) 焼成条件 室温〜300℃：50℃/h, 300〜370℃：20℃/h, 370℃, 保持：3h

産業編 表3 充てん剤入りテフロン® の物性 (2)

項　目	単位	ASTM測定法	1123-J グラスファイバ 15%	1146-J ブロンズ	1646-J 60%	1191-J カーボン グラファイト	1691-J 25%	1192-J カーボン グラファイト	1692-J 33%	1197-J 炭素繊維	1697-J 10%
充てん材含量 重量 %	①	―	760	920	1,400	360	730	370	730	340	750
見掛け密度	g/ℓ	―	2.17	3.95	3.91	2.10	2.10	2.05	2.05	2.09	2.09
比　重 ①	―	D-1457									
引張強さ ① kg/cm²(MPa)		D-792	160(15.7)	200(19.6)	185(18.1)	180(17.7)	175(17.2)	160(15.7)	135(13.2)	245(24.0)	200(19.6)
伸び ① % MD		D-638	230	220	215	100	55	35	15	300	200
圧縮 60min MD			5.2	3.2		3.4		1.9			6.8
ク　リ　ー　プ　性 ① CD		D-638	5.8	3.5		3.6		2.6			9
24h MD		D-621 (23℃, 140kg/cm² (13.7MPa))	6.9	4.5		4.5		3.7			9.4
CD			8.0	4.9		4.9		3.7			13.2
永久変形 (24h後) MD			3.3	2.0		2.0		1.7			5.1
CD			4.5	2.3		2.3		1.8			7.1
60min MD		(150℃, 200kg/cm² (19.6MPa))	43.0	40.4		35.0		32.4			33.7
CD						36.1		35.6			38.7
強さ 0.2%オフセット CD	kg/cm² (MPa)	D-790	60(5.9)	80(7.8)		96(9.4)③					83(8.1)
曲げ 弾性率 CD			102(10.0)	13,800(1,350)		11,900③(1,170)					10,300(1,010)
圧縮 0.2%オフセット MD	kg/cm² (MPa)	D-695	107(10.5)	119(11.7)		112(12.0)③					87(8.5)
② 強 弾性率 MD				122(12.0)		84(8.2)					96(9.4)
CD				7,700(760)		10,500(1,030)					7,700(760)
硬さ ①	デュロメーター"D"	D-2240	61	70		67		68			64
衝撃強さ(Izod) ②	kg·cm²·m/m	D-256	14.3(140)	10.7(105)							17.1(168)
熱伝導率 ②	kcal/m·h·℃(W/m·K)	Cenco Fitch	0.39(0.45)	0.40(0.47)		0.37(0.43)③					0.16(0.19)
線 膨 張 係 数 26〜90℃ MD	10⁻⁵/℃	D-696	12.6	9.7		8.5					13.4
CD			7.9	7.8		7.2					9.9
25〜150℃ MD			13.5	10.3		9.4					14.5
CD			8.5	7.9		7.7					10.0
25〜200℃ MD			14.6	11.4		10.6					15.7
CD			9.2	9.0		8.5					11.1
25〜260℃ MD			17.6	14.0		13.5					18.2
CD			10.8	10.4		9.7					13.1
吸水率 ② (空気中, 50h後) (水中, 50h後)	%	D-570	0	0		―		―			―
値　上　界 0.1m/s ① P 0.5m/s V 5.0m/s	kg·cm²·m/s ――――――― MPa·m·m/s	松原式試験機 による測定	9(0.88) 14(1.37) 13(1.27)	6(0.59) 10(0.98) 6(0.59)		10(0.98) 14(1.37) 18(1.77)		10(0.98) 15(1.47) 19(1.86)			9(0.98) 15(1.47) 18(1.77)
摩耗 ①	cm²/s ――――― ×10⁶ kg·m·h		460	13		8		13			6
動摩擦係数(50h後) ②		$P=7kg/cm^2$ (0.67MPa)	9.6			20		25			20
静摩擦係数 ②		$P=35kg/cm^2$	0.22〜0.25 0.08〜0.10	0.12〜0.17 0.08〜0.10		0.31〜0.37		0.31〜0.35			0.27〜0.30

※ この注かにTA-Jをベースとしたものもあります

注) ①三井デュポンフロロケミカル測定データ(特記あるものを除く)。②デュポン社発行 The Journal of "Teflon" Vol. 13. No. 2. (1972)及びVol. 3. No. 8(1963)掲載のGeneral Properties of Typical Filled TEF Compositions 表より引用(特記あるものを除く). ③LNP社発行 Product Data 144 より引用
1) 成形寸法　50φ×101L
2) 予備成形　T-1103-J, T-1191-J, T-1104-J, T-1105-J, T-1197-J, T-1603-J, T-1604-J, T-1605-J: 500kg/cm² (49.0MPa)
T-1146-J, T-1191-J, T-1192-J, T-1671-J, 600kg/cm² (58.8MPa), T-1646-J: 700kg/cm² (68.6MPa)
T-1674-J, T-1623-J, T-1697-J, T-1691-J: 800kg/cm² (78.5MPa), T-1692-J: 900kg/cm² (88.4MPa)
3) 焼成条件　室温〜300℃: 50℃/h, 300〜370℃: 20℃/h, 370℃, 保持: 3h

産業編　添付資料

産業編　表4　フッ素樹脂添加剤の代表的な物性

		測定方法	単位	TLP10F-1	MP1100	MP1200	MP1300	MP1400	MP1500	MP1600
見掛け密度		ASTM D-1457	g/L	250-350	200-425	375-525	350-500	300-500	>300	250-500
融点		ASTM D-1457	℃	325±10	320±10	320±10	325±10	325±10	325±10	325±10
粒子径	粒径の90%以上		μm	0.5	0.3	1	3	3	10	
	平均		μm	2-4	1.8-4	2.5-4.5	8-15	7-12	20	4-12
	粒径の90%以下		μm	5	8	7.7	25	20	35	
一次粒子径		SEM	μm	0.2	0.2	—	—	—	0.2	0.2
表面積		N_2吸着法	m^2/g	8-12	5-10	2.3-4.5	2.3-4.5	2.3-4.5	8-12	8-12

産業編　表5　フッ素樹脂添加剤用途

TLP10F-1	プラスチックおよびエラストマーへの添加剤．潤滑剤,耐摩耗性の改良
MP1100	インク（オフセット），ペイント,塗料への添加剤．耐引っかき性,耐ブロッキング性,潤滑性の改良
MP1200	インク（オフセット），ペイント,塗料への添加剤．耐引っかき性,耐ブロッキング性,潤滑性の改良
MP1300	プラスチック(POM.PC,PPS),塗料への添加．潤滑性,耐摩耗性の改良
MP1400	プラスチック(PPS.PI),塗料への添加．潤滑性,耐摩耗性の改良
MP1500	エラストマー,プラスチック（PPS）への添加．引裂き強度,耐摩耗性の改良
MP1600	インク.塗料,グリースへの添加．潤滑性の改良

索　引

英　数

ABS ······································ 32
AES ···························· 233, 235
AE ······································ 291
AFM ········ 128, 142, 220, 223, 236
Ag ·· 73, 110, 192, 212, 312, 337
Al ············ 94, 110, 123, 144, 286
　　(Al_2O_3) ············ 30, 39, 80,
　　　　　　　116, 194, 197, 253
　　(Al-Cu) ···················· 307
　　(Al-C) ····················· 307
　　(AlN) ······················· 39
　　(Al-Si) ····················· 262
Archard ································· 66
ARE ····································· 81
Au ·· 73, 124, 125, 142, 286, 312
AV ······························ 46, 91, 107
B ·································· 98, 110, 126
　　(B_2O_3) ····················· 197
　　(B_4C) ··················· 195, 197
　　(B-C) ······················· 113
　　(BN) ··· 26, 82, 92, 107, 157,
　　　　　　168, 209, 243, 280, 300
Ba ······························· 104, 105
　　(BaF_2) ····················· 197
　　($BaSO_4$) ····················· 197
C ·· 126
　　(C/C) · 37, 92, 268, 280, 283
　　(C_2H_4) ····················· 84, 85
　　(C_{60}) ······················· 140
　　(CF) ························ 257
　　(CF_4) ······················· 85
　　(C-F) ···· 85, 127, 134, 351
　　(CNH) ······················· 144
　　(CNT) ···················· 142, 143
　　(CN_x) ······················· 137
　　(CO_2) ······················· 20
　　(C-S) ························ 17
Ca ······························· 104, 316
　　(CaF_2) ···· 30, 197, 269, 316
　　(CaO) ············ 30, 39, 316
c-BN ···················· 128, 168, 223
CFRM ·································· 37
CFRP ···························· 37, 266
CMC ···································· 39
Coulomb ······························· 63
Cr ·· 80
　　(Cr_2O_3) ········ 80, 197, 316
CT（Computed Tomography）·· 340
CVD（Chemical Vapor Deposition）
　　······ 20, 27, 43, 73, 79, 83,
　　86, 126, 130, 142, 211, 226
DLC（Diamond Like Carbon）···· 4,
　　43, 58, 73, 79, 84, 112, 129,
　　　204, 210, 243, 250, 295
DLVD ·································· 98
dn ······································· 315
Dual Rub Shoe ························ 6
ECR ····································· 81
EDX ··································· 234
EELS ·································· 211
Effective Medium Theory ······ 207
HCD-ARE ··························· 81
EMT ··································· 207
EP ·························· 44, 103, 351
EPMA ··························· 233, 234
Falex ····································· 5
FAX ··································· 243
FEP ····································· 24
FFM ···························· 142, 220
Fiber-Reinforced Metal ········· 93
Fine Particle Peening ············ 93
FM ······································· 44
FRM ···································· 93
FTIR ······················ 85, 127, 137
FZG ··································· 100
Greenwood ···························· 66
h-BN ······················ 40, 168, 348
HCD-ARE ··························· 81
HCFC22 ································ 23
HDPE ······················ 85, 92, 185
Hertz ····························· 127, 129
H-Ⅱ ····························· 217, 315
HRTEM ······················· 154, 161
IBED ································· 113
IC ····································· 194
In ··································· 74, 88
In-situ ························· 73, 117

Intercalation compound ········ 164
Ion Beam Enhanced Deposition
　　（IBED）··················· 113
JIS ····································· 226
　　（JIS K 7218）············ 226
　　（JIS R 1613）············ 226
JSME ································ 226
Langmuir-Blodgett（LB）···· 208
LBP ··································· 288
LCP ···································· 29
LEED ································ 233
Li ······························· 105, 276
　　（LiF）························ 317
LSD（Limited Slip Differential）
　　··························· 94, 266
LSI ····································· 94
Mattox ································· 81
MCA ············ 107, 202, 243, 271
MMC（Metal Matrix Composite）
　　······························· 93
MgO ··························· 39, 316
MIL ·························· 5, 114, 308
Mo ······················ 73, 74, 80, 110,
　　　　　　　124, 153, 164
　　（MoO_2）··················· 216
　　（MoO_3）··················· 216
MoS_2 ··············· 3, 5, 13, 97, 153,
　　　220, 243, 262, 280,
　　　300, 308, 337, 343
MWCNT ····························· 142
N ····································· 126
NACA ·································· 5
NASA ···················· 5, 8, 58, 197
Na ···································· 104
Ni ················ 73, 80, 80, 116, 122,
　　　202, 208, 280, 287, 298
　　（Ni_3P）····················· 299
　　（NiB）······················ 286
　　（Ni-C）····················· 307
　　（Ni-P）············ 73, 75, 143
O ····································· 252
　　（O_2）························· 85
OA ············ 8, 29, 60, 91, 177,
　　　　　　　243, 245, 285

索引

PA ･････････････････ 30, 32, 243
PAI ･････････････････ 29, 262, 351
PAN ･････････････････････････ 255
Pb ････････････ 73, 74, 88, 269, 312
　（PbO）･･････････････････ 123, 269
PBI ･･････････････････････････ 32
PBT ･･････････････････････････ 17
PC ･･････････････････････････ 185
PCM ････････････････････････ 351
PEEK ･････ 29, 92, 181, 187, 255
PES ････････････････････････ 351
PF ･･････････････････････････ 31
PFA ･････････････････････ 23, 350
PFPE ･･････････････････････ 224
pH ･････････････････････････ 13
PI ･･････････････････････ 29, 243, 301
Plasma Base Ion-Implantation
　（PBII）････････････････････ 113
Plasma Source Ion-implantation
　（PSII）････････････････････ 113
POB ･･････････････････････ 182
POM ･････････････････････ 29, 287
PP ･･････････････････････････ 185
PPS ････ 8, 17, 181, 188, 246, 255
PRTR ････････････････････ 106
Pt ･･････････････････ 116, 123, 286
PTFE ･･ 8, 23, 29, 59, 73, 85, 91,
　　97, 107, 170, 181, 243, 312
PVD (Physical Vapor Deposition)
　･･･････････ 27, 43, 73, 79, 226
　（PVD/CVD）･･･････････････ 75
PV ･･･････････ 174, 254, 270, 295
RF ･･････････････････ 81, 84, 126
S ･････････････････････ 153, 216
　（S-S）･･･････････････････ 117
Si ･････ 134, 138, 142, 144, 192,
　　　　　　　　212, 251, 290
　（Si_3N_4）････ 31, 39, 88, 169,
　　　　　　197, 213, 223, 316
　（SiC）････ 31, 37, 40, 73, 75,
　　80, 92, 116, 197, 223, 244,
　　　　　　　　253, 283, 303
　（SiO_2）･････････････ 39, 169
SIMS ･･････････････････････ 234
Sn ･･････････････････ 110, 269, 280
　（SnS_2）･･･････････････ 27
SOR ･･･････････････････････ 211

sp^2 ･･････････････ 137, 138, 145
sp^3 ･･････････ 290, 137, 138, 145
SPM ････････････････････････ 235
SP ･････････････････････････ 201
SWCNT ･･････････････････ 142, 143
TaC ･･････････････････････ 131, 134
TA ･････････････････････････ 165
TCP ････････････････････ 74, 88, 117
TEM (Transmission Electron
　Microscope)･･･ 138, 194, 264
TFE ･････････････････････････ 23
TGV ･･･････････････････････ 283
Ti ･･ 94, 110, 123, 134, 164, 251
　（TiC）･･･････････････ 39, 73, 134
　（TiCN）･････････････････ 296
　（TiN）･････ 43, 73, 80, 244,
　　　　　　　　　　　296, 316
TPI ･･･････････････ 181, 187, 256
UV ･････････････････････ 83, 130
Van der Waals ･･･････ 164, 200
VTR ････････････････ 243, 291, 293
W ･････････････････ 134, 164, 251
　（WC）･･･････････ 73, 80, 142,
　　　　　　　　253, 264, 317
WPC ････････････････････ 73, 116
WS_2 ･･ 26, 73, 79, 80, 110, 135,
　　162, 164, 209, 243, 269,
　　　　　　　　　　280, 338
XPS ･･････････････････ 127, 234
X ････ 5, 43, 84, 111, 130, 173,
　　232, 235, 242, 264, 340
Y_2O_3 ･･････････････････ 92, 195
YAG ･･････････････････････ 20
ZDC ･･････････････････････ 287
α, β, γ ･････････････ 310
$\beta - C_3N_4$ ･････････････ 137
γ ･･････････････････････ 92
μ-P ･･････････････････ 266
μ-V ･･････････････････ 267
π ･･･････････ 120, 121, 169, 195
σ ･･････････････････ 120

あ

アーク放電 ････ 81, 140, 279, 280
相手材････ 57, 129, 176, 298, 301
アウトガス････ 192, 248, 311, 337
亜鉛めっき ･･･････････ 92, 259

アキシアル荷重 ･･･････････ 339
アクリル樹脂 ･･････････････ 17
アジピン酸･･････････････････ 48
　（ナトリウム）････････････ 328
亜硝酸ソーダ･･･････････････ 107
アスペクト比･･････････････ 123
アスベスト繊維 ････････････ 268
アセチレン ･･････････ 74, 86, 88
アセトン ･･････････････ 84, 167
圧延････････ 31, 71, 242, 244, 326
圧縮
　（機）････････････････ 23, 252
　（機しゅう動材）･･････････ 94
　（強度）･･････････････････ 253
　（弾性率）････････････････ 301
　（強さ）･･････････････････ 24
　（変形量）････････････････ 319
アニーリング････････････ 84, 128
油
　（汚染）･･･････････････････ 9
　（潤滑）････ 78, 259, 308, 320
　（溜まり）････････････ 27, 116
　（塗布）･･････････････････ 284
アブレイダブルコーティング･307
アブレシブ････････ 5, 70, 121, 157,
　　　　　　　　　175, 255, 301
アミノ酸化合物 ･･･････････ 204
アミン類･･････････････････ 175
アモルファス･････ 128, 130, 133,
　　　　　　　　138, 143, 186, 251
アラミド繊維･･････････････ 91
アルキレングリコール ･････ 239
アルコール･45, 84, 167, 195, 342
アルチック（Al_2O_3-TiC）･････ 129
アルミ
　（合金）･･････････････ 73, 263
　（ダイキャスト）･･････････ 352
　（レール）････････････････ 274
アルミナ（Al_2O_3）････ 18, 20, 30,
　　　　37, 46, 73, 93, 193,
　　　　　　269, 326, 334, 350
アルミニウム･･･ 37, 93, 115, 132,
　　　　　　　　182, 253, 262, 352
アンギュラ玉軸受 ･･･････････ 197
アンチモン ･･････････････ 37, 269
案内面･････････････････････ 296
アンモニア ･･･････ 156, 169, 170

索　引　　(411)

い

硫黄
　(S) ················ 15, 59, 339
　(化合物) ············ 117, 210
　(系極圧剤) ············· 117
イオン ···················· 131
　(結合) ········· 164, 166, 200
　(線) ············· 232, 234
　(注入) ······ 74, 80, 109,
　　　　　　　127, 131, 223
　(伝導) ················ 206
　(反応) ················· 85
　(ビーム) ···· 73, 80, 83, 137
　(・プラズマ) ············ 79
　(法) ·················· 265
イオンビーム
　(スパッタ) ·············· 81
　(デポジション法 (IBD)) · 290
　(ミキシング) ······ 80, 109,
　　　　　　　　　 110, 111
イオンプレーティング(法) ···· 43,
　　　　　60, 73, 79, 80, 83,
　　　　　111, 126, 141, 338
　(膜) ··········· 112, 224, 312
石墨 ······················· 9
異常摩耗 ·········· 46, 57, 301
イソトロピック液 ·········· 330
イソフタル酸 ·············· 48
一眼レフカメラ ········ 285, 286
一次元 Frenkel-Kontorova
　モデル ················ 207
一次粒子 ················ 200
移着 ······· 77, 181, 236, 269
　(膜) ······ 69, 74, 87, 139,
　　　　　　172, 214, 265, 337
医療 ············ 137, 223, 248
　(機器) ············ 91, 341
　(福祉機器) ··· 242, 244, 340
色鉛筆 ·················· 347
インク ··············· 19, 25
インコネル ·········· 197, 252
インジウム (In) ······· 63, 191,
　　　　　　　　　 240, 262
インターカレーション
　(Intercalation) ····· 108, 121,
　　　　　　　　　 163, 166
インテークバルブ ············ 94

インピジメント ····· 26, 59, 73,
　　　　　　　　　 77, 113
インプラント材 ············ 223

う

ウィスカ ············· 93, 301
ウェハー ················ 339
内釜 ············· 242, 244, 350
宇宙
　(環境) ········· 209, 215, 216,
　　　　　　　　　 310, 314
　(機器) ·· 6, 35, 191, 219, 257
　(航空) ············ 92, 252
　(用軸受) ·············· 88
ウッドセラミックス ········· 93
埋込み ········ 34, 60, 241, 321
　(型) ··········· 246, 297, 299
ウルトラミクロトーム法 ····· 154
ウレア
　(化合物) ············· 106
　(グリース) ············· 106
運動
　(伝達用ねじ) ······ 259, 260
　(用シール) ············ 251
雲母 ···· 9, 76, 94, 181, 199, 269

え

エアバック ··············· 273
衛星部品 ················ 114
液晶ポリマー (LCP) · 29, 31, 179,
　　　　　　　　　 181, 186
エキソエレクトロン (エキソ電子)
　　　　　　　　　 116, 173
液体
　(酸素(液酸)) ·········· 315
　(水素(液水)) ·········· 315
　(ビヒクル) ············· 97
エコノール ··········· 181, 182
エステル油 ··············· 45
エタノール ··········· 124, 128
エッジ効果 ·········· 122, 124
エナメル ················ 180
エポキシ樹脂 (EP) ······ 17, 180,
　　　　　　　　　 286, 308
エラストマー ·········· 16, 25
エロージョン特性 ··········· 39
塩化

　(第二銅 (CuCl$_2$)) ········ 166
　(鉄) ················· 118
　(物) ············· 71, 269
塩基性界面活性剤 ·········· 101
エンコーダ ··············· 334
エンジニアリングプラスチック
　　　　　　　　　 17, 30, 256
エンジン ··········· 73, 94, 252
　(オイル) ··············· 45
　(軸受) ··············· 246
　(部) ················· 308
　(部材) ················ 39
　(部品) ··············· 262
　(油) ··········· 10, 16, 244
塩水噴霧 ················ 272
塩素-硫黄系極圧添加剤 ····· 101
塩素 ········ (系化合物) 117
　(系極圧剤) ············ 118
　(系潤滑剤) ············ 296
　(系添加剤) ············ 328
　(フリー) ············· 117
エンドミル ··············· 296
鉛筆芯 ··············· 19, 347

お

オーバレイ ··············· 262
オイル ········· 16, 27, 153, 160,
　　　　　　　　　 245, 296, 330
　(交換) ················ 44
　(潤滑) ··············· 270
　(ポンプ) ··············· 94
オイレスメタル ··········· 296
往復
　(運動) ··········· 245, 298
　(動) ················· 275
　(動摩擦試験) ·········· 217
オープンチェーン ··········· 44
応力腐食変態反応 ·········· 195
オージェ電子分光法 (AES)
　　　　　　　　　 173, 232
オーバレイ材料 ··········· 262
オープンギヤ ········ 44, 353
押込み硬さ ·············· 138
押出し成形 ·············· 348
汚染 ···· 8, 54, 60, 107, 257, 284,
　　　　　 297, 310, 312, 326, 337
　(被膜) ··············· 331

（物質）·················· 211
オフガス·················· 311
オリエンテーション（結晶配向）
·················· 154
オレイン酸················ 175
オレフィン················· 85
温間鍛造················· 328
音響···········（機器）240
　（振動測定）·············· 291
温度···· 174, 186, 187, 188, 189,
　　　　　　　　230, 257, 307
　（安定性）················ 53
　（依存性）··92, 195, 209, 345
　（勾配）················· 231
　（上昇）············ 54, 269,
　　　　　　280, 282, 301, 336
　（特性）······ 194, 197, 272,
　（変化）······· 257, 310, 312
温熱間引抜き法 ············ 329

か

加圧
　（加熱焼結）·············· 345
　（成形）················· 335
カード相················· 330
カーボランダム ·············· 3
カーボン····· 20, 24, 30, 40, 58,
　　　　　 82, 134, 181, 219, 253
　（ウイスカ）·············· 255
　（オニオン）·········· 20, 141
　（系）··· 74, 88, 204, 221, 280
　（繊維）····· 32, 181, 240, 255
　（ファイバ）·············· 174
　（ブラシ） ···· 4, 26, 270, 335
　（ブラック）········· 46, 107
　（保護膜）················ 290
　（膜）··········· 131, 133, 289
　（ナノチューブ（CNT））
　　　···· 4, 20, 30, 137, 140, 208
　（ナノホーン）············· 20
カーリング説·············· 121
介護
　（機器）················· 341
　（ベッド）····· 242, 244, 341
海水···················· 57
　（潤滑）················· 320
回生ブレーキ·············· 267

回折現象················· 233
回転···················· 343
　（機械）······ 251, 302, 318
　（数）·················· 253
　（精度）················· 292
　（速度）················· 341
　（ダイス引抜き法）········· 329
　（伝達軸）··············· 324
　（導入機）··············· 339
　（トルク）··············· 335
ガイド
　（軸受）················· 299
　（ブシュ）··············· 324
　（ベーン）··············· 318
　（ローラ）·········· 291, 293
開閉機器装置·············· 325
開閉電気接点·············· 331
界面···················· 75
　（活性剤）····· 13, 14, 97, 98,
　　　　　　　　101, 147, 330
　（強度）················· 91
　（混合層）··············· 111
火炎溶射·················· 60
化学（的）
　（安定性）···· 29, 39, 91, 154
　（吸着）············ 160, 194
　（吸着膜）··············· 117
　（結合）······· 169, 234, 290
　（構造）············ 202, 204
　（蒸着）······· 20, 43, 80, 142
　（相互作用）··· 213, 215, 236
　（組成）············ 85, 231
　（反応）···· 25, 37, 43, 73, 79,
　　　　　　83, 87, 116, 125, 169, 171
　（摩耗）············ 116, 169
架橋··········· 30, 85, 174, 177
　（ポリマー）··············· 32
拡散·················· 76, 231
　（現象）················· 347
　（処理）············· 73, 80
核磁気共鳴電子スピン共鳴法
　·················· 232
核磁気共鳴法（NMR）········ 290
角ねじ··················· 260
かくはん機················ 252
加工硬化············ 63, 65, 123
化合物薄膜············ 80, 83

化合物膜）················· 60
加工用工具················ 296
加工用潤滑剤········· 297, 329
過酷条件················· 302
かさ密度················· 169
荷重
　（依存性）······· 67, 69, 76,
　　　　　　　　　125, 127
　（たわみ温度）············ 177
　（-摩耗曲線）·············· 99
　（摩耗指数）········· 103, 104
かじり······ 244, 245, 272, 276,
　　　　　　　　　344, 353
　（防止）·············59, 77
ガス
　（圧）·········· 73, 80, 81, 84
　（吸着）············ 122, 124
　（材）·················· 140
　（タービンエンジン）···· 306
　（放出）············ 173, 339
加水分解反応·············· 169
ガスケット················· 36
化成処理········ 48, 86, 245, 329
ガソリン················· 270
片当たり················· 258
過大摩耗················· 307
形鋼圧延················· 327
硬さ（硬度）···· 25, 75, 79, 133,
　　　　　　　137, 194, 295, 303
片状黒鉛················· 281
活性硫黄················· 330
活性化グローブ）············ 81
滑石················ 9, 76, 202
滑走性·············· 345, 347
家庭用健康機器············ 343
家庭用電気製品············ 252
家電··········· 8, 29, 35, 60
　（機器）···· 136, 245, 247, 255
可動支承················· 301
金型···· 45, 48, 77, 95, 114, 116,
　　　　　　137, 296, 297, 327, 328
　（寿命）················· 27
加熱···················· 73
　（乾燥）················· 78
　（硬化）············· 78, 308
　（硬化型）··············· 245
　（処理）················· 352

索 引 (413)

可燃性ガス······················· 88
かみあい不整·················· 257
カム·······················287, 307
カメラ······91, 240, 243, 246, 285
可溶化剤························· 330
カラーシャープペンシル····· 348
カラープレート試験··········· 270
ガラス······················· 26, 269
　(状炭素)························ 93
　(繊維)···32, 37, 60, 91, 178,
　　181, 182, 188, 189, 240, 255,
　　275, 300, 301, 316, 322, 324
　(転移温度)······················ 31
　(ファイバ)·············· 25, 174
ガリウム························· 346
火力発電························· 318
　(プラント)··················· 301
カルコゲン······················ 164
カルシウム化合物················ 27
カルシウムセッケン····103, 105
カルバミン酸銅················ 108
過冷却状態······················ 316
換気システム··················· 325
環境
　(因子)·························· 176
　(汚染)·························· 337
　(負荷)··············· 48, 248, 299,
　　　　　　　　　　　327, 330
　(変化)·························· 274
　(保全)···················· 267, 269
間欠運動························· 245
乾式 (ブレーキ)················ 267
　(法)······························ 330
含浸······30, 35, 36, 73, 74, 91,
　　　174, 246, 284, 303, 348, 350
乾性被膜················ 17, 45, 330
乾燥
　(空気)················ 146, 155, 166
　(潤滑)··········· 77, 78, 240, 353
　(被膜)···················· 97, 120
　(被膜潤滑剤)············· 26, 245
　(摩擦)················· 63, 175, 267
官能基···························· 235
含有金属························· 280
含有量····················· 130, 280
含油······························ 246
　(軸受)················ 94, 293, 297

(フェノール)··················· 181
(ポリアセタール)··············· 181
顔料························· 348, 351

き

記憶媒体························· 221
機械
　(加工)············· 38, 114, 194,
　　　　　　　　　　195, 335
　(工具)·························· 126
　(制御方式)····················· 269
　(的エネルギー)······35, 116,
　　　　　　　　　169, 171, 231
　(的強度)······29, 37, 39, 91,
　　142, 195, 246, 247, 253, 278,
　　　　　　279, 280, 290, 316
　(的性質)··············· 155, 175, 177,
　　　　　　　　　　181, 230, 300
　(的特性)···36, 174, 252, 345
　(的摩耗)············ 169, 169, 170
　(特性)··················· 131, 179
　(部品)··········· 38, 94, 193, 296
　(要素)·····60, 241, 243, 246,
　　　251, 255, 259, 285, 287, 314
機器分析法················ 231, 236
気孔率····················· 37, 253
基材 (マトリックス)··34, 38, 93,
　　　　　　　　279, 287, 352
擬似固体潤滑···················· 48
輝水鉛鉱 (Molybdenite)·153, 162
気相······················· 83, 122
　(潤滑)····················· 74, 88
　(状態) 73, 317
　(成長炭素繊維)··············· 143
気体················ 57, 58, 59, 97
　(潤滑効果)······················· 4
　(分子)················ 58, 232, 270
起動トルク······················ 111
起動摩擦係数··················· 300
軌道面··························· 197
軌道輪················ 248, 249, 338
絹雲母 (セリサイト, Sercite))
　　　　　　　199, 200, 201, 202
絹光沢··························· 199
機能性薄膜························ 83
基盤······················· 19, 210
基板············ 73, 79, 109, 113,

　　　　　　　131, 144, 207, 251
　(材料)·························· 109
　(成長法)··················· 20, 21
　(表面)···························· 83
　(物質)···························· 80
起泡剤······················ 13, 14
気密性··························· 253
ギヤ······························ 307
　(オイル)························ 44
　(ボックス)················ 44, 296
　(油)······················16, 102, 244
逆張力引抜き法················ 329
キャスティングナイロン······ 17
キャプスタン軸··········291, 293
キャリア························· 17
基油·····45, 101, 105, 107, 200,
　　　　　　　272, 288, 327
給脂間隔························· 298
吸湿······························ 257
吸湿性···························· 115
吸収······························ 235
　(係数)························· 235
　(性)····························· 347
球状黒鉛···························· 4
給脂量··························· 327
吸水性······30, 91, 178, 180, 301
吸水率··························· 178
急性経口毒性··················· 161
吸着······117, 121, 154, 167, 194,
　　　　　　　　　214, 231
　(気体)···················· 161, 309
　(原子層)························ 206
球面軸受························· 311
給油間隔························· 284
急冷凝固·························· 36
境界潤滑··36, 117, 126, 137, 223
　(条件)·························· 135
　(状態)·························· 133
強化
　(材)··············29, 59, 240, 255
　(材料)···················· 177, 181
　(繊維)··················· 91, 93, 94
　(熱硬化性樹脂)··············· 182
　(ポリエステル)··············· 181
競技スキー······················ 347
凝集· 97, 98, 101, 121, 124, 125,
　　　　　　　144, 239, 244, 270,

索引

　　(化)・・・・・・・・・・・・・ 143
　　(性)・・・・・・・・・・・ 98, 115
　　(・凝膠体)・・・・・・・・・・ 20
強制潤滑引抜き法・・・・・・・・ 329
凝着・64, 79, 121, 128, 132, 137,
　　172, 194, 232, 252, 269, 337
　　(防止効果)・・・・・・・・・ 111
　　(摩耗)・・・・・・・・・・・・ 70
　　(摩耗条件)・・・・・・・・・ 183
共有結合・・・・・ 15, 126, 145, 146,
　　　　　　　　　 153, 154, 335
　　(型)・・・・・・・・・・ 164, 166
橋梁・・・・・・・ 242, 244, 301, 322
極圧
　　(性)・・・・・・・・・・・・・ 27
　　(性能)・・・・・・・・・・・・ 45
　　(添加剤)・・・・・ 44, 45, 74, 99,
　　　　　 101, 102, 103, 105, 330
極性官能基・・・・・・・・・・・・ 85
キレート能(親和性)・・・・・・・ 204
記録媒体・・・・・・・・・・・・ 291
金(Au)・・・・ 8, 60, 76, 191, 223,
　　　　240, 248, 257, 331, 333
　　(銀系電気接点材料)・・・・ 332
　　(雲母(フロゴパイト,
　　　phlogopite))・・・・・・ 199, 202
金属
　　(イオン)・・・・・・・・ 204, 210
　　(塩)・・・・・・・・・・ 48, 328
　　(塩化物)・・・・・・・・・・ 123
　　(間化合物)・・・・・・・ 263, 264
　　(含浸)・・・・・・・・・・・・ 37
　　(系複合材)・・・・・・・・・・ 8
　　(結合)・・・・・・・・・・・ 207
　　(清浄面)・・・・・・・・・・ 231
　　(セッケン)・・・・・・・・・ 330
　　(セッケングリース)・・・・・ 16
　　(表面)・・・・・・ 107, 113, 116,
　　　　　　　　　　 122, 199, 351
　　(マトリックス)・・・・ 172, 287
銀(Ag)・・・・・ 8, 59, 76, 115, 181,
　　　　　191, 223, 240, 248,
　　　　　　　　257, 331, 338
　　(-銅合金)・・・・・・・・・・ 333

く

駆動

　　(機構)・・・・・・ 128, 136, 223
　　(系)・・・・・・・ 241, 243, 266
　　(トルク)・・・・・・・・・・ 289
組合せセラミックス軸受・・・・・ 249
曇点・・・・・・・・・・・・・・ 330
クラスダイヤモンド(Clusterdia-
　　mond, CD)・・・ 20, 46, 93, 144
グラスファイバ・・・・・・・・・ 24
クラッド・・・・・・・ 332, (材) 352
グラファイト・・・・・ 3, 24, 92, 97,
　　　　　　　　　140, 164, 300
　　(クラスタダイヤモンド
　　　(Graphite cluster diamond,
　　　GCD))・・・・・・・・ 93, 144
　　(構造)・・・・・・・・・ 251, 130
グラフェン・・・・・・・(構造) 290
　　(シート)・・・・・・・・・・ 142
グランドパッキン・・・・・・・・ 303
グリース・・・ 5, 16, 27, 44, 59, 97,
　　　　　102, 201, 239, 241, 245, 257,
　　　　　271, 289, 294, 320, 353
　　(潤滑)・・・・・・・ 257, 270, 296
　　(増ちょう剤)・・・・・・・・ 202
クリープ性・・・・・・・・・・・ 38
クリーン・・・・・・・・・ 8, 248, 339
　　(環境)・・・・・・・ 223, 337, 339
　　(ルーム)・・・・・ 128, 223, 309
グリコール・・・・・・・・・・・ 101
グリッドワックス・・・・・ 346, 347
クレイ(粘土)・・・・・・・・・・ 105
黒雲母・・・・・・・・・・・・・ 199

け

軽金属・・・・・・・・・・・・・ 93
軽工業機械・・・・・・・・・・・ 60
軽工業製品・・・・・・・・・・・ 8
ケイ酸ソーダ・・・・・・ 13, 17, 77,
　　　　　　　　　　　 240, 312
経時変化(経年変化)・・・・・ 54, 347
傾斜層・・・・・・・・・・・・・ 251
結合・・・・・・(エネルギー) 234, 351
　　(型固体潤滑膜)・・・・・・5, 240
　　(固体潤滑被膜)・・・・・・・ 78
　　(被膜潤滑剤)・・・・・ 42, 43, 76
　　(結合剤(バインダ))・・・ 5, 43,
　　　　　　　 60, 73, 76, 77, 240, 312
　　(材)・・・・・・ 217, 268, 268, 348

結晶
　　(化)・・・・・ 111, 137, 269, 330
　　(度)・・・・・・・・ 29, 174, 269
　　(構造)・・・・・・・・ 36, 58, 112,
　　　　　　　　　　　120, 145, 172
　　(性)・・・・ 80, 84, 87, 111, 120,
　　　　　　　　　 145, 162, 199, 254
　　(性樹脂)・・・・・・・ 17, 31, 186
　　(底面)・・・・・・・・・・・ 154
　　(配向)・・・・・・・・・ 212, 264, 265
　　(方位)・・・・・・・・・・ 128, 207
ケブラー・・・・・・・・・・ 60, 186
ケミカルエッチング・・・・・・・ 154
ケミカルシフト・・・・・・・・・ 235
減圧
　　(CVD)・・・・・・・・・・・ 84
　　(プラズマ溶射)・・・・・・・ 197
限界
　　(PV値)・・・・・・・・・・ 25, 37
　　(PV特性)・・・・・・・・・・ 30
　　(面圧)・・・・・・・・・・・ 305
原子間・・・・・・・・・・・・・ 54
　　(距離)・・・・・・・・・ 165, 223
　　(相互作用)・・・・ 206, 207, 208
　　(ポテンシャル)・・・・・・・ 207
　　(力顕微鏡(AFM))・・ 137, 140
原子
　　(状酸素)・・215, 216, 217, 310
　　(状態)・・・・・・・・・・・・ 43
　　(スケール摩擦)・・・・・・・ 206
　　(配列)・・・ 206, 207, 221, 233
　　(力)・・・・・・・・・ 4, 247, 319
建設機械・・・・・・ 46, 107, 242, 243,
　　　　　　　　　　　245, 247, 294
建設機器・・・・・・・・・・・・ 8
減速用平歯車・・・・・・・・・・ 313

こ

コイル・・・・・・・・・・・・・ 83
高圧シール・・・・・・・・・・・ 317
高圧鋳造法・・・・・・・・・・・ 36
広域温度対応型・・・・・・・・・ 197
高エネルギー
　　(イオン)・・・・・・・・・・ 83
　　(イオン衝撃)・・・・・・・・ 111
　　(イオン注入)・・・・・・・・ 113
　　(衝突)・・・・・・・・・・・ 216

索引 (415)

（電子ビーム照射）‥‥‥ 141
（ビーム）‥‥‥‥‥ 83, 109
高温‥‥ 48, 147, 170, 195, 240,
　　　　　　　　249, 254, 268
　（・高圧下）‥‥‥‥‥‥ 327
　（・高真空）‥‥‥‥‥‥‥ 35
　（域）‥‥‥‥‥‥‥‥‥ 159
　（ガスタービン）‥‥‥‥ 315
　（環境）‥‥‥‥ 39, 45, 128,
　　　　　　　　157, 249, 307
　（強度）‥‥‥‥‥‥‥‥‥ 94
　（高圧法）‥‥‥‥‥‥‥‥ 21
　（しゅう動試験）‥‥‥‥ 197
　（しゅう動部）‥‥‥‥‥ 306
　（潤滑）‥‥‥‥‥‥‥‥‥ 60
　（用構造材料）‥‥‥‥‥‥ 92
　（用固体潤滑剤）‥‥ 196, 199
高機能グリース‥‥‥‥‥‥ 107
航空宇宙機器‥‥‥ 242, 244, 306
航空機‥‥ 5, 8, 57, 242, 244, 268,
　　　　　　　　283, 306, 308
航空機用ブレーキ‥‥‥‥‥ 92
工作機械‥ 95, 242, 245, 260, 296
高差動トルク‥‥‥‥‥‥‥ 266
硬質
　（Crめっき）‥‥‥‥‥‥ 317
　（ガラス）‥‥‥‥‥‥‥ 340
　（材料）‥‥‥ 81, 127, 171, 253
　（炭層）‥‥‥‥‥‥‥‥ 251
　（フィラー）‥‥‥‥‥‥‥ 29
　（膜）‥‥‥‥‥ 75, 80, 83, 112
　（めっき）‥‥‥‥‥‥‥‥ 74
　（粒子）‥‥‥‥ 30, 70, 280, 282
高真空（中）‥‥‥ 83, 112, 128,
　　　　　　　　161, 240, 340
合成
　（油）‥‥ 16, 54, 101, 244, 276
　（基複合リチウムセッケン）320
　（金雲母）‥‥‥‥‥‥‥ 202
　（樹脂）‥‥‥‥‥‥‥ 38, 77
　（樹脂系複合材）‥‥‥‥ 240
　（フッ素雲母）‥‥‥‥‥ 202
　（油ポリアルファオレフィン
　　（PAO））‥‥‥‥‥‥‥ 143
構造用セラミックス‥‥‥‥ 194
高速四球試験‥‥‥ 104, 107, 294
高速度工具鋼‥‥‥‥‥‥‥ 249

高耐荷重能‥‥‥‥‥‥‥‥ 114
高耐食性‥‥‥‥‥‥‥‥‥‥ 94
高体積弾性率‥‥‥‥‥‥‥ 126
高耐熱性‥‥‥‥‥‥‥‥‥ 179
高耐摩耗性‥‥‥‥‥‥‥‥ 178
高弾性‥‥‥‥‥‥‥‥ 94, 180
高密度記憶装置‥‥‥‥‥‥ 221
高密度ポリエチレン（HDPE））
　　　　　　　　‥‥ 32, 178, 183
硬度‥‥‥ 15, 82, 126, 128, 194,
　　　　　　221, 253, 254, 290, 348
降伏圧力‥‥‥‥‥‥ 55, 67, 69
鉱物油（鉱油）16, 45, 54, 97, 99,
　　　　　　　　108, 200, 244, 330
高分子‥‥‥ 85, 92, 171, 174, 221,
　（系）‥‥‥‥‥‥ 60, 91, 248,
　　　　　　　　249, 249, 250
　（系複合材料）‥‥‥‥‥‥ 29
　（材料）‥‥58, 59, 91, 92, 173,
　　　　　　　　174, 177, 186
　（軸受材料）‥‥‥‥‥ 181, 182
　（複合材）‥‥ 8, 17, 60, 91, 92
高力黄銅‥‥‥‥‥‥‥ 60, 247, 322
コーティング‥‥‥ 37, 42, 78, 246,
　　　　　　248, 277, 307, 337,
　　　　　　344, 350, 352
　（剤）‥‥‥‥ 172, 265, 273, 277
　（部品）‥‥‥‥‥‥‥‥ 250
枯渇凝着理論‥‥‥‥‥‥‥‥ 98
極圧
　（グリース）‥‥‥‥‥‥ 107
　（剤）‥‥‥‥‥‥‥‥‥ 117
　（性）‥‥‥‥‥ 108, 201, 294
　（性能）‥‥‥‥‥‥‥‥ 102
　（添加剤）‥‥‥ 327, 328, 330
　（膜）‥‥‥‥‥‥‥‥‥ 116
黒鉛（グラファイト）‥‥ 3, 17, 36,
　　　　　38, 58, 120, 122, 146, 157,
　　　　　220, 240, 243, 269, 280, 298,
　　　　　326, 328, 335, 348
　（系コーティング）‥‥‥ 271
　（系潤滑剤）‥‥‥‥ 48, 326
　（系複合材料）‥‥‥‥ 38, 247
国際宇宙ステーション‥‥ 215, 314
極
　（低温）‥‥‥ 29, 78, 191, 214,
　　　　　　　　316, 317

　（低温ポンプ）‥‥‥‥‥ 315
　（低摩擦）‥‥‥ 126, 127, 133,
　　　　　　　　209, 210, 212, 213
　（薄膜）‥‥‥‥‥‥‥ 74, 210
　（微量潤滑（MQL）加工）‥ 137
黒皮（酸化膜）‥‥‥‥‥‥ 327
固体潤滑‥‥‥ 5, 9, 53, 69, 75, 86,
　　　　　　　　99, 296
　（オーバレイ）‥‥‥‥‥ 262
　（技術）‥‥‥‥‥‥ 315, 316
　（効果）‥‥‥‥‥‥‥‥‥ 82
　（転がり軸受）‥‥‥‥‥‥ 56
　（被膜）‥‥‥ 43, 59, 75, 77, 86,
　　　　　　　　114, 258, 337, 342
　（膜）‥‥‥‥ 5, 55, 60, 73, 82,
　　　　　　　88, 131, 197, 223, 239
固体グリース‥‥‥‥‥‥‥ 245
固体表面‥‥‥‥‥‥ 98, 175, 206
固着‥‥‥‥‥‥‥‥ 269, 307, 351
　（防止）‥‥‥‥‥‥‥‥ 306
固定レール‥‥‥‥‥‥‥‥ 285
コネクタ‥‥‥‥‥‥‥ 331, 332
コポリマー‥‥‥‥‥‥‥‥ 178
ごみ焼却プラント‥‥‥‥‥ 247
ゴム‥‥‥‥‥‥‥‥ 26, 37, 288
　（材料）‥‥‥‥‥‥‥‥ 252
　（粉末）‥‥‥‥‥‥‥‥ 269
米ぬか‥‥‥‥‥‥‥‥‥‥‥ 9
コロイダルグラファイト‥‥‥ 3, 9
転がり‥‥‥‥‥‥‥‥‥‥ 106
　（運動）‥‥‥‥‥‥‥‥ 261
　（軸受）‥‥‥ 8, 60, 74, 88, 197,
　　　　　　　224, 240, 248, 260, 337, 340
　（寿命試験）‥‥‥‥‥‥ 251
　（すべり）‥‥‥‥‥‥‥ 136
　（-すべり試験）‥‥‥‥‥ 112
　（ねじ）‥‥‥‥‥‥‥‥ 260
ころ状摩耗粉‥‥‥‥‥‥‥ 185
コンタクト・スタート・ストップ
　（CSS）法‥‥‥‥‥‥‥ 291
コンプレッサ部品‥‥‥‥‥ 116

さ

サーマルラック‥‥‥‥‥‥ 254
サーモトロピック‥‥‥‥‥‥ 31
サイアロン（SIALON）‥‥‥ 39
再

索　引

(移着)･･････････････ 183
(結合)･･････････････ 234
(結晶化)････････････ 20
(配向)･･････････････ 213
(付着)････････ 56, 75, 88
最高使用
　(温度)･･････････ 340, 343
　(限界)･･････････････ 253
　(荷重)･･････････････ 343
最大
　(主応力)･･････････ 63
　(接触応力)･･････ 191, 311
　(せん断応力)･･････ 63, 111,
　　　　　　　　　　128, 216
　(ミーゼス応力)･･････ 129
最表面･･････････････ 115
最密六方結晶･･････････ 121
材料
　(強度)･･････････ 35, 256
　(試験機)････････････ 260
　(設計)･･････････････ 236
　(組成)･･････････････ 34
作業環境･･48, 107, 297, 326, 330
作動機構部分･･････････ 343
差動ギヤ････････････ 353
差動制御装置付ディファレンシャル
　　　　　　　　94, 266
作動油････････････････ 45
作動流体･･････････ 302, 305
酸化･･････ 53, 88, 106, 124, 126,
　　146, 153, 155, 191, 195, 197,
　　200, 211, 213, 216, 223, 248,
　　　　　　　　　　264, 269
　(亜鉛)･･････････････ 46
　(アルミニウム)･････････ 142
　(アンチモン)･････････ 17
　(安定性)･････ 91, 105, 163
　(鉛)･･････････････ 181, 240
　(カドミウム)･････････ 333
　(還元作用)･････････ 122
　(クロム)････････････ 269
　(ケイ素)･･････････ 195, 326
　(剤)･････････････ 169
　(スケール)････････ 114, 201
　(スズ)････････････ 333
　(速度)･･････････････ 195
　(鉄)････････････････ 269

(銅)･･････････････ 123
(反応)････････ 122, 123, 145
(被膜)･････････････ 212, 331
(分解)･･････････････ 169, 212
(防止剤)････････････ 47, 108
(ホウ素)････････････ 17
(膜)････70, 71, 75, 122, 123,
　　　　124, 125, 201, 216
(摩耗)････････････････ 316
(モリブデン)･ 124, 155, 212
(劣化)･･････････ 46, 195, 216
(抑制剤)･･････････････ 124
三角プリズム (TA : Trigonal
　Prismatic) 型構造 ･･････ 165
産業機械･････ 35, 45, 136, 242,
　　　　　243, 252, 267, 294
残渣･･････････････････ 48, 328
三酸化モリブデン (MoO_3)･･･ 156
酸性界面活性剤 ･････････ 101
サンドブラスト ････････ 86
三フッ化樹脂･････････ 344
残留ガス ･･･････････ 339
サンルーフ･･････ 243, 274, 275

し

シート･･････････････ 241, 243
　(スライド装置)･････ 277
　(ベルト)･･････ 241, 243, 272
シームレスパイプ ･･････ 326
シーリング ･･････････ 252
シール･･･ 3, 4, 36, 241, 243, 251
　(材)････････････････ 23, 246
　(端面)････････････ 252
　(面)･･････････････ 303, 317
　(流体)････････････ 254
　(リング)････････････ 317
ジェット
　(エンジン)･････････ 306
　(潤滑)･････････････ 296
　(ミル)･･････････････ 14
シェル四球試験 ････ 99, 117, 156,
　　　　　　　　166, 201
紫外 (UV)･･････････ 82
　(線)･････ 84, 215, 216, 217
　(励起レーザ)･･･････ 130
ジカルコゲン･･････ (化合物) 59
　(化物, ジカルコゲナイド)

･･････････････ 164
磁気･･････････････････ 83
　(記憶装置)････････ 75
　(ディスク保護膜)･････ 221
　(テープ)･･･････････ 291
　(ヘッド)････････････ 289
四球摩擦試験････････ 105, 116
軸受････ 224, 246, 291, 295, 297,
　　303, 314, 318, 337, 338, 340,
　　　　　　　　　　　344, 353
　(温度)･･････････････ 341
　(形状)･･････････････ 343
　(合金)･････････････ 262
　(材)･････････････ 322, 323
　(材質)････････････ 341, 343
　(寿命) 46, 47, 105, 108, 111,
　　246, 251, 300, 337, 340, 341
　(性能)････････ 34, 262, 297
軸シール･･････････ 315, 317
軸封装置･･････････ 302, 303
シクロヘキサン･･････ 116
　(型)･････････････ 145
自己
　(犠牲型)････ 131, 219, 223,
　　　　　　　　　　　338
　(修復機能)････････ 86
　(修復性)････････ 213, 338
自己潤滑･･････････ 54, 316
　(軸受)････････････ 246
　(性)･･･ 3, 16, 17, 23, 30, 85,
　　　　　91, 134, 144, 253,
　　　　　　300, 316, 347
　(材料)･･････ 91, 121, 197
　(すべり軸受)･･････ 246
　(セラミックス)･････ 194
　(セラミックス複合材料) ･･ 40
　(複合材)･･ 59, 88, 120, 279
支承･･･････････････ 91
地震････････････････ 323
磁性膜･･･････････････ 85
湿潤
　(条件下)････････ 282
　(熱)･･････････････ 146
　(熱測定)････････ 145
ジッタ (Jitter) 現象 ･････ 292
自動車
　(エンジン)･･･ 116, 241, 243

（しゅう動部品）……… 94	157, 192, 216, 263, 268, 292,	296, 319, 343
（部品）・29, 46, 107, 131, 135	296, 308, 311	（効果）……………… 271
（用座席シート）……… 276	（延長効果）………… 46	（性）………………… 262
（用サンルーフ）……… 274	潤滑	（摩擦係数）…… 189, 216
自動旋盤………………… 296	（機構）・48, 98, 117, 121, 157	（摩耗）……………… 71
シビア摩耗………… 70, 195	（技術）……………… 88	（摩耗過程）………… 174
絞り羽根………………… 286	（機能）……………… 286	触媒………… 21, 23, 142, 234
シミュレーション …… 161, 207,	（挙動）……………… 192	（金属）……………… 211
231, 236	（原理）……………… 55	（作用）…………… 116, 290
ジャーナル軸受 ……… 177, 319	（作用）…… 55, 91, 126, 239	食品（加工）…………… 242
シャープ芯………… 19, 347	（成分）…… 48, 76, 114, 280	（機械）……………… 45
射出成形………………… 39	常圧焼結法……………… 253	（容器）……………… 350
（機）………………… 297	省エネ……………… 116, 350	植物油………………… 3, 330
（歯車）……………… 30	（効果）……………… 324	処女面摩擦……………… 69
（品）………………… 255	常温硬化型……………… 245	ショットピーニング ……… 114
（部品）……………… 114	昇華………… 204,（法）140	ショットブラスト ………… 59
シャッタ………………… 324	蒸気	処理温度…………… 79, 352
（走行動作）………… 287	（・ガスタービン）・・302, 305	（層）………………… 110
（羽根）……………… 286	（圧）………… 54, 79, 338	シリカ………… 5, 14, 18, 269
シャルピー衝撃試験 ……… 279	（タービン）…… 299, 320	（ゲル層）…………… 195
重金属化合物…………… 269	焼結………… 60, 180, 282, 284	（粒子）……………… 32
重合………………… 85, 116	（温度）……………… 40	シリコーン
（反応）……………… 54	（含油軸受）………… 247	（フルード）………… 114
（膜）………………… 84	（強度）……………… 35	（グリース）…… 16, 46, 170
終身潤滑………………… 78	（合金）………… 268, 279	（系グリース）……… 289
住宅関連機器…………… 242	（合金すり板）……… 280	（ゴム）……………… 288
充てん	（助剤）………… 169, 195	（樹脂）……………… 169
（材）23, 30, 94, 174, 177, 300	（ダイヤモンド）……… 128	（油）………………… 170
（量）………………… 255	（複合材料）………… 35	シリマナイト…………… 269
集電装置………………… 246	（複層軸受）………… 297	シリンダ………………… 307
集電電流量……………… 280	（密度）……………… 284	（ヘッド）…………… 291
しゅう動…… 74, 135, 262, 265,	照射放電処理…………… 81	（ライナ）…………… 94
272, 333	焼成…………………… 270, 348	ジルコニア（ZrO$_2$）…… 193, 269
（音）…………… 257, 342	（温度）………… 25, 269	白雲母…………… 199, 202
（界面）……………… 74	（工程）………… 335, 352	（単結晶）…………… 207
（痕）………………… 230	（膜）…… 42, 60, 76, 78, 307	白土（クレイ）………… 103
（材）………… 252, 305, 319	焼損…………………… 336	塵埃……………… 224, 308
（材料）…… 34, 39, 182, 226,	蒸着……………… 89, 192	新幹線…………… 268, 280
252, 270	（膜）………………… 83	真空…… 60, 87, 139, 173, 191,
（特性）…… 23, 36, 183, 255,	焼鈍…………………… 112	214, 245, 248, 309, 312, 339
277, 289, 300, 335, 343	蒸発… 53, 73, 79, 239, 257, 310	（機器）……………… 257
樹脂	床板……………… 241, 243	（紫外光電子分光法）…… 232
（材料）……… 35, 228, 230,	情報機械………………… 136	（蒸着）… 74, 79, 83, 88, 240
246, 299	初期	（蒸着法）……… 43, 60, 83
（軸受）……………… 305	（トルク）…………… 25	（蒸着膜）………… 83, 110
（バインダ）………… 246	（なじみ）…… 45, 56, 59, 77,	（装置）……………… 223
寿命…54, 76, 78, 84, 105, 111,	175, 227, 275, 294,	（雰囲気）………… 248, 338

(418)　　　　　　　　　　　　索　引

真空用固体潤滑剤 ………… 191
シングルレバー混合栓 ……… 349
人工
　（衛星） ……… 43, 246, 309
　（関節） ………………… 137
　（ダイヤモンド） ………… 21
新
　（材料） ………………… 140
　（素材） ………………… 302
　（炭素材料） …………… 140
真実接触
　（面） …………………… 160
　（面積） ……… 55, 62, 65,
　　　　　　　　 67, 75, 121
親水化 ……………………… 85
親水性 …………………… 244
靭性 ……………… 39, 77, 178
新生面 ………… 116, 123, 330
人造黒鉛 …… 17, 120, 144, 269
浸炭 …………………… 73, 80
浸透 ………………… 107, 347
　（拡散） ………………… 115
　（深さ） ………………… 347
振動 … 8, 55, 191, 197, 230, 253,
　　268, 292, 306, 309, 312, 316
　（・騒音） ……………… 255
　（音） …………………… 266
　（吸収） ………………… 246
　（制御） ………………… 324
　（測定） ………………… 291
　（耐性試験） …………… 192
　（評価試験） …………… 106
親油化処理 ……………… 200
信頼性 …………（改善）136
　　　　　　（向上）300, 315
浸硫 …………………… 73, 80

　　　　　　す

水酸化カルシウム） ……… 269
水酸化物 ………………… 169
水車用主軸受 …………… 302
水蒸気 ……… 121, 123, 159, 210
水性黒鉛潤滑剤） ………… 48
水性洗浄剤 ……………… 342
水素 ………… 58, 84, 130, 133,
　　　　　　　　 210, 251, 290
　（含有DLC膜） ………… 133

　（含有量） ……………… 86
水中 …… 85, 93, 124, 214, 301
　（軸受） ………………… 303
　（分散） ………………… 199
　（ポンプ） ……………… 246
スイッチ ………………… 331
水道栓 ………… 242, 244, 349
炊飯器 …………………… 350
水溶性 …………… 328, 330
　（樹脂） ………………… 326
水力発電 ………………… 318
　（プラント） …………… 299
水和化 …………………… 195
水和物 …………………… 304
スーパーエンプラ … 29, 32, 39
スカッフ防止 …………… 262
スキー …………… 242, 345
スクリーニング ………… 226
　（試験） ………………… 257
スクリュー軸受 ………… 353
スケール（酸化鉄） ……… 327
スズ …… 8, 59, 76, 115, 191,
　　　　　　 240, 262, 341
　（系合金） ……………… 303
スタティックミキシング法 … 113
スチレン樹脂 ……………… 39
ステアリン酸 …… 175, 243, 330
　（銅） …………………… 108
　（リチウムセッケン） …… 108
スティックスリップ …… 30, 207,
　　221, 245, 255, 269, 275, 296
　（現象） ………………… 257
ステップモータ ………… 313
ステライト ……………… 253
ステンレス … 188, 200, 202, 352
　（鋼） …… 123, 127, 146, 173,
　　　　　 252, 323, 327, 330
ストイキオメトリック …… 122
スパイラル溝 ……………… 34
スパッタ ………………… 235
　（クリーニング） ………… 81
　（蒸着） ………………… 80
　（膜） ……… 81, 83, 86, 110,
　　　　　　　 157, 159, 224
　（リング） …… 79, 82, 131,
　　　　　　　 216, 240, 240
　（リング法） …… 43, 60, 73,

　　　　　　　　 192, 338
　（リング膜） …………… 296
スピネル類 ……………… 269
スピンドル油 …………… 260
スプライン …………… 46, 296
スプレー膜 ……………… 80
スペースシャトル …… 215, 217
すべり ……… 53, 106, 121, 255
　（案内面） ……………… 296
　（機構） ………………… 324
　（系免震装置） ………… 324
　（軸受） …… 8, 197, 240, 246,
　　　　　 262, 305, 314, 323
　（接触） ………………… 257
　（ねじ） ………………… 260
　（変形） ………………… 120
　（摩擦） …………… 9, 88, 207
　（摩擦力） ……………… 54
　（摩耗） ………………… 29
スライム分散剤 …………… 13
スラスト軸受 ‥ 139, 245, 299, 319
スラストシリンダ摩耗試験 … 226
スラッジ ………………… 45
スラリー ……… 35, 253, 302
すり板 …………… 241, 243, 278
擦り込み ………………… 77
　（法） …………………… 73
スリップ防止剤 ………… 326
スリップリング … 270, 313, 331,
　　　　　　　　 333, 336
すり電気接点 ………… 331, 333

　　　　　　せ

生活関連機器 …… 242, 244, 349
成形
　（加工） ……………… 38, 133
　（加工性） ……………… 91
　（金型） ………………… 298
　（焼成） ………………… 335
　（性） ……………… 29, 246
　（用機械） ………… 242, 297
静止電気接点 …………… 331
清浄 …………………… 73, 161
　（環境） ………… 128, 223
　（環境機器） ……… 242, 244
　（表面） ………… 80, 207
　（雰囲気用） …………… 339

索引 (419)

(分散剤)······ 39, 99, 101
(面)············ 192, 212
静水圧·········· 67, 69, 121
脆性··················· 39
(化)··············· 217
(材料)············· 193
(的)·········· 120, 246
(破壊)··· 40, 70, 112, 194
生体············ 219, 223
(安全性)············ 55
(適合性)··········· 137
製鉄·················353
(機械)············· 245
(設備)·············· 95
静電気················346
(的斥力)············ 98
青銅·········· 35, 181, 269
制動材················315
成膜·········· 76, 84, 89
(・エッチング)······ 339
(法)··············· 73
(方法)·············· 91
精密
(機械)············· 204
(機器)·········· 91, 285
(しゅう動部品)······ 29
(部品)············· 116
生理食塩水中······ 85, 137
ゼオライト············ 20
石英·················199
赤外分光法/ラマン散乱法···· 232
析出硬化型············333
積層化··········· 82, 134
積層材料···············286
積層状態···············235
積層膜··········· 82, 133
石油
(系ワックス)····· 203, 346
(コークス)······ 120, 144
(精製)············· 252
セグメントシール········303
絶縁性················194
絶縁物············ 46, 107
石灰············ 13, 330
(石)··············· 18
セッケン水············330
石けん石··············· 9

切削··················· 45
切削工具····· 39, 43, 126, 137
接触······ 66, 252, 278, 288
(面圧)············· 240
(圧力)············· 183
(応力)············· 127
(界面)·············· 70
(角)····· 85, 98, 127, 346
(式)··············· 333
(式シール)········· 251
(しゅう動)····· 75, 293
(条件)············· 303
(状態)····· 235, 260, 269
(抵抗)············· 331
(電圧降下)········· 336
(点成長理論)········ 68
(表面)········ 169, 335
(面積)······ 54, 66, 81,
127, 207, 331
接線力················ 55
接着······· 38, 114, 345, 352
(強度)·········· 38, 60
(剤)········· 76, 180, 264
(性)··············· 352
(層)··············· 351
セパレータ············248
セラミックス······ 128, 170, 193,
223, 249, 253, 269,
302, 307, 349
(強化金属複合材料)····· 39
(系高温固体潤滑剤)···· 319
(系自己潤滑複合材料)··· 197
(系複合材料)··· 91, 197, 241
(繊維)·············· 93
(溶射)············· 303
(膜)··············· 80
(軸受)············· 303
セリサイト········ 46, 202
ゼロ摩擦······ 206, 126, 219
繊維·················343
(強化)··········· 29, 3
(強化金属材料)······ 93
(強化複合材料)······ 37
遷移金属····· 108, 122, 164, 204
(ジカルコゲナイド)··· 153, 164
(配向性)············ 92
洗浄············ 342, 352

(性)···············344
線接触··········· 5, 101
せん断······ 58, 79, 98, 121,
154, 172, 200
(応力)·········· 62, 343
(強度)····· 121, 134, 191
(速度)·············· 98
(強さ)·············· 54
(強さ)····· 62, 68, 75, 117
(抵抗)······· 53, 81, 127
(変形)············· 121
前方押出し加工········328
線摩耗率········ 183, 185

そ

相
(転位)············· 210
(変態)············· 195
騒音·········· 8, 56, 60, 257
(レベル)··········· 257
層間化合物········ 58, 163
層間結合力······· 121, 125
走査型
(電子顕微鏡 SEM/EDX)· 233
(プローブ顕微鏡 SPM)
·············· 221, 232
操作フィーリング性·······272
操作力··········· 277, 350
層状
(化合物)······· 164, 269
(結晶構造)····· 195, 220
(結晶系)··········· 250
(結晶物質)····· 248, 337
(結晶材料)········· 220
(構造)······ 120, 142, 145,
168, 204, 209
(構造物質)······ 8, 58, 79,
163, 191, 257
(固体潤滑剤)··· 69, 81, 174,
195, 224
(物質)············· 80
相乗効果···· 71, 101, 105, 298
総セラミック軸受····· 195, 249
相対運動·········· 53, 291
相対湿度·········· 159, 227
相対すべり運動········285
操舵システム··········246

増ちょう剤‥‥‥‥44, 103, 239, 272, 289
増粘性‥‥‥‥‥‥‥‥‥107
相容化剤‥‥‥‥‥‥‥‥32
ソール材‥‥‥‥‥‥‥346
ソールプレート‥‥‥‥299
速度依存性‥‥‥‥125, 174, 323
素材‥‥‥‥‥‥‥‥‥327
　（表面）‥‥‥‥‥‥329
疎水
　（化）‥‥‥‥‥‥‥85
　（性（撥水性））‥‥145
塑性
　（加工）‥‥3, 19, 137, 239, 242
　（加工性）‥‥‥‥‥333
　（用潤滑剤）‥‥‥‥45
　（接触）‥‥‥‥‥‥67
　（変形）‥‥‥63, 69, 75, 157, 194, 208, 327
　（量）‥‥‥‥‥‥‥67
　（流動圧力）‥‥‥‥63
曽田四球試験‥‥‥‥‥200
粗面化処理‥‥‥‥‥‥352
ゾル-ゲル反応‥‥‥‥‥32
ソルベント‥‥‥‥‥‥27
損傷‥‥‥‥127, 129, 235, 350

た

ターゲット‥‥‥81, 83, 87, 340
タービンガス用シール‥‥317
タービン油‥‥‥‥‥‥244
ターボ
　（機械）‥‥‥242, 302, 304
　（ジェットエンジン）‥‥306
　（ポンプ）‥‥‥88, 312, 315
耐
　（アーク性）‥‥‥‥280
　（アブレシブ）‥128, 134, 346
　（エロージョン）‥‥38
　（荷重,（性））‥‥44, 76, 239, 288, 298, 308, 337, 343
　（荷重能）‥‥53, 59, 100, 107, 116, 123, 157, 200
　（かじり特性）‥‥‥272
　（ガス性）‥‥‥‥‥353
　（環境性）‥‥‥‥‥257
　（凝着性）‥‥‥132, 137
　（クリープ性）‥‥23, 171, 179
　（硬化性樹脂）‥‥‥273
　（酸化性）‥‥‥39, 126, 134, 197, 317
　（湿性）‥‥‥‥‥‥334
　（衝撃性）‥‥‥‥‥91
　（震設計構法）‥‥‥323
　（水性）‥‥‥‥‥‥353
　（ストレスクラック性）‥‥178
　（スラリー性）‥‥‥254
　（土砂摩耗性）‥‥‥301
　（ひっかき性）‥‥‥25
　（疲労性）‥‥‥91, 179, 262
　（フレッチング性）‥‥294
　（ブロッキング性）‥‥25
　（放射線）‥‥‥6, 53, 179
　（焼付き性）‥‥272, 294, 305, 343
　（薬品性）‥‥23, 30, 91, 342
　（油性）‥‥‥‥‥‥91
　（溶剤性）‥‥‥‥‥171
　（溶着性）‥‥‥331, 333
ダイオキシン‥‥‥‥‥117
　（類）‥‥‥‥‥‥‥328
ダイキャスト‥‥‥‥94, 352
　（鋳造法）‥‥‥‥‥36
耐久性‥‥‥82, 256, 277, 289, 342
台形ねじ‥‥‥‥‥‥‥260
耐ダイス‥‥‥‥‥‥‥329
帯電‥‥‥‥‥‥‥‥‥98
　（防止）‥‥‥‥46, 107
ダイナミックミキシング‥‥110
耐熱‥‥‥‥‥‥‥‥‥339
　（性）‥‥‥‥‥‥‥194
　（・耐寒性）‥‥‥‥288
　（温度）‥‥‥‥254, 330
　（温度限界）‥‥‥‥170
　（材料）‥‥‥‥‥‥306
　（樹脂）‥‥‥‥‥‥246
　（衝撃性）‥‥‥39, 254
　（処理）‥‥‥‥‥‥124
　（性）‥‥‥23, 30, 35, 48, 76, 91, 126, 170, 179, 187, 193, 197, 199, 307, 350
　（プラスチック）‥‥188
　（摩擦材）‥‥‥‥‥267
　（繊維）‥‥‥‥‥‥180
　（タイル）‥‥‥‥‥92
　（用グリース）‥‥‥107
ダイバーブシュ‥‥‥‥297
耐摩耗
　（処理）‥‥‥‥‥‥296
　（性）‥‥29, 39, 94, 100, 113, 125, 128, 131, 133, 137, 144, 166, 170, 174, 177, 182, 186, 193, 219, 222, 253, 272, 298, 300, 305
　（用途）‥‥‥‥‥‥126
ダイヤフラム‥‥‥‥‥344
ダイヤモンド‥‥‥84, 125, 133
　（構造）‥‥‥58, 121, 128, 130, 251
　（超微粒子）‥‥‥‥144
　（薄膜）‥‥‥‥‥‥84
　（膜）‥‥4, 112, 126, 128, 222
　（ライクカーボン（DLC））‥‥58, 129, 209, 250, 290, 295, 350
　（膜）‥‥‥‥‥221, 223
太陽電池パドル駆動機構‥‥313
ダイレス引抜き‥‥‥‥329
多結晶‥‥‥‥‥‥‥‥128
多孔質‥‥‥‥‥‥38, 91, 246
　（焼結体）‥‥‥‥‥35
　（人造黒鉛）‥‥‥‥246
　（青銅）‥‥‥‥‥‥181
　（炭素材，炭素材料）‥‥93, 279
ダスティング‥‥‥‥‥4
多層コート‥‥‥‥‥‥351
脱塩酸反応‥‥‥‥‥‥23
脱ガス‥‥‥‥‥‥‥‥125
脱脂‥‥‥‥‥‥29, 245, 352
タッピング‥‥‥‥‥‥296
タフラム処理‥‥‥‥‥73
玉軸受‥‥‥‥‥88, 110, 224, 292, 314, 344
タルク‥‥‥9, 46, 157, 243, 330
炭化‥‥‥‥‥‥‥73, 120, 348
　（ケイ素，SiC）‥‥93, 186, 193, 246, 253, 254, 326, 350
　（焼成）‥‥‥‥‥‥93
　（水素）‥‥‥‥20, 210, 346
　（チタン）‥‥‥‥‥94
　（反応）‥‥‥‥‥‥122

索引　　　　　　　　　　　　　　　　　　　(421)

　　(物)‥‥‥‥‥‥‥ 122, 282
　　(物生成)‥‥‥‥‥‥ 38, 122
　　(フッ素)‥‥‥‥‥‥‥ 346
タングステン‥‥ 3, 9, 35, 59, 329,
　　　　　　　　　　331, 333
　　(含有DLC膜)‥‥‥‥‥ 251
　　(カーバイト)‥‥‥‥‥ 264
ダングリングボンド‥‥ 80, 138,
　　(量)‥‥‥‥‥‥‥‥ 290
単結晶‥‥‥‥‥‥‥ 142, 213
単原子層‥‥‥‥‥‥‥‥ 214
炭酸
　　(ガスパルスレーザ)‥‥ 143
　　(カルシウム)・243, 269, 327
弾性
　　(エネルギー)‥‥‥‥‥ 207
　　(係数)‥‥ 127, 155, 253, 349
　　(接触)‥‥‥‥‥ 65, 69, 207
　　(反跳検出分析(ERDA)法)
　　　　‥‥‥‥‥‥‥‥ 130
　　(変形)‥‥‥‥‥‥ 67, 69
　　(率)‥‥‥‥‥‥‥ 37, 133
炭素‥‥‥‥‥ 17, 20, 40, 94,
　　　　　　　120, 122, 140
鍛造‥‥‥‥‥‥‥‥ 45, 48
　　(プレス加工)‥‥‥‥‥ 327
　　(用潤滑剤)‥‥‥‥‥‥ 48
単層
　　(コート)‥‥‥‥‥‥‥ 351
　　(膜)‥‥‥‥‥‥‥‥‥ 82
炭素
　　(基すり板)‥‥‥‥‥‥ 280
　　(系)‥‥‥‥‥‥‥‥‥ 92
　　(系固体潤滑剤)‥‥‥‥ 120
　　(系新素材)‥‥‥‥‥‥ 20
　　(系複合材料)‥‥‥‥‥ 36
　　(原子)‥‥‥‥‥‥ 120, 335
　　(材料)‥‥‥‥‥‥ 36, 144
　　(充てん)‥‥‥‥‥‥‥ 40
　　(繊維)‥‥‥‥ 24, 37, 60, 91,
　　　　93, 246, 268, 280, 283, 300
　　(繊維強化炭素複合材, C/C
　　　複合材)‥‥‥‥‥ 92, 279
　　(繊維複合材)‥‥‥‥‥ 286
　　(複合材C/Cコンポジット)
　　　‥‥‥‥‥‥‥‥‥ 268
単体型軸受‥‥‥‥‥‥‥ 246

タンタル‥‥‥‥‥‥ 35, 240
タンデムロール‥‥‥‥‥ 353
断熱材‥‥‥‥‥‥‥‥‥ 169
断熱性‥‥‥‥‥‥‥ 39, 48
タンブリング法‥‥‥ 73, 77, 86

ち

チェーンオイル‥‥‥‥‥‥ 44
チタニア‥‥‥‥‥‥‥‥ 269
チタン‥‥‥‥‥‥‥ 93, 252
　　(酸カリウイスカ)‥‥‥ 181
窒化‥‥‥‥‥‥‥‥‥‥ 73
　　(・イオン窒化)‥‥‥‥ 80
　　(アルミニウム)‥‥‥‥ 94
　　(カーボン, β-C_3N_4)
　　　‥‥‥‥‥‥‥ 126, 133
　　(ケイ素)‥ 94, 138, 170, 193
　　(処理)‥‥‥‥‥‥‥ 318
　　(炭素, CN_x)‥‥‥ 137, 213
　　(チタン)‥‥‥‥‥‥‥ 94
　　(ホウ素, BN, h-BN)‥ 46, 76,
　　　　93, 168, 240, 244, 269,
　　　　　　　336, 348, 195
窒素(N)‥‥ 112, 126, 130, 133,
　　　　　139, 213, 223, 290
　　(イオン)‥ 92, 113, 128, 137
　　(環境下)‥‥‥‥‥‥‥ 133
　　(中)‥‥‥ 92, 133, 138, 159
　　(注入)‥‥‥‥‥‥‥ 128
　　(添加DLC)‥‥‥‥‥ 112
チムケン試験‥‥‥‥‥‥ 104
中間層‥‥‥‥‥‥‥ 76, 251
柱状組織‥‥‥‥‥‥‥‥ 83
鋳造法‥‥‥‥‥‥‥‥‥ 35
鋳鉄‥‥‥‥‥‥‥‥‥ 247
　　(制輪子)‥‥‥‥‥‥ 281
　　(-鋳鋼クラッド)‥‥‥ 282
超
　　(LSI製造装置)‥‥ 128, 223
　　(音波振動)‥‥‥‥‥ 329
　　(音波引抜き法)‥‥‥‥ 329
　　(撥水性)‥‥‥‥‥‥‥ 85
　　(高温タービンブレード材料)
　　　‥‥‥‥‥‥‥‥‥ 193
　　(硬合金)‥‥‥‥‥ 110, 253
　　(高硬度)‥‥‥‥‥‥ 213

　　(硬質材料)‥‥‥‥ 127, 133
　　(硬質膜)‥‥‥ 125, 128, 220
　　(格子膜)‥‥‥‥‥‥‥ 75
　　(高真空)‥‥‥ 8, 208, 210,
　　　　　　215, 249, 314, 339
　　(高真空中)‥‥ 54, 112, 231,
　　　　　　　　　240, 248
　　(高速化)‥‥‥‥‥‥‥ 316
　　(高分子量ポリエチレン)
　　　‥‥‥‥‥‥‥ 29, 178
　　(高密度記録)‥‥‥‥‥ 222
　　(潤滑)‥‥‥‥‥‥‥ 206
　　(潤滑機構)‥‥‥‥‥ 213
　　(低摩擦)‥‥‥‥‥ 138, 192
　　(薄膜)‥‥‥‥‥‥‥‥ 80
　　(微細粒子)‥‥‥‥‥‥ 20
　　(微小硬度計)‥‥‥‥‥ 290
　　(臨界圧状態)‥‥‥‥‥ 316
潮解性‥‥‥‥‥‥‥‥‥ 123
長寿命‥‥‥‥‥‥ 76, 251, 256
　　(化)‥‥‥ 75, 110, 241, 271
長石‥‥‥‥‥‥‥‥ 199, 269
ちょう度‥‥‥‥‥‥‥‥ 288
調理器具‥‥‥‥‥‥‥‥ 350
直接接触‥‥‥‥‥‥‥‥‥ 74

つ

通電性‥‥‥‥‥‥ 43, 191, 340
疲れ(疲労)摩耗‥‥‥‥‥‥ 70

て

低
　　(荷重領域)‥‥‥‥‥ 128
　　(合金鋳鉄)‥‥‥‥‥ 282
　　(蒸気圧)‥‥‥‥‥‥‥ 54
　　(蒸気圧グリース)‥‥‥ 224
　　(蒸気圧油)‥‥‥‥‥ 223
　　(蒸発量)‥‥‥‥‥‥ 288
　　(せん断強度)‥‥‥ 127, 328
　　(せん断反応生成物)‥‥ 133
　　(騒音)‥‥‥‥‥‥ 256, 341
　　(速電子線回折法)‥‥‥ 232
　　(燃費)‥‥‥‥‥‥‥ 116
　　(発塵)‥‥‥‥‥‥‥ 337
　　(発塵化)‥‥‥‥‥‥ 224
　　(表面エネルギー)‥‥‥ 146
　　(膨張率)‥‥‥‥‥ 39, 94

索 引

　（摩擦）・・・・・・・・・・・・・・210, 214
　（摩擦ダイヤモンド）・・・・・129
　（摩擦発現メカニズム）・・・138
　（摩耗）・・・・・・・・・・・・・・194, 252
　（密度ポリエチレン）・・・・・・32
　（融点）・・・・・・・・・・・・・・118, 328
　（融点金属）・・・・・・・・・246, 280
　（離油度）・・・・・・・・・・・・・・・・288
低温・・・・・・・・8, 78, 156, 240, 268
　（環境下）・・・・・・・・・・・・・・・288
　（処理）・・・・・・・・・・・・・・・・・110,
　（薄膜形成）・・・・・・・・・・・・・84
締結用ねじ・・・・・・・・・・・・・・・259
低速電子線回析・・・・・・・・・・・232
抵抗加熱・・・・・・・・・・・・・・・・・・81
抵抗率・・・・・・・・・・・・・・・279, 334
定常
　（摩擦係数）・・・・・・・・189, 217
　（摩耗）・・・・・・・・・・・・・71, 183
　（摩耗過程）・・・・・・・・・・・・174
ディスクブレーキ・・・・・・・・・267
　（方式）・・・・・・・・・・・・・・・・・281
ディスクロータ・・・・・・・・・・・・94
　（温度）・・・・・・・・・・・・・・・・・267
ディスパージョン・・・16, 244, 353
ディンプル・・・・・・・・・・・・・・・116
テープガイド・・・・・・・・・・・・・293
鉄・・・・・・・・・・・・・・・・・・・・・・・269
　（カルボニル）・・・・・・・・・・・21
　（系）・・・・・・・・・・・・・・・247, 280
　（系焼結合金）・・・・・・・・・・279
　（メルカプチド被膜）・・・・・117
鉄道・・・・・・・・・・・・・・・・・・・・・241
　（車両）・・・・・・・・・8, 267, 282
　（分岐器, ポイント）・・・・・283
テトラアルキルシリケート・・・・32
テフロン・・・・・・・・・・・・23, 92, 303
転移・・・・・・・・・・・・27, 56, 210, 331
　（膜）・・・・・・・・・・・・・・・・56, 88
添加・・・・・・・・・・・・・・・・・・・・・・97
　（効果）・・・・102, 105, 112, 133
　（剤）・・・・・・・・・・16, 23, 39, 44, 46,
　　　73, 97, 99, 101, 116, 142,
　　　172, 239, 271, 330, 335
　（材）・・・・・・・・・・・・・・・・・・・94
　（量）・・・・・・・・・・・・・・・・・・・91
点接触・・・・・・・・・・・・・・・・・・・101

電界イオン顕微鏡・・・・・・・・・172
電解めっき・・・・・・・・・・・・73, 80
電気
　（化学的共析めっき）・・・・・147
　（信号接点）・・・・・・・・・・・・285
　（絶縁性）・・・・・・・・・・・91, 194
　（的絶縁体）・・・・・・・・・・・・145
　（接点）94, 163, 240, 289, 331
　（伝導性）・・・・・・・・・・・121, 270
　（伝導度）・・・・・・・・・・・・・・・37
　（伝導率）・・・・・・・・・・・・・・332
　（二重層）・・・・・・・・・・・・・・・98
　（めっき）・・・・・・・38, 240, 262
電子
　（エネルギー損失分光, EELS）
　　　・・・・・・・・・・・・・・・130, 232
　（応用機器, 機器）94, 242, 244
　（情報機器）・・・・・・・・・・・・219
　（サイクロトロン共鳴, ECR）
　　　・・・・・・・・・・・・・・・・83, 131
　（スピン共鳴法, ESR）・・・・290
　（ビーム加熱）・・・・・・・・・・・81
　（プローブマイクロアナリシス）
　　　・・・・・・・・・・・・・・・・・・・232
　（線）・・・・・・・・・・・・・・215, 232
　（エネルギー損失分光法, EELS）
　　　・・・・・・・・・・・・・・・・・・・290
　（回折）・・・・・・・・・・・・・・・・130
　（照射）・・・・・・・・・・・・・・・・・30
電食・・・・・・・・・・・・・・・・・・・・・247
電線被覆材料・・・・・・・・・・・・・・24
電装部品・・・・・・・・241, 243, 269, 336
転走面・・・・・・・・・・・・・・・56, 316
転動体・・・・56, 197, 248, 260, 337
転動面・・・・・・・・・・・・・・・・・・・111
天然
　（黒鉛）17, 120, 144, 269, 335
　（樹脂）・・・・・・・・・・・・・・・・・77
　（ダイヤモンド）・・・・・・・・128
　（ワックス）・・・・・・・・・・・・203

と

ドアヒンジ・・・・・・・・・・・・・・・・94
ドア部品・・・・・・・・・・・・・・・・・353
銅・・・・・・・・93, 240, 269, 279, 282
　（化合物）・・・・・・・・・・46, 108
　（系焼結合金）・・・・・・・・・・279

　（合金）・・・・・95, 280, 297, 313
動圧型セグメントシール・・・・・317
透過電子顕微鏡・・・・・・・・121, 264
等速ジョイント・・・・・・・・・・・106
特殊
　（環境）・・・・・39, 134, 176, 215
　（環境下）・・・・・・・・・・248, 250
　（樹脂）・・・・・・・・・・・・・・・・・38
　（リン化合物）・・・・・・・・・・328
導電性・・・・・19, 38, 94, 142, 155,
　　　　　　　　　　　240, 279, 340
　（グリース）・・・・・・・・・・・・107
　（複合樹脂）・・・・・・・・・・・・142
導電付与剤・・・・・・・・・・・・・・・107
動摩擦係数・・・・・・・・・・・・・・・300
動翼・・・・・・・・・・・・・・・・・・・・・307
動力伝達装置・・・・・・・・・・・・・320
ドーピング技術・・・・・・・・・・・109
トグル機構・・・・・・・・・・・・・・・297
土状黒鉛・・・・・・・17, 120, 269, 348
ドップラー振動計・・・・・・・・・291
トップワックス・・・・・・・・・・・346
ドライエッチング）・・・・・・・138
ドライ被膜・・・・・・・・・・・・42, 77
トライボ
　（ケミカル（化学））・・116, 172,
　　　　　　　　　　　223, 269, 304
　（コーティング）・・・・・・74, 88
　（材料）・・・・・・・・・39, 91, 193
　（特性）・・・・・・・・4, 8, 20, 59
　（表面改質）・・・・・・・・・・・・・93
　（複合材料）・・・・・・・・・・・・202
　（マテリアル）・・・・・・29, 171,
　　　　　　　　　　　　　176, 194
　（メモリ）・・・・・・・・・・・・・・222
トライボロジー・・・・3, 39, 53, 91,
　　　　　　　　　　110, 116, 126, 134,
　　　　　　　　　　141, 193, 210
　（コーティング法）・・・・・・・192
　（材料）・・・・・・・・・・・・137, 194
　（特性）・・・・・・・・・・・・・29, 39
トラクション係数・・・・・・・・・257
トラクション油・・・・・・・・・・・・75
トラブル対策・・・・・・・・・44, 231
ドラムブレーキ・・・・・・・・・・・267
トリクレジルホスフェート・・・117
塗料・・・・・・・・・・・25, 47, 98, 352

（規格）・・・・・・・・・・・・・・・・ 98
（原料）・・・・・・・・・・・・ 76, 245
ドリル切削・・・・・・・・・・・・・・・ 296
トルク係数・・・・・・・・・・・・・・・ 259
ドローブロック（伸線機）・・・・・ 329
ドローベンチ（抽伸機）・・・・・・ 329
トロリ線・・・・・・・・・・・・・ 94, 278
トングレール・・・・・・・・・・・・・ 283

な

内外輪・・・・・・・・・・・・・・ 56, 337
　　（転送面）・・・・・・・・・・・・・ 88
内部摩擦・・・・・・・・・・・・・・・ 177
内輪・・・・・・・・・・・・・・・・・・・ 197
ナイロン・・・・・・ 8, 17, 35, 92, 172,
　　　　　　240, 255, 256, 270
菜種油・・・・・・・・・・・・・・・ 9, 260
ナット・・・・・・・・・・・・・・・・・・ 307
ナノ
　　（インデンテーション）85, 134
　　（カーボン）・・・・・ 20, 21, 140,
　　　　　　　　　　　142, 204
　　（加工）・・・・・・・・・・・ 137, 223
　　（クリスタルダイヤモンド）
　　　　・・・・・・・・・・・・・ 126, 144
　　（構造）・・・・・・・・・・・・・・・ 82
　　（コンポジット）・・ 29, 32, 134
　　（周期積層膜）・・・・・・ 82, 133,
　　　　　　　　　　　134, 221
　　（スケール）・・・・・・・・・・・・ 74
　　（ダイヤモンド）・・ 20, 21, 144
　　（チューブ）・・・・・・・・・・・ 223
　　（テクノロジー）・・・・ 137, 208,
　　　　　　　　　　　210, 222
　　（トライボロジー）・・・・・・・ 206
　　（プロセッシング）・・・・・・・ 223
　　（ホーン）・・・・・・・・・・・・・・ 4
　　（マシン）・・・・・・・・ 207, 223
ナフテン・・・・・・・・・・・・・・・・ 105
　　（酸銅）・・・・・・・・・・・・・・ 108
鉛・・・・・・・・・・・ 8, 63, 240, 248,
　　　　　　　　262, 269, 340
　　（青銅）・・・・・・・・・・・・・・・ 35
　　（めっき膜）・・・・・・・・・・・ 257
ならし運転・・・・・・・・・・・ 264, 314
ならし時間・・・・・・・・・・・ 264, 265
軟化・・・・・・・・・・・・・ 123, 125, 178

難加工材・・・・・・・・・・・・ 329, 330
軟質
　　（金属）・・・・・ 8, 53, 64, 74, 76,
　　　　　191, 209, 224, 240, 257, 337
　　（層）・・・・・・・・・・・・・・・・ 60
　　（薄膜）・・・・・・ 60, 69, 212, 215,
　　　　　　　　　　　257, 341
　　（材料）・・・・・・・・・・・ 171, 253
　　（薄膜）・・・・・・・・・・・ 127, 219
難燃性・・・・・・・・・・・・・ 30, 31, 180
　　（作動油）295

に

二円筒転がりすべり試験機・・・ 128
ニオブ・・・・・・・・・・・・・・・・ 35, 59
肉盛溶接・溶射・・・・・・・・・・・ 307
二次イオン質量分析法・・・・・・ 232
二次シール・・・・・・・・・・・ 252, 254
ニダックス処理・・・・・・・・・・・・ 73
ニッケル・・・・・・ 35, 38, 197, 240,
　　　　　　　　　　331, 333
　　（膜）・・・・・・・・・・・・・・・ 147
　　（めっき処理）・・・・・・・・・ 330
日本工業規格・・・・・・・・・・・・ 259
ニューダイヤモンド・・・・・・・ 126
二硫化タングステン（WS_2）・・76,
　　94, 114, 162, 163, 223, 249, 257
二硫化モリブデン（MoS_2）・・・・・ 5,
　　13, 24, 43, 45, 58, 76, 99,
　　115, 220, 153, 170, 272, 277
　　（被膜）・・・・・・・・・・・ 257, 353
　　（スパッタ膜）・・・・・・・・・ 261
　　（ペースト）・・・・・・・・・・・ 277

ぬ

ぬれ性・・・・・・ 36, 98, 155, 170, 341

ね

ねじ・・・・・・・・・・ 241, 243, 259, 296
熱
　　（CVD）・・・・・・ 43, 73, 80, 84
　　（安定性）・・・・・ 91, 195, 199,
　　　　　　　　　　249, 308
　　（拡散反応）・・・・・・・・・・・ 263
　　（可塑性樹脂）・・ 25, 31, 34, 337
　　（可塑性ポリイミド）
　　　　・・・・・・・・・ 180, 188, 255

　　（間圧延）・・・・・・・・ 326, 327
　　（間圧延油）・・・・・・・・・・・ 327
　　（間加工）・・・・・・・ 19, 38, 202
　　（間鍛造）・・・・・・ 48, 244, 328
　　（硬化）・・・・・・・・・ 91, 179, 246
　　（硬化性樹脂）・ 268, 274, 277
　　（衝撃性）・・・・・・・・・・・・・ 39
　　（処理）・・・・ 60, 145, 228, 230
　　（処理剤）・・・・・・・・・・・・・ 200
　　（真空安定性）・・・・・・ 310, 311
　　（的性質）・・・・・・・ 91, 177, 181
　　（的特性）・・・・・・・・・・・・・ 252
　　（伝導性）・・・・・・ 37, 121, 181,
　　　　　　　　　　　194, 253
　　（伝導率）・・・・・・・ 24, 31, 155,
　　　　　　　　　　　253, 269
　　（フィラメントCVD）
　　　　・・・・・・・・・・・ 83, 126, 128
　　（分解）・・・・・ 23, 35, 48, 145
　　（分解ガス）・・・・・・・・・・・ 270
　　（膨張係数）・・・・・ 91, 155, 252
　　（履歴）・・・・・・・・・・・・・・ 236
粘性・・・・・・・・・・ 78, 117, 169, 327
粘弾性・・・・・・・・・・・・・ 87, 173, 174
　　（係数）・・・・・・・・・・・・・・・ 87
　　（測定装置）・・・・・・・・・・・・ 98
粘着・・・・・・・・・・ 281, 282, 331, 332
粘土・・・・・・・・・・・・・・・・・・・ 348
粘度変化・・・・・・・・・ 101, 125, 257
燃費向上・・・・・・・・・・・・・ 60, 106
燃料潤滑・・・・・・・・・・・・・・・・ 270
燃料電池・・・・・・・・・・・・・・・・ 140

の

ノニオン系界面活性剤・・・・・・ 330
ノンアスベスト摩擦材・・・・・・ 268

は

ハードディスク・・・・ 75, 243, 289
パーフルオロカルボン酸・・・・・ 290
パーフルオロポリエーテル潤滑油
　　・・・・・・・・・・・・・・・・・・・ 290
バーンアウト摩耗・・・・・・・・・ 316
廃棄物・・・・・・・・・・・・・・・・・ 330
配向・・・・・・・・・ 121, 125, 142, 200
　　（性）・・ 87, 91, 112, 199, 213,
　　　　　　　　　　　174, 348

索引

ハイパーフラーレン ……… 141
バイパス弁 …………… 318
ハイブリッドセラミックス軸受
 ………………… 316
灰分 ………………… 46
パイロフィライト ……… 202
バインダ（結合剤）…26, 42, 76,
 94, 120, 128, 160, 246, 270,
 271, 330, 351
破壊
 （強度）………… 181
 （挙動）………… 39
 （限界）………… 212
 （靱性）39, 181, 183, 186, 254
白色固体潤滑剤 …… 46, 199, 276
白色（多孔体 ………… 348
薄膜 …55, 59, 76, 88, 111, 133,
 173, 191, 209, 214, 246, 338
 （形成）………… 84, 111
 （形成法）……… 79, 83, 111
 （材料）………… 83, 182
 （評価装置）……… 138
はく離 ……… 79, 83, 116, 269
 （強度）………… 295
歯車 …… 31, 39, 91, 255, 314
 （機構）………… 258
 （材料）………… 255, 256
破砕工程 …………… 13, 14
ハステロイ …………… 252
波長分散型X線分光法 …… 232
バッキーオニオン ……… 141
バッキーボール ………… 223
白金 ………………… 334
パッキン材料 ………… 301
バックル …………… 272, 273
 （耐久評価）……… 272
発塵 ……… 192, 223, 249, 339
 （低減効果）…… 110, 136
 （特性）…… 111, 112, 129, 224
 （量）…………… 224, 337
撥水 ………………… 85
 （性）………… 37, 134, 345
発電機 …………… 247, 302
 （ブラシ）………… 57
発電プラント …… 242, 243, 299
パッド・ライニング ……… 267
パッド軸受 …………… 319

バビットメタル …………… 8
馬毛ブラシ …………… 346
パラゴナイト …………… 199
パラジウム ………… 332, 334
パラフィン …………… 105
 （系鉱油）……… 108, 200
 （系炭化水素）……… 203
バリウムセッケン ……… 103
波力発電 …………… 320
ハロゲン化合物 ………… 117
パワープラント …… 242, 244, 318
板金プレス加工 ………… 327
反射電子回折 ……… 232, 233
 （像）……………… 121
搬送機器 …………… 95
パンタグラフ …………… 278
 （すり板）…… 92, 278, 279
半導体 ………… 61, 109, 248
 （製造設備）… 240, 136, 257,
 337, 339, 340
 （プロセス）……… 223
ハンドルボックス ……… 325
反応
 （ガス）………… 73, 84
 （焼結法）………… 254
 （生成物）…… 116, 213, 236
 （層）………… 170, 232
 （速度）………… 171, 330
汎用高分子材料 ………… 172
汎用樹脂 …………… 39

ひ

非
 （アスベスト系補強繊維）… 268
 （硫黄モリブデン複合添加剤）
 ………………… 104
 （化学量論的化合物）…… 232
 （吸水性）………… 178
 （黒鉛系）………… 48
 （黒鉛系水溶性油剤）…… 328
 （黒色系高荷重グリース）… 294
 （酸化物系セラミックス）
 ……………… 123, 193
 （酸素雰囲気）…… 348
 （晶質）…… 84, 111, 137, 345
 （接触シール）…… 251
 （接触支持）……… 223

 （層状化合物）…… 269
 （粘着性）… 23, 25, 171, 350
 （平衡状態）……… 8
ヒート
 （サイクル）……… 98
 （ローラ定着方式）… 288
 （ロール軸受）…… 177
光
 （CVD）……… 43, 84
 （アシスト）…… 81, 82
 （スパッタリング）…… 82
 （電子分光法）…… 232
引裂き強度 …………… 25
引抜き加工 … 242, 244, 329, 330
微結晶ダイヤ ………… 144
飛行時間型質量分析 …… 234
微細粒鋼板 …………… 327
微小
 （振動）………… 260
 （スクラッチ試験機）… 112
 （揺動特性）……… 111
ビスカス式 …………… 266
ピストン …… 45, 73, 94, 116,
 265, 307
 （スカート）… 246, 262, 265
 （リング）… 3, 4, 23, 27, 94
ビッカース硬さ …… 67, 71, 332
筆記用具 …………… 3, 347
ピッチ点面圧 ………… 258
ピッチング …………… 44
引張り試験 …………… 208
引張り強さ ……… 31, 63, 253
ビデオカメラ …………… 91
ビデオヘッド …………… 291
微動摩耗 …………… 307
被膜 … 5, 56, 60, 73, 86, 91, 113,
 210, 243, 270, 307
 （型軸受）………… 246
 （形成）………… 27
 （材料）………… 73, 350
 （寿命）…… 56, 76, 87, 271
 （処理）…… 43, 73, 87
 （製作法）………… 60
 （生成）………… 115
 （はく離）………… 6
 （密度）………… 87
比摩耗量 … 31, 35, 56, 71, 169,

(424)

索　引　　　　　　　　　　　　　（425）

　　　　　　182, 185, 194, 228, 230, 253
標準試験方法‥‥‥‥‥‥‥‥ 226
標準物質‥‥‥‥‥‥‥‥‥‥ 234
表面
　（粗さ）‥‥ 34, 53, 57, 73, 79,
　　　　86, 100, 210, 227, 229, 230,
　（エネルギー）‥ 47, 127, 135,
　　　　　　　　　155, 175, 231
　（改質）‥‥ 25, 39, 73, 80, 92,
　　　　127, 135, 220, 223, 266
　（吸着水）‥‥‥‥‥‥‥‥ 128
　（吸着層）‥‥‥‥‥‥‥‥ 126
　（欠陥）‥‥‥‥‥‥‥‥‥ 116
　（硬化処理）‥‥‥‥‥‥‥ 74
　（構造）‥‥‥‥‥‥‥ 92, 233
　（コンタミネーション）‥‥ 217
　（酸化）‥‥‥‥‥‥‥‥‥ 15
　（自由エネルギー）‥‥ 59, 85
　（処理）‥‥ 37, 43, 79, 91, 127,
　　　　134, 167, 199, 245, 260, 262
　　　　　　　　265, 296, 316
　（処理層）‥‥‥‥‥‥ 79, 109
　（設計）‥‥‥‥‥ 73, 86, 236
　（層）37, 73, 76, 93, 156, 319
　（組織）‥‥‥‥‥‥‥‥‥ 116
　（組成）‥‥‥‥‥‥‥ 232, 236
　（損傷）‥‥‥‥‥‥‥‥‥ 128
　（張力）‥‥‥ 67, 98, 124, 222
　（電位）‥‥‥‥‥‥‥‥‥ 98
　（ナノ構造）‥‥‥‥‥‥‥ 235
　（配向性）‥‥‥‥‥‥‥‥ 201
　（微小突起）‥‥‥‥‥‥‥ 138
　（被膜）‥‥‥‥‥ 73, 94, 334
　（分析）‥‥ 138, 208, 232, 235
　（平滑性）‥‥‥‥‥‥‥‥ 295
微粒子衝突表面改質法‥‥‥‥ 116
微粒子ピーニング‥‥‥‥‥‥ 93
蛭石‥‥‥‥‥‥‥‥‥‥‥‥ 269
疲労強度‥‥‥‥‥‥‥‥‥‥ 290
疲労試験機‥‥‥‥‥‥‥‥‥ 101
疲労摩耗‥‥‥‥‥‥‥‥‥‥ 56
ピン（ボール）・オン・ディスク試験
‥‥‥‥‥‥ 139, 173, 175,
　　　　　　226, 229, 230
品質管理‥‥‥‥‥‥‥‥‥‥ 226
ヒンジピン‥‥‥‥‥‥‥‥‥ 307
ピン
　（ジョイント方式）‥‥‥‥ 307
　（継手）‥‥‥‥‥‥‥‥‥ 320
ピンチローラ‥‥‥‥‥‥ 291, 293

ふ

ファイル記憶装置‥‥‥‥ 94, 135
ファインセラミックス‥‥‥‥ 226
ファクシミリ‥‥‥‥‥‥‥‥ 288
ファレックス試験‥‥ 27, 97, 100
　　　　　　　　　　105, 166
ファレックス焼付き荷重‥‥‥ 103
不安定振動‥‥‥‥‥‥‥‥‥ 317
ファンデーション‥‥‥‥‥‥ 199
ファンデルワールス
　（結合）‥‥ 120, 153, 195, 223
　（エピタキシー）‥‥‥ 79, 80
　（力）‥‥‥ 80, 98, 169, 173,
　　　　　　　　222, 335
　（ギャップ）‥‥‥‥‥‥‥ 165
フィラー‥‥‥‥‥‥‥‥‥‥ 174
フィラー効果‥‥‥‥‥‥‥‥ 29
プーリ‥‥‥‥‥‥‥‥‥‥‥ 94
フィロケイ酸塩‥‥‥‥‥‥‥ 199
フーリエ変換赤外分光（FTIR）
‥‥‥‥‥‥‥‥‥‥‥ 130
風力発電‥‥‥‥‥‥‥‥‥‥ 320
フェード‥‥‥‥‥‥‥ 268, 282
フェノール‥‥‥‥‥‥‥ 77, 181
　（アラルキル樹脂）‥‥‥‥ 31
　（硬化反応）‥‥‥‥‥‥‥ 32
　（樹脂（PF））‥ 17, 31, 37, 92,
　　　　177, 180, 240, 246,
　　　　302, 312, 335
フェライト‥‥‥‥‥‥‥‥‥ 327
フェログラフィ写真‥‥‥‥‥ 294
深絞り加工油‥‥‥‥‥‥‥‥ 327
不活性ガス‥‥ 80, 87, 123, 143,
　　　　　　　　176, 180, 197
複合
　（化）‥‥‥‥‥‥ 29, 331, 338
　（材）‥‥‥ 6, 8, 60, 170, 176,
　　　　　　　　　240, 280
　（材料）‥‥‥ 34, 91, 182, 228,
　　　　230, 241, 246, 283, 307
　（焼結）‥‥‥‥‥‥‥‥‥ 170
　（セッケングリース）‥‥‥ 16
　（セラミックス）‥ 39, 203, 318
　（被膜）‥‥‥‥‥‥ 204, 262
　（めっき）‥‥‥‥‥‥‥‥ 287
福祉機器‥‥‥‥‥‥‥‥‥‥ 29
複写機‥‥‥‥‥‥‥‥ 31, 91, 243,
　　　　　　　　246, 255, 288
複層軸受‥‥‥‥‥‥‥‥‥‥ 299
複層膜‥‥‥‥‥‥‥‥‥‥‥ 81
ブシュ‥‥‥‥‥‥ 45, 295, 307, 343
不純物‥‥‥‥‥‥‥ 4, 18, 83,
　　　　　　　　109, 200, 269
腐食‥‥‥‥‥‥‥‥ 71, 252, 290
　（環境）‥‥‥‥ 39, 176, 249, 323
　（性）‥‥‥‥‥ 58, 204, 254, 308
　（評価）‥‥‥‥‥‥‥‥‥ 272
　（摩耗）‥‥‥‥‥‥‥‥‥ 70
　（率）‥‥‥‥‥‥‥‥‥‥ 253
不水溶性‥‥‥‥‥‥‥‥‥‥ 328
不整合接触‥‥‥‥‥‥‥‥‥ 206
不対電子‥‥‥‥‥‥‥‥‥‥ 120
付着
　（配向）‥‥‥‥‥‥‥‥‥ 199
　（強度）‥‥‥‥‥ 43, 76, 113,
　　　　　　　　192, 290
　（性）‥‥‥‥‥‥ 44, 122, 133,
　　　　　　　　175, 316, 327
　（力）‥‥‥ 75, 76, 83, 109, 113,
　　　　131, 134, 173, 339, 341
不通気性‥‥‥‥‥‥‥‥‥‥ 37
普通鋳鉄‥‥‥‥‥‥‥‥ 281, 282
フッ化‥‥‥‥‥‥‥‥‥‥‥ 196
　（カーボン）‥‥‥‥‥ 134, 269
　（カルシウム）‥‥‥‥ 240, 269
　（グラファイト（CF））164, 166
　（黒鉛（CF））‥‥ 58, 144, 240
　（黒鉛/ニッケル複合膜）‥ 147
　（水素）‥‥‥‥‥‥‥‥‥ 23
　（水素酸）‥‥‥‥‥‥ 156, 316
　（セレン（CeF$_3$））‥‥‥‥ 204
　（炭素）‥‥‥‥‥‥‥ 82, 83
　（バリウム）‥‥‥‥‥‥‥ 4
　（物）‥‥‥‥‥‥‥‥‥‥ 197
フッ酸処理‥‥‥‥‥‥‥‥‥ 14
フッ素‥‥‥‥‥‥‥ 59, 134, 346
　（雲母）‥‥‥‥‥‥‥‥‥ 199
　（化）‥‥‥‥‥‥ 37, 127, 135,
　　　　　　　　145, 219, 221
　（系グリース）‥‥‥‥ 83, 289

索　引

　　（系高分子膜）……337, 338
　　（系複合材料）…………247
　　（系高分子材料）………337
フッ素樹脂………23, 169, 246,
　　　　　　　　338, 345, 350
　　（被膜）………330, 350, 353
　　（コーティング）………350
　　（充てんプラスチック）…296
　　（添加剤）……………24, 25
　　（分散液）………………244
フッ素処理…………128, 221
物理
　　（吸着水）………………194
　　（吸着膜）………………117
　　（蒸着）…………43, 74, 80
　　（的性質）………54, 145, 331
　　（的特性）…………114, 251
不燃性………………………288
部分安定化ジルコニア（PSZ）…39
不飽和脂肪酸………………175
不飽和電子…………………270
踏面ブレーキ方式……281, 282
浮遊選鉱……………13, 14, 18
浮遊率…………………98, 101
不熔解………………………180
フラーレン（C_{60}）……4, 20, 137,
　　　　　　　　140, 141, 208
フライアッシュ……………94
フライパン…………………350
プライマー（下塗り）………351
ブラインド…………………324
ブラインドシャッタ………324
ブラウン管…………………19
プラグ…………………194, 331
ブラシ………19, 26, 246, 313,
　　　　　　　　334, 335, 336
　　（材）……………………270
　　（シール）………………305
　　（寿命）…………………336
　　（付きモータ）…………334
　　（摩耗）…………………270
　　（レスモータ）…………334
プラスチック
　　（系材料）………29, 178, 183
　　（コンポジット）…………17
　　（軸受）……………324, 325
　　（チューブ）……………224

　　（歯車）……241, 243, 255, 256
　　（母材）…………………144
　　（射出成形機）…………114
ブラスト……………114, 330, 352
プラズマ
　　（CVD）………43, 73, 80, 81,
　　　　　83, 84, 131, 135, 144, 290
　　（重合法）…………84, 85
　　（重合膜）………………85
　　（処理）…………………85
　　（発生法）………………84
　　（反応）…………………83
　　（密度）…………………131
　　（溶射）…………73, 80, 141
　　（励起）……………83, 131
フラッシング………………200
プランジャ…………………36
フラン樹脂…………………37
フリクションプレート……266
フリクションポリマー
　　……………74, 116, 117
振り子試験機………………141
プリテンショナ………273, 274
プリンタ………………31, 91, 255
ブレーカ………………331, 332
ブレーキ……19, 94, 177, 241, 243,
　　　　　　　267, 281, 315
　　（材）…………………31, 94
　　（振動）…………………268
　　（ディスク）……………282
フレーキング…………106, 107
　　（防止）…………………46
ブレード……………………94
フレーム溶射………………80
フレキシブルコンジット…325
フレキシブル太陽電池パドル…314
プレス……38, 242, 244, 327, 351
　　（加工）…………………114
　　（加工用潤滑剤）……327, 329
　　（油）……………………328
フレッチング………………307
　　（防止）…………………77
　　（摩擦）…………………111
　　（摩耗）……………294, 296
フローティングリング（FR）シール
　　……………………317
ブロック・オン・リング摩耗試験

　　………………226, 229
ブロンズ…………………24, 25
雰囲気……57, 75, 123, 159, 176,
　　　　　　　209, 214, 230
　　（圧力）……………340, 341
　　（依存性）………92, 138, 249
　　（ガス）…………43, 116, 123,
　　　　　　　138, 176
　　（効果）………69, 160, 195
分解生成物…………………169
分級………………18, 19, 115
　　（装置）…………………115
文具……………………242, 244
粉砕………18, , 99, 120, 162, 199
　　（工程）……………14, 99
分散………39, 45, 47, 97, 102,
　　　　　　　170, 200, 241, 333
　　（安定性）…………97, 101
　　（液）………………100, 244
　　（型軸受）…………246, 247
　　（剤）…9, 97, 98, 98, 99, 244
　　（処理）………………97, 239
　　（性）…………25, 98, 101, 102
　　（媒）………………97, 99, 102
分子
　　（間力）…………………222
　　（機械）…………………137
　　（構造）………25, 134, 172, 235
　　（鎖）………………98, 177
　　（軸受）…………………222
　　（動力学）……………207, 208
　　（配向）…………………187
　　（ベアリング）…………208
噴射条件……………………115
噴射装置……………………114
分子量…………………174, 345
粉塵…………………………330
分析機器……………………232
分析装置……………………257
粉体塗料……………………350
粉末
　　（固体潤滑剤）…………330
　　（焼結製品）………………17
　　（プレス加工）…………327
　　（冶金）………19, 34, 38, 60
分離機構……………………312
分離ナット…………………312

索 引

ベアリング‥‥‥‥‥23, 27, 307
ベアリング部材‥‥‥‥‥‥296
平滑化‥‥‥‥102, 126, 138, 139
平滑性‥‥‥‥‥‥‥‥‥‥131
平均粒径‥‥‥‥‥‥‥104, 105

へ

米国食品医薬品局‥‥‥‥‥45
平面度‥‥‥‥‥‥‥‥‥‥229
ベーキング‥‥‥‥‥‥‥‥124
ベースグリース‥‥‥‥106, 200
ペースト‥‥16, 27, 45, 59, 120,
　　　241, 245, 276, 294, 353,
ペースト状‥‥‥‥‥‥‥‥239
ベース
　（マトリックス）‥‥‥‥29
　（メタル）‥‥‥‥‥318, 321
　（ワックス）‥‥‥‥‥‥346
ベーン‥‥‥‥‥‥‥‥‥‥36
へき開‥‥‥‥‥‥‥‥‥‥120
　（性）‥‥‥‥‥121, 125, 199
　　204
　（面）‥‥‥‥‥15, 207, 220
ヘッド‥‥‥‥‥‥‥‥‥‥291
　（媒体インターフェースへの応
　　用）‥‥‥‥‥‥‥‥‥129
　（クラッシュ）‥‥‥‥‥290
　（ドラム）‥‥‥‥‥‥‥293
　（保護膜）‥‥‥‥‥‥‥131
ヘテロ成長‥‥‥‥‥‥‥‥80
ヘテロダイヤモンド‥‥‥‥126
ベビーパウダ‥‥‥‥‥‥‥199
ヘリコプタ‥‥‥‥‥‥‥‥308
ヘルツ接触面圧‥‥‥‥257, 258
ヘルツ理論‥‥‥‥‥‥‥‥66
ベルト‥‥‥‥‥‥‥‥‥‥272
ベルトコンベヤ‥‥‥‥‥‥94
ペレット‥‥‥‥‥‥‥‥‥124
変位センサ‥‥242, 244, 331, 333
変性
　（フェノール）‥‥‥‥‥17
　（フッ素樹脂）‥‥‥‥‥351
　（ポリフェニレンオキサイド
　　（変性PPO））‥‥‥‥179
ベントナイト‥‥‥‥‥‥‥167
ベントングリース‥‥‥‥‥167
偏摩耗‥‥‥‥‥‥‥‥‥‥255

ほ

ホウ化‥‥‥‥‥‥‥‥‥‥73
　（アルミニウム）‥‥‥‥94
　（チタン）‥‥‥‥‥‥‥94
芳香族ポリアミド‥‥‥‥‥180
ホウ砂‥‥‥‥‥‥‥‥‥‥240
防錆‥‥‥‥‥‥‥78, 273, 343
　（潤滑塗装）‥‥‥‥273, 277
　（性）‥‥‥‥‥‥‥46, 277
　（油）‥‥‥‥‥‥‥‥‥260
ホウ酸（アルミニウムウィスカ）
　‥‥‥‥‥‥‥‥‥300, 301
　（塩）‥‥‥‥‥‥‥244, 326
　（ガラス系）‥‥‥‥‥‥330
紡糸‥‥‥‥‥‥‥‥‥‥‥181
放射線‥‥‥‥24, 54, 78, 176,
　　　　　　　177, 247, 310
　（環境）‥‥‥‥‥‥‥‥95
放出ガス‥‥‥‥‥‥‥163, 249
防食性‥‥‥‥‥‥‥‥‥‥77
ホウ素‥‥‥‥‥‥‥‥126, 133
包丁‥‥‥‥‥‥‥‥‥‥‥194
放電プラズマ焼結‥‥‥‥‥35
飽和状態‥‥‥‥‥‥‥‥‥58
飽和炭化水素‥‥‥‥‥‥‥346
ホウ化‥‥‥‥‥‥‥‥‥‥80
ポーラス‥‥‥‥‥‥‥73, 174
ポーラスめっき‥‥‥‥‥‥27
ポーラライズドグラファイト
　‥‥‥‥‥‥‥‥‥‥46, 107
ボールオンディスク試験‥86, 87,
　　　　　　　　　　134, 226
ボール
　（ジョイント）‥‥‥‥‥296
　（ねじ）‥‥116, 260, 261, 314
　（ベアリング）‥‥‥‥‥71
　（ミル）‥‥‥‥13, 73, 98, 244
保護膜‥‥‥‥‥75, 111, 135, 216
母材‥‥‥‥74, 91, 143, 177, 240,
　　　246, 263, 275, 281, 300
母材表面‥‥‥‥‥‥‥42, 240, 263
保持解放機構‥‥‥‥‥‥‥312
保持器‥‥‥‥‥88, 89, 195, 248,
　　　　　　　　316, 337, 338
　（材評価試験結果）‥‥‥197
　（ポケット部）‥‥‥‥‥88

捕集剤‥‥‥‥‥‥‥‥13, 14
ポストコート（後コート）
　‥‥‥‥‥‥‥‥‥351, 352
保存安定性‥‥‥‥‥‥‥‥97
ほたる石‥‥‥‥‥‥‥‥‥23
ホット
　（プレート）‥‥242, 244, 350
　（プレス）‥‥‥8, 35, 38, 60
　（ワイヤ法）‥‥‥‥‥‥117
　（ワクシング）‥‥‥‥‥347
ポテンショメータ‥331, 333, 334
ホモポリマー‥‥‥‥‥‥‥178
ポリ-m-フェニレンイソフル
　アミド（PMIA）‥‥‥‥180
ポリ-p-フェニレンテレフタル
　アミド（PPTA）‥‥‥‥180
ポリαオレフィン‥‥‥‥‥102
ポリアセタール‥17, 29, 92, 178,
　　　　181, 186, 246, 255, 256
ポリアミド（PA）‥‥8, 30, 59, 60,
　　　92, 143, 178, 181, 246, 275
ポリアミドイミド（PAI）‥‥8, 29,
　　　　31, 77, 170, 181, 187, 204
　　　　　　　　240, 246, 312
　（系樹脂コーティング処理）275
ポリアルキレングリコール‥16, 45
ポリイソブチン‥‥‥‥‥‥45
ポリイミド（PI）‥‥8, 29, 77, 92,
　　　　　143, 147, 181, 187,
　　　　　　　　240, 246, 257
ポリエーテルエーテルケトン
　（PEEK）‥‥29, 31, 179, 186,
　　　　　　　　255, 300, 305
ポリエーテルサルフォン（PES）
　‥‥‥‥‥‥‥‥‥31, 179, 187
ポリエステル‥‥‥‥‥‥‥77
ポリエチレン‥‥‥17, 76, 99, 172,
　　　　　　178, 181, 345, 346, 347
ポリエチレンソール‥‥‥‥346
ポリエチレンテレフタレート
　（PET）‥‥‥‥‥‥‥‥179
ポリ塩化ビニル‥‥‥‥‥‥348
ポリオキシメチレン（POM）
　‥‥‥‥‥‥‥‥92, 275, 286
掘り起こし‥‥‥‥‥64, 71, 269
　（項）‥‥‥‥‥‥‥‥‥174
　（効果）‥‥‥‥‥‥‥‥212

索引

ポリオレフィン系プラスチック ・・・・・・・・・・・・・・・・・・・・・ 29
ポリカーボネー (PC) ・8, 183, 221
ポリシロキサン ・・・・・・・・・・・・・ 289
ポリスチレン・・・・・・・・・・・・・・・ 143
ポリテトラフルオロエチレン
 (PTFE)・・・・・・ 23, 29, 46, 76, 171, 243, 249, 269
ポリパラオキシベンゾイル ・・・・・・・・・・・・・・・・・・・ 181, 182
ポリピロメリットイミド (PI) ・ 180
ポリフェニールエーテル ・・・・・ 170
ポリフェニレンサルファイド
 (PPS) ・・・・・・・ 30, 179, 181, 187, 240
ポリブデン・・・・・・・・・・・・・・・・・ 239
ポリフロオロアルキルポリエーテル
 (PFAE) ・・・・・・・・・・・・・・・・ 107
ポリプロピレン (PP) ・・・ 8, 17, 29, 32, 76, 178, 185
ポリベンズイミダゾール (PBI) ・・・・・・・・・・・・・・・・・・・・・・・・・ 32
ポリマーアロイ ・・・・・・・・ 177, 181
ポリマーアロイブレンド ・・29, 31
ボルト・・・・・・・・・・・・・・・・・・・・・ 307
 (ナット) ・・・・・・・・・・ 259, 260
 (テンション試験) ・・・・・・・ 201
ボロン・・・・・・・・・・・94, 195, 223
 (添加 DLC 膜)・・・・・・・・・・ 112
ホワイトオイル ・・・・・・・・・・・・ 30
ホワイトメタル) ・・・・ 8, 299, 300, 303, 305
本四連絡橋梁・・・・・・・・・・・・・・・ 247
ボンデ処理 (リン酸亜鉛処理)・・ 48
ボンデッド・コーティング ・16, 17
ポンプ・・・247, 252, 302, 304, 344

ま

マイカ・・・・・・・・・・・ 220, 221, 223
マイクロ
 (ナノトライボロジー) ・・・219, 220, 221, 222, 223
 (ナノマシン) ・・・・・・・・・・ 222
 (荷重領域) ・・・・・・・・・・・・ 128
 (カプセル) ・・・・・・・・・・・・・ 26
 (シールプロセス) ・・・・・・ 113
 (トライボロジー) 20, 85, 135

 (波プラズマ CVD)・・・84, 126, 142, 144
 (摩擦試験) ・・・・・・・・・・・・ 128
 (マシン) ・・・・・・ 94, 207, 219, 221, 222
 (摩耗)・・・・・・・・・・・・・ 112, 135
 (モータ) ・・・・・・・・・・・・・・ 333
マイルド摩耗・・・・・・・・・・・・・・・ 231
膜厚・・・・・・・・・ 91, 114, 115, 240, 251, 352
膜形成法・・・・・・・・・・・・・・・ 79, 113
マグネシウム・・・・・・・・・・・・・・・ 269
マグネットスイッチ ・・・・・・・・ 332
マグネトロンスパッタリング
 ・・・・・・・・・・・・・・・・81, 131, 290
マクロ荷重領域 ・・・・・・・・・・・・ 127
曲げ強度・・・・・・・・・・ 253, 347, 348
曲げ弾性率・・・・・・・・・・・・・・・・・・ 25
摩砕・・・・・・・・・・・・・・・・・・・・・・・ 269
摩擦・・・・54, 62, 65, 88, 206, 209, 226, 259, 266, 278, 283, 288, 301
摩擦・摩耗, 摩擦摩耗 ・・・・・ 74, 78, 79, 92, 101, 116, 131, 143, 172, 193, 245
 (特性) ・・・・ 91, 128, 183, 195, 251, 300, 319
 (安定性) ・・・・・・・・・・・・・・・ 91
 (異方性) ・・・・・・・・・・・・・・ 208
 (界面)・・・・75, 143, 172, 219
 (化学) ・・・・・・・・・・・・・・・・ 116
 (過程) ・・・・・・・・・・・・ 122, 194
 (機構) ・・・・・・・・・・・・・ 71, 171
 (挙動) ・・・・・・・ 125, 142, 298
 (距離)・・・・・・・・・・・・・・ 56, 70
 (繰返し数) ・・・・・・・・・・・・ 138
 (軽減剤 (油性剤))・・・・・・ 117
 (低減効果) ・・・・・・・・ 116, 143
 (メカニズム) ・・・・・・・・・・ 175
摩擦係数・・・・・・ 15, 25, 30, 40, 53, 65, 75, 87, 112, 121, 138, 159, 186, 195, 287, 299
摩擦
 (現象) ・・・・・・・・・・・・ 231, 235
 (痕) ・・・・・・・・・・・・・・・・・・ 221
 (材)・・91, 267, 278, 280, 282
 (酸化) ・・・・・・・・・・・・ 111, 116

 (支援潤滑膜形成法) ・・・・・ 192
 (試験)・・・・・・・・・・・・・・ 34, 36
 (仕事) ・・・・・・・・・・・・・・・・・ 57
 (条件) ・・・・・・・・・・・・・・ 57, 60
 (初期) ・・・・・・・・・・ 76, 87, 217
 (振動) ・・・・・・・・・・・・ 177, 269
 (生成物) ・・・・・・・・・・・・・・ 133
 (速度) ・・・・・・・・・・・・・・・・ 279
 (損失) ・・・・・・・・・・・・ 262, 282
 (損傷) ・・・・・・・・・・・・・・・・ 127
 (耐久性) ・・・・・・ 82, 83, 111, 112, 127, 128
 (帯電) ・・・・・・・・・・・・・・・・・ 61
 (調整剤)・・44, 135, 266, 268
 (低減) ・・・・・・ 111, 128, 141, 262, 325, 362
 (抵抗)・・172, 175, 277, 325
 (特性) ・・・ 6, 25, 33, 39, 40, 82, 111, 174, 196, 210, 229, 231
 (トルク) ・・・・・・・・・・・・・・・ 89
 (トルクピーク) ・・・・ 313, 314
 (熱)・・・・31, 54, 57, 63, 116, 117, 125, 195, 267
 (発熱)・・・・・・・・・86, 316, 317
 (板) ・・・・・・・・・・・・・・・ 94, 266
 (表面) ・・・・・・ 74, 88, 102, 160, 161, 239, 268
 (ブレーキ) ・・・・・・・・・・・・ 267
 (方向) ・・・・・・・・・・・・・・・・・ 58
 (面)・・ 27, 62, 63, 74, 88, 91, 97, 100, 116
 (面温度) ・・63, 123, 128, 174
摩擦モデル・・・・・・・・・・・・ 65, 206
摩擦力・・・・ 53, 62, 206, 235, 291, 323, 329, 343
 (顕微鏡 (FFM)) ・・・・ 135, 208
マシニングセンタ ・・・・・・・・・・ 296
マシン油 ・・・・・・・・・・・・・・・・・・ 260
マススペクトル解析 ・・・・・・・・ 173
マスフィルタ・・・・・・・・・・・・・・・ 163
マッサージチェア ・・・・・・ 242, 343
マット・・・・・・・・・・・・・・・・・・・・・ 343
マトリックス・・・・・・・・ 37, 38, 39, 94, 283, 286
摩耗・・・・ 55, 70, 86, 88, 122, 169, 176, 221, 239, 282

(過程)‥‥‥‥‥ 183, 227
(機構)‥‥‥ 57, 70, 71, 194
(曲線)‥‥‥‥‥ 183, 185
(挙動)‥‥‥‥‥‥‥‥ 29
(距離)‥‥‥‥‥‥‥‥ 56
(係数)‥‥‥‥‥‥‥‥ 71
(形態)‥‥‥‥‥‥‥ 195
(現象)‥‥‥‥‥ 226, 249
(減量)‥‥‥‥‥‥‥ 301
(進行曲線)‥‥‥‥‥ 221
(痕)‥‥‥ 99, 128, 200, 220, 228, 230
(痕径)‥‥‥‥‥‥‥ 100
(式)‥‥‥‥‥‥‥ 70, 71
(試験)‥‥ 227, 228, 229, 230
(寿命予測)‥‥‥‥‥ 226
(損傷)‥‥‥‥‥‥‥ 129
(体積)‥‥‥‥‥‥ 56, 70
(低減)‥‥‥ 46, 245, 280, 353
(特性)‥‥‥ 107, 126, 128, 174, 226
(発塵)‥‥ 128, 136, 129, 223
(粉)‥‥‥ 54, 70, 195, 209, 211, 213, 227, 301
(防止)‥‥ 46, 106, 107, 275
(抑制)‥‥‥‥‥‥‥ 252
(率)‥‥ 71, 177, 185, 209, 281
(量)‥‥‥‥ 36, 39, 56, 71, 170, 177, 265, 298, 29
マレイン酸‥‥‥‥‥‥‥ 48
マンドレルミル圧延‥‥‥‥ 326

み

ミーハナイト‥‥‥‥‥‥ 253
見掛けの接触面積‥ 54, 55, 62, 63
ミキシング‥‥‥‥‥‥‥ 112
ミスアラインメント‥‥ 258, 317
水グリコール系‥‥‥‥‥ 295
水潤滑‥‥ 129, 169, 175, 246, 301
水潤滑軸受‥‥‥‥‥‥ 303
ミスト潤滑‥‥‥‥‥‥‥ 296
水篩分級‥‥‥‥‥‥‥ 199
水
　(分子)‥‥‥‥ 169, 214, 336
　(ベース)‥‥‥‥‥‥‥ 48
密着
　(強度)‥‥‥‥‥‥‥ 114

(性)‥‥‥ 15, 47, 111, 144, 168, 170, 252, 264, 308
(性向上)‥‥‥‥‥‥ 245
(力)‥‥‥‥‥ 79, 110, 251
密度‥‥‥ 37, 91, 130, 155, 253, 279, 332, 285
密封
　(性)‥‥‥‥‥‥‥ 253
　(装置(シール))‥‥‥ 251
　(流体)‥‥‥‥‥‥ 253
密閉ゴム支承板‥‥‥‥‥ 322
ミニチュアボールベアリング‥ 293

む

無機
　(化合物)‥‥‥‥ 102, 240
　(系固体潤滑剤)‥‥‥ 76
　(結合)‥‥‥ 73, 77, 80, 258
　(充てん材)‥‥‥‥‥ 269
　(バインダ)‥‥‥‥‥ 113
　(反応生成膜)‥‥‥‥ 117
無給軸封装置‥‥‥‥‥‥ 302
無給水軸受‥‥‥‥‥‥ 302
無給油‥‥‥‥‥ 94, 182, 303
無限層構造‥‥‥‥‥ 197, 204
無充てん‥‥‥ 176, 177, 186, 182, 188
無潤滑‥‥‥ 29, 91, 129, 137, 224, 260, 270, 301
　(加工)‥‥‥‥‥‥‥ 137
無定形‥‥‥‥‥‥ 36, 168
無添加‥‥‥‥‥ 142, 143, 144
無電解めっき‥‥‥‥ 38, 73, 80
無灰ジチオカーバメート‥ 104, 105
ムライト‥‥‥‥‥‥‥ 269

め

メカデッキ‥‥‥‥‥ 291, 293
メカニカルシール‥ 37, 202, 252, 253, 304, 317
メカノケミカル反応‥‥‥‥ 116
メカノケミストリー‥‥ 116, 117
メタライズドカーボン‥‥‥ 280
メタルコンポジット‥‥‥ 17, 27
メチルラジカル‥‥‥‥‥ 84
めっき‥‥ 73, 80, 110, 114, 172
　(膜)‥‥‥‥‥‥‥‥ 147

メラミンシヌレート(MCA) ‥‥‥‥‥‥ 46, 204, 257
メラミン樹脂‥‥‥‥‥‥ 204
面圧依存性‥‥‥‥‥ 323, 324
免震‥‥‥‥‥‥‥ 323, 324
面心立方‥‥ 120, 191, 208, 339
メンテナンス‥‥ 45, 53, 192, 283, 296, 303, 308, 320, 323
　(フリー)‥‥‥ 29, 78, 241, 271, 299, 318

も

モース硬さ‥‥‥‥‥ 154, 199
モータ‥‥‥‥‥ 247, 331, 336
　(ブラシ)‥‥ 3, 242, 244, 334
モーメント荷重‥‥‥‥‥ 341
モノマーガス‥‥‥‥‥‥ 84
モバイル機器‥‥‥‥‥‥ 29
モリブデン‥‥ 3, 35, 38, 59, 73, 94, 153, 162, 240, 329
　(化合物)‥‥‥‥ 46, 106
　(鉱石)‥‥‥‥‥ 13, 14
　(ジアルキルカルバメート) 117
　(ジチオカーバメート) ‥‥‥‥‥‥‥ 104, 105
モルフォロジー‥‥‥ 181, 186

や

焼付き‥ 59, 101, 170, 244, 295, 302, 326, 327, 329
　(荷重)‥‥‥‥ 107, 108, 253
　(現象)‥‥‥‥‥ 284, 337
　(試験)‥‥‥‥‥‥‥ 343
　(防止)‥‥‥‥ 106, 294, 296, 326, 328, 353
　(防止性能)‥‥‥‥‥ 46
焼付け‥‥‥‥‥‥‥‥ 55
　(コート)‥‥‥‥‥‥ 324

ゆ

油圧機器‥‥‥‥‥‥‥ 295
有機/無機ハイブリッド‥‥‥ 32
有機
　(Zn-S-P化合物)‥ 104, 105
　(亜鉛結合物)‥‥‥‥ 106
　(硫黄化合物)‥‥‥‥ 117
　(系 MoS_2 焼成膜)‥ 312, 313

（系結合材）······73, 216, 217
（系バインダ）······17, 270
（系摩擦材）············268
（結合固体潤滑被膜）
　···············77, 80, 262
（結合剤）··············258
（酸塩）················328
（繊維）················181
（銅化合物）········47, 108
（薄膜）················84
（モリブデン）······46, 106,
　　　　　　　　　　　　107, 117
（溶剤）················204
（溶媒）············77, 155
有人宇宙船·················311
遊星歯車式·················266
融着························157
融点······79, 91, 115, 155, 177,
　　　　　　199, 228, 331, 346
油温························44
床板················283, 284, 285
雪質························346
油剤··················170, 214
油脂含浸···················37
油性剤················295, 330
油性膜······················117
輸送用機器···············8, 91
油中······74, 93, 99, 267, 300
油中成分··················102
油膜切れ··············276, 277
湯水混合···················349

よ

陽極酸化···················73
溶射····················73, 80
（加工）················352
（処理）················74
（膜）··················307
要素部品···················302
溶着························331
（荷重）············103, 104
揺動················313, 343
（開閉弁）··············318
（角）··················314
（球面軸受）············320
（ピン継手）············320
溶媒························77

溶融············48, 73, 107, 347
（亜鉛浴）··············92
（塩）··················26
（塩浸漬法（TD処理））···80
（材）··················73
予防保全···················44
四球式試験法················5
四フッ化エチレン（PTFE）
　·········240, 243, 300, 322

ら

ライナタイプ··············60
ライニング············174, 295
（材）··················282
ラザフォード後方散乱（RBS）法
　························130
ラジアルジャーナル········36
ラジカル反応··············85
ラッチ機構················312
ラビリンスシール··········305
ラマン
（散乱分光法）··········290
（スペクトル分析）······84
（分光）············130, 138
ラメラ層··················154
ランナベーン··············318

り

リオトロピック············31
リクライナ装置······276, 277
離型
（効果）················48
（剤）··········114, 169, 202
（性）······19, 25, 48, 328, 344
リサイクル············48, 177
離線······················279
理想結晶表面··············206
リチウム
（一次電池）············146
（グリース）36, 146, 147, 294
（ステアレートグリース）·108
（セッケン）········103, 289
（セッケングリース）104, 107
立体障害··············97, 98
立方晶窒化ホウ素
（c-BN）··112, 126, 128, 133
（h-BN）···············348

リトラクタ（ベルト巻き取り装置）
　························272
リニアモータ··············334
リペア性··················345
硫化アンチモン············269
粒界破壊··················194
硫化
（水素）················73
（スズ（SnS_2））····204, 269
（鉄被膜）··············117
（被膜）············331, 332
（量）··················332
粒間すべり················124
粒間すべり説··············121
粒径···19, 46, 91, 100, 102, 103,
　　　　　　　　115, 123, 269
（依存性）··············125
（効果）················103
（分布）················224
硫酸
（塩）··················197
（鉛（$PbSO_4$））·········204
（塩系固体潤滑剤）··197, 204
（カルシウム）··········269
（銀）··················269
（ストロンチウム（$SrSO_4$））
　······················204
（バリウム（$BaSO_4$））
　·················204, 269
粒子径················24, 99
粒子表面··················98
流体潤滑············121, 296
（条件）············246, 253
（領域）················107
流体特性··················254
流動触媒法················20
流動性······30, 44, 53, 54, 115
粒度分布··············24, 98
粒内すべり説··············121
離油度····················289
リラー····················346
リレー················331, 332
理論モデル················208
臨界
（ガス圧）··············123
（接触荷重）············207
（表面自由エネルギー（臨界

索　引　　（431）

表面張力)) ・・・・・・・・・・・・・ 145
リン化合物 ・・・・・・・・・・・・・ 117, 282
リンク ・・・・・・・・・・・・・・・・・ 297, 313
リング ・・・・・・・（オンブロック）101
　（オンリング式）・・・・ 175, 176
リンク
　（機構）・・・・・・・・・・・・・・・・ 341
　（式）・・・・・・・・・・・・・・・・・・ 323
リンケージ ・・・・・・・・・・・・・・ 307
鱗状（鱗片状・塊状）黒鉛
　　・・・・・・・・・・・・・・・ 19, 120
リン酸
　（亜鉛処理）・・・・・・・・・・・・ 48
　（アルミニウム）・・・・ 77, 240
　（塩）・・・・・・・・・・・・・・ 48, 330
　（塩ガラス）・・・・ 46, 107, 294
　（塩カリ）・・・・・・・・・・・・・ 244
　（系極圧剤）・・・・・・・・・・・ 118
　（鉄）・・・・・・・・・・・・・・・・・ 117
鱗片状
　　・・・・・・・・・・・・・・・・・・・ 162
　（黒鉛）・・・・・・・・ 17, 18, 120,
　　　　　　　　269, 335, 348

れ

冷間加工硬化式 ・・・・・・・・・・・333,
冷間加工後熱処理 ・・・・・・・・ 334
冷間鍛造 ・・・・・・・・・・・・ 245, 328
　（油）・・・・・・・・・・・・・・・・・ 328
　（用潤滑剤）・・・・・・・・・・・・ 48

励起光 ・・・・・・・・・・・・・・・・・ 130
冷却
　（効果）・・・・・・・・・・・・ 78, 269
　（作用）・・・・・・・・・・・・・・・・ 86
　（システム）・・・・・・・・・・・ 254
　（水）・・・・・・・・・・・・・・・・・ 270
　（性）・・・・・・・・・・・・・・ 39, 328
　（能力）・・・・・・・・・・・・・・・ 316
冷媒雰囲気 ・・・・・・・・・・・・・ 270
レーザ ・・・・・・・・・・ 60, 130, 140
　（CVD）・・・・・・・・・・・・・・・ 84
　（PVD）・・・・・・・・・・・・・・・ 81
　（蒸着法）・・・・・・・・・・・・・ 142
　（蒸発法）・・・・・・・・・・・・・・ 20
　（デトネーション）・・・・・・ 216
　（ビームプリンタ）・・・・・・ 288
レーシングカー ・・・・・・・・・ 268
レール ・・・・・・・・・・・・・・・・・ 284
　（ガン）・・・・・・・・・・・・・・・・ 60
レジスト ・・・・・・・・・・・・・・・ 140
レニウム ・・・・・・・・・・・・・・・・ 38
レピドライト ・・・・・・・・・・・ 199
レビンダー効果 ・・・・・・ 121, 125
レンズ ・・・・・・・・・・・・・ 286, 287
連続
　（しゅう動法（ドラッグ試験））
　　・・・・・・・・・・・・・・・・・・・ 291
　（使用温度）・・・・・・・・・・・ 177
　（鋳造）・・・・・・・・・・・・・・・ 147

ろ

ろう付け ・・・・・・・・・・・・ 38, 128
労働安全衛生法 ・・・・・・・・・ 268
ロータ材 ・・・・・・・・・・・・・・・ 268
ロータリキルン ・・・・・・・・・ 353
ロータリポンプ ・・・・・・・・・ 344
ローラダイズ引抜き法 ・・・ 329
ロール肌荒れ ・・・・・・・・・・・ 327
ロール摩耗 ・・・・・・・・・・・・・ 202
ロケット ・・・・・・・・・ 5, 309, 312
ロケットエンジン ・ 242, 244, 315
露光制御部 ・・・・・・・・・・・・・ 285
ロストワックス精密鋳造法 ・・・ 203
ロッキング ・・・・・・・・・・・・・ 331
ロック装置 ・・・・・・・・・・・・・ 277
六方晶 ・・・・ 15, 36, 120, 153, 195,
　　　　　　　　　　335, 339
　（窒化ホウ素）・・・・・・・・・ 115
ロボットアーム ・・・・・・ 314, 315

わ

ワークロール ・・・・・・・・・・・ 327
ワイパーブレード ・・・・・・・ 271
ワイヤソーローラ ・・・・・・・・ 94
ワイヤロープ ・・・・・・・・・・・ 325
ワックス ・・・ 26, 45, 60, 203, 242,
　　　　　　　　244, 280, 345
ワックス含油ポリアミド ・・・ 30
ワックス吸収性 ・・・・・・ 345, 346

掲載広告目次

日本トライボロジー学会　固体潤滑研究会 会員会社 …………………後付 2

エスティーティー株式会社 ……………………………………………後付 3

オイレス工業株式会社 …………………………………………………後付 4

株式会社川邑研究所 ……………………………………………………後付 5

株式会社 喜多村 ………………………………………………………後付 6

協同油脂株式会社 ………………………………………………………後付 7

株式会社ジェイテクト …………………………………………………後付 8

株式会社 潤滑通信社 …………………………………………………後付 9

住鉱潤滑剤株式会社 ……………………………………………………後付 10

株式会社 ダイゾー　ニチモリ事業部 ………………………………後付 11

大東潤滑株式会社 ………………………………………………………後付 12

東レ・ダウコーニング株式会社 ………………………………………後付 13

東洋ドライルーブ株式会社 ……………………………………………後付 14, 15

日本精工株式会社 ………………………………………………………後付 16

日本潤滑剤株式会社 ……………………………………………………後付 17

株式会社 ルブテック ……………………………………………………後付 18

(掲載，アイウエオ順)

日本トライボロジー学会　固体潤滑研究会　会社会員

(2009年3月現在、五十音順)

イーグル工業（株）	大東潤滑（株）
エスティーティー（株）	大同メタル工業（株）
NTN（株）	大豊工業（株）
オイレス工業（株）	東レ・ダウコーニング（株）
（株）川邑研究所	東洋ドライルーブ（株）
協同油脂（株）	日本精工（株）
協和発酵ケミカル（株）	日本パーカライジング（株）
（株）サンエレクトロ	日立粉末冶金（株）
（株）ジェイテクト	（株）本田技術研究所
住鉱潤滑剤（株）	

SOLVEST®

特殊潤滑剤 SOLVEST
製品ラインナップ

ドライコート
（乾燥被膜潤滑材）
グリース
ペースト
オイル

高温、極圧、異音、腐食、真空、薬品使用環境等、多種多様な条件下にて実績がございます。

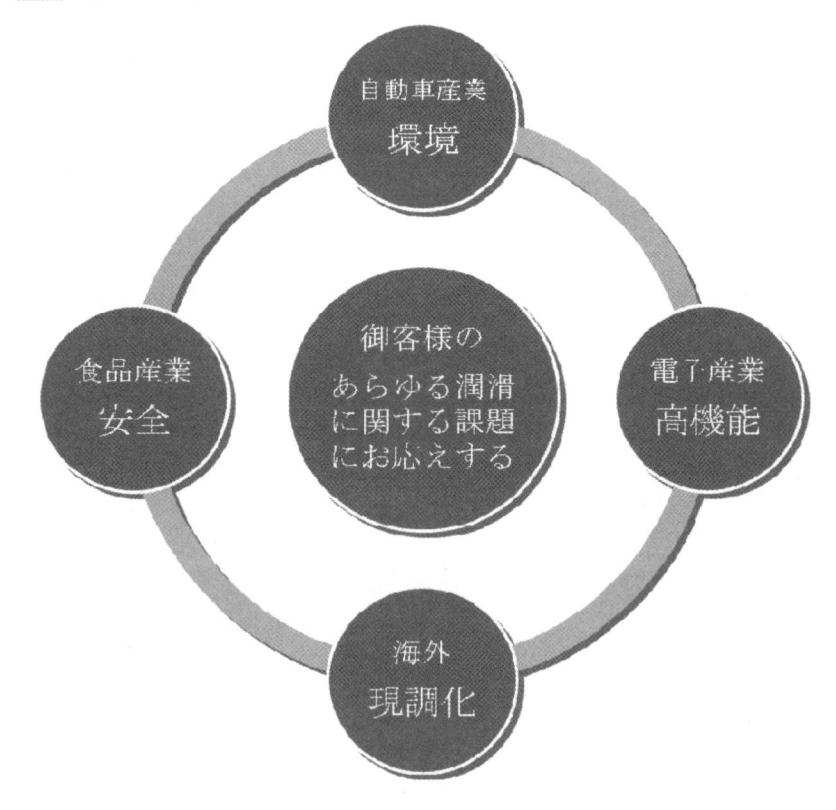

- 自動車産業　環境
- 食品産業　安全
- 電子産業　高機能
- 海外　現調化

御客様のあらゆる潤滑に関する課題にお応えする

社名の由来　**STT‥Surface Treatment Technology**
エスティーティー株式会社　は長年自動車産業で培った独自の潤滑技術と製品力で御客様が抱える様々な潤滑の課題やニーズを解決する潤滑のプロフェッショナルです。

本　　社／東京営業所：	☎ （03）6691-3075
名古屋営業所：	☎ （052）451-8011
関西営業所：	☎ （0749）21-3777
広島出張所：	☎ （082）250-5677
横浜事業所／海外事業室：	☎ （045）897-5190
彦根事業所：	☎ （0749）43-6176

海外拠点：SPI（フィリピン）　TSTT（タイ）

STT

鉛フリー 固体潤滑剤埋め込み型軸受

＃500SP-SL464

オイレス＃500SP-SL464は、水中・海水中・大気中・水飛沫・海上など幅広い用途で使用可能な無給油軸受です。

オイレス工業株式会社

本社　〒108-0075　東京都港区港南一丁目6番34
http://www.oiles.co.jp

東京営業所	(0466)44-4821(代)	〒252-0811	藤沢市桐原町8	FAX.(0466)44-5340
大阪営業所	(06)6534-0821(代)	〒550-0012	大阪市西区立売堀1-11-2 OTビル	FAX.(06)6534-5701
名古屋営業所	(052)582-6531(代)	〒450-0002	名古屋市中村区名駅4-10-27 第二豊田ビル西館	FAX.(052)583-9177
宇都宮営業所	(028)614-4811(代)	〒321-0953	宇都宮市東宿郷3-2-3 カナメビル	FAX.(028)614-4812
太田営業所	(0276)46-1617(代)	〒373-0852	群馬県太田市新井町213 ノルデンビル	FAX.(0276)46-8937
静岡営業所	(054)287-8850(代)	〒422-8041	静岡市駿河区中田2-1-6 村上石田街道ビル	FAX.(054)287-8840
浜松営業所	(053)456-3070(代)	〒430-0926	静岡県浜松市中区砂山町353-8 太陽生命浜松ビル	FAX.(053)456-8972
豊田営業所	(0565)29-0121(代)	〒471-0842	愛知県豊田市土橋町2-31-1	FAX.(0565)29-0513
広島営業所	(082)242-2003(代)	〒730-0051	広島市中区大手町4-6-16 山陽ビル	FAX.(082)242-2271
九州営業所	(092)441-9298(代)	〒812-0016	福岡市博多区博多駅南1-3-1 日本生命博多南ビル	FAX.(092)474-0627
海外業務担当	(0466)44-4823(代)	〒252-0811	藤沢市桐原町8	FAX.(0466)44-4851

挑戦し続ける
約束があるからこそ
デフリックは進化し続けられる

PHOTO BY JAXA

川邑研究所では、最先端の知識・経験を固体被膜潤滑剤の研究開発に取り入れ、評価試験、試作加工を繰り返し、様々な分野での実用化と応用を実現。また、お客様のニーズに対しては、きめ細やかにコンサルティングを行うことで、固体被膜潤滑剤の導入と運用をサポート。この研究開発力とコンサルティング力をコアコンピタンスに、より高性能な固体被膜潤滑剤を開発して、世界の産業発展に貢献してまいります。

DEFRIC®

防衛省認定／米国潤滑学会(STLE)インダストリアルメンバー　**固体被膜潤滑剤《デフリック》**

■主な採用分野例:自動車／鉄道／航空宇宙／原子力／カメラ／精密機器／家電／半導体製造装置等

お気軽にご相談下さい

●固体潤滑剤に関係のある摩擦摩耗のベンチテスト、および小規模の実物試験　●固体被膜潤滑剤の試作加工

株式会社川邑研究所　〒153-0063　東京都目黒区目黒1-5-6
TEL03-3495-2121　FAX03-3490-4040　Eメール:info@krl.co.jp

KITAMURA LIMITED

- 4フッ化エチレン樹脂(PTFE)潤滑用添加剤(KT/KTLシリーズ)
  用途：プラスチック、塗料、インキ、グリース等
- 受託粉体加工(粉砕・分級・混合)

ISO9001登録事業所(本社／古川工場)
ISO14001登録事業所(古川工場)
OHSAS18001登録事業所(古川工場)

株式会社 喜多村

本社●愛知県愛知郡東郷町春木字白土1-242
〒470-0162 Tel(052)803-5151 Fax(052)803-5190

古川工場●岐阜県飛騨市古川町畦畑280
〒509-4265 Tel(0577)73-3730 Fax(0577)73-6193

http://www.kitamuraltd.jp　E-Mail:info@kitamuraltd.jp

挑み続けるDNA

Technology Shelf
技術のタナ

協同油脂には「技術のタナ」と呼ばれる＜仮想上の棚＞があり、数十年間の技術を整理統合し、案件や技術要素ごとに取り出し応用できるようにした蓄積データです。いわゆるナレッジマネジメントの一つで、潤滑剤の開発は環境要因に左右されやすく、その技術要素を細やかに解析し分類、整理することは決して簡単なことではありません。まして、協同油脂が世に送り出した潤滑剤は数千種、日々新たな開発が進んでいるのです。この「技術のタナ」を生み出すことで、多様な専門分野を受け持つエンジニアの開発スピードアップをサポート。個々のプロジェクトチームの開発効率化を進め、商品開発・製造のスピード、コストを大幅に圧縮。さらに、性能・品質アップに貢献しています。今日も多くの情報が「技術のタナ」に寄せられ、協同油脂の製品開発の糧となっています。

グリース	金属加工油剤
● 自動車用	● 切削油剤
● 設備用	● 研削油剤：ノリタケ研削油
● ころがり軸受用	● 圧延油剤
● 機構部品用	● 鍛造油剤
● 特殊用途	

潤滑剤の専業メーカー

協同油脂　検索

自然との共生および安全な生活の実現に向けて深化を続ける産業界のために、人と環境に優しい技術と製品を提供する「トライボロジー技術を核としたグローバルカンパニーを目指す」

協同油脂株式会社
www.kyodoyushi.co.jp

〒251-8588 神奈川県藤沢市辻堂神台2-2-30 TEL.0466-33-3111(代) FAX.0466-33-3277

JCQA
QMS, EMS CERTIFIED FIRM
ISO 9001　技術本部
　　　　　亀山工場
　　　　　笠岡工場
　　　　　品質保証本部
ISO 14001　亀山工場
　　　　　　笠岡工場

ダ・ヴィンチの夢、

今やあらゆる産業機械に不可欠なベアリングの原型を今から約500年前にスケッチしたのはレオナルド・ダ・ヴィンチ。偉大な創造力を私たちのモノづくりで未来へ。

ダ・ヴィンチのスケッチをもとに再現したベアリング模型

今、ジェイテクトの環境技術で！

Koyo. 風力発電機用軸受

工作機械・メカトロ　軸受
JAPAN QUALITY 匠
駆動　ステアリング

JTEKT
www.jtekt.co.jp

株式会社ジェイテクト

名古屋本社／〒450-8515 名古屋市中村区名駅4丁目7番1号 ミッドランドスクエア15階　tel. 052-527-1900
大 阪 本 社／〒542-8502 大阪市中央区南船場3丁目5番8号　tel. 06-6271-8451

潤滑剤の商品事典　最新情報満載

潤滑剤銘柄便覧

定価 19,500 円（税込）国内価格　毎年 11 月発刊　B5 判／約 800 ページ

最新版好評発売中

適油選定・相当品のセレクト・
品質確認など……この1冊でOK！

技術資料
潤滑剤銘柄便覧
潤滑油，切削油，塑性加工油，熱処理油，さびどめ油
グリース，固体潤滑剤，合成潤滑油，金属洗浄剤
編　集　潤滑剤銘柄便覧編集委員会
発　行　株式会社　潤滑通信社

地球温暖化問題への対策，機械の省エネ，高性能化に伴って潤滑油剤に関しての要求も多様化し，使用技術・管理技術もますます高度化しています。
本書は，国内で販売されている潤滑剤をほぼすべて網羅した商品事典で，潤滑管理や使用油の選定などにご活用できます。

● 編集の特色

- 国内で販売している，延べ 300 社の最新 15,000 銘柄を収載
- 国産，輸入品を含むほぼすべての潤滑剤を網羅
- 環境にやさしい潤滑剤の選定に最適
- 油種別・用途別・銘柄別に整理分類
- 油種別に銘柄対照表を表示しており，同等品の検索が簡便
- 各銘柄の代表性状が表示され，適油選定が簡便
- 現場の潤滑管理担当者や潤滑剤販売担当者などにとって必携書
- 全掲載会社の住所録を掲載

● CONTENTS

第1・2編	銘柄対照表・性状一覧表
第1部	車両用潤滑油
第2部	舶用エンジン油
第3部	工業用潤滑油
第4部	固体潤滑剤
第5部	合成潤滑油
第6部	グリース
第7部	工作油剤
第8部	さび止め油剤
第9部	特殊製品
第10部	金属洗浄剤
第11部	潤滑油基油／原料用潤滑油
第3編	参考資料
第4編	掲載メーカー名簿
第5編	銘柄索引
第6編	広告資料

株式会社 潤滑通信社

http://www.juntsu.co.jp

〒101-0032　東京都千代田区岩本町 3-3-3
TEL 03-3865-8971 ㈹　FAX 03-3865-8970
E-Mail：lub@juntsu.co.jp

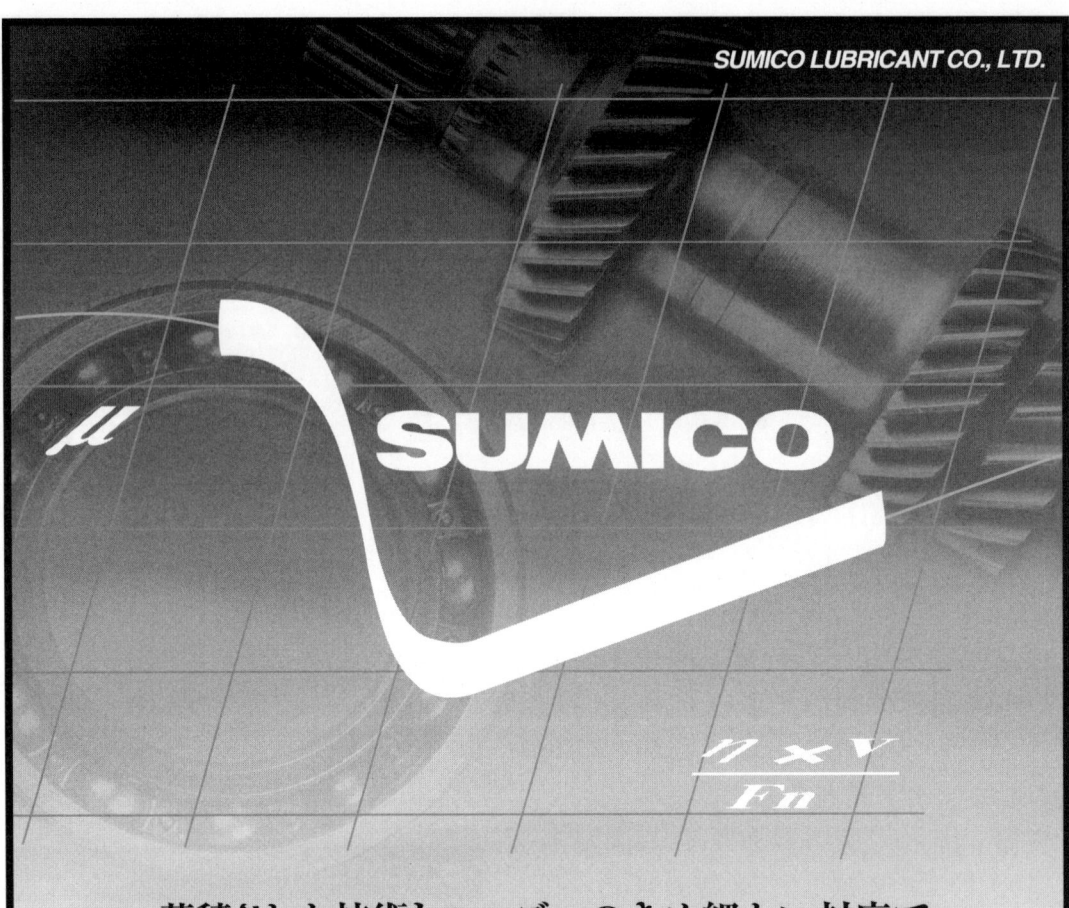

SUMICO LUBRICANT CO., LTD.

μ SUMICO

$$\frac{\eta \times V}{Fn}$$

蓄積された技術とニーズへのきめ細かい対応で
お客様の満足する製品・サービスを提供致します。

潤滑に作用する要因は、荷重、速度、摺動形態、材料、機構、使用頻度など無数にあり、同じ機械でも最適な潤滑剤の仕様は異なります。つまり、それぞれの条件にベストマッチする潤滑剤を使用することが、性能やコストを最良にする近道です。

SUMICOは、グリース、オイル、乾性被膜などのあらゆるタイプの潤滑剤を有する幅広い解決能力と、約半世紀に亘り蓄積された技術力、そして全国に亘る営業ネットワークで、お客様のニーズにきめ細かく対応し、満足頂ける製品・サービスの提供を目指しています。

http://www.sumico.co.jp/　　　　　　　　　　　住鉱潤滑剤株式会社

本社・163-0263　東京都新宿区西新宿2-6-1　新宿住友ビル　　TEL(03)3344-6835
支店・営業所・出張所　東京(03)3344-6804　大阪(06)6344-0171　名古屋(052)963-2368　札幌(011)281-7255　仙台(022)237-1231
北陸(076)223-3575　中国(082)221-2783　四国(0877)49-6751　九州(092)411-7200
▶住鉱潤滑剤貿易(上海)有限公司・200051　上海市長寧区仙霞路317号 遠東国際広場B棟　TEL 86-21-6235-0623

NICHIMOLY

潤滑剤を通して生産現場に信頼と安心をお届けします。

■モリブデン鉱石

株式会社ダイゾー ニチモリ事業部では、

用途に応じて粉砕、分級された高品質の二硫化モリブデン粉末および、

それらを高バランスで配合した各種潤滑剤を取り揃えております。

また、各種樹脂粉末や当社オリジナルの白色固体潤滑剤を配合し、

抜群の耐摩耗性低摩擦係数を有する潤滑剤製品もラインナップしております。

潤滑において、問題を抱えている方は、ぜひ当社までご連絡下さい。

Good Safety, Good Clean
ECO21

事業内容

1. 二硫化モリブデン粉末及び特殊潤滑剤の製造販売
2. 潤滑コーティング剤の製造販売および受託加工
3. 自動車補修用ケミカル製品の製造販売
4. 金属モリブデン・モリブデン化合物製品の販売
5. エアゾール用ガス抜き器具の製造販売
6. 高機能接合材料の製造販売
7. チリ産ワイン輸入販売

株式会社ダイゾー ニチモリ事業部　http://www.nichimoly.co.jp/

東京営業所	東京都中央区日本橋本町1-9-4	TEL 03(3246)2451(代)	FAX 03(3246)2456
北関東営業所	茨城県猿島郡五霞町川妻2168	TEL 0280(84)0804(代)	FAX 0280(84)2334
名古屋営業所	名古屋市千種区今池南29-24	TEL 052(735)0601(代)	FAX 052(735)0602
大阪営業所	大阪市港区福崎3-1-201	TEL 06(6577)2525(代)	FAX 06(6577)2526
広島営業所	広島市東区光町2-7-17	TEL 082(262)7151(代)	FAX 082(262)6677
九州営業所	福岡市博多区博多駅東1-10-35	TEL 092(474)4737(代)	FAX 092(474)4734
工場	東京第一工場、東京第二工場、大阪工場		
海外子会社	Shanghai Nichimoly Chemical Co., Ltd. (S.N.C) 上海日钼化工贸易有限公司		
	THAI DAIZO NICHIMOLY CO.,LTD. (T.D.N.)		

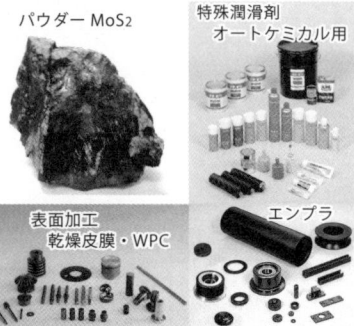

リキモリは特殊潤滑にお答えします

信頼のブランド
リキモリ

パウダー MoS2
特殊潤滑剤 オートケミカル用
表面加工 乾燥皮膜・WPC
エンプラ

特殊潤滑剤はなぜ・・・リキモリなのか？
その答えはきっと・・・リキモリで見つかるはず

大東潤滑はリキモリの商標で親しまれ、昭和28年の創業以来二硫化モリブデンや黒鉛、PTFEなどの固体潤滑剤をベースとして、オイル、グリース、ペースト、ドライフィルムなどを製造・販売しています。その用途は広く、産業用機器、鉄道車両、自動車部品など多岐にわたり、一般市場要求に合わせたものから、特殊な環境下でも耐え得る性能をもったもの、さらにエアゾール製品やコーティング製品やコーティング加工・表面加工まで数多く品揃えをしています。

パウダー (固体潤滑剤)　　　Powder
- 二硫化モリブデンパウダー：
　　粒子粗い　LM-11　>　LM-12　>　LM-13　粒子細かい
- 黒色系パウダー：グラファイト（黒鉛）、二硫化タングステン など
- 白色系パウダー：フッ素パウダー、ボロンナイトライド（窒化ホウ素）など

グリース　　　Grease
- 黒色グリース：固体潤滑剤入りの高性能グリース
　　耐熱グリース　例）LM-46（耐熱温度230℃）
　　耐寒グリース　例）LM-48（耐寒温度-60℃）
　　耐高荷重グリース　例）LM-49（耐圧荷重294MPa）
　　万能グリース　例）LM-47、LM-150
- 白色グリース：樹脂用のホワイトグリース
　　樹脂用グリース　例）LM-3000 シリーズ
- 特殊グリース
　　防錆グリース　例）LM-190　、生分解性グリース 例）LM-191

ペースト　　　Paste
- 黒色ペースト：固体潤滑剤入りの高性能ペースト
　　組立なじみ用ペースト　例）LM-82、LM-83
　　耐熱用ペースト　例）LM-32（耐熱温度450℃）
- 特殊ペースト
　　超高温・焼付防止用　例）LM-901 アルミスペシャル

オイル　　　Oil
- ハイグレード黒色オイル：固体潤滑剤添加による高性能黒色オイル
　　添加用オイル　例）LM-81　、耐熱オイル　例）LM-120

カーレンルーブ (導電性潤滑剤)　　　Conductive Grease
- 導電性潤滑剤
　　グリースタイプ　Sシリーズ　、オイルタイプ　Lシリーズ
　　エアゾールタイプ　LM-2002　（オートケミカルに記載）
〔使用例〕　あらゆる電気機器の接点部分

ドライコーティング　　　Dry Coating
- 固体潤滑剤入りの乾燥皮膜表面加工 / 特殊表面加工 / 下地化成処理
　二硫化モリブデン配合ドライコーティング
　テフロンコーティング：潤滑性能、離型加工、溶融焼付
　ノンスティック（非粘着）加工、リン酸マンガン処理、黒染め処理

オートケミカル用潤滑剤　　　Automobile
- 自動車整備用潤滑剤
　　ブレーキラバー用グリース　：ラバーを傷めないグリース
　　ディスクパッド用グリース　：鳴き止め用グリース
　　等速ジョイント用グリース
　　カートリッジグリース　：使いやすいカートリッジタイプ
　　シリコーングリース　：ラバーもプラスチックもOK
　　カプラーグリース、電装グリース
　　エンジンオイル添加剤、デフ・ミッションギヤオイル添加剤
　　エンジンチューンナップ剤：パワフルなエンジン性能を引き出す
　　各種エアゾール　：グリーススプレー、クリーナー、
　　　　　　　　　　　浸透潤滑剤、防錆剤　等

エンプラ（特殊樹脂）　　　Engineering Plastic
- 板、丸棒、シートなどの素材
- 切削・成形加工、金属インサートなど完成加工品

〔種　類〕 リキモリナイロン：二硫化モリブデン入り(灰黒色)
　　　　　MCナイロン、白色汎用ナイロン、ポリイミド、
　　　　　ポリアセタール（ジュラコンなど）、フッ素樹脂（テフロンなど）、
　　　　　ポリエチレン、超高密度ポリエチレン　等

パーソナルユース　Dmax　　　For The Public Dmax
- プロフェッショナル向けの製品を、品質はプロユースでありながらご家庭でも使いやすくした新シリーズ。一般量販店などでお求めいただける商品です。

大東潤滑株式会社 LM リキモリ

本社・東京営業所　〒103-0006 東京都中央区日本橋富沢町12-8　TEL 03-3669-4511　FAX 03-3669-4516
工場・大阪営業所　〒547-0056 大阪府大阪市大東市新田中町5-11　TEL 072-806-7661　FAX 072-806-7662
URL　http://www.liqui-moly.co.jp

MOLYKOTE
FROM DOW CORNING

皆様のあらゆる潤滑ニーズにお応えします

モリコートブランドの潤滑剤は皆様の潤滑ニーズに応えるスマートチョイス！
60年の歴史を持つモリブデン製品のみではなく、マルチパーパスオイル、合成油、精製鉱油、特殊コンパウンド、グリース、ペースト、乾性被膜、ディスパージョンなど工業用潤滑剤を幅広いラインナップでご用意しています。

東レ・ダウコーニング株式会社 www.molykote.jp （モリコート製品・サービスのご案内）
〒100-0005 東京都千代田区丸の内1-1-3（AIGビル） http://www.dowcorning.co.jp
お問い合わせ：ビジネスセンター (0120)77-6278

DOWCORNING、ダウコーニングとMOLYKOTE®、モリコート®はダウコーニング社（米国）の登録商標です。
We help you invent the future.™はダウコーニング社（米国）の商標です。

DOW CORNING
We help you invent the future.™
'TORAY'
Dow Corning Toray Co., Ltd.

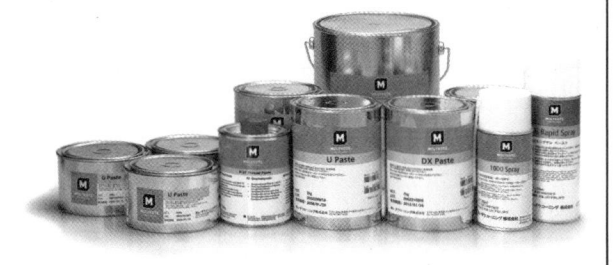

東洋ドライルーブ株式会社
TOYO DRILUBE CO.,LTD.

URL http://www.drilube.co.jp

本　　社	〒155-0032	東京都世田谷区代沢1-26-4	TEL03-3412-5711	e-mail:ho@drilube.co.jp
研究開発室	〒243-0308	神奈川県愛甲郡愛川町三増359-9	TEL046-281-3911	e-mail:research@drilube.co.jp
群馬事業部	〒373-0044	群馬県太田市上田島町427-5	TEL0276-31-9611	e-mail:gunma@drilube.co.jp
愛知事業部	〒486-0802	愛知県春日井市桃山町3079-1	TEL0568-82-8191	e-mail:aichi@drilube.co.jp

固体被膜潤滑剤の専門メーカーとして産業界が要望する固体被膜潤滑剤（DRILUBE®）を研究開発から製造、委託加工、販売までを一貫したシステムでご提案しております。

DRILUBE®シリーズ

製品名	色調	塗布方法	硬化温度	耐摩耗性	耐擦性	絶縁性	導電性	非粘着性	耐薬品性
二硫化モリブデン系ドライルーブ									
摩擦係数を低減し、過酷な条件の摺動においても潤滑性を安定させ、かじり（焼き付き）、摩耗を防止します。									
＃１Ａ	灰黒色	スプレー	190℃	◎	○				
MA-2340	灰黒色	スプレー	220℃	◎	○				
MB-2100	灰黒色	スプレー	150℃	◎	◎				
MC-2400	灰黒色	スプレー	230℃	◎	◎				
MK-4190	灰黒色	スプレー・ディップ	190℃	○	△				
＃108	灰黒色	スプレー・ディップ	常温	△	△				
グラファイト系ドライルーブ									
導電性を必要とする潤滑、また耐摩耗性にも優れている為、あらゆる摺動条件下で使用できます。									
M-1	黒色	スプレー	180℃	○	○		○	○	
FB-9140	黒色	スプレー	190℃	○	△		△	○	
S-6100	黒色	スプレー	190〜	◎	△		○	○	
S-6120	黒色	スプレー	350℃	◎	△		△	○	
フッ素樹脂系ドライルーブ									
フッ素樹脂系ドライルーブの摩擦係数値は使用条件により0.03〜0.1の値を示します。軽荷重下で優れた摺動潤滑性を発揮します。また、フッ素樹脂は他の物質と固着しないため、非粘着・離型用として使用できます。									
＃101-A	乳白色	スプレー・ディップ	190℃	○	◎	○		○	△
M-2B	黒色	スプレー	190℃	○	○	△		○	△
M-211F	黒艶消し	スプレー	190℃	○	△	△		○	○
＃815-B	黒色	スプレー	190℃	○	◎	○		○	○
＃815-4	黒色	スプレー	230℃	◎	◎	◎		◎	◎
FA-1640	黒色	スプレー	170℃	◎	◎	○		○	△
FB-2110	緑色	スプレー	150℃	○	◎	△		△	△

製品名	色調	塗布方法	硬化温度	特性					
				耐摩耗性	耐触性	絶縁性	導電性	非粘着性	耐薬品性
FB-2145	黒色	スプレー	150℃	○	○	△		○	△
FC-3440	黒色	スプレー	230℃	◎	◎	◎		△	○
FC-5940D	黒色	スプレー	230℃	◎	◎	○		○	○
FC-7200	ベージュ色	スプレー	380℃	○	◎	◎		◎	◎
S-6000	ベージュ色	スプレー	350℃	○	○	◎		◎	○
S-6150B	緑色	スプレー	150℃	◎	○	○		○	○

製品名	色調	塗布方法	硬化温度	特性		
				耐摩耗性	非粘着性	耐油性

ゴム用ドライルーブはゴムの伸縮に追従することで素材の特性を損なわず、摩擦係数を低減します。また非粘着の特性によりゴムの固着防止に役立ちます。

ゴム用 二硫化モリブデン系ドライルーブ

製品名	色調	塗布方法	硬化温度	耐摩耗性	非粘着性	耐油性
LM-3	灰黒色	スプレー	常温	○	○	△
LM-8	灰黒色	スプレー	100℃	○	○	△

ゴム用 フッ素樹脂系ドライルーブ

製品名	色調	塗布方法	硬化温度	耐摩耗性	非粘着性	耐油性
FS-1160	乳白色	スプレー	80℃	◎	◎	○
FS-1360	乳白色	スプレー	80℃	○	○	○
FD-2501	乳白色	スプレー	150℃	◎	○	○
FI-2140	黒色	スプレー	200℃	○	○	◎
FI-9240	黒色	スプレー	150℃	○	◎	◎
FN-3701	乳白色	スプレー	150℃	◎	◎	○
FN-5700	乳白色	スプレー	230℃	◎	◎	○

プラスチックは摩耗しやすいため、ドライルーブをコーティングすることにより安定した摺動が得られ、寿命を大幅に延ばします。

プラスチック用 フッ素樹脂系ドライルーブ

製品名	色調	塗布方法	硬化温度	耐摩耗性	非粘着性	耐油性
FR-3600	乳白色	スプレー	常温〜80℃	○	○	
FR-3640	黒色	スプレー		○	○	
F-890	乳白色	スプレー・ディップ		○	○	
LF-1	黒色	スプレー		○	○	
P-2000	黒色	スプレー	80℃	○	○	
FS-1140	黒色	スプレー	80℃	◎	○	
FC-5210	緑色	スプレー	150℃	◎	◎	

＊ドライルーブのご用命は、最寄りの事業部へお気軽にご相談ください。

直動も
本業です

ベアリングのNSKには、もうひとつの顔があります。生産現場の省エネ・省人化に貢献する直動製品のNSK。ベアリング生産で培った精密加工技術の粋を注ぎこみ、いちはやく精密ボールねじを開発。現在では高水準な生産体制をグローバルに展開しております。工作機械はもとよりあらゆる産業分野で最適の機能と価値を提供しています。もうひとつのNSKにご注目ください。

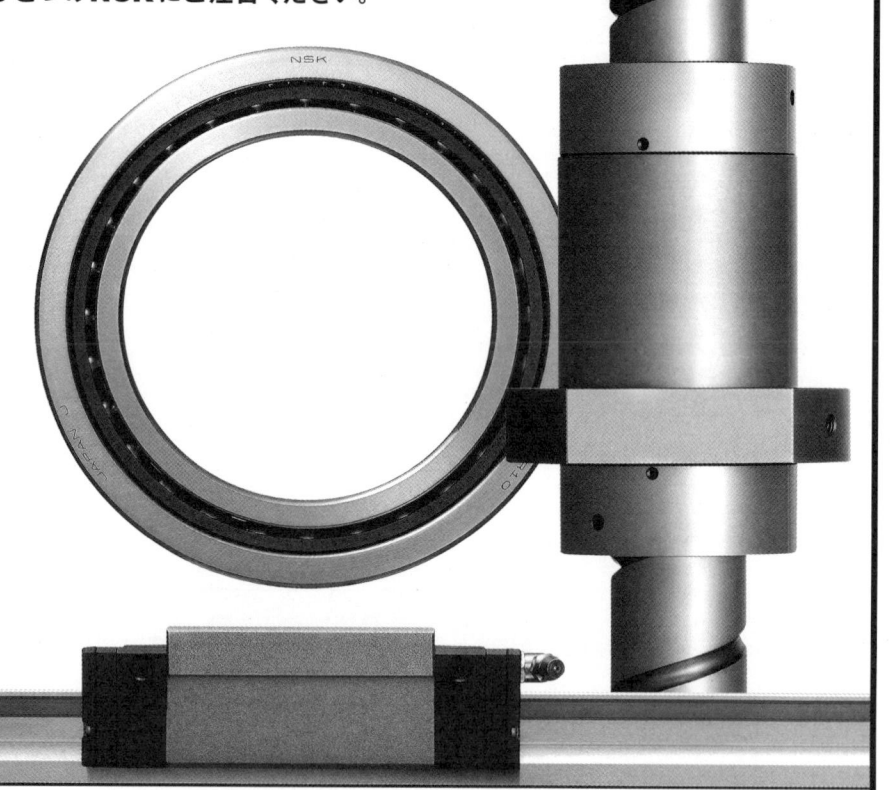

MOTION & CONTROL
NSK
日本精工グループ

www.nsk.com
お客様相談室コールセンター
0120-502-260

固体潤滑剤二硫化タングステン
(WS_2)

二硫化タングステン(WS_2)は使用条件が過酷、高温（450℃でも使用可能)、強大荷重になればなるほど潤滑性がますます増大し、しかも寿命が長く摩擦係数が他の固体潤滑剤より優れている特性を持っています。

<種　類>

粉末状、　グリース状、　ペースト状、

オイル状、　スプレー状、　固形状、

<新商品>

二硫化タングステンコーティング（タンミックコート）

日本潤滑剤株式会社

〒100-0005　東京都千代田区丸の内３－４－１

新国際ビルヂング２階２２５区Ａ

電話：０３－３２１１－４０７６

株式会社 ルブテック

私たちは
常に新しいことに
挑戦します

ルブメット

MoS₂やWS₂、Cなどの固体潤滑剤とFe系金属を基材にして当社の粉末冶金技術によって開発された新金属系自己潤滑性複合材料です。

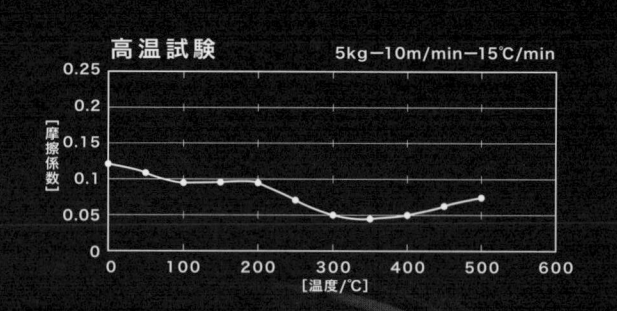

高温試験　5kg−10m/min−15℃/min

高温真空用軸受

保持器の一つのポケット内にある2個の転動体間に新金属系自己潤滑性複合材料を1つ配置した構造です。これにより従来の真空用軸受の問題点を一挙に解決する事に成功した画期的な高温真空用軸受です。

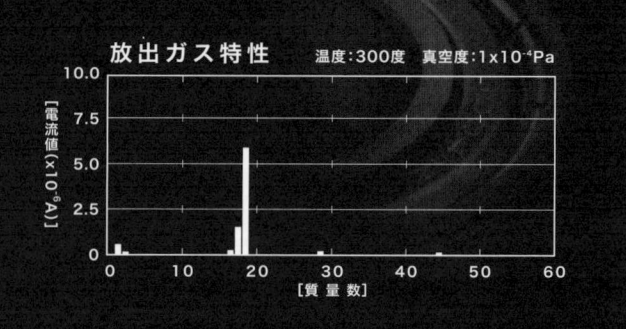

放出ガス特性　温度：300度　真空度：1×10⁻⁴Pa

株式会社 ルブテック

〒242-0001 神奈川県大和市下鶴間3854番地　www.lubtec.jp
TEL:046-278-3680　FAX:046-278-3682　hyuga@lubtec.jp

Ⓡ 〈学術著作権協会委託〉	
2010 2010年3月2日 第1版発行	
新版 固体潤滑ハンドブック	
著者との申し合せにより検印省略	
編著者	一般社団法人 日本トライボロジー学会 固体潤滑研究会
発行者	株式会社 養賢堂 代表者 及川 清
ⓒ著作権所有	
定価9870円 (本体 9400円) (税 5%)	
印刷者	株式会社 精興社 責任者 青木宏至
発行所	〒113-0033 東京都文京区本郷5丁目30番15号 株式会社 養賢堂 TEL 東京(03)3814-0911 振替00120 FAX 東京(03)3812-2615 7-25700 URL http://www.yokendo.co.jp/ ISBN978-4-8425-0459-9 C3053

PRINTED IN JAPAN　　　　製本所　株式会社三水舎

本書の無断複写は、著作権法上での例外を除き、禁じられています。本書からの複写許諾は、学術著作権協会（〒107-0052 東京都港区赤坂9-6-41 乃木坂ビル、電話 03-3475-5618・ＦＡＸ 03-3475-5619）から得てください。